COLECCIÓN GRADO

Elasticidad y resistencia de materiales I

MARIANO RODRÍGUEZ-AVIAL LLARDENT
ANTONIO GONZÁLEZ-ALBERTO GARCÍA

UNIVERSIDAD NACIONAL DE EDUCACIÓN A DISTANCIA

ELASTICIDAD Y RESISTENCIA DE MATERIALES I
6890206GR01A01

Librería UNED: c/ Bravo Murillo, 38 - 28015 Madrid
Tels.: 91 398 75 60 / 73 73
e-mail: libreria@adm.uned.es

Todas nuestras publicaciones han sido sometidas a un sistema de evaluación antes de ser editadas.

ISBN: 978-84-362-6150-9
Depósito legal: M-33.377-2011

Primera edición: septiembre de 2011

Impreso en España - Printed in Spain
Preimpresión: UNED
Imprime: Fernández Ciudad, S. L.

A *nuestras familias*

ÍNDICE

II
RESISTENCIA DE MATERIALES

PRÓLOGO

La implantación del Espacio Europeo de Educación Superior en las enseñanzas, correspondientes a las carreras de Graduado en Ingeniería Mecánica, Graduado en Ingeniería Eléctrica, Graduado en Ingeniería Electrónica Industrial y Graduado en Ingeniería en Tecnologías Industriales, impartidas por la Universidad Nacional de Educación a Distancia, hace necesaria la elaboración del material didáctico correspondiente a las distintas asignaturas que forman parte de los Planes de Estudio de todas ellas.

El estudio y diseño de los sólidos que constituyen los elementos resistentes de máquinas y estructuras cuando unas y otras están sometidas a distintos estados de solicitación se desarrolla en las asignaturas «Elasticidad y Resistencia de Materiales I» y «Elasticidad y Resistencia de Materiales II». La primera de ellas es común a todas las carreras citadas, se imparte en 2.º curso, segundo cuatrimestre, mientras que la segunda se imparte en 3.er curso, 1.er cuatrimestre, en la titulación de Graduado en Ingeniería Mecánica.

El presente texto, de la colección Grado, corresponde a la primera de dichas asignaturas, pero sus contenidos deben considerarse, en conjunto, con los expuestos en la segunda, puesto que una y otra forman parte de una materia única cuya denominación podría ser «Mecánica del Sólido Deformable».

Se ha elaborado, por tanto, el presente texto en la idea de constituir la primera parte de esa materia global, en la que deben facilitarse las enseñanzas necesarias para que el alumno, futuro Ingeniero, adquiera los conocimientos que permiten el diseño aludido de los sólidos resistentes, determinando su forma y dimensiones de acuerdo con las características de los materiales a partir de los que son elaborados.

Los temas expuestos, comunes para todas las carreras, desarrollan los contenidos mínimos necesarios para que los Graduados en Ingeniería, cualquiera que sea su titulación, puedan adquirir dichos conocimientos; los Graduados en Ingeniería Mecánica obtendrán conocimientos complementarios en los temas específicos que se desarrollan en «Elasticidad y Resistencia de materiales II».

Los cuatro primeros capítulos desarrollan, a nivel elemental, la Teoría de la Elasticidad en la que se exponen, con suficiente rigor matemático, los conceptos de esfuerzos internos o tensiones, así como los de desplazamientos y deformaciones, para establecer, posteriormente, la relación entre los estados de tensión y deformación.

Este planteamiento por el que se antepone el estudio de la Elasticidad al de la Resistencia de Materiales, aunque se aleja del enfoque aparentemente más práctico y tecnológico que permitiría el procedimiento inverso, presenta la ventaja de que el alumno, tras haber asimilado las materias básicas (Física y Mecánica), está suficientemente preparado para el estudio riguroso de los problemas elásticos y familiarizado con el cálculo matricial, más sencillo que el análisis tensorial, que se sigue, en general, en los desarrollos matemáticos.

En los restantes capítulos se realiza el estudio de las barras prismáticas sometidas a las diversas solicitaciones simples, así como el de los sólidos sometidos a un estado general de cargas.

Se incluyen, al final del texto, cuatro apéndices, dedicándose el primero al resumen de la Geometría de Masas aplicada a las áreas planas, de gran utilidad para el aprendizaje y la comprensión de gran parte de la materia expuesta. En el apéndice segundo se describe, en forma abreviada, el procedimiento de resolución de los problemas elásticos planos mediante la utilización de los círculos de Mohr, indicándose en el tercero (tablas de perfiles laminados), las características mecánicas de los más utilizados en las aplicaciones prácticas, mientras que el cuarto incluye los coeficientes para el cálculo a pandeo de los sólidos esbeltos comprimidos según uno de los procedimientos expuestos en el tema 14.

La comprensión y asimilación de los conceptos y de los problemas tratados tanto por la Elasticidad como por la Resistencia de Materiales exige no sólo la realización de los ensayos y experiencias de laboratorio que permitan comprobar las hipótesis básicas en ambas disciplinas (continuidad, homogeneidad e isotropía de los sólidos considerados) y avalar las simplificaciones que en la última se realizan, sino también la resolución de suficientes ejemplos de aplicación de las teorías expuestas. En este sentido y según la práctica habitual en la Universidad Nacional de Educación a Distancia, se incluyen al final de cada capítulo, los correspondientes ejercicios de autocomprobación o autoevaluación, cuya solución sólo debe consultarse después de haber intentado obtenerla.

En el presente texto se han recogido gran parte de los contenidos desarrollados en las Unidades Didácticas correspondientes a las asignaturas «Fundamentos de Resistencia de Materiales» y «Elasticidad y Resistencia de Materiales», impartidas en la carrera de Ingeniero Industrial (plan 2001), habiéndose corregido los errores observados en las mismas.

Los autores quieren agradecer, expresamente, la colaboración prestada en todo momento por la **Sección de Medios Impresos de la UNED** y, en particular, a *D.ª Rosario Garrido*, por la labor realizada en la maquetación de los archivos de fórmulas y figuras (sujetos unos y otros a continuas modificaciones), cuya dedicación ha hecho posible, en gran medida, la edición final del presente texto.

Finalmente, esperamos que la presente obra sea de interés para los estudiantes de Ingeniería, a quienes va destinada, así como a los técnicos en general.

Madrid, agosto, 2011

Los Autores

NOTACIONES Y SÍMBOLOS

A Área de la sección recta de una barra en CTE.

a, b, c ... Distancias, ángulos que forma el vector unitario con las direcciones principales.

A, B, C,... Puntos.

b Ancho de fibra en la sección recta de una barra.

c Línea media de un sólido tipo barra o prisma mecánico.

c_1, c_2, c_3 Circunferencias concéntricas a las de Mohr.

CTE Código Técnico de la Edificación.

C_1, C_2, C_3 Constantes de integración.

$\mathbf{C}_1, \mathbf{C}_2, \mathbf{C}_3$ Circunferencias de Mohr.

C Esfuerzo cortante

C Esfuerzo cortante en la viga conjugada.

d Diámetro; distancia.

D Diámetro

[D] Matriz de deformación.

e Excentricidad; espesor de envolvente de pequeño espesor; paso de remachado.

$\bar{e}$ Vector deformación unitaria.

E Módulo de elasticidad longitudinal o módulo de Young.

f Flecha.

$\bar{f}$ Vector tensión

f_x, f_y, f_z Componentes cartesianas del vector tensión.

$\bar{f}_v$ Fuerza de masa o de volumen

$\bar{f}_s$ Fuerza de superficie.

$\vec{F}$ Fuerza.

G Centro de gravedad de una sección recta; módulo de elasticidad transversal; coeficiente de Lamé.

H, h Altura.

H_A Componente horizontal de la reacción en el apoyo *A*.

i Radio de giro.

i_{min} Radio de giro mínimo.

I_M, I_P Momento de Inercia polar de la sección recta.

I_y, I_z Momentos de inercia de la sección recta respecto a sus ejes principales de inercia.

I_T Módulo de torsión.

k Coeficiente de dilatación lineal.

K Módulo de compresibilidad volumétrica

K_1, K_2... Constantes de integración

l Longitud.

l_p Longitud de pandeo

m Momento por unidad de longitud; momento estático.

m_y, m_z Momentos estáticos áxicos.

M_A Momento de empotramiento.

$\vec{M}$ Momento resultante; momento flector.

M Módulo del momento flector, momento aislado aplicado en una sección de una barra.

$\vec{M}_T$ Momento torsor.

M_T Módulo del momento torsor.

M_y, M_z Componentes del momento flector según las direcciones principales de inercia de la sección recta.

M_x Ley de momentos flectores en una viga.

$\mathbf{M}_x$ Ley de momentos flectores en la viga conjugada.

n Coeficiente de seguridad; grado de hiperestaticidad; revoluciones por minuto (rpm); normal exterior, dirección.

N Esfuerzo normal.

N_{crit} Carga crítica (CTE)

O Origen de coordenadas.

O' *Centro de flexión o de esfuerzos cortantes*

p Presión; carga por unidad de longitud.

$\vec{p}$ Vector giro.

$[P]$ Matriz de giro.

P Fuerza; carga concentrada; carga de compresión.

$\boldsymbol{p}$ Carga por unidad de longitud en la viga conjugada.

P_{crit} Carga crítica.

q Carga por unidad de longitud.

r Radio.

R Radio.

$\vec{R}$ Resultante de un sistema de fuerzas.

R_A Reacción en el apoyo A.

R_x, R_y, R_z Componentes cartesianas de la resultante de un sistema de fuerzas.

$\boldsymbol{R}$ Reacción en la viga conjugada.

s Longitud de arco de línea media.

S Área de la sección transversal de una barra.

t Temperatura.

T Trabajo interno de deformación; salto térmico.

[T] Matriz de tensión.

$\vec{u}$ Vector unitario.

u, v, w Componentes cartesianas del vector desplazamiento de un punto.

V Volumen.

V_A Componente vertical de la reacción en el apoyo A.

W_T Módulo resistente a torsión.

W_y, W_z Módulo resistente a flexión.

x, y, z Coordenadas cartesianas; desplazamientos.

x_G, y_G, z_G Coordenadas del centro de gravedad.

X, Y, Z Componentes cartesianas de $\bar{f}_v$.

$\bar{X}, \bar{Y}, \bar{Z}$ Componentes cartesianas de $\bar{f}_s$.

$X_1, X_2, \ldots$ Incógnitas hiperestáticas.

α Ángulo; coeficiente de dilatación lineal, coeficiente de imperfección elástica (CTE).

α, β, γ Componentes cartesianas del vector unitario.

γ Deformación angular; coeficiente de ponderación; peso específico; coeficiente para el cálculo de remaches y tornillos.

$\gamma_{xy}, \gamma_{yz}, \gamma_{zx}$ Deformaciones angulares en los planos xy, yz y zx.

δ Desplazamiento del punto P.

$\vec{\delta}_p$ Vector desplazamiento del punto P.

Δ Dilatación cúbica unitaria.

ε Deformación longitudinal.

$\varepsilon_x, \varepsilon_y, \varepsilon_z$ Deformaciones longitudinales unitarias en las direcciones de los ejes coordenados.

$\varepsilon_1, \varepsilon_2, \varepsilon_3$ Deformaciones principales.

θ Ángulo; ángulo de torsión por unidad de longitud.

Θ Invariante lineal de la matriz de tensiones.

λ Coeficiente de Lamé; esbeltez.

λ_{lim} Valor límite de la esbeltez para que sea aplicable la fórmula de Euler.

$\bar{\lambda}$ Esbeltez reducida (CTE).

μ Coeficiente de Poisson.

ν Coeficiente de Poisson (CTE).

π Plano.

ρ Radio de curvatura.

$\sigma_x, \sigma_y, \sigma_z$ Tensiones normales en coordenadas cartesianas.

$\sigma_1, \sigma_2, \sigma_3$ Tensiones principales.

σ_{adm} Tensión admisible.

σ_{crit} Tensión crítica a pandeo.

σ_e Límite elástico.

σ_F Tensión de fluencia.

σ Tensión normal.

τ Tensión tangencial o cortante.

τ_{adm} Tensión admisible a cortadura.

$\tau_{xy}, \tau_{yz}, \tau_{zx}$ Tensiones tangenciales en coordenadas cartesianas.

ϕ Coeficiente en cálculo a pandeo (CTE).

φ Ángulo.

ψ Coeficiente de simultaneidad (CTE).

ω Coeficiente de pandeo; velocidad angular.

χ Coeficiente de reducción por pandeo (CTE).

I

TEORÍA DE LA ELASTICIDAD

Tema 1

Introducción a la elasticidad

1.1. Objeto de la Teoría de la Elasticidad y de la Resistencia de Materiales

1.2. Sólidos elásticos

1.3. Formas constructivas

1.4. Condiciones de equilibrio

1.5. Formas de trabajo en las secciones de un prisma mecánico

1.1. OBJETO DE LA TEORÍA DE LA ELASTICIDAD Y DE LA RESISTENCIA DE MATERIALES

El objeto, tanto de la Teoría de la Elasticidad como de la Resistencia de Materiales, es, en términos generales, el siguiente: Dado un sólido, de forma cualquiera, en equilibrio, sometido a una solicitación exterior, determinar, en cada punto del mismo, los valores de los esfuerzos internos originados, así como los desplazamientos producidos.

La solicitación exterior a la que hacemos referencia puede ser de varios tipos: mecánica, térmica o reológica (diferida en el tiempo), por citar sólo las más frecuentes. En lo que sigue y para mayor sencillez, consideraremos, por lo general, que el sólido está sometido a acciones mecánicas (fuerzas y pares), así como a las correspondientes reacciones que hacen posible su equilibrio. Esta suposición no resta generalidad a la resolución de los problemas elásticos.

El problema que se presenta en un sólido sometido a una solicitación exterior y a uniones o vínculos con otros sólidos (figura 1.1) se traduce en que el mismo experimenta un estado de deformación que hace que varíen las distancias entre las partículas que lo constituyen (estén dispuestas o no según los elementos de una red cristalina), lo que origina una modificación de las fuerzas internas de cohesión molecular que, por unidad de superficie, llamaremos estado tensional. Tanto la Teoría de la Elasticidad como la Resistencia de Materiales tienen como objetivo relacionar la solicitación exterior con los valores de las tensiones y de los desplazamientos de los puntos del

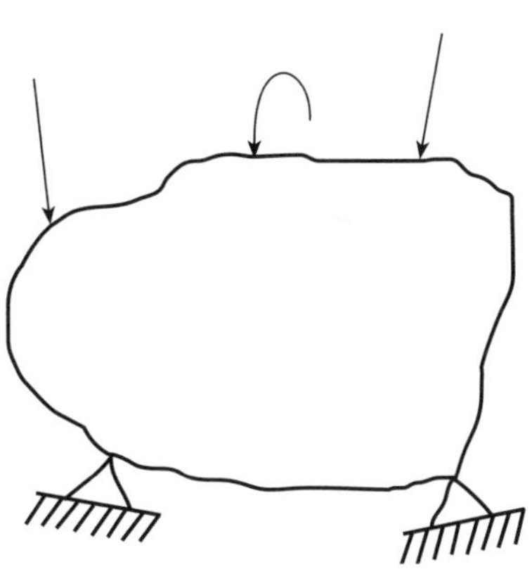

Figura 1.1

sólido, de forma que unas y otros no sobrepasen valores prefijados en atención a criterios de seguridad, lo que conduce a dimensionar adecuadamente el sólido o a comprobar las condiciones de seguridad cuando éste está totalmente definido en cuanto a su geometría.

La Elasticidad y la Resistencia de Materiales pueden considerarse como enfoques parciales de una ciencia más amplia que podemos denominar «Mecánica del sólido deformable», utilizando aquélla criterios más generales y métodos principalmente matemáticos, mientras que en Resistencia de Materiales se hacen diversas hipótesis simplificativas. En cualquier caso, es necesario, antes de seguir adelante, definir qué se entiende por sólido deformable.

1.2. SÓLIDOS ELÁSTICOS

Para el estudio de los sólidos que se realiza en la Teoría de la Elasticidad se parte inicialmente de los postulados de la Mecánica, así como de las propiedades de los materiales (que se conocen experimentalmente) y de hipótesis referentes a las deformaciones de los sólidos. Ya que en Mecánica se considera que los sólidos son indeformables es necesario establecer las siguientes categorías de los mismos

a) Sólido rígido

b) Sólido deformable

c) Sólido real

a) *Sólido rígido:* Se define como tal aquél en el que las distancias entre sus partículas no varía, sea cual sea la solicitación a la que esté sometido. Este es el tipo de sólidos que considera la Mecánica y su consideración dejaría sin objetivo tanto a la Elasticidad como a la Resistencia de Materiales. Sin embargo, tal suposición conduce a dos consecuencias erróneas:

1. No es posible la rotura de tal sólido, supuesto en equilibrio, lo que está en contradicción con la realidad ya que para grandes valores de las cargas los sólidos se deforman y rompen.
2. No existe solución a los problemas hiperestáticos, entendiendo por tales, en primera aproximación, aquéllos en que hay exceso de vínculos o uniones del sólido con otros sólidos.

b) *Sólido deformable:* Es aquél que ante una solicitación exterior se deforma recuperando total o parcialmente su forma primitiva al desaparecer dicha solicitación.

Se considera que los sólidos deformables cumplen las siguientes hipótesis:

1. Continuidad, lo que significa que no hay huecos entre sus partículas.
2. Homogeneidad, de forma que cualquier parte del sólido tiene las mismas propiedades que el mismo, en su conjunto o a nivel infinitesimal.
3. Isotropía, lo que quiere decir que sus propiedades son las mismas o varían por igual en cualquier dirección considerada.

Si además se cumple la propiedad de elasticidad, por la que se admite que el sólido recupera totalmente su forma primitiva al desaparecer la solicitación exterior, el sólido deformable recibe el nombre de sólido elástico. La Resistencia de Materiales estudia, en general, los sólidos deformables, mientras que la Teoría de la Elasticidad considera solamente los sólidos elásticos, admitiéndose en la mayor parte de los problemas que las deformaciones, ya sean elásticas o permanentes son muy pequeñas frente a las dimensiones del sólido:

c) *Sólido real:* Es aquel sólido deformable en el que no se cumplen las hipótesis de continuidad, homogeneidad e isotropía. También recibe el nombre de sólido natural o verdadero.

En el estudio y desarrollo de la Teoría de la Elasticidad consideraremos que los materiales que constituyen los sólidos considerados permiten suponer que éstos tienen comportamiento elástico, al menos a nivel macroscópico.

1.3. FORMAS CONSTRUCTIVAS

Aunque la Teoría de la Elasticidad puede abordar el estudio de cualquier tipo de sólido sometido a una determinada solicitación, en las aplicaciones prácticas la forma de los sólidos se reduce principalmente a los dos tipos que seguidamente detallamos: sólido tipo barra y sólido tipo bóveda.

a) *Barra:* Definimos como barra o prisma mecánico un sólido en que una de sus dimensiones, la longitud, es mucho mayor que las otras, contenidas en su sección transversal (figura 1.2.) Tal definición equivale, geométricamente a la siguiente: Una barra es el sólido engendrado por un área plana S, cuyo centro de gravedad describe una curva c, manteniéndose normal a la misma. El área S recibe el nombre de sección transversal de la barra y puede variar a lo largo de su longitud.

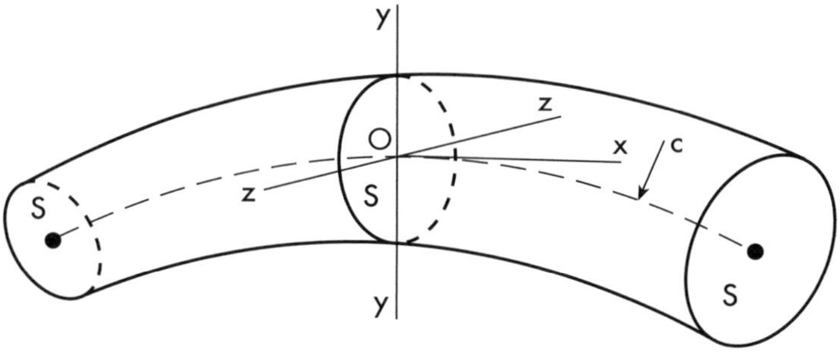

Figura 1.2

La curva c recibe el nombre de eje o directriz de la barra o prisma mecánico; éste será alabeado, plano o recto si la directriz es alabeada, plana o recta.

En las aplicaciones constructivas, tanto en edificación como en maquinaria, las barras no son alabeadas sino que están contenidas en un plano que es plano de simetría de las mismas. Ejemplos de sólidos tipo barra son las vigas y pilares, en edificación y los ejes de transmisión, en maquinaria.

b) *Bóveda:* Corresponden a este tipo de sólidos los cuerpos en los que una dimensión, el espesor, es mucho menor que las otras dos. Ejemplo de este tipo de sólidos son las placas, bóvedas y cúpulas, en edificación y las carcasas de todo tipo en máquinas y motores.

1.4. CONDICIONES DE EQUILIBRIO

Como es conocido, un cuerpo se encuentra en equilibrio cuando todos sus puntos se mueven con velocidad uniforme; si esta velocidad es nula se dice que el cuerpo está en reposo.

Las condiciones de equilibrio de un sólido sometido a una serie de cargas son que la resultante de las mismas, $\vec{R}$, y el momento resultante, respecto de un punto cualquiera, $\vec{M}$, sean nulas, es decir:

$$\begin{aligned} &\sum R_x = 0 \quad ; \quad \sum R_y = 0 \quad ; \quad \sum R_z = 0 \\ &\sum M_x = 0 \quad ; \quad \sum M_y = 0 \quad ; \quad \sum M_z = 0 \end{aligned} \qquad [1.1]$$

Cuando las cargas están contenidas en un plano (por ejemplo el plano x- y) las seis ecuaciones anteriores se reducen a tres:

$$\sum R_x = 0 \quad ; \quad \sum R_y = 0 \quad ; \quad \sum M_z = 0 \qquad [1.2]$$

Estas condiciones, necesarias y suficientes para los sólidos rígidos que estudia la Mecánica, son insuficientes para los sólidos deformables considerados en Elasticidad y en Resistencia de Materiales, puesto que en estos últimos debe existir, además, equilibrio entre las cargas exteriores y los esfuerzos internos o tensiones, como, por ejemplo, las que actúan sobre la superficie S, sustituyendo a la parte B del prisma mecánico representado en la figura 1.3, suponiendo se corte el mismo por dicha sección, conservando la parte A.

Por tanto, en los sólidos deformables deben cumplirse tanto las condiciones generales de equilibrio (equilibrio estático) como las que corresponden al proceso de deformación al que han sido sometidos (equilibrio elástico).

Si el cuerpo en estudio no cumpliese las condiciones [1.1] o [1.2], es decir, si no está en equilibrio, se introducen convencionalmente las fuerzas de inercia para restituir el mismo, de acuerdo con el principio de D'Alembert.

1.5. FORMAS DE TRABAJO EN LAS SECCIONES DE UNA BARRA PRISMÁTICA

Consideraremos la barra prismática representada en la figura 1.3, donde hemos considerado que la sección ideal S divide la barra en dos partes A y B.

En la sección S hemos considerado un sistema de ejes coordenados, cuyo origen es el centro de gravedad de la sección, O; el eje Ox es tangente al eje o directriz de la barra, estando contenidos los ejes Oy y Oz en el plano de la sección (habitualmente coincidirán con los ejes principales de inercia de la sección).

Estudiamos el equilibrio de la parte A de la barra cuando se suprime la parte B de la misma sustituyéndola por la resultante, $\vec{R}$ y el momento resultante $\vec{M}$ de las fuerzas aplicadas y reacciones que actúan en dicha parte B (figura 1.4.).

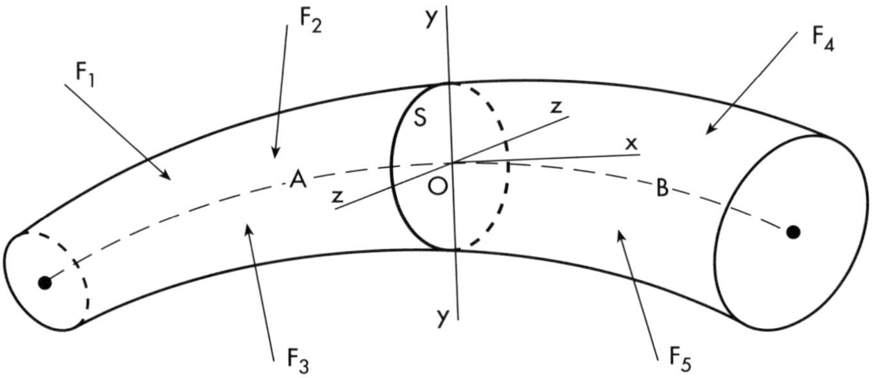

Figura 1.3

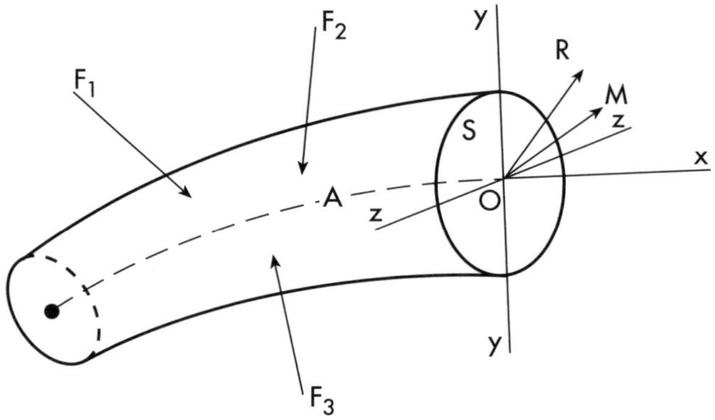

Figura 1.4

Ya que tanto la resultante $\vec{R}$ como el momento resultante $\vec{M}$ tienen, en general, componentes según los tres ejes coordenados, pueden existir hasta seis solicitaciones distintas sobre la sección S. Haciendo sucesivamente distintas de cero las componentes de la resultante y del momento resultante obtenemos, en principio, seis formas distintas de trabajo que, como veremos, se reducen a cuatro.

1.º) $\vec{M} = 0 \quad ; \quad \vec{R} = N\bar{i}$ [Figura 1.5] [1.3]

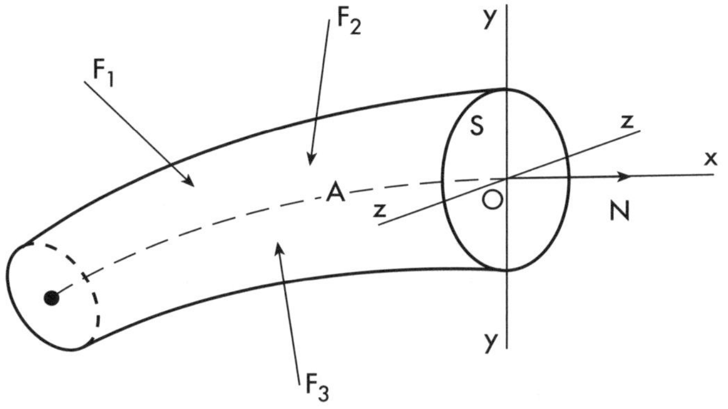

Figura 1.5

En este caso el prisma mecánico está sometido, en la sección S a esfuerzo longitudinal N que será de tracción cuando tienda a separar dicha sección de la infinitamente próxima y de compresión en caso contrario. Como veremos más adelante el esfuerzo longitudinal origina tensiones normales σ y deformaciones longitudinales ε.

2.º) $\vec{M} = 0 \quad ; \quad \vec{R} = C_y\,\bar{j}$ [Figura 1.6] [1.4]

En este caso se dice que la pieza, en la sección considerada está sometida a esfuerzo cortante dirigido según el eje y: en esa dirección tiende a deslizarse (cortarse) la sección S respecto de la infinitamente próxima.

3.º) $\vec{M} = 0 \quad ; \quad \vec{R} = C_z\,\bar{k}$ [Figura 1.7] [1.5]

Análogamente al caso anterior, puede decirse que la solicitación es de esfuerzo cortante en la dirección del eje z.

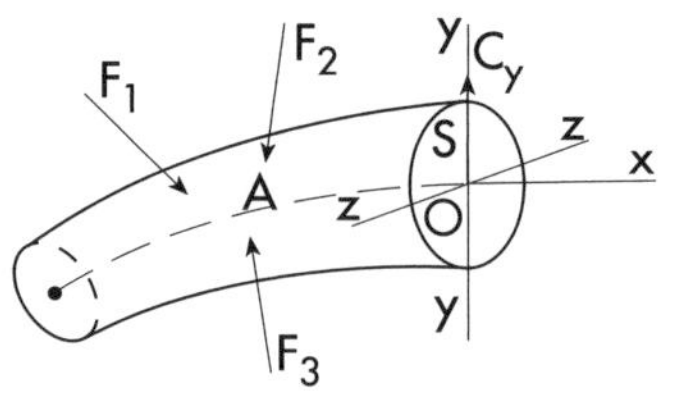

Figura 1.6

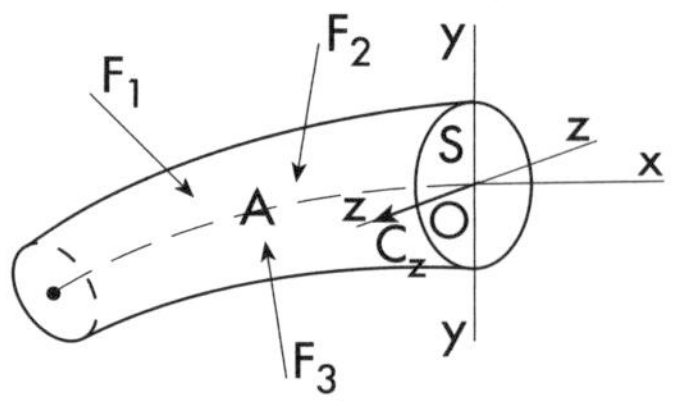

Figura 1.7

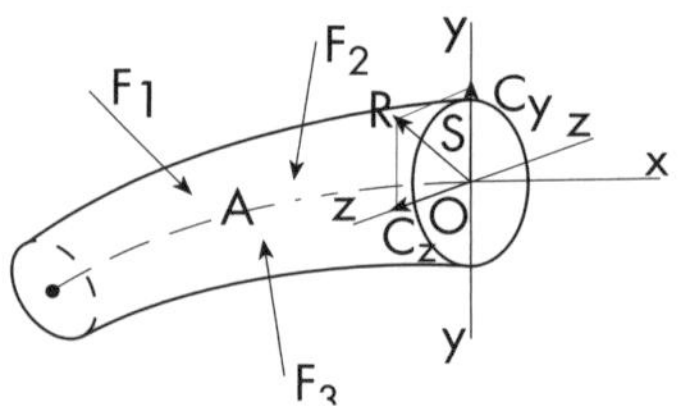

Figura 1.8

Las solicitaciones 2.ª y 3.ª son, en realidad, casos particulares del más general:

$$\vec{M} = 0 \quad ; \quad \vec{R} = C_y \bar{j} + C_z \bar{k} \qquad [1.6]$$

representado en la figura 1.8. El prisma mecánico está sometido a esfuerzo cortante en el plano yz. Las tensiones originadas son tensiones tangenciales o cortantes, τ, y las deformaciones unitarias son deformaciones angulares γ.

4.º) $\vec{R} = 0 \quad ; \quad \vec{M} = M_T \bar{i}$ [Figura 1.9] [1.7]

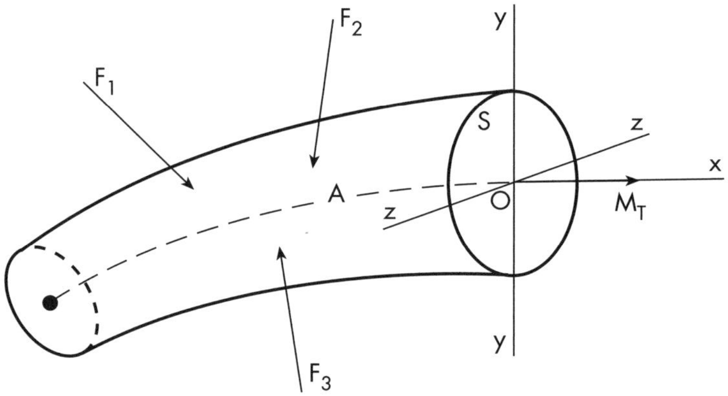

Figura 1.9

En este caso la pieza está sometida, en su sección S, a momentor torsor M_T. Esta solicitación produce tensiones cortantes τ y defomaciones angulares γ.

5.º) $\vec{R} = 0 \quad ; \quad \vec{M} = M_y \vec{j}$ [Figura 1.10] [1.8]

La barra está sometida, en la sección S a flexión alrededor del eje y.

6.º) $\vec{R} = 0 \ ; \ \vec{M} = M_z \vec{k}$ (Figura 1.11] [1.9]

Análogamente se dice que, en la sección S, la barra está sometida a flexión alrededor del eje z. Como vimos al considerar los casos 2.º y 3.º, las solicitaciones 5.ª y 6.ª son un caso particular del más general:

$$\vec{R} = 0 \ ; \ \vec{M} = M_y \bar{j} + M_z \bar{k} \qquad [1.10]$$

Se trata de momento flector según una dirección contenida en el plano yz y se representa en la figura 1.12.

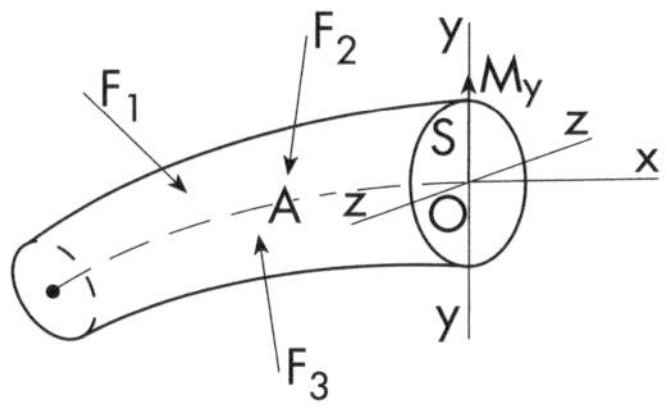

Figura 1.10

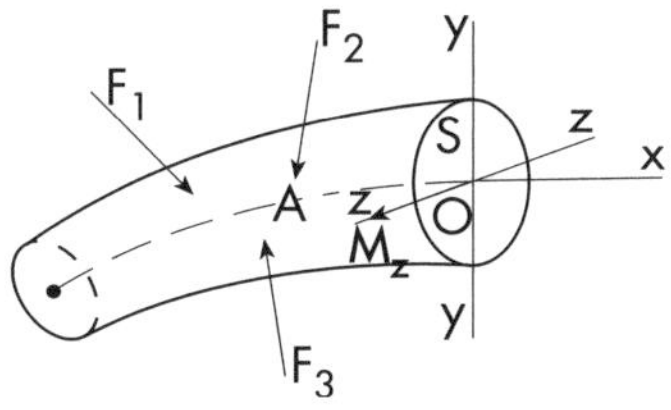

Figura 1.11

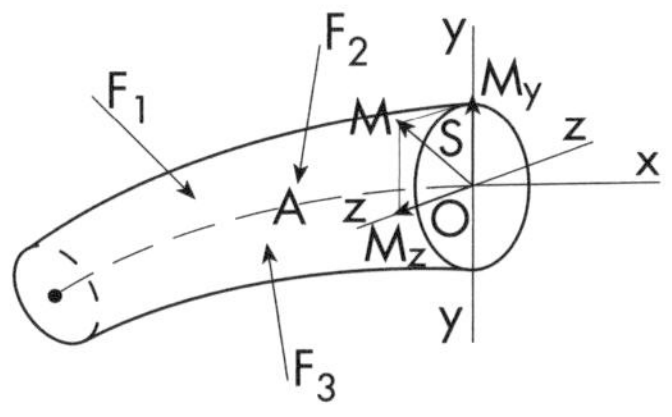

Figura 1.12

El momento flector origina tensiones normales σ y deformaciones longitudinales ε.

Por tanto, puede hablarse de cuatro solicitaciones distintas en una sección de un prisma mecánico: esfuerzo longitudinal, esfuerzo cortante, momento torsor y momento flector. Lo habitual es que se presenten a la vez varias de estas solicitaciones simples.

El estudio de las tensiones internas y las deformaciones correspondientes a las distintas formas de solicitación es objetivo fundamental, como veremos, de la Resistencia de Materiales. En la Teoría de la Elasticidad, por el momento, nos referiremos a las tensiones en los puntos de una sección de un sólido elástico llamándolas tensiones normales (perpendiculares al plano de la sección) y cortantes (contenidas en dicho plano). Es, por tanto, muy conveniente, como se hace en el tema 2.º, definir claramente el vector tensión.

EJERCICIOS DE AUTOCOMPROBACIÓN

1. Establecer las diferencias entre sólido rígido, sólido deformable y sólido real.
2. ¿A qué forma constructiva puede asimilarse?
   a) Una columna de alumbrado público.
   b) La cubierta de un edificio.
   c) Una tubería de pequeño espesor.
3. Enumerar las distintas formas de trabajo en las secciones de un prisma mecánico.

SOLUCIONES DE LOS EJERCICIOS DE AUTOCOMPROBACIÓN

1. Consultar el epígrafe 1.2.
2. *a)* Sólido tipo barra.
   b) Sólido tipo bóveda.
   c) Sólido tipo bóveda en cuanto al estado de tensiones y deformaciones originado por el fluido que pueda transportar.

   Sólido tipo barra si forma, además, parte de una estructura resistente (considerando, por ejemplo, los efectos originados por su propio peso).
3. Ver epígrafe 1.5.

Tema 2

Estado de tensiones en los puntos de un sólido elástico

2.1. Concepto de tensión. Componentes intrínsecas

2.2. Ecuaciones de equilibrio interno

2.3. Tensión correspondiente a un plano de orientación arbitraria. Matriz de tensiones

2.4. Planos y tensiones principales

2.5. Representación gráfica del estado tensional en el entorno de un punto: Elipsoide de Lamé y cuádricas indicatrices y directrices de tensiones

2.6. Círculos de Mohr

2.7. Tensión esférica y tensión desviadora

2.8. Condiciones en el contorno

2.1. CONCEPTO DE TENSIÓN. COMPONENTES INTRÍNSECAS

Consideremos un sólido elástico, de forma cualquiera, figura 2.1, sometido a un conjunto de fuerzas en equilibrio, y supongamos que está dividido en dos partes A y B por un plano, siendo abcd la sección de separación entre A y B.

Estudiemos un elemento de superficie ΔS alrededor de un punto P de la sección de corte. De las condiciones de equilibrio elástico deducimos la existencia de unas fuerzas internas que actúan sobre la superficie abcd, siendo su resultante $\vec{R}$ y su momento resultante $\vec{M}$ equivalentes a la acción de la parte B, suprimida, sobre la parte A, conservada. Sea $\overline{\Delta F}$ la resultante de las fuerzas que actúan sobre el elemento ΔS.

Definiremos como tensión, $\vec{f}$, en el punto P y según el plano de corte, a la expresión:

$$\vec{f} = \lim_{\Delta S \to 0} = \frac{\overrightarrow{\Delta F}}{\Delta S} = \frac{\overrightarrow{dF}}{dS} \qquad [2.1]$$

Por tanto, el véctor tensión $\vec{f}$ es el límite al que tiende la relación $\frac{\overrightarrow{\Delta F}}{\Delta S}$ como consecuencia de la hipótesis de continuidad.

Por lo general, el vector tensión $\vec{f}$ es oblicuo al plano, por lo que tendrá (ver figura 2.1), una componente σ, normal al plano y una componente τ contenida en el plano; σ y τ reciben, respectivamente, los nombres de tensión normal y tensión tangencial y se conocen como componentes intrínsecas del vector tensión $\vec{f}$. Ya que las componentes del vector tensión son ortogonales entre sí, se verifica:

$$f^2 = \sigma^2 + \tau^2 \qquad [2.2]$$

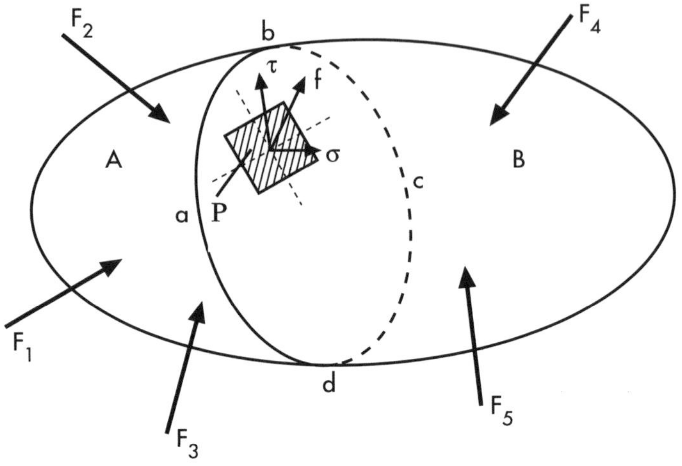

Figura 2.1

Debe insistirse en que el vector tensión $\vec{f}$ se refiere a un plano, existiendo por tanto infinitos vectores tensión en un punto de un sólido elástico.

De la ecuación [2.1] se deduce que la tensión tiene dimensiones de fuerza por unidad de superficie, expresándose habitualmente en kg/cm^2 o en kg/mm^2. Si se utiliza el Sistema Internacional de unidades (S.I.), la tensión se puede medir en pascales ($1\ Pa=N/m^2$), aunque es más usual hacerlo en megapascales ($1MPa=10^6\ N/m^2$).

2.2. ECUACIONES DE EQUILIBRIO INTERNO

Consideremos el sólido elástico de forma cualquiera representado en la figura 2.2, y en él un paralelepípedo elemental, construido alrededor un punto P y con aristas paralelas a los ejes coordenados x, y, z. Si aislamos este elemento (figura 2.3), sobre cada una de sus caras existirán tensiones normales y tangenciales, como ocurre en cualquier plano en el entorno de P. Estas últimas, las descomponemos en las direcciones de los dos ejes coordenados paralelos al mismo, contenidos en el plano.

Representaremos, por tanto, en cada cara del elemento, el vector tensión con tres componentes: una normal al plano, σ, con un subíndice que indica el eje coordenado al que es paralela y dos tensiones tangenciales, τ, con dos subíndices, correspondientes el primero al eje coordenado perpendicular al plano, y el segundo al eje coordenado al que es paralela.

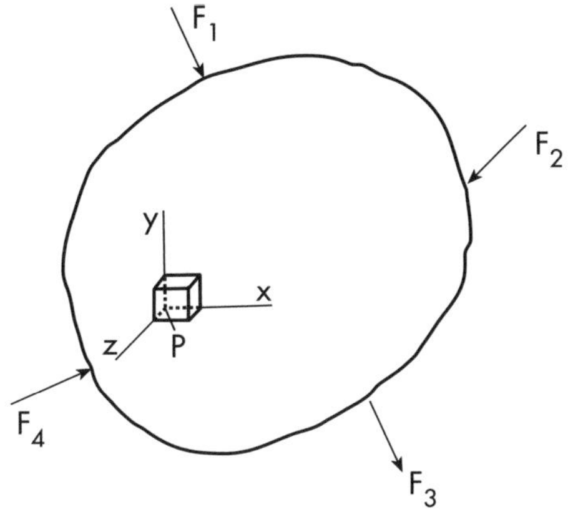

Figura 2.2

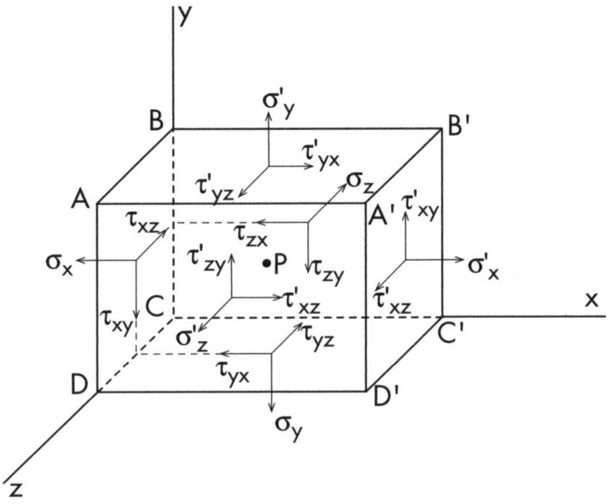

Figura 2.3

Así pues, sobre la cara *ABCD*, actúan las tensiones σ_x , τ_{xy} , τ_{xz} .

Asímismo, sobre la cara *CDD'C'*, actúan las tensiones σ_y , τ_{yx} , τ_{yz} .

Finalmente, sobre la cara *CBB'C'*, el estado tensional tiene por componentes σ_z , τ_{zx} y τ_{zy}.

Los valores de las tensiones en las caras opuestas del paralelepípedo, cuyas dimensiones son *dx, dy* y *dz,* son, en virtud de la continuidad y de que, por tanto, las tensiones son funciones continuas de *x, y, z*:

- Cara *A'B'C'D'*

$$\sigma_x^{'} = \sigma_x + \frac{\partial \sigma_x}{\partial x} dx$$

$$\tau_{xy}^{'} = \tau_{xy} + \frac{\partial \tau_{xy}}{\partial x} dx$$

$$\tau_{xz}^{'} = \tau_{xz} + \frac{\partial \tau_{xz}}{\partial x} dx$$

— Cara *AA'B'B*

$$\sigma_y' = \sigma_y + \frac{\partial \sigma_y}{\partial y} dy$$

$$\tau_{yx}' = \tau_{yx} + \frac{\partial \tau_{yx}}{\partial y} dy$$

$$\tau_{yz}' = \tau_{yz} + \frac{\partial \tau_{yz}}{\partial y} dy$$

— Cara *ADD'A'*

$$\sigma_z' = \sigma_z + \frac{\partial \sigma_z}{\partial z} dz$$

$$\tau_{zx}' = \tau_{zx} + \frac{\partial \tau_{zx}}{\partial z} dz$$

$$\tau_{zy}' = \tau_{zy} + \frac{\partial \tau_{zy}}{\partial z} dz$$

Los valores de las tensiones en estas caras los hemos obtenido aplicando el desarrollo en serie de Taylor, restringido a sus primeros términos.

El paralelepípedo elemental de la figura 2.3 estará en equilibrio bajo la acción de las tensiones representadas y de las fuerzas de masa o volumen $\bar{f}_v$ que actúan sobre el mismo, cuyas componentes en las direcciones de los ejes coordenados llamaremos X, Y y Z y que supondremos aplicadas en el centro de gravedad del elemento, es decir el punto *P*.

El equilibrio del elemento supone el planteamiento de seis ecuaciones: tres relativas a rotación y tres relativas a traslación.

Considerando, en primer lugar, un eje paralelo al *y* que pase por *P*, la ecuación de nulidad de momentos de las distintas fuerzas respecto al mismo, será:

$$\tau_{xz} dy\, dz\, \frac{dx}{2} + \tau_{xz}' dy\, dz \frac{dx}{2} - \tau_{zx} dx\, dy \frac{dz}{2} - \tau_{zx}' dx\, dy \frac{dz}{2} = 0$$

Las restantes fuerzas ligadas a las tensiones no dan momentos respecto al eje, ya que son paralelas al mismo o lo cortan. Tampoco dan momento respecto dicho eje las fuerzas del volumen, puesto que están aplicadas en el punto *P*.

Desarrollando la expresión anterior:

$$\tau_{xz} dy\, dz\, dx + \left(\tau_{xz} + \frac{\partial \tau_{xz}}{\partial x} dx \right) dz\, dy\, dx - \tau_{zx} dx\, dy\, dz - \left(\tau_{zx} + \frac{\partial \tau_{zx}}{\partial z} dz \right) dx\, dy\, dz = 0$$

Simplificando y despreciando los infinitésimos de orden superior, obtenemos:

$$\tau_{xz} = \tau_{zx} \qquad [2.3]$$

Considerando, análogamente las ecuaciones de equilibrio en rotación alrededor de ejes paralelos a x y z, se obtienen las expresiones:

$$\tau_{yz} = \tau_{zy} \qquad [2.4]$$

$$\tau_{xy} = \tau_{yx} \qquad [2.5]$$

Las expresiones [2.3], [2.4] y [2.5] representan una importante propiedad de las tensiones tangenciales o cortantes, conocida como teorema de reciprocidad de las tensiones tangenciales.

Las componentes de las tensiones tangenciales en un punto correspondientes a dos planos ortogonales entre sí, en dirección perpendicular a la arista de su diedro, son iguales (figura 2.4).

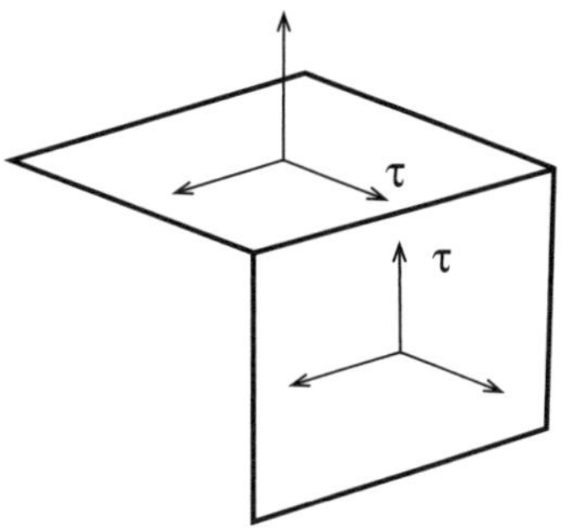

Figura 2.4

Estudiando ahora el equilibrio de traslación, proyectemos en la dirección del eje x todas las fuerzas que actúan sobre el elemento:

$$-\sigma_x dy\, dz + \sigma'_x dy\, dz - \tau_{yx} dx\, dz + \tau'_{yx} dx\, dz - \tau_{zx} dx\, dy + \tau'_{zx} dx\, dy + X dx\, dy\, dz = 0$$

Sustituyendo σ'_x, τ'_{yx} y τ'_{zx} por sus expresiones y simplificando, teniendo en cuenta el teorema anterior, se obtiene:

$$\frac{\partial \sigma_x}{\partial x} + \frac{\partial \tau_{xy}}{\partial y} + \frac{\partial \tau_{xz}}{\partial z} + X = 0 \qquad [2.6]$$

Análogamente:

$$\frac{\partial \tau_{xy}}{\partial x} + \frac{\partial \sigma_y}{\partial y} + \frac{\partial \tau_{yz}}{\partial z} + Y = 0 \qquad [2.7]$$

$$\frac{\partial \tau_{xz}}{\partial x} + \frac{\partial \tau_{yz}}{\partial y} + \frac{\partial \sigma_z}{\partial z} + Z = 0 \qquad [2.8]$$

Las expresiones [2.6], [2.7] y [2.8] se conocen como ecuaciones de equilibrio interno.

Las fuerzas de masa o de volumen *X, Y, Z* más habituales son las debidas a la acción de la gravedad, siendo también importantes las fuerzas de atracción magnética.

En el caso de que el cuerpo no se encuentre en equilibrio, se considerarían, como ya indicamos anteriormente, las fuerzas de inercia, cuyas componentes, por unidad de volumen, dirigidas según los ejes coordenados son $-a_x\rho, -a_y\rho$ y $-a_z\rho$, donde a_x, a_y y a_z son las componentes de la aceleración y ρ, la densidad del sólido.

Como hemos visto, de los 18 valores de las componentes de la tensión que corresponden a las seis caras del paralelepípedo elemental considerados sólo hay 6 valores independientes: σ_x, σ_y, σ_z, τ_{xy}, τ_{xz}, τ_{yz}, que constituyen el tensor de tensiones en los puntos de un sólido elástico. No utilizaremos, sin embargo, el cálculo tensorial, pues, como veremos en el punto siguiente, es más sencilla la representación matricial.

En cuanto a los signos de las tensiones tangenciales y normales, se consideran estas últimas positivas si son de tracción (negativas en caso contrario), mientras que aquéllas son positivas si, en plano visto (desde el octante positivo), tienen el mismo sentido que los semiejes positivos a los que son paralelas, estando dirigidas en sentido contrario en planos ocultos.

2.3. TENSIÓN CORRESPONDIENTE A UN PLANO DE ORIENTACIÓN ARBITRARIA. MATRIZ DE TENSIONES

Consideremos un punto A en el interior de un sólido elástico y supongamos conocido el estado tensional en los tres planos, paralelos a los coordenados que se indican en la figura 2.5. Estudiemos cuál es el estado tensional que corresponde a un plano de orientación cualquiera que pasa por A, definido por los cosenos directores α, β, γ, que la normal N a dicho plano forma con los ejes coordenados x, y, z. Trazando a una distancia infinitamente pequeña del punto A un plano paralelo al dado, constituimos un tetraedro $ABCD$, que estará en equilibrio por la acción de las fuerzas que actúan sobre sus cuatro caras.

Siendo dS el área de la cara BCD, las áreas de las caras del tetraedro paralelas a los planos coordenados serán:

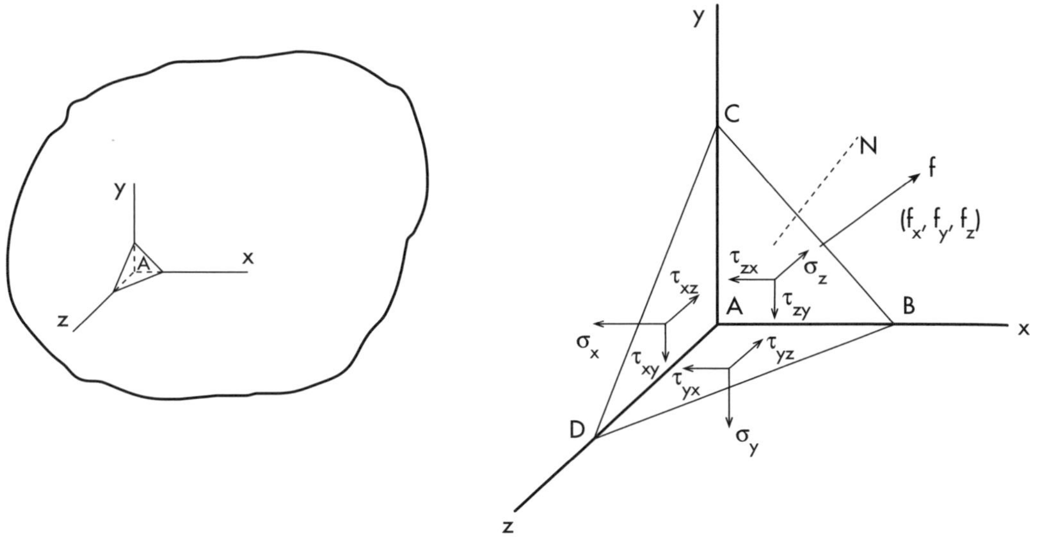

Figura 2.5

$$dS_1 \text{ (área cara ACD)} = \alpha \text{ d S}$$
$$dS_2 \text{ (área cara ABD)} = \beta \text{ d S}$$
$$dS_3 \text{ (área cara ABC)} = \gamma \text{ d S}$$

Como se indica en la figura 2.5, la tensión sobre la cara *BCD* es $\vec{f}$, siendo sus componentes según los ejes coordendos f_x, f_y, f_z.

Estableciendo las ecuaciones de equilibrio del tetraedro, se cumplirá:

$$f_x dS = \sigma_x dS_1 + \tau_{xy} dS_2 + \tau_{xz} dS_3$$
$$f_y dS = \tau_{xy} dS_1 + \sigma_y dS_2 + \tau_{yz} dS_3$$
$$f_z dS = \tau_{xz} dS_1 + \tau_{yz} dS_2 + \sigma_z dS_3$$

Sustituyendo las expresiones de dS_1, dS_2 y dS_3 y simplificando, se obtiene:

$$\left.\begin{aligned} f_x &= \sigma_x \alpha + \tau_{xy} \beta + \tau_{xz} \gamma \\ f_y &= \tau_{xy} \alpha + \sigma_y \beta + \tau_{yz} \gamma \\ f_z &= \tau_{xz} \alpha + \tau_{yz} \beta + \sigma_z \gamma \end{aligned}\right\} \qquad [2.9]$$

Expresiones que pueden escribirse en forma matricial:

$$\begin{pmatrix} f_x \\ f_y \\ f_z \end{pmatrix} = \begin{pmatrix} \sigma_x & \tau_{xy} & \tau_{xz} \\ \tau_{xy} & \sigma_y & \tau_{yz} \\ \tau_{xz} & \tau_{yz} & \sigma_z \end{pmatrix} \begin{pmatrix} \alpha \\ \beta \\ \gamma \end{pmatrix}$$

o bien:

$$\left[\vec{f}\right] = [T]\ [\bar{u}] \qquad [2.10]$$

donde $\bar{u}$ es el vector unitario según la normal al plano.

La matriz $$[T] = \begin{pmatrix} \sigma_x & \tau_{xy} & \tau_{xz} \\ \tau_{xy} & \sigma_y & \tau_{yz} \\ \tau_{xz} & \tau_{yz} & \sigma_z \end{pmatrix} \qquad [2.11]$$

es simétrica y recibe el nombre de matriz de tensiones.

De acuerdo con la expresión matricial anterior si se conoce la matriz de tensiones en un punto se puede conocer el vector tensión $\vec{f}$ correspondiente, en ese punto, a un plano definido por su normal, con vector unitario $\bar{u}$. Podemos, por tanto, establecer que si se conoce la matriz de tensiones en todos los puntos de un sólido elástico puede conocerse el estado tensional en dichos puntos.

2.4. PLANOS Y TENSIONES PRINCIPALES

De los infinitos planos que pasan por un punto del interior de un sólido elástico, se denominan planos principales aquéllos para los que el vector tensión sólo tiene componente según la normal. A continuación comprobaremos que hay, en cada punto, tres planos principales, denominándose tensiones principales a las correspondientes a cada uno de ellos.

De la definición anterior, se deduce

$$\vec{f} = \sigma\, \vec{u}$$

Siendo $\vec{u}$, como ya hemos dicho, el vector unitario según la normal al plano.

O bien, en forma matricial:

$$\left[\vec{f}\right] = [T]\ [\bar{u}] = \sigma\ [\bar{u}] \qquad [2.12]$$

Expresión que puede escribirse:

$$[T - \sigma I]\ [\bar{u}] = 0 \qquad [2.13]$$

$$[I]=\begin{pmatrix}1&0&0\\0&1&0\\0&0&1\end{pmatrix}$$ es la matriz unidad.

Desarrollando la expresión [2.13] se obtiene el siguiente sistema de ecuaciones:

$$\left.\begin{aligned}(\sigma_x-\sigma)\alpha+\tau_{xy}\beta+\tau_{xz}\gamma=0\\ \tau_{xy}\alpha+(\sigma_y-\sigma)\beta+\tau_{yz}\gamma=0\\ \tau_{xz}\alpha+\tau_{yz}\beta+(\sigma_z-\sigma)\gamma=0\end{aligned}\right\} \qquad [2.14]$$

Al ser [2.14] un sistema homogéneo, las únicas soluciones distintas de la trivial $\alpha=\beta=\gamma=0$, se obtendrán a partir de la ecuación de compatibilidad:

$$\begin{vmatrix}\sigma_x-\sigma & \tau_{xy} & \tau_{xz}\\ \tau_{xy} & \sigma_y-\sigma & \tau_{yz}\\ \tau_{xz} & \tau_{yz} & \sigma_z-\sigma\end{vmatrix}=0 \qquad [2.15]$$

Las raíces de esta ecuación cúbica en σ son los autovalores o valores propios de la matriz de tensiones $[T]$, que son las tensiones principales en el punto del sólido elástico que estamos considerando. Ya que los valores de las tensiones principales han de ser independientes del sistema de referencia Oxyz adoptado, los coeficientes de la ecuación han de ser invariantes, por serlo el de σ^3. A partir de esta condición, es fácil comprobar que las tres raíces de la ecuación [2.15], también llamada ecuación característica, son reales, siendo sus valores σ_1, σ_2 y σ_3. Supondremos, en lo que sigue, $\sigma_1 \geq \sigma_2 \geq \sigma_3$

Podemos comprobar que las normales a los planos principales (a los que corresponden las tensiones principales σ_1, σ_2 y σ_3) son ortogonales entre sí, recibiendo el nombre de direcciones principales.

Si consideramos las raíces σ_1 y σ_2, de acuerdo con [2.12] podemos escribir:

$$\left.\begin{aligned}[T]\,[\bar{u}_1]=\sigma_1[\bar{u}_1]\\ [T]\,[\bar{u}_2]=\sigma_2[\bar{u}_2]\end{aligned}\right\} \qquad [2.16]$$

Multiplicando escalarmente la primera ecuación por $\bar{u}_2$ y la segunda por $\bar{u}_1$, si restamos miembro a miembro, obtenemos:

$$[\bar{u}_2]^T[T][\bar{u}_1]-[\bar{u}_1]^T[T][\bar{u}_2]=\sigma_1[\bar{u}_2]^T[\bar{u}_1]-\sigma_2[\bar{u}_1]^T[\bar{u}_2] \qquad [2.17]$$

(El superíndice *T* indica matriz transpuesta)

El segundo miembro de esta ecuación es directamente,

$$(\sigma_1-\sigma_2)\ \bar{u}_1.\ \bar{u}_2 \qquad [2.18]$$

mientras que el primero puede escribirse:

$$[\bar{u}_2]^T[T][\bar{u}_1]-[\bar{u}_1]^T[T][\bar{u}_2]=([T][\bar{u}_1])^T[\bar{u}_2]-[\bar{u}_1]^T[T][\bar{u}_2] \qquad [2.19]$$

Al ser la matriz de tensiones simétrica, se cumple $[T]=[T]^T$ y, por tanto, sustituyendo en [2.19], queda:

$$[\bar{u}_2]^T[T][\bar{u}_1]-[\bar{u}_1]^T[T][\bar{u}_2]=[\bar{u}_1]^T[T][\bar{u}_2]-[\bar{u}_1]^T[T][\bar{u}_2]=0 \qquad [2.20]$$

por lo que, de [2.18] se deduce que $\bar{u}_1$ y $\bar{u}_2$ son perpendiculares entre sí ($\bar{u}_1 \cdot \bar{u}_2 = 0$), ya que, en general será $\sigma_1 \neq \sigma_2$.

Procediendo análogamente, se puede comprobar que $\bar{u}_1 \cdot \bar{u}_3 = 0$ y que $\bar{u}_2 \cdot \bar{u}_3 = 0$, por lo que las direcciones principales 1, 2 y 3 forman un triedro trirrectángulo.

Si elegimos como ejes coordenados las direcciones principales, la matriz de tensiones se escribe:

$$[T]=\begin{pmatrix}\sigma_1 & 0 & 0\\ 0 & \sigma_2 & 0\\ 0 & 0 & \sigma_3\end{pmatrix} \qquad [2.21]$$

En la figura 2.6 se representa un elemento de volumen cuyos ejes son paralelos a las direcciones principales y sometido al estado tensional señalado en [2.21].

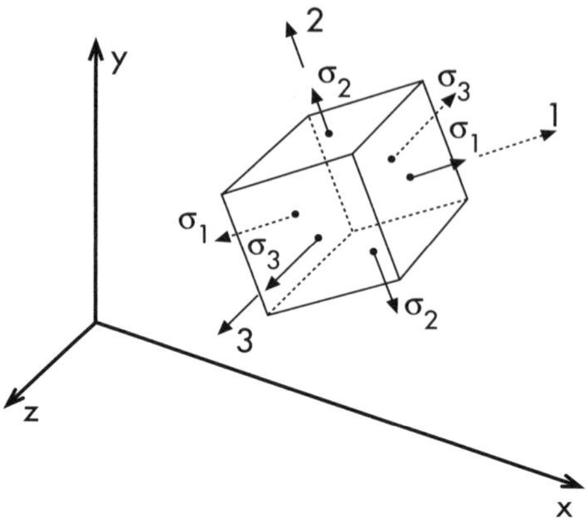

Figura 2.6

Una vez conocidos los valores de las tensiones principales, la obtención de las correspondientes direcciones principales se reduce a sustituir en la ecuación matricial [2.13], σ por las raíces σ_1, σ_2 y σ_3 de la ecuación característica.

Por ejemplo, para $\sigma = \sigma_1$

$$[T - \sigma_1 I]\ [\bar{u}_1] = 0$$

O bien, desarrollando:

$$\begin{pmatrix} \sigma_x - \sigma_1 & \tau_{xy} & \tau_{xz} \\ \tau_{xy} & \sigma_y - \sigma_1 & \tau_{yz} \\ \tau_{xz} & \tau_{yz} & \sigma_z - \sigma_1 \end{pmatrix} \begin{pmatrix} \alpha_1 \\ \beta_1 \\ \gamma_1 \end{pmatrix} = 0$$

o lo que es lo mismo:

$$\left.\begin{aligned} (\sigma_x - \sigma_1)\alpha_1 + \tau_{xy}\beta_1 + \tau_{xz}\gamma_1 = 0 \\ \tau_{xy}\alpha_1 + (\sigma_y - \sigma_1)\beta_1 + \tau_{yz}\gamma_1 = 0 \\ \tau_{xz}\alpha_1 + \tau_{yz}\beta_1 + (\sigma_z - \sigma_1)\gamma_1 = 0 \end{aligned}\right\} \qquad [2.22]$$

Como fácilmente puede comprobarse, las ecuaciones [2.22] no son linealmente independientes, por lo que es necesario utilizar una ecuación adicional, basada en la relación entre los cuadrados de los cosenos directores:

$$\alpha_1^2 + \beta_1^2 + \gamma_1^2 = 1 \qquad [2.23]$$

para poder obtener la dirección $\bar{u}_1$ $(\sigma_1, \beta_1, \gamma_1)$.

2.5. REPRESENTACIÓN GRÁFICA DEL ESTADO TENSIONAL EN EL ENTORNO DE UN PUNTO: ELIPSOIDE DE LAMÉ Y CUÁDRICAS INDICATRICES Y DIRECTRICES DE TENSIONES

Si en la ecuación matricial [2.12] suponemos que la matriz [T] está referida a los ejes o direcciones principales, tal como se indica en [2.21], las componentes del vector tensión $\vec{f}$ son:

$$f_x = \sigma_1 \alpha \quad ; \quad f_y = \sigma_2 \beta \quad ; \quad f_z = \sigma_3 \gamma$$

Despejando α, β, γ y sustituyendo en [2.23] obtenemos:

$$\frac{f_x^2}{\sigma_1^2} + \frac{f_y^2}{\sigma_2^2} + \frac{f_z^2}{\sigma_3^2} = 1 \qquad [2.24]$$

La expresión [2.24] es la ecuación de un elipsoide que se llama elipsoide de elasticidad o de Lamè, que se representa en la figura 2.7 y que es el lugar geométrico de los extremos del vector tensión en un punto. Los semiejes del elipsoide son los valores σ_1, σ_2, σ_3 de las tensiones principales; si dos de éstas son iguales, el elipsoide es de revolución y si las tres son iguales, el extremo del vector tensión recorre una superficie esférica.

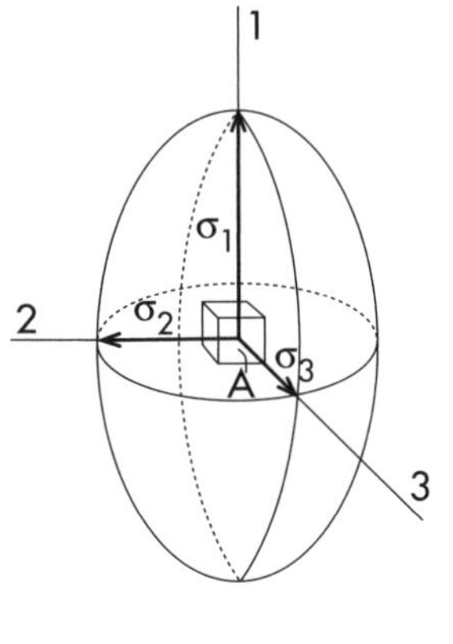

Figura 2.7

Con la ayuda del elipsoide de Lamè sabemos la distribución del módulo del vector tensión en un punto P de un sólido elástico para los infinitos planos que pasan por el mismo, pero no es posible conocer el signo del vector tensión ni el plano al que pertenece; para ello se utilizan las cuádricas indicatrices y directrices de tensiones.

Las cuádricas indicatrices de tensiones son el lugar geométrico de los extremos del vector $\overrightarrow{PQ}$, definido como sigue:

$$\overrightarrow{PQ} = \frac{1}{\sqrt{|\sigma|}}\vec{u} \qquad [2.25]$$

donde $\sigma = \vec{f}\ .\ \vec{u} = \begin{pmatrix}\sigma_1\alpha & \sigma_2\beta & \sigma_3\gamma\end{pmatrix}\begin{pmatrix}\alpha\\ \beta\\ \gamma\end{pmatrix} = \sigma_1\alpha^2 + \sigma_2\beta^2 + \sigma_3\gamma^2$ [2.26]

Si llamamos *x, y, z* las coordenadas del punto *Q* (supuesto que *P* es el origen de coordenadas), se cumple:

$$x = \frac{\alpha}{\sqrt{|\sigma|}} \quad ; \quad y = \frac{\beta}{\sqrt{|\sigma|}} \quad ; \quad z = \frac{\gamma}{\sqrt{|\sigma|}} \qquad [2.27]$$

De [2.26] y [2.27] obtenemos:

$$\sigma = \sigma_1|\sigma|x^2 + \sigma_2|\sigma|y^2 + \sigma_3|\sigma|z^2$$

o bien

$$\sigma_1 x^2 + \sigma_2 y^2 + \sigma_3 z^2 = \frac{\sigma}{|\sigma|} = \pm 1 \qquad [2.28]$$

Según los signos de $\sigma_1, \sigma_2, \sigma_3$ las cuádricas directrices serán un elipsoide o hiperboloides de una o dos hojas y para un plano determinado, dado por el vector unitario $\bar{u}$, se puede determinar si el sólido está sometido a tracción o compresión.

Las cuádricas directrices de tensiones, por su parte, son el lugar geométrico de los extremos del vector $\overrightarrow{PR}$, definido como sigue:

$$\vec{PR} = \frac{1}{\sqrt{|\sigma|}}\vec{f} = \frac{1}{\sqrt{|\sigma|}}\left(\sigma_1\alpha\,\bar{i} + \sigma_2\beta\bar{j} + \sigma_3\gamma\bar{k}\right) \qquad [2.29]$$

Procediendo de modo análogo al seguido en el estudio de las cuádricas indicatrices, se obtiene la ecuación:

$$\frac{x^2}{\sigma_1} + \frac{y^2}{\sigma_2} + \frac{z^2}{\sigma_3} = \pm 1 \qquad [2.30]$$

La discusión según los valores de $\sigma_1, \sigma_2, \sigma_3$ conduce, como en el caso anterior, a que las cuádricas directrices de tensiones sean un elipsoide o hiperboloides de una o dos hojas y para un cierto vector $\vec{f}$, ligado a un plano determinado se puede determinar si en dicho plano la tensión normal es de tracción o compresión.

Para ambas familias de cuádricas, cuando el vector $\vec{PQ}$ o el vector $\vec{PR}$ se sitúa sobre la generatriz del cono asintótico a los hiperboloides de una o dos hojas, el estado tensional es de cortadura pura.

2.6. CÍRCULOS DE MOHR

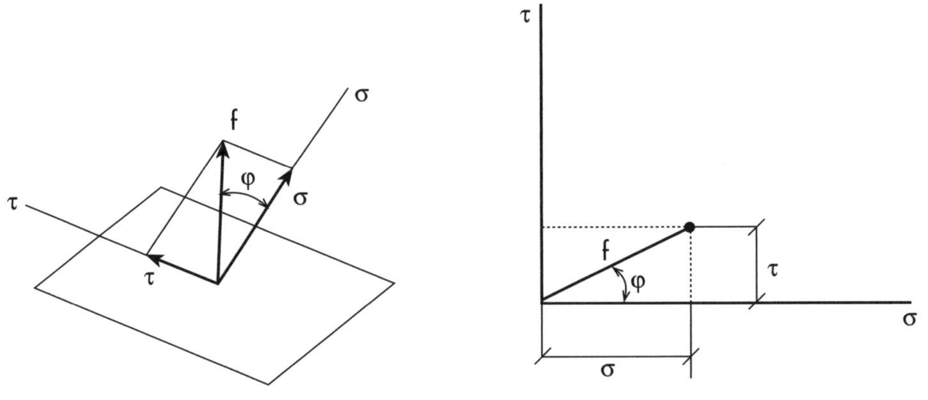

Figura 2.8

La representación gráfica del elipsoide de Lamé, complementada con las cuádricas indicatrices y directrices de tensiones permite relacionar en forma biunívoca el vector tensión correspondiente a uno de los planos que pasan por un punto del interior de un sólido elástico con dicho plano. Sin embargo, es poco utilizada, por ser una representación espacial en la que es necesario dibujar superficies de segundo orden: elipsoides e hiperboloides. Es más sencilla y tiene muchas aplicaciones prácticas la representación plana de los círculos de Mohr, que exponemos seguidamente y para la que se adopta un sistema de ejes coordenados σ–τ, como se indica en la figura 2.8.

Utilizaremos, para uno cualquiera de los infinitos planos que pasan por un punto de un sólido elástico, definido por los cosenos directores de su normal (α, β, γ), las siguientes relaciones:

a) Norma del vector $\overline{\mathrm{f}}$ (ver figura 2.8).

$$f^2 = \sigma^2 + \tau^2 = f_x^2 + f_y^2 + f_z^2 = \sigma_1^2\alpha^2 + \sigma_2^2\beta^2 + \sigma_3^2\gamma^2$$

b) Tensión normal, σ:

$$\sigma = \sigma_1\alpha^2 + \sigma_2\beta^2 + \sigma_3\gamma^2$$

c) Relación entre los cuadrados de los cosenos directores:

$$1 = \alpha^2 + \beta^2 + \gamma^2$$

Agrupando las ecuaciones disponemos del siguiente sistema en $\alpha^2, \beta^2, \gamma^2$:

$$\left.\begin{array}{c} \sigma_1^2\alpha^2 + \sigma_2^2\beta^2 + \sigma_3^2\gamma^2 = \sigma^2 + \tau^2 \\ \sigma_1\alpha^2 + \sigma_2\beta^2 + \sigma_3\gamma^2 = \sigma \\ \alpha^2 + \beta^2 + \gamma^2 = 1 \end{array}\right\} \qquad [2.31]$$

Si en el sistema [2.31] hacemos α=cte., lo que equivale a buscar el lugar geométrico de los extremos de los vectores tensión $\overline{\mathrm{f}}$ correspondientes a planos cuya normal está situada según las generatrices de un cono de revolución de eje x, obtenemos un sistema de tres ecuaciones con dos incógnitas β^2 y γ^2, cuya solución exige que se cumpla la condición de compatibilidad (teorema de Rouché-Frobenius):

$$\begin{vmatrix} \sigma^2+\tau^2-\sigma_1^2\alpha^2 & \sigma_2^2 & \sigma_3^2 \\ \sigma-\sigma_1\alpha^2 & \sigma_2 & \sigma_3 \\ 1-\alpha^2 & 1 & 1 \end{vmatrix} = 0 \qquad [2.32]$$

Desarrollando por los elementos de la primera columna y dividiendo por $(\sigma_2 - \sigma_3)$ se obtiene:

$$\sigma^2+\tau^2-\sigma_1^2\alpha^2-\left(\sigma-\sigma_1\alpha^2\right)\left(\sigma_2+\sigma_3\right)+\left(1-\alpha^2\right)\sigma_2\sigma_3=0$$

o bien: $$\sigma^2+\tau^2-\sigma\left(\sigma_2+\sigma_3\right)+\sigma_2\sigma_3+\alpha^2\left(\sigma_3-\sigma_1\right)\left(\sigma_1-\sigma_2\right)=0 \qquad [2.33]$$

La ecuación [2.33] representa una familia de circunferencias concéntricas, c_1, con centro en el punto de coordenadas $\left(\dfrac{\sigma_2+\sigma_3}{2},\ 0\right)$, referidas al sistema cartesiano adoptado, σ–τ.

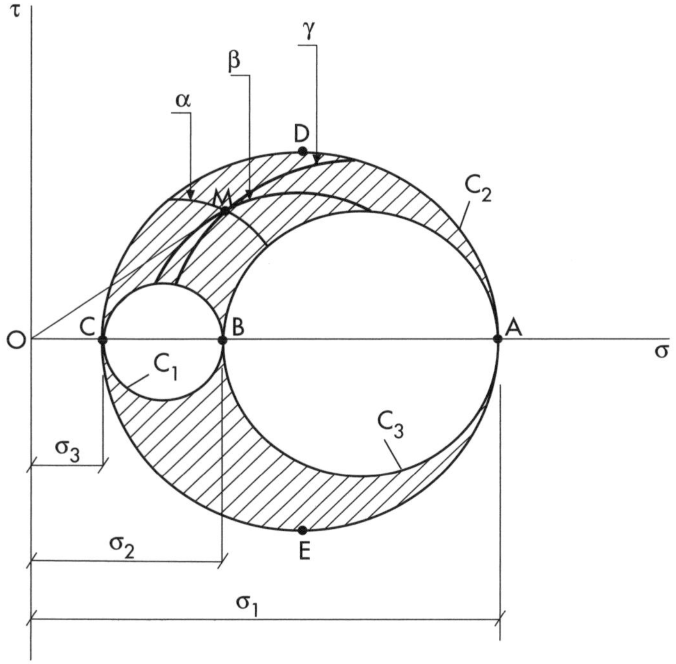

Figura 2.9

Para $\alpha = 0$, se obtiene la circunferencia, C_1, de radio $r = \frac{\sigma_2 - \sigma_3}{2}$, como puede deducirse de la figura 2.9, en la que se supone $\sigma_1 > \sigma_2 > \sigma_3$.

Procediendo análogamente y haciendo, por tanto, sucesivamente β=cte y γ=cte, se obtienen las familias de circunferencias c_2 y c_3:

$$c_2: \quad \sigma^2 + \tau^2 - \sigma(\sigma_3 + \sigma_1) + \sigma_3\sigma_1 + \beta^2(\sigma_1 - \sigma_2)\ (\sigma_2 - \sigma_3) = 0 \qquad [2.34]$$

$$c_3: \quad \sigma^2 + \tau^2 - \sigma(\sigma_1 + \sigma_2) + \sigma_1\sigma_2 + \gamma^2(\sigma_2 - \sigma_3)\ (\sigma_3 - \sigma_1) = 0 \qquad [2.35]$$

cuyos centros son, respectivamente $\left(\frac{\sigma_1 + \sigma_3}{2},\ 0\right)$ y $\left(\frac{\sigma_1 + \sigma_2}{2},\ 0\right)$

Para β=0, se obtiene la circunferencia C_2:

$$\sigma^2 + \tau^2 - \sigma\ (\sigma_3 + \sigma_1) + \sigma_3\sigma_1 = 0 \qquad [2.36]$$

de radio $\frac{\sigma_1 - \sigma_3}{2}$

Para γ=0, se obtiene la circunferencia C_3:

$$\sigma^2 + \tau^2 - \sigma\ (\sigma_1 + \sigma_2) + \sigma_1\sigma_2 = 0 \qquad [2.37]$$

de radio $\frac{\sigma_1 - \sigma_2}{2}$

Las circunferencias C_2 y C_3 se representan también en la figura 2.9.

Los puntos sobre C_1 representan los extremos de los vectores tensión correspondientes a planos paralelos al eje x. Análogamente los puntos situados sobre C_2 representan los estados tensionales en planos paralelos al eje y, siendo los puntos situados sobre C_3 los correspondientes a los vectores tensión según planos paralelos al eje z (se supone que los ejes x, y, z coinciden con las direcciones principales). El resto de los estados tensionales, correspondientes a cualquier otro plano, están representados por los puntos del área rayada en la figura 2.9, como demostramos a continuación.

Sea M el punto representativo del estado tensional en uno de esos planos, dado por las componentes σ y τ del vector $\vec{f} = \overrightarrow{OM}$. Por este punto pasan tres circunferencias c_1, c_2, c_3, concéntricas con las C_1 , C_2 , C_3 (que reciben el nombre de círculos de Mohr).

Si reescribimos la expresión [2.33]:

$$\alpha^2(\sigma_3-\sigma_1)\ (\sigma_1-\sigma_2)=-\ \left[\sigma^2+\tau^2-\sigma\ (\sigma_2+\sigma_3)+\sigma_2\sigma_3\right] \qquad [2.38]$$

Es fácil comprobar que el segundo miembro de [2.38] puede escribirse como sigue:

$$-\ \left[\sigma^2+\tau^2-\sigma\ (\sigma_2+\sigma_3)+\sigma_2\sigma_3\right]=-\left[\left(\sigma-\frac{\sigma_2+\sigma_3}{2}\right)^2+\tau^2-\left(\frac{\sigma_2-\sigma_3}{2}\right)^2\right]$$

Los dos primeros términos del interior del corchete equivalen al cuadrado de la distancia del punto M al centro de la circunferencia C_1, mientras que el tercero es el cuadrado del radio de la misma, por lo que el primer miembro de [2.38] es la potencia, con signo cambiado, del punto M respecto a la circunferencia C_1.

Ya que hemos supuesto $\sigma_1>\sigma_2>\sigma_3$, $\alpha^2(\sigma_3-\sigma_1)(\sigma_1-\sigma_2)<0$ y la potencia es positiva (M es exterior a C_1).

Análogamente, de [2.34] se llega a $\beta^2(\sigma_1-\sigma_2)(\sigma_2-\sigma_3)>0$ y la potencia de M respecto C_2 es negativa (M interior a C_2).

Finalmente, de [2.35] llegamos a $\gamma^2(\sigma_2-\sigma_3)(\sigma_3-\sigma_1)<0$ por lo que la potencia de M respecto a C_3 es positiva (M exterior a C_3).

Queda demostrado, por tanto que el punto M, representativo del estado tensional, está situado sobre el área rayada indicada en la figura 2.9.

Los círculos de Mohr permiten, como vemos, determinar las componente intrínsecas del vector tensión correspondiente a uno de los infinitos planos que pasan por un punto del interior de un sólido elástico. Sin embargo, no conocemos cómo relacionar ese vector tensión con la orientación del plano correspondiente, lo que también puede hacerse con la ayuda de esta representación gráfica.

Consideremos (figura 2.10), el punto D en que la circunferencia c_1, que pasa por M, corta a C_2. La potencia de este punto respecto de C_1 es la misma que la de M, por estar ambos puntos en una circunferencia concéntrica con esta última. (En la figura 2.10 sólo representamos la mitad de los círculos de Mohr, ya que al no haberse definido un signo para τ, la mitad inferior de los mismos es, simplemente, repetición de la superior).

La potencia de M y de D respecto a C_1 es:

$$P_1 = \overline{DK} \,.\, \overline{DC} = \overline{GB} \,.\, \overline{DC} = (\sigma_1 - \sigma_2)\cos a \,.\, (\sigma_1 - \sigma_3)\cos a \qquad [2.39]$$

Expresión que podemos igualar, con

$$P_1 = -\alpha^2 (\sigma_3 - \sigma_1)\ (\sigma_1 - \sigma_2) \qquad [2.40]$$

De [2.39] y [2.40] se deduce $\cos^2 a = \alpha^2$ [2.41]

o también: $\cos\ a = \pm\alpha$ [2.42]

Es decir, el ángulo a es, en valor absoluto, el que forma la normal al plano considerado con la dirección principal 1 (correspondiente a σ_1).

Si consideramos ahora el punto H en que la circunferencia c_3, que pasa por M, corta a C_2, obtenemos, análogamente, dos expresiones de la potencia de M (y de H) respecto a C_3:

$$P_3 = \overline{HI} \cdot \overline{HA} = \overline{JB} \cdot \overline{HA} = (\sigma_2 - \sigma_3)\cos b \cdot (\sigma_1 - \sigma_3)\cos b \qquad [2.43]$$

$$P_3 = -\gamma^2 (\sigma_2 - \sigma_3)(\sigma_3 - \sigma_1) \qquad [2.44]$$

De [2.43] y [2.44] se deducen las expresiones:

$$\cos^2 b = \gamma^2 \qquad [2.45]$$

$$\cos\ b = \pm\gamma \qquad [2.46]$$

(b es el ángulo que forma la normal al plano con la dirección principal 3).

Vemos, de acuerdo con [2.42] y [2.46] que podemos obtener gráficamente la relación entre el vector tensión y la orientación del plano correspondiente.

Por tanto, como se indica en la figura 2.9, las circunferencias concéntricas con C_1, C_2 y C_3 que pasan por el punto M permiten obtener los cosenos directores α, β, γ de la normal al plano al que corresponde la tensión representada por M.

Por lo que se refiere a la tensión cortante máxima, ésta corresponde a los puntos D y E (figura 2.9), siendo su valor:

$$\tau_{max} = \frac{\sigma_1 - \sigma_3}{2} \qquad [2.47]$$

La orientación correspondiente, de acuerdo con la construcción de la figura 2.10, es:

$$\left(\frac{1}{\sqrt{2}}, \quad 0, \quad \pm \frac{1}{\sqrt{2}} \right) \qquad [2.48]$$

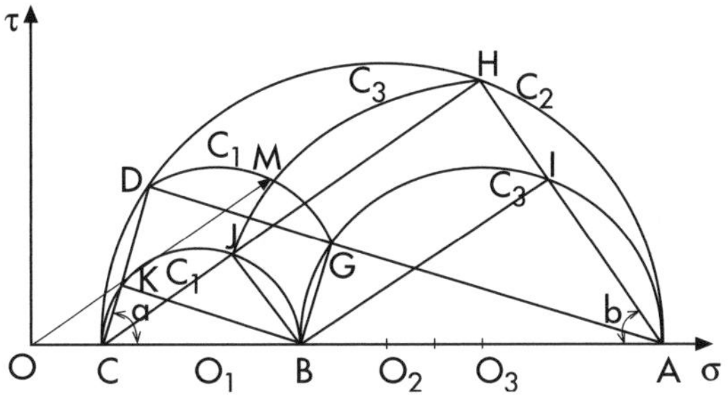

Figura 2.10

2.7. TENSIÓN ESFÉRICA Y TENSIÓN DESVIADORA

Supongamos conocida, en la referencia principal, la matriz de tensiones dada por la expresión [2.21]:

$$[T] = \begin{pmatrix} \sigma_1 & 0 & 0 \\ 0 & \sigma_2 & 0 \\ 0 & 0 & \sigma_3 \end{pmatrix}$$

Este estado tensional se puede considerar que equivale a la superposición de otros dos, estado tensional esférico y estado tensional desviador, expresados por sus matrices de tensiones, $[T_1]$ y $[T_2]$.

$$[T] = [T_1] + [T_2] \tag{2.49}$$

siendo

$$[T_1] = \begin{pmatrix} \sigma_m & 0 & 0 \\ 0 & \sigma_m & 0 \\ 0 & 0 & \sigma_m \end{pmatrix} \tag{2.50}$$

y

$$[T_2] = \begin{pmatrix} \sigma_1 - \sigma_m & 0 & 0 \\ 0 & \sigma_2 - \sigma_m & 0 \\ 0 & 0 & \sigma_3 - \sigma_m \end{pmatrix} \quad (2.51]$$

En las expresiones [2.50] y [2.51] es:

$$\sigma_m = \frac{\sigma_1 + \sigma_2 + \sigma_3}{3} \tag{2.52}$$

tensión media o hidrostática, ligada, como veremos al estudiar el estado de deformación, al cambio de volumen experimentado por un sólido e igual a la tensión normal correspondiente a un plano cuya normal forma ángulos iguales con los ejes coordenados y que recibe el nombre de tensión normal octaédrica.

Efectivamente, utilizando la expresión [2.26]:

$$\sigma = \sigma_1\alpha^2 + \sigma_2\beta^2 + \sigma_3\gamma^2 \qquad \text{y}$$

haciendo $\alpha = \beta = \gamma \pm \frac{1}{\sqrt{3}}$, obtenemos:

$$\sigma_0 = \frac{\sigma_1 + \sigma_2 + \sigma_3}{3} \tag{2.53}$$

σ_0 es la tensión normal octaédrica, coincidente con la tensión media antes definida.

La tensión tangencial octaédrica será:

$$\tau_0 = \sqrt{f_0^2 - \sigma_0^2} \qquad [2.54]$$

donde $f_0^2 = \dfrac{\sigma_1^2 + \sigma_2^2 + \sigma_3^2}{3}$

Sustituyendo en [2.54]:

$$\tau_0 = \sqrt{\frac{1}{3}\left(\sigma_1^2 + \sigma_2^2 + \sigma_3^2\right) - \left(\frac{\sigma_1 + \sigma_2 + \sigma_3}{3}\right)^2} = \frac{1}{3}\sqrt{(\sigma_1 - \sigma_2)^2 + (\sigma_2 - \sigma_3)^2 + (\sigma_3 - \sigma_1)^2}$$

[2.55]

Como veremos más adelante, la matriz desviadora $[T_2]$, está ligada al cambio de forma del sólido.

2.8. CONDICIONES EN EL CONTORNO

Las ecuaciones [2.6], [2.7] y [2.8], de equilibrio interno, son necesarias para el equilibrio en cualquier punto del sólido elástico, pero no son aplicables a los puntos más próximos a la superficie del sólido, ya que para ellos el correspondiente paralelepípedo elemental queda cortado por la superficie de contorno, siendo admisible sustituir esta última por el plano tangente, por lo que los paralelepípedos contiguos a la misma toman la forma de tetraedro.

En estas condiciones, son aplicables a dichos elementos ecuaciones análogas a las [2.9], sustituyendo las componentes de la tensión, f_x, f_y, f_z por $\overline{X}$, $\overline{Y}$, $\overline{Z}$ que son las componentes de la fuerza de superficie $\overline{f_s}$ (figura 2.11).

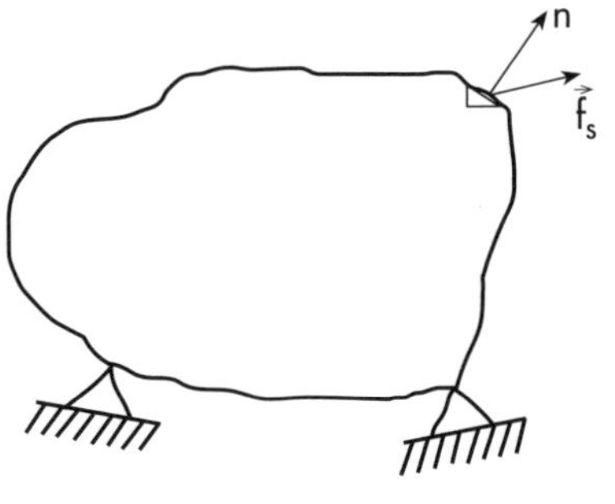

Figura 2.11

Las ecuaciones de equilibrio en el contorno son, pues:

$$\left.\begin{aligned}\overline{X} &= \sigma_x\alpha + \tau_{xy}\beta + \tau_{xz}\gamma \\ \overline{Y} &= \tau_{xy}\alpha + \sigma_y\beta + \tau_{yz}\gamma \\ \overline{Z} &= \tau_{xz}\alpha + \tau_{yz}\beta + \sigma_z\gamma\end{aligned}\right\} \qquad [2.56]$$

En las expresiones [2.56], α, β, γ son los cosenos directores de la normal a la superficie en el punto considerado.

EJERCICIOS DE AUTOCOMPROBACIÓN

1. La matriz de tensiones en un punto P del interior de un sólido elástico, referida a un sistema coordenado Oxyz, es:

$$(T) = \begin{pmatrix} -12 & 12 & 0 \\ 12 & 6 & 0 \\ 0 & 0 & 3 \end{pmatrix}$$

Estando expresadas sus componentes en kg/mm^2. Se pide:

a) Determinar tensiones y direcciones principales.

b) Componentes según los ejes coordenados del vector tensión correspondiente a un plano cuya normal forma ángulos iguales con los ejes coordenados.

c) Componentes intrínsecas del vector tensión correspondiente al plano anterior.

d) Determinar las tensiones tangenciales máximas y los planos a que corresponden, refiriendo éstos a los ejes coordenados.

e) Superficie engendrada por las normales a los planos en que la tensión normal es nula, indicando las zonas del espacio en que es positiva o negativa.

2. La matriz de tensiones en un punto P del interior de un sólido elástico es, referida a un sistema cartesiano ortogonal OXYZ:

$$[T]=\begin{pmatrix} 9 & 7 & 3\sqrt{2} \\ 7 & 9 & -3\sqrt{2} \\ 3\sqrt{2} & -3\sqrt{2} & 2 \end{pmatrix}$$

Estando expresadas sus componentes en kg/mm². Se pide:

a) Tensiones y direcciones principales.

b) Componentes intrínsecas del vector tensión correspondiente a los planos cuya normal forma ángulos iguales con:

b_1) los ejes coordenados.

b_2) los ejes principales.

c) Tensión cortante máxima y planos correspondientes.

3. El estado de tensiones en un punto del interior de un sólido elástico referido a un sistema cartesiano ortogonal OXYZ, se representa en la figura, en la que los valores indicados se miden en kg/mm².

Se pide:

a) Tensiones y direcciones principales

b) Obtener las componentes, referidas al sistema OXYZ, del vector tensión que actua en un plano cuya normal forma ángulos iguales con los ejes coincidentes con las direcciones principales.

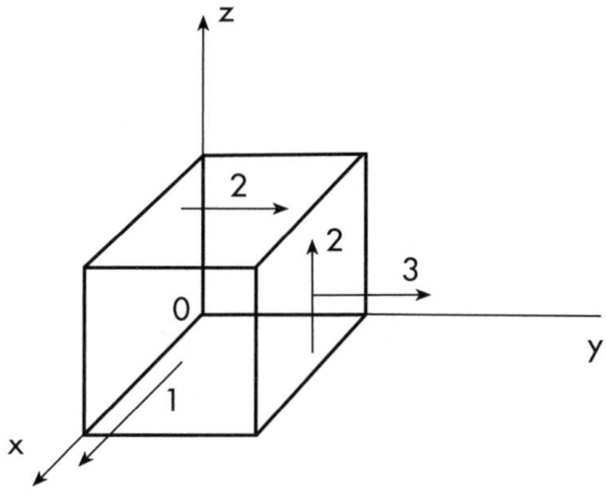

c) Valores de las tensiones octaédricas.

4. Las tensiones principales en un punto P del interior de un sólido elástico son:

$\sigma_1 = 2$ kg/mm^2 ; $\sigma_2 = -1$ kg/mm^2 ; $\sigma_3 = -1$ kg/mm^2

Se pide:

a) Componentes intrínsecas del vector tensión correspondiente a un plano cuya normal exterior tiene por cosenos directores $\left(1/2,\ 1/\sqrt{2},\ 1/2\right)$ referidos a las direcciones principales.

b) Tensiones cortantes máximas y planos a que corresponden.

c) Planos en que no existe tensión normal. Tensión cortante correspondiente a dichos planos.

5. En un punto P de un sólido elástico, el estado de tensiones según uno de los infinitos planos que pasan por el mismo viene dado por sus componentes intrínsecas, $\sigma = 6$ kg/cm^2 y $\tau = 3$ kg/cm^2. Las tensiones principales en el mismo punto son $\sigma_1 = 12$ kg/cm^2 ; $\sigma_2 = 6$ kg/cm^2; $\sigma_3 = 0$, estando orientadas las direcciones principales respecto a los ejes coordenados como se indica en la figura.

Se pide:

a) Orientación del plano citado respecto a las direcciones principales y respecto a los ejes coordenados.

b) Matriz de tensiones en el punto P, en la referencia OXYZ.

c) Tensión cortante máxima y planos correspondientes.

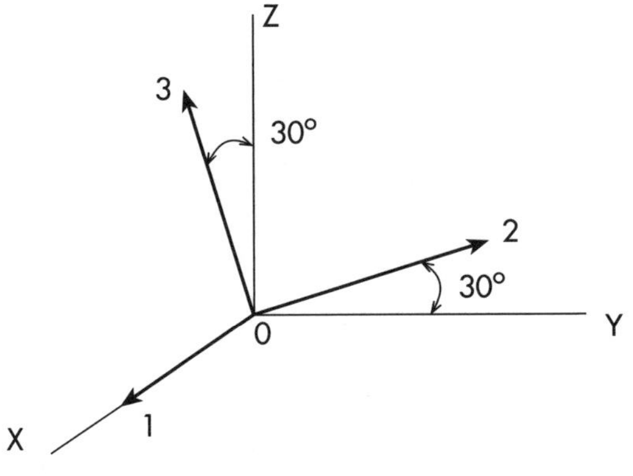

6. La ecuación característica correspondiente a la matriz de tensiones en un punto de un sólido elástico es la siguiente:

$$\sigma^3 - 8\sigma^2 + 4\sigma + 48 = 0$$

Se pide:

a) Calcular las tensiones principales.

b) Determinar analítica y gráficamente las componentes intrínsecas del vector tensión correspondiente a un plano cuya normal exterior tiene por cosenos directores $\left(\frac{1}{\sqrt{2}};\ 0;\ -\frac{1}{\sqrt{2}}\right)$

c) Tensiones cortantes máximas y planos correspondientes.

SOLUCIONES DE LOS EJERCICIOS DE AUTOCOMPROBACIÓN

1. *a)* Será necesario resolver la ecuación:

$$[T - \sigma I][\bar{u}] = 0 \Rightarrow |T - \sigma I| = 0$$

$$\begin{vmatrix} -12-\sigma & 12 & 0 \\ 12 & 6\text{-}\sigma & 0 \\ 0 & 0 & 3\text{-}\sigma \end{vmatrix} = 0: \quad \Rightarrow \quad \sigma{=}3$$

$$(-12-\sigma)(6-\sigma) - 144 = 0 \Rightarrow \sigma^2 + 6\sigma - 216 = 0$$

$$\sigma = -3 \pm \sqrt{9+216} = -3 \pm 15; \quad \Rightarrow \quad \text{soluciones } 12 \text{ y } -18$$

Las tres tensiones principales son $\sigma_1 = 12$ kg/mm²; $\sigma_2 = 3$ kg/mm² y $\sigma_3 = -18$ kg/mm²

- Dirección principal 1

$$\begin{pmatrix} -24 & 12 & 0 \\ 12 & -6 & 0 \\ 0 & 0 & \text{-}9 \end{pmatrix} \begin{pmatrix} \alpha_1 \\ \beta_1 \\ \gamma_1 \end{pmatrix} = \begin{pmatrix} 0 \\ 0 \\ 0 \end{pmatrix} \Rightarrow \left.\begin{aligned} -24\alpha_1 + 12\beta_1 &= 0 \\ 12\alpha_1 - 6\beta_1 &= 0 \\ -9\gamma_1 &= 0 \\ \alpha_1^2 + \beta_1^2 + \gamma_1^2 &= 1 \end{aligned}\right\} \Rightarrow \alpha_1 = \frac{1}{\sqrt{5}};\ \beta_1 = \frac{2}{\sqrt{5}};\ \gamma_1 = 0$$

- Dirección principal 2, coincide con el eje z (0, 0, 1)
- Para determinar la tercera dirección principal realizamos el producto vectorial $\bar{u}_3 = \bar{u}_1 \times \bar{u}_2$

$$\bar{u}_3 = \begin{vmatrix} i & j & k \\ \frac{1}{\sqrt{5}} & \frac{2}{\sqrt{5}} & 0 \\ 0 & 0 & 1 \end{vmatrix} = \frac{2}{\sqrt{5}}\bar{i} - \frac{1}{\sqrt{5}}\bar{j} \Rightarrow \left.\begin{array}{r} \alpha_3 = \frac{2}{\sqrt{5}} \\ \beta_3 = -\frac{1}{\sqrt{5}} \\ \gamma_3 = 0 \end{array}\right\}$$

Por tanto las direcciones y tensiones principales son:

$$\sigma_1 = 12 \text{ kg/mm}^2 \left(\frac{1}{\sqrt{5}}, \frac{2}{\sqrt{5}}, 0\right) \ ; \ \sigma_2 = 3 \text{ kg/mm}^2 (0, 0, 1) \ ;$$

$$\sigma_3 = -18 \text{ kg/mm}^2 \left(\frac{2}{\sqrt{5}}, \frac{-1}{\sqrt{5}}, 0\right)$$

b) Los cosenos directores de la normal al plano indicado son:

$$\frac{1}{\sqrt{3}}, \frac{1}{\sqrt{3}}, \frac{1}{\sqrt{3}}$$

por tanto

$$\left[\bar{f}\right] = [T][\bar{u}] \Rightarrow \begin{pmatrix} f_x \\ f_y \\ f_z \end{pmatrix} = \begin{pmatrix} -12 & 12 & 0 \\ 12 & 6 & 0 \\ 0 & 0 & 3 \end{pmatrix} \begin{pmatrix} 1/\sqrt{3} \\ 1/\sqrt{3} \\ 1/\sqrt{3} \end{pmatrix} = \begin{pmatrix} 0 \\ 18/\sqrt{3} \\ 3/\sqrt{3} \end{pmatrix}$$

$$f_x = 0 \ ; \ f_y = \frac{18}{\sqrt{3}} \ ; \ f_z = \frac{3}{\sqrt{3}} \qquad \text{expresados en kg/mm}^2$$

c)

$$\sigma = \bar{f} \cdot \bar{u} = 0 \cdot \frac{1}{\sqrt{3}} + \frac{18}{\sqrt{3}} \cdot \frac{1}{\sqrt{3}} + \frac{3}{\sqrt{3}} \cdot \frac{1}{\sqrt{3}} = \frac{18}{3} + \frac{3}{3} = 7 \text{ kg/mm}^2$$

$$\tau = \sqrt{f^2 - \sigma^2} = \sqrt{\left(\frac{18}{\sqrt{3}}\right)^2 + \left(\frac{3}{\sqrt{3}}\right)^2 - 7^2} = \sqrt{111 - 49} = 7,87 \text{ kg/mm}^2$$

d) La tensión tangencial máxima es:

$$\tau_{\max} = \frac{\sigma_1 - \sigma_3}{2} = \frac{12 + 18}{2} = 15 \text{ kg/mm}^2$$

estando la dirección de la normal a los planos correspondientes (referida a los ejes principales) representada por $\left(\frac{1}{\sqrt{2}},\ 0,\ \pm\frac{1}{\sqrt{2}}\right)$

Para pasar este vector unitario a la referencia de los ejes coordenados, se procede así:

$$[\bar{u}'] = [R][\bar{u}] \rightarrow [\bar{u}] = [R]^T [\bar{u}']$$

siendo $[\bar{u}]$ = vector de referencia xyz; $[\bar{u}']$ = vector referido a ejes principales.

[R] = matriz de cambio de base, formada por los vectores fila correspondientes a las direcciones principales.

$$[R] = \begin{pmatrix} \frac{1}{\sqrt{5}} & \frac{2}{\sqrt{5}} & 0 \\ 0 & 0 & 1 \\ \frac{2}{\sqrt{5}} & -\frac{1}{\sqrt{5}} & 0 \end{pmatrix} \; ; \; \begin{pmatrix} \alpha \\ \beta \\ \gamma \end{pmatrix} = \begin{pmatrix} \frac{1}{\sqrt{5}} & \frac{2}{\sqrt{5}} & 0 \\ 0 & 0 & 1 \\ \frac{2}{\sqrt{5}} & -\frac{1}{\sqrt{5}} & 0 \end{pmatrix}^T \begin{pmatrix} \frac{1}{\sqrt{2}} \\ 0 \\ \frac{1}{\sqrt{2}} \end{pmatrix} = \begin{pmatrix} \frac{3}{\sqrt{10}} \\ \frac{1}{\sqrt{10}} \\ 0 \end{pmatrix} \; ;$$

$$\alpha = \frac{3}{\sqrt{10}} \; ; \; \beta = \frac{1}{\sqrt{10}} \; ; \; \gamma = 0$$

que son los cosenos directores pedidos de la normal al plano de tensión tangencial máxima respecto de los ejes coordenados xyz.

e) La superficie es el cono asintótico de las cuádricas indicatrices de tensiones:

$$\sigma_1 x^2 + \sigma_2 y^2 + \sigma_3 z^2 = 0 \Rightarrow 12x^2 + 3y^2 - 18z^2 = 0$$

Si la normal al plano es exterior al cono, la tensión normal es positiva; en caso contrario es negativa.

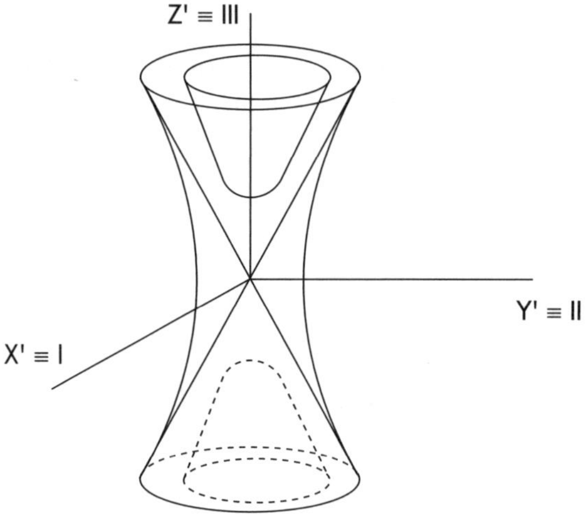

2. *a)* Para obtener las tensiones principales y las correspondientes direcciones hay que resolver la ecuación:

$$[T - \sigma I][\bar{u}] = 0, \text{ que se cumple}$$

$$\begin{vmatrix} 9-\sigma & 7 & 3\sqrt{2} \\ 7 & 9\text{-}\sigma & -3\sqrt{2} \\ 3\sqrt{2} & -3\sqrt{2} & 2\text{-}\sigma \end{vmatrix} = 0$$

$$(9-\sigma)^2(2-\sigma) - 9.2.7 - 9.2.7 - 9.2(9-\sigma) - 9.2(9-\sigma) - 7^2(2-\sigma) = 0$$

$$(81 + \sigma^2 - 18\sigma)(2-\sigma) - 252 - 36(9-\sigma) - 49(2-\sigma) = 0$$

$$-\sigma^3 + 20\sigma^2 - 32\sigma - 512 = 0 \rightarrow \sigma^3 - 20\sigma^2 + 32\sigma + 512 = 0$$

Una raiz es σ = –4. Aplicando la Regla de Ruffini

	1	–20	32	512
–4		–4	96	–512
	1	–24	128	0

$$\sigma^3 - 20\sigma^2 + 32\sigma + 512 = (\sigma + 4)(\sigma^2 - 24\sigma + 128) = 0$$

Las otras dos raices son:

$$\sigma^2 - 24\sigma + 128 = 0$$

$$\sigma = 12 \pm \sqrt{144 - 128} = 12 \pm 4 \begin{cases} 16 \\ 8 \end{cases}$$

$$\sigma_1 = 16 \text{ kg/mm}^2 \;\; ; \;\; \sigma_2 = 8 \text{ kg/mm}^2 \;\; ; \;\; \sigma_3 = -4 \text{ kg/mm}^2$$

- Direcciones principales:

Para $\sigma = \sigma_1 = 16 \text{ kg/mm}^2 \qquad [T - \sigma_1 I][\bar{u}] = 0$

$$\begin{pmatrix} -7 & 7 & 3\sqrt{2} \\ 7 & -7 & -3\sqrt{2} \\ 3\sqrt{2} & -3\sqrt{2} & -14 \end{pmatrix} \begin{pmatrix} \alpha_1 \\ \beta_1 \\ \gamma_1 \end{pmatrix} = \begin{pmatrix} 0 \\ 0 \\ 0 \end{pmatrix} \rightarrow \left.\begin{aligned} -7\alpha_1 + 7\beta_1 + 3\sqrt{2}\gamma_1 = 0 \\ 7\alpha_1 - 7\beta_1 - 3\sqrt{2}\gamma_1 = 0 \\ 3\sqrt{2}\alpha_1 - 3\sqrt{2}\beta_1 - 14\gamma_1 = 0 \\ \alpha_1^2 + \beta_1^2 + \gamma_1^2 = 1 \end{aligned}\right\}$$

$\gamma_1 = \dfrac{7}{3\sqrt{2}}(\alpha_1 - \beta_1)$. Sustituyendo:

$$3\sqrt{2}\alpha_1 - 3\sqrt{2}\beta_1 - \frac{14\,.7}{3\sqrt{2}}(\alpha_1 - \beta_1) = 0$$

$$18\alpha_1 - 18\beta_1 - 98\alpha_1 + 98\beta_1 = 0$$

$$-80\alpha_1 + 80\beta_1 = 0 \rightarrow \alpha_1 = \beta_1 \;\; ; \;\; \gamma_1 = 0$$

$$2\alpha_1^2 = 1 \;\; ; \;\; \alpha_1^2 = \frac{1}{2} \;\; ; \;\; \alpha_1 = \pm\frac{1}{\sqrt{2}} \;\; ; \;\; \beta_1 = \pm\frac{1}{\sqrt{2}}$$

$$* \ \sigma_1 = 16 \text{ kg/mm}^2 \quad \left(\frac{1}{\sqrt{2}}, \ \frac{1}{\sqrt{2}}, \ 0\right)$$

Para $\sigma = \sigma_2 = 8 \text{ kg/mm}^2$, análogamente:

$$\begin{pmatrix} 1 & 7 & 3\sqrt{2} \\ 7 & 1 & -3\sqrt{2} \\ 3\sqrt{2} & -3\sqrt{2} & 6 \end{pmatrix} \begin{pmatrix} \alpha_2 \\ \beta_2 \\ \gamma_2 \end{pmatrix} = \begin{pmatrix} 0 \\ 0 \\ 0 \end{pmatrix} \rightarrow \left.\begin{aligned} \alpha_2 + 7\beta_2 + 3\sqrt{2}\gamma_2 = 0 \\ 7\alpha_2 + \beta_2 - 3\sqrt{2}\gamma_2 = 0 \\ 3\sqrt{2}\alpha_2 - 3\sqrt{2}\beta_2 - 6\gamma_2 = 0 \\ \alpha_2^2 + \beta_2^2 + \gamma_2^2 = 1 \end{aligned}\right\}$$

$$8\alpha_2 + 8\beta_2 = 0 \rightarrow \alpha_2 = -\beta_2$$

$$3\sqrt{2}\alpha_2 + 3\sqrt{2}\alpha_2 = 6\gamma_2 \quad ; \quad \gamma_2 = \frac{6\sqrt{2}}{6} = \sqrt{2}\alpha_2$$

$$\alpha_2^2 + \alpha_2^2 + 2\alpha_2^2 = 1 \quad ; \quad 4\alpha_2^2 = 1 \quad ; \quad \alpha_2 = \pm\frac{1}{2} \quad ; \quad \beta_2 = \mp\frac{1}{2} \quad ; \quad \gamma_2 = \frac{\sqrt{2}}{2}$$

$$* \ \sigma_2 = 8 \text{ kg/mm}^2 \quad \left(\frac{1}{2}, \ -\frac{1}{2}, \ \frac{1}{\sqrt{2}}\right)$$

La tercera dirección principal puede obtenerse de la relación:

$$\bar{u}_3 = \bar{u}_1 \text{ x } \bar{u}_2$$

$$\bar{u}_3 = \begin{vmatrix} \bar{i} & \bar{j} & \bar{k} \\ \frac{1}{\sqrt{2}} & \frac{1}{\sqrt{2}} & 0 \\ \frac{1}{2} & -\frac{1}{2} & \frac{1}{\sqrt{2}} \end{vmatrix} = \frac{1}{2}\bar{i} - \frac{1}{2}\bar{j} - \frac{1}{\sqrt{2}}\bar{k}$$

$$* \ \sigma_3 = -4 \text{ kg/mm}^2 \quad \left(\frac{1}{2}, -\frac{1}{2}, -\frac{1}{\sqrt{2}}\right)$$

b) En el 1.er caso (b_1) los cosenos directores, referidos a los ejes OXYZ son: $\frac{1}{\sqrt{3}}, \frac{1}{\sqrt{3}}, \frac{1}{\sqrt{3}}$

$$\left[\bar{f}\right]=[T][\bar{u}]$$

$$\left[\bar{f}\right]=\begin{pmatrix} 9 & 7 & 3\sqrt{2} \\ 7 & 9 & -3\sqrt{2} \\ 3\sqrt{2} & -3\sqrt{2} & 2 \end{pmatrix}\begin{pmatrix} \dfrac{1}{\sqrt{3}} \\ \dfrac{1}{\sqrt{3}} \\ \dfrac{1}{\sqrt{3}} \end{pmatrix}=\begin{pmatrix} \dfrac{9+7+3\sqrt{2}}{\sqrt{3}} \\ \dfrac{7+9-3\sqrt{2}}{\sqrt{3}} \\ \dfrac{2}{\sqrt{3}} \end{pmatrix}$$

$$\sigma=\bar{f}\ .\ \bar{u}=\frac{9+7+3\sqrt{2}}{3}+\frac{7+9-3\sqrt{2}}{3}+\frac{2}{3}=\frac{34}{3}=11,33\ \text{kg/mm}^2$$

$$\tau=\sqrt{f^2-\sigma^2};\ f^2=\frac{\left(16+3\sqrt{2}\right)^2}{3}+\frac{\left(16-3\sqrt{2}\right)^2}{3}+\frac{4}{3}$$

$$f^2=\frac{256+18+96\sqrt{2}+256+18-96\sqrt{2}+4}{3}=\frac{548}{3}=182,7$$

$$\tau=\sqrt{\overline{182,7}^2-\frac{34^2}{9}}=7,36\ \text{kg/mm}^2$$

En el 2.º caso (b_2), actuando en la referencia principal:

$$\left[\bar{f}\right]=\begin{pmatrix} 16 & 0 & 0 \\ 0 & 8 & 0 \\ 0 & -0 & -4 \end{pmatrix}\begin{pmatrix} \dfrac{1}{\sqrt{3}} \\ \dfrac{1}{\sqrt{3}} \\ \dfrac{1}{\sqrt{3}} \end{pmatrix}=\begin{pmatrix} \dfrac{16}{\sqrt{3}} \\ \dfrac{8}{\sqrt{3}} \\ -\dfrac{4}{\sqrt{3}} \end{pmatrix}$$

$$\sigma=\bar{f}\cdot\bar{u}=\frac{16}{3}+\frac{8}{3}-\frac{4}{3}=\frac{20}{3}=6,67\ \text{kg/mm}^2$$

$$\tau=\sqrt{f^2-\sigma^2}=\sqrt{\frac{256}{3}+\frac{64}{3}+\frac{16}{3}-\left(\frac{20}{3}\right)^2}=\sqrt{112-\left(\frac{20}{3}\right)^2}=8,21\ \text{kg/mm}^2$$

c)

$$\tau_{max} = \frac{\sigma_1 - \sigma_3}{2} = \frac{16+4}{2} = 10 \text{ kg/mm}^2$$

Los planos correspondientes, en la referencia principal, vienen definidos por su normal $[\bar{u}]$

$$\bar{u}\left(\frac{1}{\sqrt{2}},\ 0,\ \pm\frac{1}{\sqrt{2}}\right)$$

3. *a)* La matriz de tensiones, con los ejes de la figura, es:

$$[T] = \begin{pmatrix} 1 & 0 & 0 \\ 0 & 3 & 2 \\ 0 & 2 & 0 \end{pmatrix}$$

Las tensiones y direcciones principales se obtienen resolviendo la ecuación $[T\text{-}\sigma I]\ [\bar{u}] = 0$

$$\begin{pmatrix} 1-\sigma & 0 & 0 \\ 0 & 3-\sigma & 2 \\ 0 & 2 & -\sigma \end{pmatrix} \begin{pmatrix} \alpha \\ \beta \\ \gamma \end{pmatrix} = \begin{pmatrix} 0 \\ 0 \\ 0 \end{pmatrix} \qquad \text{(A)}$$

$$\begin{vmatrix} 1-\sigma & 0 & 0 \\ 0 & 3-\sigma & 2 \\ 0 & 2 & -\sigma \end{vmatrix} = 0 \qquad \text{una solución es } \sigma = 1$$

Las otras soluciones se obtienen como sigue:

$$\begin{vmatrix} 3-\sigma & 2 \\ 2 & -\sigma \end{vmatrix} = 0 \Rightarrow -3\sigma + \sigma^2 - 4 = 0$$

$$\sigma = \frac{+3 \pm \sqrt{9+16}}{2} = \frac{3 \pm 5}{2} \begin{cases} 4 \\ -1 \end{cases}$$

$$\sigma_1 = 4 \text{ kg/mm}^2; \quad \sigma_2 = 1 \text{ kg/mm}^2; \quad \sigma_3 = -1 \text{ kg/mm}^2$$

- Direcciones principales: Sustituyendo los valores de $\sigma(\sigma_1, \sigma_2, \sigma_3)$ en la ecuación (A) se obtiene:

$$\begin{pmatrix} -3 & 0 & 0 \\ 0 & -1 & 2 \\ 0 & 2 & -4 \end{pmatrix} \begin{pmatrix} \alpha_1 \\ \beta_1 \\ \gamma_1 \end{pmatrix} = \begin{pmatrix} 0 \\ 0 \\ 0 \end{pmatrix} \Rightarrow \left. \begin{aligned} -3\alpha_1 + 0\beta_1 + 0\gamma_1 &= 0 \\ 0\alpha_1 - \beta_1 + 2\gamma_1 &= 0 \\ 0\alpha_1 + 2\beta_1 - 4\gamma_1 &= 0 \\ \alpha_1^2 + \beta_1^2 + \gamma_1^2 &= 1 \end{aligned} \right\}$$

$$\alpha_1 = 0 \ ; \ \beta_1 = 2\gamma_1 \ ; \ \gamma_1^2 + 4\gamma_1^2 = 1 \ ; \ \gamma_1^2 = \frac{1}{5} \ ; \ \gamma_1 = \pm\frac{1}{\sqrt{5}}$$

$$\beta_1 = \pm\frac{2}{\sqrt{5}}$$

$$\sigma_1 = 4 \text{ kg/mm}^2 \ \left(0, \ \frac{2}{\sqrt{5}}, \ \frac{1}{\sqrt{5}}\right)$$

$\sigma_2 = 1 \text{ kg/mm}^2 \ (1, \ 0, \ 0)$ (El eje x es dirección principal)

La dirección principal 3 se obtiene: $\bar{u}_3 = \bar{u}_1 \times \bar{u}_2$

$$\bar{u}_3 = \begin{vmatrix} \bar{i} & \bar{j} & \bar{k} \\ 0 & \frac{2}{\sqrt{5}} & \frac{1}{\sqrt{5}} \\ 1 & 0 & 0 \end{vmatrix} = \frac{1}{\sqrt{5}}\bar{j} - \frac{2}{\sqrt{5}}\bar{k}$$

$$\sigma_3 = -1 \text{ kg/mm}^2 \ \left(0, \ \frac{1}{\sqrt{5}}, \ -\frac{2}{\sqrt{5}}\right)$$

b) La matriz de tensiones, en la referencia principal, es:

$$[T'] = \begin{pmatrix} 4 & 0 & 0 \\ 0 & 1 & 0 \\ 0 & 0 & -1 \end{pmatrix}$$ y el vector tensión será:

$$[\bar{f}] = [T'][\bar{u}'] = \begin{pmatrix} 4 & 0 & 0 \\ 0 & 1 & 0 \\ 0 & 0 & -1 \end{pmatrix} \begin{pmatrix} \frac{1}{\sqrt{3}} \\ \frac{1}{\sqrt{3}} \\ \frac{1}{\sqrt{3}} \end{pmatrix} = \begin{pmatrix} \frac{4}{\sqrt{3}} \\ \frac{1}{\sqrt{3}} \\ -\frac{1}{\sqrt{3}} \end{pmatrix}$$

Para obtener este vector en la referencia OXYZ, aplicaremos la ecuación: $[f'] = [R]\,[f]$ siendo $[R]$ la matriz de cambio de base.

$$[R] = \begin{pmatrix} \alpha_1 & \beta_1 & \gamma_1 \\ \alpha_2 & \beta_2 & \gamma_2 \\ \alpha_3 & \beta_3 & \gamma_3 \end{pmatrix} = \begin{pmatrix} 0 & \frac{2}{\sqrt{5}} & \frac{1}{\sqrt{5}} \\ 1 & 0 & 0 \\ 0 & \frac{1}{\sqrt{5}} & -\frac{2}{\sqrt{5}} \end{pmatrix}$$

Podemos escribir: $[\bar{f}] = [R]^T\,[f']$

$$[\bar{f}] = \begin{pmatrix} 0 & 1 & 0 \\ \frac{2}{\sqrt{5}} & 0 & \frac{1}{\sqrt{5}} \\ \frac{1}{\sqrt{5}} & 0 & -\frac{2}{\sqrt{5}} \end{pmatrix} \begin{pmatrix} \frac{4}{\sqrt{3}} \\ \frac{1}{\sqrt{3}} \\ -\frac{1}{\sqrt{3}} \end{pmatrix} = \begin{pmatrix} \frac{1}{\sqrt{3}} \\ \frac{7}{\sqrt{15}} \\ \frac{6}{\sqrt{15}} \end{pmatrix}$$

c) Las tensiones octaédricas son:

$$\sigma_0 = \frac{\sigma_1 + \sigma_2 + \sigma_3}{3} = \frac{4+1-1}{3} = \frac{4}{3} = 1{,}33 \text{ kg/mm}^2$$

$$\tau_0 = \frac{1}{3}\sqrt{(\sigma_1 - \sigma_2)^2 + (\sigma_2 - \sigma_3)^2 + (\sigma_3 - \sigma_1)^2} = \frac{1}{3}\sqrt{3^2 + 2^2 + 5^2}$$

$$\tau_0 = \frac{1}{3}\sqrt{9+4+25} = \frac{1}{3}\sqrt{38} = 2{,}05 \text{ kg/mm}^2$$

4. *a)*

$$[\bar{f}] = [T][\bar{u}]$$

$$\begin{pmatrix} f_x \\ f_y \\ f_z \end{pmatrix} = \begin{pmatrix} 2 & 0 & 0 \\ 0 & -1 & 0 \\ 0 & 0 & -1 \end{pmatrix} \begin{pmatrix} \frac{1}{2} \\ \frac{1}{\sqrt{2}} \\ \frac{1}{2} \end{pmatrix} = \begin{pmatrix} 1 \\ -\frac{1}{\sqrt{2}} \\ -\frac{1}{2} \end{pmatrix}$$

$$f^2 = f_x^2 + f_y^2 + f_z^2 = 1 + \frac{1}{2} + \frac{1}{4} = \frac{7}{4}$$

$$\sigma = \sigma_1\alpha^2 + \sigma_2\beta^2 + \sigma_3\gamma^2 = 2\frac{1}{4} - 1\frac{1}{2} - 1\frac{1}{4} = -\frac{1}{4} \text{ kg/mm}^2$$

$$\tau = \sqrt{f^2 - \sigma^2} = \sqrt{\frac{28}{16} - \frac{1}{16}} = \sqrt{\frac{27}{16}} = \frac{3\sqrt{3}}{4} \text{ kg/mm}^2$$

b) Como puede comprobarse dibujando los círculos de Mohr, la tensión cortante máxima vale

$$\tau_{\max} = \frac{\sigma_1 - \sigma_3}{2} = \frac{2+1}{2} = \frac{3}{2} \text{ kg/mm}^2$$

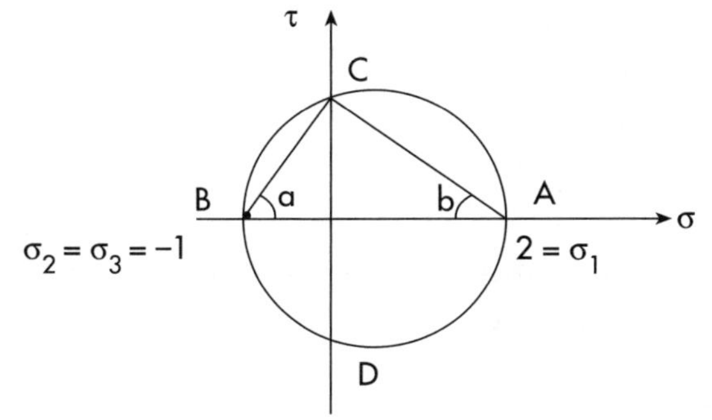

Los planos correspondientes se definen por el vector $\left(\frac{1}{\sqrt{2}},\ 0,\ \pm\frac{1}{\sqrt{2}}\right)$ aunque, realmente no están totalmente definidos por estar reducido el círculo C_1 a un punto y coincidir C_2 con C_3 (todas las direcciones contenidas en el plano ortogonal a la dirección principal 1 son principales).

c) Los puntos C y D corresponden a planos de tensión normal nula: $\sigma=0;\tau=1{,}33$ kg/m², $a=$ arc tg 1,33 = 53,13° ; b= 36,87°: referidos a las direcciones principales (con la salvedad indicada en b).

5. *a)* Dibujamos los círculos de Mohr.

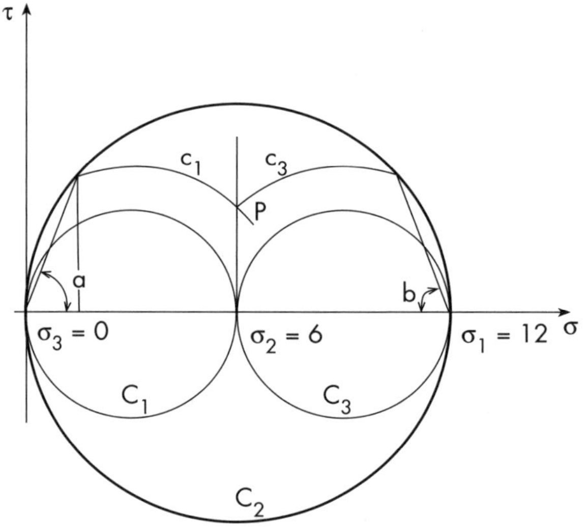

$$a = b = arctg\frac{4{,}0}{1{,}5} = 69{,}44^{\circ}$$

$$\alpha = \gamma = \cos\ 69{,}44^{\circ} = 0{,}35$$

$$\beta = \sqrt{1 - \overline{0{,}35}^{2} - \overline{0{,}35}^{2}} = 0{,}87$$

Llamando $[\bar{u}]$ al vector unitario correspondiente al plano, en la referencia OXYZ, y $[\bar{u}']$al mismo vector en la referencia principal, escribiremos: $[\bar{u}'] = [R]\ [\bar{u}]$, siendo [R] la matriz de cambio de base, constituida por los vectores fila que definen los ejes principales respecto de los OXYZ.

$$[R]=\begin{pmatrix} 1 & 0 & 0 \\ 0 & \frac{\sqrt{3}}{2} & \frac{1}{2} \\ 0 & -\frac{1}{2} & \frac{\sqrt{3}}{2} \end{pmatrix}; \text{ conocido } [\bar{u}'], \text{ es } [\bar{u}]=[R]^T[\bar{u}']$$

$$[\bar{u}']=\begin{pmatrix} 0,35 \\ 0,87 \\ 0,35 \end{pmatrix}; \quad [\bar{u}]=\begin{pmatrix} 1 & 0 & 0 \\ 0 & \frac{\sqrt{3}}{2} & -\frac{1}{2} \\ 0 & \frac{1}{2} & \frac{\sqrt{3}}{2} \end{pmatrix}\begin{pmatrix} 0,35 \\ 0,87 \\ 0,35 \end{pmatrix}=\begin{pmatrix} 0,35 \\ 0,58 \\ 0,74 \end{pmatrix}$$

b) $[T']=[R][T][R]^{T}$ [1]

$[T']$ = matriz de tensiones en la referencia principal

$[T]$ = matriz de tensiones en la referencia OXYZ

$[T] = [R]^{T}[T'][R]$

$$[T']=\begin{pmatrix} 12 & 0 & 0 \\ 0 & 6 & 0 \\ 0 & 0 & 0 \end{pmatrix}$$

$$[T]=\begin{pmatrix} 1 & 0 & 0 \\ 0 & \frac{\sqrt{3}}{2} & -\frac{1}{2} \\ 0 & \frac{1}{2} & \frac{\sqrt{3}}{2} \end{pmatrix}\begin{pmatrix} 12 & 0 & 0 \\ 0 & 6 & 0 \\ 0 & 0 & 0 \end{pmatrix}\begin{pmatrix} 1 & 0 & 0 \\ 0 & \frac{\sqrt{3}}{2} & \frac{1}{2} \\ 0 & -\frac{1}{2} & \frac{\sqrt{3}}{2} \end{pmatrix}=$$

[1] Esta operación se justifica en el Tema 4.

$$=\begin{pmatrix} 1 & 0 & 0 \\ 0 & \frac{\sqrt{3}}{2} & -\frac{1}{2} \\ 0 & \frac{1}{2} & \frac{\sqrt{3}}{2} \end{pmatrix}\begin{pmatrix} 12 & 0 & 0 \\ 0 & 3\sqrt{3} & 3 \\ 0 & 0 & 0 \end{pmatrix}=\begin{pmatrix} 12 & 0 & 0 \\ 0 & \frac{9}{2} & \frac{3\sqrt{3}}{2} \\ 0 & \frac{3\sqrt{3}}{2} & \frac{3}{2} \end{pmatrix}$$

c) $$\tau_{max}=\frac{\sigma_1-\sigma_3}{2}=\frac{12-0}{2}=6 \text{ kg/cm}^2$$

Orientación $\left(\frac{1}{\sqrt{2}},\ 0,\ \pm\frac{1}{\sqrt{2}}\right)$ respecto a los ejes principales.

Nota Otra forma de resolver el apartado *a*) es obtener las soluciones del sistema:

$$\left.\begin{array}{r} \sigma_1^2\alpha^2+\sigma_2^2\beta^2+\sigma_3^2\gamma^2=\sigma^2+\tau^2 \\ \sigma_1\alpha^2+\sigma_2\beta^2+\sigma_3\gamma^2=\sigma \\ \alpha^2+\beta^2+\gamma^2=1 \end{array}\right\}\rightarrow \left.\begin{array}{r} 144\alpha^2+36\beta^2=36+9=45 \\ 12\alpha^2+6\beta^2=6 \\ \alpha^2+\beta^2+\gamma^2=1 \end{array}\right\}$$

De la 2.ª ecuación: $2\alpha^2+\beta^2=1$; $\beta^2=1-2\alpha^2$. Sustituyendo en la 1.ª:

$$144\alpha^2+36\left(1-2\alpha^2\right)=45\rightarrow 72\alpha^2=9\ ;\ \alpha^2=\frac{9}{72}=\frac{1}{8}\ ;\ \beta^2=1-\frac{1}{4}=\frac{3}{4}$$

$$\frac{1}{8}+\frac{3}{4}+\gamma^2=1\ ;\ \gamma^2=1-\frac{1}{8}-\frac{3}{4}=\frac{1}{8}$$

$$\alpha^2=\frac{1}{8}\ ;\ \beta^2=\frac{3}{4}\ ;\ \gamma^2=\frac{1}{8}$$

$$\alpha=\pm 0{,}33\ ;\ \beta=\pm 0{,}87\ ;\ \gamma=\pm 0{,}33$$

Valores muy aproximados a los obtenidos gráficamente.

Teniendo en cuenta los signos, hay 8 orientaciones distintas de la normal al plano, respecto a los ejes principales por tanto, respecto a los ejes OXYZ.

6. *a)* Las raíces de la ecuación $\sigma^3-8\sigma^2+4\sigma+48=0$, se obtienen como sigue:

Una raíz es $\sigma=-2$ $\qquad -8-32-8+48=0$

Aplicando la regla de Ruffini:

	1	–8	4	48
–2		–2	+20	–48
	1	–10	24	0

Las dos raices restantes se obtienen resolviendo la ecuación:

$$\sigma^2 - 10\sigma + 24 = 0$$

$$\sigma = 5 \pm \sqrt{25-24} = 5 \pm 1 \begin{cases} 6 \\ 4 \end{cases}$$

Las tensiones principales son, por tanto:

$$\sigma_1 = 6; \quad \sigma_2 = 4; \quad \sigma_3 = -2;$$

b) Ya que no se conoce la matriz de tensiones referida a los ejes OXYZ, el vector indicado sólo se puede referir a los ejes principales, respecto a los cuales la matriz de tensiones es:

$$[T] = \begin{pmatrix} 6 & 0 & 0 \\ 0 & 4 & 0 \\ 0 & 0 & -2 \end{pmatrix}; \quad [\bar{f}] = [T][\bar{u}] = \begin{pmatrix} 6 & 0 & 0 \\ 0 & 4 & 0 \\ 0 & 0 & -2 \end{pmatrix} \begin{pmatrix} \frac{1}{\sqrt{2}} \\ 0 \\ -\frac{1}{\sqrt{2}} \end{pmatrix}$$

Las componentes intrínsecas se obtienen como sigue:

$\sigma = \bar{f} \cdot \bar{u} = [\bar{u}]^T [T][\bar{u}] = \sigma_1 \alpha^2 + \sigma_2 \beta^2 + \sigma_3 \gamma^2$ en la referencia principal.

$$\sigma = 6\left(\frac{1}{\sqrt{2}}\right)^2 + 4 \cdot 0 - 2\left(-\frac{1}{\sqrt{2}}\right)^2 = \frac{6}{2} - \frac{2}{2} = 2$$

$$\bar{f} = 6\frac{1}{\sqrt{2}}\bar{i} + 4 \cdot 0\bar{j} - 2\left(-\frac{1}{\sqrt{2}}\right)\bar{k} = \frac{6}{\sqrt{2}}\bar{i} + \frac{2}{\sqrt{2}}\bar{k}$$

$$f^2 = \frac{36}{2} + \frac{4}{2} = 18 + 2 = 20$$

$$\tau = \sqrt{f^2 - \sigma^2} = \sqrt{20 - 4} = 4$$

La solución gráfica se obtiene utilizando los círculos de Mohr.

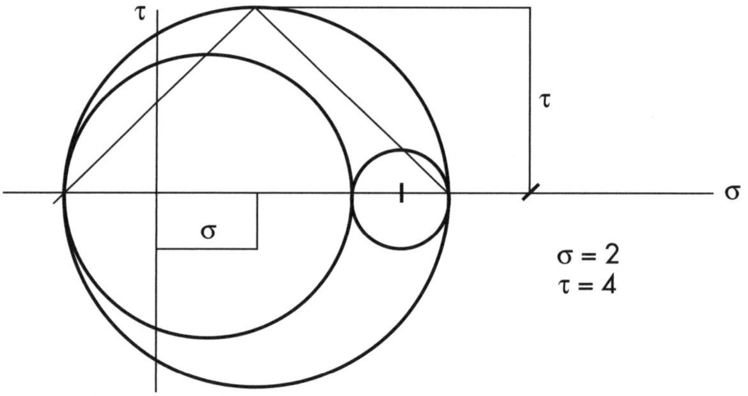

c) La tensión cortante máxima es τ_{max}=4 y corresponde a los planos $\left(\frac{1}{\sqrt{2}},\ 0,\ \pm\frac{1}{\sqrt{2}}\right)$, por lo que uno de ellos coincide con el plano definido en b).

Tema 3

Estado de deformación en el entorno de un punto

3.1. Relaciones entre desplazamientos y deformaciones

3.2. Matriz de giro [P]

3.3. Matriz de deformación [D]

3.4. Vector deformación unitaria. Direcciones principales de deformación

3.5. Componentes intrínsecas del vector deformación

3.6. Representaciones gráficas del estado de deformación en el entorno de un punto

3.7. Deformaciones octaédricas

3.8. Ecuaciones de compatibilidad

3.1. RELACIONES ENTRE DESPLAZAMIENTOS Y DEFORMACIONES

Como señalamos en el epígrafe 1.1, los sólidos deformables experimentan, simultáneamente, un estado de deformación y un estado tensional. Estudiado este último en el capítulo anterior, realizaremos en éste el análisis del proceso de deformación, que presenta analogías y diferencias con el análisis de la tensión.

Restringiremos nuestro estudio al campo elástico, considerando, además, que tanto los desplazamientos experimentados por los puntos del sólido como las deformaciones propiamente dichas son de pequeña magnitud.

Representamos con u,v,w las componentes del desplazamiento de un punto genérico de un sólido (punto O en la figura 3.1) según tres direcciones x,y,z, ortogonales entre si.

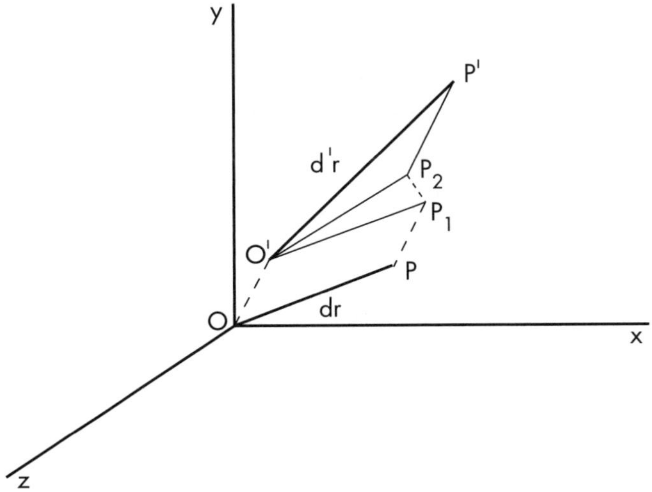

Figura 3.1

Supondremos que u, v y w son funciones uniformes y continuas de las coordenadas del punto y que también lo son sus derivadas primeras y segundas.

Consideremos la modificación experimentada por el vector $\overline{OP} = \overline{dr}$, que une el punto O con un punto genérico P de su entorno. Puede considerarse que $\overline{OP}$ pasa a la posición final $\overline{O'P'}$ en tres etapas:

1. Traslación paralelamente a sí mismo desde $\overline{OP}$ a $\overline{O'P_1}$ sin modificación de su módulo.
2. Giro por el que $\overline{O'P_1}$ pasa a la posición $\overline{O'P_2}$, sin alteración tampoco de su módulo.
3. Deformación propiamente dicha $\left(\overline{P_2P'}\right)$, que supone modificación de su longitud y de los ángulos que forma con los ejes coordenados.

Como veremos a continuación todas las fases de la deformación son infinitesimales en aplicación de la hipótesis establecida anteriormente, lo que permite su tratamiento, mediante el cálculo matricial, utilizando matrices infinitesimales.

Podemos llamar matriz infinitesimal a una matriz [M] que produce una transformación infinitamente pequeña, lo que se cumple cuando la diferencia entre [M] y la matriz unitaria [I] es otra matriz infinitamente pequeña.

El desplazamiento del punto O (figura 3.2) es el vector $\vec{\delta}_0 = \overline{OO'} = u\overline{i} + v\overline{j} + w\overline{k}$ mientras que el desplazamiento del punto P será $\vec{\delta}_p = \overline{PP'} = u'\overline{i} + v'\overline{j} + w'\overline{k}$.

En virtud de la hipótesis de pequeños desplazamientos y de la suposición de que u, v, w son funciones continuas y derivables, podemos escribir:

$$\left.\begin{aligned} u' &= u + \frac{\partial u}{\partial x}dx + \frac{\partial u}{\partial y}dy + \frac{\partial u}{\partial z}dz \\ v' &= v + \frac{\partial v}{\partial x}dx + \frac{\partial v}{\partial y}dy + \frac{\partial v}{\partial z}dz \\ w' &= w + \frac{\partial w}{\partial x}dx + \frac{\partial w}{\partial y}dy + \frac{\partial w}{\partial z}dz \end{aligned}\right\} \qquad [3.1]$$

Pero como el vector $\overline{OP} = \overline{dr}$ puede escribirse:

$$\overline{OP} = \overline{dr} = dx\overline{i} + dy\overline{j} + dz\overline{k} \qquad [3.2]$$

podemos transformar [3.1] en la siguiente ecuación matricial:

$$\left[\overline{\delta_p}\right]=\left[\overline{\delta_o}\right]+\left[M\right]\left[\overline{dr}\right] \qquad [3.3]$$

Donde

$$\left[M\right]=\begin{pmatrix} \frac{\partial u}{\partial x} & \frac{\partial u}{\partial y} & \frac{\partial u}{\partial z} \\ \frac{\partial v}{\partial x} & \frac{\partial v}{\partial y} & \frac{\partial v}{\partial z} \\ \frac{\partial w}{\partial x} & \frac{\partial w}{\partial y} & \frac{\partial w}{\partial z} \end{pmatrix} \qquad [3.4]$$

La matriz [M] que produce la transformación es infinitesimal y puede descomponerse en suma de dos matrices también infinitesimales:

$$\left[M\right]=\frac{\left[M\right]-\left[M\right]^T}{2}+\frac{\left[M\right]+\left[M\right]^T}{2}=\left[P\right]+\left[D\right] \qquad [3.5]$$

La matriz [P], como veremos seguidamente, produce el giro de un vector, sin alteración de su módulo, y recibe el nombre de matriz de giro, mientras que la matriz de deformación, [D], produce la deformación propiamente dicha.

3.2. MATRIZ DE GIRO [P]

A partir de [3.5] escribimos las componentes de la matriz [P]:

$$\left[P\right]=\frac{\left[M\right]-\left[M\right]^T}{2}=\begin{pmatrix} 0 & \frac{1}{2}\left(\frac{\partial u}{\partial y}-\frac{\partial v}{\partial x}\right) & \frac{1}{2}\left(\frac{\partial u}{\partial z}-\frac{\partial w}{\partial x}\right) \\ \frac{1}{2}\left(\frac{\partial v}{\partial x}-\frac{\partial u}{\partial y}\right) & 0 & \frac{1}{2}\left(\frac{\partial v}{\partial z}-\frac{\partial w}{\partial y}\right) \\ \frac{1}{2}\left(\frac{\partial w}{\partial x}-\frac{\partial u}{\partial z}\right) & \frac{1}{2}\left(\frac{\partial w}{\partial y}-\frac{\partial v}{\partial z}\right) & 0 \end{pmatrix} \qquad [3.6]$$

Como vemos, la matriz [P] es hemisimétrica, esto es, sus términos rectangulares son simétricos con el signo cambiado.

Análogamente a la expresión [3.2], podemos escribir (figura 3.2):

$$\overline{O'P'}=\overline{d'r}=dx'\overline{i}+dy'\overline{j}+dz'\overline{k} \quad [3.7]$$

$$\overline{O'P'}=\overline{OP}+\overline{PP'}-\overline{OO'} \text{ es decir } \overline{d'r}=\overline{dr}+\overline{\delta_p}-\overline{\delta_0} \quad [3.8]$$

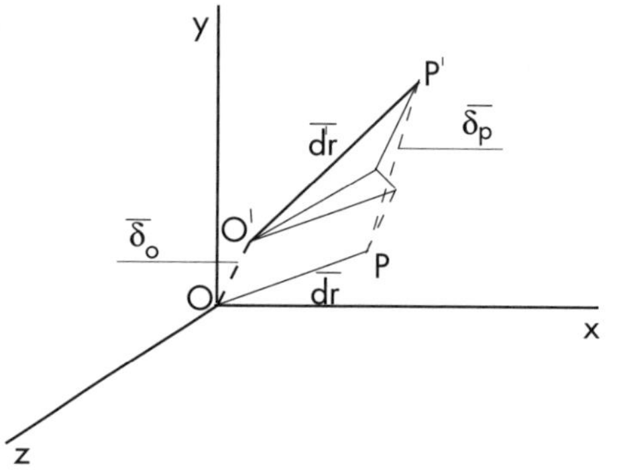

Figura 3.2

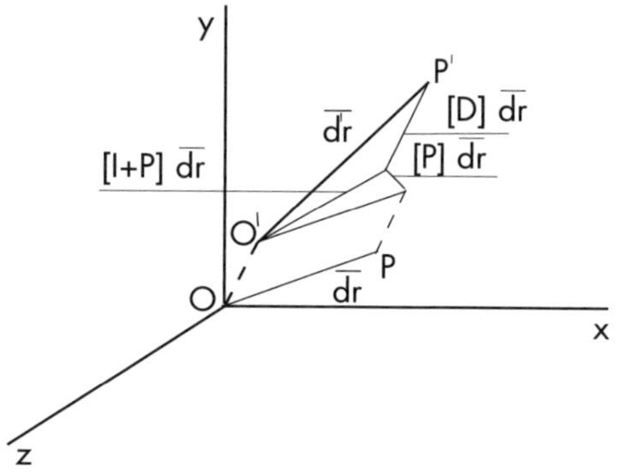

Figura 3.3

O bien, en forma matricial, teniendo en cuenta [3.3] y [3.5].

$$[\overline{d'r}] = [\overline{dr}]+[\mathrm{M}][\overline{dr}] = [I+P][\overline{dr}]+[\mathrm{D}][\overline{dr}] \quad [3.9]$$

La transformación $[I+P]\,[\overline{dr}]$, conserva el módulo del vector, $[\overline{dr}]$ por lo que [I+P] ha de ser una matriz ortogonal, de forma que su matriz transpuesta coincide con su matriz inversa[1].

Comprobemos que los elementos de la matriz [P] [3.6] permiten que [I+P] sea ortogonal.

De la definición de matriz ortogonal, se ha de cumplir:

$$[I+P]\,[I+P]^T=[I] \quad [3.10]$$

[1] Véase, por ejemplo, la obra «Elasticidad» de Luis Ortiz Berrocal, capítulo 3.

Desarrollando:

$$[I+P]\ [I+P]^T = [I]+[I]\ \left([P]+[P]^T\right) \quad [3.11]$$

donde se han despreciado los infinitésimos de orden superior.

Para que se cumpla [3.10] ha de ser:

$$[P]^T = -[P] \quad [3.12]$$

Lo que se cumple al ser [P] hemisimétrica.

Podemos comprobar finalmente, que los elementos de la matriz [P] son las componentes p_x, p_y, p_z del vector giro $\bar{p}$, en un entorno del origen de coordenadas O, al que corresponde el desplazamiento $\bar{\delta}_0$, con componentes u, v, w.

$$\vec{p} = p_x\bar{i} + p_y\bar{j} + p_z\bar{k} \quad [3.13]$$

siendo:

$$p_x = \frac{1}{2}\left(\frac{\partial w}{\partial y} - \frac{\partial v}{\partial z}\right)\ ;\ p_y = \frac{1}{2}\left(\frac{\partial u}{\partial z} - \frac{\partial w}{\partial x}\right)\ ;\ p_z = \frac{1}{2}\left(\frac{\partial v}{\partial x} - \frac{\partial u}{\partial y}\right) \quad [3.14]$$

Por tanto,

$$[P] = \begin{pmatrix} 0 & -p_z & p_y \\ p_z & 0 & -p_x \\ -p_y & p_x & 0 \end{pmatrix} \quad [3.15]$$

El producto $[P]\left[\vec{dr}\right]$ es igual al producto vectorial $\vec{p} \times \vec{dr}$, que representa el giro como cuerpo rígido del vector $\vec{dr}$ ($[P]\left[\vec{dr}\right]$ es ortogonal a $\vec{dr}$).

Los componentes de $\vec{p}$ son iguales a las de la mitad del vector rotacional del vector $\vec{\delta} = u\bar{i} + v\bar{j} + w\bar{k}$.

En la figura 3.3 se indican los términos de la ecuación matricial [3.9], incluyéndose el producto $[D]\,[\overline{dr}\,]$, que representa la deformación del vector $[\overline{dr}\,]$ a la que nos referimos en el epígrafe siguiente.

3.3. MATRIZ DE DEFORMACIÓN [D]

Tal como hemos visto en el punto 3.1, la transformación de los puntos de un sólido elástico está compuesta de una traslación y un giro, ambos sin modificación del módulo de cualquier vector $\overline{\mathrm{dr}}$ que une dos de esos puntos y una deformación propiamente dicha con modificación tanto de las dimensiones como de la orientación de dicho vector. La deformación está determinada por la matriz de deformación, [D], que podemos escribir a partir de [3.5].

$$[D]=\frac{[\mathrm{M}]+[M]^T}{2}=\begin{pmatrix} \dfrac{\partial u}{\partial x} & \dfrac{1}{2}\left(\dfrac{\partial u}{\partial y}+\dfrac{\partial v}{\partial x}\right) & \dfrac{1}{2}\left(\dfrac{\partial u}{\partial z}+\dfrac{\partial w}{\partial x}\right) \\ \dfrac{1}{2}\left(\dfrac{\partial v}{\partial x}+\dfrac{\partial u}{\partial y}\right) & \dfrac{\partial v}{\partial y} & \dfrac{1}{2}\left(\dfrac{\partial v}{\partial z}+\dfrac{\partial w}{\partial y}\right) \\ \dfrac{1}{2}\left(\dfrac{\partial w}{\partial x}+\dfrac{\partial u}{\partial z}\right) & \dfrac{1}{2}\left(\dfrac{\partial w}{\partial y}+\dfrac{\partial v}{\partial z}\right) & \dfrac{\partial w}{\partial z} \end{pmatrix} \qquad [3.16]$$

La matriz [D] es, como vemos, una matriz simétrica, en la que sus elementos se corresponden con las deformaciones experimentadas por el paralelepípedo elemental, de dimensiones dx, dy, dz, representado en la figura 3.4.

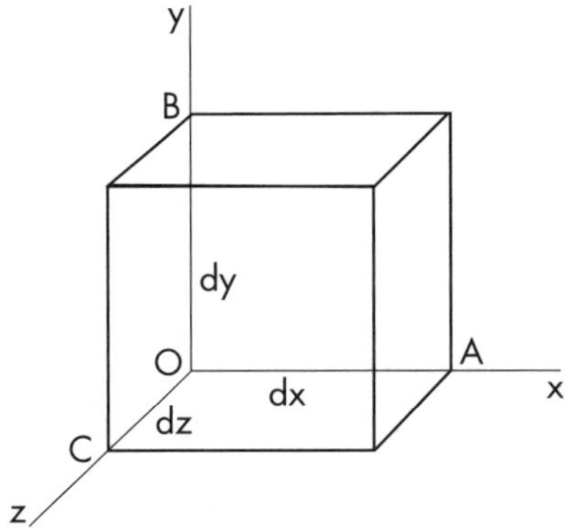

Figura 3.4

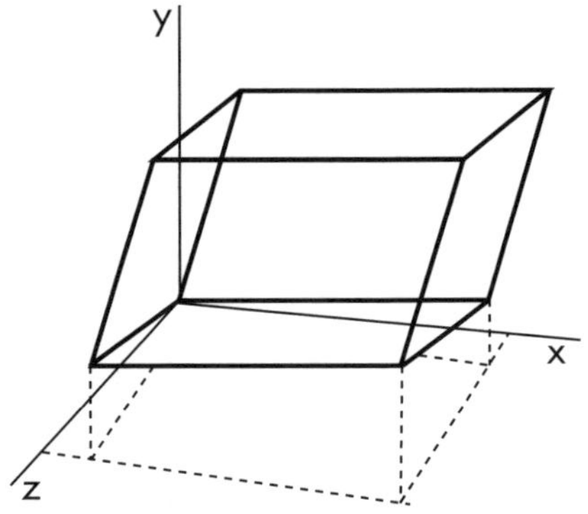

Figura 3.5

Dicho paralelepípedo se deforma tal y como se indica en la figura 3.5, siendo las proyecciones de dicho estado de deformación sobre los planos coordenados las representadas en las figuras 3.6, 3.7 y 3.8 (en las que se han incluido los desplazamientos u, v, w, del punto O).

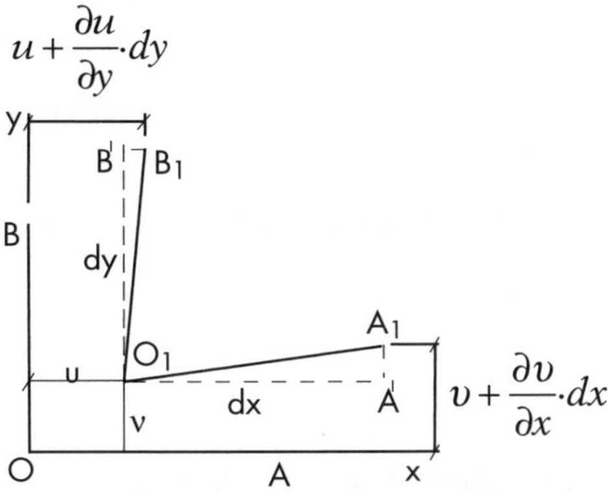

Figura 3.6

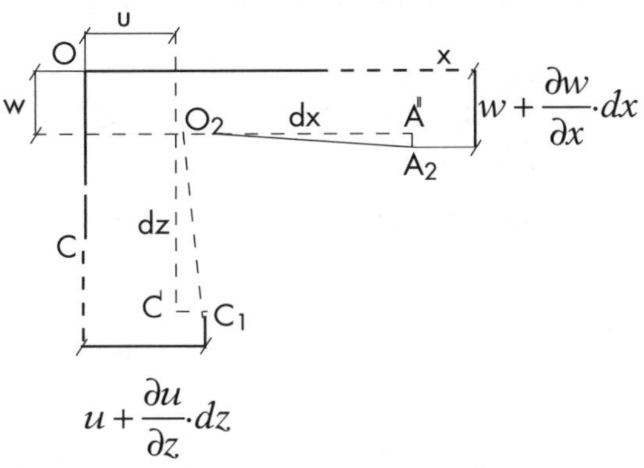

Figura 3.7

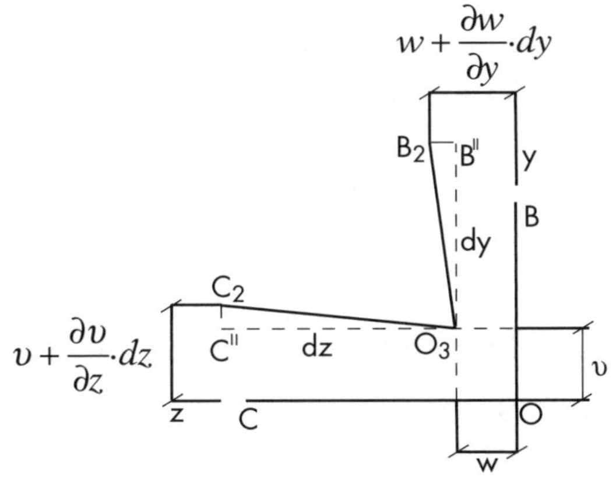

Figura 3.8

Siendo u, v, w los desplazamientos del punto O según los ejes coordenados x, y, z, el desplazamiento del punto A, en dirección x será:

$$u+\frac{\partial u}{\partial x}dx \qquad [3.17]$$

Por tanto, el aumento de longitud del segmento OA, será:

$$\Delta dx = \frac{\partial u}{\partial x} dx \qquad [3.18]$$

Por lo que el alargamiento unitario en dirección x es:

$$\varepsilon_x = \frac{\partial u}{\partial x} \qquad [3.19]$$

Análogamente los alargamientos unitarios en las direcciones y, z son:

$$\varepsilon_y = \frac{\partial v}{\partial y} \; ; \; \varepsilon_z = \frac{\partial w}{\partial z} \qquad [3.20]$$

Cuando ε_x, ε_y o ε_z sean negativos reciben el nombre de acortamientos.

Veamos cuál es la variación del ángulo inicialmente recto que forman las direcciones correspondientes a los segmentos OA y OB (figura 3.6).

El desplazamiento del punto A en la dirección y es $v + \frac{\partial v}{\partial x} dx$. El segmento OA pasa a la posición O_1A_1, experimentando un giro infinitesimal.

$$\varphi_1 = \frac{\overline{A'A_1}}{\overline{O_1A'}} = \frac{\partial v}{\partial x} \qquad [3.21]$$

El desplazamiento del punto B en la dirección x es $u + \frac{\partial u}{\partial y} dy$. El segmento OB se convierte en O_1B_1, siendo el giro infinitesimal experimentado:

$$\varphi_2 = \frac{\overline{B'B_1}}{\overline{O_1B'}} = \frac{\partial u}{\partial y} \qquad [3.22]$$

Sumando [3.21] y [3.22], obtenemos:

$$\gamma_{xy} = \varphi_1 + \varphi_2 = \frac{\partial v}{\partial x} + \frac{\partial u}{\partial y} \qquad [3.23]$$

Siendo γ_{xy} la variación del ángulo inicialmente recto formado por las direcciones Ox y Oy, que consideraremos positiva si dicho ángulo disminuye y negativa en caso contrario.

Procediendo análogamente con las direcciones representadas en las figuras 3.7 y 3.8, obtenemos:

$$\gamma_{xz} = \frac{\partial u}{\partial z} + \frac{\partial w}{\partial x} \qquad [3.24]$$

$$\gamma_{yz} = \frac{\partial w}{\partial y} + \frac{\partial v}{\partial z} \qquad [3.25]$$

Sustituyendo las componentes de la deformación del paralelepípedo elemental, dadas por las expresiones anteriores en la matriz [D], se obtiene:

$$[D] = \begin{pmatrix} \varepsilon_x & \frac{1}{2}\gamma_{xy} & \frac{1}{2}\gamma_{xz} \\ \frac{1}{2}\gamma_{xy} & \varepsilon_y & \frac{1}{2}\gamma_{yz} \\ \frac{1}{2}\gamma_{xz} & \frac{1}{2}\gamma_{yz} & \varepsilon_z \end{pmatrix} \qquad [3.26]$$

Como hemos comprobado, la matriz de deformación es simétrica por lo que en el entorno del punto O han de existir tres direcciones ortogonales entre sí tales que la aplicación de la matriz [D] sobre un vector orientado según cualquiera de ellas sólo cambiará su módulo. Tales son las direcciones principales de deformación a las que nos referimos seguidamente.

3.4. VECTOR DEFORMACIÓN UNITARIA. DIRECCIONES PRINCIPALES DE DEFORMACIÓN

Como hemos visto la deformación experimentada por un vector $[\overline{dr}]$ es $[D]\,[\overline{dr}]$. Si consideramos, en la misma dirección, un vector unitario $\bar{u} = \frac{\overline{dr}}{dr}$

la deformación correspondiente es un vector que llamaremos vector deformación $\bar{e}$ y que, en forma matricial, escribiremos:

$$[\bar{e}]=[D]\ [\bar{u}] \qquad [3.27]$$

o bien:

$$[\bar{e}]=\begin{pmatrix} \varepsilon_x & \frac{1}{2}\gamma_{xy} & \frac{1}{2}\gamma_{xz} \\ \frac{1}{2}\gamma_{xy} & \varepsilon_y & \frac{1}{2}\gamma_{yz} \\ \frac{1}{2}\gamma_{xz} & \frac{1}{2}\gamma_{yz} & \varepsilon_z \end{pmatrix} \begin{pmatrix} \alpha \\ \beta \\ \gamma \end{pmatrix} \qquad [3.28]$$

donde α, β, γ son los cosenos directores de la dirección $\bar{u}$, respecto a los ejes coordenados x, y, z. En aquellos casos en que el vector deformación sea colineal con la dirección $\bar{u}$, se verificará:

$$[\bar{e}]=[D]\ [\bar{u}]=\varepsilon[\bar{u}] \qquad [3.29]$$

o lo que es lo mismo:

$$[D-\varepsilon I]\ [\bar{u}]=0 \qquad [3.30]$$

Sustituyendo las componentes de la matriz [D], la ecuación anterior equivale al sistema de ecuaciones siguiente:

$$\left.\begin{aligned} (\varepsilon_x-\varepsilon)\alpha+\frac{1}{2}\gamma_{xy}\beta+\frac{1}{2}\gamma_{xz}\gamma=0 \\ \frac{1}{2}\gamma_{xy}\alpha+(\varepsilon_y-\varepsilon)\beta+\frac{1}{2}\gamma_{yz}\gamma=0 \\ \frac{1}{2}\gamma_{xz}\alpha+\frac{1}{2}\gamma_{yz}\beta+(\varepsilon_z-\varepsilon)\gamma=0 \end{aligned}\right\} \qquad [3.31]$$

La única solución del sistema [3.31] distinta de la trivial $\alpha=\beta=\gamma=0$, se obtiene haciendo nulo el determinante del mismo, es decir:

$$\begin{vmatrix} \varepsilon_x - \varepsilon & \frac{1}{2}\gamma_{xy} & \frac{1}{2}\gamma_{xz} \\ \frac{1}{2}\gamma_{xy} & \varepsilon_y - \varepsilon & \frac{1}{2}\gamma_{yz} \\ \frac{1}{2}\gamma_{xz} & \frac{1}{2}\gamma_{yz} & \varepsilon_z - \varepsilon \end{vmatrix} = 0 \qquad [3.32]$$

Esta ecuación, totalmente análoga a la obtenida en el capítulo anterior para determinar las tensiones principales, permite obtener los valores de las deformaciones principales ε_1, ε_2, ε_3.

Una vez obtenidos los valores de las deformaciones principales, las direcciones principales se obtienen sustituyendo las raíces de la ecuación [3.32] en las ecuaciones [3.31], teniendo en cuenta, como vimos en el caso de las tensiones principales, la relación entre los cuadrados de los cosenos directores de la dirección correspondiente: $\alpha_i^2 + \beta_i^2 + \gamma_i^2 = 1$, donde i=1, 2, 3, sucesivamente.

Las direcciones principales de deformación I, II y III son ortogonales entre sí y coinciden, como veremos en el tema 4, con las direcciones principales de tensión. En la figura 3.9 se representa un elemento de volumen, cuyas caras son ortogonales a las direcciones I, II y III.

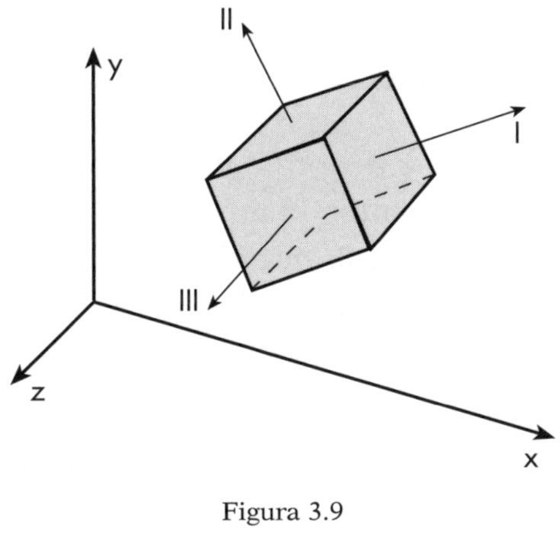

Figura 3.9

La matriz de deformación referida a los ejes o direcciones principales de deformación es:

$$[D]=\begin{pmatrix} \varepsilon_1 & 0 & 0 \\ 0 & \varepsilon_2 & 0 \\ 0 & 0 & \varepsilon_3 \end{pmatrix} \quad [3.33]$$

3.5. COMPONENTES INTRÍNSECAS DEL VECTOR DEFORMACIÓN

En el elemento representado en la figura 3.9 sólo se producen deformaciones longitudinales, no habiendo, de acuerdo con [3.33] variaciones de los ángulos inicialmente rectos que forman entre sí las direcciones principales I, II y III. Si consideramos cualquier dirección, de las infinitas que pasan por un punto de un sólido elástico, el vector deformación, definido en [3.27], tendrá, por lo general, componentes tanto según dicha dirección como en dirección ortogonal a la misma (figura 3.10).

A la proyección del vector $\overline{e}$ según la dirección considerada la llamaremos deformación longitudinal, ε, mientras que la otra componente recibe el nombre de deformación angular $\frac{\gamma}{2}$.

Podemos escribir:

$$\varepsilon = \overline{e} \cdot \overline{u} \quad [3.34]$$

$$e^2 = \varepsilon^2 + \frac{\gamma^2}{4} \quad [3.35]$$

Si bien puede pensarse que denominamos a la deformación angular con $\frac{\gamma}{2}$ por similitud con los elementos rectangulares de la matriz de deformaciones, podemos comprobar que la mitad de la variación del ángulo inicialmente recto entre una dirección cualquiera definida por un vector unitario $\overline{u}$ y otra dirección ortogonal a la misma es, precisamente la deformación angular.

Consideremos (figura 3.11) dos direcciones, definidas por los vectores unitarios $\overline{u}(\alpha, \beta, \gamma)$ y $\overline{u}'(\alpha', \beta', \gamma')$.

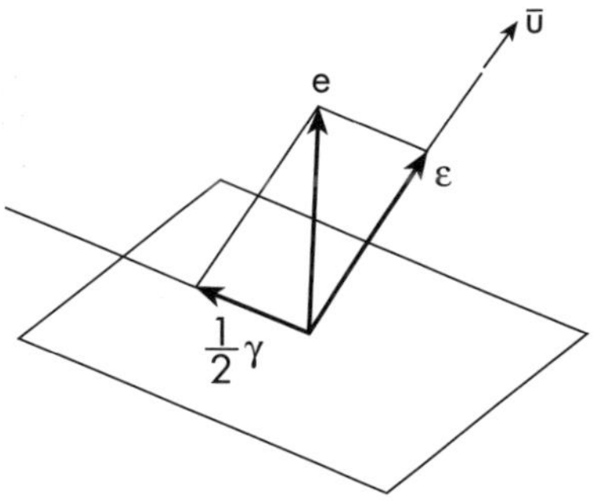

Figura 3.10

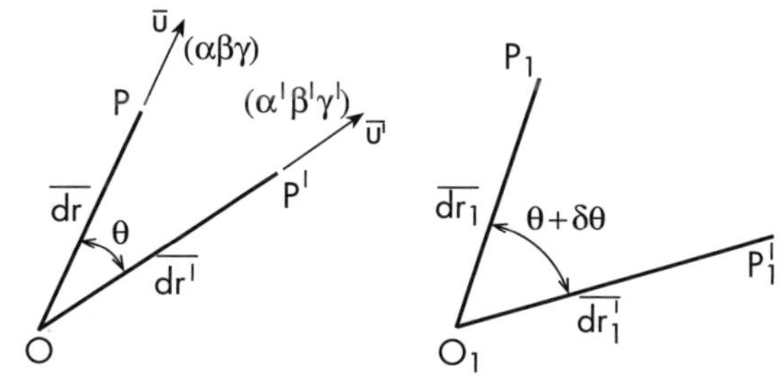

Figura 3.11

Sobre dichas direcciones definimos los vectores $\overline{dr} = \overline{OP}$ y $\overline{dr'} = \overline{OP'}$ que forman entre sí el ángulo θ:

$$\cos\ \theta = \frac{\overline{dr}\ .\ \overline{\mathrm{dr'}}}{dr\ .\ dr'} \qquad [3.36]$$

o, en forma matricial:

$$\cos\ \theta = \frac{\left[\overline{dr}\right]^{\mathrm{T}}\left[\overline{\mathrm{dr'}}\right]}{dr.\ dr'} = \left[\overline{u}\right]^{T}\left[\overline{u}\,'\right] \qquad [3.37]$$

Tras la transformación los vectores $\overline{dr}$ y $\overline{dr'}$ se convierten en $\overline{dr_1} = \overline{O_1P_1}$ y en $\overline{dr_1'} = \overline{O_1P_1'}$, mientras que el ángulo entre sus direcciones pasa a ser θ+dθ.

Podemos escribir, análogamente a [3.36]:

$$\cos\ (\theta + \mathrm{d}\theta) = \frac{\overline{dr_1}\ .\ \overline{\mathrm{dr}_1'}}{d\mathrm{r}_1\ .\ dr_1'} \qquad [3.38]$$

o bien:

$$\cos\ (\theta + \mathrm{d}\theta) = \frac{\left[\overline{dr_1}\right]^{\mathrm{T}}\ .\ \left[\overline{\mathrm{dr}_1'}\right]}{d\mathrm{r}_1\ .\ dr_1'} \qquad [3.39]$$

De acuerdo con [3.9], escribimos:

$$\left.\begin{aligned}\left[\overline{dr_1}\right]&=\left[I+P+D\right]\left[\overline{dr}\right]\\ \left[\overline{dr_1'}\right]&=\left[I+P+D\right]\left[\overline{dr'}\right]\end{aligned}\right\} \qquad [3.40]$$

Sustituyendo en la expresión anterior:

$$\cos(\theta+\mathrm{d}\theta)=\frac{\left[\overline{dr}\right]^{\mathrm{T}}\left[I+P+D\right]^{T}\left[I+P+D\right]\left[\overline{dr_1'}\right]}{dr_1\cdot dr_1'} \qquad [3.41]$$

Ya que las matrices [P] y [D] son infinitesimales, sus productos son infinitésimos de orden superior, que despreciamos de acuerdo con la hipótesis de pequeños desplazamientos y deformaciones. Además, $[P]^{T}=-[P]$, por lo que [3.41] queda como sigue:

$$\cos\ (\theta+\mathrm{d}\theta)=\frac{\left[\overline{dr}\right]^{\mathrm{T}}\left[I+2D\right]\left[\overline{dr'}\right]}{\mathrm{dr}_1\ .\ dr_1'}=\frac{\left[\overline{dr}\right]^{\mathrm{T}}\left[\overline{dr'}\right]}{\mathrm{dr}_1\ .\ dr_1'}+\frac{2\left[\overline{dr}\right]^{\mathrm{T}}\left[D\right]\left[\overline{dr'}\right]}{\mathrm{dr}_1\ .\ dr_1'} \qquad [3.42]$$

Ahora bien,

$$\varepsilon=\frac{dr_1-dr}{dr}\quad \text{por lo que}\quad dr_1=(1+\varepsilon)dr \qquad [3.43]$$

Análogamente, $dr_1'=(1+\varepsilon')dr'$ [3.44}

Si escribimos en vez de los vectores $\overline{dr}$ y $\overline{dr}'$, los productos de sus módulos por los vectores unitarios $\overline{u}$ y $\overline{u}'$, la expresión [3.42] se convierte en:

$$(1+\varepsilon)(1+\varepsilon')\ \cos\ (\theta+\mathrm{d}\theta)=[\overline{u}]^{T}[\overline{u}']+2[\overline{u}\ ]^{T}[D][\overline{u}'] \qquad [3.45]$$

Según [3.37],

$$\cos\ \theta=[\overline{u}]^{T}[\overline{u}']$$

Además,

$$\cos(\theta+d\theta) = \cos\theta \quad \cos d\theta - sen\theta \quad send\theta = \cos\theta\text{-}d\theta \text{ sen}\theta$$
$$(1+\varepsilon)(1+\varepsilon') \approx 1+\varepsilon+\varepsilon'_1$$

Por lo que, sustituyendo, se obtiene:

$$(1+\varepsilon+\varepsilon')(\cos\theta - d\theta sen\theta) = \cos\theta + 2[\bar{u}]^T[D][\bar{u}'] \qquad [3.46]$$

Simplificando, y despreciando infinitésimos de orden superior, queda:

$$(\varepsilon+\varepsilon')\cos\theta - d\theta sen\theta = 2[\bar{u}]^T[D][\bar{u}'] \qquad [3.47]$$

Despejando dθ, se obtiene:

$$d\theta = \frac{-2[\bar{u}]^T[D][\bar{u}'] + [\varepsilon+\varepsilon']\cos\theta}{sen\theta} \qquad [3.48]$$

Cuando $\theta=\dfrac{\pi}{2}$, $\cos\theta=0$; $sen\theta = 1$

$$d\theta = -2[\bar{u}]^T[D][\bar{u}'] = -\gamma \qquad [3.49]$$

Se hace $d\theta=-\gamma$, porque, de acuerdo con lo señalado anteriormente, el aumento de un ángulo inicialmente recto, debe considerarse negativo.

Por tanto,

$$\frac{\gamma}{2} = [\bar{u}]^T[D][\bar{u}'] \qquad [3.50]$$

γ es la variación del ángulo inicialmente recto que forman las direcciones $\bar{u}$ y $\bar{u}'$.

Pero, de acuerdo con la figura 3.10, $\dfrac{\gamma}{2}$ es la proyección del vector $\bar{e}$ en dirección ortogonal a la dirección $\bar{u}$.

3.6. REPRESENTACIONES GRÁFICAS DEL ESTADO DE DEFORMACIÓN EN EL ENTORNO DE UN PUNTO

Análogamente a como vimos en el tema anterior, con la ayuda de distintos lugares geométricos, podemos establecer gráficamente la relación entre el vector deformación en un punto de un sólido elástico y la dirección correspondiente.

Consideramos en primer lugar las representaciones gráficas espaciales: elipsoide de deformaciones y cuádricas indicatrices y directrices de deformación.

El elipsoide de deformaciones es el lugar geométrico del extremo del vector deformación en un punto de un sólido elástico. Su ecuación, en la referencia principal es:

$$\frac{e_x^2}{\varepsilon_1^2}+\frac{e_y^2}{\varepsilon_2^2}+\frac{e_z^2}{\varepsilon_3^2}=1 \qquad [3.51]$$

La ecuación de las cuádricas indicatrices de deformación, correspondiente al lugar geométrico del extremo del vector $\overline{OQ}=\frac{1}{\sqrt{|\varepsilon|}}\bar{u}$, es:

$$\varepsilon_1 x^2+\varepsilon_2 y^2+\varepsilon_3 z^2=\pm 1 \qquad [3.52]$$

Siendo, x, y, z las coordenadas del punto Q y $\bar{u}$ el vector unitario según una de las direcciones que pasan por el punto en cuestión.

Las cuádricas directrices de deformación, lugar geométrico de los extremos del vector $\overline{OR}=\frac{\bar{e}}{\sqrt{|\varepsilon|}}$ responden a la ecuación:

$$\frac{x^2}{\varepsilon_1}+\frac{y^2}{\varepsilon_2}+\frac{z^2}{\varepsilon_3}=\pm 1 \qquad [3.53]$$

Por las mismas razones expuestas en el análisis del estado tensional, la representación gráfica espacial es poco utilizada, por lo que omitimos las figuras correspondientes así como la discusión de qué tipo de cuádricas (elipsoides e hiperboloides, reales o imaginarios) son las representadas por [3.52] y [3.53] según los valores y los signos de ε_1 , ε_2 y ε_3.

Mucho más eficaz que la representación espacial es la representación gráfica plana de las componentes intrínsecas del vector deformación $\overline{e}$, dada por los círculos de Mohr de deformaciones.

El razonamiento es el mismo que el seguido en el punto 2.6, sin más que sustituir las componentes intrínsecas del vector tensión $\overline{f}(\sigma, \tau)$ por las componentes intrínsecas del vector deformación $\overline{e}\left(\varepsilon\ ,\ \frac{1}{2}\gamma\right)$

Puede comprobarse, por tanto, que el extremo del vector deformación se situará sobre el área rayada en la figura 3.12, siendo exterior a las circunferencias C_1 y C_3 e interior a la circunferencia C_2.

Las expresiones matemáticas de las circunferencias C_1, C_2 y C_3 son:

$$C_1: \quad \varepsilon^2 + \frac{1}{4}\gamma^2 - \varepsilon\left(\varepsilon_2 + \varepsilon_3\right) + \varepsilon_2\varepsilon_3 = 0 \qquad [3.54]$$

$$C_2: \quad \varepsilon^2 + \frac{1}{4}\gamma^2 - \varepsilon\left(\varepsilon_3 + \varepsilon_1\right) + \varepsilon_3\varepsilon_1 = 0 \qquad [3.55]$$

$$C_3: \quad \varepsilon^2 + \frac{1}{4}\gamma^2 - \varepsilon\left(\varepsilon_1 + \varepsilon_2\right) + \varepsilon_1\varepsilon_2 = 0 \qquad [3.56]$$

En la figura 3.12 se han representado únicamente la mitad de las circunferencias C_1, C_2 y C_3, así como el área encerrada entre ellas, ya que no se ha definido signo alguno para la deformación angular unitaria γ.

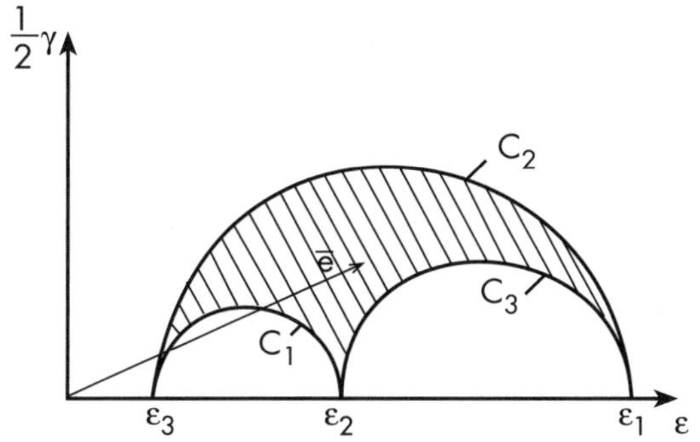

Figura 3.12

La utilización de los círculos de Mohr de deformaciones permite obtener gráficamente las componentes intrínsecas del vector deformación en un punto según una dirección determinada, así como resolver el problema inverso, aunque, como ya se indicó al estudiar los círculos de Mohr de tensiones, no exista correspondencia biunívoca entre el punto representativo del estado de deformación y la dirección correspondiente.

3.7. DEFORMACIONES OCTAÉDRICAS

Al igual que en el estudio de la tensión, podemos llamar vector deformación octaédrica, $\bar{e}_o$, al correspondiente a una dirección que forma ángulos iguales con los ejes coordenados (se supone, para mayor sencillez, que éstos coinciden con las direcciones principales de deformación).

Las componentes intrínsecas de la deformación octaédrica son ε_0 , $\frac{1}{2}\gamma_0$ siendo:

$$\varepsilon_0 = \frac{\varepsilon_1 + \varepsilon_2 + \varepsilon_3}{3} \qquad [3.57]$$

y deduciéndose $\frac{1}{2}\gamma_0$ de la relación:

$$e_0^2 = \varepsilon_0^2 + \frac{1}{4}\gamma_0^2 \qquad [3.58]$$

Podemos también descomponer la matriz de deformación [D], en la referencia principal,

$$[D] = \begin{pmatrix} \varepsilon_1 & 0 & 0 \\ 0 & \varepsilon_2 & 0 \\ 0 & 0 & \varepsilon_3 \end{pmatrix} \qquad [3.33]$$

en la suma de otras dos:

$$[D] = [D_1] + [D_2] \qquad [3.59]$$

siendo

$$[D_1] = \begin{pmatrix} \varepsilon_0 & 0 & 0 \\ 0 & \varepsilon_0 & 0 \\ 0 & 0 & \varepsilon_0 \end{pmatrix} \qquad [3.60]$$

y

$$[D_2] = \begin{pmatrix} \varepsilon_1 - \varepsilon_0 & 0 & 0 \\ 0 & \varepsilon_2 - \varepsilon_0 & 0 \\ 0 & 0 & \varepsilon_3 - \varepsilon_0 \end{pmatrix} \qquad [3.61]$$

La matriz [D_1] produce sólo un cambio de volumen, al desplazarse paralelamente a sí mismas las caras del elemento de volumen representado en la figura 3.4, mientras que la matriz [D_2] produce cambio de forma y no de volumen.

Las matrices [D_1] y [D_2] reciben, respectivamente los nombres de matriz esférica de deformación y matriz desviadora.

3.8. ECUACIONES DE COMPATIBILIDAD

A lo largo del presente tema, hemos establecido las relaciones entre las componentes del vector desplazamiento en un punto de un sólido elástico (u, v, w), con las componentes del giro y de la deformación. Es evidente que, conocido el campo de desplazamientos en dicho sólido, si u, v y w son funciones continuas y derivables de las coordenadas de sus puntos, pueden obtenerse, a partir de ellas, las componentes de la deformación. ¿Es posible resolver el problema inverso, esto es, conocidas las componentes de la deformación, se pueden determinar, sin ninguna restricción, las componentes del vector desplazamiento en todos los puntos del sólido elástico?

Es fácil ver que las deformaciones no pueden ser arbitrarias. Las componentes de la deformación (elementos de la matriz de deformación) son seis, mientras que el vector desplazamiento tiene sólo tres componentes, lo que exige la existencia de relaciones entre aquéllas. A esta razón matemática se añade otra razón física aún más importante: si las deformaciones de los puntos de un sólido elástico fuesen arbitrarias, los paralelepípedos elementales como el de la figura 3.4, se convertirían en elementos de volumen deformados (figura 3.5), que muy difícilmente encajarían unos con otros, lo que está en contra de las hipótesis básicas de homogeneidad, continuidad e isotropía, admitidas en nuestro estudio (tal encaje de elementos deformados sólo es posible en casos muy aislados, como en la deformación constante en todos los puntos del sólido).

Para establecer las relaciones que deben existir entre las componentes de la deformación volvamos a la ecuación [3.5], que nos expresa la descomposición de la matriz de la transformación en un punto de un sólido elástico en suma de dos matrices, de giro y de deformación:

$$[M]=[P]+[D] \qquad [3.5]$$

Teniendo en cuenta, tanto [3.4] como [3.15] y [3.26], podemos escribir:

$$\left.\begin{array}{lll}
\dfrac{\partial u}{\partial x}=\varepsilon_x & \dfrac{\partial u}{\partial y}=\dfrac{1}{2}\gamma_{xy}-p_z & \dfrac{\partial u}{\partial z}=\dfrac{1}{2}\gamma_{xz}+p_y \\[2ex]
\dfrac{\partial v}{\partial x}=\dfrac{1}{2}\gamma_{xy}+p_z & \dfrac{\partial v}{\partial y}=\varepsilon_y & \dfrac{\partial v}{\partial z}=\dfrac{1}{2}\gamma_{yz}-p_x \\[2ex]
\dfrac{\partial w}{\partial x}=\dfrac{1}{2}\gamma_{xz}-p_y & \dfrac{\partial w}{\partial y}=\dfrac{1}{2}\gamma_{yz}+p_x & \dfrac{\partial w}{\partial z}=\varepsilon_z
\end{array}\right\} \qquad [3.62]$$

A partir de estas expresiones podemos escribir las ecuaciones diferenciales exactas, du, dv, dw:

$$\left.\begin{array}{l}
du=\dfrac{\partial u}{\partial x}dx+\dfrac{\partial u}{\partial y}dy+\dfrac{\partial u}{\partial z}dz=\varepsilon_x dx+\left(\dfrac{1}{2}\gamma_{xy}-p_z\right)dy+\left(\dfrac{1}{2}\gamma_{xz}+p_y\right)dz \\[2ex]
dv=\dfrac{\partial v}{\partial x}dx+\dfrac{\partial v}{\partial y}dy+\dfrac{\partial v}{\partial z}dz=\left(\dfrac{1}{2}\gamma_{xy}+p_z\right)dx+\varepsilon_y dy+\left(\dfrac{1}{2}\gamma_{yz}-p_x\right)dz \\[2ex]
dw=\dfrac{\partial w}{\partial x}dx+\dfrac{\partial w}{\partial y}dy+\dfrac{\partial w}{\partial z}dz=\left(\dfrac{1}{2}\gamma_{xz}-p_y\right)dx+\left(\dfrac{1}{2}\gamma_{yz}+p_x\right)dy+\varepsilon_z dz
\end{array}\right\} \qquad [3.63]$$

Las condiciones de integrabilidad de las ecuaciones [3.63] se obtienen igualando las derivadas cruzadas:

$$\left.\begin{array}{l}\dfrac{\partial \varepsilon_x}{\partial y}=\dfrac{1}{2}\dfrac{\partial \gamma_{xy}}{\partial x}-\dfrac{\partial p_z}{\partial x};\dfrac{1}{2}\dfrac{\partial \gamma_{xy}}{\partial z}-\dfrac{\partial p_z}{\partial z}=\dfrac{1}{2}\dfrac{\partial \gamma_{xz}}{\partial y}+\dfrac{\partial p_y}{\partial y};\dfrac{1}{2}\dfrac{\partial \gamma_{xz}}{\partial x}+\dfrac{\partial p_y}{\partial x}=\dfrac{\partial \varepsilon_x}{\partial z}\\ \dfrac{1}{2}\dfrac{\partial \gamma_{xy}}{\partial y}+\dfrac{\partial p_z}{\partial y}=\dfrac{\partial \varepsilon_y}{\partial x};\dfrac{\partial \varepsilon_y}{\partial z}=\dfrac{1}{2}\dfrac{\partial \gamma_{yz}}{\partial y}-\dfrac{\partial p_x}{\partial y};\dfrac{1}{2}\dfrac{\partial \gamma_{yz}}{\partial x}-\dfrac{\partial p_x}{\partial x}=\dfrac{1}{2}\dfrac{\partial \gamma_{xy}}{\partial z}+\dfrac{\partial p_z}{\partial z}\\ \dfrac{1}{2}\dfrac{\partial \gamma_{xz}}{\partial y}-\dfrac{\partial p_y}{\partial y}=\dfrac{1}{2}\dfrac{\partial \gamma_{yz}}{\partial x}+\dfrac{\partial p_x}{\partial x};\dfrac{1}{2}\dfrac{\partial \gamma_{yz}}{\partial z}+\dfrac{\partial p_x}{\partial z}=\dfrac{\partial \varepsilon_z}{\partial y};\dfrac{\partial \varepsilon_z}{\partial x}=\dfrac{1}{2}\dfrac{\partial \gamma_{xz}}{\partial z}-\dfrac{\partial p_y}{\partial z}\end{array}\right\} \quad [3.64]$$

De las ecuaciones [3.64] podemos deducir las derivadas de las componentes del giro, p_x, p_y y p_z respecto de las variables x, y, z.

$$\left.\begin{array}{l}\dfrac{\partial p_x}{\partial x}=\dfrac{1}{2}\left(\dfrac{\partial \gamma_{xz}}{\partial y}-\dfrac{\partial \gamma_{xy}}{\partial z}\right)\ ;\ \dfrac{\partial p_x}{\partial y}=\dfrac{1}{2}\dfrac{\partial \gamma_{yz}}{\partial y}-\dfrac{\partial \varepsilon_y}{\partial z}\ ;\ \dfrac{\partial p_x}{\partial z}=\dfrac{\partial \varepsilon_z}{\partial y}-\dfrac{1}{2}\dfrac{\partial \gamma_{yz}}{\partial z}\\ \dfrac{\partial p_y}{\partial x}=\dfrac{\partial \varepsilon_x}{\partial z}-\dfrac{1}{2}\dfrac{\partial \gamma_{xz}}{\partial x}\ ;\ \dfrac{\partial p_y}{\partial y}=\dfrac{1}{2}\left(\dfrac{\partial \gamma_{xy}}{\partial z}-\dfrac{\partial \gamma_{yz}}{\partial x}\right)\ ;\ \dfrac{\partial p_y}{\partial z}=\dfrac{1}{2}\dfrac{\partial \gamma_{xz}}{\partial z}-\dfrac{\partial \varepsilon_z}{\partial x}\\ \dfrac{\partial p_z}{\partial x}=\dfrac{1}{2}\dfrac{\partial \gamma_{xy}}{\partial x}-\dfrac{\partial \varepsilon_x}{\partial y}\ ;\ \dfrac{\partial p_z}{\partial y}=\dfrac{\partial \varepsilon_y}{\partial x}-\dfrac{1}{2}\dfrac{\partial \gamma_{xy}}{\partial y}\ ;\ \dfrac{\partial p_z}{\partial z}=\dfrac{1}{2}\left(\dfrac{\partial \gamma_{yz}}{\partial x}-\dfrac{\partial \gamma_{xz}}{\partial y}\right)\end{array}\right\} \quad [3.65]$$

Podemos escribir ahora las expresiones diferenciales exactas de las componentes del vector giro, dp_x, dp_y, dp_z:

$$\left.\begin{array}{l}dp_x=\dfrac{1}{2}\left(\dfrac{\partial \gamma_{xz}}{\partial y}-\dfrac{\partial \gamma_{xy}}{\partial z}\right)dx+\left(\dfrac{1}{2}\dfrac{\partial \gamma_{yz}}{\partial y}-\dfrac{\partial \varepsilon_y}{\partial z}\right)dy+\left(\dfrac{\partial \varepsilon_z}{\partial y}-\dfrac{1}{2}\dfrac{\partial \gamma_{yz}}{\partial z}\right)dz\\ dp_y=\left(\dfrac{\partial \varepsilon_x}{\partial z}-\dfrac{1}{2}\dfrac{\partial \gamma_{xz}}{\partial x}\right)dx+\dfrac{1}{2}\left(\dfrac{\partial \gamma_{xy}}{\partial z}-\dfrac{\partial \gamma_{yz}}{\partial x}\right)dy+\left(\dfrac{1}{2}\dfrac{\partial \gamma_{xz}}{\partial z}-\dfrac{\partial \varepsilon_z}{\partial x}\right)dz\\ dp_z=\left(\dfrac{1}{2}\dfrac{\partial \gamma_{xy}}{\partial x}-\dfrac{\partial \varepsilon_x}{\partial y}\right)dx+\left(\dfrac{\partial \varepsilon_y}{\partial x}-\dfrac{1}{2}\dfrac{\partial \gamma_{xy}}{\partial y}\right)dy+\dfrac{1}{2}\left(\dfrac{\partial \gamma_{yz}}{\partial x}-\dfrac{\partial \gamma_{xz}}{\partial y}\right)dz\end{array}\right\} \quad [3.66]$$

Las condiciones de integrabilidad de las ecuaciones [3.66] son, una vez más, las que se obtienen igualando las derivadas cruzadas:

$$\left.\begin{array}{l}
2\dfrac{\partial^2 \varepsilon_x}{\partial y \partial z}=\dfrac{\partial}{\partial x}\left(-\dfrac{\partial \gamma_{yz}}{\partial x}+\dfrac{\partial \gamma_{xz}}{\partial y}+\dfrac{\partial \gamma_{xy}}{\partial z}\right) \; ; \; \dfrac{\partial^2 \gamma_{xy}}{\partial x \partial y}=\dfrac{\partial^2 \varepsilon_x}{\partial y^2}+\dfrac{\partial^2 \varepsilon_y}{\partial x^2} \\
2\dfrac{\partial^2 \varepsilon_y}{\partial x \partial z}=\dfrac{\partial}{\partial y}\left(-\dfrac{\partial \gamma_{xz}}{\partial y}+\dfrac{\partial \gamma_{xy}}{\partial z}+\dfrac{\partial \gamma_{yz}}{\partial x}\right) \; ; \; \dfrac{\partial^2 \gamma_{yz}}{\partial y \partial z}=\dfrac{\partial^2 \varepsilon_y}{\partial z^2}+\dfrac{\partial^2 \varepsilon_z}{\partial y^2} \\
2\dfrac{\partial^2 \varepsilon_z}{\partial x \partial y}=\dfrac{\partial}{\partial z}\left(-\dfrac{\partial \gamma_{xy}}{\partial z}+\dfrac{\partial \gamma_{yz}}{\partial x}+\dfrac{\partial \gamma_{xz}}{\partial y}\right) \; ; \; \dfrac{\partial^2 \gamma_{xz}}{\partial x \partial z}=\dfrac{\partial^2 \varepsilon_z}{\partial x^2}+\dfrac{\partial^2 \varepsilon_x}{\partial z^2}
\end{array}\right\} \qquad [3.67]$$

Como puede comprobarse las tres últimas ecuaciones [3.67] están repetidas por lo que las condiciones de integrabilidad se reducen a seis que son las llamadas ecuaciones de compatibilidad de deformaciones.

EJERCICIOS DE AUTOCOMPROBACIÓN

1. El vector desplazamiento en los puntos de un medio elástico tiene de componentes:

$$u = 4ay^2 \; ; \quad v = 2ax^2 \; ; \quad w = az^2 \; ; \quad (a = 10^{-3}).$$

Se pide:

a) Matriz de deformación de un punto P (x, y, z)

b) Vector desplazamiento para Q (1, 1, 1)

c) Giro en un entorno de Q.

d) Direcciones principales en Q.

e) Transformada de una esfera de radio dr_0 y centro en Q.

2. Las componentes de la deformación de los puntos de un medio elástico son:

$$\varepsilon_x = 2k \; ; \; \varepsilon_y = 0 \; ; \; \varepsilon_z = 0$$
$$\gamma_{xy} = 4k \; ; \; \gamma_{xz} = 4kx \; ; \; \gamma_{yz} = 2k(y+2z) \; ; \; \text{k}=10^{-4}$$

Se pide:

a) Comprobar que el estado de deformación es físicamente posible.

b Obtener las expresiones de los vectores giro y desplazamiento, sabiendo que ambos son nulos en un entorno del origen.

c) Deformaciones y direcciones principales en el punto P de coordenadas (1, 1, 1).

3. En el cubo representado en la figura se realizan una serie de medidas mediante la utilización de galgas extensométricas en las direcciones indicadas. Sabiendo que los valores de las medidas obtenidos son:

$\varepsilon_a = 100.10^{-6}$; $\varepsilon_b = 200.10^{-6}$; $\varepsilon_c = 200.10^{-6}$; $\varepsilon_d = 200.10^{-6}$

$\varepsilon_e = 350.10^{-6}$; $\varepsilon_f = 150.10^{-6}$

Calcular:

a) La matriz de deformaciones.

b) Las deformaciones y direcciones principales.

c) Las componentes intrínsecas del vector deformación asociado a la dirección coincidente con el eje «Z».

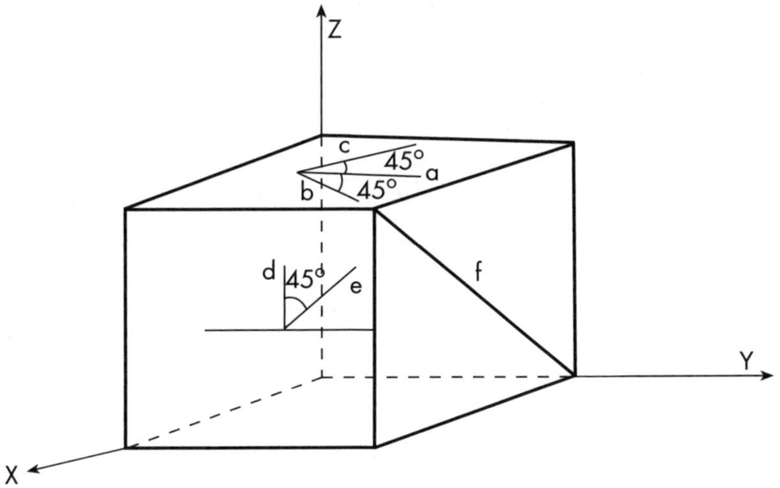

4. El sólido en forma de paralelepípedo mostrado en la figura está sometido a un campo de desplazamientos dado por:

$$\vec{\delta} = \frac{1}{2a}\left(x^2\vec{i} + y^2\vec{j} + z^2\vec{k}\right)$$

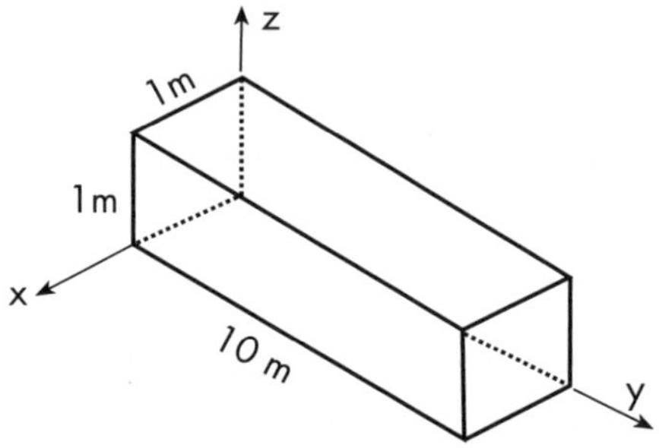

a) Determinar la matriz de deformación en todos los puntos del sólido.

b) Determinar el aumento de volumen del sólido.

Siendo a = 10^4 m.

SOLUCIONES DE LOS EJERCICIOS DE AUTOCOMPROBACIÓN

1. *a)* La matriz de deformación es:

$$[D] = \begin{pmatrix} \varepsilon_x & \frac{1}{2}\gamma_{xy} & \frac{1}{2}\gamma_{xz} \\ \frac{1}{2}\gamma_{xy} & \varepsilon_y & \frac{1}{2}\gamma_{yz} \\ \frac{1}{2}\gamma_{xz} & \frac{1}{2}\gamma_{yz} & \varepsilon_z \end{pmatrix} = \begin{pmatrix} \frac{\partial u}{\partial x} & \frac{1}{2}\left(\frac{\partial u}{\partial y} + \frac{\partial v}{\partial x}\right) & \frac{1}{2}\left(\frac{\partial u}{\partial z} + \frac{\partial w}{\partial x}\right) \\ \frac{1}{2}\left(\frac{\partial u}{\partial y} + \frac{\partial v}{\partial x}\right) & \frac{\partial v}{\partial y} & \frac{1}{2}\left(\frac{\partial v}{\partial z} + \frac{\partial w}{\partial y}\right) \\ \frac{1}{2}\left(\frac{\partial u}{\partial z} + \frac{\partial w}{\partial x}\right) & \frac{1}{2}\left(\frac{\partial v}{\partial z} + \frac{\partial w}{\partial y}\right) & \frac{\partial w}{\partial z} \end{pmatrix}$$

$$\frac{\partial u}{\partial x} = 0 \;;\; \frac{\partial u}{\partial y} = 8ay \;;\; \frac{\partial u}{\partial z} = 0 \;;\; \frac{\partial v}{\partial x} = 4ax \;;\; \frac{\partial v}{\partial y} = 0 \;;\; \frac{\partial v}{\partial z} = 0 \;;\; \frac{\partial w}{\partial x} = 0 \;;$$

$$\frac{\partial w}{\partial y} = 0 \;;\; \frac{\partial w}{\partial z} = 2az$$

$$[D] = \begin{pmatrix} 0 & 2a(2y+x) & 0 \\ 2a(2y+x) & 0 & 0 \\ 0 & 0 & 2az \end{pmatrix}$$

b) $\vec{\delta}_Q = a\left(4\bar{i} + 2\bar{j} + \bar{k}\right)$

c) La matriz de giro [P] es:

$$[P] = \begin{pmatrix} 0 & -p_z & p_y \\ p_z & 0 & -p_x \\ -p_y & p_x & 0 \end{pmatrix} = \begin{pmatrix} 0 & \frac{1}{2}\left(\frac{\partial u}{\partial y} - \frac{\partial v}{\partial x}\right) & \frac{1}{2}\left(\frac{\partial u}{\partial z} - \frac{\partial w}{\partial x}\right) \\ \frac{1}{2}\left(\frac{\partial v}{\partial x} - \frac{\partial u}{\partial y}\right) & 0 & \frac{1}{2}\left(\frac{\partial v}{\partial z} - \frac{\partial w}{\partial y}\right) \\ \frac{1}{2}\left(\frac{\partial w}{\partial x} - \frac{\partial u}{\partial z}\right) & \frac{1}{2}\left(\frac{\partial w}{\partial y} - \frac{\partial v}{\partial z}\right) & 0 \end{pmatrix}$$

$$[P] = \begin{pmatrix} 0 & 2a(2y-x) & 0 \\ 2a(x-2y) & 0 & 0 \\ 0 & 0 & 0 \end{pmatrix} \; ; \; \vec{p} = p_x\bar{i} + p_y\bar{j} + p_z\bar{k}$$

$$\vec{p} = 2a(x-2y)\bar{k}$$

Para $Q \; (1, 1, 1) \; ; \; \vec{p} = -2a\bar{k}$

d) Aplicamos la ecuación $[D-\varepsilon I][\bar{u}]=0$ (A)

- Para el punto

$$[D] = \begin{pmatrix} 0 & 6a & 0 \\ 6a & 0 & 0 \\ 0 & 0 & 2a \end{pmatrix}$$

Ha de cumplirse:

$$\begin{vmatrix} -\varepsilon & 6a & 0 \\ 6a & -\varepsilon & 0 \\ 0 & 0 & 2a-\varepsilon \end{vmatrix} = 0 \rightarrow \; \varepsilon = 2a \; ; \; \varepsilon^2 - 36a^2 = 0 \; ; \; \varepsilon = \pm 6a$$

$$\varepsilon_1 = 6a \; ; \; \varepsilon_2 = 2a \; ; \; \varepsilon_3 = -6a$$

- Para $\varepsilon_1=6a$, sustituyendo en (A)

$$\left.\begin{aligned} -6a\alpha_1+6a\beta_1&=0\\ 6a\alpha_1-6a\beta_1&=0\\ -4a\gamma_1&=0\\ \alpha_1^2+\beta_1^2+\gamma_1^2&=1 \end{aligned}\right\}$$

$$\alpha_1=\beta_1 \quad ; \; \gamma_1=0$$

$$2\alpha_1^2=1 \; ; \; \alpha_1=\beta_1=\frac{1}{\sqrt{2}}$$

$$\bar{u}_1=\frac{1}{\sqrt{2}}\bar{i}+\frac{1}{\sqrt{2}}\bar{j}$$

- Para $\varepsilon_2 = 2a$, $\bar{u}_2 = \bar{k}$ $\qquad \alpha_2=\beta_2=0 \, ; \, \gamma_2=1$

$$\bar{u}_3=\bar{u}_1 \text{ x } \bar{u}_2=\begin{vmatrix} \bar{i} & \bar{j} & \bar{k}\\ \frac{1}{\sqrt{2}} & \frac{1}{\sqrt{2}} & 0\\ 0 & 0 & 1 \end{vmatrix}=\frac{1}{\sqrt{2}}\bar{i}-\frac{1}{\sqrt{2}}\bar{j}$$

e) El punto Q (1, 1, 1) pasa a Q' ($1+4a$; $1+2a$; $1+a$)

Si hacemos coincidir un sistema de ejes coordenados con los ejes principales y origen en Q', las longitudes iniciales dr_0 según los ejes principales se convierten en $dr_0\,(1+\varepsilon_1)$; $dr_0\,(1+\varepsilon_2)$; $dr_0\,(1+\varepsilon_3)$ y la esfera se convierte en un elipsoide.

$$\frac{x'^2}{(1+\varepsilon_1)^2}+\frac{y'^2}{(1+\varepsilon_2)^2}+\frac{z'^2}{(1+\varepsilon_3)^2}=1 \;\Rightarrow\; \frac{x'^2}{(1+6a)^2}+\frac{y'^2}{(1+2a)^2}+\frac{z'^2}{(1-6a)^2}=1$$

2. *a)* Al ser las componentes de la deformación constantes o funciones lineales de las coordenadas de los puntos del sólido, las seis ecuaciones de compatibilidad [3.67] se convierten en identidades, por lo que el estado de deformación es físicamente posible.

b) Las componentes del vector giro las obtendremos integrando las ecuaciones diferenciales:

$$dp_x = \left(\frac{1}{2}\frac{\partial \gamma_{xz}}{\partial y} - \frac{1}{2}\frac{\partial \gamma_{xy}}{\partial z} \right) dx + \left(\frac{1}{2}\frac{\partial \gamma_{yz}}{\partial y} - \frac{\partial \varepsilon_y}{\partial z} \right) dy + \left(\frac{\partial \varepsilon_z}{\partial y} - \frac{1}{2}\frac{\partial \gamma_{yz}}{\partial z} \right) dz$$

$$dp_y = \left(\frac{\partial \varepsilon_x}{\partial z} - \frac{1}{2}\frac{\partial \gamma_{xz}}{\partial x} \right) dx + \left(\frac{1}{2}\frac{\partial \gamma_{xy}}{\partial z} - \frac{1}{2}\frac{\partial \gamma_{yz}}{\partial x} \right) dy + \left(\frac{1}{2}\frac{\partial \gamma_{xz}}{\partial z} - \frac{\partial \varepsilon_z}{\partial x} \right) dz$$

$$dp_z = \left(\frac{1}{2}\frac{\partial \gamma_{xy}}{\partial x} - \frac{\partial \varepsilon_x}{\partial y} \right) dx + \left(\frac{\partial \varepsilon_y}{\partial x} - \frac{1}{2}\frac{\partial \gamma_{xy}}{\partial y} \right) dy + \left(\frac{1}{2}\frac{\partial \gamma_{yz}}{\partial x} - \frac{1}{2}\frac{\partial \gamma_{xz}}{\partial y} \right) dz$$

Sustituyendo:

$$\left.\begin{array}{l} dp_x = 0 \ . dx + kdy - 2kdz \\ dp_y = -2kdx + 0 \ . dy + 0 \ . dz \\ dp_z = 0 \ . dx + 0 \ . dy + 0 \ . dz \end{array}\right\} \qquad \begin{array}{l} p_x = k(y - 2z) + p_{xo} \\ p_y = -2kx + p_{yo} \\ p_z = p_{zo} \end{array}$$

Ya que es nulo el giro en un entorno del origen, serán $p_{x0} = p_{y0} = p_{z0} = 0$ y, por tanto,

$$p_x = k(y - 2z) \ ; \ p_y = -2kx \ ; \ p_z = 0$$
$$\vec{p} = k(y - 2z)\bar{i} - 2kx\bar{j}$$

El vector desplazamiento se obtiene integrando las ecuaciones diferenciales exactas:

$$\left.\begin{array}{l} du = \varepsilon_x dx + \left(\frac{1}{2}\gamma_{xy} - p_z \right) dy + \left(\frac{1}{2}\gamma_{xz} + p_y \right) dz \\ dv = \left(\frac{1}{2}\gamma_{xy} + p_z \right) dx + \varepsilon_y dy + \left(\frac{1}{2}\gamma_{yz} - p_x \right) dz \\ dw = \left(\frac{1}{2}\gamma_{xz} - p_y \right) dx + \left(\frac{1}{2}\gamma_{yz} + p_x \right) dy + \varepsilon_z dz \end{array}\right\}$$

Sustituyendo:

$$\left.\begin{array}{l} du = 2kdx + 2kdy + 0\ .\ dz \\ dv = 2kdx + 0\ .\ dy + 4kzdz \\ dw = 4kxdx + 2kydy + 0\ .\ dz \end{array}\right\} \qquad \begin{array}{l} u = 2k(x+y) + u_0 \\ v = 2k(x+z^2) + v_0 \\ w = k(2x^2 + y^2) + w_0 \end{array}$$

Al ser nulo el desplazamiento en un entorno del origen,

$$u_0 = v_0 = w_0 = 0 \ ; \ u = 2k(x+y) \ ; \ v = 2k(x+z^2) \ ; \ w = k(2x^2+y^2)$$

$$\vec{\delta} = 2k(x+y)\bar{i} + 2k(x+z^2)\bar{j} + k(2x^2+y^2)\bar{k}$$

c) En el punto P, las componentes de la deformación son:

$$\varepsilon_x = 2k \ ; \ \varepsilon_y = 0 \ ; \ \varepsilon_z = 0$$

$$\gamma_{xy} = 4k \ ; \ \gamma_{xz} = 4k \ ; \ \gamma_{yz} = 6k$$

La matriz de deformación es, por tanto:

$$[D] = \begin{pmatrix} 2k & 2k & 2k \\ 2k & 0 & 3k \\ 2k & 3k & 0 \end{pmatrix}$$

Las deformaciones principales se obtienen resolviendo la ecuación $[D-\varepsilon I][\bar{u}]=0$ cuya solución no trivial se deduce de:

$$k\begin{vmatrix} 2-\varepsilon' & 2 & 2 \\ 2 & -\varepsilon' & 3 \\ 2 & 3 & -\varepsilon' \end{vmatrix} = 0 \Rightarrow (2-\varepsilon')\varepsilon'^2 + 24 + 8\varepsilon' - 9(2-\varepsilon') = 0$$

$$2\varepsilon'^2 - \varepsilon'^3 + 24 + 8\varepsilon' - 18 + 9\varepsilon' = 0 \Rightarrow \varepsilon'^3 - 2\varepsilon'^2 - 17\varepsilon' - 6 = 0$$

Una raiz es $\varepsilon' = -3$; las otras dos raíces se obtienen, aplicando la regla de Ruffini:

$$\begin{array}{r|rrrr} & 1 & -2 & -17 & -6 \\ -3 & & -3 & +15 & +6 \\ \hline & 1 & -5 & -2 & \underline{|0} \end{array}$$

Por tanto, será:

$$\varepsilon'^2 - 5\varepsilon' - 2 = 0$$

$$\varepsilon' = \frac{5 \pm \sqrt{25+8}}{2} \begin{cases} 5,37 \\ -0,37 \end{cases}$$

Las deformaciones principales se obtienen multiplicando los valores obtenidos para ε' por $k=10^{-4}$:

$$\varepsilon_1 = 5,37 \cdot 10^{-4} \;;\; \varepsilon_2 = -0,37 \cdot 10^{-4} \;;\; \varepsilon_3 = -3 \cdot 10^{-4}$$

Las direcciones principales se obtienen sustituyendo las raices ε_1, ε_2, ε_3 en la ecuación $[D-\varepsilon I][\overline{u}]=0$.

Para $\varepsilon = \varepsilon_1 = 5,37 \cdot 10^{-4} = 5,37k$

$$\begin{pmatrix} 2k\text{-}5,37k & 2k & 2k \\ 2k & -5,37k & 3k \\ 2k & 3k & -5,37k \end{pmatrix} \begin{pmatrix} \alpha_1 \\ \beta_1 \\ \gamma_1 \end{pmatrix} = \begin{pmatrix} 0 \\ 0 \\ 0 \end{pmatrix}$$

$$\left.\begin{array}{r} -3,37\alpha_1 + 2\beta_1 + 2\gamma_1 = 0 \\ 2\alpha_1 - 5,37\beta_1 + 3\gamma_1 = 0 \\ 2\alpha_1 + 3\beta_1 - 5,37\gamma_1 = 0 \end{array}\right\}$$

De la 2.ª y 3.ª ecuaciones $-8,37\beta_1 + 8,37\gamma_1 = 0$

$$\beta_1 = \gamma_1$$

Sustituyendo en la 1.ª:

$$-3,37\alpha_1 + 4\beta_1 = 0 \;;\; \alpha_1 = \frac{4}{3,37}\beta_1 = 1,19\beta_1$$

Sustituyendo en la ecuación $\alpha_1^2 + \beta_1^2 + \gamma_1^2 = 1$

$$3,41\beta_1^2 = 1 \;;\; \beta_1 = \pm 0,541 = \gamma_1 \;;\; \alpha_1 = \pm 0,643$$

$$\bar{u}_1 = 0,643\bar{i} + 0,541\bar{j} + 0,541\bar{k}$$

Para $\varepsilon = \varepsilon_2 = -0,37 \cdot 10^{-4} = -0,37k$

$$\begin{pmatrix} 2k + 0,37k & 2k & 2k \\ 2k & 0,37k & 3k \\ 2k & 3k & 0,37k \end{pmatrix} \begin{pmatrix} \alpha_2 \\ \beta_2 \\ \gamma_2 \end{pmatrix} = \begin{pmatrix} 0 \\ 0 \\ 0 \end{pmatrix}$$

$$\left.\begin{array}{l} 2,37\alpha_2 + 2\beta_2 + 2\gamma_2 = 0 \\ 2\alpha_2 + 0,37\beta_2 + 3\gamma_2 = 0 \\ 2\alpha_2 + 3\beta_2 + 0,37\gamma_2 = 0 \end{array}\right\}$$

$$2,63\beta_2 - 2,63\gamma_2 = 0 \;;\; \beta_2 = \gamma_2$$

$$2,37\alpha_2 + 4\beta_2 = 0 \;;\; \alpha_2 = -\frac{4}{2,37}\beta_2$$

$$\alpha_2^2 + \beta_2^2 + \gamma_2^2 = 1 \Rightarrow 4,85\beta_2^2 = 1 \;;\; \beta_2 = \gamma_2 = \pm 0,454 \;;\; \alpha_2 = \mp 0,766$$

$$\bar{u}_2 = -0,766\bar{i} + 0,454\bar{j} + 0,454\bar{k}$$

La tercera dirección principal se obtiene directamente calculando $\overline{u_3} = \overline{u_1} \times \overline{u_2}$:

$$\bar{u}_3 = \begin{vmatrix} \bar{i} & \bar{j} & \bar{k} \\ 0,643 & 0,541 & 0,541 \\ -0,766 & 0,454 & 0,454 \end{vmatrix} = -0,706\bar{j} + 0,706k$$

Por tanto, las deformaciones y direcciones principales son:

$$\varepsilon_1 = 5{,}37 \cdot 10^{-4}(0{,}643\ ;\ 0{,}541\ ;\ 0{,}541)$$

$$\varepsilon_2 = -0{,}37 \cdot 10^{-4}(-0{,}766\ ;\ 0{,}454\ ;\ 0{,}454)$$

$$\varepsilon_3 = -3 \cdot 10^{-4}(0\ ;\ -0{,}706\ ;\ 0{,}706)$$

3. *a)* Las galgas o bandas extensométricas son dispositivos eléctricos que permiten determinar la deformación longitudinal del sólido sobre el que se aplican, en la dirección definida para cada una de ellas. Las galgas pueden estar agrupadas formando una roseta de medidas extensométricas y miden el alargamiento o el acortamiento unitarios en el punto del sólido en que están aplicadas.

La roseta a-b-c se encuentra aplicada sobre un plano paralelo al XY, por lo que podemos obtener directamente, el valor de ε_y:

$$\varepsilon_y = \varepsilon_a = 100 \cdot 10^{-6}$$

Los valores de ε_x y γ_{xy} se obtienen a partir de las medidas ε_b y ε_c.

$$\text{Dirección b: } \left(\frac{1}{\sqrt{2}},\ \frac{1}{\sqrt{2}},\ 0\right)$$

$$\text{Dirección c: } \left(-\frac{1}{\sqrt{2}},\ \frac{1}{\sqrt{2}},\ 0\right)$$

$$\varepsilon = \bar{e} \cdot \bar{u} = [\bar{u}]^T [D][\bar{u}] \text{ ; es decir:}$$

$$\varepsilon = \varepsilon_x\alpha^2 + \varepsilon_y\beta^2 + \varepsilon_z\gamma^2 + \gamma_{xy}\alpha\beta + \gamma_{xz}\alpha\gamma + \gamma_{yz}\beta\gamma \qquad \text{(A)}$$

Como γ es 0, tanto en la dirección b como en la c:

$$\left.\begin{aligned} \varepsilon_b &= 200\ .\ 10^{-6} = \varepsilon_x\frac{1}{2} + 100\ .\ 10^{-6}\frac{1}{2} + \gamma_{xy}\frac{1}{2} \\ \varepsilon_c &= 200\ .\ 10^{-6} = \varepsilon_x\frac{1}{2} + 100\ .\ 10^{-6}\frac{1}{2} - \gamma_{xy}\frac{1}{2} \end{aligned}\right\}$$

Sumando las dos ecuaciones:

$$400 \cdot 10^{-6} = \varepsilon_x + 100 \cdot 10^{-6} \; ; \; \varepsilon_x = 300 \cdot 10^{-6}$$

Sustituyendo en la 1.ª ecuación:

$$200 \cdot 10^{-6} = 150 \cdot 10^{-6} + 50 \cdot 10^{-6} + \frac{\gamma_{xy}}{2} \; ; \gamma_{xy} = 0$$

La roseta d-e está aplicada según un plano paralelo al YZ. Por tanto,

$$\varepsilon_z = \varepsilon_d = 200 \cdot 10^{-6}$$

La dirección *e* es: $\left(0, \; \frac{1}{\sqrt{2}}, \; \frac{1}{\sqrt{2}}\right)$

Aplicaremos la ecuación (A) en la que α=0 y ε_y y ε_z son conocidos:

$$\varepsilon_e = 350 \cdot 10^{-6} = 100 \cdot 10^{-6} \frac{1}{2} + 200 \cdot 10^{-6} \frac{1}{2} + \gamma_{yz} \frac{1}{2}$$

$$200 \cdot 10^{-6} = \frac{\gamma_{yz}}{2} \; ; \; \gamma_{yz} = 400 \cdot 10^{-6}$$

La galga extensométrica f, aplicada sobre un plano paralelo al XZ nos permitirá determinar el valor de γ_{xz}, a partir de los valores conocidos de ε_x y ε_z (aplicaremos nuevamente la ecuación (A)).

La dirección f es $\left(\frac{1}{\sqrt{2}}, \; 0, \; \frac{1}{\sqrt{2}}\right)$

$$\varepsilon_f = 150 \cdot 10^{-6} = 300 \cdot 10^{-6} \frac{1}{2} + 200 \cdot 10^{-6} \frac{1}{2} + \gamma_{xz} \frac{1}{2}$$

$$-100 \cdot 10^{-6} = \frac{\gamma_{xz}}{2} \; ; \gamma_{xz} = -200 \cdot 10^{-6}$$

La matriz de deformación es:

$$[D]=\begin{pmatrix} \varepsilon_x & \frac{\gamma_{xy}}{2} & \frac{\gamma_{xz}}{2} \\ \frac{\gamma_{xy}}{2} & \varepsilon_y & \frac{\gamma_{yz}}{2} \\ \frac{\gamma_{xz}}{2} & \frac{\gamma_{yz}}{2} & \varepsilon_z \end{pmatrix} = 10^{-6}\begin{pmatrix} 300 & 0 & -100 \\ 0 & 100 & 200 \\ -100 & 200 & 200 \end{pmatrix} = 10^{-4}\begin{pmatrix} 3 & 0 & -1 \\ 0 & 1 & 2 \\ -1 & 2 & 2 \end{pmatrix}$$

b) Las deformaciones y direcciones principales se obtienen de la ecuación: $[D-\varepsilon I][\bar{u}]=0$

$$10^{-4}\begin{vmatrix} 3-\varepsilon & 0 & -1 \\ 0 & 1-\varepsilon & 2 \\ -1 & 2 & 2-\varepsilon \end{vmatrix} = 0$$

$$(3-\varepsilon)(1-\varepsilon)(2-\varepsilon)-(1-\varepsilon)-4(3-\varepsilon)=0$$

$$6-11\varepsilon+6\varepsilon^2-\varepsilon^3-1+\varepsilon-12+4\varepsilon=0$$

$$-\varepsilon^3+6\varepsilon^2-6\varepsilon-7=0 \ ; \ \varepsilon^3-6\varepsilon^2+6\varepsilon+7=0$$

$$\varepsilon_1=2{,}51\cdot 10^{-4} \rightarrow \varepsilon^2-3{,}49\varepsilon-2{,}76=0$$

$$\varepsilon=\frac{+3{,}49\pm\sqrt{3{,}49^2+4\cdot 2{,}76}}{2}=\frac{+3{,}49\pm 4{,}87}{2}$$

$$\varepsilon_2=+4{,}15\cdot 10^{-4} \ ; \ \varepsilon_3=-0{,}66\cdot 10^{-4}$$

El orden correcto de las deformaciones principales es, pues:

$$\varepsilon_1 = 4{,}15\cdot 10^{-4} \ ; \ \varepsilon_2 = 2{,}51\cdot 10^{-4} \ ; \ \varepsilon_3 = -0{,}66\cdot 10^{-4}$$

En cuanto a las direcciones principales sustituiremos los valores de ε_1, ε_2 y ε_3 en la ecuación $[D-\varepsilon I][\bar{u}]=0$

- Para $\varepsilon = \varepsilon_1$

$$10^{-4}\begin{pmatrix} -1,15 & 0 & -1 \\ 0 & -3,15 & 2 \\ -1 & 2 & -2,15 \end{pmatrix}\begin{pmatrix} \alpha_1 \\ \beta_1 \\ \gamma_1 \end{pmatrix} = \begin{pmatrix} 0 \\ 0 \\ 0 \end{pmatrix}$$

$$\left.\begin{aligned} &-1,15\alpha_1 - \gamma_1 = 0 \\ &-3,15\beta_1 + 2\gamma_1 = 0 \\ &-\alpha_1 + 2\beta_1 - 2,15\gamma_1 = 0 \end{aligned}\right\}$$

$$\gamma_1 = -1,15\alpha_1$$

$$-3,15\beta_1 - 2,3\alpha_1 = 0 \;\; ; \;\; \beta_1 = -\frac{2,3}{3,15}\alpha_1 = -0,73\alpha_1$$

$$\alpha_1^2 + \beta_1^2 + \gamma_1^2 = 1 \rightarrow \alpha_1^2 + \left(-0,73\alpha_1\right)^2 + \left(-1,15\alpha_1\right)^2 = 1$$

$$\alpha_1^2\left(1 + 0,53 + 1,32\right) = 1 \;\; ; \;\; \alpha_1^2 = \frac{1}{2,85}$$

$$\alpha_1 = 0,59 \;\; ; \;\; \beta_1 = -0,43 \;\; ; \;\; \gamma_1 = -0,68$$

- Para $\varepsilon = \varepsilon_2$

$$10^{-4}\begin{pmatrix} 0,49 & 0 & -1 \\ 0 & -1,51 & 2 \\ -1 & 2 & -0,51 \end{pmatrix}\begin{pmatrix} \alpha_2 \\ \beta_2 \\ \gamma_2 \end{pmatrix} = \begin{pmatrix} 0 \\ 0 \\ 0 \end{pmatrix}$$

$$\left.\begin{aligned} &0,49\alpha_2 - \gamma_2 = 0 \\ &-1,51\beta_2 + 2\gamma_2 = 0 \\ &-\alpha_2 + 2\beta_2 - 0,51\gamma_2 = 0 \end{aligned}\right\}$$

$$\gamma_2 = 0,49\alpha_2$$

$$-1,51\beta_2 + 0,98\alpha_2 = 0 \;\; ; \;\; \beta_2 = 0,65\alpha_2$$

$$\alpha_2^2 + \beta_2^2 + \gamma_2^2 = 1 \rightarrow \alpha_2^2 + \left(0,65\alpha_2\right)^2 + \left(0,49\alpha_2\right)^2 = 1$$

$$\alpha_2^2\left(1 + 0,42 + 0,24\right) = 1 \;\; ; \;\; \alpha_2^2 = \frac{1}{1,66}$$

$$\alpha_2 = 0,78 \;\; ; \;\; \beta_2 = 0,50 \;\; ; \;\; \gamma_2 = 0,38$$

$$\bar{u}_3 = \bar{u}_1 \text{ x } \bar{u}_2 = \begin{vmatrix} \bar{i} & \bar{\text{j}} & \bar{k} \\ 0,59 & -0,43 & -0,68 \\ 0,78 & 0,50 & 0,38 \end{vmatrix} = 0,18\bar{i} - 0,75\bar{j} + 0,63\bar{k}$$

Las deformaciones y direcciones principales son:

$$\varepsilon_1 = 4,15 \cdot 10^{-4}\left(0,59 \; ; -0,43 \; ; -0,68\right)$$

$$\varepsilon_2 = 2,51 \cdot 10^{-4}\left(0,78 \; ; 0,50 \; ; 0,38\right)$$

$$\varepsilon_3 = -0,66 \cdot 10^{-4}\left(0,18 \; ; -0,75 \; ; +0,63\right)$$

La dirección Z es (0, 0, 1):

$$\left[\bar{e}\right] = \left[D\right]\left[\bar{u}\right] = 10^{-4}\begin{pmatrix} 3 & 0 & -1 \\ 0 & 1 & 2 \\ -1 & 2 & 2 \end{pmatrix}\begin{pmatrix} 0 \\ 0 \\ 1 \end{pmatrix} = 10^{-4}\begin{pmatrix} -1 \\ 2 \\ 2 \end{pmatrix}$$

$$e^2 = 9 \cdot 10^{-8} \;\; ; \;\; \varepsilon = \varepsilon_2 = 2 \cdot 10^{-4}$$

$$\frac{1}{2}\gamma = \sqrt{e^2 - \varepsilon^2} = \sqrt{9 \cdot 10^{-8} - 4 \cdot 10^{-8}} = \sqrt{5} \cdot 10^{-4}$$

4. *a)* Apartir de los componentes del vector $\bar{\delta}$ obtenemos las componentes, de la deformación:

$$\bar{\delta} = u\bar{i} + v\bar{j} + w\bar{k} = \frac{1}{2a}\left(x^2\bar{i} + y^2\bar{j} + z^2\bar{k}\right);\ u = \frac{x^2}{2a},\ v = \frac{y^2}{2a},\ w = \frac{z^2}{2a}$$

$$\varepsilon_x = \frac{\partial u}{\partial x} = \frac{x}{a};\quad \varepsilon_y = \frac{\partial v}{\partial y} = \frac{y}{a};\quad \varepsilon_z = \frac{\partial w}{\partial z} = \frac{z}{a}$$

$$\gamma_{xy} = \frac{\partial u}{\partial y} + \frac{\partial v}{\partial x} = 0;\quad \gamma_{xz} = \frac{\partial u}{\partial z} + \frac{\partial w}{\partial x} = 0;\quad \gamma_{yz} = \frac{\partial v}{\partial z} + \frac{\partial w}{\partial y} = 0$$

La matriz de deformaciones será:

$$[D] = \begin{pmatrix} \varepsilon_x & \frac{1}{2}\gamma_{xy} & \frac{1}{2}\gamma_{xz} \\ \frac{1}{2}\gamma_{xy} & \varepsilon_y & \frac{1}{2}\gamma_{yz} \\ \frac{1}{2}\gamma_{xz} & \frac{1}{2}\gamma_{yz} & \varepsilon_y \end{pmatrix} = \begin{pmatrix} \frac{x}{a} & 0 & 0 \\ 0 & \frac{y}{a} & 0 \\ 0 & 0 & \frac{z}{a} \end{pmatrix} = \frac{1}{a}\begin{pmatrix} x & 0 & 0 \\ 0 & y & 0 \\ 0 & 0 & z \end{pmatrix}$$

b) Al ser nulas las deformaciones angulares, γ_{xy}, γ_{xz}, γ_{yz}, el paralelepípedo se deforma desplazándose sus caras paralelamente a sí mismas, por lo que el aumento de su volumen será igual a la diferencia entre el volumén final V_f y el volumen inicial V_i.

V_i = 1 x 1 x 10 = 10 m³ (dimensiones en metros).

$$V_f = \left(1 + \frac{1}{a}\right)\left(10 + \frac{10}{a}\right)\left(1 + \frac{1}{a}\right) = (1 + 0{,}0001)(10 + 0{,}001)(1 + 0{,}0001) = 10{,}003\ \text{m}^3$$

$$\Delta V = V_j - V_i = 0{,}003\ \text{m}^3 = 3000\ \text{cm}^3$$

Tema 4
Relaciones entre los estados de tensión y de deformación

4.1. INTRODUCCIÓN

En los capítulos anteriores hemos estudiado, por separado, el estado de tensión en los puntos de un sólido elástico (tema 2) y el estado de deformación en el entorno de dichos puntos (tema 3). Aunque hemos estudiado tensiones y deformaciones en forma absolutamente independiente, no debemos perder de vista que unas y otras están originadas por la solicitación a la que está sometido el sólido, de forma que, como ya indicamos en el Tema 1, pueden considerarse deformaciones y tensiones como causa y efecto, por lo que no pueden ser independientes entre sí.

Si bien pueden llegarse a establecer las ecuaciones constitutivas (o de relación entre tensiones y deformaciones) utilizando razonamientos basados en la Termodinámica, es más usual establecer dichas ecuaciones por vía experimental, a partir de los resultados de determinados ensayos de laboratorio, a los que nos referimos más adelante.

Estudiaremos en primer lugar las leyes de comportamiento para un sólido cualquiera para pasar posteriormente a considerar dichas leyes introduciendo las hipótesis básicas supuestas para los sólidos elásticos: continuidad, homogeneidad e isotropía.

4.2. ECUACIONES GENERALES

En el caso más general, cada una de las componentes de la tensión puede escribirse en función de las componentes de la deformación como sigue:

$$\left.\begin{aligned}
\sigma_x &= k_1 + A_1\varepsilon_x + B_1\varepsilon_y + C_1\varepsilon_z + D_1\gamma_{xy} + E_1\gamma_{xz} + F_1\gamma_{yz} \\
\sigma_y &= k_2 + A_2\varepsilon_x + B_2\varepsilon_y + C_2\varepsilon_z + D_2\gamma_{xy} + E_2\gamma_{xz} + F_2\gamma_{yz} \\
\sigma_z &= k_3 + A_3\varepsilon_x + B_3\varepsilon_y + C_3\varepsilon_z + D_3\gamma_{xy} + E_3\gamma_{xz} + F_3\gamma_{yz}
\end{aligned}\right\} \qquad [4.1]$$

$$\left.\begin{aligned}\tau_{xy} &= k_4 + A_4\varepsilon_x + B_4\varepsilon_y + C_4\varepsilon_z + D_4\gamma_{xy} + E_4\gamma_{xz} + F_4\gamma_{yz}\\ \tau_{xz} &= k_5 + A_5\varepsilon_x + B_5\varepsilon_y + C_5\varepsilon_z + D_5\gamma_{xy} + E_5\gamma_{xz} + F_5\gamma_{yz}\\ \tau_{yz} &= k_6 + A_6\varepsilon_x + B_6\varepsilon_y + C_6\varepsilon_z + D_6\gamma_{xy} + E_6\gamma_{xz} + F_6\gamma_{yz}\end{aligned}\right\} \quad [4.1]$$

Se obtienen, como se ve, seis ecuaciones con 42 parámetros, que se reducen a 36 si establecemos la hipótesis de que inicialmente no hay ninguna tensión, por lo que los términos independientes se anulan.

La condición de homogeneidad obliga a que los coeficientes de las ecuaciones [4.1] sean constantes, de forma que las propiedades físicas del sólido deben ser las mismas en cualquier punto del mismo.

La hipótesis de continuidad exige, como ya vimos en los capítulos 2 y 3, que las componentes de la tensión y las de la deformación sean funciones continuas de las coordenadas de los puntos del sólido elástico.

En ausencia total de isotropía (materiales anisótropos) existirían, en principio, 36 constantes elásticas, si bien puede demostrarse que sólo 18 son distintas. Si el grado de anisotropía disminuye, lo hace también el número de constantes elásticas distintas (9 en el caso de materiales ortogonalmente isótropos y ortótropos como la madera; 5 en el caso de materiales transversalmente isótropos como los plásticos reforzados).

En el caso de que los materiales sean isótropos, lo que con gran aproximación cumplen los más utilizados en las aplicaciones constructivas (hormigones y aceros), el número de constantes elásticas distintas es de sólo 2.

Cualquiera que sea el grado de anisotropía las constantes elásticas deben determinarse experimentalmente, a través de la realización de ensayos de laboratorio, siendo el más utilizado el de tracción, que describimos en el epígrafe siguiente.

4.3. DETERMINACIÓN EXPERIMENTAL DE LAS RELACIONES ENTRE TENSIONES Y DEFORMACIONES. LEY DE HOOKE

Como hemos indicado, la determinación de las constantes elásticas se hace habitualmente por vía experimental, mediante la realización de los correspondientes ensayos de laboratorio.

El conocimiento de las propiedades mecánicas de un material se realiza sometiendo a una pieza del mismo cuyas características geométricas corresponden al sólido tipo barra, definido en el Tema 1 y que recibe el nombre de probeta, a una de las solicitaciones simples definidas en dicho capítulo. Para que los resultados del ensayo sean extrapolables a cualquier sólido constituido por dicho material y sean, por tanto, representativos del comportamiento del mismo, el ensayo ha de ser homogéneo, lo que quiere decir que los estados de tensiones y deformaciones originados por la solicitación sean idénticos en la mayor parte de los puntos de la probeta y durante la mayor parte de la ejecución de la prueba mecánica. Tal condición se cumple con gran exactitud en el ensayo de tracción y, con algunas limitaciones, en el de compresión. El primero de ellos, al que nos vamos a referir seguidamente, se realiza sobre probetas de materiales metálicos (por ejemplo, el acero), mientras que el segundo se utiliza para estudiar el comportamiento de los materiales pétreos, como el hormigón.

En el ensayo de tracción se somete a una probeta, habitualmente cilíndrica, sobre la que se ha marcado una longitud, llamada distancia entre puntos a un esfuerzo de tracción, N, que se aumenta progresivamente hasta la rotura de la pieza. En la figura 4.1 se representa una probeta típica para ensayo de tracciòn, en la que se indican la zona de ensayo (zona calibrada) y las cabezas de amarre a la máquina de ensayo.

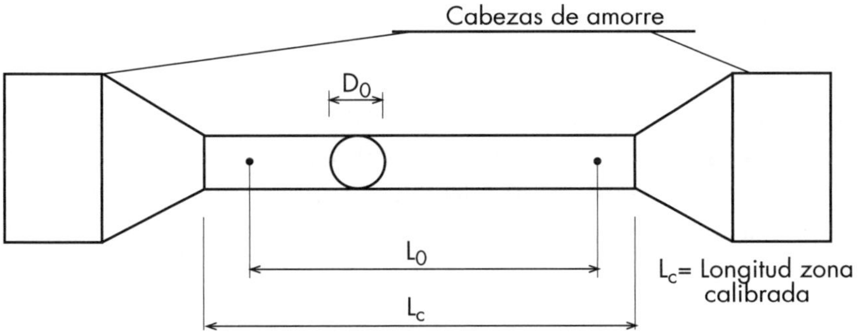

Figura 4.1

Si la probeta tiene una sección transversal de área S_0, correspondiente a su diámetro inicial D_0, la tensión normal que se produce viene dada por la expresión:

$$\sigma = \frac{N}{S_0} \qquad [4.2]$$

Cada fibra longitudinal de la probeta experimenta un alargamiento unitario, ε, que se mide por el cociente entre el alargamiento absoluto, ΔL_0 y la longitud inicial L_0.

$$\varepsilon = \frac{\Delta L_0}{L_0} \qquad [4.3]$$

La variación de la tensión σ en función del alargamiento unitario ε se representa en la figura 4.2. y recibe el nombre de diagrama de tracción.

La primera parte del diagrama, representada por una línea recta, permite ver que, inicialmente hay proporcionalidad entre tensiones y deformaciones, cumpliendo el material la ley:

$$\sigma = E\varepsilon \qquad [4.4]$$

Esta relación recibe el nombre de ley de Hooke (científico británico que la estableció en 1638). La constante de proporcionalidad E es la pendiente de la rama recta del diagrama y recibe el nombre de módulo de Elasticidad longitudinal o módulo de Young y tiene las dimensiones de una tensión, al ser el alargamiento unitario ε adimensional.

La ley de Hooke se cumple hasta que la tensión alcanza el valor correspondiente al punto p, recibiendo el nombre de límite de proporcionalidad σ_p. Si durante el periodo de proporcionalidad se descarga la probeta, esta descarga se produce también en forma proporcional, de manera que no haya deformaciones permanentes, lo que caracteriza al campo elástico del diagrama.

Al aumentar el esfuerzo aplicado sobre la probeta, el diagrama deja de ser recto, presentando, según el material de ensayo, ciertas particularidades.

En una primera zona (del punto p al punto e), siguen sin aparecer deformaciones permanentes, lo que, aproximadamente, equivale a que la descarga coincida con la línea de carga. Precisamente el punto e, marca el paso del campo elástico al campo elasto-plástico. La tensión correspondiente recibe el nombre de límite elástico σ_E. En todo el campo elástico, las deformaciones ε son muy pequeñas (ε es la deformación total que desaparece, como queda dicho, en el proceso de descarga).

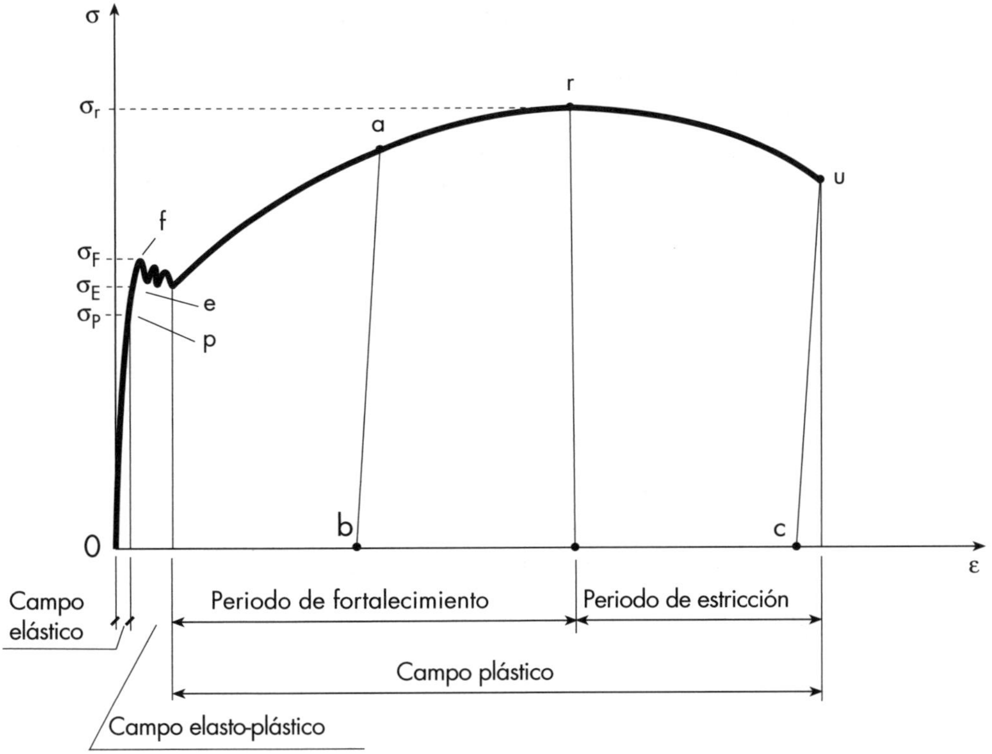

Figura 4.2

Pasado el punto e, los incrementos unitarios de longitud siguen siendo muy pequeños (incluso inferiores al 0,1%) aunque mayores que los anteriores, apareciendo ya deformaciones permanentes al descargar la probeta. Esto ocurre hasta un punto f, a partir del cual las deformaciones aumentan rápidamente, estirándose el material sin que sea necesario aumentar los esfuerzos que se ejercen sobre la probeta. (En el ensayo se observa que el valor del esfuerzo aplicado se mantiene, aparentemente, constante). Este fenómeno recibe el nombre fluencia (cedencia según la normativa vigente sobre ensayos de laboratorio) y al valor correspondiente de la tensión σ_F se le da el nombre de límite de fluencia. En el caso en que la tensión no sólo se mantenga constante, sino que disminuya, cabe hablar de un límite superior de fluencia (σ_{FS}) y un límite inferior (σ_{Fi}). El fenómeno de fluencia se debe a los desplazamientos entre las partículas del material, originados por las tensiones cortantes, que, como sabemos, son máximas en planos inclinados 45° con la dirección del esfuerzo aplicado.

A partir del comienzo de la fluencia (más estrictamente, a partir del límite de elasticidad), la deformación ya no es puramente elástica, sino que, al descargar la probeta, aparecen deformaciones permanentes, como puede observarse en la línea *a*b de la figura 4.2. En la figura 4.3 se indica, en forma simplificada, y, a la vez detallada, el proceso de descarga.

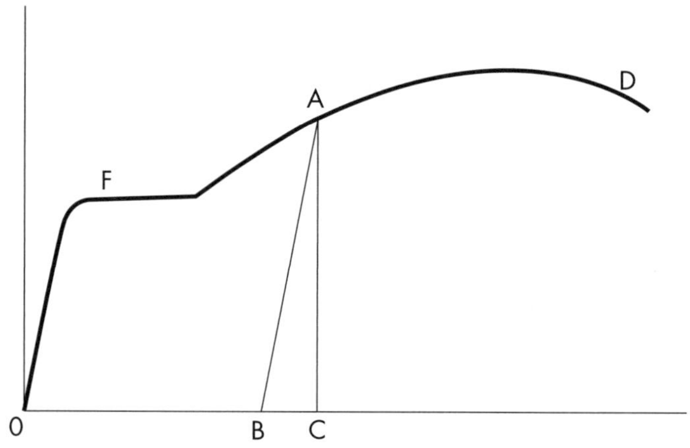

Figura 4.3

Si el material ha entrado en el campo plástico, los alargamientos son mucho mayores y la descarga determina un valor grande de la deformación permanente (OB en la figura 4.3). La longitud del segmento BC, nos determina la deformación elástica y, como se ve en la figura, es mucho más pequeña que la permanente.

Si, cargada y descargada la probeta, en la que se ha producido la deformación permanente o residual descrita, volvemos a someterla a esfuerzos de tracción, prácticamente obtenemos la misma recta BA (en sentido inverso) y, al llegar al punto A y seguir cargando la probeta su representación será la curva AD, como si fuese prolongación de la curva anterior. De esta forma, aumenta el límite elástico del material, a la vez que disminuye la capacidad de deformación (que se medirá a partir del alargamiento residual OB).

El proceso descrito en el párrafo anterior recibe el nombre de «endurecimiento por deformación» y ha sido explicado en forma esquemática, ya que las líneas representativas de carga y descarga no son rectas coincidentes (ni siquiera son rectas), lo que da lugar a los denominados ciclos de histéresis.

Pasado el escalón de fluencia o relajación, vuelve a ser necesario incrementar los esfuerzos (y, por tanto, las tensiones) para aumentar las deformaciones. La zona curva correspondiente del diagrama se conoce como período de fortalecimiento, presentando un máximo (punto r, figura 4.2), al que corresponde el valor de la tensión σ_R, tensión de rotura o resistencia a la tracción del material. Sin embargo, la rotura de la pieza no se produce para esta tensión sino para un valor menor, dado por el punto u. La explicación de este fenómeno es la siguiente: a lo largo de todo el proceso de carga, la probeta se alarga longitudinalmente y simultáneamente va disminuyendo el área de su sección transversal. Antes de alcanzarse el máximo del diagrama, el alargamiento es prácticamente uniforme a lo largo de cada fibra, mientras la disminución de sección, debida, como veremos, al efecto Poisson, es prácticamente imperceptible. Sin embargo, la parte final del gráfico σ-ε corresponde al proceso que se representa en la figura 4.4, en la que puede observarse que, en una pequeña longitud, las fibras se alargan mucho más que en el resto, produciéndose, en consecuencia, una fuerte disminución de la sección transversal o estricción. Esta última parte del diagrama, es conocida como zona de ahusamiento, fluencia localizada o estricción. Al disminuir de modo importante la sección en esa zona, disminuye también el esfuerzo necesario para romper la probeta, lo que, en cada caso, queda registrado por el equipo de medida de la máquina. La disminución de sección es de mayor importancia que la del esfuerzo de tracción, por lo que, si refiriésemos la tensión a la sección instantánea de la probeta, el valor de la misma, en lugar de reducirse (hasta el punto u), seguiría aumentando hasta la rotura. Sin embargo, es práctica habitual, y así lo recogen las distintas normativas, determinar la tensión por el cociente entre el esfuerzo aplicado y el área de la sección transversal inicial S_0, de acuerdo con la expresión [4.2], lo que justifica el diagrama obtenido.

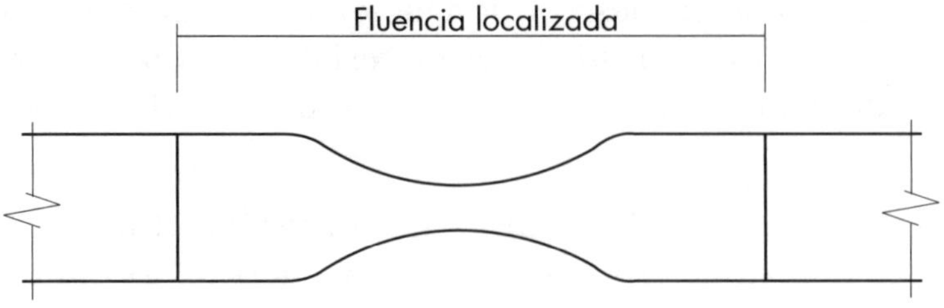

Figura 4.4

El diagrama descrito corresponde a un acero de bajo contenido en carbono, material utilizado en estructuras metálicas de edificación.

Para otros materiales, la relación entre tensiones y deformaciones es distinta, aunque, en términos generales, pueda hablarse de dos tipos distintos de diagramas: los correspondientes a los metales frágiles y los obtenidos sometiendo a tracción a un metal dúctil.

El diagrama de tracción de los metales frágiles (figura 4.5) se caracteriza por el hecho de producirse la rotura en la parte ascendente de la curva, sin gran deformación antes de la misma. Ejemplos de metales frágiles son la fundición, los bronces y latones y los aceros especiales (aceros templados y aceros aleados, con gran contenido en carbono).

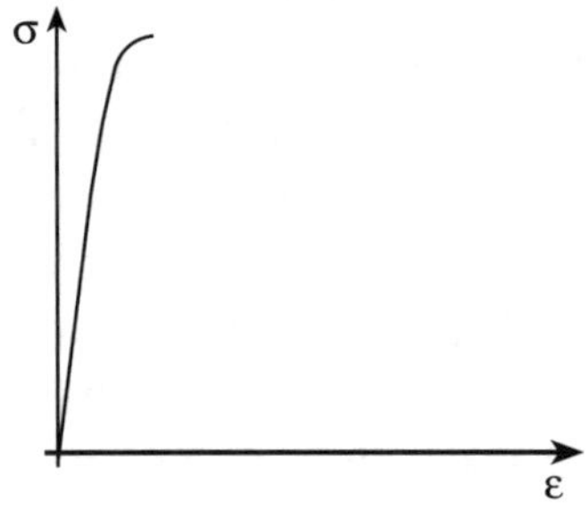

Figura 4.5

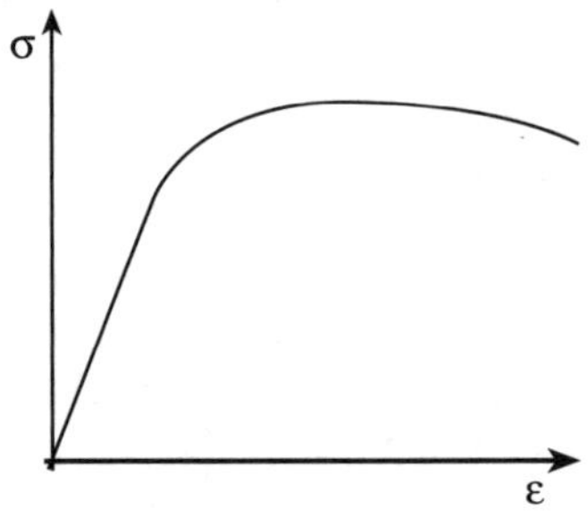

Figura 4.6

En los metales dúctiles la rotura se produce, tras un máximo de la tensión, después de una gran deformación (con independencia de que se presente o no el fenómeno de fluencia). En la figura 4.6 se representa el diagrama de tracción correspondiente a un metal dúctil. Entre los metales dúctiles además del acero ordinario cabe citar al aluminio, al cobre y al zinc, entre otros.

En la tabla 4.1 se representan las características mecánicas de diversos materiales, tanto metálicos como no metálicos, obtenidos a partir del correspondiente ensayo de tracción.

Tabla 4.1. Ensayo de tracción

A) Materiales metálicos

Material	Módulo de elasticidad (kg/cm²)	Límite de proporcionalidad (kg/cm²)	Límite mínimo de fluencia (kg/cm²)	Tensión de rotura mínima (kg/cm²)
Acero A-37 ...	2.100.000	1.920	2.400	3.700
Acero A-42 ...	2.100.000	2.160	2.600	4.200
Acero A-52 ...	2.100.000	2.880	3.600	5.200
Acero para hormigón precomprimido ...	2.100.000	–	12.500	16.000
Aleaciones alumnio				
AlMgSi ...	725.000	–	1.100	2.500
AlMg ...	725.000	–	1.000	2.500
$AlCu_4Mg$ ...	725.000	–	4.100	4.500
Cobre laminado ...	1.120.000	0	0	2.000 a 2.300
Latón laminado	800.000	650		4.500

B) Materiales no metálicos

Material	Módulo de elasticidad (kg/cm²)	Tensión de rotura (kg/cm²)
Madera ...	400.000	600 a 1.400
Hormigones de cemento		
Regulares ...	250.000	15
Buenos ...	350.000	30
Muy buenos ...	400.000	40

4.4. DEFORMACIÓN TRANSVERSAL. MÓDULO DE POISSON

Como hemos visto en el punto anterior, a la vez que la probeta se alarga longitudinalmente disminuyen las dimensiones de su sección transversal y, por tanto, el área de esta última. Tal disminución es particularmente importante en las proximidades de la rotura pero existe en todo el proceso de carga.

Consideremos la barra prismática representada en la figura 4.7, sometida a esfuerzo de tracción F, restringiendo nuestro estudio al campo elástico.

Como sabemos, la barra incrementa su longitud en Δl , siendo el alargamiento unitario ε_x, que de acuerdo con la expresión [4.3] valdrá:

$$\varepsilon_x = \frac{\Delta l}{l}$$

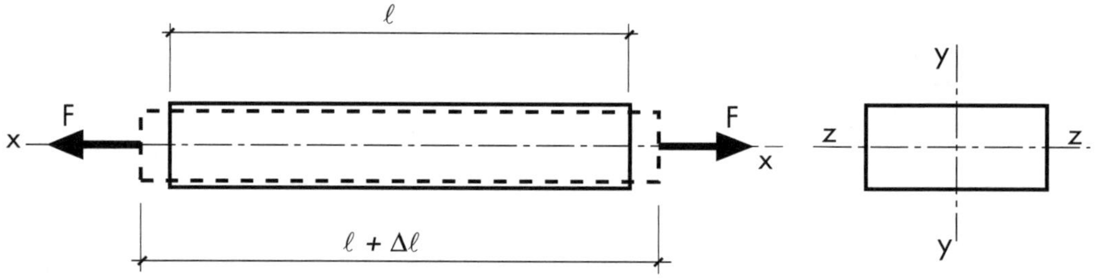

Figura 4.7

Al mismo tiempo se producen deformaciones transversales ε_y, ε_z, iguales entre sí en virtud de la hipótesis de isotropía, con menor valor absoluto y signo contrario al de ε_x.

El matemático francés Poisson estudió, basándose en la teoría molecular de la estructura de los materiales, los valores de dichas deformaciones transversales, obteniendo la ecuación:

$$\varepsilon_y = \varepsilon_z = -\mu\varepsilon_x \tag{4.5}$$

Donde μ es el coeficiente o módulo de Poisson.

En los materiales isótropos es $\mu=0,25$, mientras que en aceros puede tomarse $\mu=0,3$ y en el hormigón $\mu=0,1$.

Si conocemos el valor del módulo de Poisson, puede obtenerse fácilmente el aumento de volumen de una barra sometida a tracción.

El volumen inicial de la barra de la figura 4.7 es:

$$V = Sl \qquad [4.6]$$

Una vez deformada la barra su longitud será $l_1=l\,(1+\varepsilon_x)$, mientras que el área de su sección transversal valdrá $S_1= S(1-\mu\varepsilon_x)^2$, por lo que el nuevo volumen es:

$$V_1= l_1S_1 = l\,(1 + \varepsilon_x)\,S\,(1 - \mu\varepsilon_x)^2 \qquad [4.7]$$

Despreciando infinitésimos de orden superior podemos escribir:

$$V_1= Sl\,(1 + \varepsilon_x - 2\mu\varepsilon_x) \qquad [4.8]$$

Por lo que el aumento de volumen es:

$$\Delta V = V_1 - V = Sl\varepsilon_x(1 - 2\mu) \qquad [4.9]$$

Y la variación unitaria:

$$\frac{\Delta V}{V} = \varepsilon_x(1-2\mu) \qquad [4.10]$$

El valor de μ ha de ser inferior a 0,5 pues, en caso contrario, disminuirá el volumen al someter una barra a tracción, lo que no puede producirse. Hay materiales, como la goma y la parafina, en los que el coeficiente de Poisson toma un valor próximo a 0,5, permaneciendo en consecuencia el volumen de la barra prácticamente constante cuando es sometida a tracción.

De acuerdo con ley de Hooke [4.4] podemos escribir los valores de las deformaciones unitarias según las direcciones x, y, z indicadas en la barra traccionada de la figura 4.7:

$$\varepsilon_x = \frac{\sigma_x}{E} \;\; ; \;\; \varepsilon_y = \varepsilon_z = -\mu\frac{\sigma_x}{E} \qquad [4.11]$$

Todo lo indicado para la barra prismática sometida a tracción es igualmente válido cuando el esfuerzo al que está sometida es de compresión[1]; en este caso la pieza se acorta longitudinalmente, presentándose dilataciones transversales que se calculan utilizando las fórmulas [4.5] y [4.11], tomando para μ el mismo valor que en el caso de tracción.

4.5. PRINCIPIO DE SUPERPOSICIÓN DE EFECTOS

Las expresiones de las deformaciones transversales en una barra sometida a tracción que acabamos de obtener, nos indican que su existencia no está ligada a que en sus direcciones actúen tensiones. Si la superficie de la barra no fuese libre o actuasen sobre la misma otras cargas, pueden originarse otras tensiones y deformaciones que se sumarán a las anteriores en virtud del principio de superposición de efectos que puede enunciarse como sigue: «El efecto producido por varias cargas actuando simultáneamente es igual a la suma de los efectos producidos por cada una de ellas, actuando separadamente».

De acuerdo con este principio los efectos de una fuerza son independientes de que existan previamente otras cargas aplicadas, por lo que dichos efectos son iguales a los que produciría si la barra estuviese descargada. Considerando un sólido elástico de forma cualquiera, sometido a la acción de cargas F_1, F_2 ... F_n, el principio puede expresarse como sigue:

$$e = k_1F_1 + k_2F_2 + \ldots\ldots + k_nF_n \qquad [4.12]$$

Donde e es el efecto mecánico considerado y los coeficientes k_1, k_2 ... k_n han de ser constantes.

Si queremos determinar los componentes de la matriz de tensiones en los puntos del sólido, cuando actúan simultáneamente las acciones exteriores F_1, F_2 ... F_n, el principio implica que tales componentes son la suma de las que produce cada carga actuando por separado, lo que debe cumplirse al ser lineales las ecuaciones de equilibrio interno [2.6], [2.7] y [2.8] y de equilibrio en el contorno [2.56] que relacionan las tensiones con las fuerzas de volumen y con las fuerzas de superficie que actúan sobre el sólido.

---

[1] Se supone que la barra no es esbelta.

El principio de superposición se cumplirá también para las componentes de la matriz de deformación en los puntos del sólido, siempre que sea lineal la relación entre tensiones y deformaciones, dada por la ley de Hooke. En todo caso deberá cumplirse la hipótesis de pequeños desplazamientos y pequeñas deformaciones que no inciden en la forma de actuar las cargas.

4.6. LEYES DE HOOKE GENERALIZADAS

Consideremos, en el entorno de un punto del interior de un sólido elástico un elemento de volumen como el representado en la figura 4.8, cuyos lados están orientados según las direcciones principales de tensión, sometido a un estado de tensión dado por las tensiones principales $\sigma_1, \sigma_2, \sigma_3$.

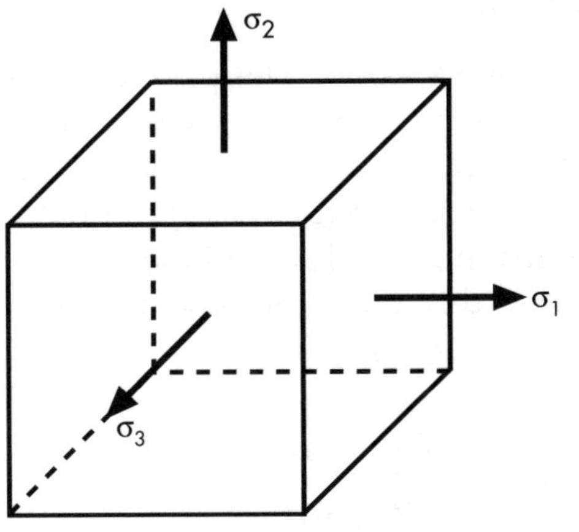

Figura 4.8

La deformación que experimenta el elemento se reduce al desplazamiento paralelamente a sí mismas de las caras normales a las tensiones σ_1, σ_2, σ_3, por lo que no se producen deformaciones angulares, siendo por tanto las direcciones principales de deformación coincidentes con las direcciones principales de tensión[2].

[2] Esto no ocurrirá, en general, en los materiales anisótropos.

Las deformaciones principales ε_1, ε_2, ε_3, en virtud del principio de superposición, son:

$$\left.\begin{aligned} \varepsilon_1 &= \frac{1}{E}\left[\sigma_1 - \mu\left(\sigma_2 + \sigma_3\right)\right] \\ \varepsilon_2 &= \frac{1}{E}\left[\sigma_2 - \mu\left(\sigma_1 + \sigma_3\right)\right] \\ \varepsilon_3 &= \frac{1}{E}\left[\sigma_3 - \mu\left(\sigma_1 + \sigma_2\right)\right] \end{aligned}\right\} \qquad [4.13]$$

Las ecuaciones [4.13] son las leyes de Hooke generalizadas, en el caso particular en que las direcciones principales son coincidentes con los ejes coordenados y relacionan las componentes de las matrices de tensión y deformación en la referencia principal.

En el caso general (figura 4.9), el elemento de volumen estará orientado en una referencia cualquiera Oxyz y estará sometido tanto a tensiones normales como a tensiones tangenciales. El elemento experimenta tanto deformaciones longitudinales como angulares. Para obtener, en el caso general, las relaciones entre tensiones y deformaciones (leyes de Hooke generalizadas) supondremos conocidas, en la referencia principal, tanto la matriz de tensión como la de deformación:

$$[T'] = \begin{pmatrix} \sigma_1 & 0 & 0 \\ 0 & \sigma_2 & 0 \\ 0 & 0 & \sigma_3 \end{pmatrix} \qquad [4.14]$$

$$[D'] = \begin{pmatrix} \varepsilon_1 & 0 & 0 \\ 0 & \varepsilon_2 & 0 \\ 0 & 0 & \varepsilon_3 \end{pmatrix} = \begin{pmatrix} \frac{1}{E}\left[\sigma_1 - \mu\left(\sigma_2 + \sigma_3\right)\right] & 0 & 0 \\ 0 & \frac{1}{E}\left[\sigma_2 - \mu\left(\sigma_1 + \sigma_3\right)\right] & 0 \\ 0 & 0 & \frac{1}{E}\left[\sigma_3 - \mu\left(\sigma_1 + \sigma_2\right)\right] \end{pmatrix}$$

[4.15]

Hemos designado con [T'] y [D'] las matrices de tensión y deformación en la referencia principal, siendo [T] y [D] dichas matrices en la refencia Oxyz.

Si conocemos, en la referencia Oxyz los vectores $[\bar{u}]$, unitario según una de las direcciones que pasan por el punto del sólido elásico, $[\bar{f}]$ y $[\bar{e}]$, tensión y deformación según esa dirección, dichos vectores, en la referencia principal, serán $[\bar{u}']$, $[\bar{f}']$ y $[\bar{e}']$, cumpliéndose:

$$\left.\begin{aligned}[\bar{u}'] &= [R][\bar{u}] \\ [\bar{f}'] &= [R][\bar{f}] \\ [\bar{e}'] &= [R][\bar{e}]\end{aligned}\right\} \qquad [4.16]$$

La matriz de cambio de base [R], constituida por vectores fila unitarios correspondientes a las direcciones principales I, II y III, conserva el módulo de los vectores y es, por tanto, ortogonal.

Recordando las expresiones [2.10] y [3.27], podemos escribir:

$$[\bar{f}'] = [T'][\bar{u}'] = [R][T][\bar{u}]$$
$$[\bar{u}'] = [D'][\bar{u}'] = [R][D][\bar{u}]$$

Si sustituimos $[\bar{u}']$ por su expresión según la primera ecuación [4.16], queda:

$$[T'][R][\bar{u}] = [R][T][\bar{u}]$$
$$[D'][R][\bar{u}] = [R][D][\bar{u}]$$

Es decir:

$$\left.\begin{aligned}[T'][R] &= [R][T] \\ [D'][R] &= [R][D]\end{aligned}\right\} \qquad [4.17]$$

Como conocemos las matrices [T'] y [D'], según las expresiones [4.14] y [4.15], obtendremos las matrices [T] y [D], multiplicando las ecuaciones [4.17] por la matriz $[R]^T$.

$$\left.\begin{array}{l}[T]=[R]^T[T'][R]\\ [D]=[R]^T[D'][R]\end{array}\right\} \qquad [4.18]$$

Recordemos que la matriz de cambio de base, [R] es:

$$[R]=\begin{pmatrix}\alpha_1 & \beta_1 & \gamma_1\\ \alpha_2 & \beta_2 & \gamma_2\\ \alpha_3 & \beta_3 & \gamma_3\end{pmatrix} \qquad [4.19]$$

Y que al conservar los módulos de los vectores sobre los que se aplica, es ortogonal (su inversa coincide con su transpuesta).

Los vectores fila de la matriz [4.19] son los vectores unitarios según las direcciones principales I, II y III.

Las ecuaciones matriciales [4.18] pueden escribirse:

$$\begin{pmatrix}\sigma_x & \tau_{xy} & \tau_{xz}\\ \tau_{xy} & \sigma_y & \tau_{yz}\\ \tau_{xz} & \tau_{yz} & \sigma_z\end{pmatrix}=\begin{pmatrix}\alpha_1 & \alpha_2 & \alpha_3\\ \beta_1 & \beta_2 & \beta_3\\ \gamma_1 & \gamma_2 & \gamma_3\end{pmatrix}\begin{pmatrix}\sigma_1 & 0 & 0\\ 0 & \sigma_2 & 0\\ 0 & 0 & \sigma_3\end{pmatrix}\begin{pmatrix}\alpha_1 & \beta_1 & \gamma_1\\ \alpha_2 & \beta_2 & \gamma_2\\ \alpha_3 & \beta_3 & \gamma_3\end{pmatrix} \qquad [4.20]$$

$$\begin{pmatrix}\varepsilon_x & \frac{1}{2}\gamma_{xy} & \frac{1}{2}\gamma_{xz}\\ \frac{1}{2}\gamma_{xy} & \varepsilon_y & \frac{1}{2}\gamma_{yz}\\ \frac{1}{2}\gamma_{xz} & \frac{1}{2}\gamma_{yz} & \varepsilon_z\end{pmatrix}=\begin{pmatrix}\alpha_1 & \alpha_2 & \alpha_3\\ \beta_1 & \beta_2 & \beta_3\\ \gamma_1 & \gamma_2 & \gamma_3\end{pmatrix} \text{x}$$

$$x\begin{pmatrix} \frac{1}{\mathrm{E}}\left[\sigma_1-\mu(\sigma_2+\sigma_3)\right] & 0 & 0 \\ 0 & \frac{1}{\mathrm{E}}\left[\sigma_2-\mu(\sigma_1+\sigma_3)\right] & 0 \\ 0 & 0 & \frac{1}{\mathrm{E}}\left[\sigma_3-\mu(\sigma_1+\sigma_2)\right] \end{pmatrix}\begin{pmatrix} \alpha_1 & \beta_1 & \gamma_1 \\ \alpha_2 & \beta_2 & \gamma_2 \\ \alpha_3 & \beta_3 & \gamma_3 \end{pmatrix}$$

[4.21]

Identificando los términos diagonales, por ejemplo σ_x y ε_x:

$$\sigma_x = \sigma_1\alpha_1^2 + \sigma_2\alpha_2^2 + \sigma_3\alpha_3^3 \quad [4.22]$$

$$\varepsilon_x = \frac{1}{E}\left[\sigma_1-\mu(\sigma_2+\sigma_3)\right]\alpha_1^2+\frac{1}{E}\left[\sigma_2-\mu(\sigma_1+\sigma_3)\right]\alpha_2^2+\frac{1}{E}\left[\sigma_3-\mu(\sigma_1+\sigma_2)\right]\alpha_3^2=$$

$$=\frac{1}{E}\left\{\sigma_1\alpha_1^2+\sigma_2\alpha_2^2+\sigma_3\alpha_3^2-\mu\left[\alpha_1^2(\sigma_2+\sigma_3)+\alpha_2^2(\sigma_1+\sigma_3)+\alpha_3^2(\sigma_1+\sigma_2)\right]\right\}$$

[4.23]

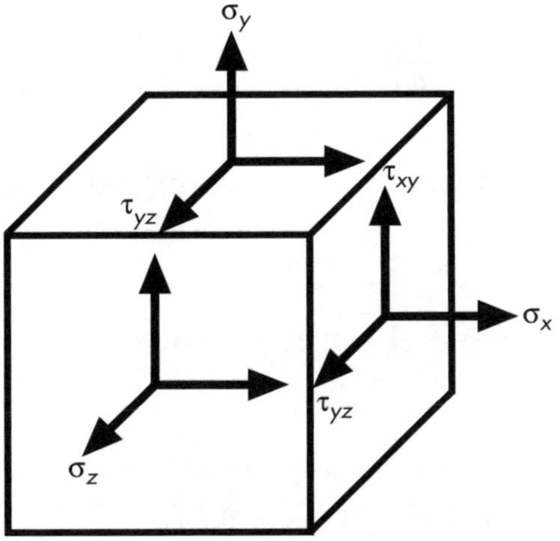

Figura 4.9

Si en esta última ecuación restamos y añadimos $\frac{\mu}{E}\left(\sigma_1\alpha_1^2+\sigma_2\alpha_2^2+\sigma_3\alpha_3^2\right)$ será:

$$\varepsilon_x=\frac{1}{E}\left[\sigma_1\alpha_1^2+\sigma_2\alpha_2^2+\sigma_3\alpha_3^2-\mu\left(\alpha_1^2+\alpha_2^2+\alpha_3^2\right)(\sigma_1+\sigma_2+\sigma_3)+\mu\left(\sigma_1\alpha_1^2+\sigma_2\alpha_2^2+\sigma_3\alpha_3^2\right)\right]$$

Teniendo en cuenta [4.22] y que los vectores fila o columna de la matriz [R] han de ser unitarios[3], se obtiene:

$$\varepsilon_x = \frac{1}{E}\left[\sigma_x - \mu\left(\sigma_1 + \sigma_2 + \sigma_3\right) + \mu\sigma_x\right] \qquad [4.24]$$

Pero $\sigma_1+\sigma_2+\sigma_3=\sigma_x+\sigma_y+\sigma_z$, ya que la suma de las tensiones normales según tres planos ortogonales entre sí es un invariante, como puede comprobarse desarrollando la ecuación [2.15].

Por tanto,

$$\varepsilon_x = \frac{1}{E}\left[\sigma_x - \mu\left(\sigma_y + \sigma_z\right)\right] \qquad [4.25]$$

Análogamente se obtienen:

$$\varepsilon_y = \frac{1}{E}\left[\sigma_y - \mu\left(\sigma_x + \sigma_z\right)\right] \qquad [4.26]$$

$$\varepsilon_z = \frac{1}{E}\left[\sigma_z - \mu\left(\sigma_x + \sigma_y\right)\right] \qquad [4.27]$$

Identificando ahora los términos rectangulares en [4.20] y [4.21], por ejemplo τ_{xy} y $\frac{1}{2}\gamma_{xy}$:

$$\tau_{xy} = \sigma_1\alpha_1\beta_1 + \sigma_2\alpha_2\beta_2 + \sigma_3\alpha_3\beta_3 \qquad [4.28]$$

---

[3] Por definición de matriz ortogonal, ha de cumplirse:

$[R][R]^T = [I]$; $[R]^T[R] = [I]$ desarrollando:

$$\begin{pmatrix} \alpha_1 & \beta_1 & \gamma_1 \\ \alpha_2 & \beta_2 & \gamma_2 \\ \alpha_3 & \beta_3 & \gamma_3 \end{pmatrix} \begin{pmatrix} \alpha_1 & \alpha_2 & \alpha_3 \\ \beta_1 & \beta_2 & \beta_3 \\ \gamma_1 & \gamma_2 & \gamma_3 \end{pmatrix} = \begin{pmatrix} 1 & 0 & 0 \\ 0 & 1 & 0 \\ 0 & 0 & 1 \end{pmatrix}$$

$$\begin{pmatrix} \alpha_1 & \alpha_2 & \alpha_3 \\ \beta_1 & \beta_2 & \beta_3 \\ \gamma_1 & \gamma_2 & \gamma_3 \end{pmatrix} \begin{pmatrix} \alpha_1 & \beta_1 & \gamma_1 \\ \alpha_2 & \beta_2 & \gamma_2 \\ \alpha_3 & \beta_3 & \gamma_3 \end{pmatrix} = \begin{pmatrix} 1 & 0 & 0 \\ 0 & 1 & 0 \\ 0 & 0 & 1 \end{pmatrix}$$

$$\frac{1}{2}\gamma_{xy} = \frac{1}{E}\left[\sigma_1 - \mu(\sigma_2 + \sigma_3)\right]\alpha_1\beta_1 + \frac{1}{E}\left[\sigma_2 - \mu(\sigma_1 + \sigma_3)\right]\alpha_2\beta_2 + \frac{1}{E}\left[\sigma_3 - \mu(\sigma_1 + \sigma_2)\right]\alpha_3\beta_3 =$$
$$= \frac{1}{E}\left\{\sigma_1\alpha_1\beta_1 + \sigma_2\alpha_2\beta_2 + \sigma_3\alpha_3\beta_3 - \mu\left[\alpha_1\beta_1(\sigma_2 + \sigma_3) + \alpha_2\beta_2(\sigma_1 + \sigma_3) + \alpha_3\beta_3(\sigma_1 + \sigma_2)\right]\right\} \quad [4.29]$$

Si en [4.29] restamos y añadimos $\frac{\mu}{E}(\alpha_1\beta_1\sigma_1 + \alpha_2\beta_2\sigma_2 + \alpha_3\beta_3\sigma_3)$ será:

$$\frac{1}{2}\gamma_{xy} = \frac{1}{E}\left[\sigma_1\alpha_1\beta_1 + \sigma_2\alpha_2\beta_2 + \sigma_3\alpha_3\beta_3 - \mu(\alpha_1\beta_1 + \alpha_2\beta_2 + \alpha_3\beta_3)(\sigma_1 + \sigma_2 + \sigma_3) +\right.$$
$$\left. + \mu(\sigma_1\alpha_1\beta_1 + \sigma_2\alpha_2\beta_2 + \sigma_3\alpha_3\beta_3)\right] \quad [4.30]$$

Teniendo en cuenta [4.28] y que los vectores de dos filas o dos columnas de [R] son ortogonales entre sí, se obtiene:

$$\frac{1}{2}\gamma_{xy} = \frac{1+\mu}{E}\tau_{xy} \quad [4.31]$$

Si hacemos:

$$\frac{E}{2(1+\mu)} = G \quad [4.32]$$

queda

$$\gamma_{xy} = \frac{\tau_{xy}}{G} \quad [4.33]$$

Procediendo análogamente, se obtienen:

$$\gamma_{xz} = \frac{\tau_{xz}}{G} \quad [4.34]$$

$$\gamma_{yz} = \frac{\tau_{yz}}{G} \quad [4.35]$$

G es el módulo de elasticidad transversal y, de acuerdo con su definición tendrá las mismas dimensiones que E y un valor menor, que en el acero de bajo contenido en carbono, para el que $E=2,1.10^6$ kg/cm^2 y $\mu=0,3$, es:

$$G=\frac{2,1\ .\ 10^6}{2(1+0,3)}\approx 800.000\ \text{kg/cm}^2$$

4.7. ECUACIONES DE LAMÉ

Las expresiones [4.25] a [4.27] y [4.33] a [4.35] permiten obtener las deformaciones en función de las tensiones, en los puntos de un sólido elástico, en el caso general, mientras que las ecuaciones [4.13] expresan estas relaciones en la referencia principal. Unas y otras son conocidas como leyes de Hooke generalizadas.

Obtengamos ahora las ecuaciones inversas, esto es las expresiones de las componentes de la tensión en función de las componentes de la deformación.

Escribiremos en primer lugar los invariantes lineales de las matrices de tensión y deformación, estableciendo la relación entre ambos:

$$\Theta=\sigma_x+\sigma_y+\sigma_z \tag{4.36}$$

$$\Delta=\varepsilon_x+\varepsilon_y+\varepsilon_z \tag{4.37}$$

Si sumamos miembro a miembro las ecuaciones [4.25] a [4.27], obtenemos:

$$\Delta=\frac{1-2\mu}{\mathrm{E}}\Theta \tag{4.38}$$

Podemos reescribir el sistema de ecuaciones [4.25], [4.26] y [4.27] como sigue:

$$\left.\begin{aligned}\sigma_x-\mu\sigma_y-\mu\sigma_z&=\mathrm{E}\varepsilon_x\\-\mu\sigma_x+\sigma_y-\mu\sigma_z&=\mathrm{E}\varepsilon_y\\-\mu\sigma_x-\mu\sigma_y+\sigma_z&=\mathrm{E}\varepsilon_z\end{aligned}\right\} \tag{4.39}$$

Despejando σ_x:

$$\sigma_x = \frac{\begin{vmatrix} E\varepsilon_x & -\mu & -\mu \\ E\varepsilon_y & 1 & -\mu \\ E\varepsilon_z & -\mu & 1 \end{vmatrix}}{\begin{vmatrix} 1 & -\mu & -\mu \\ -\mu & 1 & -\mu \\ -\mu & -\mu & 1 \end{vmatrix}} = \frac{E\left[\varepsilon_x\left(1-\mu^2\right)+\mu\varepsilon_y(1+\mu)+\mu\varepsilon_z(1+\mu)\right]}{(1+\mu)^2(1-2\mu)}$$

Haciendo operaciones:

$$\sigma_x = \frac{\mu E}{(1+\mu)(1-2\mu)}\left(\varepsilon_x+\varepsilon_y+\varepsilon_z\right)+\frac{E\varepsilon_x}{1+\mu}$$

Sustituyendo las expresiones [4.37] y [4.32] y haciendo:

$$\lambda = \frac{\mu E}{(1+\mu)(1-2\mu)} \quad [4.40]$$

$$\sigma_x = \lambda\Delta + 2G\varepsilon_x \quad [4.41]$$

Análogamente:

$$\sigma_y = \lambda\Delta + 2G\varepsilon_y \quad [4.42]$$

$$\sigma_z = \lambda\Delta + 2G\varepsilon_z \quad [4.43]$$

De las ecuaciones [4.33] a [4.35] obtenemos:

$$\tau_{xy} = G\gamma_{xy} \quad [4.44]$$

$$\tau_{xy} = G\gamma_{xy} \quad [4.45]$$

$$\tau_{xy} = G\gamma_{xy} \quad [4.46]$$

Las ecuaciones [4.41] a [4.46] son las llamadas ecuaciones de Lamé, recibiendo λ y G el nombre de coeficientes de Lamé.

Vemos, pues, que existen 4 constantes elásticas en cada material isótropo: E, μ, λ y G, siendo sólo dos de ellas independientes, de acuerdo con lo indicado en el punto 4.1.

La determinación del módulo de elasticidad longitudinal E se realiza mediante el ensayo de tracción (eventualmente utilizando el ensayo de compresión). Ya que la determinación, utilizando el ensayo de esfuerzo longitudinal (tracción o compresión), del coeficiente de Poisson, μ, es complicada, suele obtenerse como segunda constante elástica el módulo de elasticidad transversal G, utilizando el ensayo de torsión de un tubo de pared delgada, ensayo que puede considerarse prácticamente homogéneo.

Finalmente veamos que el invariante lineal de la matriz de deformación es, precisamente, el incremento unitario de volumen. Para ello, consideremos el elemento de volumen de las figuras 4.8 ó 4.9, considerando que la longitud de sus aristas es unitaria.

El volumen inicial es: V= 1 . 1 . 1

El volumen final es:

$$V' = (1+\varepsilon_x)\,(1+\varepsilon_y)\,(1+\varepsilon_z)$$

Despreciando infinitésimos de orden superior:

$$\begin{aligned} V' &= \left(1+\varepsilon_x+\varepsilon_y+\varepsilon_z\right) \\ \Delta V &= V' - V = \varepsilon_x+\varepsilon_y+\varepsilon_z \\ \frac{\Delta V}{V} &= \varepsilon_x+\varepsilon_y+\varepsilon_z = \Delta \end{aligned} \qquad [4.47]$$

En el caso en que el sólido esté sometido a una presión hidrostática uniforme, se cumple:

$$\sigma_x = \sigma_y = \sigma_z = -p$$

Sustituyendo en [4.38]:

$$\Delta = -\frac{3(1-2\mu)}{\mathrm{E}}\,p$$

Si hacemos: $K = \dfrac{E}{3(1-2\mu)}$ [4.48]

Donde K es el módulo de compresibilidad volumétrica, obtenemos:

$$\Delta = -\frac{p}{K} \qquad [4.49]$$

La disminución unitaria es proporcional a la presión hidrostática e inversamente proporcional al módulo de compresibilidad volumétrica.

EJERCICIOS DE AUTOCOMPROBACIÓN

1. Para el cubo de la figura, con 12 cm de lado y sometido al estado tensional que se indica, calcular:

a) Tensiones y direcciones principales, utilizando la representación gráfica.

b) Componentes intrínsecas del vector tensión asociado al plano paralelo al eje X, y cuya normal forma 60° con el eje Y, en sentido antihorario.

c) Vector de deformación asociado a la dirección OA y su variación de longitud.

Datos: E = 2 x 10^6 kg/cm^2; μ = 0,3 G = 0,8 x 10^6 kg/cm^2

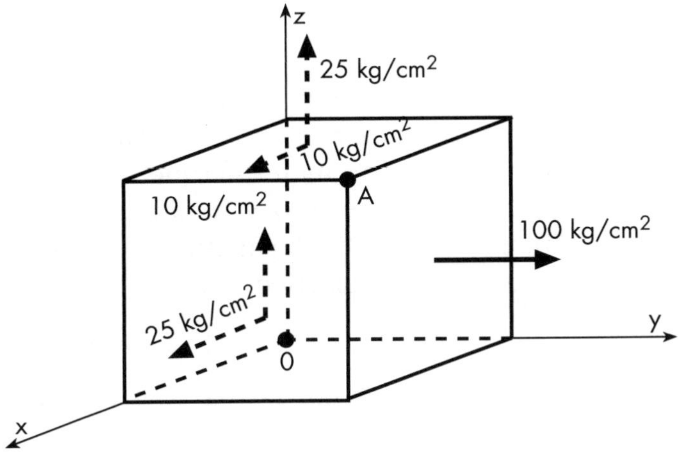

2. Las componentes cartesianas del vector desplazamiento δ_p, de un punto P de un sólido elástico vienen dadas por las expresiones:

$$u = (2x + 4y - 3)10^{-4} \ ; v = (2z^2 + 1)10^{-4} \ ; w = (y^2 + 2x^2)10^{-4}$$

Se pide:

a) Obtener el giro y el desplazamiento en el origen de coordenadas.

b) Obtener las matrices de deformación y de tensiones, en el origen de coordenadas.

c) Tensiones y direcciones principales en el origen de coordenadas.

Datos:

$$E = 2{,}1 \cdot 10^6 \text{ kg/cm}^2 \ ; \mu = 0{,}3$$

3. Se somete un prisma mecánico recto de sección b x c (b=6 cm, c=5 cm) y longitud a=12 cm a un esfuerzo de compresión simple en dirección longitudinal mediante la aplicación de una fuerza P = 3000 kg uniformemente repartida en sus caras extremas. El valor medido de la deformación transversal unitaria es de $0{,}15 \times 10^{-4}$. Sabiendo que el módulo de elasticidad es $E = 2 \times 10^6$ kg/cm^2 se pide:

a) Calcular el valor del coeficiente de Poisson del material.

b) La deformación angular de dos rectas contenidas en una sección longitudinal plana de simetría del prisma, bisectrices de los ejes de simetría de dicha sección.

4. Considérese un cuerpo homogéneo y elástico de forma paralelepipédica cuyas dimensiones son a=4 cm, b=4 cm, c=5 cm, alojado dentro de un hueco de iguales dimensiones de otro material (que suponemos indeformable). Mediante una placa rígida, de peso y rozamiento despreciables, se aplica una fuerza de 300 kg. perpendicularmente a la cara formada por las aristas a,b que comprime al cuerpo elástico.

Calcular:

a) Las fuerzas laterales ejercidas por las paredes rígidas sobre el paralelepípedo.

b) Variación de altura experimentada por el mismo.

Datos:

$$E = 2 \cdot 10^6 \text{ kg/cm}^2 \;\; ; \mu = 0{,}3$$

5. Un cuerpo, cuyo módulo de elasticidad es $E=2 \times 10^6$ kg/cm^2, se introduce en un depósito cerrado. Al someter éste a una presión interna de 40 atmósferas el cuerpo experimenta una disminución unitaria de volumen igual a 3×10^{-5}. Calcular los valores del coeficiente de Poisson, μ, y del módulo de elasticidad transversal G. No se considerará el efecto de la fuerza de la gravedad.

6. El bloque de acero de la figura está sometido a presión uniforme en todas sus caras.

a) Sabiendo que el cambio de longitud de la arista AB es de -24μm, calcular:

1) El cambio de longitud de los otros dos bordes.

2) La presión p aplicada a las caras del bloque.

b) Determinar el cambio de volumen del bloque de acero cuando se le somete a una presión hidrostática p=180 MPa. Tómese E=200 GPa y μ=0,29.

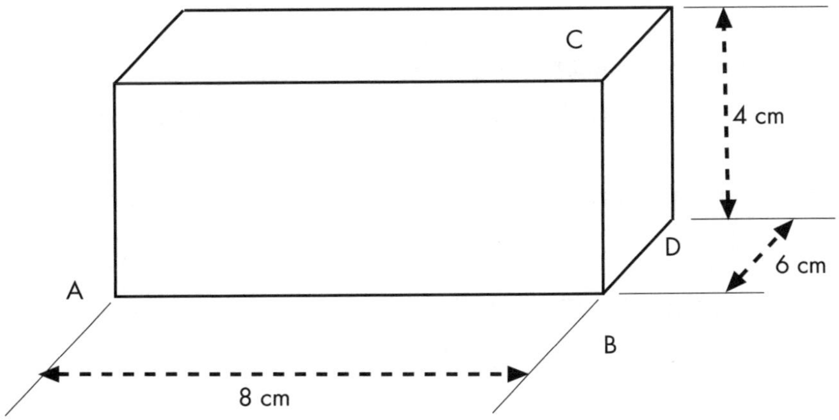

SOLUCIONES DE LOS EJERCICIOS DE AUTOCOMPROBACIÓN

1. *a)* De acuerdo con la figura la matriz de tensiones es:

$$[T]=\begin{pmatrix}\sigma_x & \tau_{xy} & \tau_{xz}\\ \tau_{xy} & \sigma_y & \tau_{yz}\\ \tau_{xz} & \tau_{yz} & \sigma_z\end{pmatrix}=\begin{pmatrix}25 & 0 & 10\\ 0 & 100 & 0\\ 10 & 0 & 25\end{pmatrix}$$

Las tensiones principales se obtiene a partir de la expresión $[\bar{T}-\sigma I][\bar{u}]=0$, que conduce a la ecuación:

$$\begin{vmatrix}25-\sigma & 0 & 10\\ 0 & 100-\sigma & 0\\ 10 & 0 & 25-\sigma\end{vmatrix}=0$$

Una solución es $\sigma = 100$, obteniéndose las otras dos de:

$$\begin{vmatrix}25-\sigma & 10\\ 10 & 25-\sigma\end{vmatrix}=0 \Rightarrow \ (25-\sigma)^2-100=0$$

$$625+\sigma^2-50\sigma-100=0$$

$$\sigma^2-50\sigma+525=0$$

$$\sigma=25\pm\sqrt{625-525}=25\pm 10$$

Por tanto, las tensiones principales son:

$$\sigma_1 = 100 \text{ kg/cm}^2 \ ; \ \sigma_2 = 35 \text{ kg/cm}^2 \ ; \ \sigma_3 = 15 \text{ kg/cm}^2$$

Podemos escribir, para:

$$\sigma_1 = 100 \text{ kg/cm}^2 \ (0,\ 1,\ 0)$$

$$\sigma_2 = 35 \text{ kg/cm}^2 \ \left(1/\sqrt{2},\ 0,\ 1/\sqrt{2}\right)$$

$$\sigma_3 = 15 \text{ kg/cm}^2 \ \left(1/\sqrt{2},\ 0,\ -1/\sqrt{2}\right)$$

Estando referidos los cosenos directores a los ejes X, Y, Z.

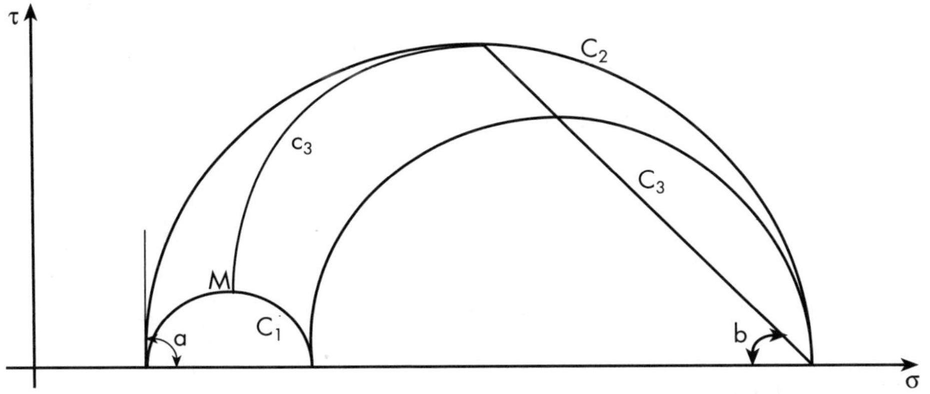

b) En la figura se han representado las circunferencias de Mohr C_1, C_2, C_3, así como la circunferencia c_3, concéntrica con C_3 que pasa por el punto M (de coordenadas $\sigma = 25$, $\tau = 10$), obteniéndose los ángulos $a = 90^\circ$ y b = 45° que forma la normal al plano considerando con los ejes principales I y III (c_1 coincide con C_1, al estar situado M sobre esta última.

El vector orientado según la normal al plano está contenido en el plano yz, formando ángulos de 60° y 30° con los ejes, su expresión es:

$$\bar{u} = \cos 60^\circ\ \bar{j} + \cos 30^\circ\ \bar{k} = \frac{1}{2}\bar{j} + \frac{\sqrt{3}}{2}\bar{k}$$

El vector tensión correspondiente es: $[\bar{f}] = [T]\,[\bar{u}]$

$$[\bar{f}] = \begin{pmatrix} 25 & 0 & 10 \\ 0 & 100 & 0 \\ 10 & 0 & 25 \end{pmatrix} \begin{pmatrix} 0 \\ 1/2 \\ \sqrt{3/2} \end{pmatrix} = \begin{pmatrix} 5\sqrt{3} \\ 50 \\ 25\sqrt{3/2} \end{pmatrix}$$

Sus componentes intrínsecas son:

$$\sigma = \bar{f} \cdot \bar{u} = \left(5\sqrt{3}\bar{i} + 50\bar{j} + \frac{25\sqrt{3}}{2}\bar{k} \right) \cdot \left(\frac{1}{2}\bar{j} + \frac{\sqrt{3}}{2}\bar{k} \right)$$

$$\sigma = \frac{50}{2} + \frac{25\times 3}{4} = 43{,}75\text{kg/cm}^2;\ \ \tau^2 = f^2 - \sigma^2;\ \ f^2 = \left(5\sqrt{3}\right)^2 + 50^2 + \left(\frac{25\sqrt{3}}{2}\right)^2 = 3043{,}74$$

$$\tau = \sqrt{3043{,}74 - 43{,}75^2} = 33{,}61\ \text{kg/cm}^2$$

Al mismo valor de σ habríamos llegado aplicando la expresión:

$$\sigma = \sigma_x\alpha^2 + \sigma_y\beta^2 + \sigma_z\gamma^2 + 2\tau_{xy}\alpha\beta + 2\tau_{xz}\alpha\gamma + 2\tau_{yz}\beta\gamma$$

$$\sigma = 25\times 0^2 + 100\cdot\left(\frac{1}{2}\right)^2 + 25\left(\frac{\sqrt{3}}{2}\right)^2 + 2\cdot 0\cdot 0\cdot\frac{1}{2} + 2\cdot 10\cdot 0\cdot\frac{\sqrt{3}}{2} + 2\cdot 0\cdot\frac{1}{2}\cdot\frac{\sqrt{3}}{2}$$

$$\sigma = \frac{100}{4} + \frac{25\times 3}{4} = 43{,}75\ \text{kg/cm}^2$$

c) La dirección OA forma ángulos iguales con los ejes x, y, z; el vector deformación correspondiente es: $[\overline{e}]=[D][\overline{u}]$ la matriz $[D]$ es:

$$[D] = \begin{pmatrix} \varepsilon_x & \frac{1}{2}\gamma_{xy} & \frac{1}{2}\gamma_{xz} \\ \frac{1}{2}\gamma_{xy} & \varepsilon_y & \frac{1}{2}\gamma_{yz} \\ \frac{1}{2}\gamma_{xz} & \frac{1}{2}\gamma_{yz} & \varepsilon_z \end{pmatrix}:$$

$$\varepsilon_x = \frac{1}{E}\left[\sigma_x - \mu\left(\sigma_y + \sigma_z\right)\right] = \frac{1}{2\times 10^6}\left[25 - 0{,}3(100+25)\right] = -6{,}25\times 10^{-6}$$

$$\varepsilon_y = \frac{1}{E}\left[\sigma_y - \mu\left(\sigma_x + \sigma_z\right)\right] = \frac{1}{2\times 10^6}\left[100 - 0{,}3(25+25)\right] = 42{,}5\times 10^{-6}$$

$$\varepsilon_z = \frac{1}{E}\left[\sigma_z - \mu\left(\sigma_x + \sigma_y\right)\right] = \frac{1}{2\times 10^6}\left[25 - 0{,}3(25+100)\right] = -6{,}25\times 10^{-6}$$

$$\gamma_{xy} = \frac{\tau_{xy}}{G} = 0 = \gamma_{yz};\ \ \gamma_{xz} = \frac{\tau_{xz}}{G} = \frac{10}{0{,}8\times 10^6} = 12{,}5\times 10^{-6}$$

$$[D]=10^{-6}\begin{pmatrix}-6,25 & 0 & 6,25\\ 0 & 42,5 & 0\\ 6,25 & 0 & -6,25\end{pmatrix} : \left[\bar{u}\right]=\begin{pmatrix}1/\sqrt{3}\\ 1/\sqrt{3}\\ 1/\sqrt{3}\end{pmatrix}$$

$$\left[\bar{e}\right]=[D]\left[\bar{u}\right]=10^{-6}\begin{pmatrix}-6,25 & 0 & 6,25\\ 0 & 42,5 & 0\\ 6,25 & 0 & -6,25\end{pmatrix}\begin{pmatrix}1/\sqrt{3}\\ 1/\sqrt{3}\\ 1/\sqrt{3}\end{pmatrix}=10^{-6}\begin{pmatrix}0\\ 24,54\\ 0\end{pmatrix}$$

La deformación longitudinal es:

$$\varepsilon=\bar{e}\cdot\bar{u}=10^{-6}\cdot\frac{42,5}{3}=14,17\cdot 10^{-6}$$

También es:

$$\varepsilon=\varepsilon_x\alpha^2+\varepsilon_y\beta^2+\varepsilon_z\gamma^2+\gamma_{xy}\alpha\beta+\gamma_{xz}\alpha\gamma+\gamma_{yz}\beta\gamma=$$
$$=\left(-6,25\times\frac{1}{3}+42,5\times\frac{1}{3}-6,25\times\frac{1}{3}+12,5\times\frac{1}{3}\right)10^{-6}=14,17-10^{-6}$$

La variación máxima de longitud es:

$$\Delta l=\varepsilon\cdot\overline{OA}=14,17\times 10^{-6}\sqrt{12^2+12^2+12^2}$$
$$\Delta l=2,94\times 10^{-4}\ \text{cm}$$

2. *a)* El desplazamiento, en el origen de coordenadas, tiene las siguientes componentes:

$$u_0=-3\ .\ 10^{-4}\ \ ;\ \ v_0=10^{-4}\ \ ;\ \ w_0=0$$

Por tanto, $\vec{\delta}_0=\left(-3\bar{i}+\bar{j}\right)\ 10^{-4}$

Las componentes del giro, son los términos rectangulares de la matriz de giro [P].

$$[P]=\begin{pmatrix} 0 & -p_z & p_y \\ p_z & 0 & -p_x \\ -p_y & p_x & 0 \end{pmatrix}=\begin{pmatrix} 0 & \frac{1}{2}\left(\frac{\partial u}{\partial y}-\frac{\partial v}{\partial x}\right) & \frac{1}{2}\left(\frac{\partial u}{\partial z}-\frac{\partial w}{\partial x}\right) \\ \frac{1}{2}\left(\frac{\partial v}{\partial x}-\frac{\partial u}{\partial y}\right) & 0 & \frac{1}{2}\left(\frac{\partial v}{\partial z}-\frac{\partial w}{\partial y}\right) \\ \frac{1}{2}\left(\frac{\partial w}{\partial x}-\frac{\partial u}{\partial z}\right) & \frac{1}{2}\left(\frac{\partial w}{\partial y}-\frac{\partial v}{\partial z}\right) & 0 \end{pmatrix}$$

$$p_x=\frac{1}{2}\left(\frac{\partial w}{\partial y}-\frac{\partial v}{\partial z}\right)=\frac{1}{2}\cdot 10^{-4}(2y-4z)=10^{-4}(y-2z)$$

$$p_y=\frac{1}{2}\left(\frac{\partial u}{\partial z}-\frac{\partial w}{\partial x}\right)=\frac{1}{2}\cdot 10^{-4}(0-4x)=-10^{-4}\cdot 2x$$

$$p_z=\frac{1}{2}\left(\frac{\partial v}{\partial x}-\frac{\partial u}{\partial y}\right)=\frac{1}{2}\cdot 10^{-4}(0-4)=-2\cdot 10^{-4}$$

$$\vec{p}=p_x\bar{i}+p_y\bar{j}+p_z\bar{k}=10^{-4}\left[(y-2z)\bar{i}-2x\bar{j}-2\bar{k}\right]$$

En el origen:

$$\bar{p}_0=-2\cdot 10^{-4}\bar{k}$$

b) La matriz de deformación es:

$$[D]=\begin{pmatrix} \varepsilon_x & \frac{1}{2}\gamma_{xy} & \frac{1}{2}\gamma_{xz} \\ \frac{1}{2}\gamma_{xy} & \varepsilon_y & \frac{1}{2}\gamma_{yz} \\ \frac{1}{2}\gamma_{xz} & \frac{1}{2}\gamma_{yz} & \varepsilon_z \end{pmatrix}=\begin{pmatrix} \frac{\partial u}{\partial x} & \frac{1}{2}\left(\frac{\partial u}{\partial y}+\frac{\partial v}{\partial x}\right) & \frac{1}{2}\left(\frac{\partial u}{\partial z}+\frac{\partial w}{\partial x}\right) \\ \frac{1}{2}\left(\frac{\partial v}{\partial x}+\frac{\partial u}{\partial y}\right) & \frac{\partial v}{\partial y} & \frac{1}{2}\left(\frac{\partial v}{\partial z}+\frac{\partial w}{\partial y}\right) \\ \frac{1}{2}\left(\frac{\partial w}{\partial x}+\frac{\partial u}{\partial z}\right) & \frac{1}{2}\left(\frac{\partial w}{\partial y}+\frac{\partial v}{\partial z}\right) & \frac{\partial w}{\partial z} \end{pmatrix}$$

$$[D]=10^{-4}\begin{pmatrix} 2 & \frac{1}{2}(4+0) & \frac{1}{2}(0+4x) \\ \frac{1}{2}(0+4) & 0 & \frac{1}{2}(4z+2y) \\ \frac{1}{2}(4x+0) & \frac{1}{2}(2y+4z) & 0 \end{pmatrix}=10^{-4}\begin{pmatrix} 2 & 2 & 2x \\ 2 & 0 & y+2z \\ 2x & y+2z & 0 \end{pmatrix}$$

En el origen de coordenadas (0, 0, 0), será:

$$[D]_0 = 10^{-4}\begin{pmatrix} 2 & 2 & 0 \\ 2 & 0 & 0 \\ 0 & 0 & 0 \end{pmatrix}$$

Es decir, en el origen de coordenadas es:

$$\varepsilon_{x0} = 2 \cdot 10^{-4} \ ; \ \varepsilon_{y0} = \varepsilon_{z0} = 0 \ ; \ \gamma_{\mathrm{xy0}} = 4 \cdot 10^{-4} \ ; \ \gamma_{\mathrm{xz0}} = \gamma_{\mathrm{yz0}} = 0$$

Para obtener las componentes de la matriz de tensiones, aplicaremos las ecuaciones de Lamé:

$$\sigma_x = \lambda\Delta + 2G\varepsilon_x \ ; \ \sigma_y = \lambda\Delta + 2G\varepsilon_y \ ; \ \sigma_z = \lambda\Delta + 2G\varepsilon_z$$

$$\tau_{\mathrm{xy}} = G\gamma_{xy} \ ; \ \tau_{\mathrm{xz}} = G\gamma_{xz} \ ; \ \tau_{\mathrm{yz}} = G\gamma_{yz}$$

$$\lambda = \frac{\mu \mathrm{E}}{(1+\mu)(1-2\mu)} \ ; \ \mathrm{G} = \frac{\mathrm{E}}{2(1+\mu)} \ ; \ \Delta = \varepsilon_x + \varepsilon_y + \varepsilon_z$$

$$\lambda = \frac{0{,}3 \cdot 2{,}1 \cdot 10^6}{1{,}3 \cdot 0{,}4} = 1{,}21 \cdot 10^6 \ ; \ G = \frac{2{,}1 \,.\, 10^6}{2 \,.\, 1{,}3} = 0{,}8 \cdot 10^6 \ ; \ \Delta = \varepsilon_x = 2 \cdot 10^{-4}$$

$$\sigma_x = 1{,}21 \cdot 10^6 \cdot 2 \cdot 10^{-4} + 2 \cdot 0{,}8 \cdot 10^6 \cdot 2 \cdot 10^{-4} = 562 \text{ kg/cm}^2$$

$$\sigma_y = 1{,}21 \cdot 10^6 \cdot 2 \cdot 10^{-4} = 242 \text{ kg/cm}^2$$

$$\sigma_z = 1{,}21 \cdot 10^6 \cdot 2 \cdot 10^{-4} = 242 \text{ kg/cm}^2$$

$$\tau_{xy} = 0{,}8 \cdot 10^6 \cdot 4 \cdot 10^{-4} = 320 \text{ kg/cm}^2$$

$$\tau_{xy} = \tau_{yz} = 0$$

La matriz de tensiones, en el origen de coordenadas es, por tanto:

$$[T] = \begin{pmatrix} 562 & 320 & 0 \\ 320 & 242 & 0 \\ 0 & 0 & 242 \end{pmatrix}$$

c) Las tensiones y direcciones principales se obtienen de la ecuación matricial: $[T-\sigma I][\bar{u}]=0$

Los valores de las tensiones principales se obtienen resolviendo la ecuación:

$$\begin{vmatrix} 562-\sigma & 320 & 0 \\ 320 & 242-\sigma & 0 \\ 0 & 0 & 242-\sigma \end{vmatrix} = 0$$

Una raíz es σ=242 y las otras se obtienen de:

$$(562-\sigma)(242-\sigma)-\overline{320}^2=0$$

$$136004-804\sigma+\sigma^2-102400=0$$

$$\sigma^2-804\sigma+33604=0$$

$$\sigma=402\pm\sqrt{\overline{402}^2-33604}=402\pm\sqrt{128000}$$

$$\sigma=402\pm358 \;\; ; \;\; \sigma=760 \;\; ; \;\; \sigma=44$$

Por tanto, $\sigma_1=760 \text{ kg/cm}^2$; $\sigma_2=242 \text{ kg/cm}^2$; $\sigma_3=44 \text{ kg/cm}^2$

Para hallar las direcciones principales hacemos, sucesivamente $\sigma=\sigma_1$; $\sigma=\sigma_2$; $\sigma=\sigma_3$ en la ecuación matricial $[T-\sigma I][\bar{u}]=0$

$$\begin{pmatrix} 562-760 & 320 & 0 \\ 320 & 242-760 & 0 \\ 0 & 0 & 242-760 \end{pmatrix} \begin{pmatrix} \alpha_1 \\ \beta_1 \\ \gamma_1 \end{pmatrix} = \begin{pmatrix} 0 \\ 0 \\ 0 \end{pmatrix}$$

$$\left.\begin{aligned} -198\alpha_1+320\beta_1+0\gamma_1=0 \\ 320\alpha_1-518\beta_1+0\gamma_1=0 \\ 0\alpha_1+0\beta_1-518\gamma_1=0 \end{aligned}\right\}$$

$$\alpha_1^2+\beta_1^2+\gamma_1^2=1$$

$$\gamma_1=0 \;\; ; \;\; \alpha_1=\frac{320}{198}\beta_1=1{,}62\beta_1$$

$$\left(1,62^2+1\right)\beta_1^2=1$$

$$1=\beta_1^2\ .\ 3,624\ \ ;\ \ \beta_1=0,525$$

$$\alpha_1=0,851$$

$$\sigma_1=760\ \text{Kg/cm}^2\ \left(0,851,\ 0,525,\ 0\right)$$

La dirección principal II es el eje z. Por tanto:

$$\sigma_2=242\ \text{kg/cm}^2\ \left(0,\ 0,\ 1\right)$$

La dirección principal III se obtiene, simplemente, haciendo:

$$\bar{u}_3=\bar{u}_1\ \text{x}\ \bar{u}_2=\begin{vmatrix}\bar{i} & \bar{j} & \bar{k}\\ 0,851 & 0,525 & 0\\ 0 & 0 & 1\end{vmatrix}=0,525\bar{i}-0,851\bar{j}$$

$$\sigma_3=44\ \text{kg/cm}^2\ \left(0,525,\ \ -0,851,\ \ 0\right)$$

3. *a)* Ya que la sección transversal es constante, puede admitirse que, salvo en las proximidades de los puntos de aplicación de la carga P (extremos de la barra), la tensión de compresión σ_x es, en todas las secciones:

$$\sigma_x=\frac{P}{b\ .c}=\frac{3000}{6\ .\ 5}=100\ \text{kg/cm}^2$$

Puesto que la deformación transversal unitaria es:

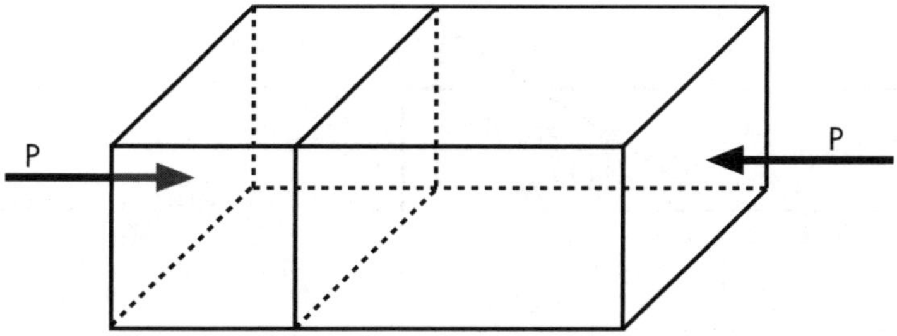

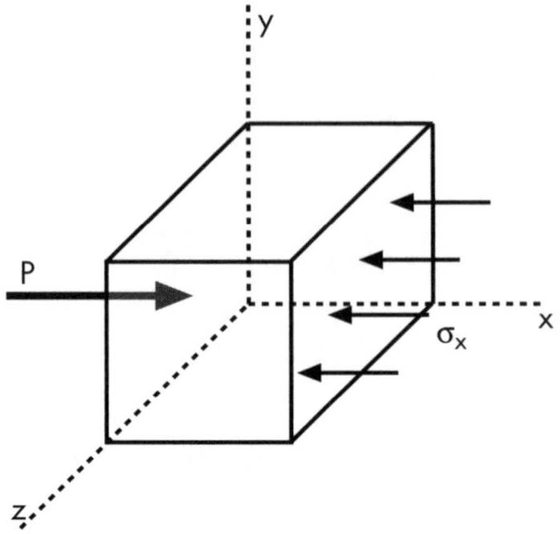

$$\varepsilon_y = \varepsilon_z = -\mu \varepsilon_x = -\mu \frac{\sigma_x}{\text{E}}$$

$$0{,}15 \,.\, 10^{-4} = -\mu \frac{(-100)}{2 \,.\, 10^6} \;;\quad \mu = 2 \,.\, 0{,}15 = 0{,}3$$

b) El plano de simetría es el plano x y

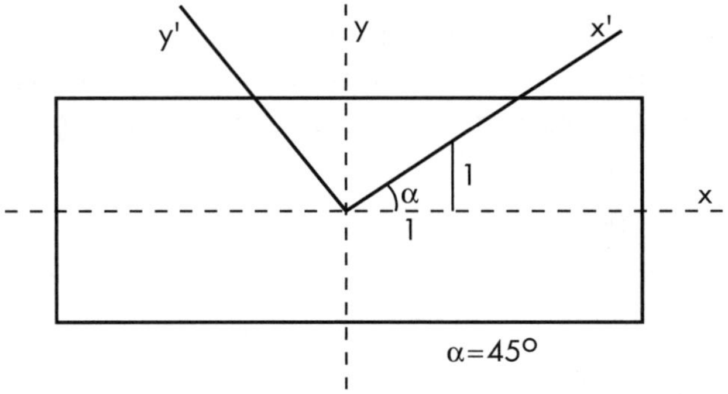

(antes de la deformación)

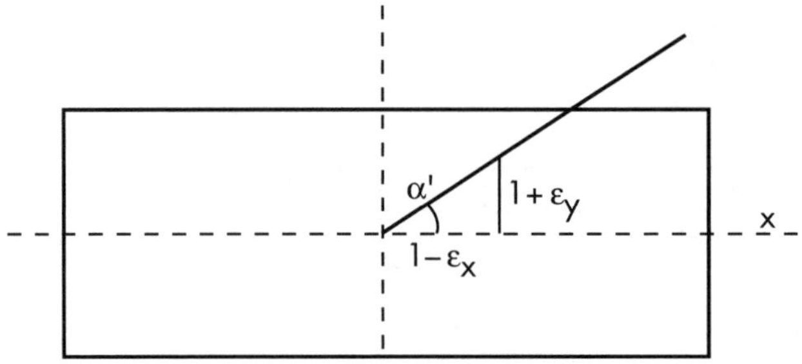

(después de la deformación)

El ángulo α (antes de la deformación) se convierte en el ángulo α'.

$$tg\alpha' = \frac{1+\varepsilon_y}{1-\varepsilon_x} = \frac{1+0,15 \cdot 10^{-4}}{1-0,5 \cdot 10^{-4}}$$

$$tg\alpha' = 1,000065 \ ; \ \alpha' = 45,00186^{\circ}$$

$$\alpha' - \alpha = 0,00186$$

La variación del ángulo entre x' e y' será:

$$2 \cdot 0,00186 = 0,003724^{o} = 6,5 \cdot 10^{-5} rad$$

Se puede obtener también esta variación angular, haciendo un cambio de ejes:

$$(x, y, z) \longrightarrow (x', y', z')$$

Los vectores unitarios según x', y', z' son

- Según x' $\left(\frac{1}{\sqrt{2}}, \frac{1}{\sqrt{2}}, 0\right)$
- Según y' $\left(-\frac{1}{\sqrt{2}}, \frac{1}{\sqrt{2}}, 0\right)$
- Según z' $(0, 0, 1)$

Obtendremos la matriz de deformación en la referencia Ox'y'z' [D'], a partir de la matriz de deformación en la referencia Oxyz, [D].

$$[D'] = [R][D][R]^T \ ; \ [\mathrm{D}] = \begin{pmatrix} \varepsilon_x & \frac{\gamma_{xy}}{2} & \frac{\gamma_{xz}}{2} \\ \frac{\gamma_{xy}}{2} & \varepsilon_y & \frac{\gamma_{yz}}{2} \\ \frac{\gamma_{xz}}{2} & \frac{\gamma_{yz}}{2} & \varepsilon_z \end{pmatrix} = 10^{-4} \begin{pmatrix} -0,5 & 0 & 0 \\ 0 & 0,15 & 0 \\ 0 & 0 & 0,15 \end{pmatrix}$$

[R] es la matriz de cambio de base:

$$[R]=\begin{pmatrix} \frac{1}{\sqrt{2}} & \frac{1}{\sqrt{2}} & 0 \\ -\frac{1}{\sqrt{2}} & \frac{1}{\sqrt{2}} & 0 \\ 0 & 0 & 1 \end{pmatrix}$$

$$[D']=10^{-4}\begin{pmatrix} \frac{1}{\sqrt{2}} & \frac{1}{\sqrt{2}} & 0 \\ -\frac{1}{\sqrt{2}} & \frac{1}{\sqrt{2}} & 0 \\ 0 & 0 & 1 \end{pmatrix}\begin{pmatrix} -0,5 & 0 & 0 \\ 0 & 0,15 & 0 \\ 0 & 0 & 0,15 \end{pmatrix}\begin{pmatrix} \frac{1}{\sqrt{2}} & -\frac{1}{\sqrt{2}} & 0 \\ \frac{1}{\sqrt{2}} & \frac{1}{\sqrt{2}} & 0 \\ 0 & 0 & 1 \end{pmatrix}$$

$$[D']=10^{-4}\begin{pmatrix} \frac{1}{\sqrt{2}} & \frac{1}{\sqrt{2}} & 0 \\ -\frac{1}{\sqrt{2}} & \frac{1}{\sqrt{2}} & 0 \\ 0 & 0 & 1 \end{pmatrix}\begin{pmatrix} \frac{-0,5}{\sqrt{2}} & \frac{0,5}{\sqrt{2}} & 0 \\ \frac{0,15}{\sqrt{2}} & \frac{0,15}{\sqrt{2}} & 0 \\ 0 & 0 & 0,15 \end{pmatrix}=10^{-4}\begin{pmatrix} \frac{-0,35}{2} & \frac{0,65}{2} & 0 \\ \frac{0,65}{2} & \frac{-0,35}{2} & 0 \\ 0 & 0 & 0,15 \end{pmatrix}$$

$$\frac{\gamma_{x'y'}}{2}=\frac{0,65}{2}\cdot 10^{-4} \;\; ; \;\; \gamma_{x'y'}=0,65\cdot 10^{-4}=6,5\cdot 10^{-5}$$

El valor positivo de $\gamma_{x'y'}$ (variación del ángulo, inicialmente recto, formado por x' e y') indica que el ángulo disminuye.

4. *a)* La fuerza P se reparte sobre la cara superior, de dimensiones $a \cdot$ b, originando la tensión σ_x:

$$\sigma_x=-\frac{P}{a\cdot b}=-\frac{300}{4\cdot 4}=-18,75 \text{ kg/cm}^2$$

Sobre las paredes del paralelepípedo, actuarán unas tensiones σ_y y σ_z, que han de impedir la dilatación transversal (en las direcciones y, z) del mismo (puesto que la cavidad es indeformable).

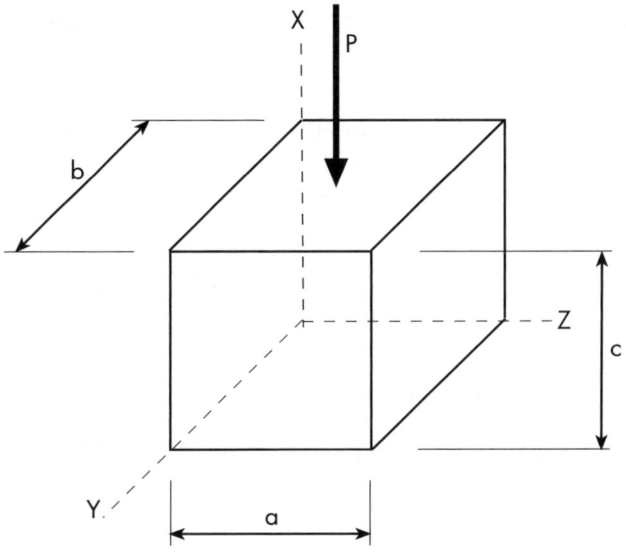

Como no hay dirección privilegiada, $\sigma_y=\sigma_z$

Ha de ser $\varepsilon_y=\varepsilon_z=0$

$$\varepsilon_y = \frac{1}{E}\left[\sigma_y - \mu\left(\sigma_x + \sigma_z\right)\right] = 0$$

$$\sigma_y - \mu\sigma_x - \mu\sigma_y = 0 \ ; \ \sigma_y = \frac{\mu\sigma_x}{1-\mu}$$

$$\sigma_y = \sigma_z = \frac{\mu\sigma_x}{1-\mu} = \frac{-0,3 \cdot 18,75}{1-0,3} = -8,04 \text{ kg/cm}^2$$

Las resultantes serán:

$$\bar{Y} = -8,04 \cdot b \cdot c = -8,04 \cdot 4 \cdot 5$$

$$\bar{Y} = \bar{Z} \approx -161 \text{ kg}$$

b) El acortamiento unitario longitudinal será:

$$\varepsilon_x = \frac{1}{\mathrm{E}}\left[\sigma_x - \mu\left(\sigma_y + \sigma_z\right)\right] = \frac{1}{\mathrm{E}}\left[\sigma_x - \mu\ .\ 2\sigma_y\right]$$

$$\varepsilon_x = \frac{1}{2\cdot 10^6}\left[-18{,}75 - 0{,}3\cdot 2\cdot(-8{,}04)\right] = -6{,}96\cdot 10^{-6}$$

La variación de altura será el producto de ε_x por la dimensión c=5 cm.

$$\Delta c = -5\cdot 6{,}96\cdot 10^{-6} = -3{,}45\cdot 10^{-5}\ \mathrm{cm}$$

5. La presión medida en atmósferas es prácticamente la misma cuando se mide en kg/cm².

$$1\ atm \lesseqgtr 76\ \text{cm de mercurio}$$

$$76\ .\ 13{,}6\ .\ 980 = 1012928\ dynas/cm^2 = 1{,}033\ \mathrm{kg/cm^2}$$

$$1\ atm \approx 1\mathrm{kg/cm^2}$$

$$\frac{\Delta V}{V} = \varepsilon_x + \varepsilon_y + \varepsilon_z = \frac{1-2\mu}{\mathrm{E}}\left(\sigma_x + \sigma_y + \sigma_z\right)$$

En este caso es:

$$\sigma_x = \sigma_y = \sigma_z = -p$$

$$\frac{\Delta V}{V} = -3\ .\ 10^{-5} = \frac{1-2\mu}{\mathrm{E}}(-3p)$$

$$3\ .\ 10^{-5} = \frac{1-2\mu}{2\ .\ 10^6}\ .\ 3\ .\ 40$$

$$1\text{–}2\mu = \frac{2\ .\ 10}{40} = 0{,}5$$

$$\mu = 0{,}25$$

$$G = \frac{\mathrm{E}}{2(1+\mu)} = \frac{2\ .\ 10^6}{2(1+0{,}25)} = \frac{2}{2{,}5}10^6 = 0{,}8\ .\ 10^6\ \mathrm{kg/cm^2}$$

$$G = 800.000\ \mathrm{kg/cm^2}$$

6. *a)* Al estar sometido el bloque de acero a presión uniforme en todas sus caras, la deformación unitaria en cualquiera de las tres direcciones y (arista AB), x (arista BD), z (arista BC) es:

$$\varepsilon_x = \varepsilon_y = \varepsilon_z = \frac{1}{E}\left[\sigma_x - \mu\left(\sigma_y + \sigma_z\right)\right]$$

$$\sigma_x = \sigma_y = \sigma_z = -p$$

$$\varepsilon = \varepsilon_x = \varepsilon_y = \varepsilon_z = -\frac{p(1-2\mu)}{E}$$

$$\varepsilon_y = \frac{\Delta l_y}{l_y} \quad ; \quad \Delta l_y = -24\mu m = -24 \cdot 10^{-6}\,\mathrm{m} = -24 \cdot 10^{-4}\ \mathrm{cm}$$

$$l_y = 8\ cm$$

$$\varepsilon_y = \frac{-24 \cdot 10^{-4}}{8} = -3 \cdot 10^{-4} = \varepsilon_x = \varepsilon_z$$

$$\Delta l_x = \Delta l_{BD} = -3 \cdot 10^{-4} \cdot 6 = -18 \cdot 10^{-4}\ \mathrm{cm} = -18\mu m$$

$$\Delta l_z = \Delta l_{BC} = -3 \cdot 10^{-4} \cdot 4 = -12 \cdot 10^{-4}\ \mathrm{cm} = -12\mu m$$

$$\varepsilon = \frac{-p(1-2\mu)}{E} \quad ; \quad -3 \cdot 10^{-4} = \frac{-p(1\ -\ 2\ .\ 0{,}29)}{200 \cdot 10^{9}}$$

$$p = \frac{3 \cdot 10^{-4} \cdot 200 \cdot 10^{9}}{1-2 \cdot 0{,}29} = \frac{600 \cdot 10^{5}}{1-0{,}58} = 14{,}29 \cdot 10^{7}\ Pa$$

$$p = 142{,}9\ MPa$$

b)

$$\Delta V = \Delta \cdot V \quad ; \quad \Delta = \varepsilon_x + \varepsilon_y + \varepsilon_z = 3\varepsilon = \frac{-3p(1-2\mu)}{E} = \frac{-3 \cdot 180 \cdot 10^{6} \cdot 0{,}42}{200 \cdot 10^{9}}$$

$$\Delta = -1{,}134 \cdot 10^{-3} \quad ; \quad \Delta V = -1{,}134 \cdot 8 \cdot 6 \cdot 4 \cdot 10^{-3} = -0{,}218\ \mathrm{cm}^3$$

II

RESISTENCIA DE MATERIALES

Tema 5

Iniciación al estudio de la resistencia de materiales

5.1. PRINCIPIOS FUNDAMENTALES EN RESISTENCIA DE MATERIALES

Como hemos visto al comienzo del tema 1, la Elasticidad y la Resistencia de Materiales son, en realidad, enfoques parciales de la «Mecánica del sólido deformable». En el estudio de la Teoría de la Elasticidad, desarrollado en los capítulos anteriores, hemos planteado la resolución de los problemas que se presentan en los sólidos cargados, considerando que éstos son elásticos y estableciendo las leyes que relacionan las solicitaciones exteriores con las tensiones originadas por las mismas en todos los puntos de aquéllos, así como los desplazamientos experimentados por dichos puntos. Estas leyes utilizan, en la mayor parte de los casos, un gran aparato matemático, lo que comporta que la resolución de las ecuaciones diferenciales que las expresan sea, generalmente, difícil por métodos ordinarios.

En Resistencia de Materiales, por el contrario, se hacen, habitualmente, simplificaciones avaladas por la experiencia, que permiten plantear y resolver los problemas elásticos por procedimientos mucho más sencillos, de forma que los casos reales se reducen en la práctica a esquemas más simples. De lo anterior se deduce que la Resistencia de Materiales es una ciencia semiempírica que permite obtener las soluciones de los problemas elásticos en forma tanto más aproximada cuanto más cerca de la realidad estén las simplificaciones aludidas.

Aunque es habitual considerar que los sólidos se encuentran en régimen elástico, en Resistencia de Materiales y en materias relacionadas (como la Teoría de Estructuras y el estudio de los procesos de conformado de materiales), se considera, en ocasiones, comportamiento plástico, esto es, se admite la presencia de deformaciones permanentes, cuando los materiales son dúctiles (con gran capacidad de deformación).

Hay ocasiones, sin embargo, en que no es posible establecer las simplificaciones citadas, por lo que es necesario utilizar los métodos más rigurosos de la Teoría de la Elasticidad, como indicaremos en su caso. Cuando sea necesario utilizar métodos matemáticos complejos y el material se encuentre en régimen plástico, la ciencia que complementa a la Resistencia de Materiales es la «Teoría de la Plasticidad», cuya consideración está más allá de los objetivos de esta obra.

El carácter semiempírico de la Resistencia de Materiales, antes citado, hace indispensable, para su desarrollo, la utilización de ensayos experimentales que permiten conocer el comportamiento de los sólidos frente a distintas solicitaciones: este comportamiento depende tanto del material constitutivo del sólido como de las características geométricas de este último.

En Resistencia de Materiales se consideran dos tipos de problemas:

a) Problema directo o de dimensionamiento: Conocida la solicitación a que ha de estar sometido un sólido, establecer sus dimensiones de forma que las tensiones y deformaciones en todos sus puntos no rebasen unos valores prefijados[1].

b) Problema inverso o de comprobación: dado un sólido con dimensiones conocidas, comprobar que, ante un estado de solicitación determinado, las tensiones y deformaciones no superan dichos valores.

En la mayor parte de los casos, como veremos en los próximos temas, el sólido a considerar será tipo barra (ver 1.3), sometido a las distintas solicitaciones simples, si bien estudiaremos también algunos casos de solicitación sobre sólidos en que una dimensión (el espesor) es mucho menor que las otras dos (sólido tipo bóveda).

Supondremos que el sólido es continuo, homogéneo e isótropo y, por lo general, que su comportamiento es elástico, con independencia de que el material sea frágil o dúctil y admitiremos el cumplimiento de los tres principios siguientes:

1. *Principio de superposición de efectos*

Se ha establecido en el tema 4.

---

[1] La tensión, como se expone en el tema 2, es el esfuerzo interno por unidad de superficie, mientras que en el término «deformaciones» englobaremos desplazamientos y deformaciones unitarias.

2. *Principio de Saint - Venant*

La solución de un problema elástico es tanto más exacta cuanto más se aproxima la distribución supuesta de las fuerzas de superficie a la que realmente actúa sobre el contorno del sólido.

En muchos casos, para simplificar el problema y obtener al menos una solución, suficientemente aproximada, se admite sustituir la solicitación exterior por otra equivalente (con la misma resultante y el mismo momento resultante). Tal es el caso (figura 5.1) de la barra prismática sometida a esfuerzo longitudinal.

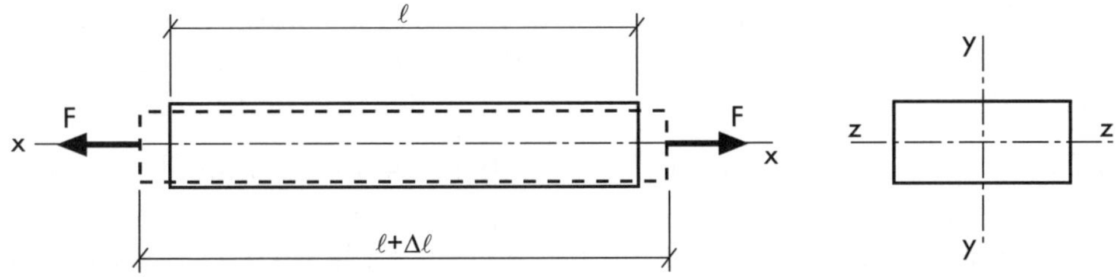

Figura 5.1

En la barra de la figura se admite que el esfuerzo F se aplica, en forma distribuida, en los extremos de la misma, por lo que la distribución de tensiones internas difiere de la real, pero esto sólo ocurre en las proximidades de los puntos de aplicación de la carga, por lo que los errores resultantes se concentran junto a dichos puntos, amortiguándose rápidamente hasta una distancia del extremo del orden de la máxima dimensión de la sección transversal, como se indica en la figura 5.2.

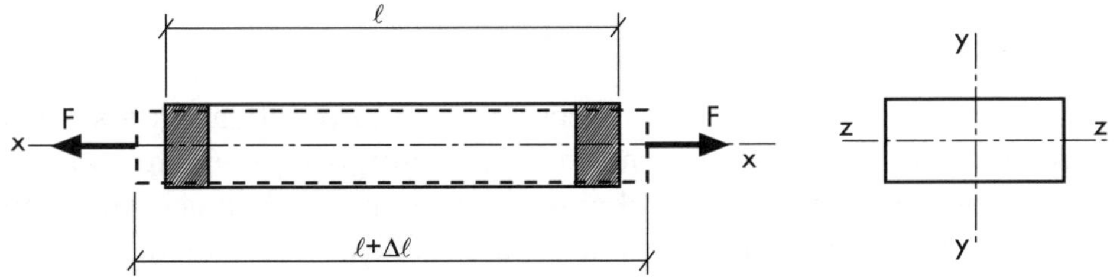

Figura 5.2

Lo expuesto es la aplicación del principio de Saint-Venant que admite que, a partir de una pequeña distancia de los puntos del contorno en que se aplican las cargas concentradas, la distribución de tensiones internas coincide con la obtenida si aquéllas se aplican en forma distribuida.

El principio, comprobado por la experimentación, es aplicable a todo tipo de sólidos aunque es principalmente aplicado en el estudio de barras prismáticas sometidas a las distintas solicitaciones simples.

3. *Principio de estabilidad del equilibrio del sólido*

Se entiende por rigidez la mayor o menor oposición que presenta un sólido a deformarse y, como veremos al estudiar las solicitaciones simples, depende tanto del material constitutivo del mismo como de su geometría, a diferencia de la resistencia que depende sólo del tipo de material.

El principio de estabilidad del equilibrio establece que el sólido es lo suficientemente rígido para que los desplazamientos provocados por las cargas a que pueda estar sometido no incidan en la forma de actuar éstas, lo que equivale a considerar que tanto los desplazamientos como las deformaciones unitarias tienen valores pequeños.

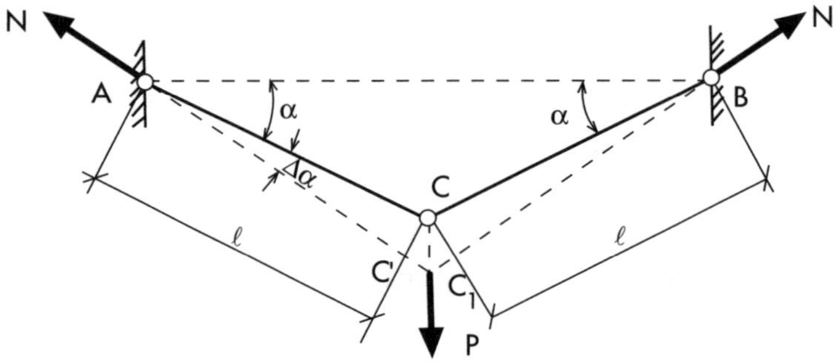

Figura 5.3

Hay problemas, relativamente frecuentes en la práctica, en los que este principio no es aplicable (y, en consecuencia, tampoco puede aplicarse el de superposición de efectos): tal es el caso de las barras esbeltas comprimidas, en las que se produce el fenómeno de pandeo o flexión lateral, que será estudiado más adelante. Un ejemplo clásico de no aplicación del principio es el problema representado en la figura 5.3, en el caso límite en que $\alpha = 0$.

El enunciado del problema es: «Determinar los esfuerzos en las barras AC y CB así como el desplazamiento vertical, δ, del punto C, cuando actúa la carga P».

Al estar las dos barras articuladas en sus extremos A, B y C, estarán sometidas a esfuerzos de tracción que por simetría tendrán el mismo valor *N* (figura 5.4).

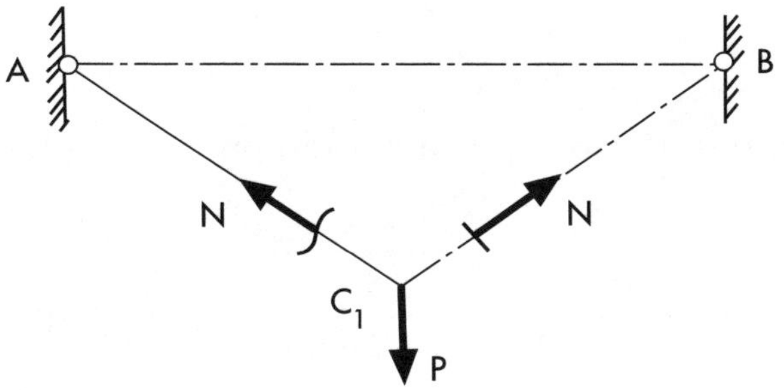

Figura 5.4

Proyectando según la vertical, obtenemos:

$$P = 2Nsen\alpha \;;\; N = \frac{P}{2sen\alpha} \qquad [5.1]$$

Considerando despreciable la variación del ángulo α ($\Delta\alpha \cong 0$), podemos escribir:

$$\Delta l = C'C_1 = \frac{Nl}{ES} = \delta\ sen\,\alpha, \text{ donde } \delta = CC_1, \text{ es decir:}$$

$$\delta = \frac{Nl}{ES\,sen\,\alpha} = \frac{Pl}{2ES\,sen^2\alpha} \qquad [5.2]$$

Cuando las dos barras están alineadas, como se indica en la figura 5.5, la aplicación de la expresión [5.1] llevaría al resultado absurdo N = ∞. En este caso no es posible despreciar el incremento del ángulo $\Delta\alpha$ y escribiremos: $CC_1 = \delta = ltg\Delta\alpha$, como se deduce de la figura 5.6.

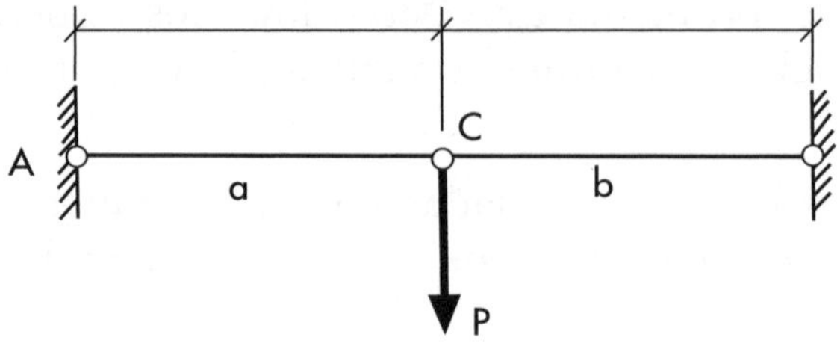

Figura 5.5

El alargamiento unitario experimentado por las dos barras será:

$$\varepsilon = \frac{AC_1 - AC}{AC} = \frac{\sqrt{l^2 + \delta^2} - l}{l} = \sqrt{1 + \left(\frac{\delta}{l}\right)^2} - 1 = \sqrt{1 + (tg\Delta\alpha)^2} - 1 \qquad [5.3]$$

Al ser $\Delta\alpha$ pequeño, es: $tg\Delta\alpha \approx \Delta\alpha$, y sustituyendo:

$$\varepsilon = \sqrt{1 + (\Delta\alpha)^2} - 1 = 1 + \frac{(\Delta\alpha)^2}{2} - 1 = \frac{(\Delta\alpha)^2}{2} \qquad [5.4]$$

En la expresión [5.4] hemos sustituido $\sqrt{1 + (\Delta\alpha)^2}$ por su desarrollo en serie de Taylor limitado a sus dos primeros términos.

De la figura 5.6 deducimos:

$$P = 2Nsen\Delta\alpha \approx 2N\Delta\alpha \qquad [5.5]$$

De donde:

$$N = \frac{P}{2\Delta\alpha} \qquad [5.6]$$

En aplicación de la ley de Hooke, será: $\Delta l = \dfrac{Nl}{ES}$ y, por tanto,

$$\varepsilon = \frac{\Delta l}{l} = \frac{N}{ES} = \frac{P}{ES2\Delta\alpha} \qquad [5.7]$$

Sustituyendo el valor ε dado por [5.4]:

$$\frac{(\Delta\alpha)^2}{2} = \frac{P}{ES2\Delta\alpha} \qquad [5.8]$$

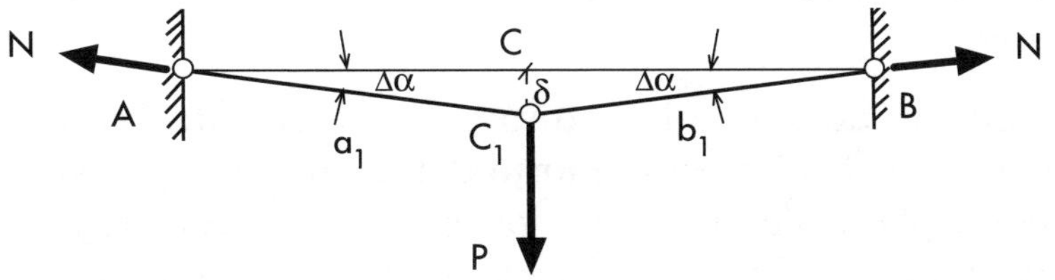

Figura 5.6

Despejando $\Delta\alpha$:

$$\Delta\alpha = \sqrt[3]{\frac{P}{ES}} \qquad [5.9]$$

Finalmente (ver figura 5.6) es:

$$\delta = l\,.\,\Delta\alpha = l\sqrt[3]{\frac{P}{ES}} \qquad [5.10]$$

Por lo que podemos decir que el desplazamiento del punto C de aplicación de la carga P no es proporcional al valor de la misma, como ocurre cuando el ángulo α es suficientemente grande.

El resultado [5.4] es consecuencia de que, en este caso, la deformación δ sí incide en la forma de actuar de la fuerza *P*, por lo que no puede aplicarse el principio de estabilidad del equilibrio.

5.2. DISTINTOS TIPOS DE APOYOS

En el ejemplo desarrollado en el epígrafe anterior, hemos considerado dos sólidos (barras AB y BC), unidos entre sí y a otros sólidos, mediante las articulaciones A, B y C, pero no hemos definido en qué consisten esas uniones. Antes de estudiar las barras prismáticas sometidas a las distintas solicitaciones simples, es necesario definir los mecanismos de unión que vinculan a un sólido con otros y a los que ya hicimos referencia al principio del capítulo 1. Tales mecanismos de unión reciben, generalmente, el nombre de apoyos y se clasifican, ejecutan y representan como se expone seguidamente.

Un mecanismo de apoyo impedirá uno o varios de los posibles movimientos del sólido elástico en el punto del mismo en que esté situado (en general, tres desplazamientos según los ejes coordenados x, y, z y tres giros alrededor de cada uno de dichos ejes). Por cada movimiento impedido, el sólido queda sometido, por medio del apoyo, a las correspondientes reacciones que, por tanto, serán como máximo tres esfuerzos y tres pares. En la mayor parte de los problemas que estudiemos se considerará que las cargas actúan en un plano (plano xy), por lo que los movimientos a impedir en los apoyos o vínculos serán los desplazamientos según las direcciones de los ejes x e y y el giro alrededor de un eje perpendicular al plano (eje z), reduciéndose, por tanto, las componentes de la reacción en dichos vínculos a dos esfuerzos y un par.

Los principales tipos de apoyo en el plano son los que detallamos seguidamente: apoyo articulado móvil, apoyo articulado fijo y empotramiento.

a) Apoyo articulado móvil

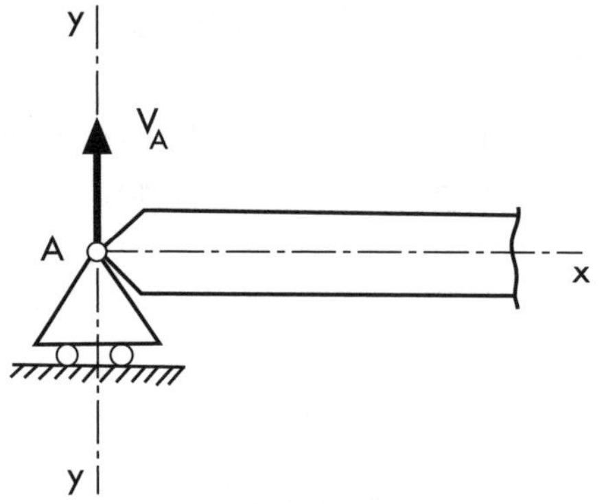

Figura 5.7

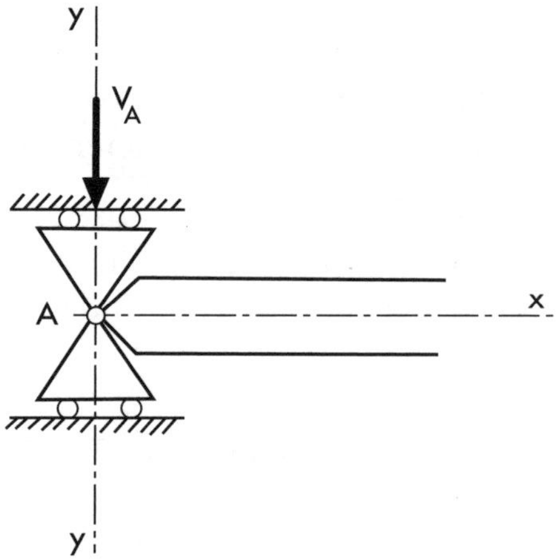

Figura 5.8

Este apoyo permite el desplazamiento en dirección x y el giro alrededor de un eje perpendicular al plano xy, representándose esquemáticamente en la figura 5.7, en la que se muestra la unión de una barra (sólo se representa el extremo de la misma) con el mecanismo de apoyo en el punto A.

En A existe existe una rótula o articulación cilíndrica, cuyo eje es perpendicular al plano xy, disponiéndose también, como se indica en la figura, rótulas cilíndricas que facilitan el movimiento en dirección x. Hay casos en los que debe impedirse no sólo el movimiento vertical (hacia abajo) del punto A, sino que es necesario también evitar que dicho punto se levante, por lo que el apoyo debe ser de doble efecto, como se indica en la figura 5.8.

El apoyo articulado móvil sólo produce una reacción, en dirección del desplazamiento impedido (V_A en las figuras 5.7 y 5.8), lo que equivale a decir que se conoce la dirección y el punto de aplicación de la reacción, desconociéndose únicamente su magnitud.

El apoyo articulado móvil se puede ejecutar, en la práctica, de distintas formas, como se indican en las figuras 5.9, 5.10 y 5.11.

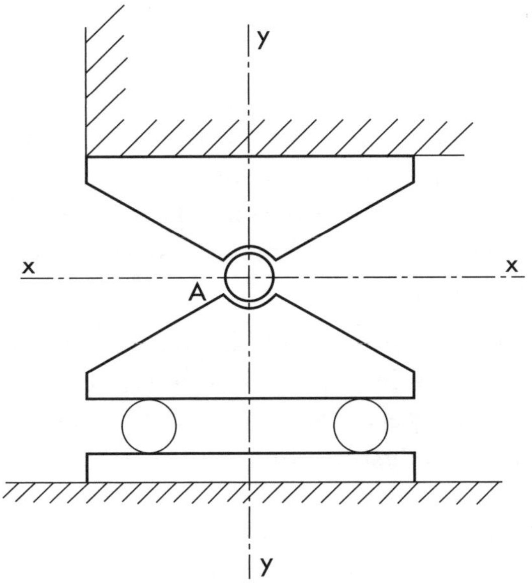

Figura 5.9

En el primer caso, la parte superior del apoyo está unida a la barra, cuyo giro alrededor del eje normal al plano se efectúa en torno a la rótula cilíndrica, representada en A. El pequeño desplazamiento en dirección x está permitido por los rodillos cilíndricos inferiores.

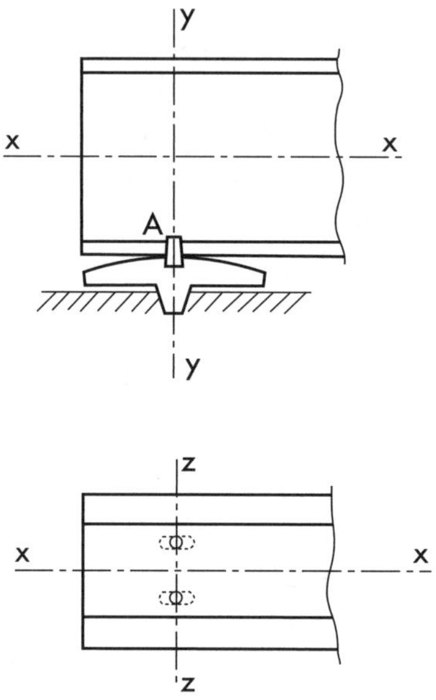

Figura 5.10

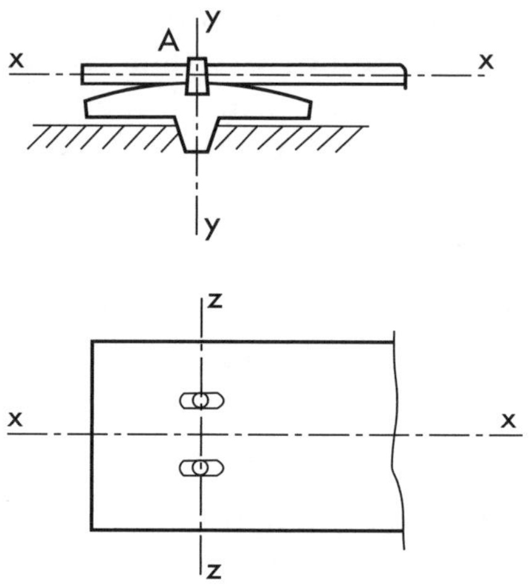

Figura 5.11

En el 2.º caso, se dispone una placa de apoyo de superficie convexa, de la que sobresalen unas espigas de forma cónica que entran en taladros realizados en el ala inferior de la barra superior. Al ser estos taladros de forma rasgada, se permite el movimiento en dirección x, mientras que el giro está facilitado por la convexidad de la placa.

En la figura 5.11 se representa dicha barra superior, con los taladros indicados, cuando se trata de una lámina plana, a diferencia del caso anterior en que se trata de un perfil laminado (IPN ó IPE), pieza diseñada para solicitación de flexión, que estudiamos en los temas 8, 9 y 10.

b) Apoyo articulado fijo

Tal y como se indica en la figura 5.12, este apoyo sólo permite el giro alrededor de un eje perpendicular al plano xy.

El apoyo articulado fijo origina dos reacciones en la dirección de los movimientos impedidos (V_A y H_A en la figura 5.12), por lo que podemos decir que conocemos el punto de aplicación de la reacción de apoyo (punto A en la figura), pero no su magnitud ni su dirección.

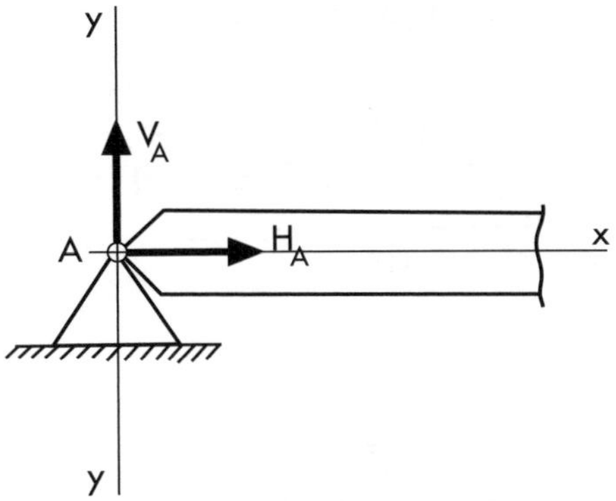

Figura 5.12

Las figuras 5.13, 5.14 y 5.15 muestran diversas formas de ejecutar el apoyo articulado fijo, análogas a las correspondientes al apoyo articulado móvil.

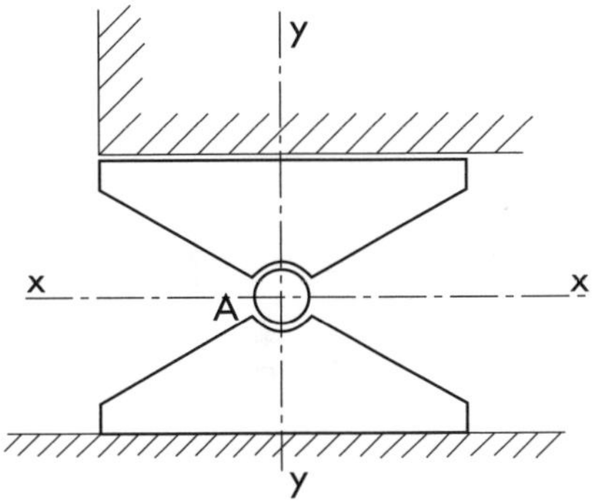

Figura 5.13

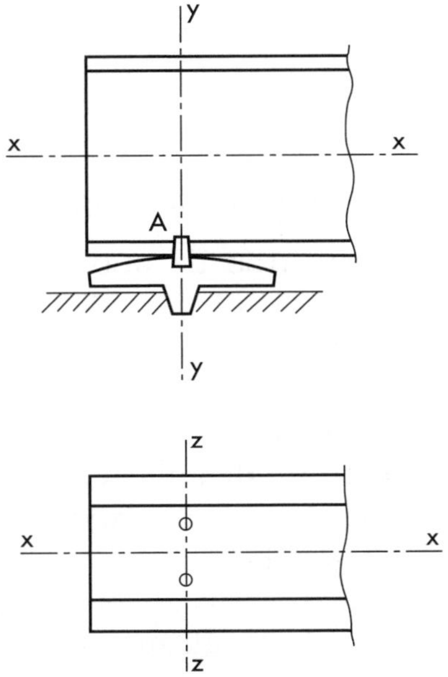

Figura 5.14

Las diferencias con las disposiciones constructivas correspondientes al apoyo articulado móvil hacen que no sea posible el pequeño desplazamiento en dirección x: no hay rodillos que permiten este movimiento (figura 5.13, en que la parte inferior del apoyo está unida rígidamente a otro sólido) o no existen los taladros rasgados a los que nos referimos anteriormente, como se representa en las figuras 5.14 y 5.15.

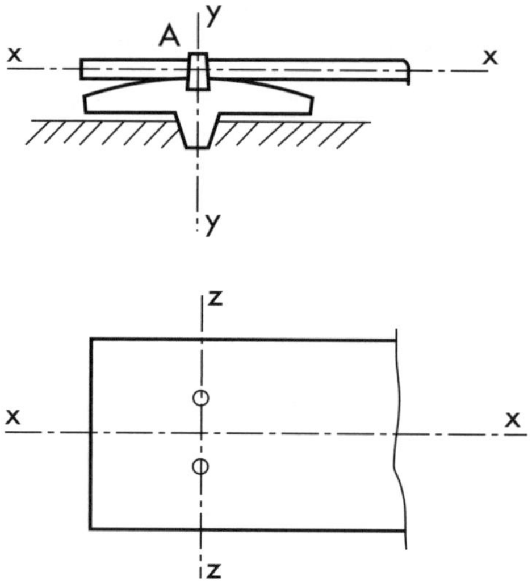

Figura 5.15

c) Apoyo empotrado (figura 5.16)

Con este tipo de apoyo se impiden todos los movimientos del punto A en que la barra prismática se une a otro sólido; por lo que se desconoce tanto la magnitud y la dirección de la reacción como su punto de aplicación, lo que significa que un apoyo empotrado origina una reacción horizontal, H_A, una reacción vertical, V_A y un par de empotramiento M_A (este último permite fijar A como punto de aplicación de la reacción).

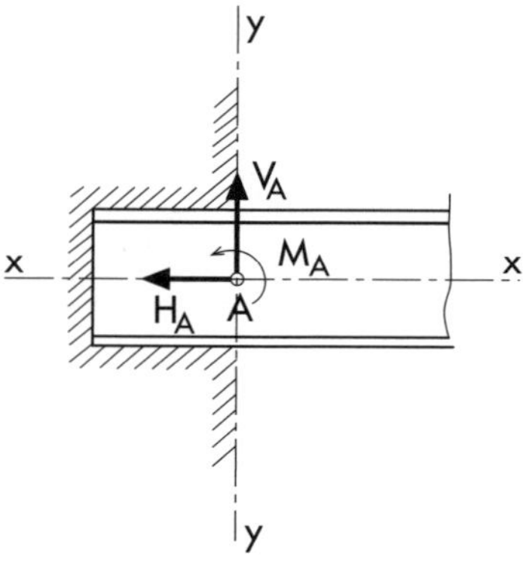

Figura 5.16

En las figuras 5.17, 5.18 y 5.19 se indican las representaciones más comunes de los tres tipos de apoyos.

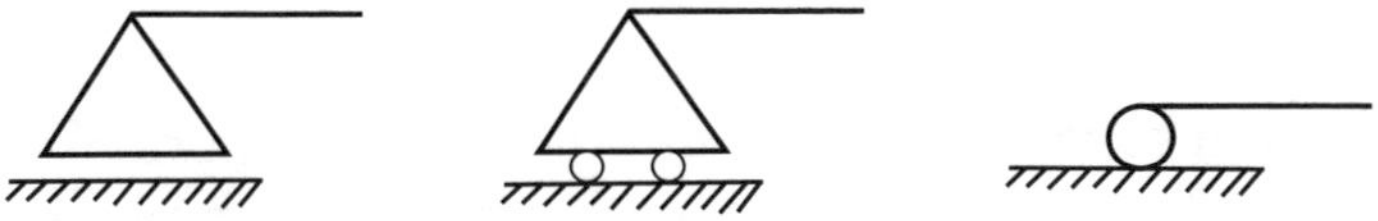

Figura 5.17. Apoyo articulado móvil.

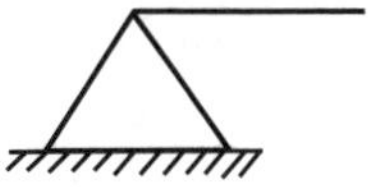

Figura 5.18. Apoyo articulado fijo.

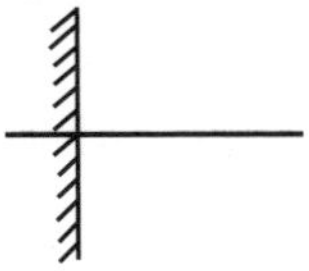

Figura 5.19. Apoyo empotrado.

5.3. SISTEMAS ISOSTÁTICOS E HIPERESTÁTICOS

Los mecanismos de apoyo descritos en el apartado anterior, cuando están dispuestos en distintos puntos de un sólido elástico, deben garantizar la imposibilidad de desplazamiento del mismo como cuerpo rígido. Por ello, los movimientos permitidos por los apoyos articulados fijos y móviles deberán ser compensados por los restantes apoyos.

Como hemos indicado, cada tipo de apoyo origina una o varias fuerzas de reacción, cuyo conocimiento es necesario para el estudio de los estados de tensión y deformación que experimentan los puntos del sólido.

Para determinar las reacciones en los vínculos se considera el sólido como rígido y se plantean las condiciones de equilibrio estático, seis en el caso general y tres en el caso de cargas contenidas en un plano, dadas por las expresiones [1.1] y [1.2], respectivamente, que reproducimos seguidamente:

$$\left.\begin{aligned} &\sum R_x = 0 \;;\; \sum R_y = 0 \;;\; \sum R_z = 0 \\ &\sum M_x = 0 \;;\; \sum M_y = 0 \;;\; \sum M_z = 0 \end{aligned}\right\} \qquad [1.1]$$

$$\sum R_x = 0 \;;\; \sum R_y = 0 \;;\; \sum M_z = 0 \qquad [1.2]$$

Si las condiciones de sustentación originan 6 incógnitas de reacción en el caso general o 3 cuando se trata de cargas coplanarias, el sistema es isostático, siendo los vínculos existentes los necesarios para impedir el desplazamiento del sólido.

Cuando el número de incógnitas en los apoyos supera al de ecuaciones disponibles de la Estática, se dice que el sistema es hiperestático, siendo necesario considerar las pequeñas deformaciones que experimentan los puntos del sólido, para determinarlas. Estas deformaciones (corrimientos y giros) han de ser, como sabemos y en aplicación de los principios fundamentales de la Resistencia de Materiales, muy pequeñas respecto a las dimensiones del sólido. Se llama grado de hiperestaticidad de un sistema al exceso entre el número de incógnitas en sus vínculos y el número de ecuaciones de la Estática aplicables.

En las figuras 5.20 y 5.21 se muestran ejemplos de barras isostáticas e hiperestáticas, representadas, en casi todos los casos, por una línea recta que corresponde a su eje, suponiendo, por lo general, cargas contenidas en el plano vertical que contiene a dicho eje.

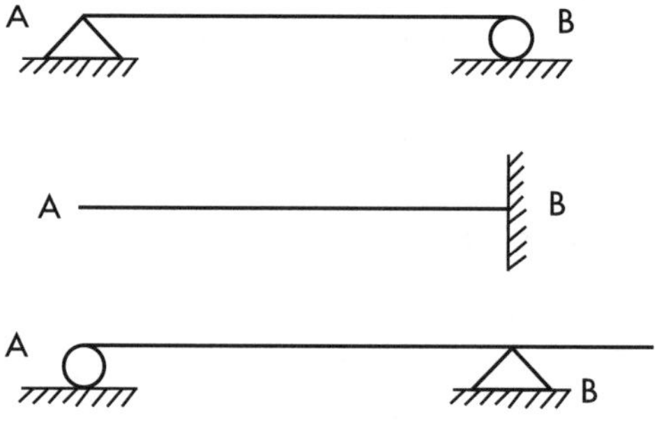

Figura 5.20

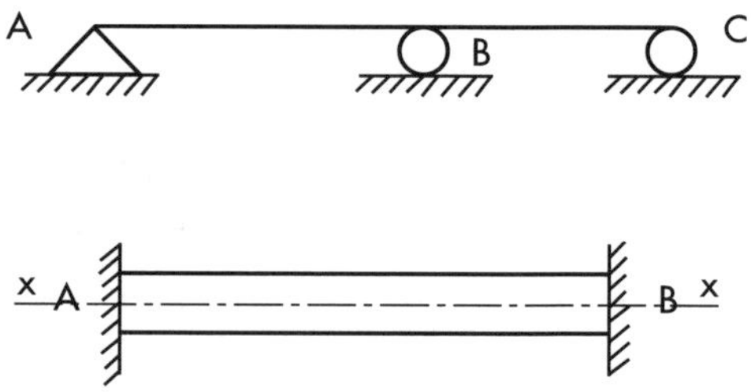

Figura 5.21

No debe perderse de vista lo expuesto al principio de este apartado en relación a que no debe ser posible el desplazamiento como cuerpo rígido del sólido, por lo que la sustentación representada en las figuras 5.22 y 5.23 no es utilizable (aunque en el 2.° caso el número de incógnitas sea, aparentemente, coincidente con el de ecuaciones de la Estática)[2].

[2] El sistema representado, con tres incógnitas en sus apoyos es, en realidad, hiperestático para cargas verticales e hipostático y desplazable para cargas horizontales.

Figura 5.22

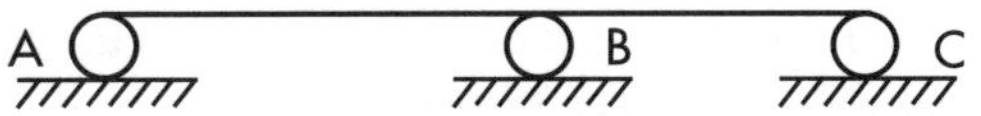

Figura 5.23

Tanto en un caso como en otro, la barra insuficientemente apoyada se desplazaría como cuerpo rígido cuando estuviese sometida a esfuerzos horizontales.

5.4. CONDICIONES DE SEGURIDAD

A) Introducción

En los cuerpos sometidos a la acción de un sistema de cargas y que estudian tanto la Teoría de la Elasticidad como la Resistencia de Materiales, se producen deformaciones y, como consecuencia de las mismas, se origina un estado tensional, por lo que es necesario asegurarse de que cada uno de dichos cuerpos se encuentra en buenas condiciones de resistencia.

La resistencia de un sólido elástico está asegurada cuando los valores de las cargas exteriores son tales que pueden ser aumentados (multiplicándolos por un coeficiente n) antes de que se produzca su agotamiento. El agotamiento de un sólido elástico se presenta cuando se produce su rotura (sólidos frágiles) o su deformación permanente (materiales dúctiles). El coeficiente n, mayor que la unidad, es el coeficiente de seguridad.

La condición indicada es prácticamente imposible de comprobar, experimentalmente, para cada sólido y cada material. Sólo en algunos casos, en los que se ha de construir un gran número de piezas (por ejemplo, una biela de automóvil), se puede realizar esta comprobación, sometiendo a rotura una de las piezas de la serie.

Por lo indicado en el párrafo anterior, la condición referente a las fuerzas exteriores se sustituye, en la práctica, por una condición análoga, relativa a las tensiones internas; esto es posible porque, en general, las tensiones son proporcionales a las cargas, si bien existen importantes excepciones, correspondientes a los casos de inestabilidad y pandeo, a los que nos referimos en el apartado **D**.

Antes de realizar el estudio de la seguridad por el método clásico (o de tensiones admisibles) o por el de coeficientes de mayoración y minoración (apartados **B** y **C**), debemos precisar las razones por las que las tensiones que realmente se presentan en un sólido elástico sometido a cargas, deben estar muy alejadas de las que producen la rotura (materiales frágiles) o la gran deformación del mismo (materiales dúctiles).

Tales razones son:

a) Grado de conocimiento del sistema de fuerzas exteriores:

En muchas ocasiones se pueden valorar, con gran exactitud, las fuerzas exteriores que van a actuar. Pero, en otros casos, este conocimiento no es tan exacto (acción del viento, empujes de tierras, acciones sísmicas y otras acciones dinámicas, etc.)

b) Grado de dominio del cálculo:

Debe considerarse esta circunstancia porque hay muchos casos en que el cálculo se basa en hipótesis simplificadoras que sólo se corresponden aproximadamente con la realidad, por lo que los valores calculados para las tensiones no son auténticos.

c) Incertidumbre respecto a las propiedades del material:

La hipótesis de homogeneidad de los sólidos elásticos se cumple en grado diferente según el material utilizado, siendo más exacta en los casos de aceros y hormigones (en los que se puede suponer que, al menos en una obra concreta, sus características no varían) que para otros materiales como la piedra y la madera. Para estos últimos el coeficiente de seguridad ha de ser, necesariamente, mayor.

d) Inseguridad sobre las dimensiones de los sólidos y sobre su montaje:

Podemos citar, como ejemplos, el espesor de las chapas laminadas que constituyen una viga armada o la carcasa de un motor o la colocación de las armaduras en las piezas de hormigón armado.

Nos referimos, en los puntos siguientes, a las condiciones de seguridad ligadas al máximo valor de la tensión normal, σ, o de la tensión tangencial o cortante, τ, con independencia de que el sólido esté sometido a solicitación simple o compuesta. El estudio exacto de los criterios de agotamiento de los materiales elásticos y de los correspondientes coeficientes de seguridad se expondrá en los capítulos finales del texto *Elasticidad y Resistencia de Materiales II.*

B) Tensión admisible

En el método de cálculo llamado «clásico», utilizado en nuestro país hasta hace pocos años, conocidas las características mecánicas del material y la máxima tensión interna que se produce en un sólido elástico, ha de comprobarse que ésta sea inferior a la tensión de servicio o tensión admisible, σ_{adm}.

La relación entre la tensión límite, σ_{lim}, y la tensión admisible, σ_{adm}, es el coeficiente de seguridad, n:

$$\sigma_{adm} = \frac{\sigma_{\lim}}{n} \qquad [5.11]$$

siendo σ_{lim} la tensión de rotura, σ_r, para los materiales frágiles y la tensión de fluencia, σ_f, en los materiales dúctiles. Para estos últimos es usual considerar coincidentes, a los efectos de las condiciones de seguridad, los valores del límite elástico, σ_e y de la tensión de fluencia, σ_f. Por tanto, en cada problema, bastará con realizar la comprobación:

$$\sigma_{\max} \leq \sigma_{adm} \qquad [5.12]$$

Cuando la tensión determinante no es la tensión normal σ, sino la tensión cortante, τ, se establece, análogamente, la tensión cortante admisible, τ_{adm} y la comprobación a realizar es:

$$\tau_{\max} \leq \tau_{adm} \qquad [5.13]$$

C) Coeficientes de mayoración y minoración

El procedimiento expuesto en el apartado anterior resuelve el problema de la seguridad de una forma parcial, pues parece evidente que, para fijar un valor para el coeficiente de seguridad n, será necesario considerar las condiciones de trabajo de la construcción o máquina que se estudia, así como la evaluación cuantitativa de las consecuencias del agotamiento del sólido.

Estos condicionantes, así como los ya indicados en el apartado **A** hacen aconsejable descomponer el coeficiente de seguridad en dos factores, correspondientes a la determinación imperfecta del valor de las cargas aplicadas, así como al imperfecto conocimiento de la resistencia del material.

Se llama acción característica (carga característica) a aquélla cuya posibilidad de superarse sea inferior al 5%; análogamente se llama resistencia característica a aquélla cuya probabilidad de no alcanzarse sea inferior al 5%.

Supondremos, en todos los problemas, que las cargas (y las tensiones internas por ellas originadas) han alcanzado su valor característico e igualmente supondremos que los valores de la resistencia del material son, también, valores característicos.

Llamaremos coeficiente de mayoración de cargas γ_c al número por el que hay que multiplicar éstas para que el sólido esté en condiciones de agotamiento, lo que se produce cuando la tensión interna multiplicada por γ_c alcanza el valor de la tensión de uso σ_u.

La tensión de uso σ_u es igual al límite elástico $\sigma_e=\sigma_f$ (en el caso de materiales dúctiles) o la tensión de rotura, σ_r, divididas por el coeficiente de minoración de la resistencia de material γ_m.

Lo anteriormente expuesto se expresa como sigue:

$$\gamma_c\ \sigma_{\max} \leq \sigma_u \qquad [5.14]$$

o bien:

$$\gamma_c\ \sigma_{\max} \leq \frac{\sigma_{\lim}}{\gamma_m} \qquad [5.15]$$

donde $\sigma_{\lim}$ tomará el valor σ_e o σ_r según el tipo de material.

Comparando las expresiones [5.11] y [5.14], se deduce que el coeficiente de seguridad n, del método «clásico» y los coeficientes de mayoración de cargas, γ_c y de minoración de la resistencia de material, γ_m, pueden considerarse relacionados entre sí por la expresión:

$$n = \gamma_c \gamma_m \qquad [5.15]$$

En muchos casos el coeficiente de minoración de resistencia γ_m se escribe expresando el tipo de material al que se refiere: así, cuando el material es acero es usual escribir γ_a en vez de γ_m; si se trata de hormigón, será frecuente escribir γ_h.

En ocasiones, en vez de dar los datos de la tensión límite (σ_e o σ_r) y del coeficiente γ_m se da, directamente, el valor de la tensión de cálculo:

$$\sigma_u = \frac{\sigma_{\lim}}{\gamma_m}$$

Si la tensión decisiva es la tangencial un razonamiento análogo lleva a la expresión:

$$\gamma_c \tau_{\max} \leq \tau_u \qquad [5.16]$$

D) Coeficiente de seguridad en los casos de inestabilidad

Como sabemos, en los casos de inestabilidad, las deformaciones originadas por la acción de las cargas, inciden en la forma de actuar éstas, lo que tiene como consecuencia el que no se pueda establecer proporcionalidad entres las acciones exteriores y tensiones internas.

Limitando el estudio al de las barras comprimidas de gran esbeltez (pandeo), el procedimiento de cálculo utilizado en España, consiste en disminuir la resistencia del material, al suponer que las cargas (y las tensiones internas) están multiplicadas por un coeficiente ω=$\omega(\lambda)$ siendo λ la esbeltez de la pieza.

Las expresiones a utilizar utilizando el criterio de tensiones admisibles son:

$$\omega \ \sigma_{\max} \leq \sigma_{adm} \ \ ó \ \ \sigma_{\max} \leq \frac{\sigma_{adm}}{\omega} \qquad [5.17]$$

Si se utilizan los coeficientes de mayoración y minoración las fórmulas a emplear son:

$$\left.\begin{array}{l} \omega \ \gamma_c \sigma_{\max} \leq \dfrac{\sigma_{\lim}}{\gamma_m} \ \ ó \\ \sigma_{\max} \leq \dfrac{\sigma_{\lim}}{\omega \ \gamma_c \ \gamma_m} \end{array}\right\} \qquad [5.18]$$

Tabla 5.1. Coeficientes de ponderación

Hipótesis de carga	Clases de acción		Coeficiente de ponderación γ_s si el efecto de la acción es: Desfavorable		Favorable
CASO I Acciones constantes y combinación de dos acciones variables independientes	Ia (1)	Acciones constantes	1.33	1.33	1.00
		Sobrecargas	1.33	1.50	0.00
		Viento	1.50	1.33	0.00
	Ib	Acciones constantes	1.33		1.00
		Sobrecargas	1.50		0.00
		Nieve	1.50		0.00
	Ic	Acciones constantes	1.33		1.00
		Viento	1.50		0.00
		Nieve	1.50		0.00
CASO II Acciones constantes y combinación de tres acciones variables independientes		Acciones constantes	1.33		1.00
		Sobrecargas	1.33		0.00
		Viento	1.33		0.00
		Nieve	1.33		0.00
CASO III Acciones constantes y combinación de cuatro acciones variables independientes, incluso las acciones sísmicas		Acciones constantes	1.00		1.00
		Sobrecargas	r (2)		0.00
		Viento	0,25(3)		0.00
		Nieve	0,50(4)		0.00
		Acciones sísmicas	1.00		1.00

(1) Para el efecto desfavorable se considerarán los valores de las dos columnas.

(2) r es el coeficiente reductor para las sobrecargas, de valor:
Azoteas, viviendas y hoteles (salvo locales de reunión) r=0.50
Oficinas, comerciales, calzadas y garages: r=0.60
Hopitales, cárceles, edificios docentes, templos, edificios de reunión y espectáculos y salas de reunión de hoteles: r=0.80
Almacenes: r=1
(Tabla 4.5 de la norma sismocorresistente PDSI-74 Parte A) (*)

(3) Sólo se considerará en consrucciones en situación toográfica expuesta o muy expuesta (Norma Básica NBE AE-88)

(4) Sólo se considerará en caso de lugares enlos que la nieve permanece acumulada habitualmente más de treinta días seguidos, en el caso coantrario el coeficiente será cero.

(*) También recogida en la NCSE-94. Norma de Construcción Sismorresistente.

Los problemas de pandeo se presentan, habitualmente, en barras largas pertenecientes a estructuras de acero. Las fórmulas serán:

$$\left.\begin{array}{l} \omega \ \gamma_c \sigma_{\max} \leq \dfrac{\sigma_e}{\gamma_a} \ \text{ó} \\ \sigma_{\max} \leq \dfrac{\sigma_e}{\omega \ \gamma_c \ \gamma_a} \end{array}\right\} \quad [5.19]$$

Algunos reglamentos establecen distintos valores para los coeficientes de mayoración de cargas, según el tipo de estas últimas. Tal es el caso de la norma de estructuras metálicas NBE EA-95, en la que aquéllos reciben el nombre de coeficientes de ponderación, γ_S y tienen los valores que se indican en la tabla 5.1, para los distintos tipos de solicitación.

Cuando el coeficiente de ponderación o mayoración no es el mismo para todas las solicitaciones, no puede aplicarse directamente la expresión [5.15], para determinar el coeficiente de seguridad, n.

Por lo que a la resistencia de cálculo se refiere, la citada norma establece los siguientes valores para el límite elástico σ_e del acero (Tabla 5.2)

Tabla 5.2. Valores del límite elástico

Tipo de acero	**Límite elástico σ kg/cm^2**
A37	2400
A42	2600
A52	3400

Para otros tipos de acero se tomará el límite elástico garantizado por el fabricante. Si no existe esta garantía, el límite elástico σ_e se obtendrá mediante ensayos, de acuerdo con los métodos estadísticos y se tomará:

$$\sigma_e = \sigma_m \ (1 - 2\delta)$$

donde:

σ_m es el valor medio de los límites elásticos obtenidos y δ es la desviación cuadrática media relativa de los resultados de los ensayos.

La resistencia de cálculo del acero viene fijada por la expresión:

$$\sigma_u = \frac{\sigma_e}{\gamma_a} \qquad [5.20]$$

donde:

γ_a es el coeficiente de minoración, con valores; γ_a=1 para los aceros con límite elástico mínimo garantizado, y γ_a=1.1 para aceros cuyo límite elástico sea determinado por métodos estadísticos.

Otras normativas establecen los valores de la resistencia de cálculo y de los coeficientes de mayoración y minoración para piezas o estructuras ejecutadas en otros materiales. En este sentido puede consultarse la norma EHE–08 «Instrucción de hormigón estructural».

Las normas establecen también limitaciones para las deformaciones experimentadas por los puntos de un sólido cargado. Estas deformaciones se calculan a través de los métodos que se describen en los capítulos siguientes para los valores característicos de las cargas aplicadas, sin aplicar coeficientes de mayoración.

La próxima entrada en vigor de los Eurocódigos Estructurales modificará los valores de los coeficientes de seguridad y de las resistencias de cálculo de los materiales empleados en la construcción de máquinas y edificios.

5.5. LA SEGURIDAD SEGÚN EL CÓDIGO TÉCNICO DE LA EDIFICACIÓN (CTE)

La reciente entrada en vigor del Código Técnico de la Edificación, modifica, de acuerdo con lo establecido en su Documento Básico Seguridad Estructural (DB-SE), la denominación y los valores de los coeficientes de seguridad que reciben el nombre de coeficientes parciales y coinciden con los indicados en los Eurocódigos Estructurales y en la futura Instrucción para el empleo de acero estructural (EAE). Para el dimensionamiento o comprobación de los distintos elementos estructurales se considera el estado límite último o de agotamiento, debiendo comprobarse no sólo la resistencia de barras o estructuras, sino, también, la estabilidad de las mismas.

5.5.1. Verificaciones

En la verificación de los estados límite mediante coeficientes parciales, para la determinación del efecto de las acciones, así como de la respuesta estructural, se utilizan los valores de cálculo de las variables, obtenidos a partir de sus valores característicos, multiplicándolos o dividiéndolos por los correspondientes coeficientes parciales para las acciones y la resistencia, respectivamente.

a) Se considera que hay suficiente resistencia de la estructura portante, de un elemento estructural o de una unión entre elementos, si para todas las situaciones de dimensionado se cumple la siguiente condición.

$$E_d \leq \mathbf{R}_d \qquad [5.21]$$

Siendo:

E_d valor de cálculo del efecto de las acciones

R_d valor de cálculo de la resistencia correspondiente.

b) Se considera que hay suficiente estabilidad del conjunto del edificio o de una parte independiente del mismo, si para todas las situaciones de dimensionado se cumple la siguiente condición.

$$E_{d,dst} \leq \mathbf{R}_{d,Stb} \qquad [5.22]$$

Siendo

$E_{d,dst}$ valor de calculo del efecto de las acciones desestabilizadoras

$E_{d,stb}$ valor de cálculo de las acciones estabilizadoras.

Los valores de cálculo de los efectos de las acciones se obtienen a partir de las combinaciones de las mismas que se indican a continuación, obteniéndose las tensiones correspondientes mediante las expresiones que se deducirán, en los capítulos siguientes.

El valor de cálculo de la resistencia de un elemento o unión entre elementos se obtiene de cálculos basados en sus características geométricas y de la resistencia de cálculo, f_d, de los materiales implicados que en general puede expresarse como cociente entre la resistencia característica, f_k, y el coeficiente de seguridad del material.

La resistencia de cálculo f_k será el límite elástico, f_y (= σ_e) en los materiales dúctiles o la tensión de rotura, f_u (= σ_r) en materiales frágiles.

5.5.2. Combinación de acciones

• El valor de cálculo de los efectos de las acciones correspondiente a una situación persistente o transitoria, se determina mediante combinaciones de acciones a partir de la expresión

$$\sum_{j\geq 1} \gamma_{G,j} \cdot G_{k,j} + \gamma_P \cdot P + \gamma_{Q,1} \cdot Q_{k,1} + \sum_{i>1} \gamma_{Q,i} \cdot \psi_{0,i} \cdot Q_{k,i} \qquad [5.23]$$

Es decir, considerando la actuación simultánea de:

a) Todas las acciones permanentes, en valor de cálculo ($\gamma_G \cdot G_k$), incluido el pretensado ($\gamma_p \cdot P$).

b) Una acción variable cualquiera, en valor de cálculo ($\gamma_Q \cdot Q_k$), debiendo adoptarse como tal una tras otra sucesivamente en distintos análisis.

c) El resto de las acciones variables, en valor de cálculo de combinación ($\gamma_Q \cdot \psi_0 \cdot Q_k$).

Los valores de los coeficientes de seguridad, γ, se establecen en la tabla 5.3 para cada tipo de acción, atendiendo para comprobaciones de resistencia a si su efecto es desfavorable o favorable, considerada globalmente.

Para comprobaciones de estabilidad, se diferenciará, aún dentro de la misma acción, la parte favorable (la estabilizadora), de la desfavorable (la desestabilizadora).

Los valores de los coeficientes de simultaneidad, ψ se establecen en la tabla 5.4.

Tabla 5.3. Coeficientes parciales de seguridad (γ) para las acciones

Tipo de verificación	Tipo de acción	Situación persistente o transitoria	
		Desfavorable	**Favorable**
Resistencia	Permanente Peso propio, peso de terreno Empuje del terreno Presión del agua	 1,35 1,35 1,20	 0,80 0,70 0,90
	Variable	1,50	0
Estabilidad		**Desestabilizadora**	**Estabilizadora**
	Permanente Peso propio, peso de terreno Empuje del terreno Presión del agua	 1,10 1.35 1,05	 0,90 0,80 0,95
	Variable	1,50	0

Tabla 5.4. Coeficientes de simultaneidad (ψ)

	ψ_0	ψ_1	ψ_2
Sobrecarga superficial de uso			
• Zonas residenciales (Categoría A)	0,7	0,5	0,3
• Zonas administrativas (Categoría B)	0,7	0,5	0,3
• Zonas destinadas al público (Categoría C)	0,7	0,7	0,6
• Zonas Comerciales (Categoría D)	0,7	0,7	0,6
• Zonas de tráfico y de aparcamiento de vehículos ligeros con un peso total inferior a 30 kN (Categoría F)	0,7	0,7	0,6
• Cubiertas Transitables (Categoría G)	(1)	(1)	(1)
• Cubiertas accesibles únicamente para mantenimiento (Categoría H)	0	0	0
Nieve			
• Para altitudes > 1.000 m.	0,7	0,5	0,2
• Para altitudes ≤ 1.000 m.	0,5	0,2	0
Viento	0,6	0,5	0
Temperatura	0,6	0,5	0
Acciones de variables del terreno	0,7	0,7	0,7

(1) En las cubiertas transitables, se adoptarán los valores correspondientes al uso desde el que se accede.

Las categorías A a H son las indicadas en el Documento Básico Acciones en la Edificación (DB-AE) del Código Técnico de Edificación.

• El valor de cálculo de los efectos de las acciones correspondiente a una situación extraordinaria, se determina mediante combinaciones de acciones a partir de la expresión.

$$\sum_{j\geq 1} \gamma_{G,j} \cdot G_{k,j} + \gamma_P \cdot P + A_d + \gamma_{Q,1} \cdot \psi_{1,1} \cdot Q_{k,1} + \sum_{i>1} \gamma_{Q,i} \cdot \psi_{2,i} \cdot Q_{k,i} \qquad [5.24]$$

Es decir, considerando la actuación simultánea de:

a) Todas las acciones permanentes, en valor de cálculo ($\gamma_G \cdot G_k$), incluido el pretensado ($\gamma_p \cdot P$).

b) Una acción accidental cualquiera, en calor de cálculo (A_d), debiendo analizarse sucesivamente con cada una de ellas.

c) Una acción variable, en valor de cálculo frecuente ($\gamma_Q \cdot \psi_1 \cdot Q_k$), debiendo adoptarse como tal, una tras otra sucesivamente en distintos análisis con cada acción accidental considerada.

d) El resto de las acciones variables, en valor de cálculo casi permanente ($\gamma_Q \cdot \psi_2 \cdot Q_k$).

En situación extraordinaria, todos los coeficientes de seguridad (γ_G, γ_P, γ_Q), son iguales a cero si su efecto es favorable, o a la unidad si es desfavorable, en los términos anteriores.

• En los casos en los que la acción accidental sea la acción sísmica, todas las acciones se tendrán en cuenta según la expresión

$$\sum_{j\geq 1} G_{k,j} + P + A_d + \sum_{i>1} \psi_{2,i} \cdot Q_{k,i} \qquad [5.25]$$

Llamamos G a cualquier acción permanente, Q a cualquier acción variable y P a la acción de pretensado, caso de existir, de la que se indica un ejemplo de aplicación en el capítulo siguiente.

5.5.3. Materiales

Nos referimos, a continuación, a las características mecánicas de los aceros contemplados en el Documento Básico Seguridad Estructural-Acero (DB-SE-A) del Código Técnico de la Edificación; para otros materiales pueden consultarse los correspondientes Documentos Básicos, excepto para hormigones, en que deberá utilizarse la Instrucción EHE.

5.5.3.1. Aceros en chapas y perfiles

a) Los aceros considerados, son establecidos en la norma UNE EN 10025 (Productos laminados en caliente de acero no aleado, para construcciones metálicas de uso general) en cada una de las partes que la componen, cuyas características se resumen en la tabla 5.5.

b) En el CTE se contemplan igualmente los aceros establecidos por las normas UNE-EN 10210-1:1994 relativa a Perfiles huecos para construcción, acabados en caliente, de acero no aleado de grado fino y en la UNE-EN 10219-1:1998, relativa a secciones huecas de acero estructural conformado en frío.

c) Las siguientes son características comunes a todos los aceros:

- Modulo de Elasticidad: E — 210.000 N/mm^2
- Módulo de rigidez: G — 81.000 N/mm^2
- Coeficiente de Poisson: ν — 0,3
- Coeficiente de dilatación térmica: α — $1{,}2 \cdot 10^{-5}$ (°C)$^{-1}$
- Densidad ρ — 7.850 Kg/m^3

5.5.3.2. Tornillos, tuercas y arandelas

En la tabla 5.6 se resumen las características mecánicas mínimas de los aceros de los tornillos de calidades normalizadas en la normativa ISO.

Tabla 5.5. Características mecánicas mínimas de los aceros

Designación	Espesor nominal t (mm)			
	Tensión de límite elástico f_y (N/mm^2) (*)			Tensión de rotura f_u (N/mm^2) (*)
	$t \leq 16$	$16 < t \leq 40$	$40 < t \leq 63$	$3 \leq t \leq 100$
S235	235	225	215	360
S275	275	265	255	410
S355	355	345	335	470
S450	450	430	410	550

(*) Como puede fácilmente comprobarse, 1 N/mm^2 = 1 MPa.

Tabla 5.6. Características mecánicas mínimas de los aceros, de los tornillos, tuercas y arandelas

Clase	4,6	5,6	6,8	8,8	10,9
Tensión de límite elástico f_y (N/mm²)	240	300	480	640	900
Tensión de rotura f_u (N/mm²)	400	500	600	800	1.000

5.5.3.3. Resistencia de cálculo

Se llama resistencia de cálculo, f_{yd}, al cociente de la tensión de límite elástico y el coeficiente de seguridad del material:

$$f_{yd} = {}^{f_y}\!/_{\gamma_M} \qquad [5.26]$$

Siendo:

f_y Tensión del límite elástico del material base (tabla 5.5). No se considerará el efecto de endurecimiento derivado del conformado en frío o de cualquier otra operación.

γ_M Coeficiente parcial de seguridad del material.

En general, se tomará $\gamma_M = 1{,}05$, auque en problemas de inestabilidad es usual utilizar un coeficiente $\gamma_M = 1{,}1$; en el cálculo y comprobación de uniones se consideran valores superiores del coeficiente parcial de seguridad del material.

5.5.4. Inestabilidad

En las barras esbeltas comprimidas deberá hacerse la comprobación a pandeo, de forma que se verifique:

$$N \leq N_{b.Rd} = \chi A F_{yd} \qquad [5.27]$$

$N_{b,Rd}$: Resistencia última de la barra a pandeo.

N: esfuerzo de compresión ponderado, de acuerdo con 5.5.2.

A: área de la sección de la pieza.

χ: coeficiente de reducción por pandeo, función de la esbeltez.

f_{yd}: resistencia de cálculo del acero.

Como puede comprobarse este procedimiento, que se expone en el tema 14 es similar al de los coeficientes ω (norma EA-95), teniendo en cuenta que $\omega > 1$ y que $\chi < 1$.

EJERCICIOS DE AUTOCOMPROBACIÓN

1. Determinar, en el sistema indicado en la figura, los valores de los esfuerzos en las barras AB y BC, así como el desplazamiento vertical del punto C. Las barras son de acero, con módulo de elasticidad $E=2{,}1.10^6$ kg/cm^2. La sección es circular ($\phi = 15$ mm)

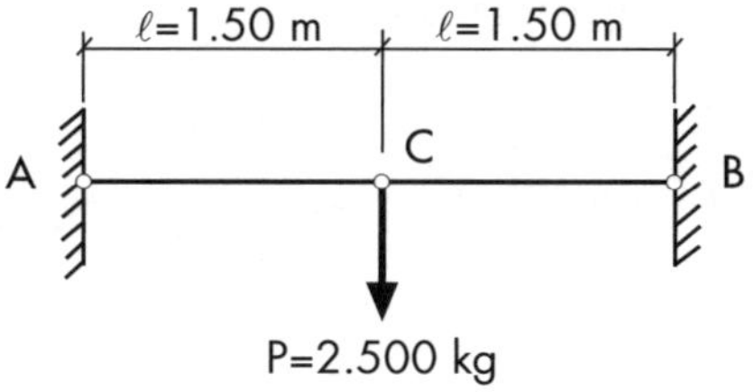

2. Determinar el grado de hiperestaticidad de los sistemas siguientes (se supondrá que las cargas son coplanarias con los ejes de las piezas representadas).

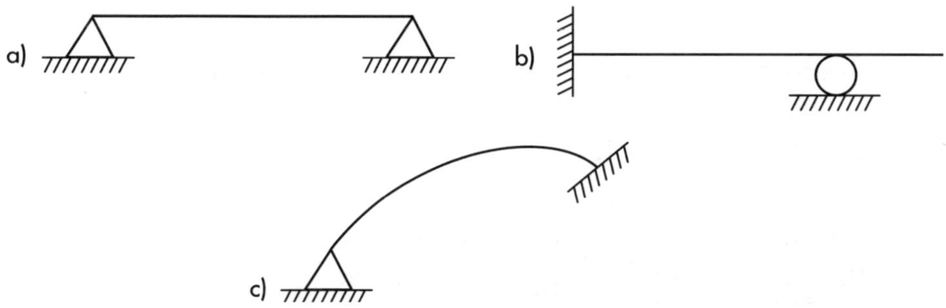

3. ¿Cuál es, de acuerdo con el «método clásico de cálculo», el coeficiente de seguridad de un muro de presa construido con hormigón en masa, si el coeficiente de mayoración de cargas es γ_c=1,6 y el de minoración de la resistencia del hormigón, γ_h=1,5?

4. En el muro de presa del ejercicio anterior, ¿cuál es la tensión de cálculo σ_u, en el hormigón, si éste tiene una resistencia característica de valor 250 kg/cm^2 ?

SOLUCIONES DE LOS EJERCICIOS DE AUTOCOMPROBACIÓN

1. De acuerdo con las expresiones [5.6] y [5.9] el esfuerzo N vale:

$$N = \frac{P}{2\Delta\alpha} = \frac{P}{2}\sqrt[3]{\frac{ES}{P}} = \frac{P^{2/3}(ES)^{1/3}}{2}$$

Sustituyendo los datos numéricos:

$$N = \frac{2500^{2/3}(2{,}1\times10^6 \times \pi \frac{1{,}5^2}{4})^{1/3}}{2} = \frac{184{,}202\times154{,}813}{2} = 14158 \text{ kg}$$

Para el cálculo del desplazamiento, aplicamos la expresión [5.10] para los valores numéricos dados:

$$\delta = l\sqrt[3]{\frac{P}{ES}} = 150\times\sqrt[3]{\frac{2500}{2{,}1\times10^6\times\pi\times\frac{1{,}5^2}{4}}} = 13{,}15cm$$

2. *a)* Grado de hiperestaticidad (G.H.)=1 *b)* G.H.=1 *c)* G.H.=2

3. $n = \gamma_c \times \gamma_h = 1{,}6\times1{,}5 = 2{,}4$

4. $\sigma_u = \dfrac{250}{1{,}5} = 166{,}67 \text{ kg/cm}^2$

Tema 6

Esfuerzos longitudinales

6.1. Características de la tracción y la compresión simples

6.2. Relación entre tensiones y deformaciones

6.3. Cálculo de barras prismáticas sometidas a tracción o compresión

6.4. Barra prismática sometida a esfuerzo longitudinal, teniendo en cuenta el peso propio

6.5. Sólido de igual resistencia a tracción o compresión

6.6. Barras de sección variable. Coeficiente de concentración de tensiones

6.7. Trabajo interno de deformación en barras sometidas a tracción o compresión

6.8. Tubos y depósitos de pared delgada sometidos a presión interior

6.9. Anillos delgados giratorios

6.10. Problemas hiperestáticos en tracción y compresión simples

6.11. Barras pretensadas

6.12. Tensiones de origen térmico

6.13. Tensiones derivadas del montaje

6.1. CARACTERÍSTICAS DE LA TRACCIÓN Y LA COMPRESIÓN SIMPLES

En el capítulo 1 hemos estudiado las diversas formas de trabajo en una sección de un prisma mecánico.

Cuando en dicha sección la solicitación se reduce a un esfuerzo dirigido según la línea media o directriz de la pieza decimos que la barra está sometida a esfuerzo longitudinal, que será de tracción si el esfuerzo tiende a separar la sección de la infinitamente próxima (figura 6.1) y de compresión en caso contrario (figura 6.2).

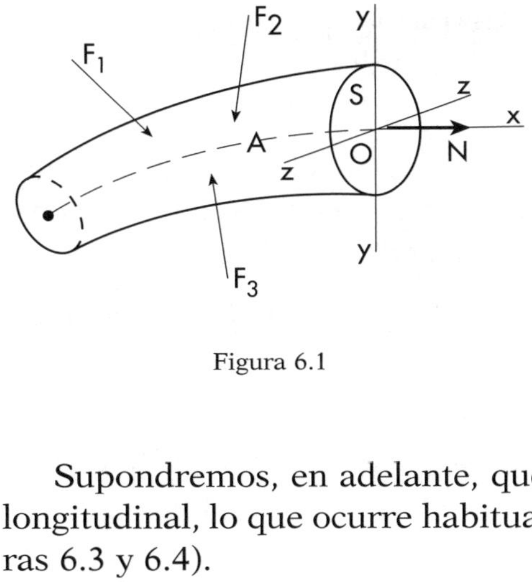

Figura 6.1

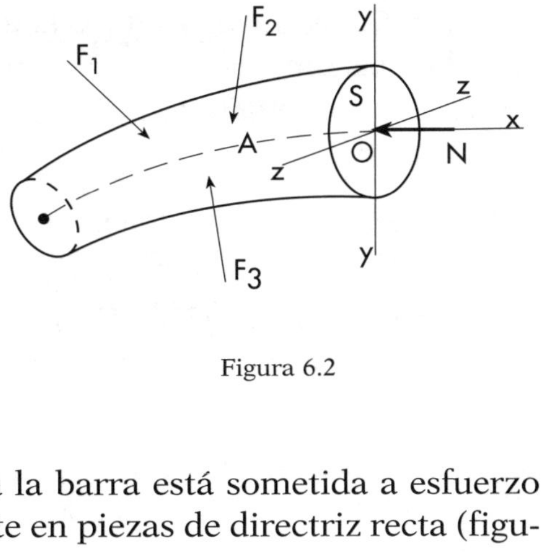

Figura 6.2

Supondremos, en adelante, que toda la barra está sometida a esfuerzo longitudinal, lo que ocurre habitualmente en piezas de directriz recta (figuras 6.3 y 6.4).

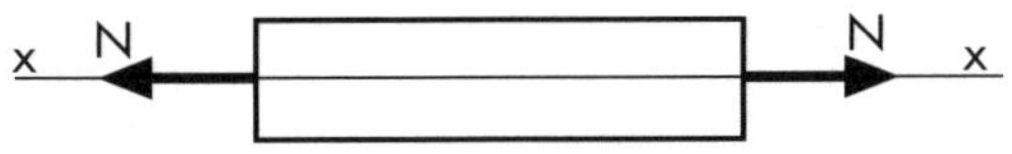

Figura 6.3

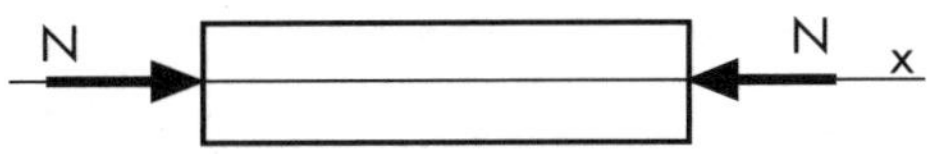

Figura 6.4

Sin embargo, hay casos de piezas curvas en que las disposiciones constructivas y geométricas permiten suponer que, en todas sus secciones, la solicitación es de esfuerzo longitudinal, habitualmente de compresión, como ocurre en ciertos tipos de arcos, cuyo estudio abordaremos en la asignatura «Elasticidad y Resistencia de Materiales II». En la figura 6.5 representamos una porción de pieza curva en la que, en la sección indicada, la resultante de las fuerzas exteriores está dirigida según la tangente a la directriz de dicha pieza.

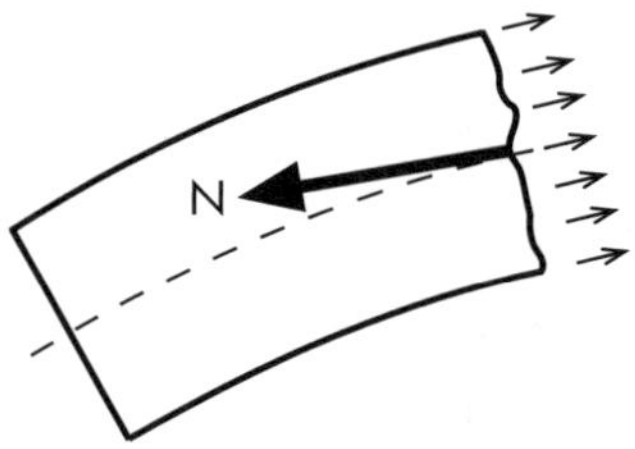

Figura 6.5

En la figura 6.5 se ha supuesto un reparto uniforme de las tensiones internas que equivalen a la solicitación exterior, lo que puede hacerse en virtud de las hipótesis que se establecen en el estudio de las piezas sometidas a esfuerzo longitudinal:

1.ª Las secciones planas antes de la deformación se mantienen planas después de la misma. Tal es la hipótesis de Bernoulli que, en general, se cumple para cualquier tipo de solicitación simple[1].

2.ª Se cumple la ley de Hooke, por lo que existe proporcionalidad entre tensiones y deformaciones.

La consecuencia de ambas hipótesis es que, en todas las secciones de la pieza, las fibras se alargan o acortan por igual, por lo que el reparto de tensiones es uniforme, escribiéndose, en el caso de tracción (figura 6.6)

$$\sigma_x = \frac{N}{S} \qquad [6.1]$$

[1] En las piezas sometidas a torsión la hipótesis de Bernoulli sólo se cumple en algunos casos (piezas de sección circular).

y, en el caso de compresión (figura 6.7):

$$\sigma_x = -\frac{N}{S} \qquad [6.2]$$

La distribución de tensiones dada por [6.1] o [6.2], en las que S es el área de la sección transversal, es exacta cuando la solicitación en las secciones extremas está repartida uniformemente, como se indica, en el caso de tracción, en la figura 6.8.

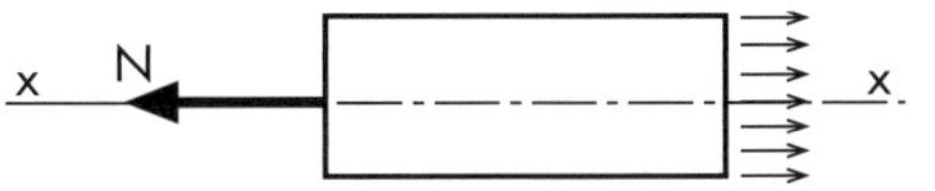

Figura 6.6

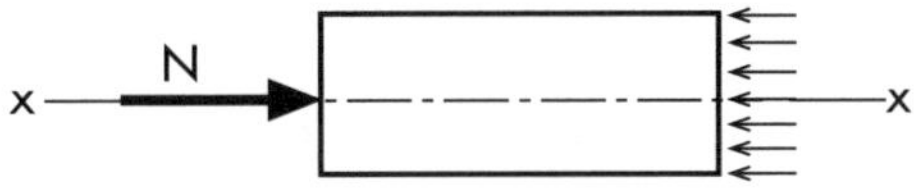

Figura 6.7

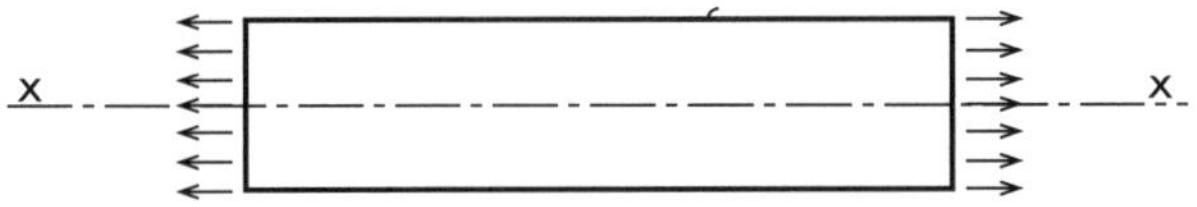

Figura 6.8

En caso contrario, en virtud del principio de Saint-Venant, la distribución de tensiones se considera uniforme a partir de una pequeña distancia de los puntos de aplicación de las cargas N (extremos de la barra en los casos representados), mientras que en dichos puntos dicha distribución no es uniforme, estando más cargada la fibra central y las adyacentes a la misma (se supone que la carga N va dirigida según el eje de la pieza lo que ha de ocurrir si la solicitación es sólo esfuerzo longitudinal)[2]. Por lo que a las deformaciones se refiere serán, en el caso de tracción, alargamiento longitudinal, y contracción lateral (debida al efecto Poisson). Los valores unitarios son:

$$\varepsilon_x = \frac{\Delta l}{l} \qquad [6.3]$$

[2] En secciones oblicuas, como puede comprobarse utilizando los círculos de Mohr, existen tanto tensiones normales como tangenciales, siendo estas últimas máximas para planos orientados a 45° respecto a la sección recta.

$$\varepsilon_y = \varepsilon_z = -\mu \frac{\Delta l}{l} \qquad [6.4]$$

Si la solicitación es de compresión las deformaciones unitarias son:

$$\varepsilon_x = -\frac{\Delta\, l}{l} \qquad [6.5]$$

$$\varepsilon_y = \varepsilon_z = \mu \frac{\Delta\, l}{l} \qquad [6.6]$$

En la figura 6.9 se representa el aspecto de la pieza deformada cuando la solicitación es de tracción. Análogamente se representaría la pieza deformada si está sometida a compresión.

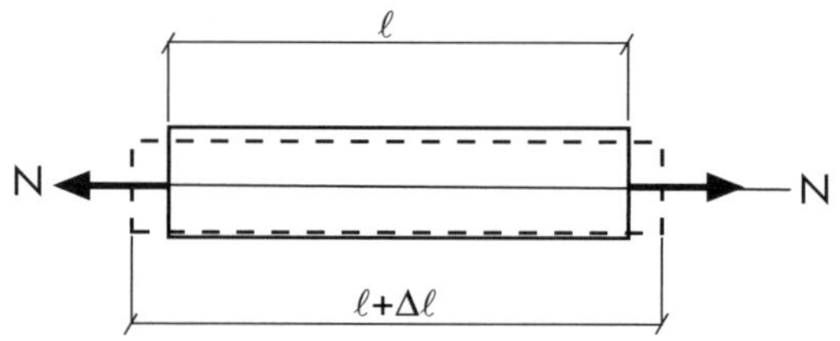

Figura 6.9

6.2. RELACIÓN ENTRE TENSIONES Y DEFORMACIONES

De acuerdo con la ley de Hooke, los valores de las tensiones y de las deformaciones unitarias están relacionados entre sí por las expresiones.

$$\left.\begin{aligned} \varepsilon_x &= \frac{\sigma_x}{\mathrm{E}} \\ \varepsilon_y = \varepsilon_z &= -\mu \frac{\sigma_x}{\mathrm{E}} \end{aligned}\right\} \qquad [6.7]$$

cuando la solicitación es de tracción y por las expresiones:

$$\left.\begin{aligned} \varepsilon_x &= -\frac{\sigma_x}{\mathrm{E}} \\ \varepsilon_y = \varepsilon_z &= \mu \frac{\sigma_x}{\mathrm{E}} \end{aligned}\right\} \qquad [6.8]$$

para solicitación de compresión.

En las ecuaciones [6.7] y [6.8] las tensiones y deformaciones responden a las expresiones obtenidas en el epígrafe anterior.

La obtención experimental de la relación entre tensiones y deformaciones unitarias y la determinación del valor del módulo de elasticidad longitudinal E se realiza a través de los correspondientes ensayos de tracción y de compresión. El primero de ellos ha sido expuesto en el capítulo 4, en el que también se indican los valores de las tensiones límites y del módulo de Elasticidad para distintos materiales.

Por lo que se refiere al ensayo de compresión, no suele realizarse sobre materiales metálicos que presentan resistencia similar a tracción que a compresión, pues, al ser las correspondientes probetas piezas esbeltas, se produciría el fenómeno de pandeo o inestabilidad. No obstante, para probetas no esbeltas y para materiales dúctiles se obtendría, mediante este ensayo un diagrama similar al representado en la figura 6.10, en el que los periodos de proporcionalidad, fluencia o cedencia y rotura son análogos a los obtenidos en el ensayo de tracción.

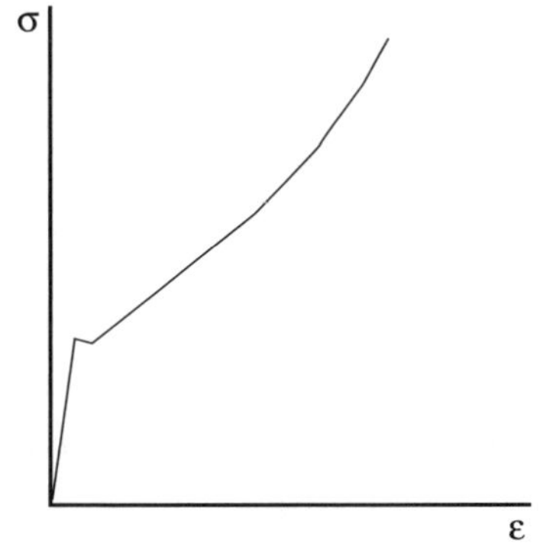

Figura 6.10

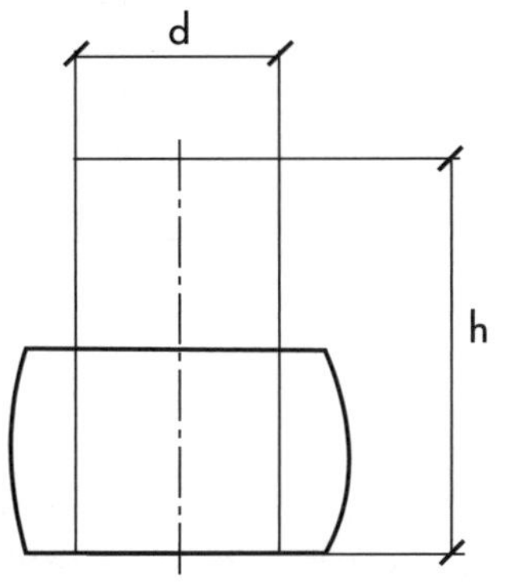

Figura 6.11

De la figura 6.10 se deduce que el periodo de cedencia está menos marcado que en el ensayo de tracción.

Si se trata de metales blandos no hay prácticamente periodo de proporcionalidad, produciéndose una gran deformación transversal sin llegar a producirse la rotura (figura 6.11).

En los materiales pétreos, de mucha mayor resistencia a compresión que a tracción, la relación entre tensiones y deformaciones se obtiene experimentalmente utilizando, exclusivamente, el ensayo de compresión.

En la figura 6.12 se representan las curvas correspondientes al ensayo de compresión realizado sobre dos probetas de hormigón de distinta resistencia característica: σ_r=150 kg/cm^2 (1) y σ_r=500 kg/cm^2 (2). Ambas probetas se han fabricado de acuerdo con lo establecido en la instrucción EHE-08, y se han ensayado después del periodo de fraguado de 28 días, señalado también en dicha norma.

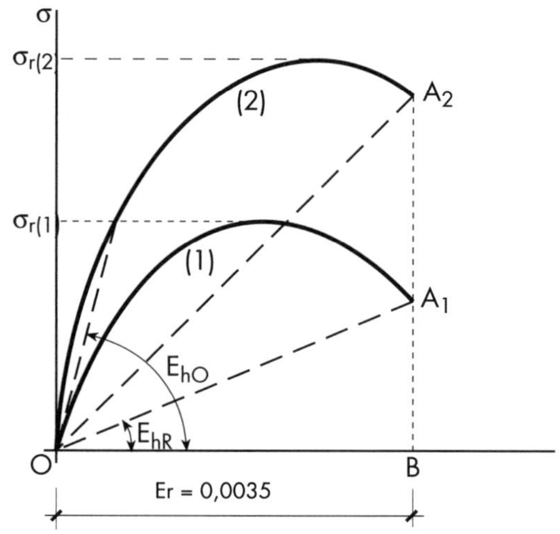

Figura 6.12

De la figura se deduce que el hormigón no sigue realmente la ley de Hooke, siendo tal comportamiento más acusado cuando la resistencia característica es más pequeña. También se indican en la figura 6.12, para el hormigón de menor resistencia, los ángulos para los que se determinan los módulos de elasticidad tangente y secante, dados por las pendientes de la tangente en el origen (módulo tangente, E_{ho}) y de la recta OA_1 que une el origen con el punto A_1 del diagrama en que se produce la rotura (módulo secante E_{hr}). (Se ha supuesto que, para los dos tipos de hormigones, el acortamiento correspondiente a la rotura es el 0,35% de la longitud inicial, de acuerdo con la normativa vigente). Como se deduce de la figura, el módulo secante es, aproximadamente, 1/3 del módulo tangente.

En la Tabla 6.1 se indican los valores característicos de distintos materiales pétreos, deducidos de los correspondientes ensayos de compresión.

Tabla 6.1. Materiales pétreos

A) Hormigones

Material	**E (kg/cm²)**	**$\sigma_u = \sigma_r / \gamma_m$ (kg/cm²)**
Hormigón	150.000 a 300.000	80 a 160

B) Fábrica de ladrillo

Material	**E (kg/cm²)**
Ladrillos macizos ordinarios con mortero de cemento (200 kg/m³)	16

C) Fábrica de piedra

Material	**$\sigma_u = \sigma_r / \gamma_m$ (kg/cm²)**		
Clase de piedra	**Sillería**		**Mampostería**
	Sillería (h>30 cm) con mortero de cemento (300 kg/m³)	Sillarejos (h<30 cm) con mortero de cemento (200 kg/m³)	Escuadra con mortero de cemento (300 kg/m³)
Granito **Sienita** **Basalto**	80	48	32
Arenisca cuarzosa **Caliza dura**	40	24	19
Arenisca caliza **Caliza blanda**	24	16	13

6.3. CÁLCULO DE BARRAS PRISMÁTICAS SOMETIDAS A TRACCIÓN O COMPRESIÓN

Si bien las piezas que trabajan fundamentalmente a tracción son los cables y tirantes, con escasa rigidez a cualquier otra solicitación, estudiamos seguidamente el diseño (determinación de las características geométricas de la pieza) y la comprobación de barras más rígidas, capaces de trabajar tanto a tracción como a compresión.

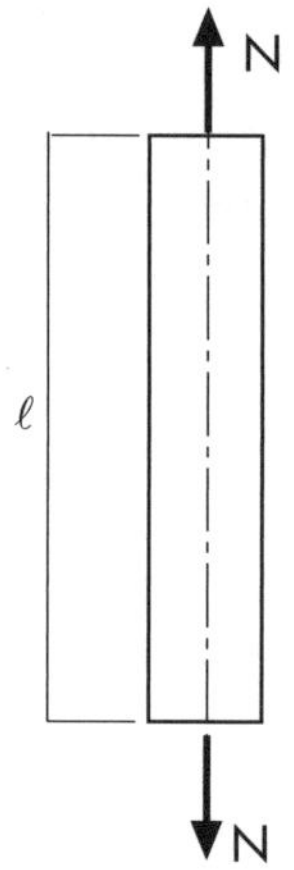

Figura 6.13

Consideremos (figura 6.13) una barra prismática, de peso despreciable, cuya sección transversal es constante y que está sometida a dos esfuerzos longitudinales N, iguales y de sentido contrario, que originan, en todas las secciones, tensiones normales de tracción dadas por la expresión [6.1]: $\sigma_x = \frac{N}{S}$

Si queremos determinar el área S, conocidos el valor del esfuerzo N y los coeficientes de mayoración de cargas, γ_c, y de minoración de la resistencia del material, γ_m, así como el límite elástico del mismo, σ_e, aplicaremos la expresión:

$$\frac{\gamma_c \mathrm{N}}{S} \leq \sigma_u = \frac{\sigma_e}{\gamma_m} \qquad [6.9]$$

o bien:

$$S \geq \frac{\gamma_c \gamma_m \mathrm{N}}{\sigma_e} \qquad [6.10]$$

En las expresiones [6.9] y [6.10] hemos supuesto que se trata de un material dúctil. (En el caso de materiales frágiles, como hemos visto en el tema anterior, el límite elástico se sustituye por la tensión de rotura σ_r).

Por lo que se refiere al alargamiento experimentado por la barra de la figura 6.13, se obtiene a partir de la expresión [6.3], correspondiente al alargamiento unitario:

$$\varepsilon_x = \frac{\Delta l}{l} \qquad [6.3]$$

$$\Delta l = \varepsilon_x \, l = \frac{\sigma_x}{\mathrm{E}} \, l = \frac{\mathrm{N}l}{\mathrm{ES}} \qquad [6.11]$$

Si la barra estuviese sometida a compresión, suponiendo que no sea esbelta, se obtienen expresiones análogas tanto para el dimensionamiento de su sección transversal como para el acortamiento experimentado.

En ocasiones interesa determinar el diagrama de desplazamientos de las secciones rectas de la barra prismática, que es la representación gráfica del desplazamiento u de sus puntos en dirección longitudinal:

$$u = \int_0^x \varepsilon_x \, dx = \int_0^x \frac{\mathrm{N}}{\mathrm{E\,S}} \, dx \qquad [6.12]$$

Esta expresión se utiliza cuando el esfuerzo N varía a lo largo de la longitud de la barra y coincide con el alargamieno o acortamiento experimentado por la misma cuando x=l.

6.4. BARRA PRISMÁTICA SOMETIDA A ESFUERZO LONGITUDINAL, TENIENDO EN CUENTA EL PESO PROPIO

Consideremos la barra AB representada en la figura 6.14, cuya sección transversal es constante y de longitud l, sometida al esfuerzo N y a su peso propio.

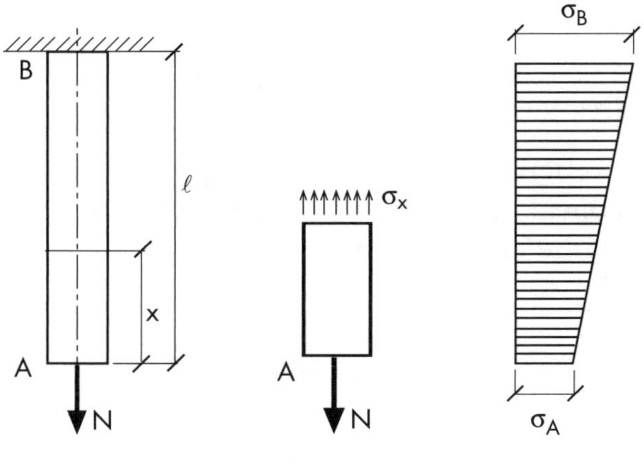

Figura 6.14

Supondremos conocidos el área de la sección transversal, S y el peso específico del material de la barra, γ. Asimismo, consideraremos que la barra está empotrada en su extremo superior y libre en el inferior, como se indica en la figura.

En estas condiciones, en una sección situada a distancia x del extremo inferior, se cumplirá:

$$N + \gamma S x = \sigma_x S \qquad [6.13]$$

de donde:

$$\sigma_x = \frac{N}{S} + \gamma\, x \qquad [6.14]$$

El valor máximo de la tensión de tracción, σ_x, se da en el extremo superior B, siendo su valor:

$$\sigma_{\max} = \frac{N}{S} + \gamma\, l \qquad [6.15]$$

Si se quiere dimensionar el área de la sección sin que la tensión supere el valor límite, σ_{adm} (epígrafe 5.4), se obtiene:

$$S = \frac{N}{\sigma_{adm} - \gamma\, l} \qquad [6.16]$$

Cuando sea $\gamma l = \sigma_{adm}$ el valor S se hace infinito, por lo que no puede emplearse una barra de sección constante, sino de sección variable.

Por lo que se refiere al alargamiento experimentado por la barra, lo determinaremos considerando un elemento de longitud dx, en el que puede considerarse constante la tensión σ_x. Será:

$$\varepsilon_x\, dx = \frac{\sigma_x}{E}\, dx = \frac{1}{E}\left[\frac{N}{S} + \gamma x\right] dx$$

El alargamiento total coincidente con el desplazamiento del punto A respecto a B, será:

$$\Delta l = \int_0^l \varepsilon_x dx = \int_0^l \frac{1}{E} \left[\frac{N}{S} + \gamma x \right] dx$$

$$\Delta l = \frac{N l}{ES} + \frac{\gamma l^2}{2ES} = \frac{l}{ES}\left[N + \frac{\gamma l S}{2} \right] \qquad [6.17]$$

Es decir, el alargamiento es el mismo que el que produciría el esfuerzo N incrementado en la mitad del peso de la barra.

El estudio realizado para la barra de la figura 6.14 es similar al de la barra sometida a su peso propio, apoyada en su extremo inferior (figura 6.15), cargada en su extremo libre, en la que las tensiones σ_x son de compresión y la variación de longitud es un acortamiento Δl, por lo que no es necesario exponer su cálculo detallado.

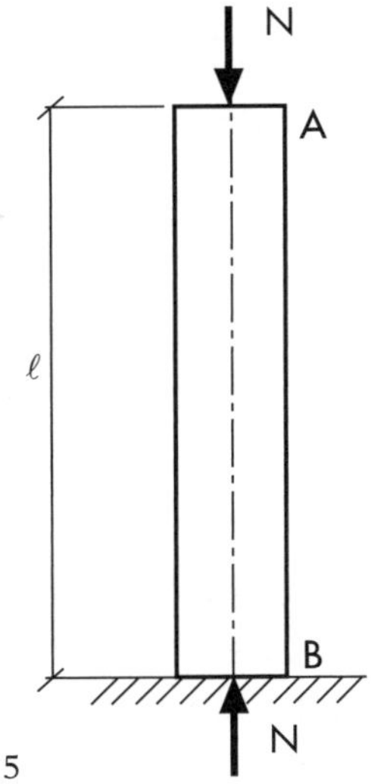

Figura 6.15

6.5. SÓLIDO DE IGUAL RESISTENCIA A TRACCIÓN O COMPRESIÓN

El estudio realizado en el punto anterior, en el que consideramos una barra de sección constante, conduce a obtener el área S necesaria en la sección más cargada, por lo que en las demás secciones, menos cargadas, las tensiones serán más pequeñas, lo que puede hacer pensar que el material está, en parte, desaprovechado. Un aprovechamiento óptimo del material se produciría si el área de la sección transversal variase de tal forma que la tensión fuese constante en todas las secciones. El sólido así diseñado recibe el nombre de sólido de igual resistencia, que estudiamos seguidamente, suponiendo que la sustentación y las cargas originan tensiones de compresión (figura 6.16).

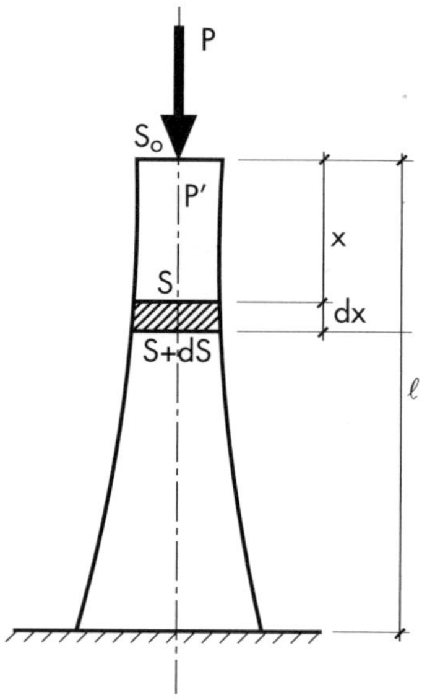

Figura 6.16

Llamando S al área de la sección situada a distancia x del extremo superior, en la sección infinitamente próxima, el área será S+dS. El peso de la barra situado por encima de S es P', mientras que, en la sección inifinitamente próxima, dicho peso pasa a ser P'+dP'.

De acuerdo con la definición de sólido de igual resistencia, se cumplirá:

$$\frac{\mathrm{P}+\mathrm{P}'}{S}=\frac{\mathrm{P}+\mathrm{P}'+d\mathrm{P}'}{S+dS}=\sigma=cte \qquad [6.18]$$

De donde, podemos escribir:

$$\frac{d\mathrm{P}'}{dS}=\frac{\mathrm{P}+\mathrm{P}'}{S}=\sigma \qquad [6.19]$$

Como dP'=γSdx, puesto que, en la longitud elemental dx, puede considerarse S constante, se obtiene:

$$\frac{\gamma S dx}{dS}=\sigma \Rightarrow \frac{dS}{S}=\frac{\gamma}{\sigma}dx \qquad [6.20]$$

Integrando la ecuación diferencial [6.20]:

$$LS = \frac{\gamma}{\sigma} x + C \quad \text{(L indica logaritmo neperiano)}$$

Para x=0, $S=S_o$, por tanto $C=LS_o$; sustituyendo:

$$LS = \frac{\gamma}{\sigma} x + LS_0$$

o bien

$$L\frac{S}{S_0} = \frac{\gamma}{\sigma} x \Rightarrow S = S_0\, e^{\frac{\gamma}{\sigma}x} \qquad [6.21]$$

Si el área de la sección transversal varía según esta última expresión, la tensión es la misma en todas las secciones, tratándose de un sólido de igual resistencia a la compresión.

La variación de longitud experimentada por el sólido es

$$\Delta\, l = \int_0^l \varepsilon_x dx = \int_0^l \frac{\sigma}{\mathrm{E}} dx = \frac{\sigma\, l}{\mathrm{E}} \qquad [6.22]$$

Mientras que el volumen del sólido será:

$$V = \int_0^l S dx = \int_0^l S_0\, e^{\frac{\gamma}{\sigma}x} dx = S_0 \frac{\sigma}{\gamma}\, e^{\frac{\gamma}{\sigma}x}\Big]_0^l$$

$$V = \frac{\sigma}{\gamma}\, S_0 \left(e^{\frac{\gamma}{\sigma}l} - e^0 \right) = \frac{\sigma}{\gamma}\, \left(S_l - S_0\right) \qquad [6.23]$$

Si hubiésemos considerado el sólido colgado en su extremo superior y sometido, además de a la carga P, a su peso propio, habríamos estudiado, análogamente, el sólido de igual resistencia a la tracción.

Tanto en un caso como en otro, el ahorro de material que se obtiene como consecuencia de considerar el sólido como de igual resistencia no compensa las dificultades que se generan para construirlo, por lo que, lo más habitual es considerar que el sólido tiene sección constante.

6.6. BARRAS DE SECCIÓN VARIABLE. COEFICIENTE DE CONCENTRACIÓN DE TENSIONES

Cuando la sección transversal de la barra sometida a esfuerzo longitudinal no es constante las expresiones [6.1] y [6.2] sólo son aplicables para una variación suave de las secciones. En caso contrario, la determinación exacta de las leyes de variación de las tensiones y de sus valores máximos debe hacerse utilizando las técnicas de la Teoría de la Elasticidad o recurriendo a procedimientos experimentales (extensometría o fotoelasticidad), como ocurre en los sólidos representados en las figuras 6.17, y 6.18, en los que supondremos que la sección transversal tiene espesor constante, δ.

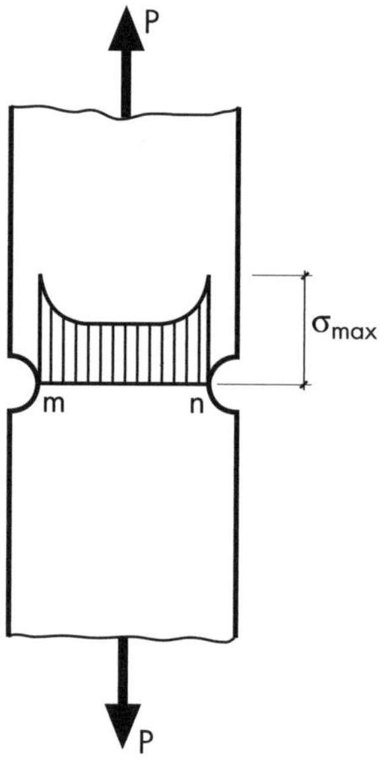

Figura 6.17

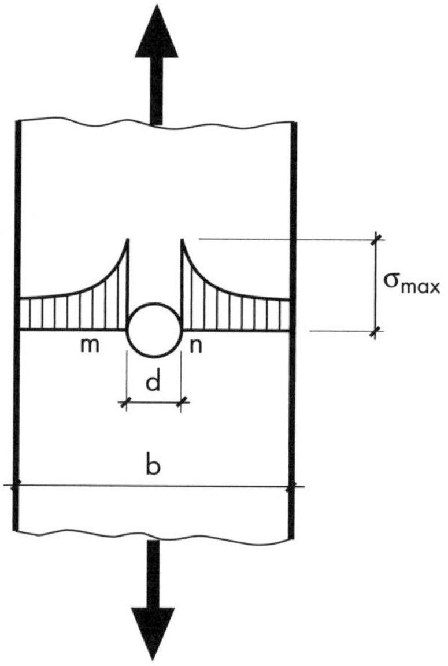

Figura 6.18

Cuando la sección varía en forma brusca, se produce el fenómeno de concentración de tensiones señalado en las figuras 6.17 y 6.18, en las que la tensión máxima σ_{max} se obtiene multiplicando por un coeficiente k (coeficiente de concentración de tensiones) el valor σ obtenido suponiendo reparto uniforme en el área $S=b.\delta$, es decir:

$$\sigma_{max} = k\sigma \qquad [6.24]$$

En el caso de la barra con muescas (figura 6.17), es k=2, si las muescas son semicirculares o rectangulares, mientras que en la barra con taladro de la figura 6.18 es k=3.

Por lo que se refiere al alargamiento o acortamiento experimentado por una barra sometida a esfuerzo longitudinal, se obtendrá mediante las expresiones:

$$\Delta l = \int_0^l \frac{\mathrm{N}dl}{\mathrm{E}S} \qquad [6.25]$$

si la sección varía de modo continuo y

$$\Delta l = \sum \frac{\mathrm{N}_i l_i}{\mathrm{E}_i S_i} \qquad [6.26]$$

para cambios bruscos de sección.

En la expresión [6.26] se ha tenido en cuenta no sólo la posible variación de la sección, sino también del esfuerzo longitudinal, la longitud sobre la que actúa e incluso el material de la barra.

6.7. TRABAJO INTERNO DE DEFORMACIÓN EN BARRAS SOMETIDAS A TRACCIÓN O COMPRESIÓN

Consideremos una barra prismática sometida a esfuerzo de tracción N (figura 6.19), que supondremos que se aplica en forma estática, es decir, aumentando poco a poco desde su valor inicial (cero) a su valor final (N), por lo que no se producen aceleraciones sensibles.

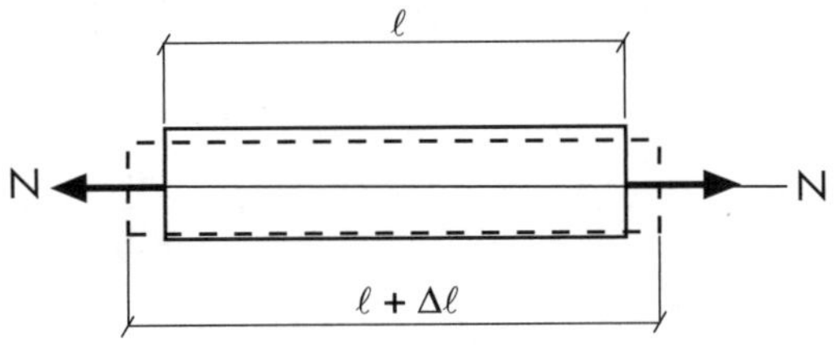

Figura 6.19

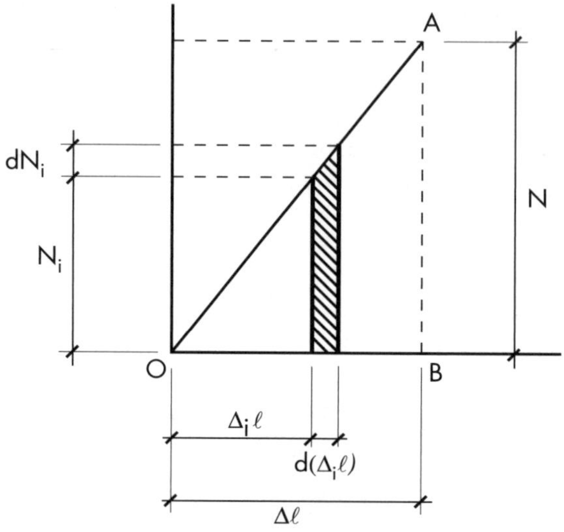

Figura 6.20

Al aplicarse el esfuerzo en forma estática existe proporcionalidad entre el valor del mismo y el alargamiento experimentado por la barra, como se indica en la figura 6.20.

Para un valor intermedio del esfuerzo N_i el alargamiento correspondiente es $\Delta_i l$. Si N_i aumenta en dN_i el alargamiento se incrementa en $d(\Delta_i l)$, siendo el trabajo elemental realizado para este aumento de esfuerzo.

$$dT = N_i d(\Delta_i l) \tag{6.27}$$

expresión en que se han despreciado los infinitésimos de orden superior. El trabajo total desarrollado al aplicar la fuerza N será:

$$T = \int_0^{\Delta l} N_i d\,(\Delta_i l) = \int_0^{\Delta l} N \frac{\Delta_i l}{\Delta l} d(\Delta_i l) = \frac{N}{\Delta l}\frac{(\Delta l)^2}{2} = \frac{1}{2} N \Delta l$$

Como, en virtud de la ley de Hooke es: $\Delta l = \dfrac{Nl}{ES}$, podemos escribir:

$$T = \frac{1}{2} N \Delta l = \frac{1}{2}\frac{N^2 l}{ES} = \frac{ES}{2l}(\Delta l)^2 \tag{6.28}$$

que son las tres expresiones del trabajo interno de deformación en una barra sometida a tracción. La misma expresión se obtiene cuando la barra está sometida a esfuerzo de compresión N, acortándose .

En el caso general, el trabajo interno de deformación originado por los esfuerzos normales es:

$$T = \frac{1}{2}\int_0^l \frac{N^2 dl}{ES} \qquad [6.29]$$

6.8. TUBOS Y DEPÓSITOS DE PARED DELGADA SOMETIDOS A PRESIÓN INTERIOR

Aunque el estudio de los sólidos tipo bóveda o laminares sometidos a distintas solicitaciones será abordado de forma general más adelante[3], estudiaremos a continuación este tipo de sólidos cuando constituyen depósitos o tubos de pared delgada que transportan o almacenan un fluido a presión p.

Tal problema, como veremos seguidamente, es un ejemplo de sólido sometido a tensiones normales en dos direcciones perpendiculares entre sí y se presenta con mucha frecuencia en las aplicaciones prácticas.

Consideremos (figura 6.21) un depósito cilíndrico, de pared delgada, que está sometido a una presión interior p, siendo su espesor e y su radio medio r (e<<r).

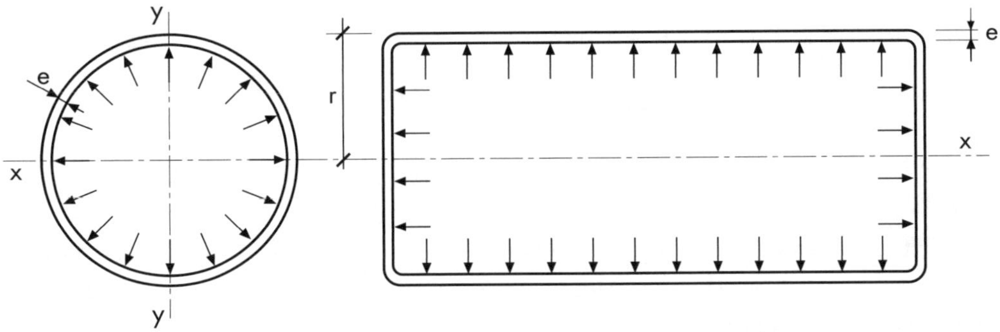

Figura 6.21

[3] Ver texto base de la asignatura *Elasticidad y Resistencia de Materiales II*.

Si aislamos una porción de tubo de longitud *a* y damos, en el mismo un corte diametral 1-1', según se indica en la figura 6.22, determinaremos las tensiones circunferenciales de tracción, σ_y, analizando el equilibrio de la parte conservada.

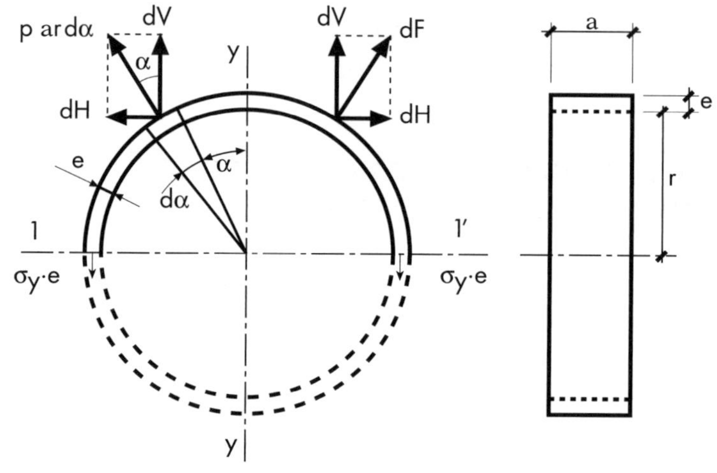

Figura 6.22

La carga que actúa en el elemento de área a·rdα, es:

$$dF = par\, d\alpha \qquad [6.30]$$

siendo sus componentes horizontal y vertical:

$$dH = par\, sen\alpha\, d\alpha$$

$$dV = par\, \cos\alpha\, d\alpha \qquad [6.31]$$

La suma de las componentes horizontales sobre el elemento considerado se anula como se desprende, por razones de simetría, de la figura 6.22, mientras que la resultante vertical vale:

$$V = 2\int_0^{\frac{\pi}{2}} dV = 2\int_0^{\frac{\pi}{2}} par \cos\alpha\, d\alpha = 2par\left[sen\alpha\right]_0^{\frac{\pi}{2}} = 2par \qquad [6.32]$$

Esta fuerza será equilibrada por las tensiones σ_y que representan la acción de la parte suprimida del elemento sobre la parte conservada:

$$V = 2\sigma_y ae \qquad [6.33]$$

Igualando [6.32] y [6.33], obtenemos:

$$\sigma_y = \frac{pr}{e} \qquad [6.34]$$

Además de las tensiones circuferenciales σ_y, existen tensiones longitudinales σ_x , también de tracción, como se pone de manifiesto en la figura 6.23, en la que se representa un elemento longitudinal del depósito, limitado por uno de sus fondos y una sección transversal.

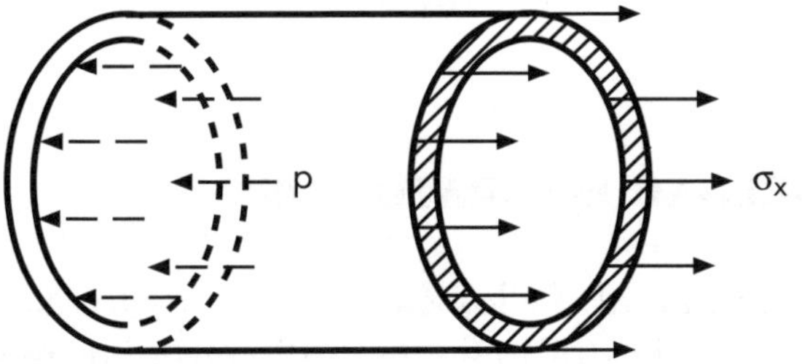

Figura 6.23

La resultante de las presiones sobre el fondo es $R=p\cdot\pi r^2$ y debe ser equilibrada por las tensiones σ_x, que actúan sobre el área rayada:

$$R = p\pi r^2 = \sigma_x 2\pi re$$

De donde:

$$\sigma_x = \frac{pr}{2e} \qquad [6.35]$$

Las tensiones longitudinales σ_x tienen un valor mitad que las circunferenciales σ_y, estando ambas originadas por la presión p.

Las disposiciones constructivas de las tuberías de pared delgada sometidas a presión interna p permiten, habitualmente, suponer que, además de las tensiones circuferenciales σ_y, dadas por [6.34], aparecen también tensiones longitudinales σ_x, cuyo cálculo se realiza utilizando la ecuación [6.35].

En la figura 6.24 se señala un elemento sobre la superficie de un tubo de pequeño espesor, sometido al estado tensional biaxial σ_x, σ_y, que hemos estudiado en el presente epígrafe.

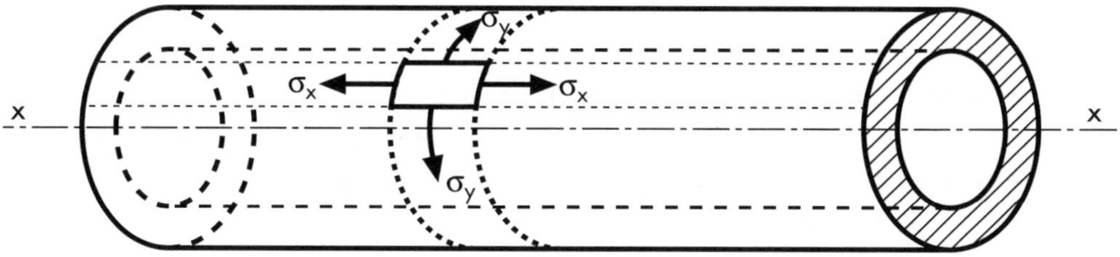

Figura 6.24

6.9. ANILLOS DELGADOS GIRATORIOS

Un problema similar al de los tubos y depósitos sometidos a presión interna, se presenta en el estudio de un anillo circular delgado que gira alrededor de un eje, normal a su plano, que pasa por su centro (figura 6.25), con velocidad angular ω.

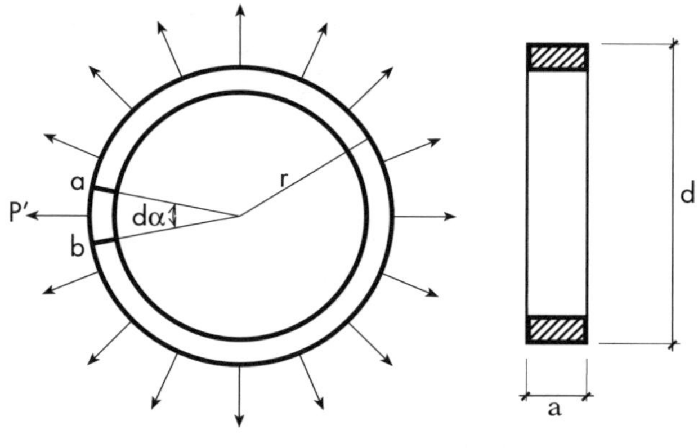

Figura 6.25

En este caso se produce una presión radial uniforme p', cuyo valor determinamos a continuación.

Sobre un elemento del anillo, cuya masa es dm, actúa una fuerza centrífuga:

$$dF_c = \omega^2 r\, dm \qquad [6.36]$$

donde $\omega^2 r$ es la aceleración y dm se escribe como sigue:

$$dm = \frac{\gamma\, S}{g} r d\alpha \qquad [6.37]$$

donde S es el área de la sección transversal del anillo, γ el peso específico del material que lo constituye y g la aceleración de la gravedad.

La presión p' valdrá, de acuerdo con lo indicado en la figura:

$$p' = \frac{dF_c}{\mathrm{a} r d\alpha} = \frac{\gamma\, \mathrm{S}}{g\mathrm{a}} \omega^2 r \qquad [6.38]$$

Siguiendo el razonamiento expuesto anteriormente, se cumplirá:

$$2p' \mathrm{ar} = 2\sigma_y S \qquad [6.39]$$

Es decir:

$$\frac{\gamma\, S}{g\mathrm{a}} \omega^2 r\ \mathrm{a} r = \sigma_y\, S \qquad [6.40]$$

Haciendo $\sigma_y = \sigma$ (no existe más tensión que la circunferencial), se obtiene:

$$\sigma = \frac{\gamma}{g} \omega^2 r^2 = \frac{\gamma\, v^2}{g} \qquad [6.41]$$

donde v es la velocidad periférica, $v = \omega\, r$. El alargamiento unitario de la circunferencia media del anillo es:

$$\varepsilon = \frac{\sigma}{\mathrm{E}} = \frac{\gamma\, v^2}{g\mathrm{E}} \qquad [6.42]$$

Siendo, por tanto, el alargamiento circunferencial:

$$\Delta l = 2\pi r\varepsilon = \frac{2\pi \gamma v^2 r}{gE} \quad [6.43]$$

Podemos determinar el nuevo radio r' igualando las dos expresiones de la longitud de la nueva circunferencia media:

$$2\pi r' = 2\pi r + \Delta l = 2\pi r + \frac{2\pi \gamma v^2}{gE} r$$

Es decir:

$$r' = r + \frac{\gamma v^2 r}{gE} \quad [6.44]$$

Por lo que el aumento de longitud del radio es:

$$\Delta r = r' - r = \frac{\gamma v^2 r}{gE} \quad [6.45]$$

En el caso de los tubos y depósitos de pared delgada el cálculo de la variación de longitud del radio es algo más complicado, pues, de acuerdo con la figura 6.24 es:

$$\varepsilon_y = \frac{\sigma_y}{\mathrm{E}} - \mu \frac{\sigma_x}{\mathrm{E}} = \frac{pr}{\mathrm{E}e} - \mu \frac{pr}{2\mathrm{E}e}$$

Para μ=0,3, sería $\varepsilon_y = \frac{0,85pr}{\mathrm{E}e}$, por lo que, siguiendo el mismo procedimiento de cálculo obtendríamos:

$$\Delta r = \frac{0,85pr^2}{\mathrm{E}e} \quad [6.46]$$

6.10. PROBLEMAS HIPERESTÁTICOS EN TRACCIÓN Y COMPRESIÓN SIMPLES

Como hemos visto en el capítulo anterior, hay ocasiones en que el número de incógnitas de reacción así como de esfuerzos canalizados por las barras de un sistema es mayor que el número de ecuaciones de la estática (3 en el caso de cargas coplanarias con la barra o con el sistema de barras en estudio). Tales sistemas son hiperestáticos y su resolución exige plantear tantas ecuaciones de compatibilidad de deformación como sea el grado de hiperestaticidad del sistema.

Expondremos a continuación la solución de algunos problemas hiperestáticos clásicos en Resistencia de Materiales cuando la barra o conjunto de barras están sometidas únicamente a esfuerzo longitudinal, planteando también un método general de resolución aplicable a los sistemas constituidos por varias barras articuladas entre sí.

a) Barra con extremos rígidos sometida a esfuerzo longitudinal en una sección intermedia (figura 6.26).

El problema queda resuelto al determinar las reacciones R_A y R_B en los extremos A y B de la barra.

Se trata de un problema hiperestático de grado 1, pues hay dos incógnitas, las reacciones R_A y R_B y sólo una ecuación de la estática: suma de esfuerzos horizontales nula:

$$\sum F_h = 0 \Rightarrow R_A + R_B = P \qquad [6.47]$$

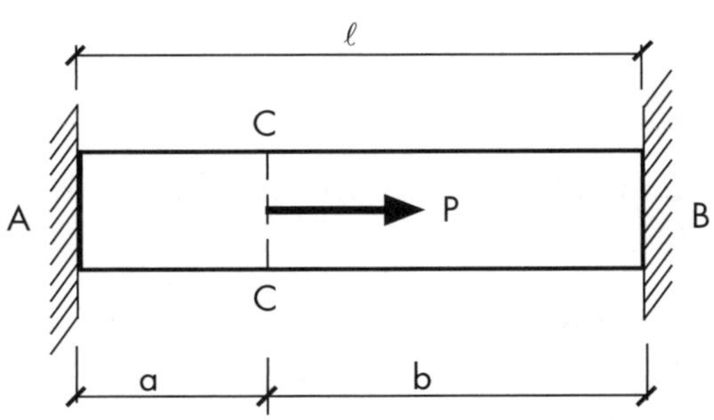

Figura 6.26

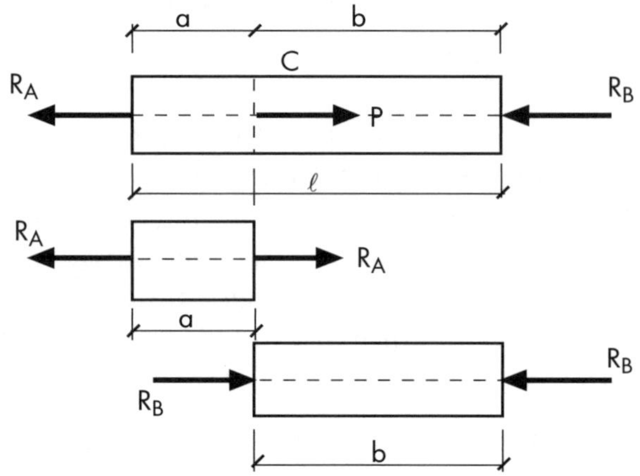

Figura 6.27

La ecuación complementaria la obtenemos obligando a que la variación de longitud de la barra sea nula. Para ello consideramos el sistema equivalente representado en la figura 6.27, que podemos considerar superposición de dos casos:

- El tramo AC, sometido a tracción R_A
- El tramo BC, sometido a compresión R_B.

La variación total de longitud de la barra ha de ser nula, por lo que igualaremos el alargamiento experimentado por el tramo AC con el acortamiento que sufre el tramo BC:

$$\frac{R_A a}{ES} = \frac{R_B b}{ES} \qquad [6.48]$$

(Se ha supuesto sección constante).

E es el módulo de elasticidad del material de la barra y S el área de su sección transversal.

De [6.48], despejando R_A se obtiene:

$$R_A = R_B \frac{b}{a} \qquad [6.49]$$

Las ecuaciones [6.47] y [6.49] permiten resolver el problema. Así:

$$R_B + R_B \frac{b}{a} = P$$
$$R_B \frac{a+b}{a} = P \Rightarrow R_B = \frac{Pa}{a+b} \qquad [6.50]$$

$$R_A = R_B \frac{b}{a} = \frac{Pb}{a+b} \qquad [6.51]$$

b) Conjunto simétrico de tres barras articuladas, cargado en el nudo común (figura 6.28): se desea determinar los esfuerzos en las barras, así como el desplazamiento de dicho nudo común. (Las barras son del mismo material con módulo de elasticidad, E, siendo las áreas de sus secciones transversales, S_1 y S_2)

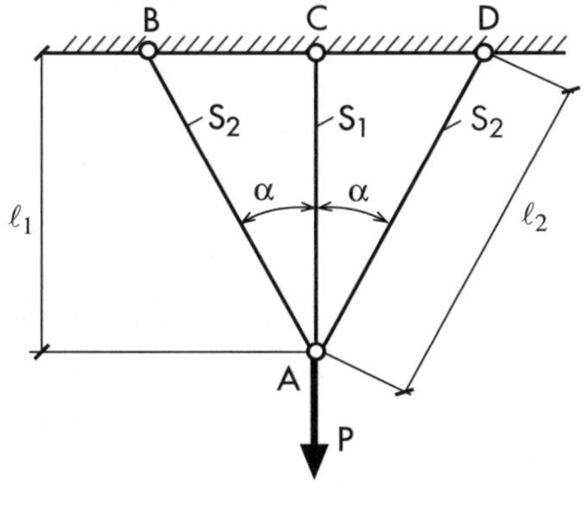

Figura 6.28

Las ecuaciones de la estática se reducen a 2:

$$\sum F_h = 0$$
$$\sum F_v = 0$$

La primera de ellas conduce a:

$$X_2 sen\alpha = X_2^{'} sen\alpha \qquad [6.52]$$

Por tanto:

$$X_2 = X_2^{'} \qquad [6.53]$$

La suma de esfuerzos verticales, como se indica en la figura 6.29 determina la ecuación:

$$X_1 + 2X_2 \cos\alpha = P \qquad [6.54]$$

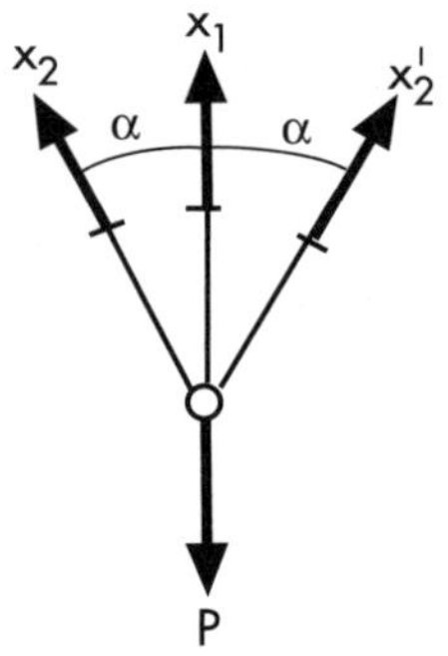

Figura 6.29

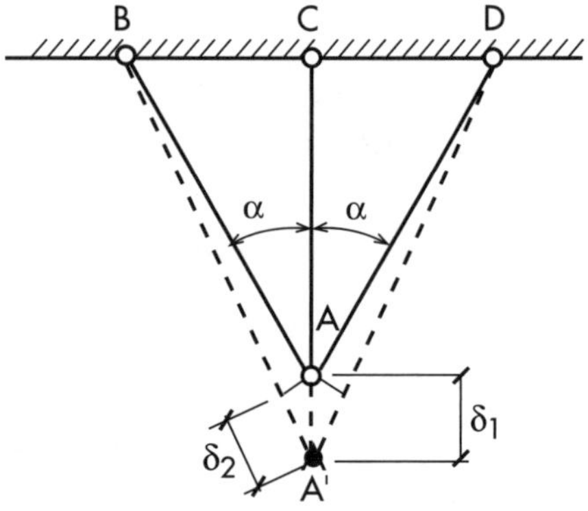

Figura 6.30

La ecuación [6.54] no permite obtener ambos esfuerzos: para ello, utilizaremos la ecuación de compatibilidad de deformación que se deduce de la figura 6.30. Despreciando por ser infinitesimal la variación del ángulo α, escribimos:

$$\delta_2 = \delta_1 \cos\alpha \qquad [6.55]$$

Los valores de los alargamientos de las barras son, en virtud de la ley de Hooke:

$$\delta_1 = \frac{X_1 l_1}{ES_1} \qquad \delta_2 = \frac{X_2 l_2}{ES_2}$$

$$\frac{X_2 l_2}{ES_2} = \frac{X_1 l_1}{ES_1} \cos\alpha \qquad [6.56]$$

O bien, teniendo en cuenta que la longitud de la barra central y las de las barras laterales se relacionan entre si por la expresión $l_2 = \frac{l_1}{\cos\alpha}$

$$X_2 = X_1 \cos^2\alpha \frac{S_2}{S_1}$$

Sustituyendo en [6.54):

$$X_1 + 2X_1 \cos^3\alpha \frac{S_2}{S_1} = P \qquad [6.57]$$

$$X_1\left(1 + 2\cos^3\alpha \frac{S_2}{S_1}\right) = P$$

$$X_1 = \frac{P}{1 + 2\cos^3\alpha \frac{S_2}{S_1}} \qquad [6.58]$$

$$X_2 = \frac{P\cos^2\alpha}{1 + 2\cos^3\alpha \frac{S_2}{S_1}} \frac{S_2}{S_1} \qquad [6.59]$$

El descenso vertical del punto A es:

$$\delta_1 = \frac{X_1 l_1}{ES_1} = \frac{Pl_1}{1 + 2\cos^3\alpha \frac{S_2}{S_1}} \frac{1}{ES_1} \qquad [6.60]$$

c) Procedimiento general en sistemas de barras articuladas. El método de cálculo que se expone seguidamente se aplica a sistemas constituidos por dos o más barras articuladas en sus extremos (nudos), donde actúan las cargas, lo que, en consecuencia, origina que las barras estén sometidas sólo a esfuerzos longitudinales. El método es una particularización, para estos sistemas, del Método de los Desplazamientos o de la Rigidez para el cálculo de estructuras planas, cuya exposición general queda fuera de los objetivos de las asignaturas «Elasticidad y Resistencia de Materiales I» y «Elasticidad y Resistencia de Materiales II».

Consideraremos las siguientes etapas en la aplicación del método (figuras 6.31, 16.32 y 6.33).

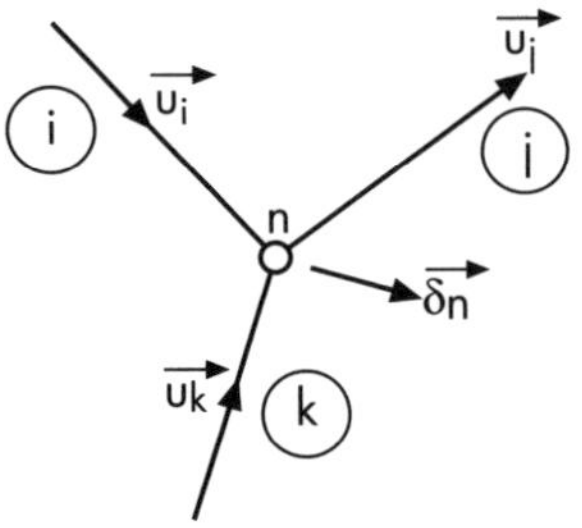

Figura 6.31

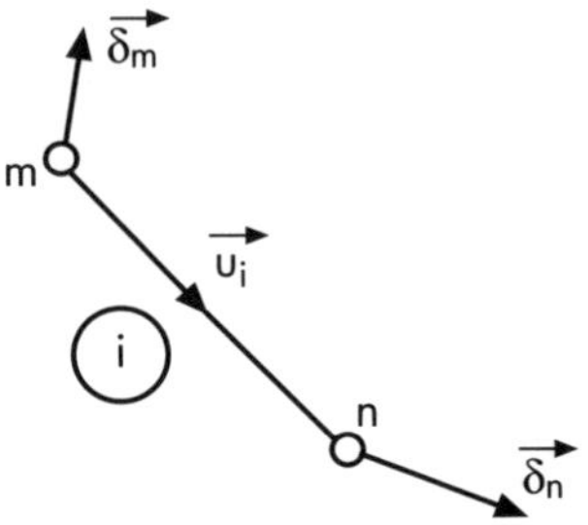

Figura 6.32

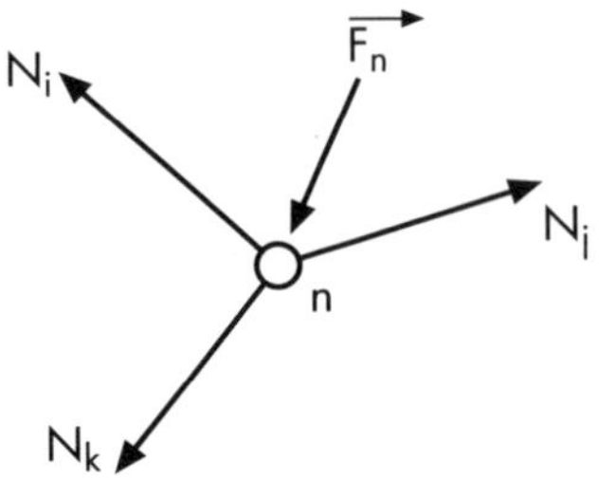

Figura 6.33

1.º Se numeran las barras, asignando a cada una un sentido de orientación mediante un vector unitario, $\bar{u}_i$.

2.º Se numeran los nudos, asignándoles un desplazamiento δ_n.

3.º Se calcula el desplazamiento experimentado por las barras concurrentes a cada nudo, según su dirección.

$$\delta_i = \vec{\delta}_n \cdot \vec{u}_i \qquad [6.61]$$

El alargamiento, experimentado por cada barra, será:

$$\Delta\, l_i = \delta_{in} - \delta_{im} = \left(\vec{\delta}_n - \vec{\delta}_m\right) \cdot \vec{u}_i \qquad [6.62]$$

y su relación con el esfuerzo normal N_i será:

$$\Delta\, l_i = \frac{N_i l_i}{E_i S_i} \qquad [6.18]$$

4.º Se plantean las ecuaciones de equilibrio de cada nudo, suponiendo todos los esfuerzos normales de tracción.

$$\sum N \cdot (\pm\vec{u}) = \vec{F}_n \qquad [6.64]$$

Como ejemplo, para el nudo n de la figura 6.33, tendríamos:

$$-N_i\vec{u}_i + N_j\vec{u}_j - N_k\vec{u}_k = \vec{F}_n \qquad [6.65]$$

5.º Se sustituyen en las ecuaciones de equilibrio las expresiones de los esfuerzos normales en función de los desplazamientos de los nudos.

$$N_i = \frac{E_i S_i}{l_i}\Delta l_i = \frac{E_i S_i}{l_i}\left(\vec{\delta}_n - \vec{\delta}_m\right)\cdot\vec{u}_i \qquad [6.66]$$

Quedando:

$$\Sigma\frac{ES}{l}\left(\vec{\delta}_n - \vec{\delta}_m\right)(\pm 1) = \vec{F}_n \qquad [6.67]$$

La resolución de este sistema nos permite obtener los desplazamientos δ_i de los nudos. El cálculo de los esfuerzos normales se realiza mediante la ecuación [6.67].

El método expuesto facilita, en gran manera, la resolución de los problemas hiperestáticos en sistemas de barras pues, incluso en el sencillo ejemplo planteado en el apartado b), es complicado establecer las ecuaciones de compatibilidad de deformación.

6.11. BARRAS PRETENSADAS

Estudiamos a continuación el problema, representado en la figura 6.34, de una barra constituida por dos materiales, sometida a esfuerzo longitu-

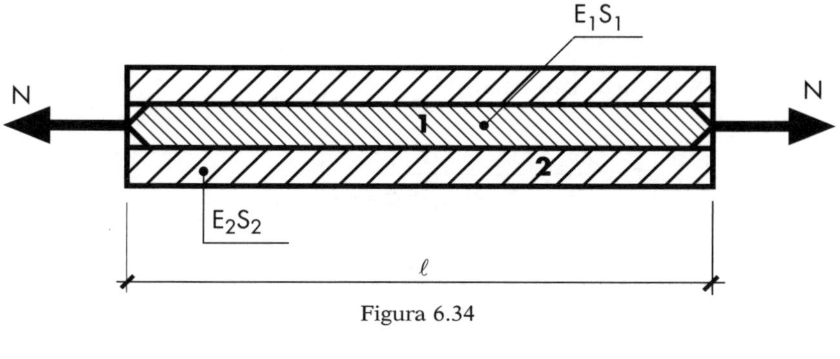

Figura 6.34

dinal: Se trata de un cilindro macizo (1), cuya sección transversal tiene área S_1, con módulo de elasticidad E_1, colocado en el interior de un tubo (2), cuyo módulo de elasticidad es E_2 y con sección transversal de área S_2. Las barras 1 y 2 tienen la misma longitud l y están unidas en sus extremos de forma que se alargan o acortan por igual.

El esfuerzo N se reparte entre las barras 1 y 2 dando origen a los esfuerzos N_1 y N_2.

$$N = N_1 + N_2 \qquad [6.68]$$

La hiperestaticidad del sistema, de grado uno, se resuelve expresando la igualdad de los alargamientos experimentados por las barras:

$$\Delta l = \Delta l_1 = \Delta l_2$$

$$\frac{N_1 l}{E_1 S_1} = \frac{N_2 l}{E_2 S_2} \; ; \; N_1 = N_2 \frac{E_1 S_1}{E_2 S_2} \qquad [6.69]$$

Sustituyendo en [6.68]:

$$N_2 \frac{E_1 S_1}{E_2 S_2} + N_2 = N \qquad\qquad N = N_2 \frac{E_1 S_1 + E_2 S_2}{E_2 S_2}$$

De donde:

$$\left.\begin{aligned} N_2 &= N \frac{E_2 S_2}{E_1 S_1 + E_2 S_2} \\ N_1 &= N \frac{E_1 S_1}{E_1 S_1 + E_2 S_2} \end{aligned}\right\} \qquad [6.70]$$

Las tensiones en cada barra son:

$$\left.\begin{aligned} \sigma_1 &= \frac{N_1}{S_1} = \frac{N}{S_1} \frac{E_1 S_1}{E_1 S_1 + E_2 S_2} \\ \sigma_2 &= \frac{N_2}{S_2} = \frac{N}{S_2} \frac{E_2 S_2}{E_1 S_1 + E_2 S_2} \end{aligned}\right\} \qquad [6.71]$$

Al aumentar el esfuerzo N, uno de los dos materiales alcanzará el valor límite de la tensión antes que el otro, que, por tanto, estará mal aprovechado.

Se puede evitar este inconveniente recurriendo a la técnica del pretensado que consiste en someter, antes de unir las dos barras, a una de ellas (por ejemplo la 1) a un esfuerzo de tracción X, por lo que quedará sometida a una tensión X/S_1. A continuación se unen entre sí las dos barras, de forma que sus extremos sean perfectamente solidarios, destensando seguidamente la barra 1, lo que equivale a someter al conjunto a un esfuerzo de compresión, –X, que se reparte entre las barras de la misma forma que el esfuerzo N, dando origen a las tensiones:

$$\left.\begin{array}{l} \dfrac{-X}{S_1}\,\dfrac{E_1S_1}{E_1S_1+E_2S_2} \\[2ex] \dfrac{-X}{S_2}\,\dfrac{E_2S_2}{E_1S_1+E_2S_2} \end{array}\right\} \qquad [6.72]$$

Las tensiones en las barras tras el proceso de pretensado son:

$$\left.\begin{array}{l} \dfrac{X}{S_1}-\dfrac{X}{S_1}\,\dfrac{E_1S_1}{E_1S_1+E_2S_2} \\[2ex] -\dfrac{X}{S_2}\,\dfrac{E_2S_2}{E_1S_1+E_2S_2} \end{array}\right\} \qquad [6.73]$$

Si posteriormente se somete al conjunto al esfuerzo N, éste se repartirá entre las barras según las expresiones [6.70] y [6.71], por lo que las tensiones alcanzan los valores siguientes:

$$\left.\begin{array}{l} \sigma_1=\dfrac{X}{S_1}-\dfrac{X}{S_1}\dfrac{E_1S_1}{E_1S_1+E_2S_2}+\dfrac{N}{S_1}\dfrac{E_1S_1}{E_1S_1+E_2S_2}=\dfrac{X}{S_1}+\dfrac{N-X}{S_1}\dfrac{E_1S_1}{E_1S_1+E_2S_2} \\[2ex] \sigma_2=-\dfrac{X}{S_2}\dfrac{E_2S_2}{E_1S_1+E_2S_2}+\dfrac{N}{S_2}\dfrac{E_2S_2}{E_1S_1+E_2S_2}=\dfrac{N-X}{S_2}\dfrac{E_2S_2}{E_1S_1+E_2S_2} \end{array}\right\} \qquad [6.74]$$

De acuerdo con estas expresiones, se pueden determinar los valores de los esfuerzos X (de pretensado) y N para que las tensiones σ_1 y σ_2 alcancen a la vez sus máximos valores posibles.

La técnica de pretensado se utiliza principalmente en el hormigón, cuya resistencia a tracción es prácticamente nula, por lo que se le somete previamente a esfuerzos de compresión (hormigón precomprimido).

6.12. TENSIONES DE ORIGEN TÉRMICO

Por medio de la Teoría de la Elasticidad se comprueba que un salto térmico T puede originar un estado tensional, aunque el sólido tenga sustentación isostática. En el caso en que T no dependa de las coordenadas de los puntos de dicho sólido sólo aparecen tensiones si la sustentación es hiperestática.

Estudiemos la barra biempotrada de la figura 6.35, sometida a un salto térmico T igual para todos sus puntos:

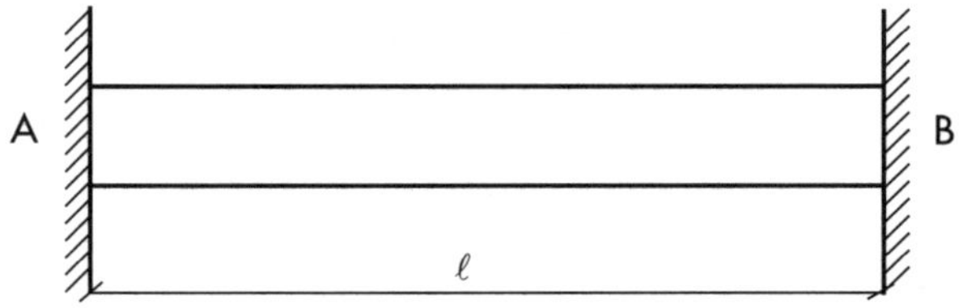

Figura 6.35

Si la barra fuese isostática, aumentaría de longitud, siendo el alargamiento:

$$\Delta l = kTl \qquad [6.75]$$

siendo k el coeficiente de dilatación lineal del material de la barra.

Como la sustentación es hiperestática el alargamiento [6.75] está impedido lo que equivale a que la barra esté sometida a una tensión de compresión que produzca un acortamiento igual, en valor absoluto, al dado por dicha expresión.

Podemos escribir:

$$\varepsilon = -\frac{\Delta\, l}{l} = \frac{\sigma}{E} \qquad \sigma = -E\frac{\Delta\, l}{l} = -\frac{EkT\; l}{l} = -EkT \qquad [6.76]$$

Si en vez de aumentar la temperatura se produce una disminución de la misma la barra quedaría sometida a tensiones de tracción σ=EkT. Tanto en un caso como en otro, los valores de las tensiones térmicas son independientes de las características geométricas (longitud y sección) de la barra.

6.13. TENSIONES DERIVADAS DEL MONTAJE

En ocasiones, en la fabricación de barras y piezas metálicas, se cometen pequeños errores de forma que no hay exactitud entre las dimensiones de diseño de las mismas y las realmente ejecutadas. Si el sólido tiene sustentación isostática tales errores no dan origen a estado tensional alguno, lo que sí ocurre cuando se trata de varias barras articuladas entre sí, que constituyen un sistema hiperestático, pues es necesario forzar dichas barras para unirlas, lo que origina un estado de autotensiones o tensiones originadas en el montaje.

Un ejemplo de lo antedicho es el mismo conjunto de tres barras articuladas entre sí antes considerado, cuando está descargado (figura 6.36), existiendo un error en la longitud de la barra central que, en lugar de la dimensión exacta l_1 mide l_1+a. Para hacer posible la unión se fuerzan las barras de forma que la barra central disminuya de longitud (figura 6.37), con lo que dicha barra queda comprimida, mientras que las dos barras laterales están sometidas a tracción.

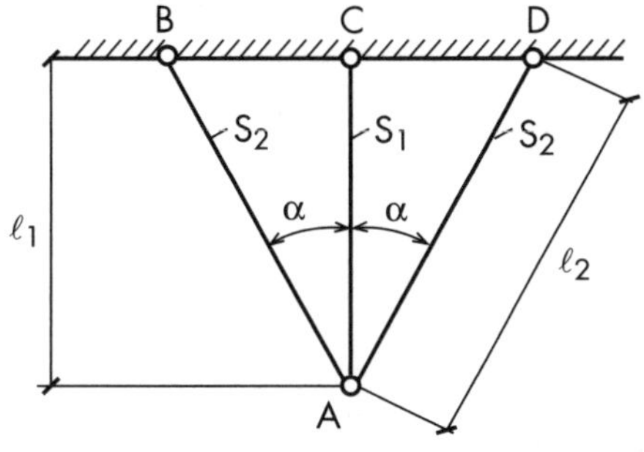

Figura 6.36

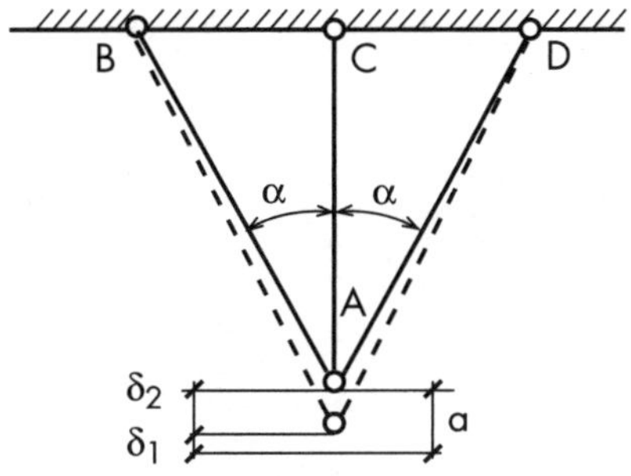

Figura 6.37

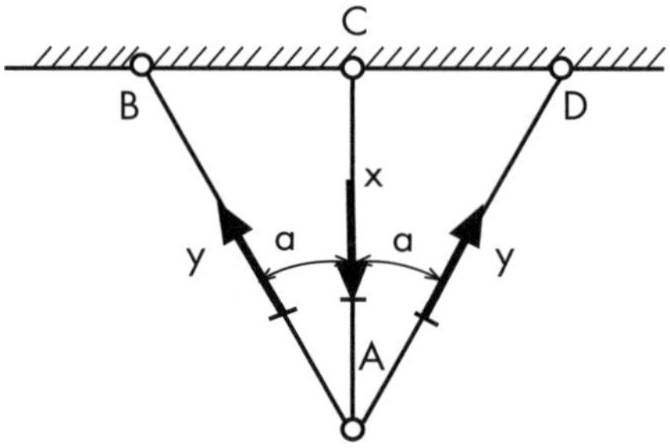

Figura 6.38

Por efecto del montaje aparecen los esfuerzos X e Y, indicados en la figura 6.38, cuya determinación constituye un problema hiperestático de primer grado, pues no disponemos más que de una ecuación de la estática:

$$X - 2Y\cos\alpha = 0 \tag{6.77}$$

o bien

$$Y = \frac{X}{2\cos\alpha} \tag{6.78}$$

El análisis de la deformación nos permite obtener la ecuación complementaria. Así, de la figura 6.37, deducimos:

$$\delta_1 + \delta_2 = a \tag{6.79}$$

donde δ_1, es el acortamiento experimentado por la barra central y δ_2 la proyección en dirección vertical del alargamiento de cada barra lateral:

Aplicando la ley de Hooke, escribimos:

$$\delta_1 = \frac{Xl_1}{ES_1} \tag{6.80}$$

$$\delta_2 = \frac{1}{\cos\alpha}\frac{Yl_2}{ES_2} = \frac{Yl_1}{ES_2\cos^2\alpha} \tag{6.81}$$

(En la expresión [6.80] se toma para la longitud de la barra central el valor l_1 en vez de l_1+a, al ser $a \ll l_1$).

Sustituyendo en [6.79]:

$$a=\frac{Xl_1}{ES_1}+\frac{Yl_1}{ES_2\cos^2\alpha}=\frac{Xl_1}{ES_1}+\frac{Xl_1}{2ES_2\cos^3\alpha}=X\left(\frac{l_1}{ES_1}+\frac{l_1}{2ES_2\cos^3\alpha}\right) \quad [6.82]$$

De donde obtenemos los valores de los esfuerzos X e Y:

$$\left.\begin{aligned} X&=\frac{aE}{l_1\left(\dfrac{1}{S_1}+\dfrac{1}{2S_2\cos^3\alpha}\right)} \\ Y&=\frac{aE}{2l_1\cos\alpha\left(\dfrac{1}{S_1}+\dfrac{1}{2S_2\cos^3\alpha}\right)} \end{aligned}\right\} \quad [6.83]$$

En vez de utilizar el procedimiento desarrollado en este ejemplo, se puede seguir el método general expuesto en el epígrafe 6.10, como se hace en la solución de algunos de los ejercicios que se proponen a continuación.

EJERCICIOS DE AUTOCOMPROBACIÓN

1. La barra vertical de la figura es de sección circular de radio 15 cm. y está sometida exclusivamente a su propio peso (γ=7.850 kg/m³). Los extremos de la barra son empotramientos perfectos. Se pide:

a) Determinar las reacciones en los extremos superior e inferior.

b) Calcular el trabajo interno de deformación, siendo E=2.10⁶ kg/cm².

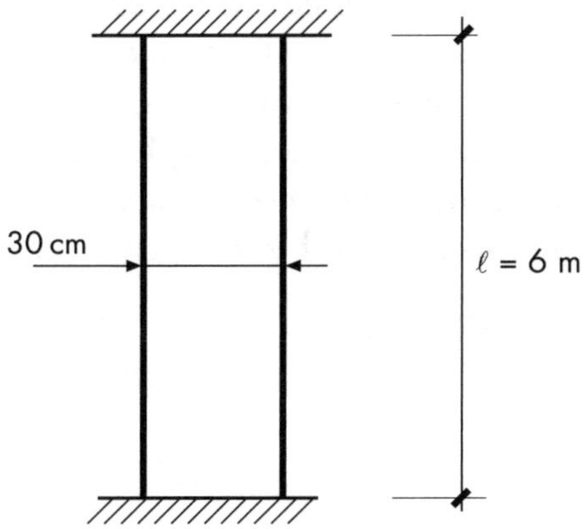

2. Una barra circular cuyo diámetro varía como se representa en la figura, está sometida a las cargas que se indican; si a=10 cm., se pide:

a) Valor máximo de la carga P para que en ningún punto del sólido se sobrepase el límite elástico del material.

b) Para la carga máxima calculada en el apartado anterior, calcular:

1. Diagrama de esfuerzos normales
2. Desplazamiento total de las secciones A, B, C, D

Nota: La figura es una sección longitudinal de la barra. Despréciense los posibles efectos de pandeo.

Datos: E = 2,1.106 kg/cm^2, σ_e=230 kg/cm^2.

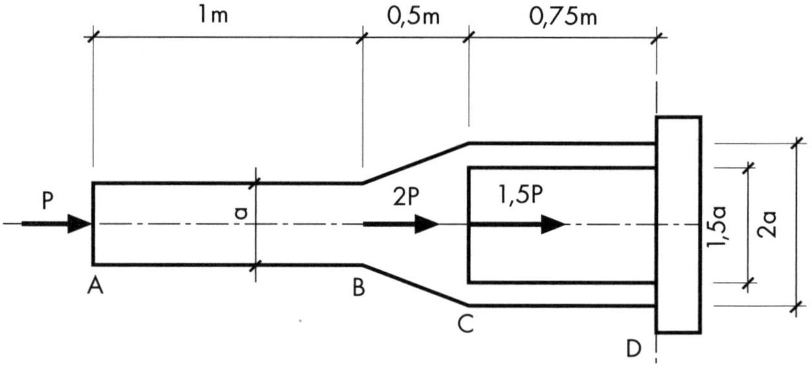

3. Dado el conjunto de tres barras, articuladas en sus extremos que se indica en la figura, determinar los esfuerzos en las mismas, así como el desplazamiento vertical del punto D. Todas las barras son del mismo material y de la misma sección.

Datos: E, S.

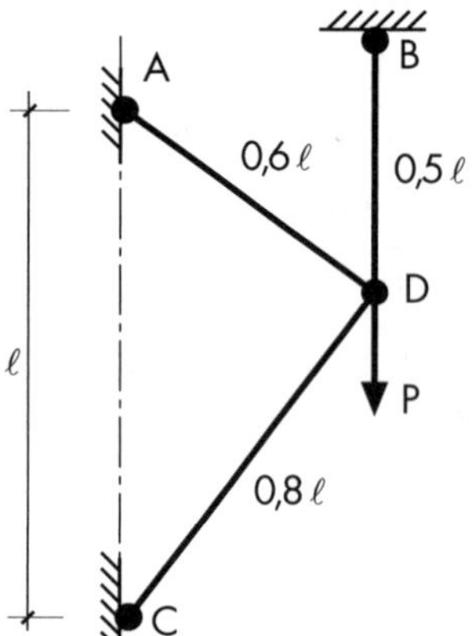

4. En la estructura de la figura, las barras laterales tienen un coeficiente de dilatación térmica de valor $\alpha_1=10^{-4}$ °C^{-1}, mientras que el coeficiente de dilatación térmica de la barra central es $\alpha_2=10^{-6}$ °C^{-1}. El conjunto se somete a un incremento de temperatura de valor $\Delta T=120$ °C. Se pide:

a) Esfuerzos en cada barra.

b) Corrimiento vertical del punto A.

Todas las barras son de la misma sección S=2,5 cm^2 y del mismo material E=1,2.10^6 kg/cm^2.

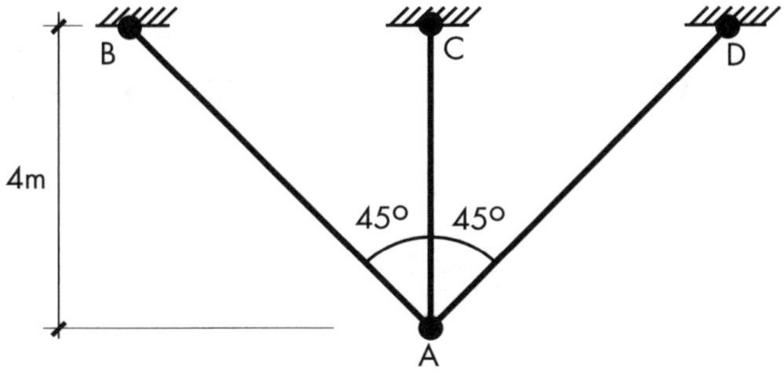

5. Una varilla de aleación de aluminio, de 2 m. de longitud y 5 cm. de diámetro, con sus extremos fijos, se enfría a partir de 95°C ¿A qué temperatura la tensión de tracción en la varilla será igual a la mitad del límite elástico del material, suponiendo que la varilla no está sometida incialmente a ningún esfuerzo? No se considerarán los posibles efectos del pandeo.

Datos: σ_e=414 MPa ; E=73 GPa ; α=23.10^{-6} °C^{-1}

6. Se aplica una fuerza axial de tracción a la barra de la figura constituida por un núcleo de latón (E=105 Gpa) y un casco de aluminio (E=70 Gpa) cuyos extremos están solidariamente unidos. Longitud de las barras L=300 mm. Se pide:

a) Valores de las tensiones tanto en el núcleo de latón como en el casco de aluminio.

b) Alargamiento experimentado por el conjunto.

Tómese como diámetro del latón 25 mm; diámetro del aluminio 60 mm:

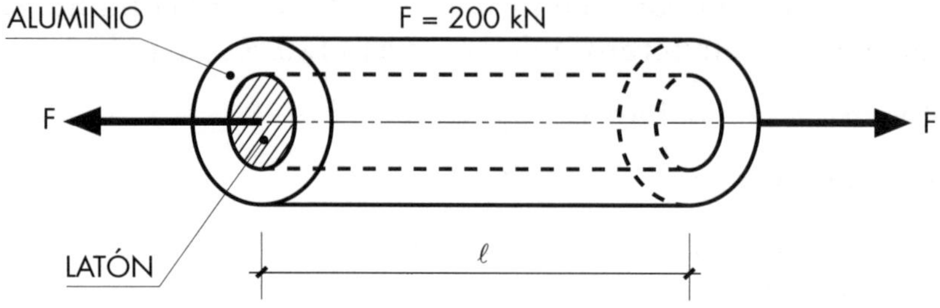

SOLUCIONES DE LOS EJERCICIOS DE AUTOCOMPROBACIÓN

1. *a)* La única ecuación de la estática aplicable en este caso es:

$$\sum F_V = 0 \rightarrow \mathrm{N}_A + \mathrm{N}_B = \gamma Sl$$

El problema es hiperestático de grado 1. Dando un corte a distancia x del extremo superior:

$$\mathrm{N}_A - P_X + X = 0$$
$$X = P_X - \mathrm{N}_A$$
$$\mathrm{P}_X = \gamma Sx$$
$$X = \gamma Sx - \mathrm{N}_A$$

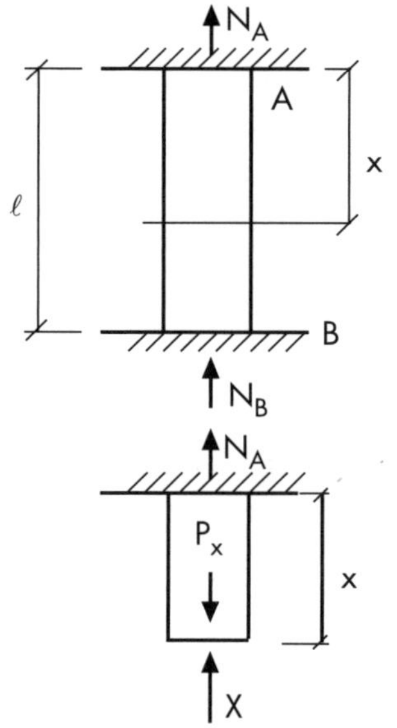

Como la barra no varía de longitud, el acortamiento total será nulo:

$$0 = \int_0^l \frac{X}{ES} dx = \frac{1}{ES} \int_0^l (\gamma S x - N_A)\, dx$$

$$\frac{\gamma S l^2}{2} - N_A l = 0 \rightarrow N_A = \frac{\gamma S l}{2} = N_B$$

Sustituyendo los datos numéricos:

$$S = \pi\ 15^2 \, \text{cm}^2$$

$$l = 6\ m = 600\ \text{cm}$$

$$\gamma = 7850\ \text{kg/m}^3 = \frac{7850}{10^6}\ \text{kg/cm}^3$$

$$N_A = N_B = \frac{7850}{2 \cdot 10^6} \cdot \pi \cdot 15^2 \cdot 600 = 1.665\ \text{kg}$$

b)

$$T = \frac{1}{2} \int_0^l \frac{X^2 dx}{ES} = \frac{1}{2ES} \int_0^l (\gamma S x - N_A)^2 dx = \frac{1}{2ES} \int_0^l (\gamma S x - 1665)^2 dx =$$

$$\frac{1}{2 \cdot 2 \cdot 10^6 \cdot \pi \cdot 15^2} \int_0^{600} \left(\frac{7850}{10^6} \cdot \pi \cdot 15^2 \cdot x - 1665 \right)^2 dx =$$

$$\frac{1}{4 \cdot 10^6 \cdot \pi \cdot 15^2} \int_0^{600} \left(\frac{7850^2 \cdot \pi^2 \cdot 15^4}{10^{12}} x^2 + 1665^2 - \frac{2 \cdot 7850 \cdot \pi \cdot 15^2}{10^6}\ .\ 1165\ \text{x} \right) dx$$

$$T = \frac{1}{4 \cdot 10^6 \cdot \pi \cdot 15^2} \left[\frac{7850^2 \cdot \pi^2 \cdot 15^4}{10^{12}} \frac{600^3}{3} + 1665^2 \cdot 600 - \frac{2 \cdot 7850 \cdot \pi \cdot 15^2 \cdot 1665}{10^6} \frac{600^2}{2} \right] =$$

$$= 0{,}196\ \text{kg·cm}$$

***2.** a)* Ya que la pieza ha de estar en equilibrio, en el extremo D (empotramiento) se producirá una reacción R_D=4,5P, como se indica en la figura.

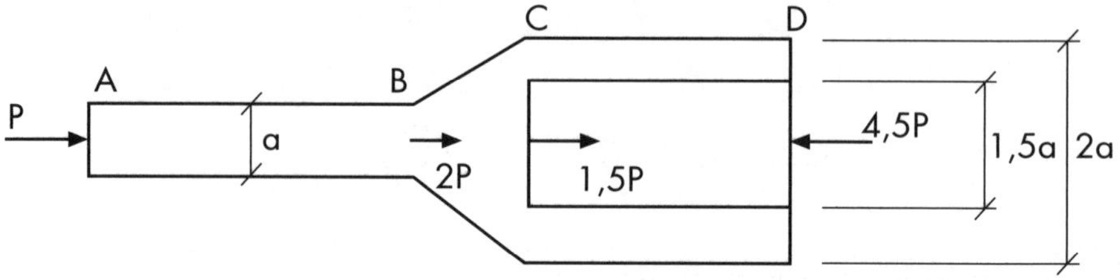

El diagrama de esfuerzos normales será:

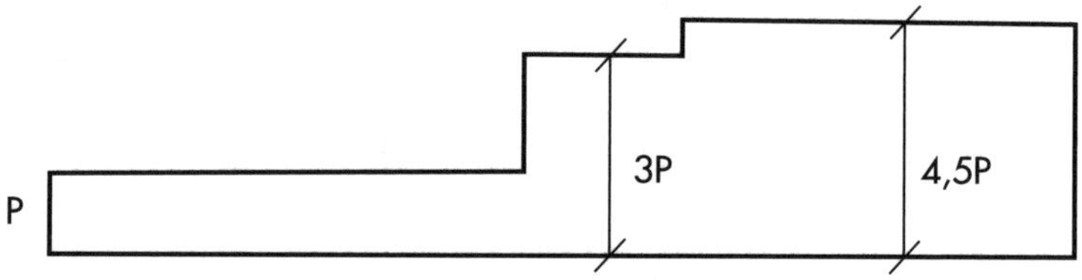

Para determinar el valor de P, debemos calcular primero las áreas de las secciones transversales de la barra en sus distintas zonas:

- Tramo AB:

$$S = \frac{\pi\, a^2}{4} = \frac{\pi \cdot 10^2}{4} = 25\ \pi\ cm^2$$

- Tramo BC:

$$S = \frac{\pi (a + 2y)^2}{4}$$

$$\frac{x}{y} = \frac{50}{5}\ ; \quad y = \frac{x}{10}$$

$$S = \frac{\pi\ \left(10 + \frac{x}{5}\right)^2}{4}$$

- Tramo CD:

$$S=\frac{\pi}{4}\left[(2a)^2-(1,5a)^2\right]=\frac{\pi}{4}\left[4a^2-2,25a^2\right]$$

$$S=\frac{1,75\pi\ a^2}{4}=43,75\pi\ \text{cm}^2$$

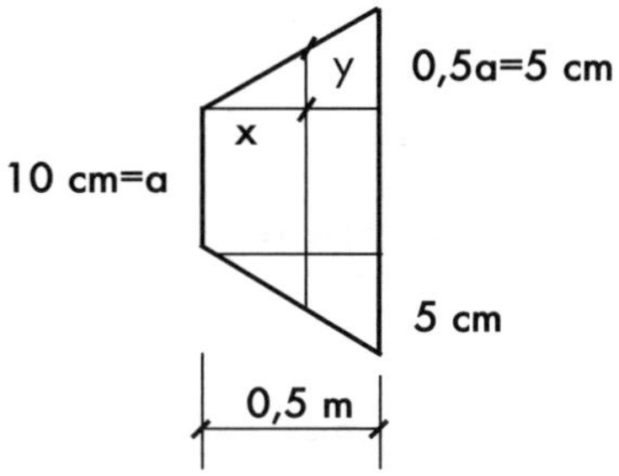

En el tramo AB, será:

$$\frac{P_{max}}{25\pi}=230\ ;\ P_{max}=18064\ Kg$$

En el tramo BC, es:

$$\frac{3P_{max}}{\dfrac{\pi\left(10+\dfrac{x}{5}\right)^2}{4}}=230$$

P_{max} será más pequeña cuanto menor sea el área (para x=0).

$$P_{max}=\frac{230\cdot 25\pi}{3}=6021\ \text{kg}$$

En el tramo CD:

$$\frac{4,5\ P_{max}}{43,75\pi}=230\ ;\ P_{max}=7021\ \text{kg}$$

El valor que debe tomarse para que en todos los puntos de la barra sea $\sigma<$ 230 kg/cm^2 será, evidentemente, el más pequeño de los calculados, P_{max}=6021 kg.

b) El diagrama de esfuerzos normales será, por tanto:

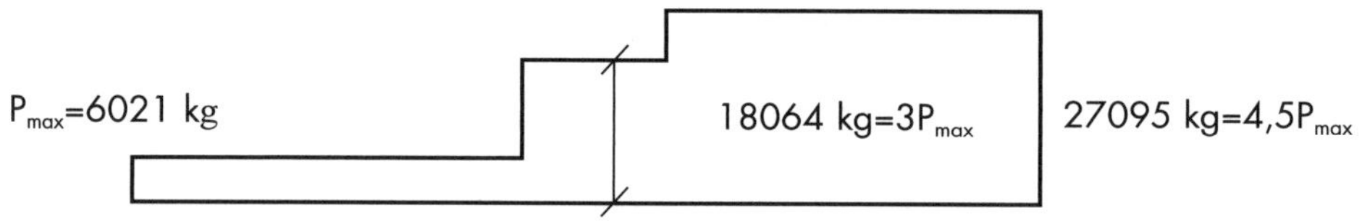

Todos los esfuerzos son de compresión.

Por lo que se refiere a los desplazamientos de las secciones rectas, al ser D empotramiento, será $u_D=0$.

$$u_C = u_D + \Delta l_{CD} = 0 + \frac{-27095 \cdot 75}{2,1 \cdot 10^6 \cdot 43,75\pi} = -7,041 \cdot 10^{-3}\,\text{cm}$$

$$u_B = u_C + \Delta l_{BC} = -7,041 \cdot 10^{-3} - \int_0^{50} \frac{18064\,.\,dx}{2,1\text{x}10^6 \frac{\pi}{4}\left(10+\frac{x}{5}\right)^2} =$$

$$= -7,041 \cdot 10^{-3} - \frac{1806400}{2,1 \cdot 10^6 \pi}\int_0^{50} \frac{dx}{(50+x)^2} = -7,041\text{x}10^{-3} -$$

$$-\frac{1806400}{2,1 \cdot 10^6 \cdot \pi}\left[\frac{1}{50+x}\right]_{50}^{0} = -7,041 \cdot 10^{-3} - \frac{1806400}{2,1 \cdot 10^6 \cdot \pi}\left[\frac{1}{50} - \frac{1}{100}\right]$$

$$u_B = -7,041 \cdot 10^{-3} - 2,738 \cdot 10^{-3} = -9,779 \cdot 10^{-3}\,\text{cm}$$

$$u_A = u_B + \Delta l_{AB} = -9,779 \cdot 10^{-3} - \frac{6021 \cdot 100}{2,1 \cdot 10^6 \cdot 25\pi} = -13,430 \cdot 10^{-3}\,\text{cm}$$

3. Llamando a las incógnitas N_1, N_2, N_3, las ecuaciones de la estática nos dan:

$$\sum F_H = 0 \rightarrow N_2 \cos\alpha = N_3 sen\alpha;$$

$$N_2 = N_3 tg\alpha$$

$$\sum F_V = 0 \rightarrow N_1 + N_2\ sen\alpha + N_3 \cos\alpha = P$$

$$N_1 + N_3 sen\alpha tg\alpha + N_3 \cos\alpha = P$$

$$\frac{4}{5} = \cos\alpha = \frac{0,8l}{l} = 0,8;\ sen\ \alpha = 0,6 = \frac{3}{5}$$

$$tg\alpha = \frac{0,6}{0,8} = 0,75 = \frac{3}{4}$$

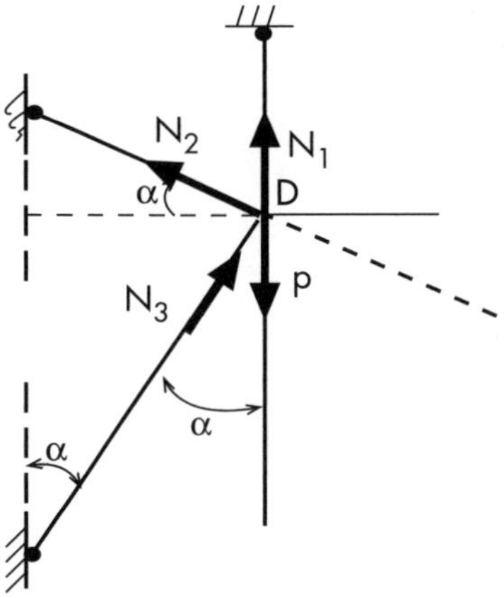

Sustituyendo:

$$N_2 = \frac{3}{4}N_3\ ;\ 4N_2 = 3N_3 \quad (1)$$

$$N_1 + \frac{3}{4}N_3 \cdot \frac{3}{5} + \frac{4}{5}N_3 = P\ ;\ 5N_1 + 3N_2 + 4N_3 = 5P \quad (2)$$

Se trata de un problema hiperestático de grado 1; la ecuación complementaria la obtendremos considerando el desplazamiento del punto P y las deformaciones de las barras.

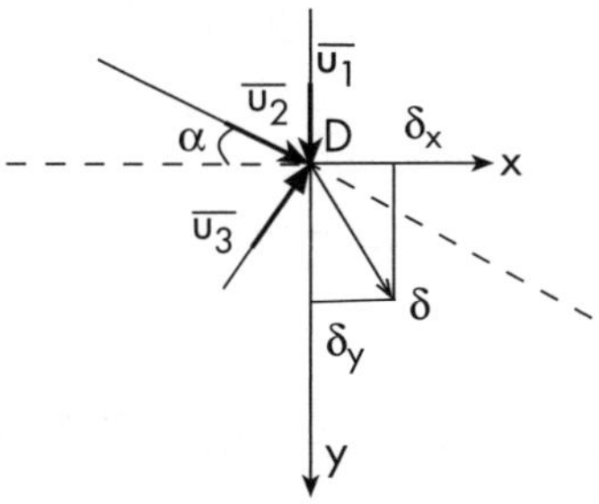

$$\bar{\delta} = \delta_x \bar{i} + \delta_y \bar{j}$$

$$\bar{u}_1 = \bar{j} \;;$$

$$\bar{u}_2 = 0,8\bar{i} + 0,6\bar{j} = \frac{4}{5}\bar{i} + \frac{3}{5}\bar{j}$$

$$\bar{u}_3 = +0,6\bar{i} - 0,8\bar{j} = \frac{3}{5}\bar{i} - \frac{4}{5}\bar{j}$$

$$\Delta l_1 = \bar{u}_1 \cdot \bar{\delta} = \delta_y$$

$$\Delta l_2 = \bar{u}_2 \cdot \bar{\delta} = \frac{4}{5}\delta_x + \frac{3}{5}\delta_y$$

$$\Delta l_3 = \bar{u}_3 \cdot \bar{\delta} = \frac{3}{5}\delta_x - \frac{4}{5}\delta_y$$

$$\Delta l_1 = \frac{N_1 \cdot l_1}{ES} = \frac{0,5N_1 l}{ES} = \frac{N_1 l}{2ES}$$

$$\Delta l_2 = \frac{N_2 \cdot l_2}{ES} = \frac{0,6N_2 l}{ES} = \frac{3N_2 l}{5ES}$$

$$\Delta l_3 = \frac{N_3 \cdot l_3}{ES} = -\frac{0,8N_3 l}{ES} = -\frac{4N_3 l}{5ES}$$

Sustituyendo

$$\delta_y = \frac{N_1 l}{2ES}$$

$$\left.\begin{aligned} \frac{3N_2 l}{5ES} &= \frac{4}{5}\delta_x + \frac{3}{5}\frac{N_1 l}{2ES} \\ -\frac{4N_3 l}{5ES} &= \frac{3}{5}\delta_x - \frac{4}{5}\frac{N_1 l}{2ES} \end{aligned}\right\} \qquad \left.\begin{aligned} \frac{3N_2 l}{ES} &= 4\delta_x + \frac{3N_1 l}{2ES} \\ \frac{4N_3 l}{ES} &= -3\delta_x + \frac{4N_1 l}{2ES} \end{aligned}\right\} \qquad \left.\begin{aligned} \frac{9N_2 l}{ES} &= 12\delta_x + \frac{9N_1 l}{2ES} \\ \frac{16N_3 l}{ES} &= -12\delta_x + \frac{16N_1 l}{2ES} \end{aligned}\right\}$$

Sumando las dos últimas ecuaciones:

$$\frac{9N_2 l}{ES} + \frac{16N_3 l}{ES} = \frac{25N_1 l}{2ES}$$

Simplificando:

$$18N_2 + 32N_3 = 25N_1 \quad (3)$$

Despejando N_2 en (1) y sustituyendo en (2) y (3):

$$\left.\begin{aligned} 5N_1 + \frac{9}{4}N_3 + 4N_3 &= 5P \\ 18\frac{3}{4}N_3 + 32N_3 &= 25N_1 \end{aligned}\right\} \quad \left.\begin{aligned} 20N_1 + 25N_3 &= 20P \\ 50N_1 - 27N_3 - 64N_3 &= 0 \end{aligned}\right\} \quad \left.\begin{aligned} 20N_1 + 25N_3 &= 20P \\ 50N_1 - 91N_3 &= 0 \end{aligned}\right\}$$

$$\left.\begin{aligned} 100N_1 + 125N_3 &= 100P \\ -100N_1 + 182N_3 &= 0 \end{aligned}\right\} \quad \begin{aligned} &307N_3 = 100P \ ; \ N_3 = 0,326P \\ &N_2 = \frac{3}{4}N_3 \ ; \ N_2 = 0,244P \\ &N_1 = \frac{91}{50}N_3 \ ; \ N_1 = 0,593\mathrm{P} \end{aligned}$$

Los signos de los esfuerzos son los indicados en la figura inicial (N_1 y N_2, tracciones y N_3, compresión).

En cuanto al desplazamiento vertical de P, coincide con la componente δ_y del desplazamiento absoluto δ:

$$\delta_y = \frac{N_1 l}{2ES} = \frac{0,593Pl}{2ES}$$

$$\delta_y = 0,296\frac{Pl}{ES}$$

4. *a)* Por efecto del salto térmico la barra central quedará traccionada y las laterales comprimidas, siendo los esfuerzos correspondientes X e Y.

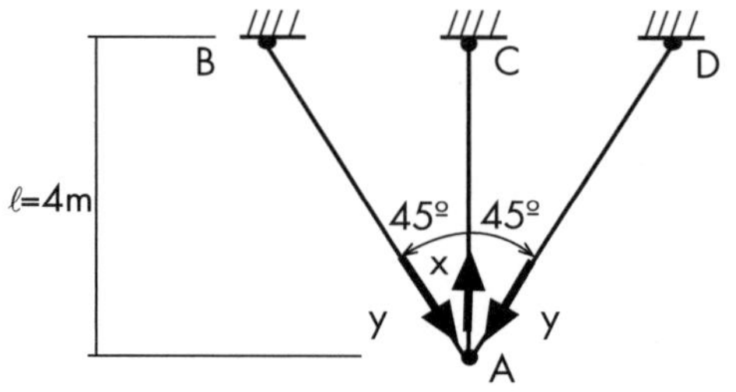

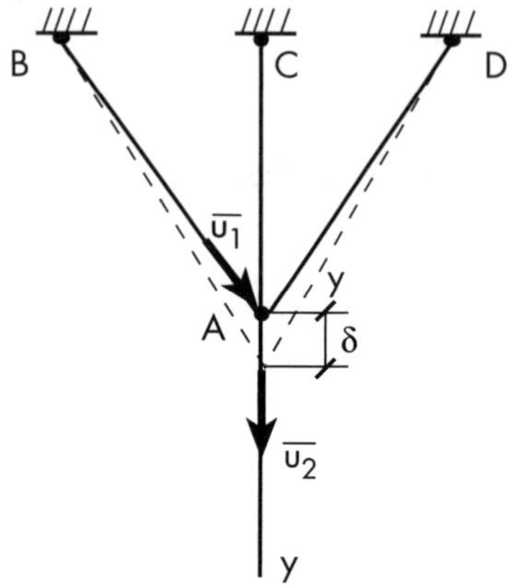

Problema hiperestático:

$$X - 2Y\cos 45^{o} = 0$$

$$X - 2Y \cdot \frac{\sqrt{2}}{2} = 0 \rightarrow X = Y\sqrt{2}$$

$$\bar{u}_1 = \frac{1}{\sqrt{2}}\bar{i} + \frac{1}{\sqrt{2}}\bar{j} \;;\; \bar{u}_2 = \bar{j} \;;\; \bar{\delta} = \delta\bar{j}$$

$$\left.\begin{aligned} \Delta l_1 &= \bar{\delta}\cdot\bar{u}_1 = \frac{1}{\sqrt{2}}\delta \\ \Delta l_2 &= \bar{\delta}\cdot\bar{u}_2 = \delta \end{aligned}\right\}$$

$$\Delta l_1 = \frac{1}{\sqrt{2}}\Delta l_2$$

$$\Delta l_1 = \alpha_1 l_1 \Delta T - \frac{Yl_1}{E_1 S_1};\Delta l_2 = \alpha_2 l_2 \Delta T + \frac{Xl_2}{E_2 S_2}$$

Sustituyendo:

$$\alpha_1 l_1 \Delta T - \frac{Yl_1}{E_1 S_1} = \frac{1}{\sqrt{2}}\left(\alpha_2 l_2 \Delta T + \frac{Xl_2}{E_2 S_2}\right)$$

$$\alpha_1 = 10^{-4} \; ; \; l_1 = \frac{l_2}{\cos 45^{\circ}} = \frac{400}{1/\sqrt{2}} = 400\sqrt{2} \text{ cm}$$

$$\alpha_2 = 10^{-6} \; ; \; l_2 = 400 \text{ cm}$$

$$E_1 = E_2 = 1{,}2 \cdot 10^6 \text{ kg/cm}^2; S_1 = S_2 = 2{,}5 \text{ cm}^2; \; \Delta T = 120^{\circ} C$$

$$10^{-4} \cdot 400\sqrt{2}.120 - \frac{Y \cdot 400\sqrt{2}}{1{,}2 \cdot 10^6 \cdot 2{,}5} = \frac{10^{-6} \cdot 400 \cdot 120}{\sqrt{2}} + \frac{X \cdot 400}{\sqrt{2} \cdot 1{,}2 \cdot 10^6 \cdot 2{,}5}$$

$$\left(10^{-4} \cdot 400\sqrt{2} - \frac{10^{-6} \cdot 400}{\sqrt{2}}\right)120 = \frac{400}{1{,}2 \cdot 10^6 \cdot 2{,}5}\left(\frac{X}{\sqrt{2}} + Y\sqrt{2}\right)$$

$$1{,}2 \cdot 2{,}5 \cdot \left(100 \cdot 400\sqrt{2} - \frac{400}{\sqrt{2}}\right)120 = 400\left(\frac{X}{\sqrt{2}} + Y\sqrt{2}\right)$$

$$1{,}2 \cdot 2{,}5 \cdot 120\left(100\sqrt{2} - \frac{1}{\sqrt{2}}\right) = \frac{X}{\sqrt{2}} + Y\sqrt{2}$$

Sustituyendo $X = Y\sqrt{2}$:

$$1{,}2 \cdot 2{,}5 \cdot 120 \cdot \left(100\sqrt{2} - \frac{1}{\sqrt{2}}\right) = \left(\frac{Y\sqrt{2}}{\sqrt{2}} + Y\sqrt{2}\right) = Y\left(1 + \sqrt{2}\right)$$

$$Y = \frac{1{,}2 \cdot 2{,}5 \cdot 120}{1 + \sqrt{2}}\left(100\sqrt{2} - \frac{1}{\sqrt{2}}\right) = 20983 \text{ kg}$$

$$X = Y\sqrt{2} = 29674 \text{ kg}$$

b)

$$\delta = \Delta l_2 = \alpha_2 l_2 \Delta T + \frac{X l_2}{E_2 S_2} = \left(\alpha_2 \Delta T + \frac{X}{E_2 S_2} \right) l_2$$

$$\delta = \left(10^{-6} \cdot 120 + \frac{29674}{1,2 \cdot 10^6 \cdot 2,5} \right) \cdot 400 = 4 \text{ cm}$$

5. Si los extremos de la varilla no fuesen fijos, si se le somete a una disminuación de temperatura ΔT experimentará un acortamiento $\Delta l = -\alpha l \Delta T$, siendo el acortamiento unitario:

$$\varepsilon = \frac{\Delta l}{l} = -\alpha \Delta T$$

Como se impide la variación de longitud, ha de existir una tensión de tracción σ que anule dicho acortamiento, tanto total como unitario, de forma que:

$$0 = \varepsilon + \varepsilon_T = -\alpha \Delta T + \frac{\sigma}{E}$$

siendo ε_T el alargamiento unitario producido por la tensión σ:

Por tanto:

$$\sigma = +E\alpha\Delta T$$

$$\sigma = \frac{\sigma_e}{2} = 207\text{M}Pa$$

$$\alpha = 23 \cdot 10^{-6\circ} C^{-1}$$

$$E = 73GPa = 73 \cdot 10^3 \text{MPa}$$

Sustituyendo:

$$207 = 73 \cdot 10^3 \cdot 23 \cdot 10^{-6} \cdot \Delta T$$

$$\Delta T = \frac{207}{73 \cdot 23} 10^3 = 123,29 \ ^\circ\text{C}$$

Por tanto, como ΔT es disminución de temperatura, la tensión de tracción será igual a la mitad del límite elástico a la temperatura T':

$$T' = 95 - \Delta T = 95 - 123,29 = -28,29\ ^\circ C$$

6. *a)* Llamamos X e Y a los esfuerzos en el latón y en el aluminio. Se cumplirá:

$$X+Y=F=200 \text{ KN}$$

Ya que las dos barras son solidarias, el alargamiento experimentado por las mismas será igual

$$\frac{Xl}{E_l S_l} = \frac{Yl}{E_a S_a};\ E_l = 105 G\text{Pa};\ E_a = 70 GPa$$

$$S_l = \frac{\pi \cdot 2,5^2}{4} = 4,91 \text{ cm}^2\ ;\ S_a = \frac{\pi}{4}\left(6^2 - 2,5^2\right) = 23,37 \text{ cm}^2$$

$$\frac{Xl}{105 \cdot 4,91} = \frac{Yl}{70 \cdot 23,37}\ ;\ X = \frac{105 \cdot 4,91}{70 \cdot 23,37}\ Y = 0,32Y$$

$$0,32Y + Y = 200K\text{N};\ 1,32Y = 200KN;\ Y = 151,51KN$$

$$X = 48,49KN$$

Las tensiones valen:

- En el latón: $\sigma_l = \frac{X}{S_l} = \frac{48,49 \cdot 10^3}{4,91} = 9875 \text{ N / cm}^2$

- En el aluminio: $\sigma_a = \frac{Y}{S_a} = \frac{151,51 \cdot 10^3}{23,37} = 6483 \text{ N / cm}^2$

b) El alargamiento es el mismo en el latón y en el aluminio como ya se ha tenido en cuenta. Para determinarlo en cm. expresaremos X(o Y) en N y E_l (o E_a) en N/cm².

$$E_l = 105GPa = 105 \cdot 10^9 Pa = 105 \cdot 10^9 \text{N} / \text{m}^2 = \frac{105 \cdot 10^9}{10^4} \text{N} / \text{cm}^2$$

$$E_l = 105 \cdot 10^5 \text{N} / \text{cm}^2$$

$$\Delta l = \frac{Xl}{E_l S_l} = \frac{48490 \cdot 30}{105 \cdot 10^5 \cdot 4,91} = 2,82 \cdot 10^{-2} \text{ cm} = 0,0282 \text{ cm} = 0,282 \text{ mm}$$

Tema 7
Teoría elemental de la cortadura

7.1. TENSIÓN CORTANTE PURA

Entre las solicitaciones simples en las secciones de un prisma mecánico, aquélla en la que el momento resultante es nulo y la resultante, en una sección determinada, de las cargas que actúan sobre un prisma mecánico está contenida en el plano de la sección, recibe el nombre de cortadura pura, como vimos en el capítulo 1 y se representa en la figura 7.1

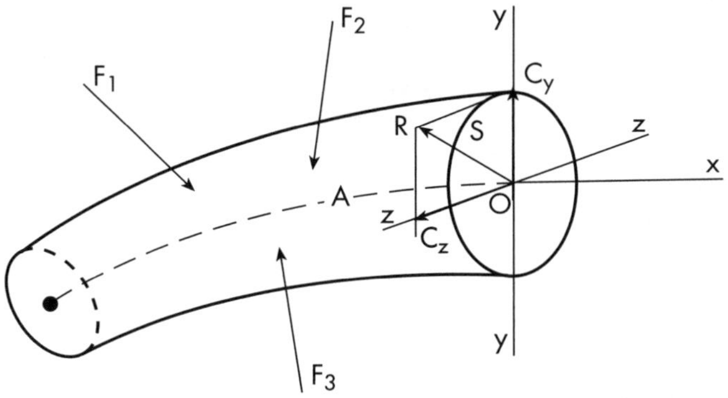

Figura 7.1

Aunque, como veremos en el tema siguiente, la solicitación de esfuerzo cortante puro es muy infrecuente en la práctica (pues, habitualmente, está acompañado del momento flector) y el reparto de las tensiones tangenciales que origina no es uniforme, en una primera aproximación, supondremos que se cumplen las siguientes hipótesis:

a) Mantenimiento de las secciones planas tras la deformación (hipótesis de Bernoulli).

b) Las tensiones coinciden en dirección con la resultante $\overline{R} = \overline{C}$ y responden a la expresión [7.1]:

$$\tau = \frac{C}{S} \qquad [7.1]$$

siendo S el área de la sección transversal.

Admitiremos que las hipótesis establecidas pemiten dimensionar, sin errores significativos, los medios de unión entre distintas piezas prismáticas que, en ocasiones, sustituyen a los mecanismos de apoyo descritos en el capítulo 5.

7.2. RELACIÓN ENTRE ESFUERZO Y DEFORMACIÓN

Al establecer las leyes de Hooke generalizadas (capítulo 4), obtuvimos, analíticamente, la relación entre la deformación angular unitaria γ y la tensión tangencial, τ, dada por la expresión:

$$\gamma = \frac{\tau}{G}$$

siendo $G = \dfrac{E}{2(1+\mu)}$

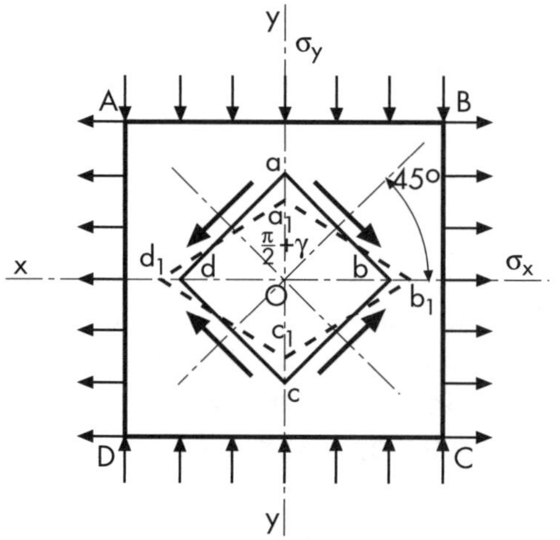

Figura 7.2

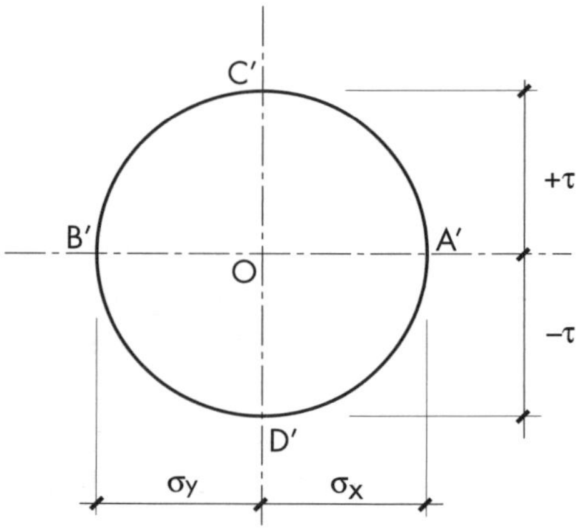

Figura 7.3

Podemos llegar a la misma expresión considerando la deformación del elemento abcd (figura 7.2), en el interior de una laja[1] sometida a la solicitación que se indica, de forma que, en todos los puntos de la misma se cumpla $\sigma_x = -\sigma_y$; $\tau_{xy} = 0$.

En el círculo de Mohr[2] correspondiente (figura 7.3) el punto C' representa el estado tensional en la cara ab del elemento interior, mientras que el punto D' es el representativo del existente en la cara ad. El elemento abcd está sometido, por tanto, a tensión cortante pura de valor τ, coincidente, en valor absoluto, con las tensiones σ_x y σ_y. Tal solicitación produce la deformación del elemento, pasando a la posición $a_1b_1c_1d_1$, como se indica en la figura, en la que puede verse que el elemento deformado conserva las longitudes de sus aristas, variando los ángulos, inicialmente rectos, en sus vértices a,b, c y d. La figura 7.4 muestra dicha variación de ángulos y cómo el cuadrado abcd se ha convertido en el rombo $a_1b_1c_1d_1$.

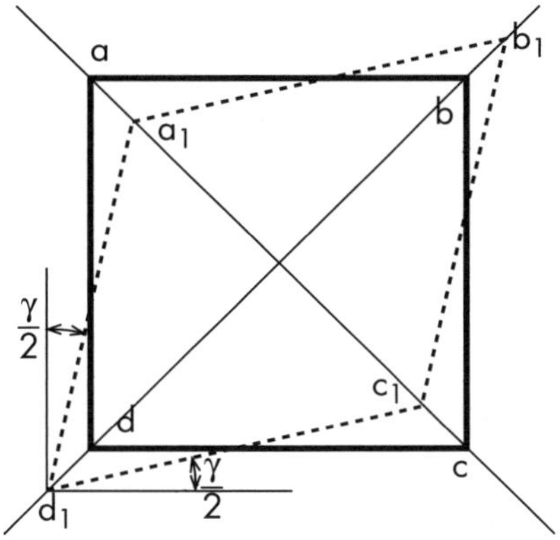

Figura 7.4

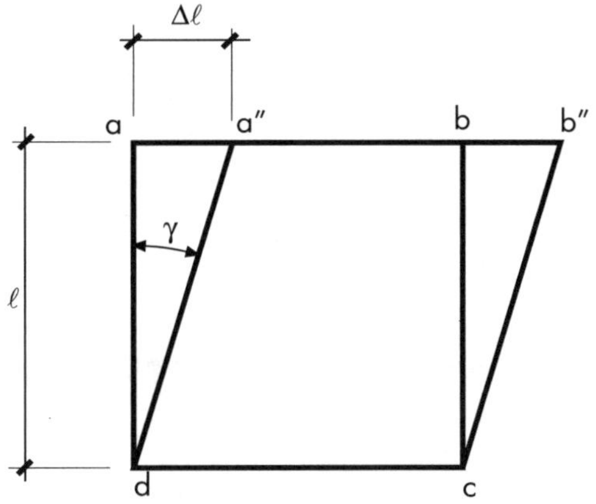

Figura 7.5

Si giramos y trasladamos el elemento $a_1b_1c_1d_1$, situando d_1 sobre d y c_1 sobre c (figura 7.5), podemos interpretar, con gran sencillez, el significado de la distorsión angular unitaria, así como su expresión.

$$\gamma \approx tg\gamma = \frac{\Delta l}{l} \qquad [7.2]$$

[1] Se llama laja a un sólido tipo bóveda de caras planas paralelas, sometido a cargas en su plano medio (paralelo a dichas caras).

[2] Ver Apéndice 2.

En [7.2], Δl es el deslizamiento relativo de la arista ab respecto de cd (hemos supuesto que el elemento es cuadrado de lado *l*). Tal como se definió en el capítulo 3, consideramos para γ signo positivo si el ángulo inicialmente recto disminuye (vértices d y b) y negativo en el caso contrario (vértices a y c).

Volviendo a la figura 7.2 y considerando en ella el triángulo Oab que, tras la deformación pasa a ser Oa_1b_1, podemos expresar las deformaciones longitudinales unitarias ε_x y ε_y:

$$\varepsilon_x = \frac{1}{E}\left(\sigma_x - \mu\sigma_y\right) = \frac{1}{E}\left(\sigma_x + \mu\sigma_x\right) = \frac{1+\mu}{E}\sigma_x$$

ó bien:

$$\varepsilon_x = \frac{1+\mu}{E}\tau \qquad [7.3]$$

Análogamente:

$$\varepsilon_y = \frac{1}{E}\left(\sigma_y - \mu\sigma_x\right) = -\frac{1}{E}\left(\sigma_y + \mu\sigma_y\right) = -\frac{1+\mu}{E} \qquad [7.4]$$

Las longitudes de los segmentos Oa_1 y Ob_1 son, por tanto:

$$\left.\begin{aligned} Oa_1 &= Oa\left(1-\varepsilon_y\right) = Oa\left(1-\frac{1+\mu}{E}\tau\right) \\ Ob_1 &= Ob\left(1+\varepsilon_x\right) = Ob\left(1+\frac{1+\mu}{E}\tau\right) \end{aligned}\right\} \qquad [7.5]$$

Podemos escribir:

$$tg\left(\frac{\pi}{4}+\frac{\gamma}{2}\right) = \frac{Ob_1}{Oa_1} = \frac{Ob\left(1+\dfrac{1+\mu}{E}\tau\right)}{Oa\left(1-\dfrac{1+\mu}{E}\tau\right)}$$

Ya que Oa=Ob=l, la expresión anterior se simplifica:

$$tg\left(\frac{\pi}{4}+\frac{\gamma}{2}\right)=\frac{1+\frac{1+\mu}{\mathrm{E}}\tau}{1-\frac{1+\mu}{\mathrm{E}}\tau} \qquad [7.6]$$

Por otra parte, utilizando la expresión de la tangente del ángulo suma de otros dos y teniendo en cuenta los valores, muy pequeños, del ángulo $\frac{\gamma}{2}$ y de su tangente, obtenemos:

$$tg\left(\frac{\pi}{4}+\frac{\gamma}{2}\right)=\frac{tg\frac{\pi}{4}+tg\frac{\gamma}{2}}{1-tg\frac{\pi}{4}tg\frac{\gamma}{2}}=\frac{1+\frac{\gamma}{2}}{1-\frac{\gamma}{2}} \qquad [7.7]$$

Identificando las expresiones [7.6] y [7.7]:

$$\frac{\gamma}{2}=\frac{1+\mu}{\mathrm{E}}\tau \Rightarrow \gamma=\frac{2(1+\mu)}{\mathrm{E}}\tau \qquad [7.8]$$

Y, finalmente, $\gamma=\frac{\tau}{G}$ [7.9]

siendo $G=\frac{\mathrm{E}}{2(1+\mu)}$ [7.10]

expresión coincidente con [4.32]. G, como vimos, recibe el nombre de módulo de elasticidad transversal, cuyo valor depende de las constantes elásticas E y μ. En el acero es μ=0,3 y E=2,1.10^6 kg/cm^2, por lo que E toma el valor aproximado $G=\frac{2{,}1\,.\,10^6}{2(1+0{,}3)}=810.000\ kg/\mathrm{cm}^2$

La relación [7.8] entre la deformación angular unitaria γ y la tensión tangencial τ que la origina puede representarse gráficamente, obteniéndose un diagrama γ–τ análogo al diagrama de tracción. En la figura 7.6 se representa la curva γ–τ correspondiente a un material dúctil, obtenida a partir del ensayo de torsión de un tubo de pared delgada. En dicha figura, los valores τ_e y τ_r son, aproximadamente, iguales a: $\tau_e = 0{,}6\sigma_e$; $\tau_r = 0{,}6\sigma_r$ valores que justificaremos al considerar los criterios de agotamiento de los materiales dúctiles en la asignatura Elasticidad y Resisten de Materiales II.

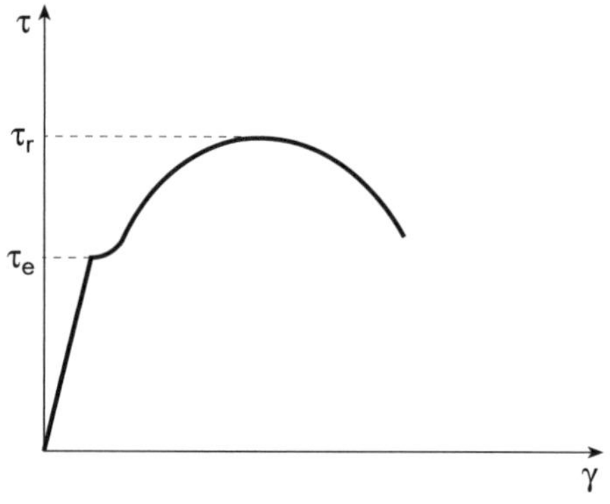

Figura 7.6

7.3. MEDIOS DE UNIÓN

En muchas ocasiones, tanto en construcción de máquinas como en edificación, es necesario unir adecuadamente las piezas que constituyen el correspondiente sistema, para que puedan ejercer correctamente las funciones para las que han sido proyectadas. Si se trata de piezas metálicas, los procedimientos más utilizados para la unión de las mismas y que recoge la norma EA-95, a la que hemos hecho referencia anteriormente, son el uso de remaches, tornillos y de cordones de soldadura. En ocasiones, para garantizar el giro relativo de una pieza respecto de otra, es aconsejable el uso de bulones, cuyo diseño, muy específico, no vamos a considerar, ni tampoco el de uniones realizadas con medios adhesivos, aún no suficientemente estudiadas.

Si bien en el cálculo de uniones remachadas, atornilladas y soldadas es de aplicación, como veremos, la teoría elemental de la cortadura, en su diseño hay que considerar también otras formas de solicitación, como la tracción y la compresión localizada (aplastamiento).

7.4. UNIONES REMACHADAS Y ATORNILLADAS

a) Los roblones o remaches han sido un medio clásico de unión en las construcciones metálicas, que ha sido sustituido, en gran medida, por el empleo de tornillos y, sobre todo, por la utilización de las uniones soldadas.

Como se describe en los capítulos 2.4 y 5.1 de la norma EA-95, un remache (figura 7.7), consiste en una espiga de diámetro d con una cabeza, habitualmente de forma esférica (pueden ser también de cabeza bombeada o plana). La espiga está destinada a introducirse entre las piezas a unir en las que, previamente se han realizado los oportunos taladros. El remache, previamente calentado a una temperatura intermedia entre 1050° C (rojo naranja) y 950° C (rojo cereza) se coloca de forma que rellene completamente cada uno de dichos taladros, formándose por estampación la cabeza de cierre a una temperatura no superior a 700° C (rojo sombra), como se indica en la figura 7.8.

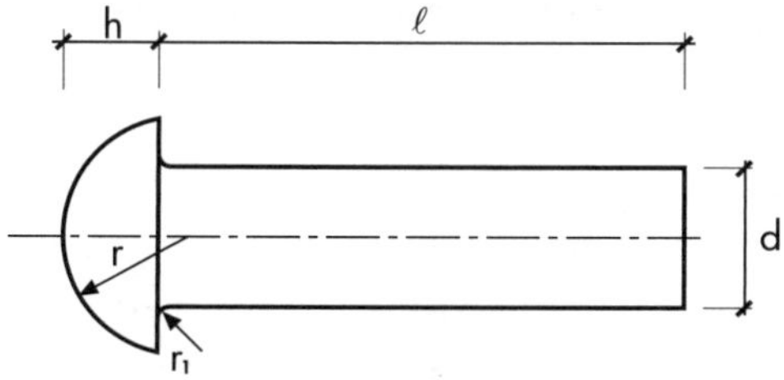

Figura 7.7

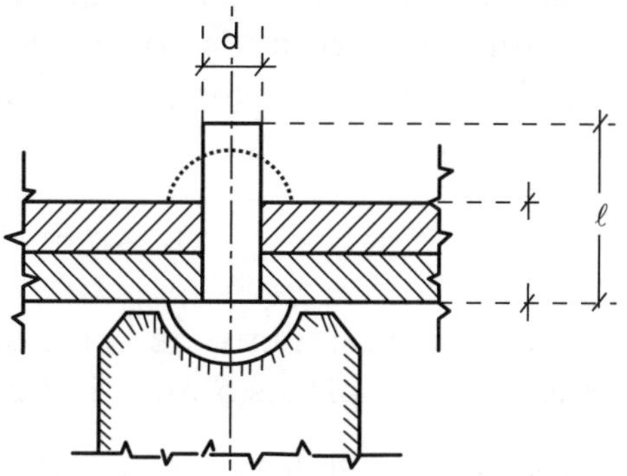

Figura 7.8

Se recomienda que la longitud de la espiga del remache en bruto (antes de ejecutar la cabeza de cierre) sea:

$$l = \frac{4d}{3} + \sum e \qquad [7.11]$$

Siendo d el diámetro de la espiga y $\sum e$ la suma de los espesores de las piezas a unir.

Igualmente se recomienda que el diámetro d_1 de los taladros sea algo superior al de la caña, d, para facilitar la inserción del remache (d_1–d = 1 mm).

b) Los tornillos utilizados en la unión de piezas metálicas se clasifican en tornillos ordinarios (figura 7.9), tornillos calibrados (figura 7.10) y tornillos de alta resistencia (figura 7.11).

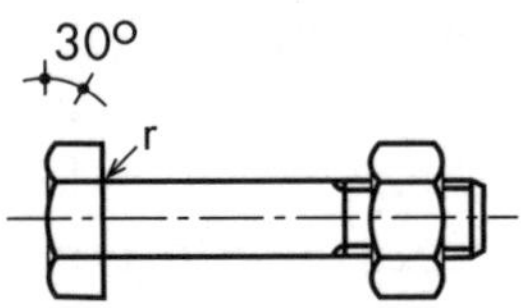

Figura 7.9

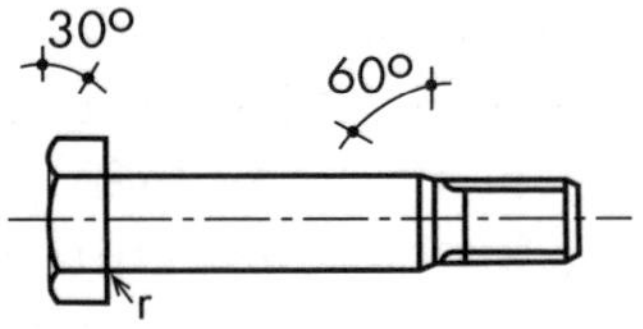

Figura 7.10

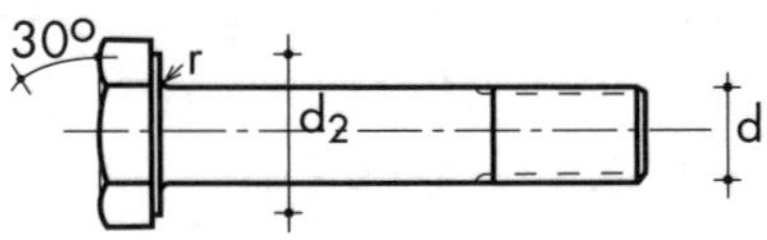

Figura 7.11

Las dimensiones, tolerancias y disposiciones constructivas para tornillos que vayan a ser utilizados como medios de unión entre piezas metálicas están detalladas en la norma EA-95 (capítulos 2.5 y 5.1). También en dicha norma se indican las distancias mínimas entre centros de agujeros, así como de éstos a los bordes de las piezas. A título orientativo se aconseja utilizar la regla siguiente para elegir el diámetro tanto de los tornillos como de los remaches:

$$d = \sqrt{5e} - 0,2 \qquad [7.12]$$

donde d es el diámetro de la espiga del remache o tornillo y e es el mínimo espesor de las piezas a unir, indicándose ambos valores en centímetros.

c) Cálculo de las uniones remachadas o atornilladas.

Como norma general consideraremos que estas uniones pueden transmitir fuerzas y momentos, a través del plano de costura, lo que equivale a que el esfuerzo a transmitir actúe en forma centrada (figura 7.12) o excéntrica (figura 7.13) respecto al centro de gravedad de la unión.

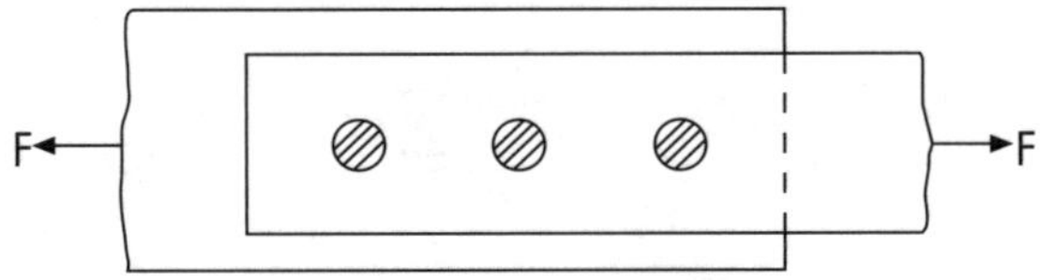

Figura 7.12

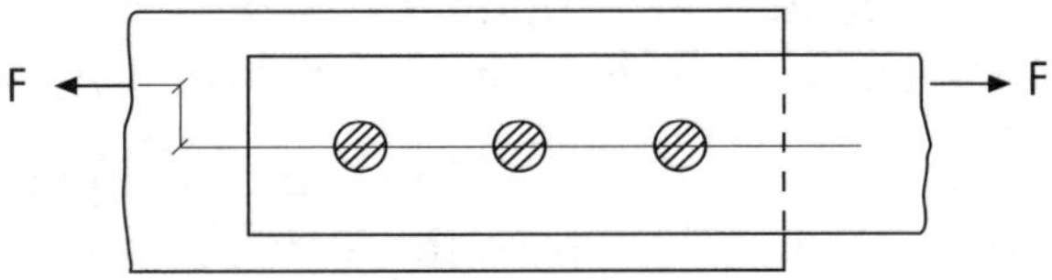

Figura 7.13

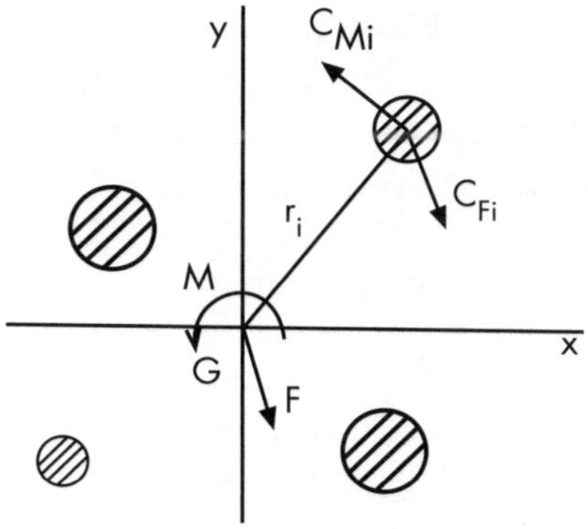

Figura 7.14

En el caso general (figura 7.14), para determinar el esfuerzo C_i, que actúa en cada tornillo o remache (de área S_i), en el plano de la unión, se procede como sigue:

a) Se determina el centro de gravedad de la unión:

$$\sum \overline{r}_i S_i = 0 \qquad [7.13]$$

b) Se trasladan al c.d.g. de la unión todos los esfuerzos y pares que la misma debe transmitir: F, M.

c) Se determinan los esfuerzos cortante $\overline{C}_{Fi}$ y $\overline{C}_{Mi}$ en cada tornillo o remache, de acuerdo con las expresiones:

$$\overline{C}_{Fi} = \overline{F} \cdot \frac{S_i}{\sum S_i} \qquad [7.14]$$

$$\overline{C}_{M\,i} = M \, \frac{\overline{k} \mathrm{x} \mathrm{S_i} \overline{r_i}}{\sum S_i r_i^2} \; (*) \qquad [7.15]$$

siendo k el vector unitario según el eje z, normal al plano de costura.

---

* Se supone que el valor del esfuerzo cortante C_{Mi} es proporcional a la distancia r_i al c.d.g. de la unión.

Finalmente, $$\overline{C}_i = \overline{C}_{Fi} + \overline{C}_{Mi} \qquad [7.16]$$

Las expresiones [7.14] y [7.15] se simplifican cuando todos los remaches o tornillos tienen la misma sección, quedando:

$$\left.\begin{aligned} \bar{C}_{Fi} &= \frac{\bar{F}}{n} \\ \bar{C}_{Mi} &= \frac{M}{\sum r_i^2} \bar{k} \times \bar{r}_i \end{aligned}\right\} \qquad [7.17]$$

El cálculo de las uniones, en las que, de acuerdo con la norma EA-95, se procurará que los remaches o tornillos utilizados sean, como máximo, de tres tipos distintos, se realiza estudiando los efectos que el esfuerzo sobre el más cargado [el que soporte el mayor esfuerzo C_i dado por la expresión [7.16] produce sobre la caña o espiga (cortadura) y sobre las piezas (chapas o láminas) a unir (compresión localizada o aplastamiento)].

Estudiemos el ejemplo sencillo de unión de dos chapas metálicas que transmiten un esfuerzo centrado de tracción F, representado en la figura 7.15.

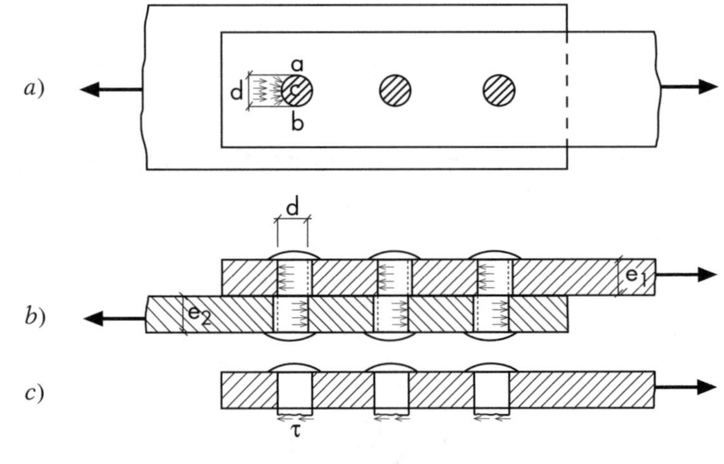

Figura 7.15

Aunque la unión representada se ha realizado utilizando remaches, las tensiones indicadas son idénticas a las que aparecen cuando se realiza por medio de tornillos. El fallo o colapso del enlace se produce por aplastamiento [figura 7.15, a) y b)] de las chapas o por cortadura del remache [figura 7.15, c)].

1. Cálculo por aplastamiento

De acuerdo con el capítulo 3 de la norma EA-95, el agotamiento de la unión se produce cuando el esfuerzo F, multiplicado por el correspondiente coeficiente de mayoración alcanza el valor siguiente:

$$\gamma_c F = \alpha \sigma_u S_c \qquad [7.18]$$

donde:

γ_c= coeficiente de mayoración de cargas.

α= coeficiente cuyo valor es α=2 para tornillos ordinarios, α=2,5 para remaches y tornillos calibrados y α=3 para tornillos de alta resistencia.

$\sigma_u = \frac{\sigma_e}{\gamma_a} =$ tensión de cálculo del acero de las chapas.

S_c= superficie comprimida, que se define a continuación.

En el cálculo por aplastamiento de las chapas, éstas se encuentran comprimidas, en forma desigual, sobre las superficies de los semianillos comprimidos, alcanzando valor máximo en el punto c y nulo en los puntos a y b. Como el reparto de las tensiones es muy complejo, se admite que éstas tienen valor constante en el área $d.e_{min}$, siendo d el diámetro del remache o tornillo y e_{min} el menor espesor de las chapas a unir. Por tanto,

$$S_c = n \cdot d \cdot e_{min} \qquad [7.19]$$

(n es el número de remaches o tornillos que transmiten el esfuerzo).

2. Cálculo por cortadura

También de acuerdo con la normativa vigente, se producirá el agotamiento por cortadura cuando el esfuerzo F, mayorado, alcance el valor:

$$\gamma_c F = \beta \sigma_t n S \qquad [7.20]$$

donde:

γ_c= coeficiente de mayoración de cargas.

β= coeficiente de valor β=0,8 para remaches y tornillos calibrados y β=0,65 para tornillos ordinarios.

σ_t= resistencia de cálculo del remache o tornillo, siendo σ_t=2400 kg/cm^2, en el caso de remaches, σ_t=2400 kg/cm^2 (tornillos en acero 4D) y σ_t=3000 kg/cm^2 (tornillo en acero 5D).

n= número de remaches o tornillos que transmiten el esfuerzo.

S= área de la sección del agujero.

En el caso en que la unión se realiza mediante tornillos de alta resistencia, el agotamiento por esfuerzo cortante se produce cuando:

$$\gamma_c F = 1{,}07\ \mathrm{N}_0 \kappa n \qquad [7.21]$$

N_0= esfuerzo de pretensado del tornillo, dado por la tabla 7.1.

κ= coeficiente de rozamiento entre tornillo y chapa. Se suele tomar κ=0,3 para superficies no tratadas y κ=0,45 (acero A-37), κ=0,52 (acero A-42) y κ=0,60 (acero A-52), para superficies preparadas.

n= número de tornillos de alta resistencia que transmiten el esfuerzo.

Tabla 7.11. Esfuerzos de pretensado para tornillos de alta resistencia

	N_0 en t	
Diametro nominal del tornillo (mm)	**Acero A10t**	**Acero A8t**
TR 12	5.5	3.9
TR 16	10.3	7.3
TR 20	16.2	11.5
TR 22	20.2	14.4
TR 24	23.3	16.6
TR 27	30.6	21.8

La unión descrita, de costura simple, tiene el inconveniente de que, al no ser colineales los esfuerzos F a transmitir, aparece un momento flector

$M = F\dfrac{e_1 + e_2}{2}$ que tiende a producir el combado de las chapas, como se pone de manifiesto en la figura 7.16. Para evitar este efecto, se recurre a la utilización de dos cubrejuntas dispuestos por encima y por debajo de las chapas a unir, constituyendo una unión de doble costura (figuras 7.17 y 7.18).

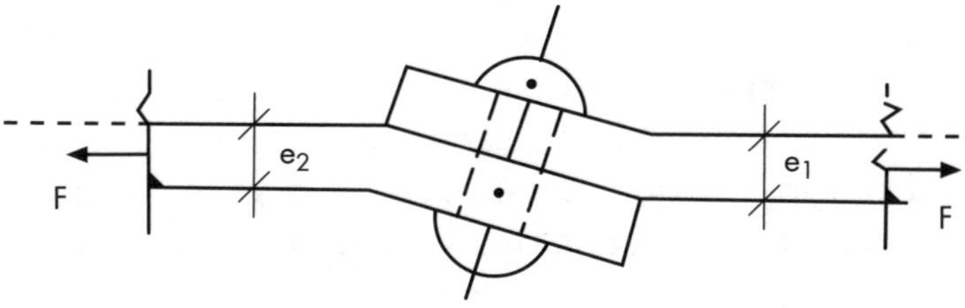

Figura 7.16

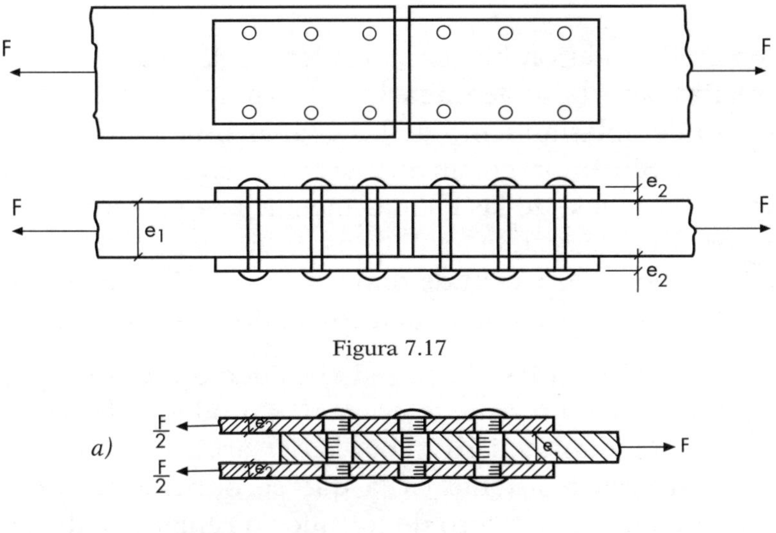

Figura 7.17

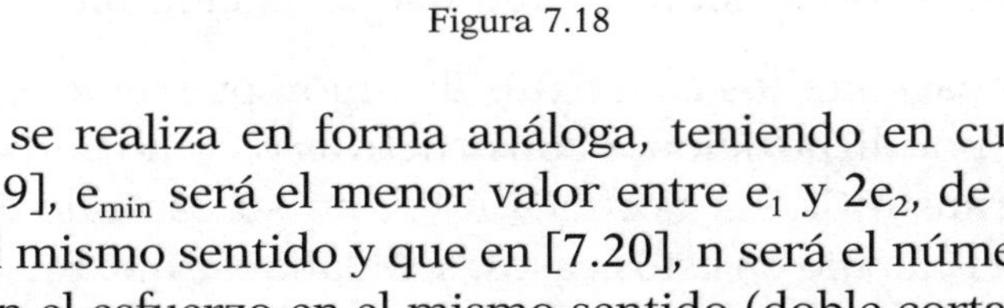

Figura 7.18

El cálculo se realiza en forma análoga, teniendo en cuenta que, en la expresión [7.19], e_{min} será el menor valor entre e_1 y $2e_2$, de las piezas comprimidas en el mismo sentido y que en [7.20], n será el número de secciones que transmiten el esfuerzo en el mismo sentido (doble cortadura).

En muchas ocasiones el cálculo de una unión remachada o atornillada tiene como objeto determinar el número de los elementos (remaches o tornillos) a disponer, conociendo el resto de los datos (carga a transmitir, características mecánicas de las chapas y de los medios de unión, diámetro de los agujeros...). Puede ser interesante determinar, a priori, si el número de remaches o tornillos debe calcularse suponiendo que el fallo de la unión se produce por aplastamiento de las chapas o por cortadura de aquéllos, para lo que basta con igualar las expresiones de n que pueden obtenerse de [7.18], [7.19] y [7.20], con lo que se obtendrá la relación entre el espesor mínimo y el diámetro del taladro, a partir de la cual debe hacerse el cálculo de una u otra forma. Se procederá de forma análoga si la unión fuese de doble costura.

7.5. OBSERVACIONES SOBRE LAS UNIONES REMACHADAS Y ATORNILLADAS

En el epígrafe anterior hemos considerado las uniones entre piezas metálicas realizadas a base de remaches o tornillos, restringiendo nuestro estudio al caso de aplastamiento de las chapas o de cortadura de los elementos de unión. Sin embargo, un análisis más riguroso exige, por un lado, comprobar la resistencia de las chapas metálicas a las tensiones normales que en ellas originan los esfuerzos F transmitidos y por otro, la comprobación de la resistencia a tracción de remaches o tornillos cuando las disposiciones constructivas hacen que estén sometidos a dicha solicitación.

Por lo que se refiere a las chapas, si el esfuerzo F es de compresión se considera que su sección resistente es igual al producto de su anchura por su espesor, sin descontar agujeros. Por el contrario, si la fuerza F determina tracciones, el área resistente es la que se obtiene descontando a su anchura el producto n.d (número de tornillos o remaches alineados transversalmente multiplicado por su diámetro), con lo que se puede hablar del área de la sección neta. (No se tiene, habitualmente, en cuenta el fenómeno de concentración de tensiones estudiado en el capítulo 6).

En algunas ocasiones los elementos de unión pueden quedar sometidos a tracción, bien por disposiciones constructivas o como consecuencia de la solicitación a transmitir. La norma EA-95, en su capítulo 3 indica cómo debe realizarse el cálculo en estos casos, señalándose que un roblón o remache sólo debe trabajar a tracción en casos excepcionales.

Finalmente, debe destacarse que aunque suele considerarse que el esfuerzo F a transmitir (acompañado o no de momento) se reparte uniformemente entre todos los remaches o tornillos, estos no es así en la realidad, por lo que el estudio exacto de dicha distribución es un problema de múltiple hiperestaticidad que conduce a que algunos estén mucho más cargados que otros (por ejemplo los de la primera y la última línea de los mismos en dirección transversal al esfuerzo F), por lo que (en el análisis por cortadura) pueden haber alcanzado y superado el valor de la tensión correspondiente al límite elástico. No obstante, la experiencia demuestra que, incluso en este caso límite, es correcto suponer que el esfuerzo se reparte por igual entre todos los elementos de unión, pues aquéllos que han alcanzado tal tensión límite no toman mayor valor del esfuerzo, repartiéndose sus incrementos entre los demás remaches o tornillos, menos cargados.

7.6. UNIONES SOLDADAS

La unión entre piezas metálicas a través de cordones de soldadura es cada vez más utilizada, tanto en construcción de maquinaria como en estructuras de edificación. Por lo que a estas últimas se refiere, la normativa a aplicar para el diseño y la ejecución de dichos cordones de soldadura se detalla en los capítulos 3.7 y 5.2 de norma EA-95.

Los dos tipos de unión soldada más importantes entre los considerados en la norma son las uniones con soldadura a tope (figura 7.19) y las uniones con soldadura en ángulo, de las que se muestra un ejemplo sencillo en la figura 7.20.

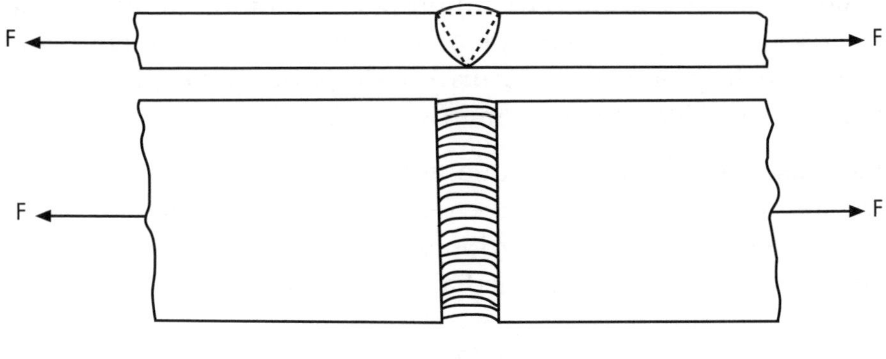

Figura 7.19

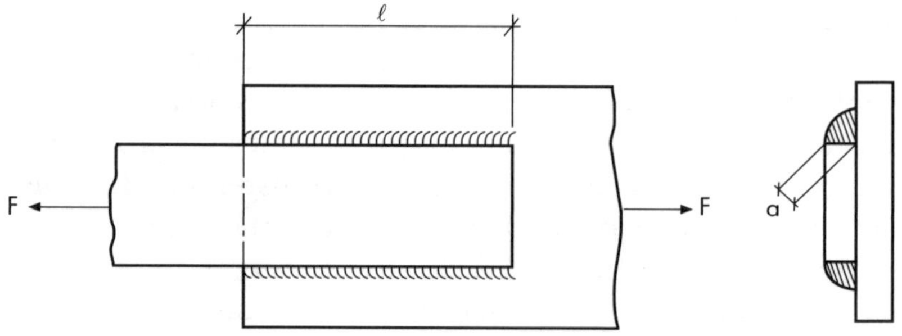

Figura 7.20

Los procedimientos de soldeo autorizados para realizar uniones de fuerza en estructuras de edificación se basan en el establecimiento de un arco eléctrico entre las piezas metálicas a unir y un electrodo de material fusible que se deposita, como material de aportación, constituyendo el cordón de soldadura propiamente dicho. Sólo en casos especiales puede realizarse la soldadura por resistencia eléctrica, procedimiento en que el calentamiento originado por esta última produce la fusión y posterior unión de las piezas.

Si están bien ejecutadas las uniones soldadas a tope no precisan cálculo, admitiéndose que su resistencia mecánica tanto a esfuerzos longitudinales como cortantes es la misma que la de las chapas unidas.

Las uniones soldadas en ángulo pueden ser, como se indica en la norma EA-95, planas (figura 7.21) y espaciales (figura 7.22); en el primer caso todos los cordones (o sus aristas) se encuentran en el mismo plano, mientras que en el segundo los cordones se encuentran dispuestos en varios planos.

El cálculo de los cordones de unión por soldadura en ángulo, que restringiremos al caso de uniones planas, es extraordinariamente complejo, por lo que, en la práctica, se recurre a simplificaciones, avaladas por la experiencia y recogidas en la normativa vigente.

En los casos más simples, en que se transmite un esfuerzo situado en el plano de los cordones y actuando en el centro de gravedad de los mismos (figura 7.20), el cálculo de los cordones en ángulo se realiza, considerando que trabajan a cortadura pura, mediante la expresión:

$$\gamma_c F \leq \beta'\left(\sum al\right)\sigma_u \qquad [7.22]$$

donde:

γ_c= coeficiente de mayoración de cargas.

β'= coeficiente comprendido habitualmente entre 0,75 y 0,85.

a= garganta de la soldadura.

l= longitud del cordón.

$\sigma_u = \frac{\sigma_e}{\gamma_a} =$ resistencia de cálculo del material de las piezas a unir.

Cuando el esfuerzo no actúa en el centro de gravedad de los cordones es necesario superponer a las tensiones cortantes $\tau = \frac{\gamma_c F}{\beta' \sum al}$, las originadas por el momento originado por dicha excentricidad, procediéndose en forma análoga a la descrita al considerar las uniones remachadas o atornilladas con carga excéntrica.

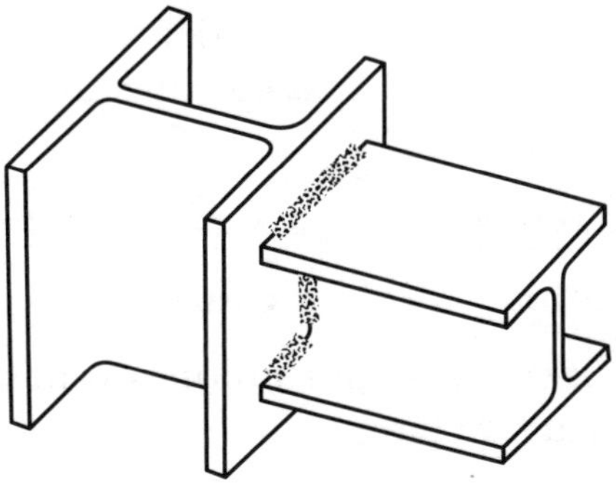

Figura 7.21

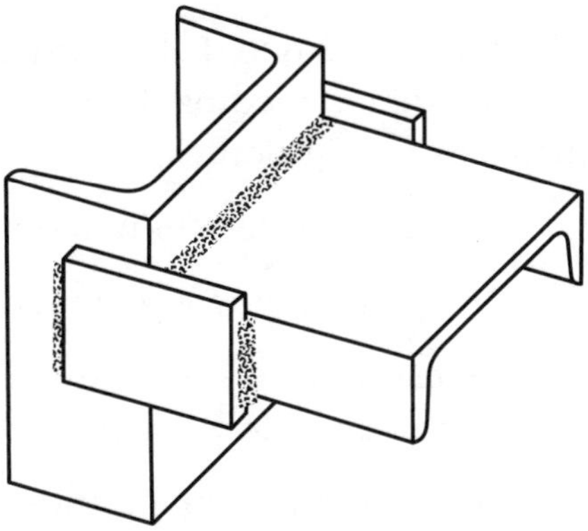

Figura 7.22

El cordón de soldadura se realiza, por lo general, en forma que su sección se asemeje a un triángulo isósceles (figura 7.23), aunque es frecuente también el cordón convexo (figura 7.24).

Tanto en un caso como en otro se toma como valor de a (garganta de la soldadura):

$$a = a_1 / \sqrt{2} \qquad [7.23]$$

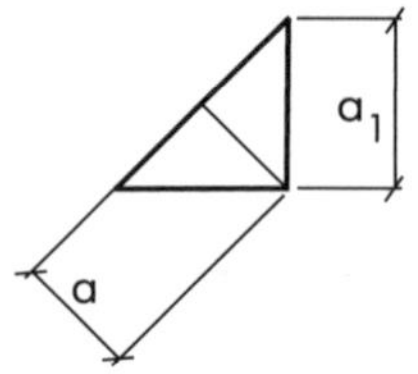

Figura 7.23

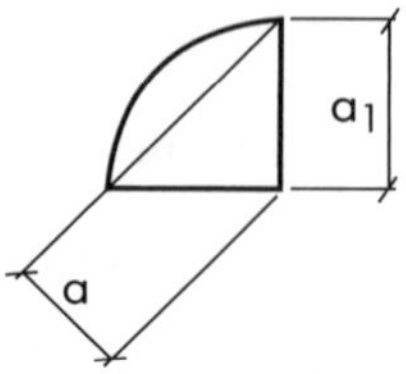

Figura 7.24

Cuando en el cálculo deba determinarse la longitud del cordón de soldadura, el valor que se obtenga utilizando la expresión [11.22] deberá incrementarse en $2a$, para tener en cuenta los cráteres extremos, cuya resistencia no se considera.

7.7. LOS MEDIOS DE UNIÓN EN EL CÓDIGO TÉCNICO DE LA EDIFICACIÓN

El código técnico de la Edificación introduce algunas modificaciones en el cálculo de los medios de unión en estructuras metálicas. Las más importantes son las siguientes:

a) No se considera el uso de roblones o remaches.

b) No se distingue entre tornillos ordinarios y tornillos calibrados.

c) Se estudian en detalle las uniones constituidas por bulones o pasadores, cuando deba garantizarse libertad de giro.

d) Se considera , en algunos casos, la utilización simultánea de uniones atornilladas y uniones soldadas (uniones híbridas).

Estudiamos, a continuación, cómo se modifican los cálculos de las uniones atornilladas y soldadas, en los casos más frecuentes de solicitación sobre unas y otras.

7.7.1. Uniones atornilladas

Se consideran, al igual que al aplicar la norma EA-95, los casos de uniones realizadas mediante tornillos no pretensados o mediante tornillos pretensados (o de alta resistencia).

Deberá cumplirse siempre que el valor de cálculo del efecto de las acciones será inferior a la resistencia de cálculo de la unión.

7.7.1.1. Uniones mediante tornillos no pretensados

La resistencia de cálculo a cortante por tornillo tendrá como valor el menor de la resistencia a cortante de las secciones del tornillo o aplastamiento de la chapa de unión.

a) Resistencia a cortante en la sección transversal del tornillo:

$$F_{v,Rd} = n \cdot \frac{0,5f_{ub} \cdot A}{\gamma_M} \qquad [7.24]$$

Siendo

- n número de planos de corte
- f_{ub} resistencia última del acero del tornillo, que es igual a la tensión de rotura f_u (tabla 5.6).
- A área de la caña del tornillo A_d o el área resistente del tornillo A_S, según se encuentren los planos de cortadura en el vástago o la parte roscada del tornillo respectivamente.

γ_M = 1,25

b) Resistencia a aplastamiento de la chapa que se une:

$$F_{t,Rd} = \frac{2,5\alpha f_u dt}{\gamma_M} \qquad [7.25]$$

Siendo

- d diámetro del vástago del tornillo;
- t menor espesor de las chapas que se unen;
- f_u resistencia última del acero de las chapas que se unen; según tabla 5.5.

α es el menor de:

$$\frac{e_1}{3d_0}; \frac{p_1}{3d_0} - \frac{1}{4}; \frac{f_{ub}}{f_u}; 1,0 \qquad [7.26]$$

donde

e_1 distancia del eje del agujero al borde de la chapa en la dirección de la fuerza que se transmite;

p_1 separación entre ejes de agujeros en la dirección de la fuerza que se transmite;

d_0 diámetro del agujero;

$\gamma_M = 1,25$

7.7.1.2. Uniones con tornillos pretensados

El apriete controlado de los tornillos, proporcionará al tornillo una fuerza de pretensado de cálculo $F_{p \cdot Cd}$ que se tomará como:

$$F_{pCd} = 0,7 f_{yb} A_s \qquad [7.27]$$

siendo

$f_{yb} = {f_{ub}}/{\gamma_M}$ la resistencia de cálculo del acero del tornillo, con $\gamma_M = 1,1$

A_S el área resistente del tornillo, definida como la correspondiente al diámetro medio entre el interior y el de los flancos de la rosca según norma DIN 13. En la tabla 7.2 se dan algunos valores.

Tabla 7.2. Área resistente del tornillo

Diámetro (mm)	16	20	22	24	27	30
Área resistente (mm^2)	157	245	303	353	459	561

a) Resistencia a cortante. La resistencia de cálculo a cortante de un tornillo pretensado, será:

$$F_{S,Rd} = \frac{k_s n \mu}{\gamma'_M} F_{p \cdot Cd} \qquad [7.28]$$

Siendo:

n número de planos de corte.

k_S coeficiente que toma los siguientes valores:

k_S= 1,00 para agujeros con medidas normales;

k_S= 0,85 para agujeros con sobremedidas o rasgados cortos;

k_S= 0,70 para agujeros rasgados largos;

μ Coeficiente de rozamiento, que tomará los siguientes valores (que se corresponden con las categorías A a D de la tabla 7 de la UNE-ENV 1090-1:1997).

μ = 0,50 para superficies tratadas con chorro de granalla o arena, y para superficies tratadas con chorro de granalla o arena y posterior tratamiento con aluminio;

μ = 0,40 para superficies tratadas con chorro de granalla o arena, y pintadas con un silicato alcalino de zinc;

μ = 0,30 para superficies limpiadas a cepillo metálico o con llama, con eliminación de partes oxidadas;

μ = 0,20 para superficies no tratadas.

γ'_M =1,25 en uniones con agujeros nominales y γ'_M =1,40 (agujeros con sobremedida en dirección del esfuerzo).

b) Resistencia a tracción. El esfuerzo de calculo de tracción debe ser menor o igual que la fuerza de pretensado, $F_{p\cdot Cd}$.

c) Solicitación combinada. En el caso de que actúen simultáneamente sobre el tornillo esfuerzos de tracción y cortante, la resistencia de cálculo correspondiente al estado límite último se tomará de la siguiente expresión:

$$F_{sRd} = \frac{k_s n \mu (F_{pCd} - 0,8F_{tEd})}{\gamma'_M} \qquad [7.29]$$

Siendo

F_{tEd} esfuerzo axil de cálculo del tornillo

7.7.2. Uniones soldadas

Al igual que la norma EA-95, el Código Técnico de la Edificación no prescribe, en general, el cálculo de las uniones soldadas a tope, si éstas están bien ejecutadas.

La resistencia de un cordón de soldadura en ángulo es suficiente si la resultante de todas las fuerzas transmitidas por el cordón por unidad de longitud $F_{W,Ed}$, no supera el valor de su resistencia de cálculo $F_{W,Rd}$ con independencia de la orientación del cordón.

La comprobación de resistencia por unidad de longitud de un cordón en ángulo se realiza de acuerdo a la expresión:

$$F_{W,Ed} \leq F_{W,Rd} = a f_{vW,d} \tag{7.28}$$

Siendo

$f_{vW,d} = \dfrac{f_u / \sqrt{3}}{\beta_W \gamma_M}$ tensión tangencial de cálculo resistida por la soldadura en cualquier dirección;

f_u tensión de rotura de la chapa de menor resistencia de la unión;

β_W coeficiente de correlación dado en la tabla 7.3 en función del tipo de acero.

$\gamma_M = 1,25$

Tabla 7.3. Coeficiente de correlación β_w

Acero	f_u(N/mm^2)	β_w
S 235	360	0,80
S 275	430	0,85
S 255	510	0,90

a espesor de la garganta del cordón en ángulo, definido como se indica en la expresión [7.23] y en las figuras 7.23 y 7.24.

EJERCICIOS DE AUTOCOMPROBACIÓN

1. En la figura se representa una rótula o articulación dispuesta en la unión de dos perfiles metálicos IPE que forman parte de una viga (barra prismática que trabaja principalmente a flexión) hiperestática. La articulación está constituida por dos cubrejuntas superpuestos al alma de la viga y unidos por cuatro remaches y un bulón o pasador. Se desea determinar las tensiones de cortadura en los remaches y de compresión localizada en el alma del perfil IPE, si el diámetro de los remaches es d=17 mm y el espesor del perfil es e=10,2 mm. (P=2000 kg).

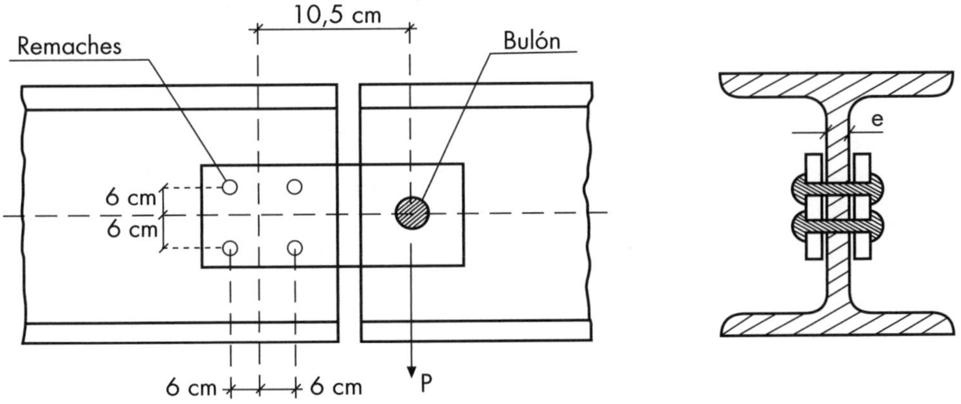

2. Dos chapas unidas mediante doble cubrejuntas están sometidas a un esfuerzo de tracción P=12000 kg. Sólo quieren emplearse tres tornillos ordinarios por cada lado. ¿Que diámetro deben tener dichos tornillos?. Se comprobará, además, que los cubrejuntas son suficientes.

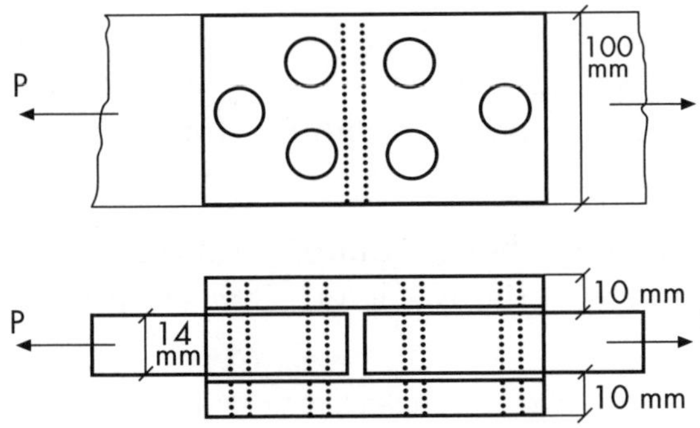

Acero 5D (s_t = 3000 kg/cm^2) (Tornillos)

Acero A-42 (s_e = 2600 kg/cm^2) (Chapas y cubrejuntas)

$b = 0{,}8$; $a = 2$

$g_c = 1{,}5$; $g_a = 1{,}1$

3. Calcular el esfuerzo que podría transmitir la unión de los dos hierros planos indicados en la figura, suponiendo que la tensión cortante máxima en los cordones de soldadura es de τ_{max}=1020 kg/cm^2. Tómese *a* (espesor de garganta) como 0,84 cm.

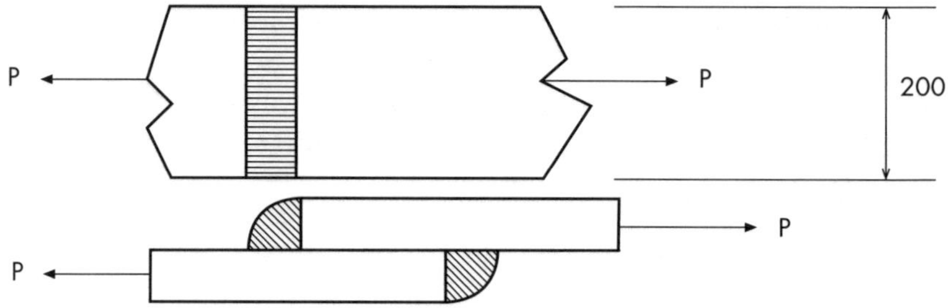

4. Determinar las longitudes de los cordones de soldadura que deben transmitir el esfuerzo excéntrico P=47.000 kg entre las dos chapas de la figura, de forma que la tensión cortante en cada cordón no supere el valor τ=950 kg/cm^2. El ancho de garganta es *a*=9 mm en ambos cordones.

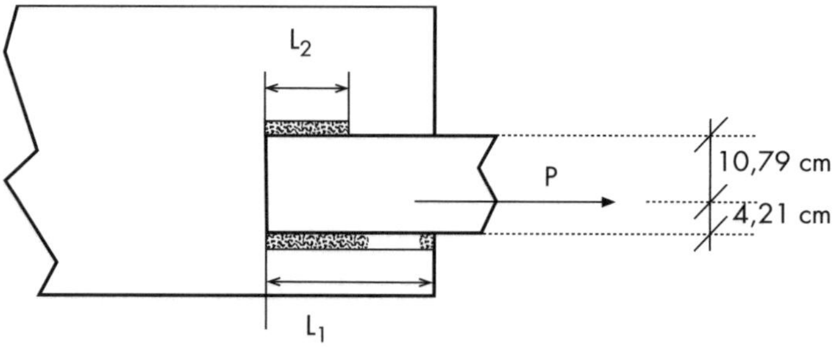

5. Una chapa de acero de 150 mm de ancho y 12 mm de espesor, sometida a un esfuerzo de tracción de 28000 kg (esfuerzo ya mayorado), necesita ser empalmada. El empalme se efectúa por cubrejuntas dobles de 8 mm de espesor. Se pide:

a) Si el empalme se realiza con remaches de diámetro d=11 mm, dispuestos en dos filas como indica la figura, determinar el número de remaches necesario.

- remaches: σ_t=2400 kg/cm^2

- chapas: Acero A-37, con σ_e=2400 kg/cm^2 γ_a=1

b) Si la unión se realiza mediante cordones longitudinales de soldadura, determinar la longitud de los mismos

a (ancho de garganta) = 5 mm ; β' = 0,75

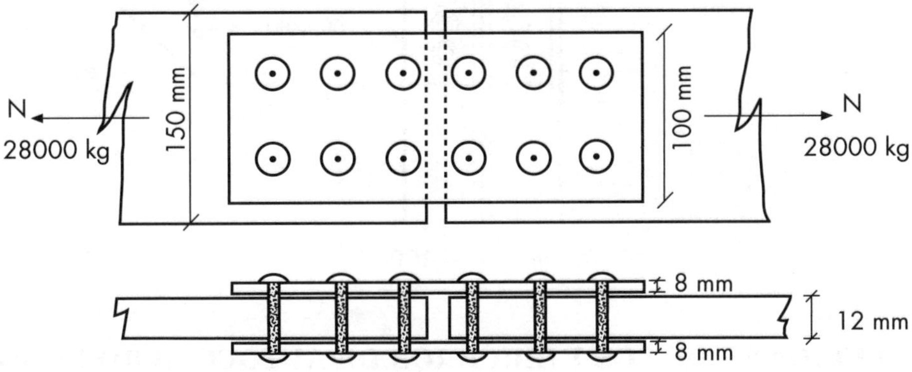

a)

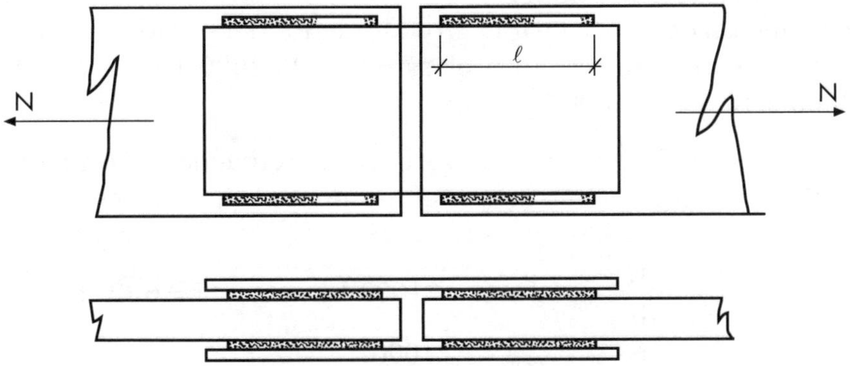

b)

6. En la figura la fuerza neta dirigida hacia abajo P es de 26,4 kN en cada una de las dos placas, anterior y posterior, de la ménsula. La distancia *a* es de 0,75 m. Determine el diámetro de los tornillos, de clase 5.6, necesarios para fijar la ménsula. No se considerará el posible efecto de aplastamiento de las chapas.

Datos: f_{ub}=500N/mm^2 ; γ_M=1,75

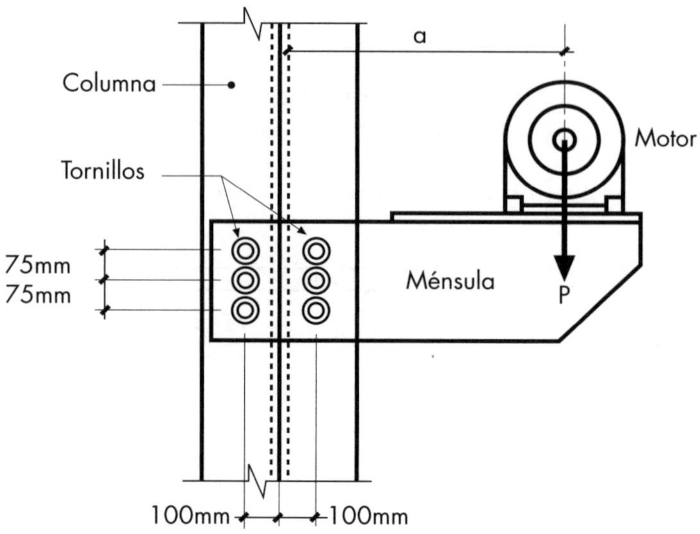

SOLUCIONES DE LOS EJERCICIOS DE AUTOCOMPROBACIÓN

1. Puesto que no se trata de un problema de dimensionamiento no es necesario mayorar la carga P para determinar las tensiones pedidas. Como la articulación debe permitir el giro alrededor del pasador, los cuatro remaches han de transmitir tanto el esfuerzo P=2000 kg, como el momento M=2000 x 10,5 = =21000 kg x cm.

El esfuerzo P determina sobre cada remache el esfuerzo cortante C_p=2000/4=500 kg., mientras que el momento origina el esfuerzo:

$$C_M = \frac{M}{4r}, \text{ donde } M = 21000 \text{ kg} \cdot \text{cm y } \ r = 6\sqrt{2} \text{ cm}$$

$$C_M = \frac{21000}{4 \text{ x } 6\sqrt{2}} = 619 \text{ kg}$$

Las proyecciones horizontal y vertical de C_M son iguales a $C_M \frac{\sqrt{2}}{2}$, por lo que el remache más cargado soportará un esfuerzo :

$$C = \sqrt{\left(500 + 619.\frac{\sqrt{2}}{2}\right)^2 + \left(619.\frac{\sqrt{2}}{2}\right)^2} = 1035 \text{ kg}$$

- Cálculo por cortadura (doble cortadura):

$$\tau \cdot 2 \cdot \frac{\pi \cdot 1,7^2}{4} = 1035 \ ; \ \tau = \frac{1035 \text{ x } 4}{2 \cdot \pi \cdot 1,7^2} = 228 \text{ kg/cm}^2$$

- Cálculo por compresión localizada (aplastamiento):

$$\sigma_c \cdot 1,7 \cdot 1,02 = 1035$$

$$\sigma_c = \frac{1035}{1,7 \cdot 1,02} = 597 \text{ kg/cm}^2$$

2. *a)* Cálculo por aplastamiento de las chapas:

$$\gamma_c P = \alpha\sigma_u . S_c = \alpha\sigma_u \cdot n \times d \times e_{\min}$$

Con los datos numéricos:

$$1,5 \times 12000 = 2 \times \frac{2600}{1,1} \times 3 \times d \times 1,4$$

$$d = 0,9 \text{ cm}$$

b) Cálculo por cortadura (doble cortadura):

$$\gamma_c P = \beta\sigma_t \times 2 \times n \times \frac{\pi d^2}{4}$$

$$1,5 \times 12000 = 0,8 \times 2 \times 3 \times \frac{\pi d^2}{4} \times 3000$$

$$d = 1,26 \text{ cm}$$

Se tomará este último valor.

c) Comprobación cubrejuntas:

Se trata de comprobar si la sección neta del cubrejuntas resiste el esfuerzo de tracción (N=P/2).

$$S_n = (10 - 2 \times 1{,}26) \times 1 = 7{,}48 \text{ cm}^2$$

$$\sigma = \frac{\gamma_c \, P/2}{S_n} = \frac{1{,}5 \times 6000}{7{,}48} = 1203 \text{ kg/cm}^2$$

El valor calculado para σ es menor que $\sigma_u = \dfrac{2600}{1{,}1} = 2364 \text{ kg/cm}^2$ por lo que los cubrejuntas son válidos.

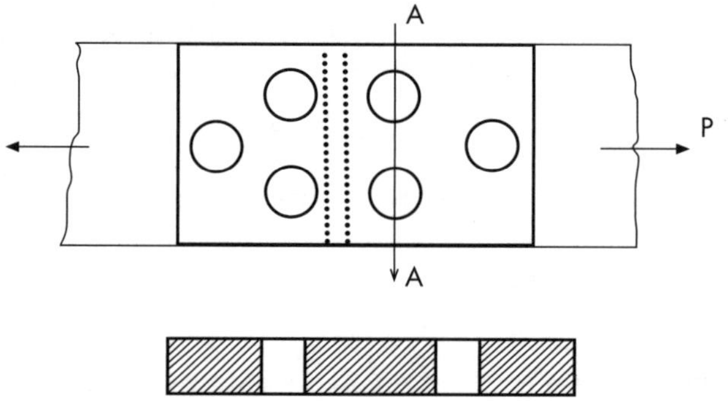

Sección A-A
(Cubrejuntas superior)

3. El esfuerzo es transmitido por los dos cordones de soldadura.

$$P = 2\tau_{\max} \times a \times 1$$
$$\tau_{\max} = 1020 \text{ kg/cm}^2$$
$$a = 0{,}84 \text{ cm}$$
$$l = 200 \text{ mm} = 20 \text{ cm}$$
$$P = 2 \times 1020 \times 0{,}84 \times 20$$
$$P = 34272 \text{ kg}$$

4. Llamando P_1 al esfuerzo transmitido por el cordón 1 y P_2 al transmitido por el cordón 2, ha de cumplirse:

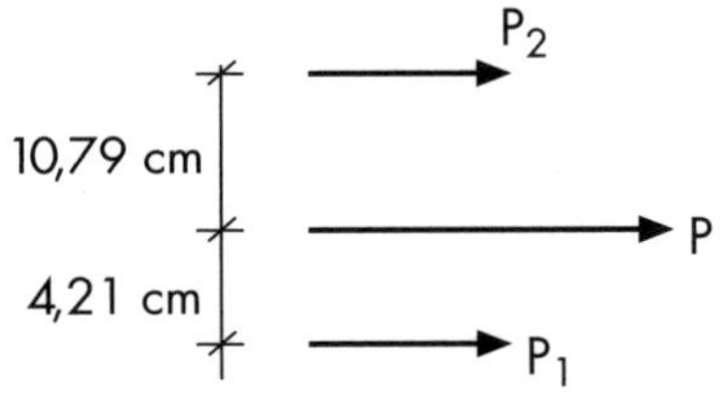

$$P_1 + P_2 = 47000 \text{ kg}$$

$$P_1 \times 4,21 = P_2 \times 10,79 \;\; ; \;\; P_1 = \frac{10,79}{4,21} P_2$$

$$P_2 \left(1 + \frac{10,79}{4,21} \right) = 47000 \text{ kg}$$

$$P_2 = 13191 \text{ kg} \;\; ; \;\; P_1 = 33809 \text{ kg}$$

$$P_1 = \tau \times a \times l_1$$

$$P_1 = 950 \times 0,9 \times l_1 = 33809 \qquad \text{l}_1 = 39,54 \text{ cm}$$

$$P_2 = \tau \times a \times l_2$$

$$P_2 = 950 \times 0,9 \times l_2 = 13191 \qquad \text{l}_2 = 15,42 \text{ cm}$$

Si la longitud de los cordones fuese dato, habría que determinar la posición de su centro de gravedad y añadir a la carga P el par P . e (e=excentricidad de la carga P respecto a la línea paralela a su recta de acción que pase por dicho c.d.g), para determinar la tensión cortante en cada cordón.

5. *a)* Suponiendo que el esfuerzo se reparte por igual entre todos los remaches, determinaremos el número necesario (en la mitad de la unión) por cortadura en los mismos (doble cortadura), o por aplastamiento de la chapa (o de los cubrejuntas). Para el caso de remaches α=2,5, β=0,8

$$1)\;\; \text{n}_\tau \cdot 2 \cdot \frac{\pi d^2}{4} \beta \sigma_t = N^* \;\; ; \;\; \beta \sigma_t = 0,8 \cdot 2400 = 1920 \text{ kg/cm}^2$$

$$\text{n}_\tau \cdot 2 \cdot \frac{\pi .1,1^2}{4} \cdot 1920 = 28000$$

$$n_\tau = 7,67 \rightarrow 8 \; \textit{remaches}$$

$$2)\;\; n_c \cdot d \cdot e_{\min} \alpha \sigma_u = N^* \;\; ; \;\; \alpha \sigma_u = 2,5 \cdot \frac{2400}{1} = 6000 \text{ kg/cm}^2$$

$$n_c \cdot 1,1 \cdot 1,2 \cdot 6000 = 28000$$

$$n_c = 3,5 \rightarrow 4 \text{ remaches}$$

Son necesarios, por tanto, 16 remaches para la unión completa.

b) El esfuerzo N ha de ser soportado por dos cordones de soldadura.

$$\beta'\sigma_u \times 2 \times a \times l = \frac{N^*}{2}$$

$$0,75 \times 2400 \times 2 \times 0,5 \times l = \frac{28000}{2}$$

$$l = \frac{15,55}{2}\ \text{cm}$$

Se tomará $l = \frac{16}{2}$ cm $= 8$ cm

6. La unión entre la placa en ménsula y la columna transmite, a través de los tornillos, la solicitación P = 26,4 kN, M = 26,4 · 0,75 = 19,8 mkN. El esfuerzo P se reparte uniformemente entre los seis tornillos, por lo que cada uno de ellos está sometido, en la unión a la superficie de la conlumna a un esfuerzo vertical, F_{Vi} = 26,4/6 = 4,4kN. El momento M será soportado por todos los tornillos, de forma que se cumpla $\Sigma F_{Mi} \cdot r_i = M$.

r_i = 100 mm para los tornillos centrales, $r_i = \sqrt{100^2 + 75^2} = 125$ mm, para el resto.

$F_{Mi} = (M/\Sigma r_i^2) \cdot r_i$; $\Sigma r_i^2 = 4 \cdot 125^2 + 2 \cdot 100^2 = 82500$

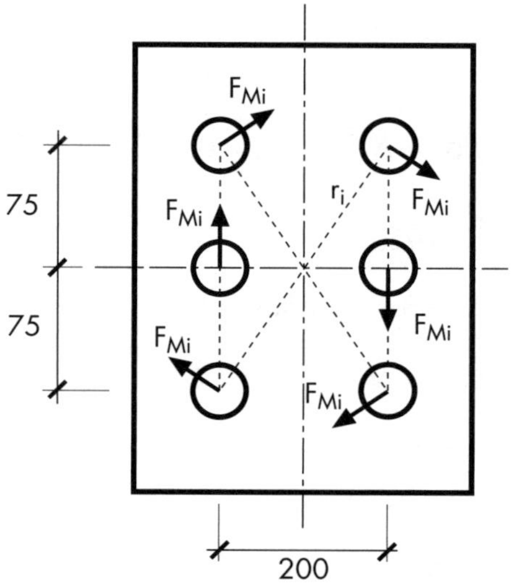

En los tornillos centrales es F_{Mi} = (M · 100) / 82500 = 19,8 ·1000 · 100) / /82500 = 45kN.

En los demás tornillos es F_{Mi} = (M · 125) / 82500= 19,8· 1000 · 125) / /82500 = 30kN.

Los tornillos mas desfavorablemente cargados son el superior y el inferior de la columna derecha, en los que el esfuerzo total es $F = \sqrt{V^2 + H^2}$

$V = F_{Vi} + F_{Mi} \cos \alpha$; $\operatorname{tg} \alpha = 75/100 = 0{,}75$; $\cos \alpha = 0{,}8$; $\operatorname{sen} \alpha = 0{,}6$

$V = 4{,}4 + 30 \cdot 0{,}8 = 28{,}4$ kN; $H = 30 \cdot 0{,}6 = 18$ kN

$$F = \sqrt{28{,}4^2 + 18^2} = 33{,}62 \text{ kN}$$

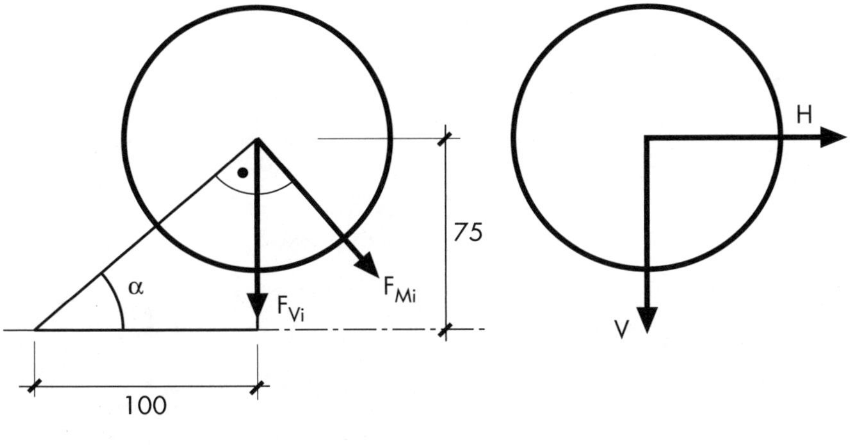

Se ha de cumplir, $(0{,}5\ f_{ubx}\ A)/\gamma_M \geq 33{,}62$; en el límite $A=(33{,}62\gamma_M)/0{,}5\ f_{ubx}$

$A=(\pi d^2)/4 \approx (33{,}62 \cdot 1{,}75 \cdot 1000)/0{,}5 \cdot 500$;

$d^2 = (4 \cdot 33{,}62 \cdot 1{,}75 \cdot 1000)/\pi \cdot 0{,}5 \cdot 500$;

d = 17,31 mm; se tomará d = 18 mm = 1,8 cm.

Tema 8

Flexión: análisis de tensiones

8.1. GENERALIDADES

Iniciamos en este capítulo el análisis de barras prismáticas sometidas a flexión, solicitación presente en una gran mayoría de piezas y elementos que forman parte de sistemas o estructuras resistentes y a la que, en consecuencia, vamos a dedicar un estudio extenso y detallado.

Se dice que una sección de una barra prismática está sometida a flexión pura cuando la resultante de las cargas que actúan a uno u otro lado de la misma es nula, estando contenido el vector momento resultante en su plano plano, como se indica en la figura 8.1, en la que se ha representado el caso general de flexión pura asimétrica, que no vamos a considerar, por el momento. Cuando el vector momento va dirigido según uno de los ejes principales de la sección, diremos que la barra prismática está sometida, en dicha sección a flexión pura simétrica (figuras 8.2 y 8.3).

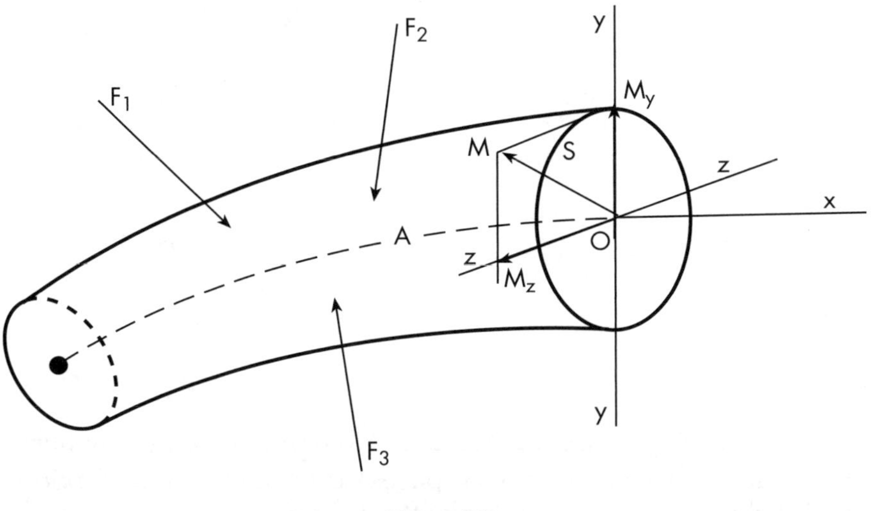

Figura 8.1

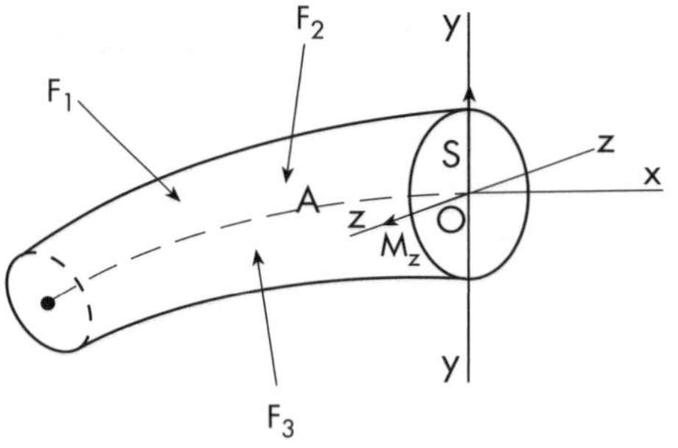

Figura 8.2

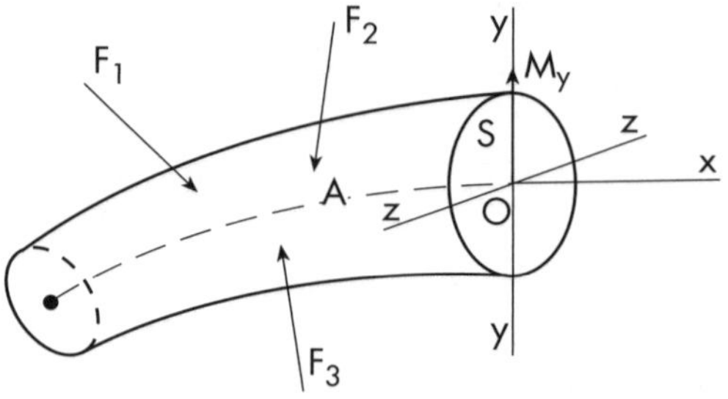

Figura 8.3

Aunque existen casos, que consideraremos, de barras prismàticas sometidas, en todas sus secciones, a flexión pura, lo habitual es que el momento flector esté acompañado del esfuerzo cortante. A dicha solicitación se la conoce con el nombre de flexión simple, representándose en las figuras 8.4 y 8.5, los dos casos posibles de flexión simple simétrica [como puede verse, si el momento flector va dirigido según el eje Oz(Oy), el esfuerzo cortante lo hará según el eje Oy(Oz)].

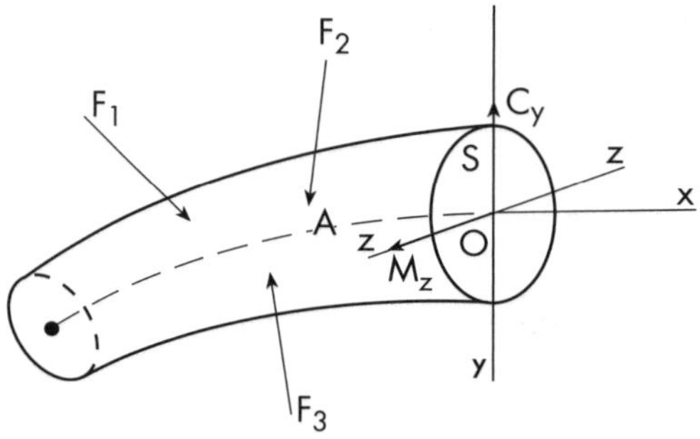

Figura 8.4

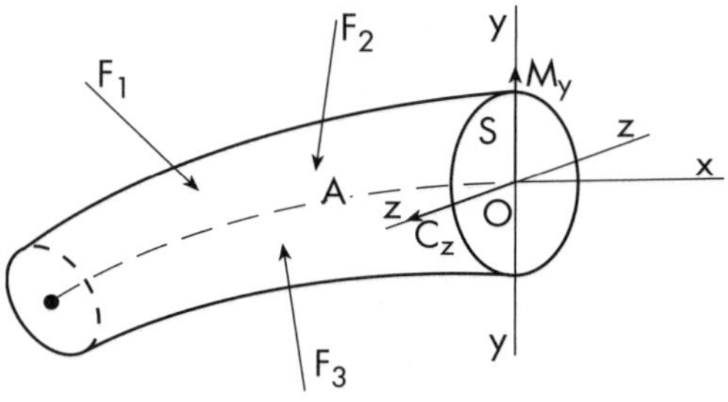

Figura 8.5

8.2. VIGAS

Se conoce con el nombre de viga a una barra prismática, generalmente recta, sometida a cargas (fuerzas y pares) que determinan flexión en un plano axial definido por su eje longitudinal y uno de los ejes principales de inercia de su sección, que consideraremos constante a lo largo de la longitud de la barra[1].

En la figura 8.6 se representa una viga sometida a varias cargas transversales y a las reacciones en los apoyos o vínculos A y B, que determinan, unas y otras, flexión simple en el plano xy.

Como veremos en este mismo capítulo, la solicitación indicada da origen a tensiones normales σ y a tensiones tangenciales τ, cuyas leyes de variación obtendremos, y que corresponden a un estado de tensión cuasiplano. (Los estados planos de tensión se estudian, en general y mediante la Teoría de la Elasticidad en la asignatura «Elasticidad y Resistencia de Materiales II»).

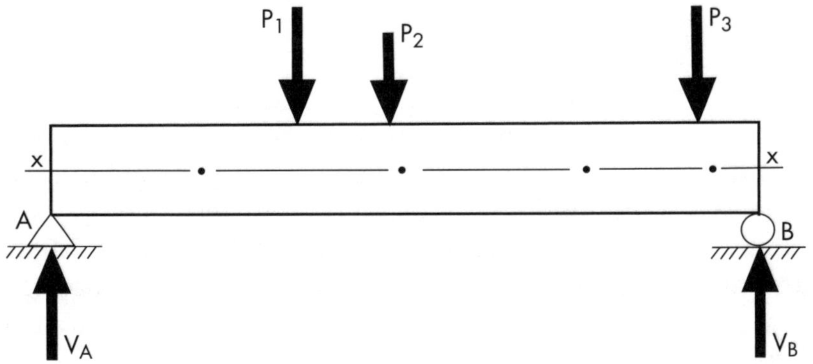

Figura 8.6

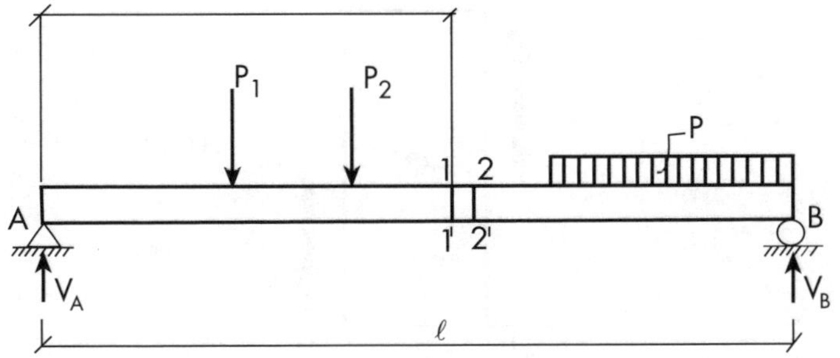

Figura 8.7

[1] Las vigas de sección variable serán estudiadas al final del tema 9.

Consideremos (figura 8.7), una viga isostática sometida a flexión simple y demos un corte en la misma por la sección recta 1-1'. Si prescindimos de la parte derecha (figura 8.8) o de la parte izquierda (figura 8.9) de la viga, la parte suprimida dará origen sobre la parte conservada, en la sección del corte, a un esfuerzo resultante, C_x y a un momento resultante, M_x, que serán, respectivamente el esfuerzo cortante y el momento flector en dicha sección.

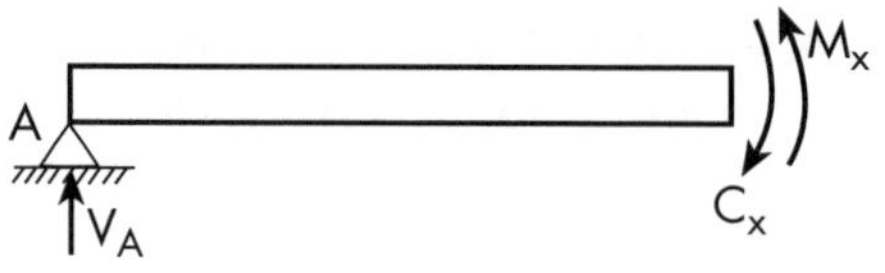

Figura 8.8

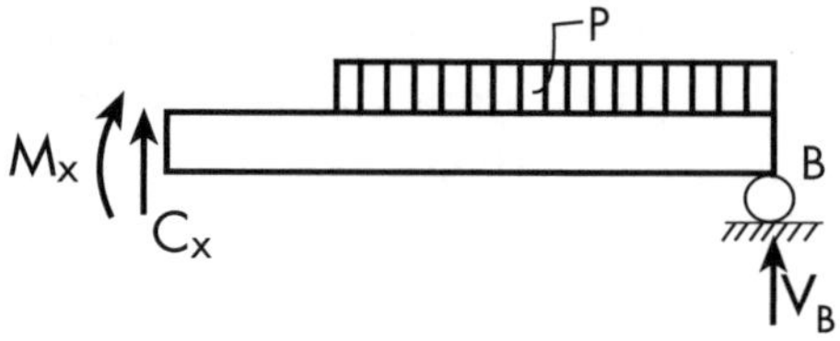

Figura 8.9

Sobre la viga considerada actúan cargas concentradas (P_1 y P_2) y de distribución uniforme (p es la intensidad de la carga por unidad de longitud), así como las reacciones en los apoyos, que serán verticales (V_A y V_B), al no actuar sobre esta viga isostática ninguna carga horizontal. Mediante dos cortes infinitamente próximos, 1-1' y 2-2' (figura 8.7), aislamos el elemento longitudinal (o rebanada), representado en la figura 8.10 y para el que establecemos los criterios de signos correspondientes al esfuerzo cortante y al momento flector.

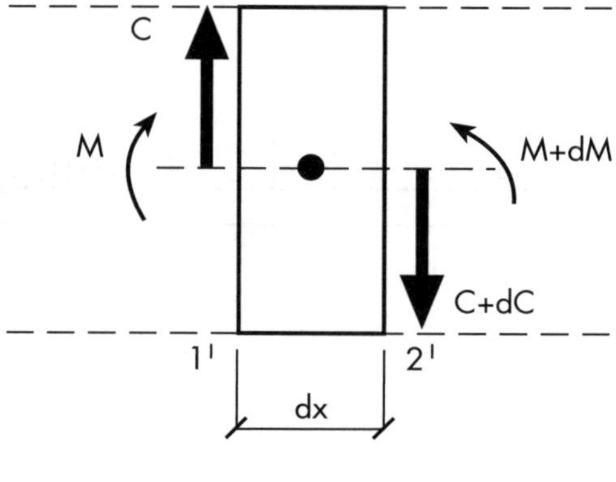

Figura 8.10

Se considera que el esfuerzo cortante C es positivo cuando, tomando momentos respecto de un punto interior del elemento, tiende a hacer girar a éste en el sentido de las agujas del reloj (negativo, en caso contrario), lo que equivale a decir que C es positivo si el elemento queda a su derecha.

Se consideran los momentos flectores positivos si tienden a curvar (flectar) la pieza con la concavidad hacia arriba (figura 8.11) y negativos en caso contrario (figura 8.12).

Figura 8.11

Figura 8.12

8.3. DIAGRAMAS DE ESFUERZOS CORTANTES Y MOMENTOS FLECTORES

Por lo general, tanto el esfuerzo cortante, C_x, como el momento flector M_x, varían a lo largo de una viga sometida a cargas exteriores. Las representaciones gráficas de las leyes de variación de ambos efectos mecánicos, en función de la posición de las correspondientes secciones a lo largo de la viga, reciben los nombres de diagramas de esfuerzos cortantes y de momentos flectores. El conocimiento de ambos diagramas es de gran importancia, como veremos, en el cálculo de vigas. En la figura 8.13 representamos los diagramas correspondientes a la viga de la figura 8.7, cuyos valores no acotamos ya que no hemos establecido relaciones entre los valores de P_1, P_2 y p, ni entre la longitud en que está aplicada la carga distribuida y la longitud total de la viga. [Es usual escribir C y M junto a los correspondientes diagramas].

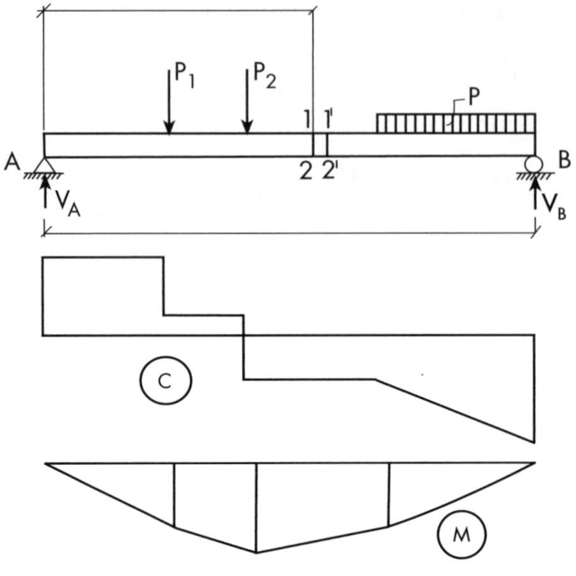

Figura 8.13

A continuación estudiamos varios ejemplos de obtención de diagramas de esfuerzos cortantes y momentos flectores en vigas isostáticas sometidas a flexión (en todos ellos se determinarán, en primer lugar, las reacciones en los apoyos).

a) Viga apoyada en sus extremos sometida a carga uniformemente distribuida (figura 8.14).

Dada la simetría geométrica y de carga, las reacciones verticales en los apoyos A y B son iguales.

$$V_A = V_B = \frac{pl}{2}$$

En una sección a distancia x del apoyo A, el esfuerzo cortante es:

$$C_x = \frac{pl}{2} - px$$

expresión válida en toda la longitud de la viga, anulándose para x=l/2 y tomando valores negativos para x>l/2; para x=l, C_l=-pl/2.

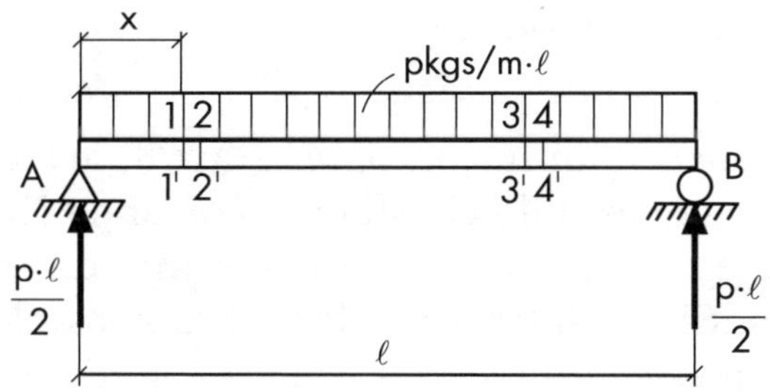

Figura 8.14

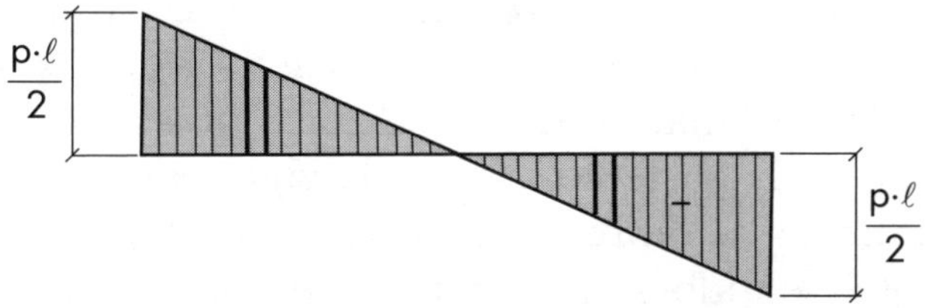

Figura 8.15

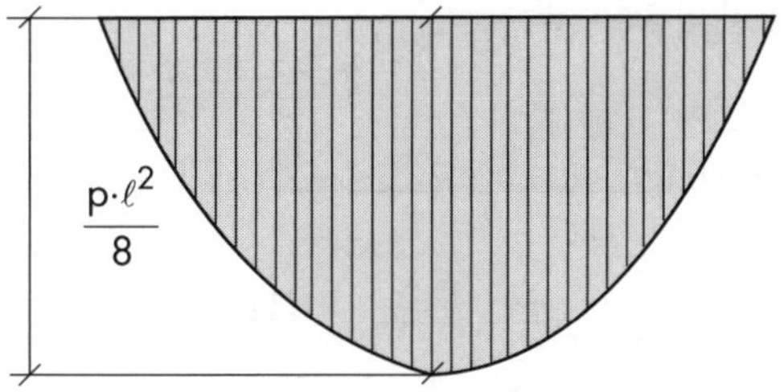

Figura 8.16

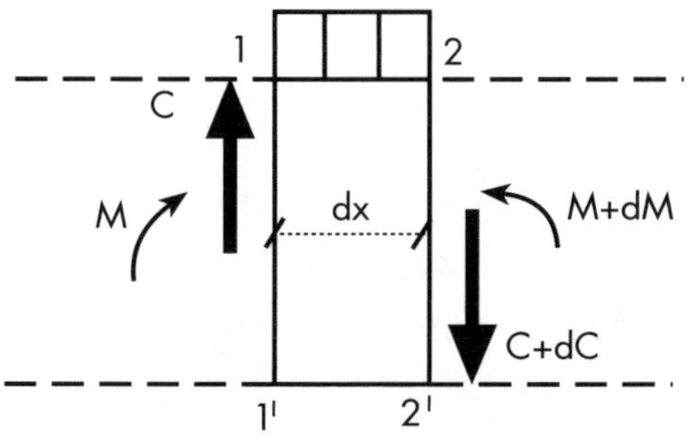

Figura 8.17

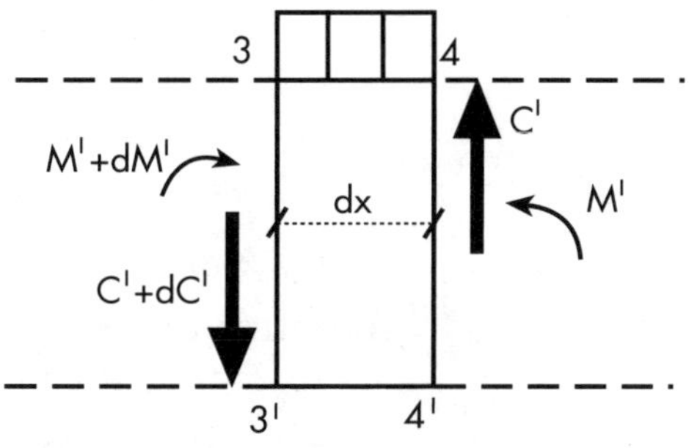

Figura 8.18

Por lo que se refiere al momento flector, éste tiene por expresión, asimismo en toda la longitud de la viga, $M_x = \frac{pl}{2}x - \frac{px^2}{2}$, ecuación de una parábola de eje vertical, cuyo valor máximo, $M_{max}=pl^2/8$, se alcanza en la sección central de la viga, donde es nulo el esfuerzo cortante. En las figuras 8.15 y 8.16 se representan los correspondientes diagramas de esfuerzo cortantes y momentos flectores. Si consideramos dos rebanadas elementales 11'22' y 33'44', observamos que se cumplen los criterios de signos enunciados en el epígrafe anterior (figuras 8.17 y 8.18).

Como se indica en la figura 8.16, en la representación gráfica de la ley de variación de momentos flectores no se sigue el convenio habitual de dibujar los valores positivos por encima del eje de abscisas, sino que hemos preferido dibujar las ordenadas del lado de las fibras extendidas que, como veremos, se sitúan en la parte inferior de la viga, para momentos flectores positivos. Este criterio de representación tiene ventajas importantes tanto para prever en qué sentido se producirá la deformación de la viga como para señalar en qué zonas debieran situarse las armaduras metálicas cuando la viga en estudio se ejecute en hormigón armado.

b) Viga apoyada en sus extremos sometida a carga concentrada en una de sus secciones.

En este caso (figura 8.19), las reacciones verticales en los apoyos A y B son:

$$V_A = \frac{Pb}{l} \quad , \quad V_B = \frac{Pa}{l}$$

valores que se deducen de la aplicación de las ecuaciones de la estática:

$$\Sigma F_v = V_A + V_B - P = 0$$

$$\Sigma M_B = V_A l - P \cdot b = 0$$

Entre el apoyo A y el punto de aplicación de la carga P, el esfuerzo cortante es $C_x = \frac{Pb}{l}$ mientras que el momento flector tiene por expresión:

$$M_X = V_A x = \frac{Pb}{l} x$$

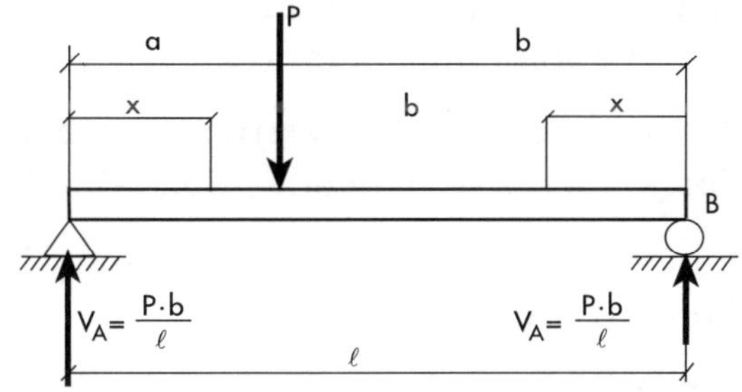

Figura 8.19

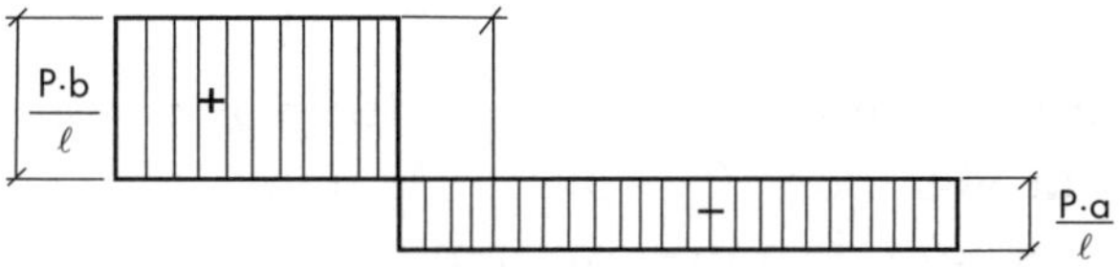

Figura 8.20

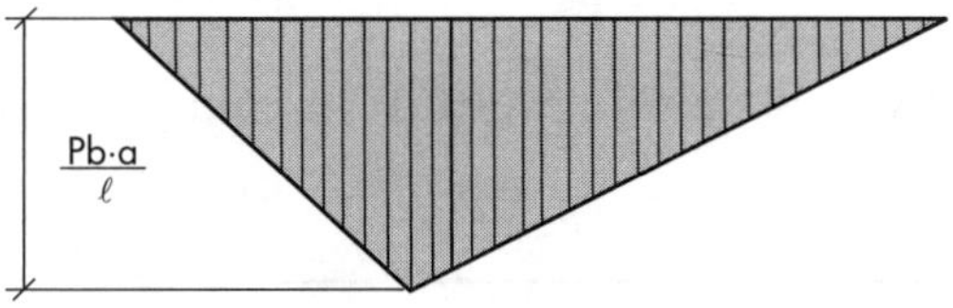

Figura 8.21

Para x=*a*, es $C_x = \frac{Pb}{l}$ y $M_a = \frac{Pab}{l}$

Para las secciones situadas en el tramo b de la viga es más práctico tomar origen a la derecha (apoyo B) y obtener, de acuerdo con los criterios de signos establecidos, los valores del esfuerzo cortante y del momento flector, $C_{x'}$ y $M_{x'}$

$$C' = -V_B = -\frac{Pa}{l} \quad ; \quad M' = V_B x' = \frac{Pa}{l} x'$$

Para x'=b, C'=-P*a*/l ; M'=P*a*b/l, lo que nos indica que en la sección donde se aplica la carga, el esfuerzo cortante cambia de signo y el momento flector es máximo.

En las figuras 8.20 y 8.21 se representan los correspondientes diagramas de esfuerzos cortantes y momentos flectores.

Las vigas isostáticas apoyadas en sus extremos, que hemos considerado en los dos casos anteriores, suelen ser llamadas vigas simplemente apoyadas.

c) Viga perfectamente empotrada en un extremo y libre en el otro sometida a carga distribuida (figura 8.22).

En esta viga, también llamada viga en ménsula, las reacciones en el empotramiento B son:

$$V_B = pl \ \ ; \ \ M_B = \frac{pl^2}{2}$$

Las leyes de momentos flectores y esfuerzos cortantes, válidas en toda la longitud de la viga son: $C_x = -px$; $M_x = -px^2/2$, alcanzando sus valores máximos en la sección de empotramiento:

$$C_l = -pl \ \ ; \ \ \mathrm{M}_l = -\frac{pl^2}{2}$$

En las figuras 8.23 y 8.24 se representan los diagramas correspondientes.

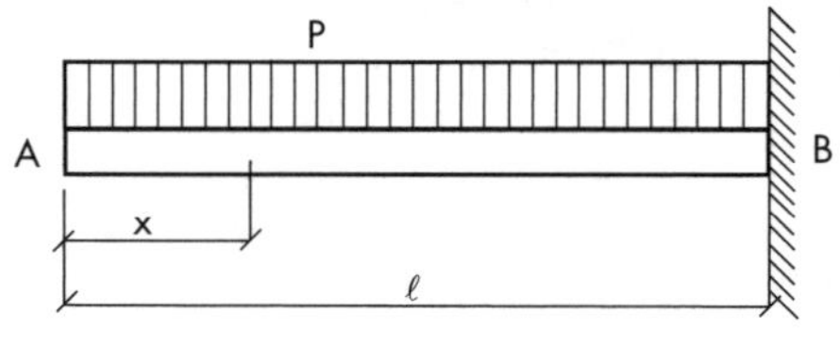

Figura 8.22

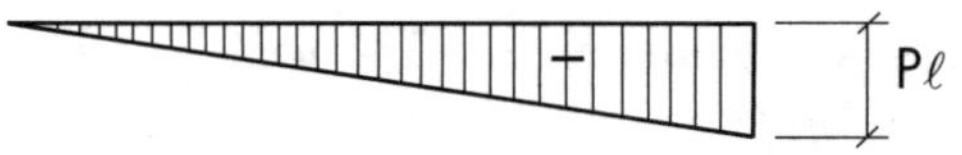

Figura 8.23

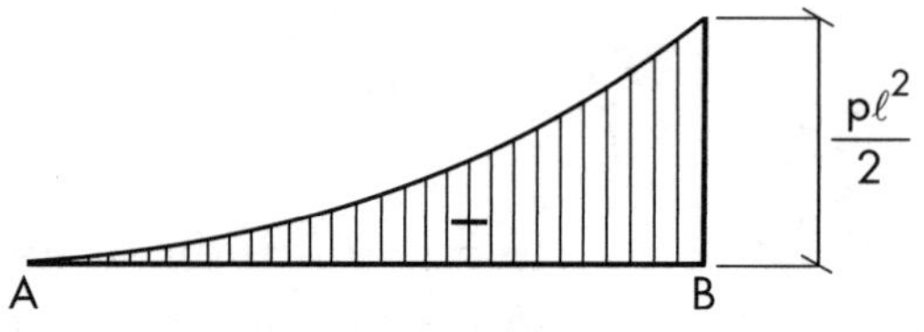

Figura 8.24

d) Viga en ménsula con carga concentrada en el extremo libre B (figura 8.25).

Las reacciones en el empotramiento A son:

$$V_A = P \;\; ; \;\; M_A = P \cdot l$$

En este caso, es más cómodo tomar origen en el extremo derecho B, por lo que los valores de los esfuerzos cortantes y los momentos flectores se expresan como sigue, en la sección 1-1':

$$C' = P \;\; ; \;\; M' = -Px'$$

Los valores máximos se presentan en el empotramiento A:

$$C'_A = P \;\; ; \; M'_A = -Pl$$

En las figuras 8.26 y 8.27 se representan, análogamente con los casos anteriores, los diagramas de momentos flectores y esfuerzos cortantes.

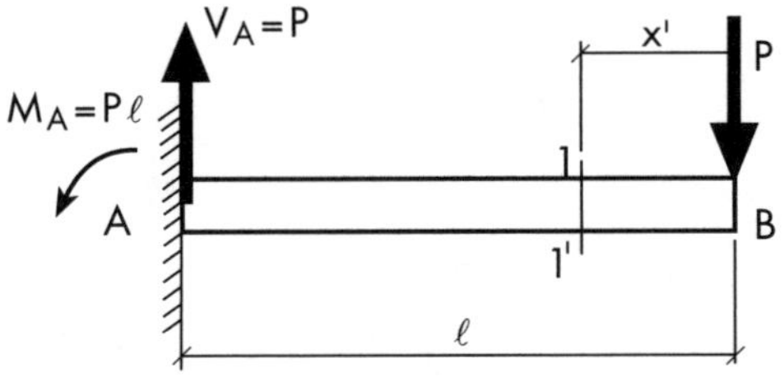

Figura 8.25

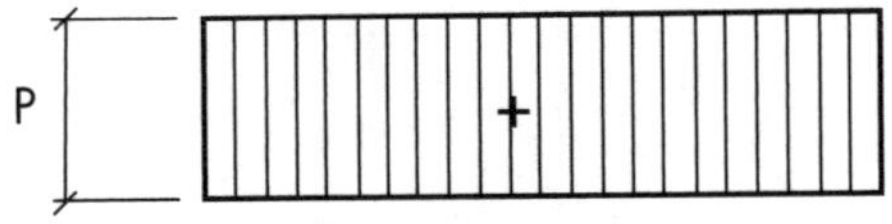

Figura 8.26

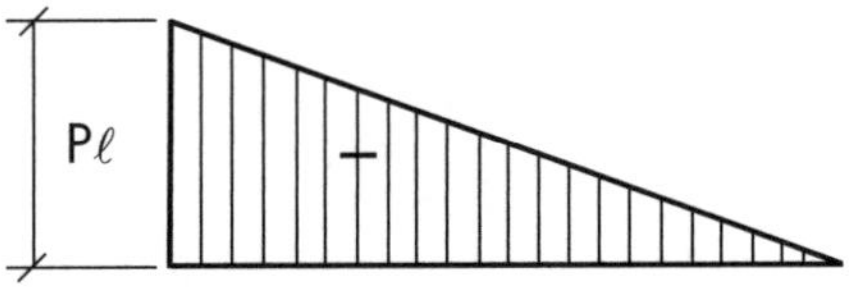

Figura 8.27

Existen otros tipos de vigas isostáticas, principalmente las vigas apoyadas con uno o dos voladizos que serán estudiadas en los ejercicios que se contemplan al final del presente capítulo y del siguiente.

8.4. RELACIONES ENTRE EL MOMENTO FLECTOR, EL ESFUERZO CORTANTE Y LA CARGA

Consideremos nuevamente el elemento longitudinal representado en la figura 8.10, que, como sabemos, se ha obtenido mediante dos cortes infinitamente próximos 1-1' y 2-2' realizados sobre la viga representada en la figura 8.7.

Ya que el elemento se encuentra en equilibrio, la suma de momentos respecto al punto O (figura 8.28) debe ser nula:

$$M_x + C_x dx - \left(M_x + dM_x\right) = 0 \qquad [8.1]$$

de donde:

$$C_x = \frac{dM_x}{dx} \qquad [8.2]$$

Es decir, el esfuerzo cortante es igual a la derivada del momento flector respecto a la variable x (distancia desde el extremo izquierdo de la viga).

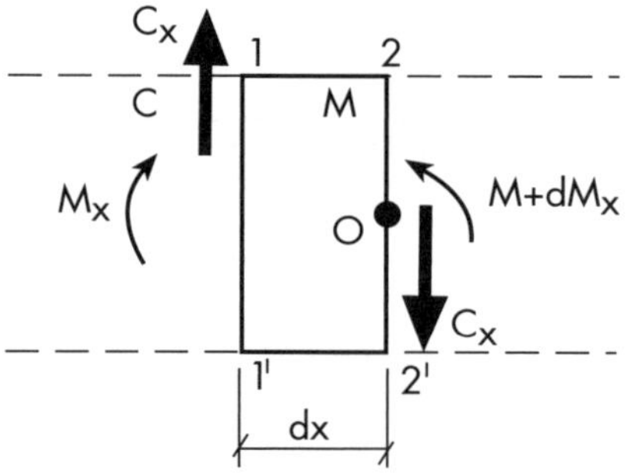

Figura 8.28

Si en vez del elemento anterior consideramos el representado en la figura 8.17 (obtenido en forma similar a partir de la viga apoyada representada en la figura 8.14), la condición de equilibrio (figura 8.29) se expresa como sigue:

$$M_x + C_x dx - pdx\frac{dx}{2} - \left(M_x + dM_x\right) = 0 \qquad [8.3]$$

Si despreciamos los infinitésimos de orden superior, obtenemos la misma expresión [8.2].

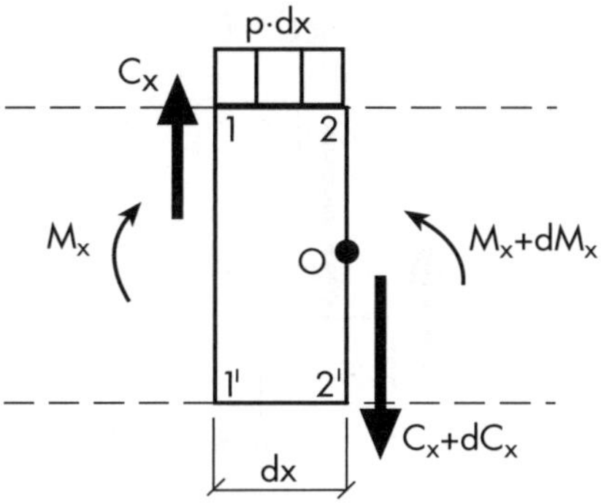

Figura 8.29

Si para este elemento establecemos también el equilibrio de fuerzas verticales, obtenemos:

$$C_x - pdx - \left(C_x + dC_x\right) = 0 \qquad [8.4]$$

de donde:

$$p = -\frac{dC_x}{dx} \qquad [8.5]$$

es decir la intensidad de la carga distribuida p es igual a la derivada, con signo cambiado del esfuerzo cortante respecto a la variable x.

De las expresiones [8.2] y [8.5] se deduce:

$$p = -\frac{d^2 M_x}{dx^2} \qquad [8.6]$$

por lo que podemos decir, también, que la intensidad de la carga distribuida p es la derivada segunda, con signo cambiado, del momento flector respecto a la variable x.

En la figura 8.30 representamos un elemento obtenido mediante dos cortes infinitamente próximos a un lado y otro del punto de aplicación de la carga P, en la viga de la figura 8.19. Si establecemos el equilibrio de esfuerzos verticales, observamos que existe una discontinuidad en la ley de esfuerzos cortantes:

$$C_x^{\prime} = C_x - P \qquad [8.7]$$

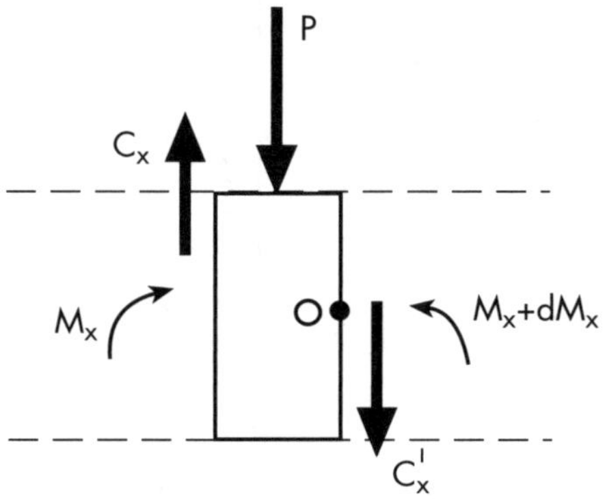

Figura 8.30

aunque, en la realidad, la carga concentrada no existe, sino que está distribuida en una longitud muy pequeña, infinitesimal, con lo que el elemento a considerar sería, nuevamente, el indicado en la figura 8.29.

A partir de las expresiones [8.1] a [8.7] podemos deducir las conclusiones siguientes:

a) Cuando en una viga existen cargas uniformemente repartidas, las leyes de variación del esfuerzo cortante, C y del momento flector M, son funciones algebraicas continuas, de primero y segundo grado. Si p variase linealmente, C y M serían polinomios de segundo y tercer grado, respectivamente. Si el tramo de viga está descargado (p=0), C es constante y M varía linealmente.

b) De la expresión [8.2] deducimos que el momento flector se hace máximo en aquella sección de la viga donde se anule el esfuerzo cortante (no es mínimo porque, como hemos visto, la derivada segunda de M respecto a x es negativa).

c) Si en un tramo de una viga el esfuerzo cortante es nulo, el momento flector es constante, de acuerdo con la definición de flexión pura, mientras que si $C \neq 0$, el momento flector existe y es variable, por lo que sólo se anulará en alguna sección determinada. Como consecuencia, se deduce que la solicitación de cortadura pura, considerada en el capítulo anterior, sólo se presenta en secciones aisladas de las barras prismáticas sometidas a carga.

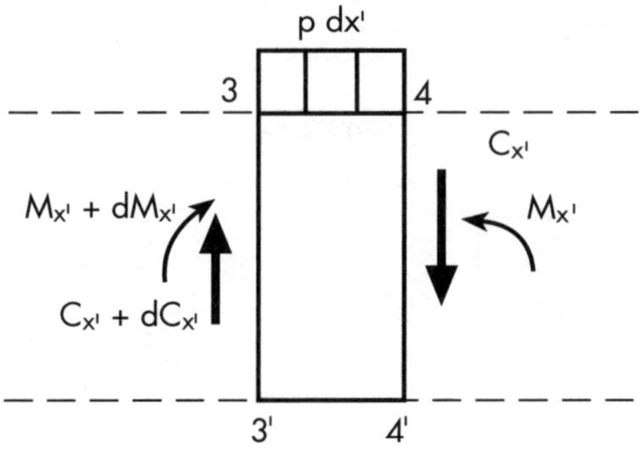

Figura 8.31

Debe hacerse, finalmente, una observación sobre lo expuesto en el presente epígrafe: Si el origen de coordenadas se toma en el extremo derecho de la viga y se considera un elemento como el de la figura 8.18, la aplicación de las condiciones de equilibrio (figura 8.31), conduce a las expresiones:

$$\left.\begin{aligned} C_{x'} &= -\frac{dM_{x'}}{dx'} \\ p &= -\frac{dC_{x'}}{dx'} \end{aligned}\right\} \qquad [8.8]$$

obtenidas teniendo en cuenta los criterios de signos establecidos para momentos flectores y esfuerzos cortantes, por lo que el esfuerzo cortante y la carga por unidad de longitud p son las derivadas, con signo cambiado, del momento flector y el esfuerzo cortante respecto de la variable x' (distancia al origen coordenadas, situado en el extremo derecho de la viga).

8.5. TENSIONES ORIGINADAS POR EL MOMENTO FLECTOR

a) Vigas sometidas a flexión pura.

Consideremos la viga indicada en la figura 8.32, cuyos diagramas de esfuerzos cortantes y momentos flectores representamos en las figuras 8.33 y 8.34.

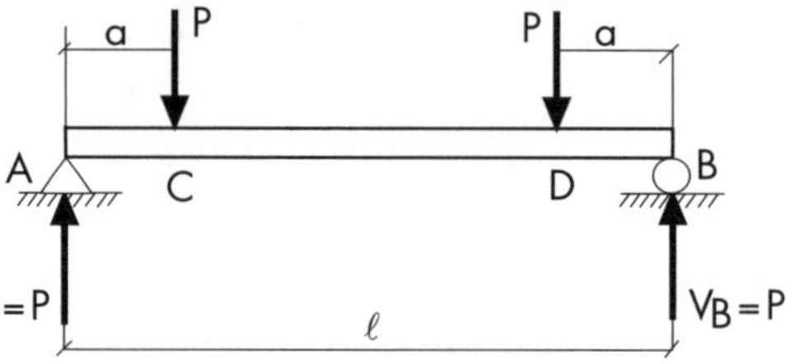

Figura 8.32

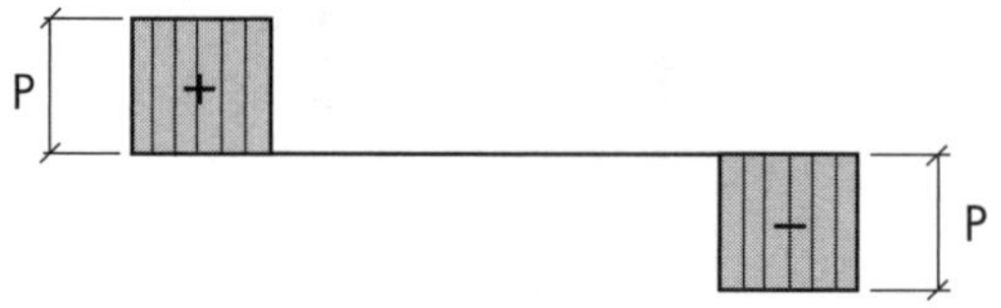

Figura 8.33

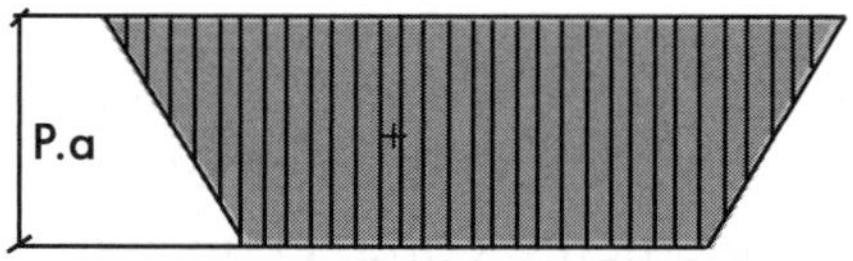

Figura 8.34

El tramo comprendido entre los puntos de aplicación de las cargas P está sometido, como vemos, a flexión pura; esta solicitación origina tensiones normales σ, cuya ley de variación obtendremos a partir de la deformación experimentada por dicho tramo.

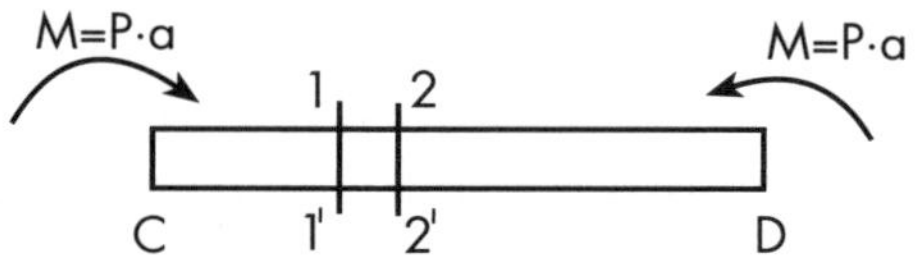

Figura 8.35

En la figura 8.35 se representa el citado tramo de viga sometido a los pares de flexión M=P·*a*. Bajo la acción de estos pares la barra CD, cuya sección transversal supondremos simétrica, se deforma de modo que su eje longitudinal se transforma en una curva que recibe el nombre de línea elástica y que es de curvatura constante al serlo el momento flector, por lo que constituye un arco de circunferencia con centro en O (figura 8.36). Este arco de circunferencia está contenido en el plano de flexión (plano xy) y todas sus fibras se deforman según arcos circulares concéntricos con la línea elástica. Lo mismo ocurre con las demás fibras de la viga, estando sus centros de curvatura en una recta perpendicular al plano de la figura, que pasa por O.

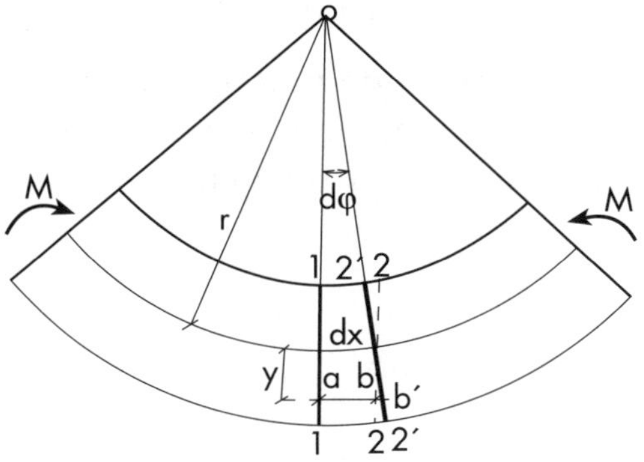

Figura 8.36

En virtud de la deformación las fibras inferiores de la viga se alargan, mientras que las superiores se acortan, existiendo una capa de fibras cuya longitud no se altera, que recibe el nombre de superficie neutra. Dicha superficie determina, en su intersección con el plano axial de simetría, la fibra neutra que coincide con la línea elástica o deformada del eje geométrico de la barra. La superficie neutra corta a cada sección transversal de la barra según una recta n-n, que llamaremos línea neutra (figura 8.37).

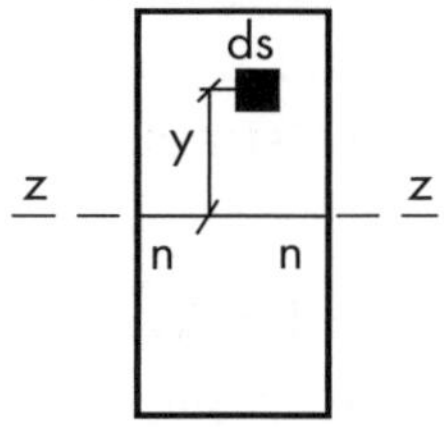

Figura 8.37

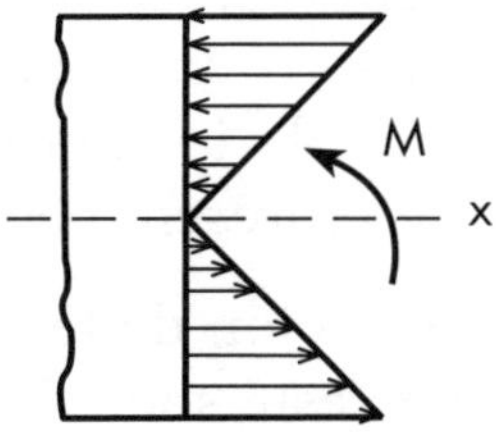

Figura 8.38

Para el estudio de las tensiones originadas en la flexión pura, supondremos se cumplen las siguientes hipótesis:

1. Las secciones transversales de la barra, planas antes de la deformación, se mantienen planas y ortogonales a las fibras deformadas (hipótesis de Bernoulli).

2. El material cumple la ley de Hooke, siendo iguales los módulos de elasticidad para tracción y compresión.

Por tanto, cualquier sección 2-2 gira, alrededor de su línea neutra, respecto a la infinitamente próxima, 1-1, conservándose plana, siendo dφ el ángulo girado, y pasando a la posición 2'-2'.

De la figura 8.36 deducimos que la longitud ab de una fibra situada a distancia y de la fibra neutra se incrementa en el segmento bb'=ydφ. Ya que la longitud inicial es ab=dx, el valor del alargamiento unitario experimentado por la fibra es:

$$\varepsilon_x = \frac{bb'}{ab} = \frac{yd\varphi}{dx} \qquad [8.9]$$

Ya que es dx=rdφ, donde r es el radio de curvatura la expresión anterior se convierte en:

$$\varepsilon_x = \frac{y}{r} \qquad [8.10]$$

La tensión originada, en virtud de la ley de Hooke, será:

$$\sigma_x = \frac{\mathrm{E}y}{r} \qquad [8.11]$$

Como vemos el momento flector da origen a tensiones normales σ_x, proporcionales a su distancia a la línea neutra y que serán tracciones en la parte inferior de la viga y compresiones en la parte superior. (Su ley de variación se representa en la figura 8.38).

La distribución de tensiones σ_x debe estar en equilibrio con la solicitación a la que esté sometida cada sección del tramo de viga en estudio, por lo que su resultante debe ser nula (no actúan esfuerzos normales, en dirección x) y su momento resultante respecto a la línea neutra debe ser equivalente al momento flector M:

$$\Sigma\sigma_x = \int_S \sigma_x dS = \int_S \frac{E}{r} y dS = 0 \qquad [8.12]$$

Ya que E y r son constantes, la expresión [8.12] indica que la línea neutra pasa por el c.d.g. de la sección.

$$M = \int_S \sigma_x y dS = \int_S \frac{Ey^2}{r} dS = \frac{E}{r}\int_S y^2 dS \qquad [8.13]$$

La integral $\int_S y^2 dS$ es el momento de inercia, I_z, del área de la sección respecto a la línea neutra de la misma, coincidente con el eje z, por lo que podemos escribir:

$$M = \frac{EI_z}{r}, \text{ o bien: } \frac{E}{r} = \frac{M}{I_z}$$

valor que sustituimos en la expresión [8.11]:

$$\sigma_x = \frac{Ey}{r} = \frac{My}{I_z} \qquad [8.14]$$

Ecuación conocida como ley de Navier, que permite obtener el valor de la tensión en cualquier punto de la sección de la barra, en la que consideraremos positivas las ordenadas y en la zona traccionada (mitad inferior de la sección).

Los máximos valores de σ_x se producen en los puntos más alejados de la línea neutra, por lo que la mayor tensión de tracción (arista inferior de la sección) es:

$$\sigma_{max\,t} = \frac{M \cdot h/2}{I_z} = \frac{M}{W_z} \qquad [8.15]$$

y la máxima tensión de compresión, correspondiente a la arista superior de la sección es:

$$\sigma_{\max t} = \frac{M \cdot h/2}{I_z} = \frac{M}{W_z} \qquad [8.16]$$

En las expresiones [8.15] y [8.16], W_z es una característica geométrica de la sección que recibe el nombre de módulo o momento resistente y vale:

$$W_z = \frac{I_z}{h/2} \qquad [8.17]$$

Si la sección sólo presenta simetría respecto del eje y, hay que determinar dos módulos resistentes, W_{z1} y W_{z2}, cuyos valores, de acuerdo con la figura 8.39, son:

$$W_{z1} = \frac{I_z}{e_1} \; ; \; W_{z2} = \frac{I_z}{e_2} \qquad [8.18]$$

y las máximas tensiones de tracción y compresión tienen los valores:

$$\sigma_1 = \frac{M}{W_{z1}} \; ; \; \sigma_2 = \frac{M}{W_{z2}} \qquad [8.19]$$

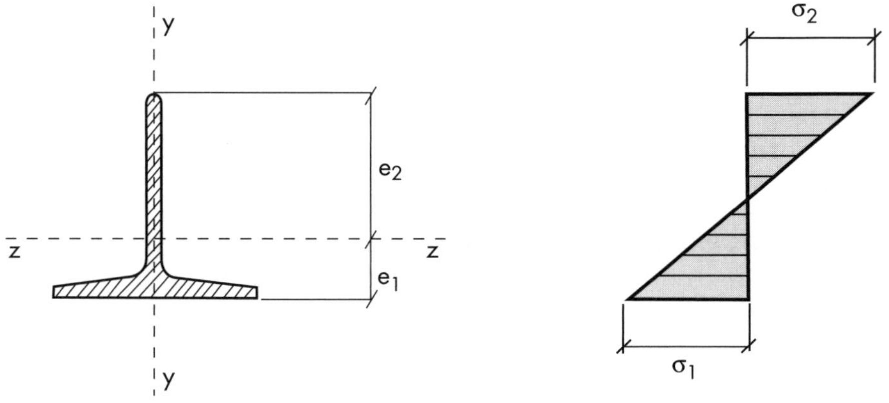

Figura 8.39

En el cálculo de las secciones resistentes deberá comprobarse que la máxima tensión normal es inferior a la tensión de cálculo del material, como ya vimos en el capítulo 5. Para secciones simétricas y para materiales con igual resistencia a tracción y a compresión deberá cumplirse:

$$\gamma_c \frac{M}{W_z} = \gamma_c \sigma_{\max} \le \sigma_u = \frac{\sigma_e}{\gamma_m} \qquad [8.20]$$

γ_c y γ_m son, respectivamente, los coeficientes de mayoración de cargas y de minoración de la resistencia del material, que suponemos presenta comportamiento dúctil.

b) Cuando la viga está sometida a flexión simple, como en el caso de la figura 8.6, existen, además de las tensiones normales originadas por el momento flector, las tensiones tangenciales debidas al esfuerzo cortante. Ya que la distribución de estas últimas, como veremos, no es uniforme, las secciones se alabean, no cumpliéndose la hipótesis de Bernoulli. Sin embargo, cuando el esfuerzo cortante C se mantiene constante a lo largo de la viga, el alabeo es el mismo para los puntos homólogos de las distintas secciones, por lo que puede aplicarse la hipótesis generalizada de Bernoulli-Navier, por la que dos secciones de una barra sometida a flexión simple pueden superponerse mediante una traslación (debida al alabeo) y un giro (originado por el momento flector), siendo de aplicación para el cálculo de las tensiones normales σ la ley de Navier. (Si C no fuese constante esta ley es sólo aproximada, aunque puede emplearse en la mayor parte de los casos).

8.6. SECCIONES TRANSVERSALES MÁS UTILIZADAS

Una vez establecida la ley de variación de las tensiones normales σ_x, originadas por el momento flector, es oportuno establecer los criterios que permiten elegir la sección transversal más adecuada para las barras flectadas.

a) Si el material resiste por igual a tracción y a compresión debe utilizarse una sección simétrica como las indicadas en la figura 8.40, ya que, en caso contrario (como en la sección simple *te*, representada en la figura 8.39), no se aprovecha al máximo la capacidad resistente del material.

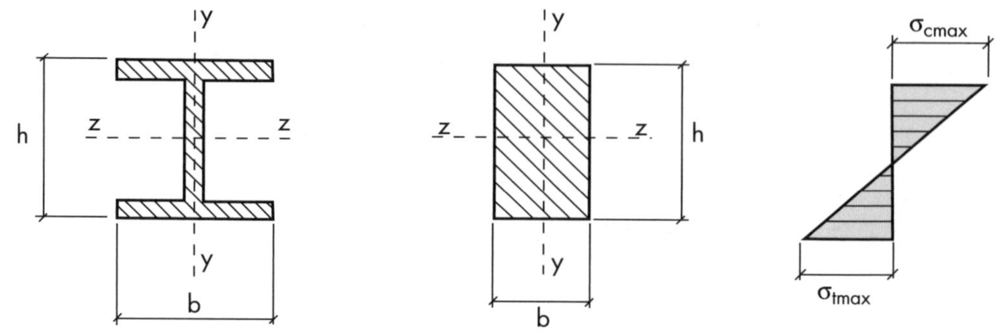

Figura 8.40

Sin embargo, hay ocasiones en que la función constructiva de la barra exige que la sección no sea simétrica respecto al eje z, por lo que, en la medida de lo posible, se distribuye el material entre cabeza y base de forma que el c.d.g. de la sección no esté muy alejado de la mitad de la altura. Tal es el caso de los carriles de ferrocarril (figura 8.41).

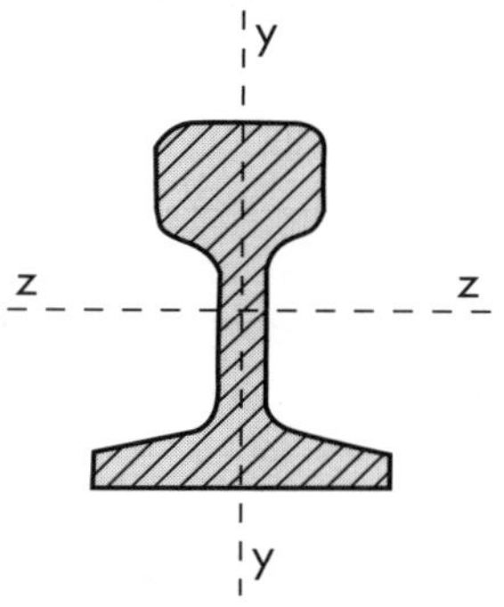

Figura 8.41

b) Si el material presenta resistencias distintas a tracción y compresión es aconsejable, en cambio, el empleo de secciones asimétricas, como se hace, en ocasiones, en las vigas de hormigón en simple te (figura 8.42), en las que la posición del centro de gravedad se determina de forma que se cumpla la relación $\frac{\sigma_{t\max}}{\sigma_{c\max}} = \frac{e_1}{e_2}$, donde σ_{tmax} y σ_{cmax} son las máximas tensiones que debe soportar la pieza.

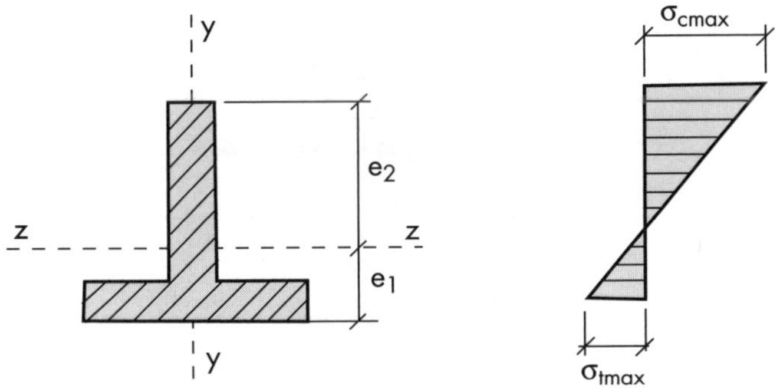

Figura 8.42

c) Además de las consideraciones resistentes es conveniente elegir la sección más económica, es decir, la de menor área. Estudiaremos seguidamente las características resistentes de diversas secciones transversales.

- En el caso de sección rectangular, de base b y altura h (figura 8.40), el módulo resistente vale:

$$W_z = \frac{I_z}{h/2} = \frac{bh^3/12}{h/2} = \frac{1}{6}bh^2 = 0{,}167Sh \qquad [8.21]$$

  La sección rectangular es, dentro de ciertos límites, tanto más económica cuanto mayor sea su altura h para la misma área S[2].

- Si eligiésemos una sección circular, de diámetro d (figura 8.43), su módulo resistente sería:

$$W_z = \frac{I_z}{h/2} = \frac{\pi d^4/64}{d/2} = \frac{1}{8}\frac{\pi d^2}{4}.d = 0{,}125S.d \qquad [8.22]$$

Comparemos esta sección circular con la sección cuadrada de igual área (figura 8.44), cuyo lado *a* determinamos a continuación:

$$S = a^2 = \frac{\pi d^2}{2}, \text{ de donde } a = \frac{d\sqrt{\pi}}{2}$$

[2] Si h es muy grande puede aparecer el fenómeno de pandeo, que estudiaremos más adelante.

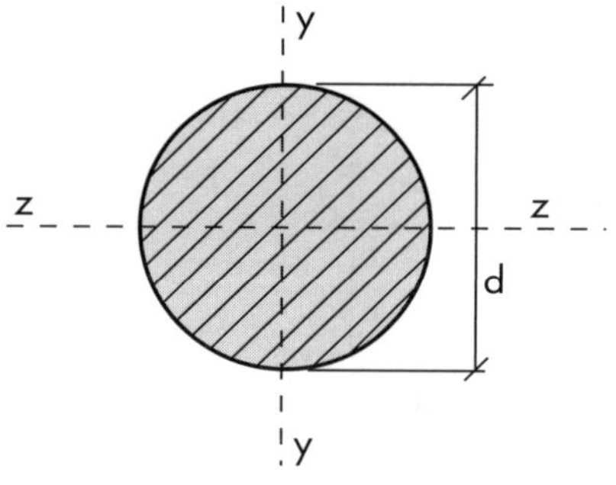

Figura 8.43

Para la sección cuadrada, será:

$$W_z = \frac{1}{6}a^3 = \frac{1}{6}Sa = \frac{1}{6}S\frac{d\sqrt{\pi}}{2} = 0{,}147\ Sd \qquad [8.23]$$

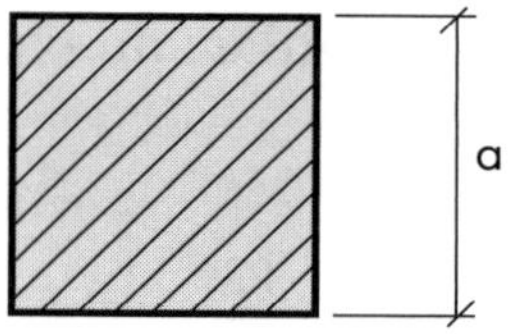

Figura 8.44

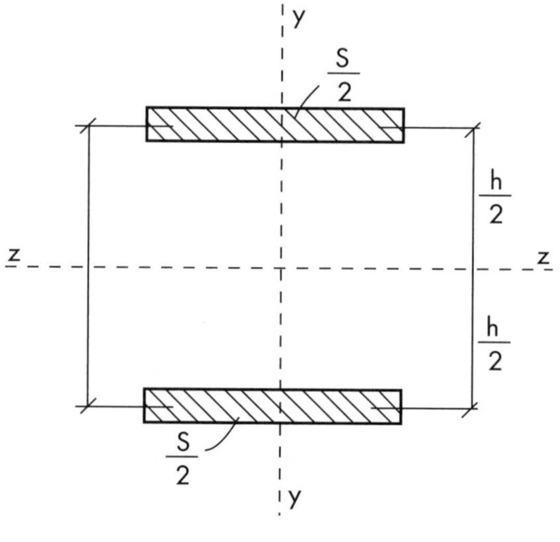

Figura 8.45

De [8.22] y [8.23] deducimos que es más económica la sección cuadrada que la circular de igual área.

Como la distribución de tensiones muestra que las mayores tensiones se presentan en los puntos más alejados de la línea neutra la distribución ideal sería la indicada en la figura 8.45.

El momento de inercia es:

$$I_z = 2\left(\frac{S}{2}\right).\frac{h^2}{4} = \frac{1}{4}Sh^2$$

y el módulo resistente:

$$W_z = \frac{I_z}{h/2} = \frac{1}{2}Sh = 0,5\ Sh \qquad [8.24]$$

Este límite no puede alcanzarse en la práctica, pues las dos mitades de la sección deben estar unidas entre sí, pero se tiende a esta situación en las vigas laminadas I, cuyas características geométricas vienen indicadas al final de estas Unidades Didácticas. Para estos perfiles laminados W_z=0,30 a 0,40 S.h.

8.7. TRABAJO INTERNO DE DEFORMACIÓN DEBIDO A LOS MOMENTOS FLECTORES

En la figura 8.46 representamos un elemento de viga, de longitud dx, obtenido mediante el corte por dos secciones transversales infinitamente próximas AB y CD de una viga sometida a flexión pura, por la acción de un momento M que se aplica en forma estática, esto es, creciendo gradualmente desde su valor inicial (nulo) a su valor final.

Si consideramos, dentro de este elemento, la fibra m-n, de área elemental dS, el valor del trabajo desarrollado en su alargamiento dx será, de acuerdo con lo expuesto en el epígrafe 6.7:

$$dT = \frac{1}{2}\sigma\ dS\Delta\ dx \qquad [8.25]$$

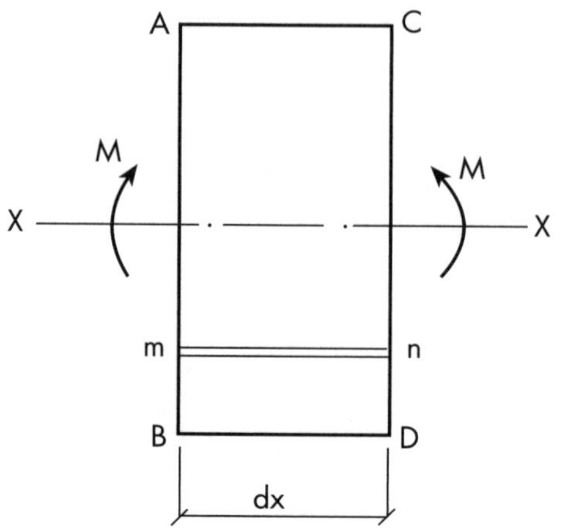

Figura 8.46

Sustituyendo σ y $\Delta dx = \varepsilon dx$, a partir de las expresiones [8.10], [8.11] y [8.14], obtenemos:

$$dT = \frac{1}{2}\frac{My}{I_z}dS.\frac{1}{\mathrm{E}}\frac{My}{I_z}dx = \frac{1}{2}\frac{M^2y^2}{\mathrm{E}I_z^2}dSdx \qquad [8.26]$$

Extendiendo el trabajo elemental dT a toda el área de la sección recta de la barra se obtiene el valor

$$\frac{1}{2}\frac{M^2dx}{\mathrm{E}I_z} \qquad [8.27]$$

puesto que $\int_S y^2 dS = I_z$

Si consideramos toda la longitud de la viga, obtenemos la expresión general del trabajo interno de deformación, originado por los momentos flectores:

$$T = \frac{1}{2}\int_o^l \frac{M^2dx}{EI_z} \qquad [8.28]$$

expresión válida tanto en piezas sometidas a flexión pura como en aquéllas en que la solicitación sea de flexión simple.

8.8. TENSIONES ORIGINADAS POR EL ESFUERZO CORTANTE

Como vamos a exponer, el esfuerzo cortante origina tensiones tangenciales o cortantes que no se reparten uniformemente en la sección transversal como se supone en la teoría elemental de la cortadura. De acuerdo con el teorema de reciprocidad de las tensiones tangenciales, establecido en el capítulo 2, en el contorno de las secciones transversales de las barras sometidas a flexión las tensiones cortantes deben ser tangentes al mismo, pues, en caso contrario, debiera actuar, en sentido longitudinal y sobre la superficie lateral de la pieza un esfuerzo que, por unidad de superficie y en virtud de las ecuaciones de equilibrio en el contorno, tuviese el valor τ_n (figura 8.47). Dicho esfuerzo no existe si la solicitación es de flexión.

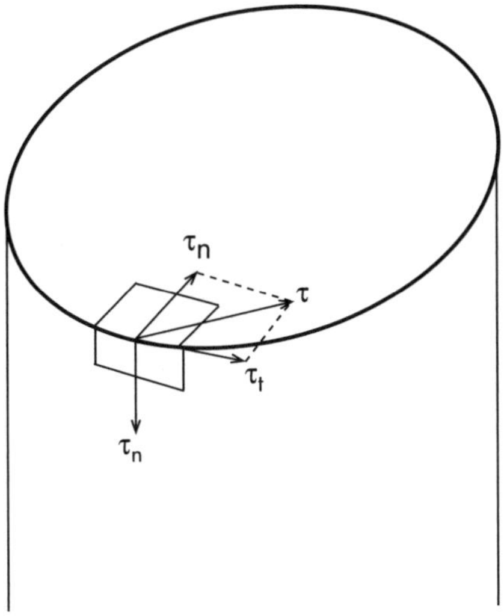

Figura 8.47

Como consecuencia, si en el contorno de la sección transversal existen vértices, en ellos la tensión cortante ha de ser nula, pues han de serlo, necesariamente, sus dos componentes según las aristas que se cortan en ellos (figura 8.48). De acuerdo también con el teorema de reciprocidad de las tensiones tangenciales, si existen tensiones cortantes τ en el plano yz, aparecen simultáneamente, tensiones iguales en los planos ortogonales a la sección, paralelos al plano xz, como se indica en la figura 8.49.

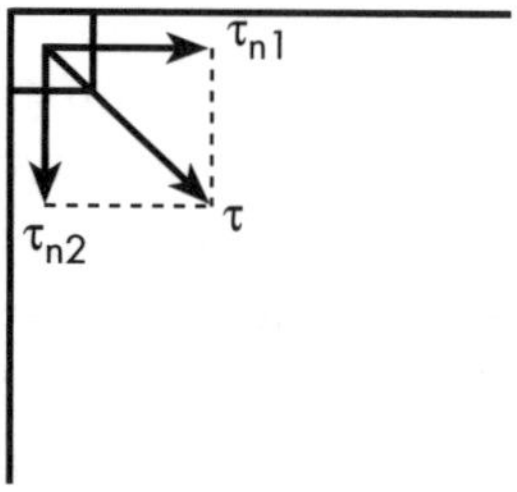

Figura 8.48

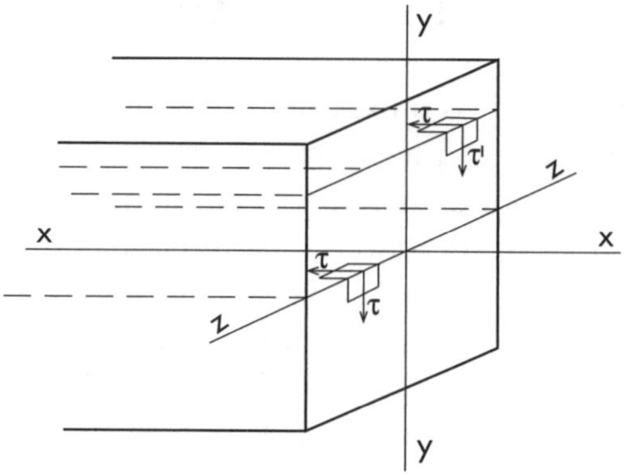

Figura 8.49

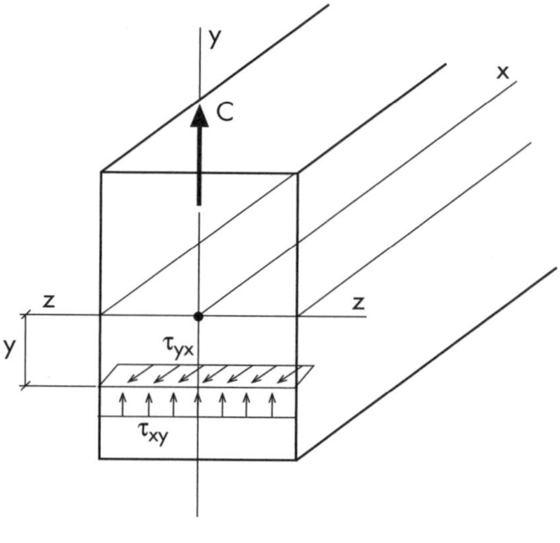

Supongamos (figura 8.50) que la barra es de sección rectangular. A dis-

Figura 8.50

tancia y del eje z aparecen unas tensiones cortantes τ_{xy}, originadas por el esfuerzo cortante, que son iguales a las tensiones rasantes τ_{yx} igualmente representadas en la figura. Para determinar las leyes de variación de unas y otras consideremos la viga, de sección rectangular, sometida a flexión simple, indicada en la figura 8.51.

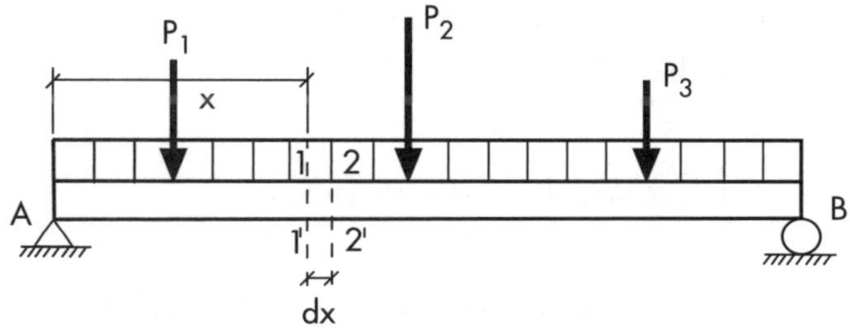

Figura 8.51

Mediante dos cortes infinitamente próximos 11' y 22' aislamos el elemento longitudinal de la figura 8.52 que se encuentra en equilibrio sometido en sus caras 11' y2-2' a los esfuerzos y pares indicados, siendo la distribución de tensiones normales σ y σ_1 la representada en dicha figura. Si aislamos ahora el subelemento mn2'1' estará en equilibrio si además de actuar sobre el mismo las tensiones normales, lo hacen también las tensiones rasantes τ_{yx} (iguales a las tensiones τ_{xy} que actúan en todos los puntos del segmento m-m, en la sección transversal) (figura 8.53).

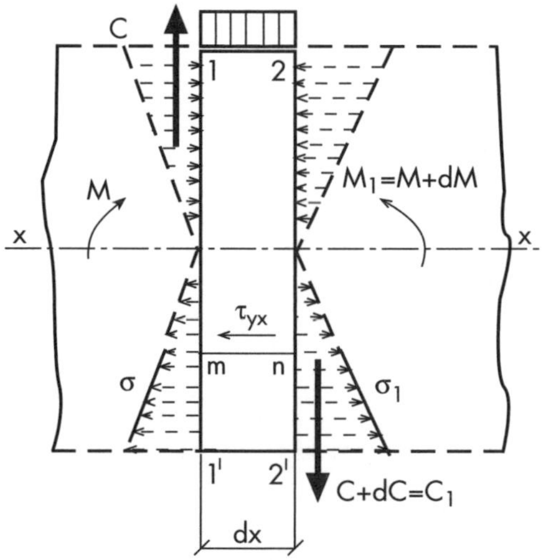

Figura 8.52

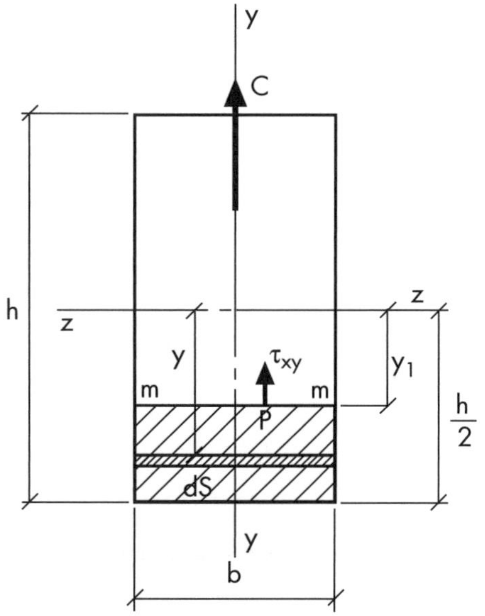

Figura 8.53

La condición de equilibrio de los esfuerzos longitudinales que actúan sobre dicho subelemento es:

$$\int_{y_1}^{h/2} \sigma_1 dS - \int_{y_1}^{h/2} \sigma dS - \tau_{yx} b dx = 0 \qquad [8.29]$$

Las tensiones σ_1 y σ, de acuerdo con la ley de Navier son:

$$\sigma_1 = \frac{(M + dM)}{I_z} y \ ; \ \sigma = \frac{My}{I_z}$$

Sustituyendo en [8.29]:

$$\int_{y_1}^{h/2} \frac{M + dM}{I_z} y dS - \int_{y_1}^{h/2} \frac{M}{I_z} y dS - \tau_{yx} b dx = 0 \qquad [8.30]$$

Simplificando, queda:

$$\tau_{yx} b dx = \frac{dM}{I_z} \int_{y_1}^{h/2} y dS \qquad [8.31]$$

La integral $m = \int_{y}^{h/2} y dS$ es el momento estático del área rayada respecto del eje z.

Sustituyendo y despejando τ_{yx}:

$$\tau_{yx} = \frac{dM}{dx} \frac{m}{b I_z}$$

como $\frac{dM}{dx} = C$, obtenemos, finalmente:

$$\tau_{yx} = \tau_{xy} = \frac{Cm}{b I_z} \qquad [8.32]$$

Veamos cuál es la expresión de m al variar y:

$$m = \int_{y_1}^{h/2} y dS = \int_{y_1}^{h/2} y b dy = b \frac{y^2}{2} \Big|_{y_1}^{h/2} = \frac{b}{2} \left(\frac{h^2}{4} - y_1^2 \right)$$

Por tanto:

$$\tau_{xy} = \frac{C}{2I_z}\left(\frac{h^2}{4} - y_1^2\right) \qquad [8.33]$$

La expresión [8.33] indica que la tensión tangencial varía parabólicamente a lo largo de la altura de la sección, anulándose en los bordes superior e inferior y alcanzando el valor máximo en la línea neutra o eje z-z, para $y_1=0$, como se indica en la figura 8.54.

$$\tau_{\max} = \frac{Ch^2}{8I_z}$$

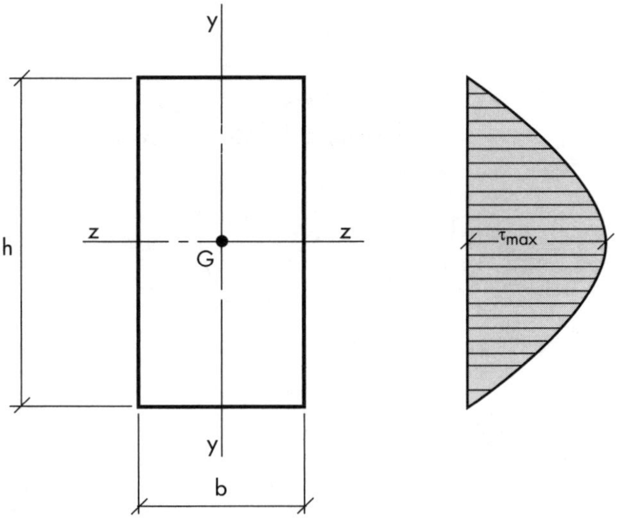

Figura 8.54

Como $I_z=bh^3/12$, se obtiene

$$\tau_{\max} = \frac{Ch^2}{8\cdot\frac{1}{12}bh^3} = \frac{3}{2}\frac{C}{bh} \qquad [8.34]$$

Es decir la tensión tangencial máxima es un 50% superior que la tensión media $\tau = \dfrac{C}{bh}$

Si la viga fuese de sección circular (figura 8.55), se supone que en todos los puntos de la recta mm, paralela al eje z, las tensiones tangenciales τ tienen la misma componente vertical τ_{xy}, estando dirigidas hacia el punto A donde se cortan las tensiones correspondientes a los puntos m. De esta forma, para determinar las tensiones cortantes τ_{xy}, constantes para el área elemental dS=bdy, podemos utilizar la misma fórmula [8.32] en que los valores de b y m son, respectivamente:

$$b = 2\sqrt{R^2 - y_1^2} = 2\left(R^2 - y_1^2\right)^{1/2}$$

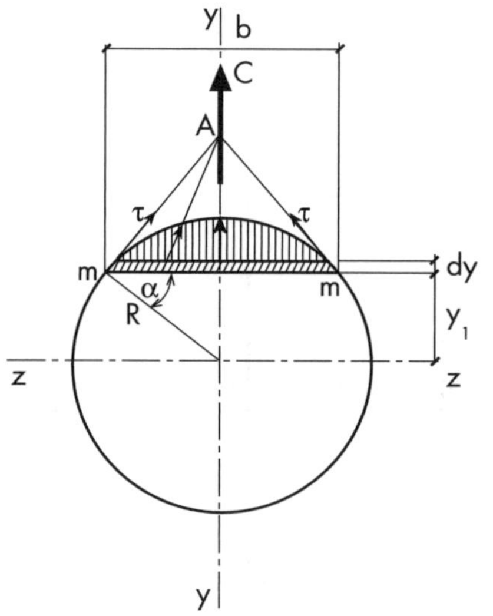

Figura 8.55

$$m = \int_{y_1}^{R} y dS = \int_{y_1}^{R} bydy = \int_{y_1}^{R} 2\left(R^2 - y^2\right)^{1/2} ydy = \left[-\frac{2}{3}\left(R^2 - y^2\right)^{3/2}\right]_{y_1}^{R}$$

$$m = \frac{2}{3}\left(R^2 - y_1^2\right)^{3/2}$$

Por tanto:

$$\tau_{xy} = \frac{C.\frac{2}{3}\left(R^2 - y_1^2\right)^{3/2}}{2\left(R^2 - y_1^2\right)^{1/2} I_z} = \frac{C\left(R^2 - y_1^2\right)}{3I_z} \qquad [8.35]$$

La tensión tangencial τ_{xy} varía parabólicamente, siendo nula para y_1=R y máxima, en la línea neutra (y_1=0), donde $\tau_{xy}=\tau=\tau_{max}$; teniendo en cuenta que $I_z = \frac{\pi R^4}{4}$ obtenemos:

$$\tau_{\max} = \frac{CR^2}{3 \cdot \frac{\pi R^4}{4}} = \frac{4}{3}\frac{C}{\pi R^2} \qquad [8.36]$$

La tensión tangencial máxima es un 33% superior que la tensión media $\frac{C}{\pi R^2}$.

La expresión [8.35] permite conocer la ley de variación de las tensiones τ_{xy}, componentes verticales de las tensiones tangenciales τ. Para determinar las componentes horizontales τ_{xz} es necesario realizar cálculos más complejos, basados en la Teoría de la Elasticidad, que permiten comprobar que sus valores son muy pequeños frente a los de las componentes verticales. Lo mismo puede decirse para cualquier otra sección transversal simétrica, por lo que para todas ellas se emplea, para determinar la ley de variación de las tensiones τ_{xy}, la fórmula:

$$\tau_{xy} = \frac{Cm}{bI_z} \qquad [8.37]$$

Esta expresión es generalmente conocida como fórmula de Zhurawski, científico ruso que la obtuvo por primera vez. Al ser variable de unos puntos a otros en una sección la tensión τ_{xy}, también lo será la deformación angular unitaria, γ_{xy}, por lo que la sección se alabea.

Para la sección en I, muy utilizada en estructuras metálicas, la fórmula [8.37] es de aplicación inmediata en la parte vertical (alma) de la misma, originando una distribución parabólica, como se indica en la figura 8.56).

Por lo que se refiere a las alas, las tensiones tangenciales originadas por el esfuerzo cortante C son muy pequeñas, nulas en los bordes superiores e inferiores y con distribución muy compleja (predomina en las alas la componente τ_{xz}, que, en general, no se considera en el cálculo).

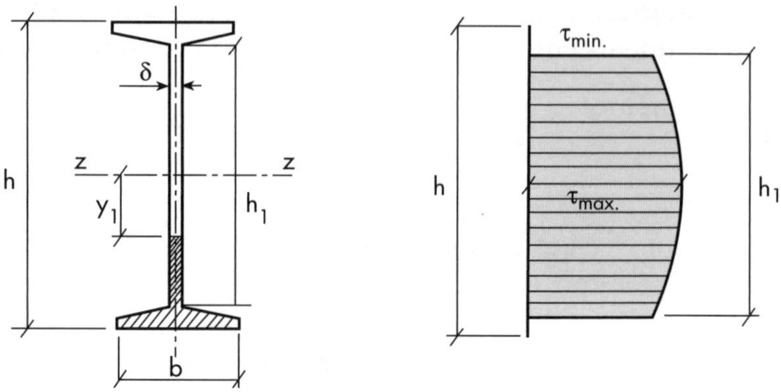

Figura 8.56

En la práctica, dada la pequeña diferencia entre τ_{min} y τ_{max}, se admite que la tensión cortante τ_{xy} se reparte uniformemente en el área del alma, es decir:

$$\tau_{xy} = \frac{C}{\delta h_1} \qquad [8.38]$$

8.9. INDICACIONES SOBRE LAS TENSIONES RASANTES

La importancia de las tensiones rasantes se pone de manifiesto considerando la viga de la figura 8.57, constituida por dos barras superpuestas, de ancho b y altura h (figura 8.58).

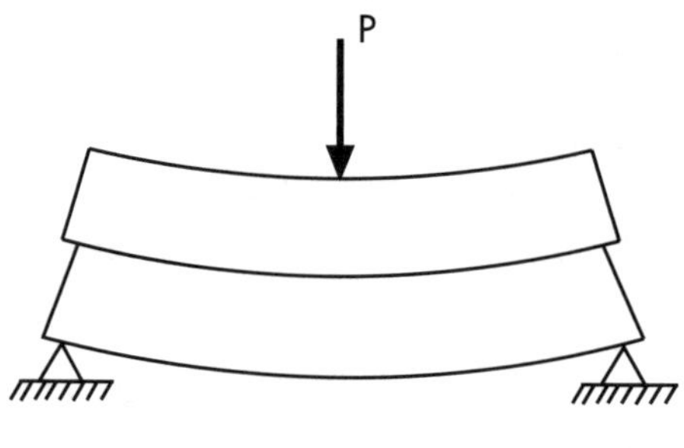

Figura 8.57

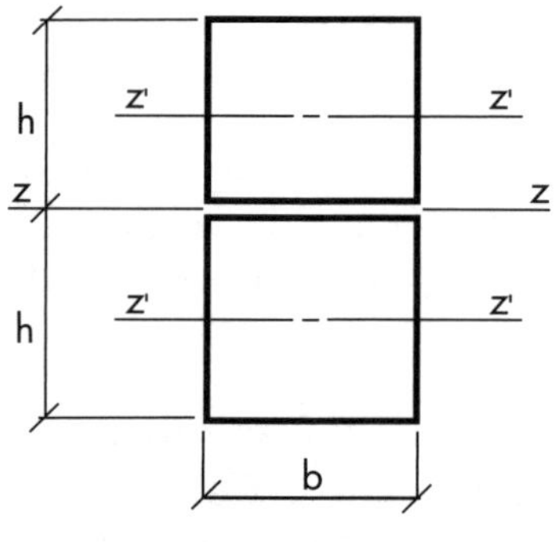

Figura 8.58

Ya que la carga P se reparte entre las dos barras, la resistencia de la viga conjunta, dada por su módulo resistente, será doble de la correspondiente a una de ellas:

$$W_z = 2.\frac{1}{6}bh^2 \qquad [8.39]$$

Si se impide el deslizamiento de una barra respecto de otra (mediante la correspondiente unión soldada, si se trata de vigas metálicas), lo que equivale (figura 8.59) a considerar una barra única, de doble altura, el módulo resistente valdrá:

$$W_z = \frac{1}{6}b(2h)^2 = 4.\frac{1}{6}bh^2 \qquad [8.40]$$

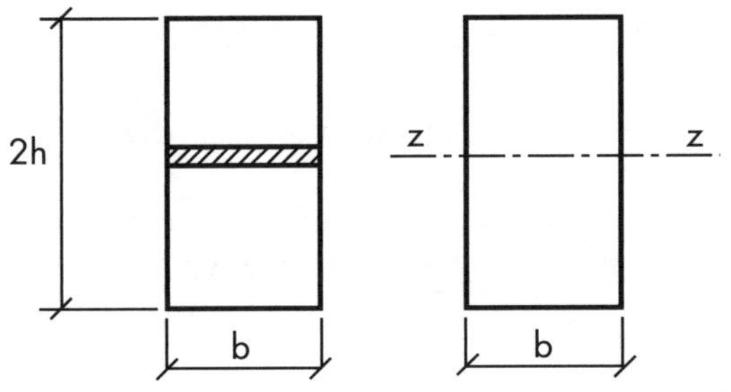

Figura 8.59

La comparación de las expresiones [8.39] y [8.40] hace ver que la resistencia a la flexión es doble en este último caso que en el de dos barras independientes, de forma que aparecen unas tensiones rasantes τ, no representadas en la figura, que se oponen al deslizamiento.

8.10. TRABAJO INTERNO DE DEFORMACIÓN DEBIDO A LOS ESFUERZOS CORTANTES

Estudiemos el elemento longitudinal de una viga sometida a flexión simple que se representa en la figura 8.60. El valor de la tensión tangencial para la fibra m-n, situada a distancia y de la fibra neutra viene dado por la fórmula [8.37].

$$\tau_{xy} = \frac{Cm}{bI_z}$$

siendo b el ancho de la sección transversal a la altura de dicha fibra. Para todas las fibras m-n situadas a distancia y de la superficie neutra, se produce un deslizamiento del plano 2-2' respecto al 1-1', γ_{xy}dx, donde

$$\gamma_{xy} = \gamma = \frac{\tau_{xy}}{G}$$

Suponiendo que las cargas se aplican estáticamente, las tensiones tangenciales crecen gradualmente desde cero hasta su valor final, por lo que el trabajo elemental desarrollado será:

$$dT = \frac{1}{2}\tau_{xy} dS \cdot \gamma_{xy} dx = \frac{1}{2}\frac{\tau_{xy}{}^2}{G} bdydx \qquad [8.41]$$

donde hemos sustituido el área elemental dS, donde actúan las tensiones por el producto bdy.

Si consideramos el trabajo correspondiente a toda la sección será:

$$dT = \frac{dx}{2G}\int_S \tau_{xy}^2 \, bdy = \frac{dx}{2G}\int_S \frac{C^2 m^2}{b^2 I_z^2} bdy =$$
$$= \frac{C^2 dx}{2GI_z^2}\int_S \frac{m^2}{b} dy = \frac{1}{2}\frac{C^2 dx}{GS'} \qquad [8.42]$$

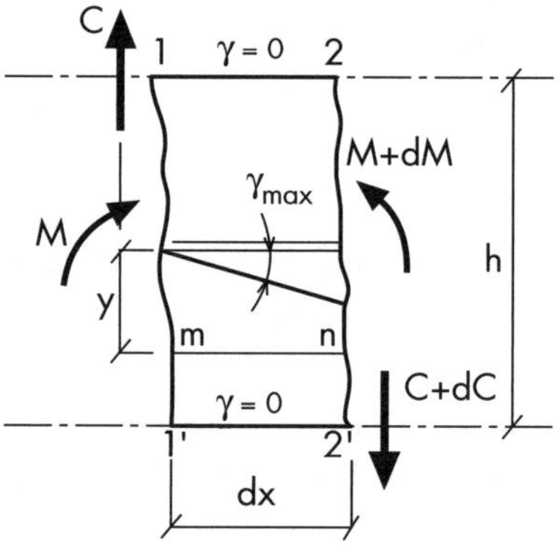

Figura 8.60

donde $$\frac{1}{S'} = \frac{1}{I_z^2} \int_S \frac{m^2}{b} dy \qquad [8.43]$$

Si extendemos el trabajo a toda la longitud de la viga, obtenemos:

$$\mathrm{T} = \frac{1}{2} \int_o^l \frac{C^2 dx}{GS'} \qquad [8.44]$$

S' tiene las dimensiones de un área y recibe el nombre de sección reducida. Su expresión en función del área S de la sección transversal es $S' = \dfrac{S}{\beta}$

El coeficiente β se puede obtener para cualquier sección transversal, determinando S', a partir de la expresión [8.43].

En el caso de la sección rectangular es b=cte, $I_z = \dfrac{bh^3}{12}$ y el momento estático m responde a la expresión:

$$m = \frac{b}{2}\left(\frac{h^2}{4} - y^2\right)$$

El cálculo de la integral $\int_S \frac{m^2}{b} dy$ se realiza como sigue:

$$\int_S \frac{m^2}{b} dy = \int_{-h/2}^{h/2} \frac{b}{4}\left(\frac{h^2}{4} - y^2\right)^2 dy = \frac{b}{2}\int_0^{h/2} \left(\frac{h^4}{16} + y^4 - \frac{h^2}{2} y^2\right) dy =$$

$$= \frac{b}{2}\left[\frac{h^4}{16} y + \frac{y^5}{5} - \frac{h^2}{6} y^3\right]_o^{h/2} = \frac{bh^5}{2}\left[\frac{1}{32} + \frac{1}{160} - \frac{1}{48}\right]$$

$$\int_S \frac{m^2}{b} dy = \frac{bh^5}{2} \frac{8}{480} = \frac{bh^5}{120}$$

Sustituyendo en [8.43]:

$$\frac{1}{S'} = \frac{144}{\left(bh^3\right)^2} \frac{bh^5}{120} = \frac{6}{5bh}$$

$$S' = \frac{5}{6}bh = \frac{5S}{6}, \text{ de donde } \beta = \frac{6}{5} = 1,2$$

Para la sección circular el cálculo de S' es algo más laborioso que para la rectangular [b no es constante, sino que vale $b=2(R^2 - y^2)^{1/2}$], obteniéndose para S' el valor S'=9S/10.

En la secciones I la sección reducida S' es prácticamente igual al área del alma de la viga ($\delta . h_1$).

8.11. VIGAS ARMADAS

Como hemos visto (epígrafe 8.6), la forma más adecuada de sección transversal es el perfil doble te, del que existen distintas variedades comerciales (IPN, IPE, HEB,...), que es el más adecuadado para soportar las tensiones σ, originadas por el momento flector, principalmente por medio de las alas o cabezas superior e inferior, mientras que las tensiones τ son soportadas por el alma del perfil. En ocasiones no podemos disponer de perfiles comerciales, por lo que debemos recurrir a las vigas armadas, en las que las tensiones rasantes tienen especial importancia.

En la figura 8.61 se representa un elemento de longitud dx, de una viga armada constituida por tres piezas planas de acero que corresponden al alma y a las cabezas de la misma.

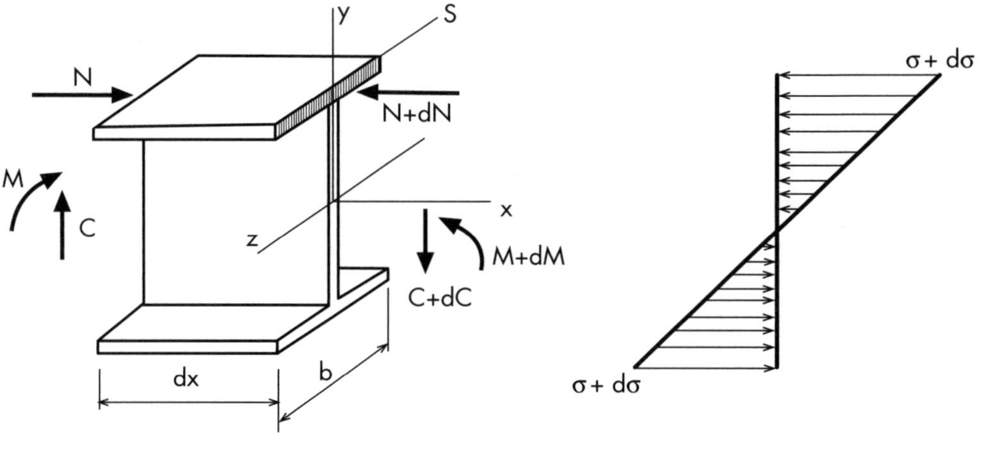

Figura 8.61

Con independencia del procedimiento de unión de las cabezas al alma, determinaremos, seguidamente, el esfuerzo horizontal, dN, que tiende a separar unas de otras en el elemento considerado.

En la figura se indican los valores de los esfuerzos cortantes y momentos flectores en los extremos del elemento, así como los valores N y N +dN, correspondientes a las resultantes de las tensiones σ y σ + dσ sobre el área rayada, S. No se representa más que la distribución de tensiones σ + dσ, originada por el momento flector M+dM en el extremo derecho del elemento, siendo análoga la correspondiente al momento M.

Podemos escribir:

$$N = \int_S \sigma dS, \quad \text{como} \quad \sigma = \frac{My}{I_z}$$

$$N = \int_S \frac{My}{I_z} dS = \frac{M}{I_Z} \int_S ydS \qquad [8.45]$$

La integral representa el momento estático del área rayada, S respecto del eje z y la representaremos como sigue:

$$\int_S ydS = m$$

Sustituyendo:

$$N = \frac{Mm}{I_z}$$

Análogamente:

$$N + dN = \int_S (\sigma + d\sigma) dS = \int_S \frac{M + dM}{I_z} ydS$$

$$N + dN = \frac{M + dM}{I_z} \int_S ydS = \frac{M + dM}{I_z} m \qquad [8.46]$$

Despejando el valor de dN:

$$dN = \frac{dM}{I_z} m \qquad [8.47]$$

Este esfuerzo ha de ser equilibrado por tensiones tangenciales τ (tensiones rasantes), que suponemos se reparten uniformemente en el plano de unión del hierro plano superior (llamado habitualmente platabanda), con el alma.

La superficie en que actúan dichas tensiones es S=b.dx. Por tanto: $dN = \tau b dx = \frac{dM}{I_z} m$, despejando τ:

$$\tau = \frac{1}{bI_z}\frac{dM}{dx} m \qquad [8.48]$$

Pero como sabemos (apartado 8.4): $C = \frac{dM}{dx}$ por tanto:

$$\tau = \frac{C}{bI_z} m \qquad [8.49]$$

Si en vez de un elemento de longitud dx, considerásemos un tramo de viga de longtiud *l* el esfuerzo rasante sería:

$$N = \tau . b . l = \frac{Cm}{I_z} l$$

Si se trata de vigas armadas remachadas o atornilladas, las cabezas están constituidas por platabandas y angulares como se representa en la figura 8.62. Para este tipo de vigas es de gran interés el cálculo de los remaches o tornillos de unión de patabandas y angulares y los de unión de angulares y alma.

Suponiendo conocido el diámetro de tornillos o remaches debe estudiarse la separación entre ellos, que recibe el nombre de paso de remachado o atornillado.

Si nos referimos a la unión de platabanda y angulares, el paso será e_1, con lo que el esfuerzo a absorber por los remaches o tornillos será:

$$N_1 = \frac{Cm}{I_z} e_1 \qquad [8.50]$$

N_1 es el esfuerzo que tiende a separar la platabanda del resto de la viga y, en su expresión m es el momento estático del área de la platabanda respecto al eje z (figura 8.62 *a*).

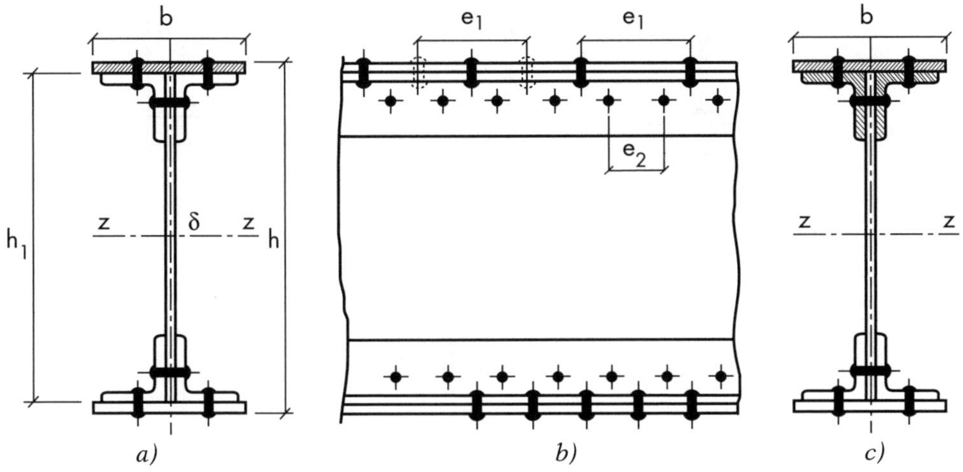

Figura 8.62

En el caso de la unión entre angulares y alma el esfuerzo N_2 que tiende a separar el conjunto de la cabeza (platabanda y angulares) del resto de la viga es:

$$N_2 = \frac{Cm'}{I_z} e_2 \qquad [8.51]$$

Donde e_2 es el paso de remachado o atornillado y m' es el momento estático del área de platabanda y angulares respecto al eje z (figura 8.62 c).

En el caso de vigas armadas soldadas (ver figura 8.63) se procede en forma análoga teniendo en cuenta que el valor del esfuerzo N será el obtenido en el caso general:

$$N = \frac{Cm}{I_z} l \qquad [8.52]$$

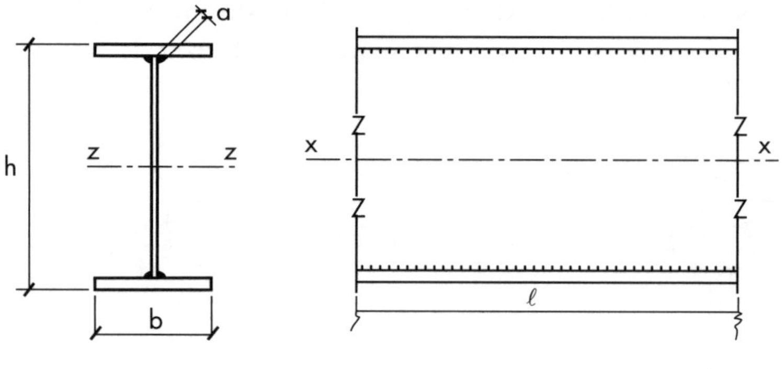

Figura 8.63

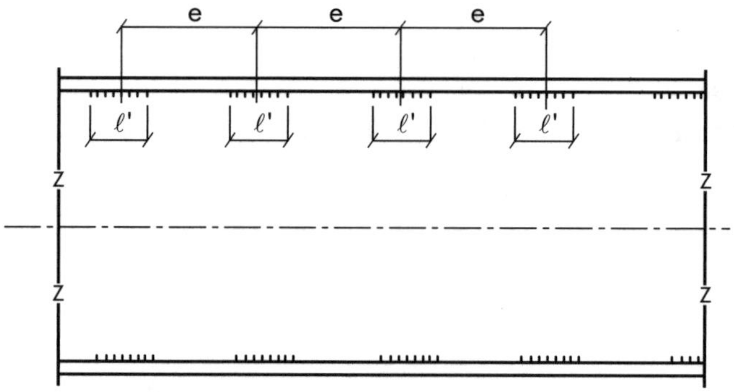

Figura 8.64

donde m es el momento estático del área de la platabanda respecto al eje z y l es la longitud de la viga.

También se forman vigas soldadas reforzando vigas laminadas con platabandas soldadas.

Si los cordones son continuos el cálculo de la unión soldada se reduce a la determinación de su garganta «*a*», mediante la expresión: $N=2\beta' a l \sigma_u$ (ver apartado 7.6).

En el caso de cordones discontinuos es necesario también el cálculo del paso e entre los mismos (figura 8.64), de acuerdo con la expresión:

$$N = \frac{Cm}{I_z} e = 2\beta' a l' \sigma_u \qquad [8.53]$$

EJERCICIOS DE AUTOCOMPROBACIÓN

1. Dada la viga indicada en la figura, se pide:

a) Diagrama de momentos flectores

b) Diagrama de esfuerzos cortantes

c) Perfil IPE necesario

Datos: a=1,8 m ; b=3,6 m ; p=1000 kg ; q=2000/3 kg/m ; σ_{adm}=1200 kg/cm^2

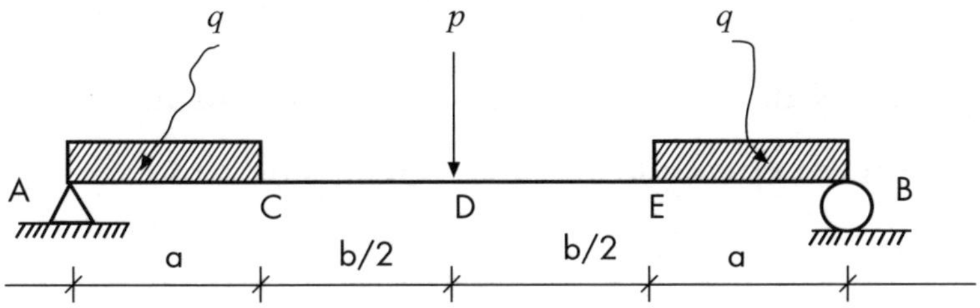

2. Determinar en la viga de la figura, los diagramas de momentos flectores y esfuerzos cortantes, así como el perfil IPN.

Acero A-37, con

σ_e (Límite elástico)= 2400 kg/cm^2

γ_c (Coeficiente mayoración cargas)= 1,5

γ_a (Coeficiente minoración resistencia)= 1,15

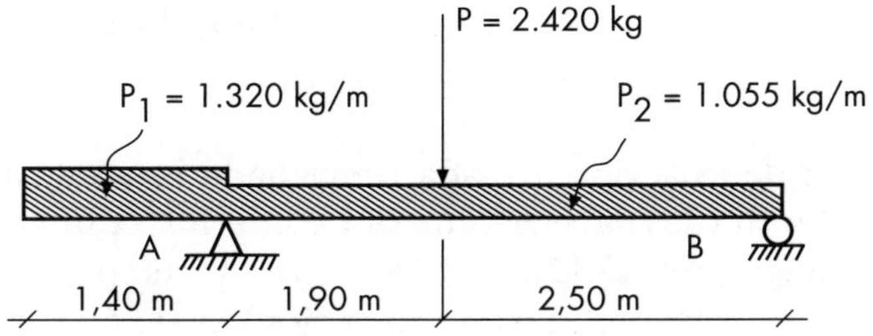

3. Para reforzar una viga IPN-500 se le añaden, soldándolas, unas platabandas de 25 cm de anchura y 1 cm de espesor. Calcúlese el valor W en el caso en que las platabandas se dispongan una encima y la otra debajo, así como si se colocan ambas en la parte de abajo. Calcúlese asimismo la desventaja que se tiene en el segundo caso por asimetría de la sección.

4. El sistema isostático de la figura está constituido por las barras AB, BD y CE cuyas longitudes son respectivamente 4, 4 y 1 metros. Se pide:

a) Reacciones en los apoyos.

b) Diagramas de momentos flectores, esfuerzos normales y esfuerzos cortantes.

c) Perfil IPN de las barras, supuestas de la misma sección.

No se tendrán en cuenta los posibles efectos de pandeo.

Acero A-42b

σ_e = 2600 Kg/cm^2

γ_c (Coeficiente mayoración de cargas) = 1,6

γ_a (Coeficiente minoración de resistencia) = 1,15

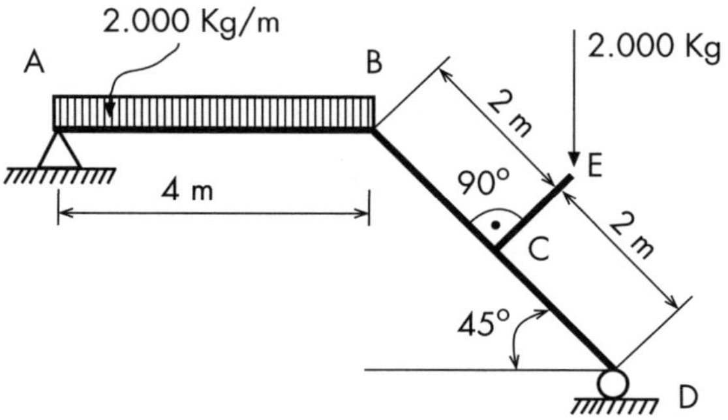

5. La sección de una viga armada remachada está constituida por un alma de 700 x 12 mm y las cabezas superior e inferior, compuestas cada una por dos hierros angulares de 120 x 120 x 12 mm y una platabanda de 300 x 12 mm. El esfuerzo cortante máximo (reacción) es de 60 t. El diámetro de los taladros del remachado de unión de los angulares con el alma y las platabandas es d=23 mm. Calcular los pasos de remachado en los cordones, de forma que la tensión cortante no supere el valor τ_{max}=1200 Kg/cm^2.

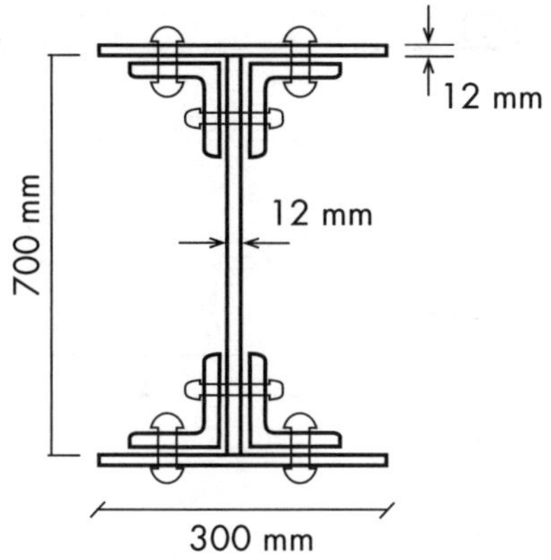

SOLUCIONES DE LOS EJERCICIOS DE AUTOCOMPROBACIÓN

1. *a)* y *b)* Por razones de simetría las reacciones en A y B son:

$V_A=V_B=p/2+qa=500+2000/3\ .\ 1{,}8$

$V_A=V_B=1700$ kg.

$$\left.\begin{aligned} M &= V_A x - \frac{qx^2}{2} \\ C &= V_A - qx \end{aligned}\right\} 0 \le x \le 1{,}8 \begin{cases} M_o = 0 \ ; \ C_o = 1700 \text{ kg} \\ M_{1,8} = 1980 \text{ mkg} \end{cases}$$

$$C_{1,8} = 500 \text{ kg}$$

$$\left.\begin{aligned} M &= V_A x - qa\left(x - \frac{a}{2}\right) = 1700x - 1200(x - 0{,}9) \\ C &= V_A - qa = 1700 - 1200 = 500 \end{aligned}\right\} 1{,}8 \le x \le 3{,}6$$

$$M_{1,8} = 1980 \text{ mkg} \ ; \ C_{1,8} = 500 \text{ kg}$$
$$M_{3,6} = 2880 \text{ mkg} \ ; \ C_{3,6} = 500 \text{ kg}$$

En el resto de la viga las leyes son simétricas (en función de x').

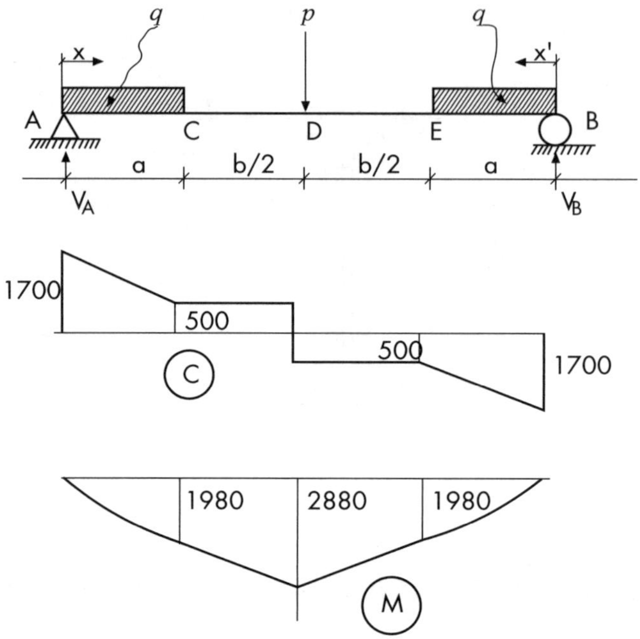

c) El momento flector máximo es:

$$M_{\max} = 2880 mkg$$

$$W_{\max} = \frac{288000}{1200} = 240 \text{cm}^3 \quad \text{IPE} - 220$$

para el cual W=252 cm^3

2. Cálculo de las reacciones:

$V_A + V_B = 1320 \cdot 1{,}4 + 2420 + 1055 \cdot 4{,}4 = 8910$ kg

$V_A \cdot 4{,}4 = 1320 \cdot 1{,}4.5{,}1 + 2420 \cdot 2{,}5 + 1055 \cdot 4{,}4 \cdot 2{,}2$

$V_A = 5838$ Kg ; $V_B = 3072$ kg

Para $0<x<1,4$

$C=-1320x$

$M=-1320\ x^2/2=-660x^2$

$C_o=0\ ;\ M_o=0$

$C_{1,4}=-1848$ Kg ; $M_{1,4}=-1294$ mkg

Para $1,4<x<3,3$

$C=-1320\cdot 1,4+5838-1055(x-1,4)=3990-1055(x-1,4)$

$M=-1848(x-0,7)+5838(x-1,4)-1055(x-1,4)^2/2$

$C_{1,4}=3990$ kg ; $M_{1,4}=-1294$ mkg

$C_{3,3}=1985,5$ kg ; $M_{3,3}=4383$ mkg

$M=0=-1848(x-0,7)+5838\ (x-1,4)-527,5(x-1,4)^2$

$x=1,74$ m

M_{max}, para $C=0=3990-1055(x-1,4)$

$x=5,18$ m (fuera del tramo)

Para $0<x'<2,5$

$C'=-3072+1055x'$

$M'=3072x'-527,5x'^2$

$C'_o=-3072$ kg ; $M'_o=0$

$C'_{2,5}=-434,5$ kg ; $M'_{2,5}=4383$ mkg

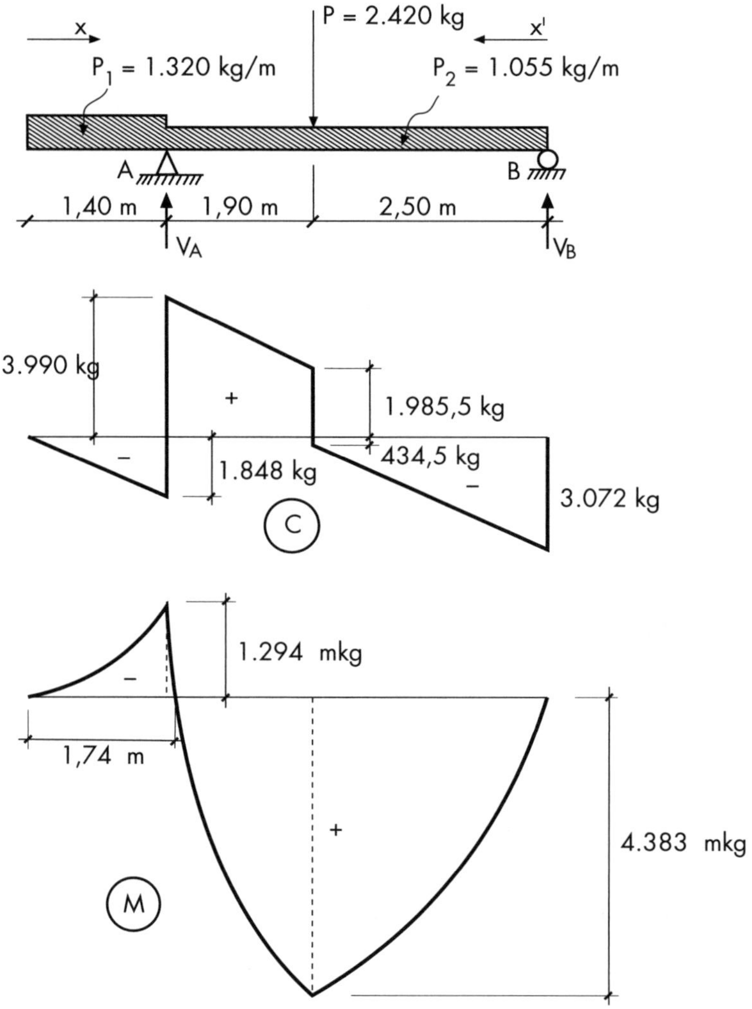

El momento flector máximo es M_{max}=4383 mkg

Ha de cumplirse

$$\gamma_c \sigma_{max} \leq \frac{\sigma_e}{\gamma_a}$$

$$\frac{\gamma_c M_{max}}{W_{nec}} \leq \frac{\sigma_e}{\gamma_a} \quad ; \quad W_{nec} = \frac{\gamma_c \gamma_a . M_{max}}{\sigma_e} = \frac{1{,}5 . 1{,}15 . 438300}{2400} = 315 \text{ cm}^3$$

Se adoptará el perfil IPN-240, cuyo módulo resistente es W=354 cm^3.

3. En el primer caso el momento de inercia de la sección completa es:

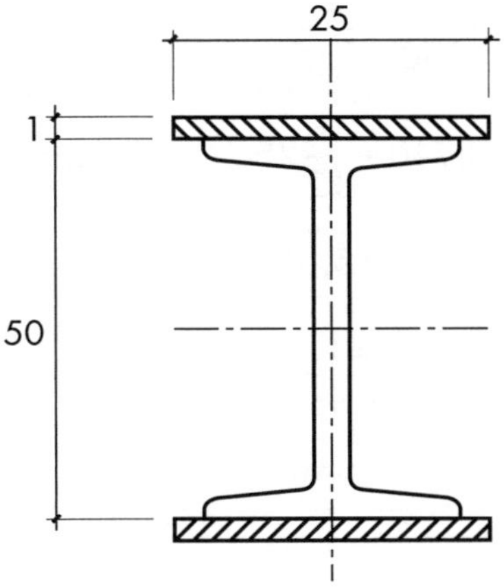

$$I_z = 68740 + 2\left(\frac{1}{12}25{\cdot}1^3 + 25{\cdot}1{\cdot}25{,}5^2\right)$$

$$I_z = 101257 \text{ cm}^4$$

$$W_z = \frac{I_z}{h/2} = \frac{101257}{26} = 3894 \text{ cm}^3$$

En el segundo caso es necesario determinar el centro de gravedad de la sección:

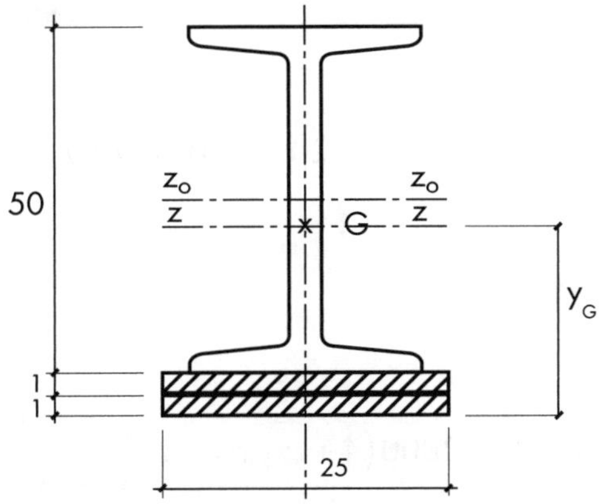

$$180{\cdot}27 + 25{\cdot}2{\cdot}1 = (180 + 25{\cdot}2){\cdot}y_G$$

$$y_G = \frac{180{\cdot}27 + 25{\cdot}2{\cdot}1}{180 + 25.2} = 21,35 \text{ cm}$$

$$I_{zo} = 68740 + \frac{1}{12}25{\cdot}2^3 + 25{\cdot}2{\cdot}26^2$$

$$I_z = I_{zo} - 230{\cdot}5,65^2 = 95215 \text{ cm}^4$$

$$(W_z)_{max} = \frac{95215}{21,35} = 4460 \text{ cm}^3$$

$$(W_z)_{min} = \frac{95215}{25 + (27 - 21,35)} = 3107 \text{ cm}^3$$

El módulo resistente mínimo (con el que hay que realizar los cálculos) es 787 cm³ menor que en el primer caso (un 20% menor).

4. *a)*

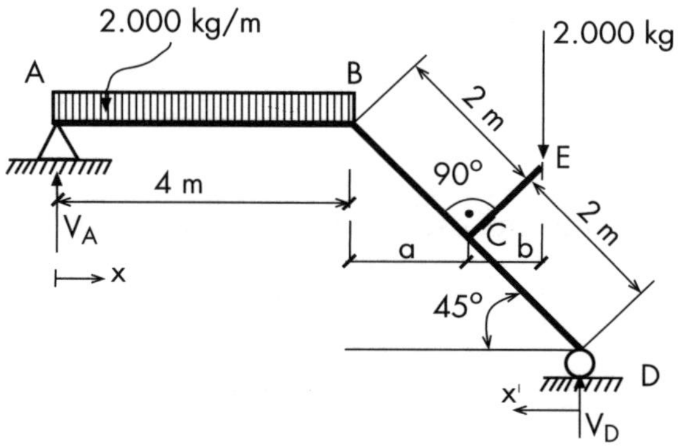

$$V_A + V_D = 2000{\cdot}4 + 2000 = 10000 \text{ kg}$$

$$a = \frac{2}{\sqrt{2}}m \;;\; b = \frac{1}{\sqrt{2}}m$$

$$\Sigma M_A = 0$$

$$2000{\cdot}4{\cdot}2 + 2000(4 + a + b) = V_D\left(4 + \frac{4}{\sqrt{2}}\right)$$

$$16000 + 2000\left(4 + \frac{3}{\sqrt{2}}\right) = V_D\left(4 + \frac{4}{\sqrt{2}}\right)$$

$$16000 + 8000 + \frac{6000}{\sqrt{2}} = V_D.4\left(1 + \frac{1}{\sqrt{2}}\right)$$

$$V_D = 4136 \text{ kg} \;\; ; \;\; V_A = 5864 \text{ kg}$$

b) Tramo AB:

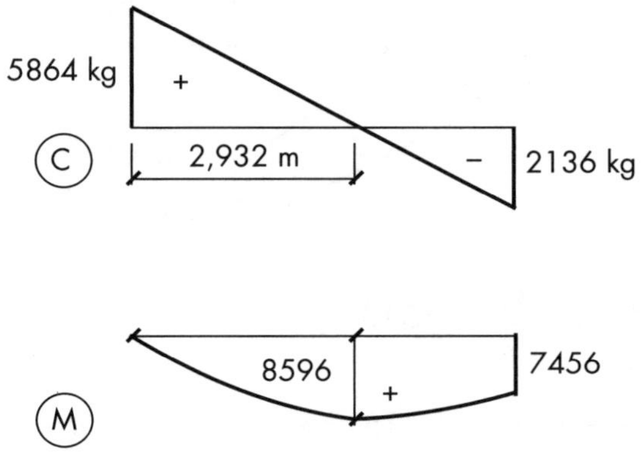

$$\left.\begin{aligned} C &= V_A - 2000x = 5864 - 2000x \\ M &= V_A x - 2000\frac{x^2}{2} = 5864x - 1000x^2 \end{aligned}\right\} \; 0 \le x \le 4$$

$$C_o = 5864 \text{ kg} \;\; ; \;\; \text{M}_\text{o} = 0$$

$$C_4 = 5864 - 8000 = -2136 \text{ kg}$$

$$M_4 = 7456 \text{ mkg}$$

$$C = 0 \;\; ; \;\; x = 2{,}932 \text{ m}$$

$$M_{\max} = 8596 \text{ mkg}$$

N=0

- Tramo BC:

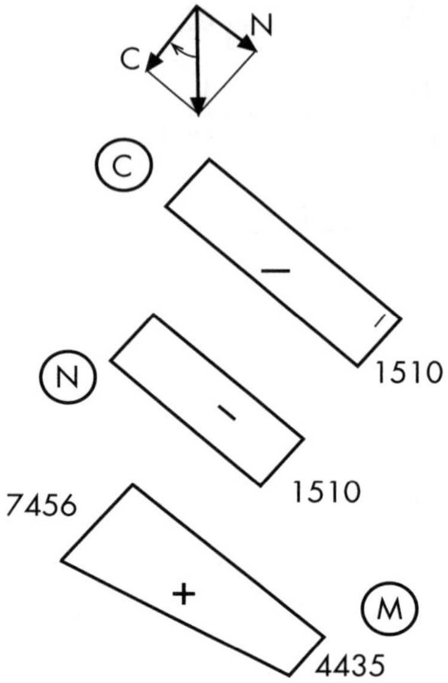

$$C=(5864-8000)\frac{1}{\sqrt{2}}=-1510 \text{ kg}$$

$$N=(5864-8000)\frac{1}{\sqrt{2}}=-1510 \text{ kg (compresión)}$$

$$M=V_A \cdot x-2000 \cdot 4(x-2)=5864x-8000x+16000$$

$$M=-2136x+16000 \qquad 4 \leq x \leq 4+\frac{2}{\sqrt{2}}$$

$$M_B=7456 \text{ mkg}$$

$$M_C=4435 \text{ mkg}$$

- Tramo CE:

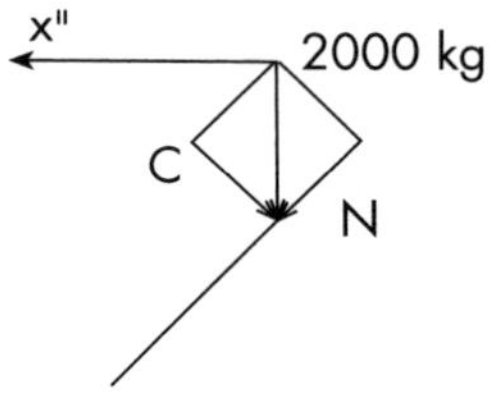

$$C = +2000\frac{1}{\sqrt{2}} = 1414 \text{ kg}$$

$$N = -2000\frac{1}{\sqrt{2}} = -1414 \text{ kg (compresión)}$$

$$M = -2000x'' \;\; ; \;\; M_c = -2000\cdot\frac{1}{\sqrt{2}} = -1414 \text{ mkg}$$

- Tramo CD:

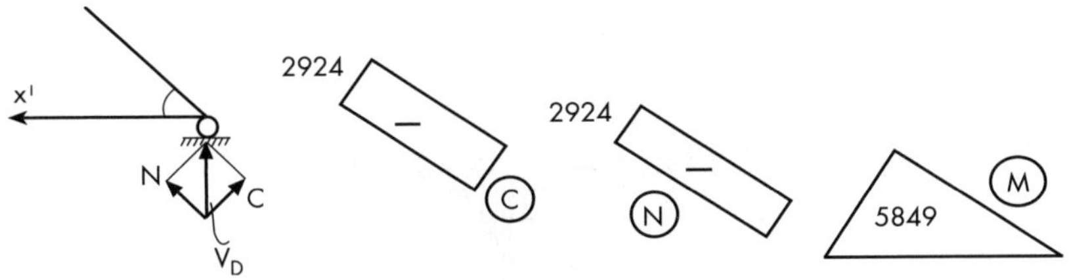

$$C = -\text{V}_\text{D}\cdot\frac{1}{\sqrt{2}} = -4136\cdot\frac{1}{\sqrt{2}} = -2924 \text{ kg}$$

$$\text{N} = -2924 \text{ kg}$$

$$\text{M}' = \text{V}_\text{D}\cdot\text{x}' = 4136\,\text{x}'$$

$$M'_o = 0 \;\; ; \;\; \text{M}'_\text{C} = 4136\cdot\frac{2}{\sqrt{2}} = 5849 \text{ mkg}$$

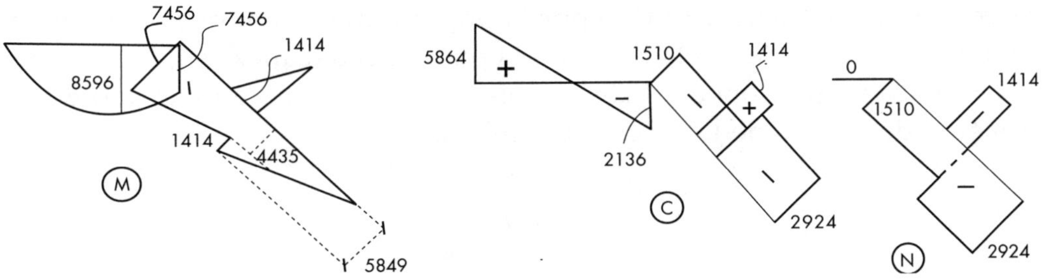

c) El momento flector máximo es:

$$M_{\max} = 8596 \text{ mkg}$$

$$\gamma_C \cdot \frac{M_{\max}}{W} \leq \frac{\sigma_e}{\gamma_a} \quad ; \quad W_{nec} \geq \frac{\gamma_c \gamma_a M_{\max}}{\sigma_e}$$

$$W_{nec} \geq \frac{1,6.1,15.859600}{2600} = 608 \text{ cm}^3$$

$$IPN - 300 \; (W = 653 \text{ cm}^3)$$

5. La fórmula a aplicar, en cada caso es:

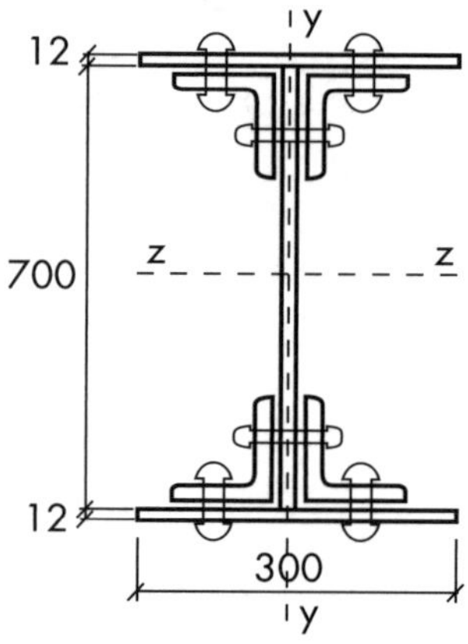

$$F = \frac{Cm}{bI_z} \cdot b \cdot e = \frac{Cme}{I_z}$$

donde F es esfuerzo transmitido por la unión remachada, m es el momento estático respecto de z del área situada por encima (cabeza superior) o por debajo (cabeza inferior) de dicha unión, e es el paso de remachado e I_z el momento de inercia de la sección completa.

$$F = n \cdot \frac{\pi \, d^2}{4} \cdot \tau_{\max}$$

$$I_z = \underset{\text{alma}}{\frac{1}{12}\cdot 1{,}2\cdot 70^3} + 2\underset{\text{platabandas}}{\left(\frac{1}{12}30\cdot 1{,}2^3 + 30\cdot 1{,}2\cdot 35{,}6^2\right)} + 4\underset{\text{angulares}}{\left(368 + 27{,}5\cdot 31{,}6^2\right)}$$

$$I_z = 236872 \text{ cm}^4$$

$$m_1 \text{ (platabanda)} = 30.1{,}2.35{,}6 = 1282 \text{ cm}^3$$

$$m_2 \text{ (angulares)} = 2.27{,}5.31{,}6 = 1738 \text{ cm}^3$$

a) Remaches de unión de platabandas y angulares:

$$F_1 = n\cdot\frac{\pi d^2}{4}\tau_{\max} = \frac{Cm_1}{I_z}\cdot e_1 \rightarrow \frac{2.\pi.2{,}3^2}{4}\cdot 1200 = \frac{60000.1282}{236872}e_1$$

$$e_1 = 30{,}7 \text{ cm} \quad [n = \text{n}^\text{o} \text{ de remaches=2}]$$

b) Remaches de unión de angulares y alma:

$$F_2 = n\cdot\frac{\pi d^2}{4}\tau_{\max} = \frac{C(m_1 + m_2)}{I_z}\cdot e_2 \rightarrow \frac{2\cdot\pi\cdot 2{,}3^2}{4}\cdot 1200 = \frac{60000\cdot 3020}{236872}e_2$$

$$e_2 = 13 \ cm \quad [n = \text{n}^\text{o} \text{ de secciones que trabajan a cortadura=2}]$$

Se tomará $e_1=2e_2=26$ cm (lo que está del lado de la seguridad).

Tema 9

Deformación de vigas sometidas a flexión

9.1. INTRODUCCIÓN

El conocimiento de las deformaciones que experimentan las barras prismáticas sometidas a flexión es de particular importancia, ya que no sólo es necesario conocer la máxima tensión originada en cada una de sus secciones, sino que también debe comprobarse que los desplazamientos y los giros producidos son inferiores a ciertos valores límite.

Según las aplicaciones en las que se utilizan las vigas, las correspondientes normativas acotan los valores máximos que pueden alcanzar las deformaciones de las mismas: los giros y desplazamientos verticales que experimentan sus secciones. Así, en edificación, la norma EA-95, en su capítulo 3.4, establece los límites que no deben superar los desplazamientos verticales (habitualmente llamados flechas): En una viga apoyada en sus extremos (figura 9.1), la flecha máxima no debe ser mayor que $l/400$, mientras que en ménsulas o voladizos, no superará el valor $a/300$ (figura 9.2). En naves industriales provistas de puentes-grúas, los caminos de rodadura de los mismos (vigas carril) deben diseñarse de tal forma que la flecha máxima no supere 1/1000 de la luz o distancia entre dos apoyos consecutivos.

El Código Técnico de la Edificación establece unas limitaciones similares para las deformaciones, al considerar el estado límite del servicio, suponiendo, para diversas combinaciones de las cargas que actúan sobre un elemento estructural, que éstas han alcanzando su valor característico, sin multiplicarlas por coeficiente parcial alguno; de igual forma se procedía al utilizar la norma EA-95, pues se consideraba, para determinar las deformaciones, la actuación de las cargas no mayorada.

En muchas ocasiones las limitaciones impuestas a flechas y giros resultan determinantes en el dimensionamiento de las barras flectadas, mientras que su diseño por resistencia permitiría elegir secciones más reducidas, de menor área, S, y momento de inercia, I_z, lo que puede hacer pensar en un mal aprovechamiento del material que la constituye. Tal conclusión es errónea, ya que, aunque las tensiones internas originadas en la flexión simple sean más bajas, los límites impuestos a las deformaciones lo son, principalmente, por razones constructivas (las flechas en las vigas pueden ser excesivas para los elementos que sobre ellas se disponen, como los tabiques, cerramientos y ventanales, que podrían agrietarse) o funcionales (en las vigas carril las flechas deben ser muy reducidas para facilitar el desplazamiento del correspondiente puente-grúa); en determinados casos, la existencia de deformaciones importantes en la flexión puede facilitar el fenómeno de inestabilidad o pandeo, cuando actúen, además, esfuerzos longitudinales de compresión.

Estudiaremos, seguidamente, diversos métodos para calcular las deformaciones originadas por el momento flector (integración de la ecuación diferencial de la línea elástica, teoremas de Mohr y utilización de la viga conjugada), mientras que las que produce el esfuerzo cortante serán consideradas en el apartado 9.6, en el que se indica que son muy pequeñas, por lo general.

Al final del capítulo se exponen distintos casos de vigas de sección variable que, siendo menos rígidas, tienen sus adecuadas aplicaciones constructivas.

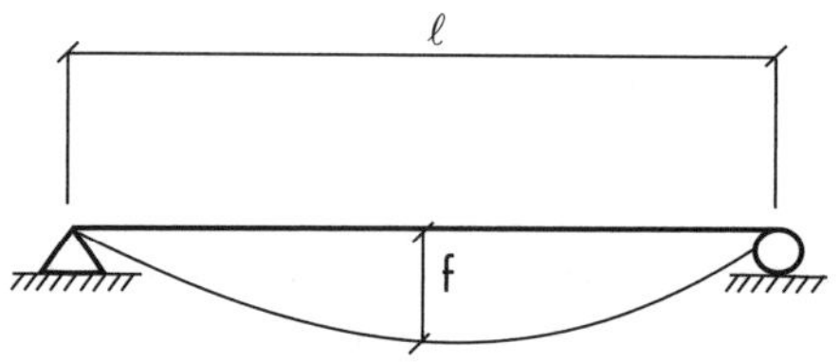

Figura 9.1

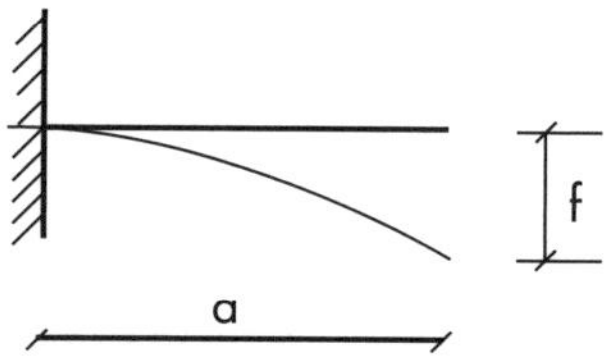

Figura 9.2

En las figuras anteriores, como en la mayor parte de los ejemplos y en los ejercicios de autocomprobación se representa la viga sin deformar por la línea recta correspondiente a su eje, indicándose también su deformada o línea elástica.

9.2. ECUACIÓN DIFERENCIAL DE LA LÍNEA ELÁSTICA

Consideremos la viga AB indicada en la figura 9.3, sometida a flexión por la acción de cargas no representadas en la misma. Por la acción flectora, el eje se deforma convirtiéndose en la línea elástica, dibujada en trazo grueso y en la que marcamos los puntos P y P', correspondientes a dos secciones infinitamente próximas. La separación entre P y P', medida sobre la línea elástica es dl, siendo dx su proyección horizontal. Elegimos los ejes coordenados como se indica en la figura, con el eje *y* positivo dirigido en el sentido de las fibras traccionadas, tal como hicimos en el capítulo anterior al estudiar la representación de los momentos flectores. De esta forma las flechas positivas corresponden a desplazamientos hacia abajo y las negativas al caso contrario.

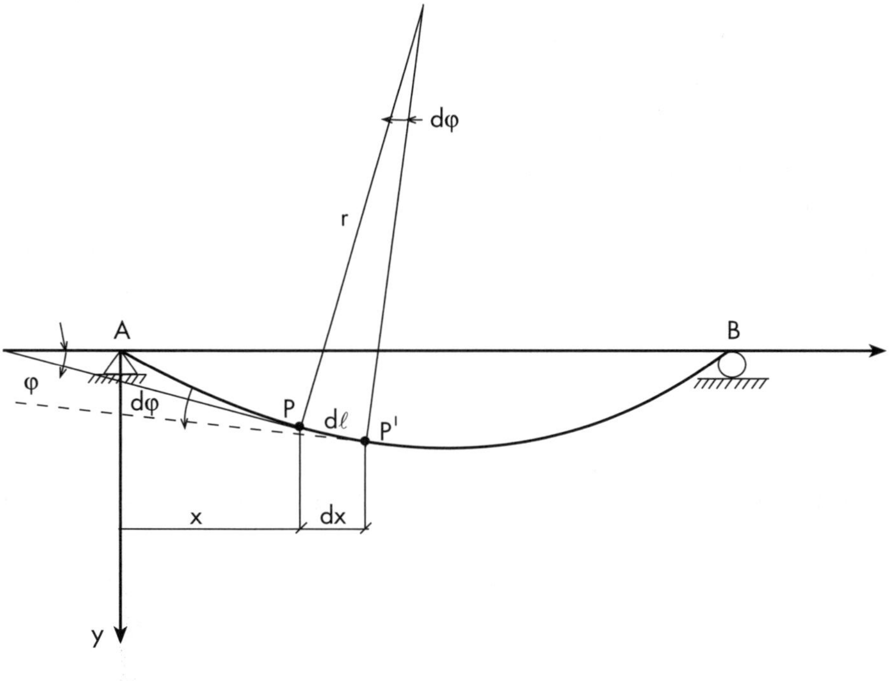

Figura 9.3

Si llamamos φ al ángulo que la tangente en P forma con el eje x, las tangentes en P y P' formarán el ángulo dφ, lo mismo que ocurre con las normales en dichos puntos.

Podemos escribir: dl = rdφ, de donde despejamos la curvatura $\frac{1}{r}$:

$$\frac{1}{r} = \frac{d\varphi}{dl} \qquad [9.1]$$

Para pequeñas deformaciones, $dl \cong dx \qquad \varphi \cong tg\varphi = \frac{dy}{dx}$

Teniendo en cuenta, además, que, como hemos visto en el epígrafe 8-5, es $\frac{1}{r} = \frac{M}{EI_z}$, obtenemos:

$$\frac{1}{r} = \frac{M}{EI_z} \cong \frac{\frac{d^2y}{dx^2}dx}{dx} = \frac{d^2y}{dx^2} \qquad [9.2]$$

Para establecer el signo de esta ecuación, observamos que, de acuerdo con el criterio de signos establecido para los momentos flectores, para valores crecientes de estos últimos (concavidad de la elástica hacia arriba), la pendiente dy/dx es decreciente y, por tanto, d^2y/dx^2 es negativa, ocurriendo lo contrario cuando M es negativo. En consecuencia:

$$\frac{d^2y}{dx^2} = -\frac{M}{EI_z} \qquad [9.3]$$

A la misma fórmula llegamos a partir de la expresión de la curvatura, 1/r, en coordenadas cartesianas:

$$\frac{1}{r} = \pm \frac{\frac{d^2y}{dx^2}}{\left[1 + \left(\frac{dy}{dx}\right)^2\right]^{3/2}} \qquad [9.4]$$

si consideramos que, al ser la pendiente *dy/dx* muy pequeña, podemos despreciar su cuadrado frente a la unidad.

Es más usual escribir la ecuación diferencial de la línea elástica en la forma:

$$EI_Z \frac{d^2y}{dx^2} = -M \qquad [9.5]$$

Teniendo en cuenta las expresiones [8.2] y [8.6] podemos escribir:

$$EI_Z \frac{d^3y}{dx^3} = -\frac{dM}{dx} = -C \qquad [9.6]$$

$$EI_Z \frac{d^4y}{dx^4} = -\frac{dC}{dx} = -\frac{d^2M}{dx^2} = p \qquad [9.7]$$

Si se tratase de vigas muy flexibles, la ecuación diferencial de la línea elástica sería:

$$EI_Z \frac{\dfrac{d^2y}{dx^2}}{\left[1+\left(\dfrac{dy}{dx}\right)^2\right]^{3/2}} = -M \qquad [9.8]$$

Para efectuar la integración de la ecuación [9.5] es necesario conocer las leyes de variación de M e I_Z. En la mayor parte de los casos es I_Z constante y M = M (x), por lo que si M es nulo en una sección intermedia de la viga, el punto correspondiente de la línea elástica es un punto de inflexión, pues la curvatura se anula.

La función representativa de la línea elástica, y = f(x) presenta las siguientes particularidades:

a) *y* no puede ser discontinua, pues, en ese caso, se cortaría la deformada del eje de la pieza.

b) la derivada primera, *dy/dx*, ha de ser también contínua, ya que, en caso contrario, aparecería un punto anguloso para el que la curvatura se hace infinita, por lo que el momento M debiera tomar el valor infinito en la sección correspondiente.

c) la derivada segunda d^2y/dx^2, sólo es discontinua cuando lo es la ley de momentos flectores, lo que sólo ocurre en la sección donde se aplica un par exterior.

d) La derivada tercera d^3y/dx^3, es discontinua en los puntos de aplicación de las cargas concentradas (puntos en los que hay discontinuidad en la ley de esfuerzos constantes).

La derivada cuarta, d^4y/dx^4, es discontinua en los puntos en que lo sea p.

Veremos, seguidamente, dos ejemplos de obtención de la línea elástica mediante la integración de su ecuación diferencial. (Se supone que se trata de vigas de sección constante, por lo que el producto EI_z, que recibe el nombre de módulo de rigidez a la flexión, también lo es).

1. Viga apoyada con carga uniformemente distribuida (figura 9.4).

La expresión de la ley de variación del momento flector es:

$$M = \frac{pl}{2}x - \frac{px^2}{2}$$

por lo que la ecuación diferencial de la línea elástica es:

$$EI_Z \frac{d^2y}{dx^2} = -M = -\left(\frac{pl}{2}x - \frac{px^2}{2}\right)$$

Integrando dos veces, obtenemos:

$$EI_Z \frac{dy}{dx} = -\frac{pl}{2}\frac{x^2}{2} + \frac{p}{2}\frac{x^3}{3} + C_1 = -\frac{pl}{4}x^2 + \frac{p}{6}x^3 + C_1$$

$$EI_Z y = -\frac{pl}{4}\frac{x^3}{3} + \frac{p}{6}\frac{x^4}{4} + C_1x + C_2 = \frac{-pl}{12}x^3 + \frac{p}{24}x^4 + C_1x + C_2$$

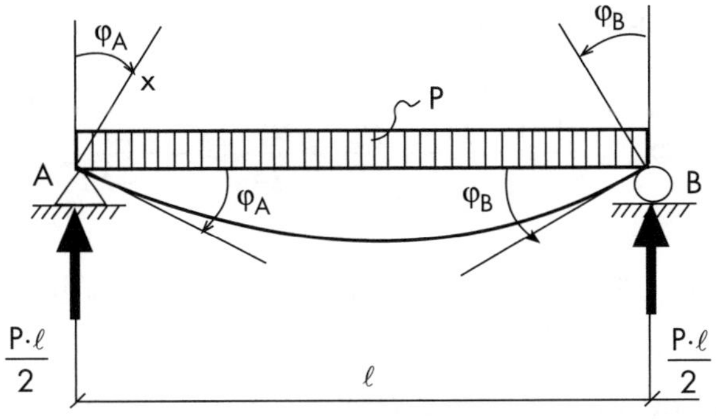

Figura 9.4

Para determinar las constantes de integración C_1 y C_2, consideraremos las condiciones de contorno:

- Punto A (x=0) ; y=0
- Punto B (x=*l*) ; y=0

De la primera se deduce C_2=0, mientras que de la segunda obtenemos:

$$0 = -\frac{pl^4}{12} + \frac{pl^4}{24} + C_1 l \Rightarrow C_1 = \frac{pl^3}{24}$$

Por tanto, la ecuación de la elástica es:

$$EI_Z y = -\frac{pl}{12}x^3 + \frac{p}{24}x^4 + \frac{pl^3}{24}x$$

y la ley de giros:

$$EI_Z \frac{dy}{dx} = -\frac{pl}{4}x^2 + \frac{p}{6}x^3 + \frac{pl^3}{24}$$

El giro en el apoyo A(x=0) es:

$$\varphi_A = \left(\frac{dy}{dx}\right)_{x=0} = \frac{pl^3}{24EI_Z}$$

mientras que el giro en el apoyo B (x=l) es:

$$\varphi_B = \frac{1}{EI_Z}\left(-\frac{pl^3}{4}+\frac{pl^3}{6}+\frac{pl^3}{24}\right) = -\frac{pl^3}{24EI_Z} \quad (*)$$

Los giros en A y B, aunque iguales en valor absoluto, tienen distinto signo.

La flecha en el punto medio ($x=l/2$) es:

$$f = y_{l/2} = \frac{1}{EI_Z}\left(-\frac{pl}{12}\frac{l^3}{8}+\frac{p}{24}\frac{l^4}{16}+\frac{pl^3}{24}\frac{l}{2}\right) =$$
$$= \frac{pl^4}{EI_Z}\left(-\frac{1}{96}+\frac{1}{384}+\frac{1}{48}\right) = \frac{5pl^4}{384EI_Z}$$

2. Viga apoyada sometida a carga concentrada P (figura 9.5).

En este caso hay dos leyes distintas de variación del momento flector:

$$M = \frac{Pb}{l}x \qquad 0 \le x \le a$$
$$M = \frac{Pb}{l}x - P(x-a) \qquad a \le x \le l$$

Por tanto, habrá dos ecuaciones diferenciales de la línea elástica:

a) $$EI_z \frac{d^2y}{dx^2} = -\frac{Pb}{l}x \qquad 0 \le x \le a$$

Integrando dos veces:

$$EI_Z \frac{dy}{dx} = \frac{-Pb}{l}\frac{x^2}{2} + C_1$$

(*) El giro en el apoyo B es en sentido contrario al que se produce en A.

$$EI_z y = -\frac{Pb}{2l}\frac{x^3}{3} + C_1 x + C_2$$

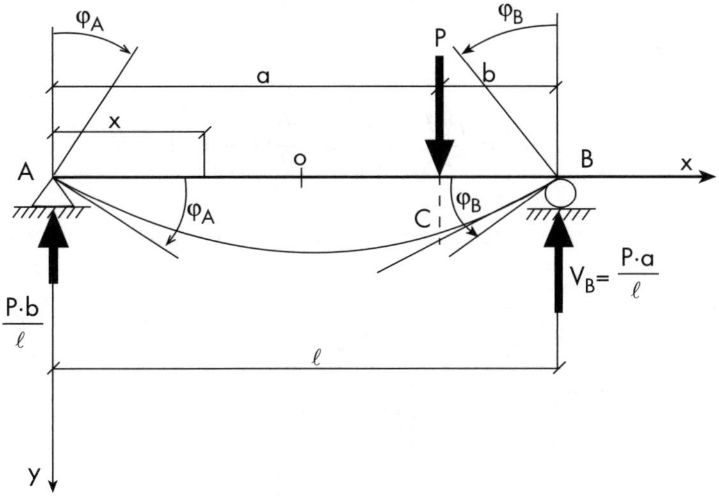

Figura 9.5

b) $\quad EI_z \dfrac{d^2y}{dx^2} = -\dfrac{Pb}{l}x + P(x-a) \qquad a \leq x \leq l$

Integrando dos veces:

$$EI_z \frac{dy}{dx} = -\frac{Pb}{2l}x^2 + \frac{P(x-a)^2}{2} + C_1'$$

$$EI_z y = -\frac{Pb}{2l}\frac{x^3}{3} + \frac{P(x-a)^3}{6} + C_1' x + C_2'$$

La determinación de las cuatro constantes de integración C_1, C_2, C_1' y C_2' se realiza atendiendo a la continuidad de la línea elástica y de la ley de giros y aplicando las condiciones de contorno (y=0 para x=0 y para x=*l*).

Las condiciones de continuidad, para x=*a*, exigen se cumpla $C_1=C_1'$, $C_2=C_2'$.

De la primera condición de contorno: $0=C_2$

De la segunda:

$$0=-\frac{Pbl^2}{6}+\frac{P\left(l-a\right)^3}{6}+C_1 l$$

Como l-a=b,

$$C_1=\frac{Pbl}{6}-\frac{Pb^3}{6l}=\frac{Pb}{6l}\left(l^2-b^2\right)$$

Por tanto, las ecuaciones de la elástica y de la ley de giros son:

$$\left.\begin{aligned} EI_z y &= -\frac{Pb}{6l}x^3+\frac{Pb}{6l}\left(l^2-b^2\right)x \\ EI_z\frac{dy}{dx} &= -\frac{Pb}{2l}x^2+\frac{Pb}{6l}\left(l^2-b^2\right) \end{aligned}\right\} \quad 0\le x\le a$$

$$\left.\begin{aligned} EI_z y &= -\frac{Pb}{6l}x^3+\frac{P\left(x-a\right)^3}{6}+\frac{Pb}{6l}\left(l^2-b^2\right)x \\ EI_z\frac{dy}{dx} &= -\frac{Pb}{2l}x^2+\frac{P\left(x-a\right)^2}{2}+\frac{Pb}{6l}\left(l^2-b^2\right) \end{aligned}\right\} \quad a\le x\le l$$

El giro en A es:

$$\varphi_A=\left(\frac{dy}{dx}\right)_{x=0}=\frac{Pb}{6lEI_z}\left(l^2-b^2\right)$$

El giro en B es:

$$\varphi_B=\left(\frac{dy}{dx}\right)_{x=l}=\frac{1}{EI_z}\left[-\frac{Pb}{2l}l^2+\frac{Pb^2}{2}+\frac{Pb}{6l}\left(l^2-b^2\right)\right]=$$

$$=\frac{1}{EI_z}\left[\frac{Pb}{6l}\left(l^2-b^2\right)-\frac{Pb}{2l}\left(l^2-bl\right)\right]=-\frac{Pb}{6l\,EI_z}\left(2l^2-3bl+b^2\right)$$

La flecha bajo el punto de aplicación de la carga P es:

$$y_C=\frac{1}{EI_z}\left[-\frac{Pb}{6l}\,a^3+\frac{Pb}{6l}\,\left(l^2-b^2\right)a\right]=\frac{Pb}{6l\,EI_z}\,\left(al^2-ab^2-a^3\right)$$

La flecha máxima se obtiene para el punto en que la tangente a la elástica es horizontal. Para determinar la sección correspondiente haremos nula la expresión dy/dx.

$$0 = -\frac{Pb}{2l}x^2 + \frac{Pb}{6l}\left(l^2 - b^2\right) \Rightarrow 3x^2 = l^2 - b^2$$

de donde: $x = \sqrt{\dfrac{l^2 - b^2}{3}}$

sustituyendo en la ecuación de la elástica, se obtiene:

$$y_{\max} = \frac{Pb\left(l^2 - b^2\right)^{3/2}}{9\sqrt{3}\, l\, EI_z}$$

valor que puede comprobarse que difiere muy poco del correspondiente al punto medio de la viga (x=l/2).

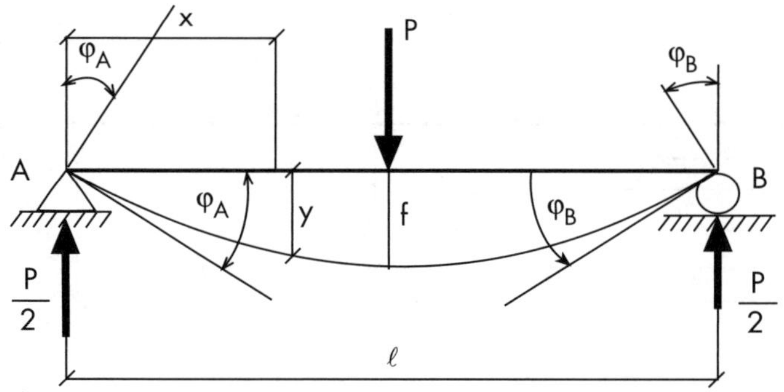

Figura 9.6

Si la carga fuese centrada (figura 9.6), es a=b=l/2 y los valores de los giros en A y B y de la flecha máxima (que se produce para x=l/2) son:

$$\varphi_A = \frac{P\,l/2}{6l\,EI_z}\left(l^2 - \frac{l^2}{4}\right) = \frac{Pl^2}{16EI_z}$$

$$\varphi_B = -\frac{P\,l/2}{6l\,EI_Z}\left(2l^2 - \frac{3l^2}{2} + \frac{l^2}{4}\right) = -\frac{Pl^2}{16EI_Z}$$

$$f = y_{\max} = y_{l/2} = \frac{P\,l/2\,\left(l^2 - l^2/4\right)^{3/2}}{9\sqrt{3}\,l\,EI_Z} = \frac{Pl^3}{48EI_Z}$$

9.3. ECUACIÓN UNIVERSAL DE LA ELÁSTICA DE UNA VIGA DE RIGIDEZ CONSTANTE

Como hemos visto, en un ejemplo sencillo, la integración de la ecuación diferencial de la elástica exige determinar dos constantes de integración por cada tramo de la viga en que sea distinta la ley de momentos flectores. Es fácil darse cuenta de la complicación a la que conduce este método cuando hay diversidad de cargas actuando sobre una viga. Sin embargo, cuando el módulo de rigidez a flexión EI_z es constante en toda la longitud de la viga, el número de constantes de integración se reduce a dos y las distintas leyes de la elástica pueden integrarse en una sola que recibe el nombre de ecuación universal de la línea elástica.

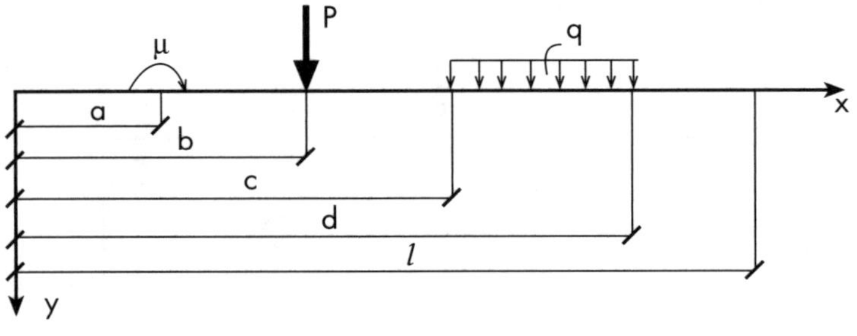

Figura 9.7

Sea la viga de longitud l indicada en la figura 9.7, sometida a un sistema arbitrario de cargas, que pueden ser también reacciones de apoyo, actuando sobre las secciones indicadas. Con los ejes adoptados, la ecuación diferencial de la elástica es:

$$\frac{d^2y}{dx^2} = -\frac{M}{EI_Z}$$

o bien:

$$EI_Z \frac{d^2y}{dx^2} = -M \qquad [9.5]$$

Planteemos e integremos las ecuaciones diferenciales en los distintos tramos de la viga:

- Para $0 \le x \le a,\ M = 0$

$$EI_Z \frac{d^2y_1}{dx^2} = 0 \ ; \ EI_Z \frac{dy_1}{dx} = c_1 \ ; \ EI_Z y_1 = c_1 x + k_1$$

- Para $a \le x \le b,\ M = \mu$

$$EI_Z \frac{d^2y_2}{dx^2} = -\mu = -\mu(x-a)^0 \ ; \ EI_Z \frac{dy_2}{dx} = -\mu(x-a) + c_2$$

$$EI_Z y_2 = -\mu \frac{(x-a)^2}{2} + c_2 x + k_2$$

- Para $b \le x \le c,\ M = \mu - P(x-b)$

$$EI_Z \frac{d^2y_3}{dx^2} = -\mu(x-a)^0 + P(x\text{-}b) \ ; \ EI_Z \frac{dy_3}{dx} = -\mu(x-a) + P\frac{(x-b)^2}{2} + c_3$$

$$EI_Z y_3 = -\mu \frac{(x-a)^2}{2} + P\frac{(x-b)^3}{6} + c_3 x + k_3$$

- Para $c \le x \le d, M = \mu - P(x-b) - q\dfrac{(x-c)^2}{2}$

$$EI_Z \frac{d^2y_4}{dx^2} = -\mu(x-a)^0 + P(x\text{-}b) + q\frac{(x\text{-}c)^2}{2} \ ;$$

$$EI_Z \frac{dy_4}{dx} = -\mu(x-a) + P\frac{(x-b)^2}{2} + q\frac{(x-c)^3}{6} + c_4$$

$$EI_Z y_4 = -\mu \frac{(x-a)^2}{2} + P\frac{(x-b)^3}{6} + q\frac{(x-c)^4}{24} + c_4 x + k_4$$

- En el tramo final de la viga (x>d) supondremos que actúan simultáneamente, las cargas q y -q, con lo que la ley de momentos flectores será:

$$M = \mu - P(x-b) - q\frac{(x-c)^2}{2} + q\frac{(x-d)^2}{2}$$

$$EI_Z \frac{d^2 y_5}{dx^2} = -\mu(x-a)^0 + \mathrm{P}(\mathrm{x}-\mathrm{b}) + \mathrm{q}\frac{(\mathrm{x}\text{-}\mathrm{c})^2}{2} - \mathrm{q}\frac{(\mathrm{x}\text{-}\mathrm{d})^2}{2}$$

$$EI_Z \frac{dy_5}{dx} = -\mu(x-a) + P\frac{(x-b)^2}{2} + q\frac{(x-c)^3}{6} - \mathrm{q}\frac{(\mathrm{x}\text{-}\mathrm{d})^3}{6} + c_5$$

$$EI_Z y_5 = -\mu(x-a)^2 + P\frac{(x-b)^3}{6} + q\frac{(x-c)^4}{24} - \mathrm{q}\frac{(\mathrm{x}-\mathrm{d})^4}{24} + c_5 x + k_5$$

Para determinar las constantes de integración aplicaremos, en primer lugar las condiciones de continuidad de la línea elástica y de su primera derivada (ley de giros).

- Para x=*a* $\begin{cases} y_1 = y_2 \rightarrow k_1 = k_2 \\ \dfrac{dy_1}{dx} = \dfrac{dy_2}{dx} \rightarrow c_1 = c_2 \end{cases}$

- Para x=b $\begin{cases} y_2 = y_3 \rightarrow k_2 = k_3 \\ \dfrac{dy_2}{dx} = \dfrac{dy_3}{dx} \rightarrow c_2 = c_3 \end{cases}$

- Para x=c $\begin{cases} y_3 = y_4 \rightarrow k_3 = k_4 \\ \dfrac{dy_3}{dx} = \dfrac{dy_4}{dx} \rightarrow c_3 = c_4 \end{cases}$

- Para x=d $\begin{cases} y_4 = y_5 \rightarrow k_4 = k_5 \\ \dfrac{dy_4}{dx} = \dfrac{dy_5}{dx} \rightarrow c_4 = c_5 \end{cases}$

En consecuencia, las constantes de integración quedan reducidas a dos:

$$c = c_1 = c_2 = c_3 = c_4 = c_5 \qquad [9.9]$$

$$k = k_1 = k_2 = k_3 = k_4 = k_5 \qquad [9.10]$$

Las constantes c y k se determinan por los valores correspondientes al giro y a la flecha en el origen de coordenadas.

$$EI_Z \left(\frac{dy_1}{dx} \right)_{x=0} = EI_Z \varphi_0 = c_1 = c \qquad [9.11]$$

$$EI_Z \left(y_1 \right)_{x=0} = k_1 = k = EI_Z y_0 \qquad [9.12]$$

En estas condiciones, tanto la línea elástica como su primera derivada (ley de giros), pueden escribirse de una vez, como se indica seguidamente:

$$EI_Z y = EI_Z \varphi_0 x + EI_Z y_0 - \mu \frac{< x-a >^2}{2!} + P \frac{< x-b >^3}{3!} + q \frac{< x-c >^4}{4!} - q \frac{< x-d >^4}{4!} \qquad [9.13]$$

$$EI_Z \frac{dy}{dx} = EI_Z \varphi = EI_Z \varphi_0 - \mu < x-a > + P \frac{< x-b >^2}{2!} + q \frac{< x-c >^3}{3!} - q \frac{< x-d >^3}{3!} \qquad [9.14]$$

En [9.13] y [9.14] se han utilizado los símbolos < > que indican que el término en que aparecen sólo tiene sentido a partir del punto en que se aplique el momento, el esfuerzo concentrado o varíe la carga distribuida a lo largo de la viga.

Si existen varias cargas concentradas, varios momentos aplicados o distintos tramos en cargas distribuida, hay que modificar las expresiones [9.13] y [9.14], de forma que los términos no constantes estén afectados de un sumatorio:

$$\Sigma\mu\frac{<x-a>^2}{2!} \qquad \Sigma P\frac{<x-b>^3}{3!} \qquad \Sigma q\frac{<x-c>^4}{4!}$$

en la ecuación universal de la elástica y:

$$\Sigma\mu<x-a> \qquad \Sigma P\frac{<x-b>^2}{2!} \qquad \Sigma q\frac{<x-c>^3}{3!}$$

en la ley universal de giros.

9.4. TEOREMAS DE MOHR

Cuando no es necesario conocer en toda la longitud de una viga tanto la ley de desplazamientos como la ley de giros, es más útil el empleo de otros procedimientos, basados en la ecuación diferencial de la línea elástica[1], que permiten obtener flechas y giros en determinadas secciones, sin necesidad de integrar dicha ecuación, lo que resulta muy laborioso en la mayor parte de los casos, pese a las simplificaciones indicadas en el epígrafe anterior: Consideraremos, en primer lugar, los teoremas de Mohr, para exponer posteriormente (apartado 9.5) el método de la viga conjugada.

En la figura 9.8 se representa una viga biapoyada sometida a flexión, así como el diagrama de momentos flectores correspondiente a las cargas indicadas.

Las tangentes a dos secciones infinitamente próximas que, tras la deformación, están separadas entre sí por la longitud elemental d*l*, forman el ángulo dφ, de forma que

$$dl = rd\varphi \qquad \text{o bien} \quad d\varphi = \frac{1}{r}dl = \frac{Mdl}{EI_z}$$

[1] Existen otros métodos, basados en consideraciones energéticas, que estudiaremos en «Elasticidad y Resistencia de Materiales II».

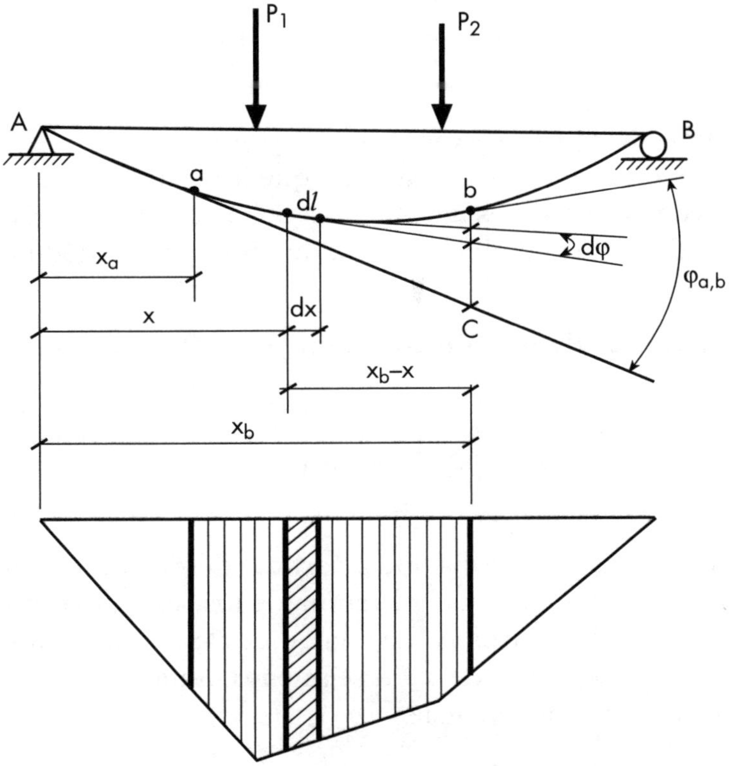

Figura 9.8

En el caso, habitual, de vigas de muy pequeña curvatura podemos escribir:

$$d\varphi = \frac{(Mdx)}{EI_z} \qquad [9.15]$$

La expresión [9.15] indica que el ángulo elemental dφ, que forman entre sí las tangentes en dos puntos infinitamente próximos de la línea elástica es igual al cociente entre el área elemental Mdx, medida en el diagrama de momentos flectores, y el módulo de rigidez a la flexión EI_z. Ya que esta expresión se verifica para todo elemento d*l*, si consideramos todos los elementos de longitud comprendidos entre dos puntos *a* y *b* de la elástica podemos escribir:

$$\varphi_{a,b} = \int_a^b \frac{Mdx}{EI_Z} \qquad [9.16]$$

La ecuación [9.16] es la expresión del primer teorema de Mohr, que puede enunciarse como sigue: "El ángulo que forman entre sí las tangentes en dos puntos de la elástica es igual al área del diagrama de momentos flectores comprendida entre dichos puntos, dividida por el módulo de rigidez a la flexión".

Cuando la viga es de sección constante, la expresión anterior se transforma en:

$$\varphi_{a,b} = \frac{1}{EI_Z} \int_a^b Mdx \qquad [9.17]$$

Si consideramos ahora la distancia vertical desde el punto b de la elástica a la tangente en a, será igual a la suma de los segmentos interceptados por las tangentes en los extremos de cualquier elemento dl en la ordenada trazada desde b. La longitud de cada segmento, teniendo en cuenta que la deformación es muy pequeña, vale:

$$\left(x_b - x\right) d\varphi = \frac{Mdx}{EI_Z} \left(x_b - x\right) \qquad [9.18]$$

que representa el momento estático del área elemental Mdx respecto a la vertical en b. Sumando dichos segmentos, obtenemos:

$$bc = \int_a^b \frac{Mdx}{EI_Z} \left(x_b - x\right) \qquad [9.19]$$

La ecuación [9.19] es la expresión del segundo teorema de Mohr, cuyo enunciado es el siguiente: «La distancia vertical de un punto b de la elástica a la tangente en otro punto a de la misma es igual al momento estático del área del diagrama de momentos flectores, divididos por el módulo de rigidez a la flexión EI_z, comprendida entre las ordenadas de dichos puntos. El momento estático se tomará respecto a la ordenada correspondiente al punto b, desde donde se calcula la distancia».

Si la viga es de sección constante, la fórmula [9.19] se convierte en:

$$bc = \frac{1}{EI_Z} \int_a^b Mdx \left(x_b - x\right) \qquad [9.20]$$

Debe hacerse la observación importante de que la aplicación de los teoremas de Mohr al cálculo de flechas y giros exige el conocimiento de alguna sección de la viga en que la tangente a la línea elástica sea horizontal (o la normal, vertical). En caso contrario, la aplicación de las expresiones [9.16] y [9.19] no permite determinar dichas deformaciones, como se deduce fácilmente de la figura 9.8.

9.5. MÉTODO DE LA VIGA CONJUGADA

La restricción mencionada para la utilización de los teoremas de Mohr (conocimiento de secciones en que la tangente a la elástica sea horizontal) no se presenta cuando se calculan las deformaciones aplicando el método de la viga conjugada que es, por tanto, absolutamente general. El método consiste en la aplicación de las siguientes consideraciones:

En primer lugar escribiremos las expresiones de la ecuación diferencial de la línea elástica y la que relaciona el momento flector, en la misma viga, con la carga unitaria p:

$$\frac{d^2y}{dx^2} = -\frac{M}{EI_Z} \qquad [9.3]$$

$$p = -\frac{d^2M}{dx^2} \qquad [8.6]$$

Si llamamos,

$$\mathbf{p} = \frac{M}{EI_Z} \qquad [9.21]$$

podemos escribir

$$\frac{d^2y}{dx^2} = -\,\mathbf{p} \qquad [9.22]$$

Consideremos que la viga cuya deformación estamos estudiando, en la que la ley de momentos flectores viene dada por M, se descarga, volviéndose a cargar con una carga ficticia **p**, definida en [9.21].

En la nueva viga, que llamaremos viga conjugada de la viga original, aparecerá una ley de momentos flectores **M** que cumplirá la relación siguiente con la carga **p**:

$$\frac{d^2\mathbf{M}}{dx^2} = -\,\mathbf{p} \qquad [9.23]$$

Identificando las expresiones [9.22] y [9.23] se obtiene:

$$\mathrm{y} = \mathrm{M} \qquad [9.24]$$

Es decir, la línea elástica *y* de la viga original coincide con el momento flector en su viga conjugada (la misma viga cargada con $\mathbf{p} = \frac{M}{EI_z}$)

Si derivamos respecto a x la expresión [9.24], obtenemos:

$$\frac{dy}{dx} = \frac{d\mathbf{M}}{dx} = \mathbf{C} \qquad [9.25]$$

Esta última expresión indica que la ley de giros en la viga original coincide con la de esfuerzos cortantes en la viga conjugada.

Cuando la viga es de sección constante, la carga ficticia en la viga conjugada es la superficie del diagrama de momentos flectores en la viga original, por lo que las flechas y los giros se obtendrán dividiendo los momentos flectores y los esfuerzos cortantes en la viga conjugada por el módulo de rigidez a la flexión EI_z.

Por lo que se refiere a la sustentación de la viga conjugada, ha de ser la adecuada para que las condiciones de contorno de la línea elástica y y de la ley de momentos flectores **M** sean las mismas.

Si la viga dada está apoyada en sus extremos lo mismo ocurrirá con la viga conjugada, siendo nulos en dichos puntos tanto los desplazamientos verticales reales como los momentos flectores ficticios.

No ocurre lo mismo cuando se trata de una viga en ménsula como la indicada en la figura 9.9, cuyo diagrama de momentos flectores se representa en la figura 9.10.

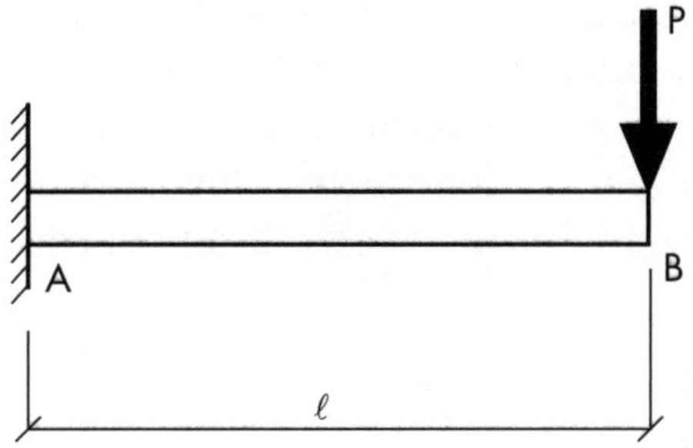

Figura 9.9

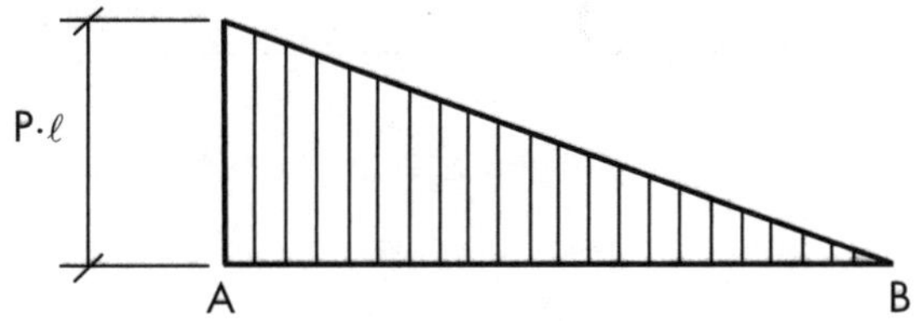

Figura 9.10

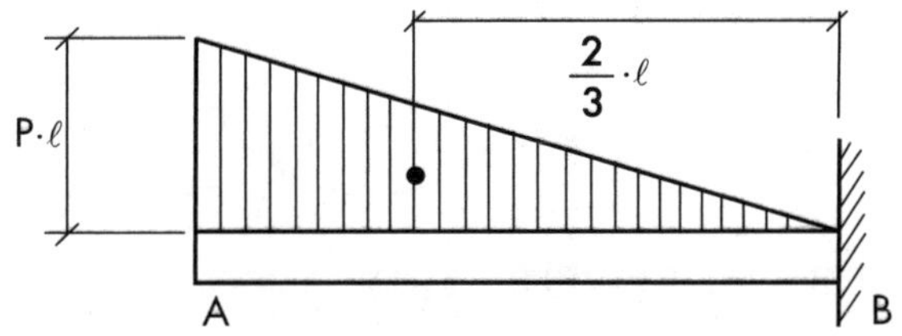

Figura 9.11

La viga conjugada debe estar sustentada como se indica en la figura 9.11, de forma que en su extremo libre **A** no exista momento flector **M** (desplazamiento real nulo), mientras que en **B** debe existir un empotramiento, en el que las reacciones $\mathbf{V_B}$ y $\mathbf{M_B}$ se identifican con el giro y el desplazamiento vertical en el extremo libre de la viga dada.

En el estudio de la deformación de las vigas en voladizo, como la representada en la figura 9.12, se puede emplear también el método de la viga conjugada con la sustentación a la que acabamos de hacer referencia, teniendo en cuenta, además, que un apoyo intermedio en la viga real debe ser sustituido por una articulación (mecanismo que, como vimos en el ejercicio 1 del capítulo 7, ha de permitir el giro, por lo que el momento de cargas y reacciones situado a uno u otro lado del mismo ha de ser nulo).

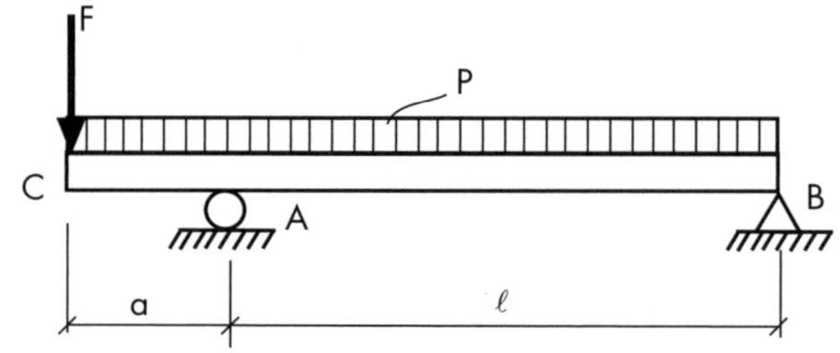

Figura 9.12

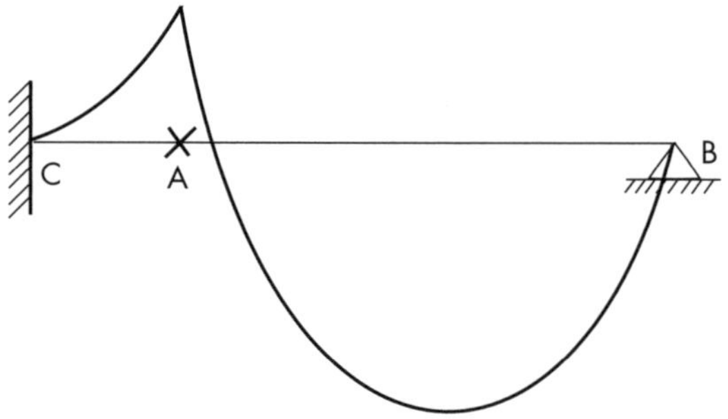

Figura 9.13

En la figura 9.13 representamos la correspondiente viga conjugada.

Sin embargo, como se comprueba en los ejercicios de autocomprobación, es más cómodo sustituir el voladizo por la acción que produce sobre el tramo entre apoyos aplicando el principio de superposición para el estudio de la deformación en dicho tramo.

Por lo que se refiere a la deformación del tramo en voladizo se aplica también el principio de superposición, considerando en primer lugar el mismo como empotrado y añadiendo el giro como cuerpo rígido que experimenta cuando el apoyo gira (como apoyo extremo de la viga biapoyada).

En las figuras 9.14, 9.15 y 9.16 se indican los razonamientos aplicados para el cálculo de las deformaciones en la viga de la figura 9.12.

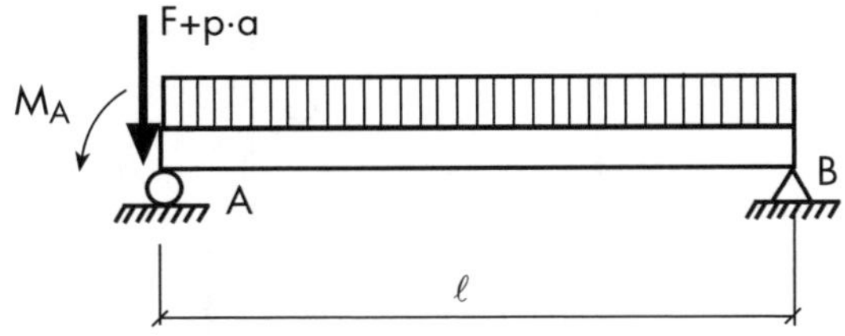

Figura 9.14

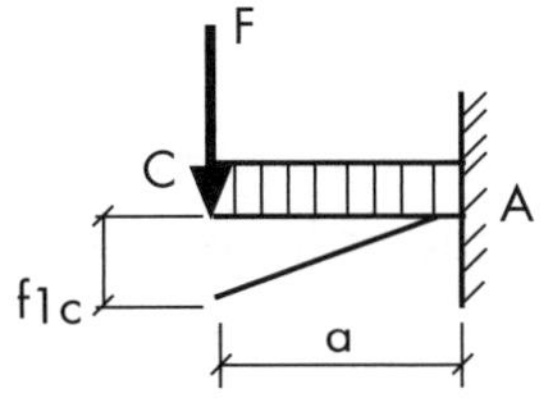

Figura 9.15

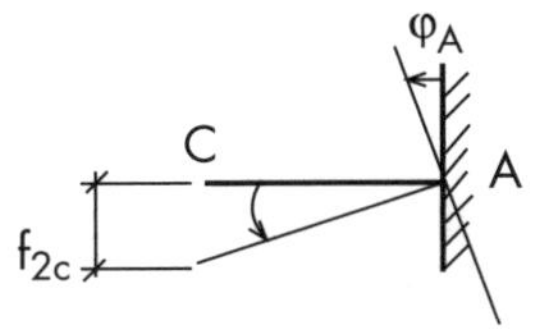

Figura 9.16

9.6. EFECTO DEL ESFUERZO CORTANTE EN LA DEFORMACIÓN DE VIGAS SOMETIDAS A FLEXIÓN SIMPLE

Como hemos visto (apartado 8.8), las tensiones tangenciales τ, originadas por el esfuerzo cortante en la flexión, son variables, por lo que las secciones se alabean, como se indica en la figura 9.17, manteniéndose el ángulo inicialmente recto que forman las fibras extremas AC y BD con la sección recta (γ=0), mientras que la distorsión angular unitaria es máxima para la fibra neutra o eje de la pieza OO, que tras la deformaciòn para la posición OO_1 (γ_{max}).

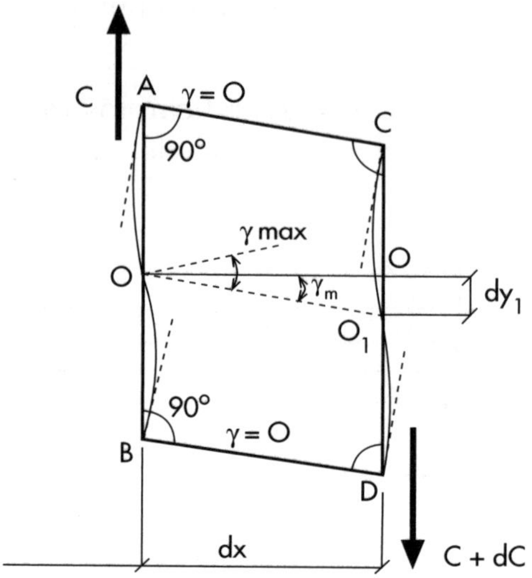

Figura 9.17

En el estudio de la deformación de la pieza, consideraremos la distorsión media o deslizamiento medio, γ_m=dy_1/dx o, lo que es lo mismo, el ángulo que se desvía el eje respecto a su posición inicial, siendo dy_1 el desplazamiento relativo entre las secciones, infinitamente próximas, AB y CD.

Para determinar el desplazamiento relativo dy_1 igualaremos el valor del trabajo externo desarrollado por el esfuerzo cortante C, con el del trabajo interno de deformación realizado por las tensiones tangenciales que aquél origina:

$$\frac{1}{2}\, C\gamma_m dx = \frac{1}{2}\, \beta\, \frac{C^2 dx}{GS} \qquad [9.26]$$

de donde:

$$\gamma_m = \beta\, \frac{C}{GS} = \frac{dy_1}{dx} \qquad [9.27]$$

Cuando las secciones no sean infinitamente próximas y estén separadas entre si una longitud *a*, el deslizamiento relativo entre ambas será:

$$y_1 = \int_0^a \gamma_m dx = \int_0^a \beta \frac{C}{GS} dx \qquad [9.28]$$

Si la viga está apoyada en sus extremos, la integración se extiende desde x=0 hasta x=*l*/2. Puede comprobarse, para los distintos tipos de carga a que esté sometida dicha viga, que el valor de la flecha y_1, originada por los esfuerzos cortantes es del orden del 3% de la producida por los momentos flectores, por lo que, habitualmente, no se tiene en cuenta en el estudio de la deformación de las barras flectadas.

9.7. VIGAS DE SECCIÓN VARIABLE

Las expresiones utilizadas para conocer el estado de tensiones y deformaciones en las piezas sometidas a flexión simple han sido deducidas, suponiendo que la sección transversal se mantiene constante. Cuando la sección varía en forma gradual, dichas expresiones pueden también aplicarse, sin gran error, a las vigas de sección variable. En caso contrario aparecen importantes concentraciones de tensiones, siendo los correspondientes coeficientes de aumento de tensiones similares a los obtenidos en el tema 6 para las piezas de sección variable sometidas a esfuerzo longitudinal.

Entre las vigas de sección variable las de mayor interés son aquéllas en que la tensión normal máxima σ_{max}, se mantiene constante, recibiendo el nombre de vigas de resistencia uniforme, en las que se cumplirá

$$\sigma_{max} = k = \frac{M}{W} \qquad [9.29]$$

siendo *k* constante. Despejando el módulo resistente obtenemos:

$$W = \frac{M}{k} \qquad [9.30]$$

por lo que el módulo resistente de la sección debe variar proporcionalmente a como lo haga el momento flector M[2].

Por lo que se refiere a la deformación, ya que, como hemos visto, la expresión de la curvatura es: $\frac{1}{r} = \frac{M}{EI_Z}$ podemos escribir:

$$\frac{1}{r} = \frac{M}{EI_Z} \frac{h/2}{h/2} = \frac{M}{EW} \frac{2}{h} = \frac{2k}{Eh} \qquad [9.31]$$

por lo que la ecuación diferencial de la línea elástica es, de acuerdo con [9.2]:

$$\frac{d^2y}{dx^2} = -\frac{2k}{Eh} \qquad [9.32]$$

(se supone M positivo).

Cuando h sea constante, la elástica es un arco de circunferencia.

Estudiamos seguidamente la deformación de dos vigas de resistencia uniforme, utilizadas frecuentemente:

a) Viga en ménsula de sección rectangular, con ancho constante y altura variable, sometida a carga uniformemente repartida (figura 9.18).

Si llamamos h_x la altura que corresponde a la sección situada a distancia x del extremo derecho de la viga, donde situamos el origen de coordenadas, se cumplirá:

$$\frac{\frac{px^2}{2}}{\frac{1}{6}bh_x^2} = \frac{\frac{pl^2}{2}}{\frac{1}{6}bh_l^2} = \sigma_{\max} = k$$

siendo h_l la altura de la sección de empotramiento. Simplificando, obtenemos $\frac{x^2}{h_x^2} = \frac{l^2}{h_l^2}$ o bien $h_x = \frac{h_l}{l}x$

---

[2] Para M=0, teóricamente podría ser W=0, lo que no es físicamente posible, debiendo tener la sección, en todo caso, las dimensiones suficientes para resistir el esfuerzo cortante.

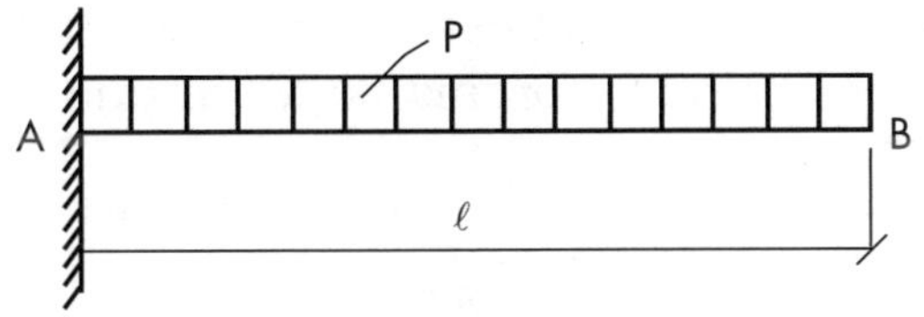

Figura 9.18

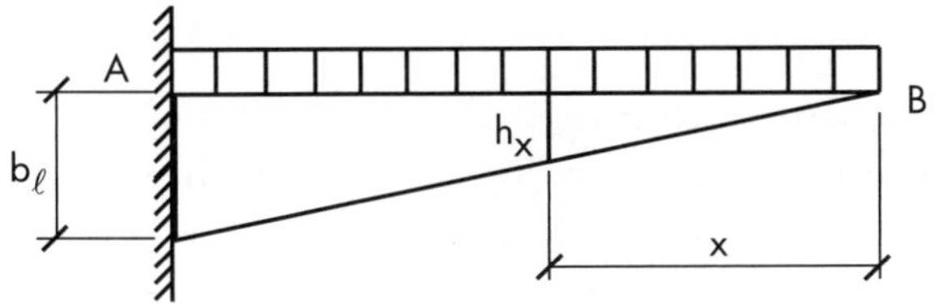

Figura 9.19

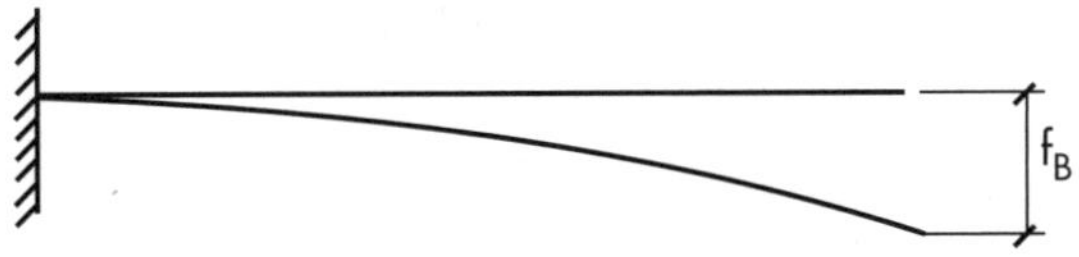

Figura 9.20

Es decir, la altura de la sección varía linealmente con x; suponiendo que el borde superior de la viga es horizontal, la altura h_x varía como se indica en la figura 9.19.

La flecha en el extremo libre B (figura 9.20) se calcula a continuación, aplicando el segundo teorema de Mohr:

$$f_B = \frac{1}{E}\int_0^l \frac{M_x x dx}{I_z} = \frac{1}{E}\int_0^l \frac{\frac{px^2}{2}x}{\frac{1}{12}bh_x^3}dx = \frac{1}{E}\int_0^l \frac{\frac{px^3}{2}}{\frac{1}{12}b\frac{h_l^3}{l^3}x^3}dx =$$

$$= \frac{6pl^3}{Ebh_l^3}\int_0^l dx = \frac{pl^4}{2E\frac{1}{12}bh_l^3} = \frac{pl^4}{2EI_l}$$

donde I_l es el momento de inercia de la sección de empotramiento.

Si la viga fuese de sección constante puede comprobarse fácilmente, aplicando también el segundo teorema de Mohr que la flecha sería:

$$f_B = \frac{pl^4}{8EI_Z}$$

lo que nos indica que la viga de resistencia uniforme estudiada esmucho menos rígida que la de sección constante, ya que la flecha obtenida es cuatro veces mayor.

Las vigas de sección rectangular de ancho constante y altura variable linealmente son muy utilizadas en piezas en voladizo que formen parte de estructuras de hormigón, con independencia de que puedan considerarse o no como vigas de resistencia uniforme (lo que depende del tipo de carga a que estén sometidas).

b) Viga en ménsula de sección rectangular de anchura variable y altura constante, h, sometida a carga concentrada en su extremo (figura 9.21).

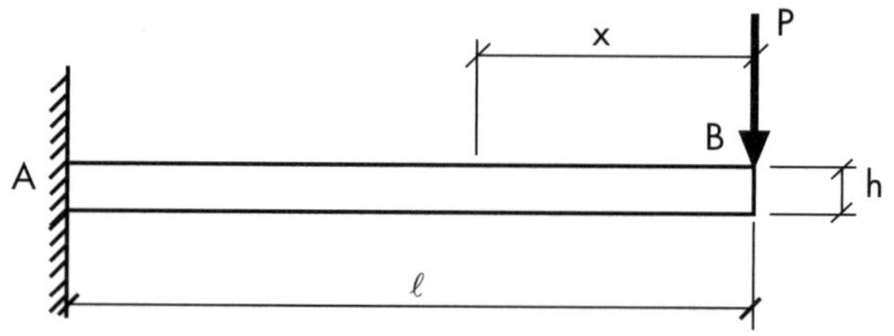

Figura 9.21

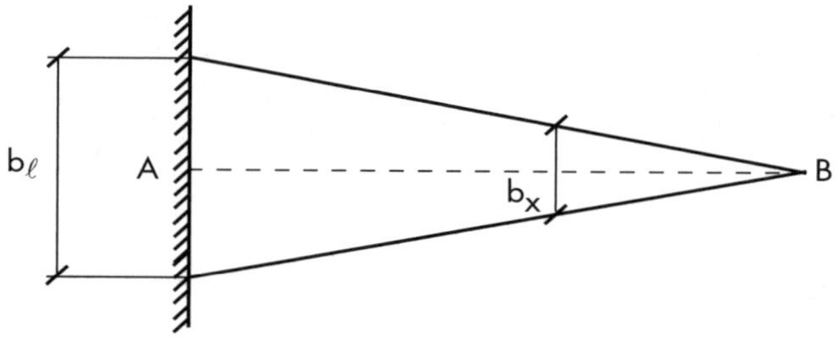

Figura 9.22

Procediendo en forma análoga a la empleada en el ejemplo anterior, obtenemos:

$$\frac{Px}{\frac{1}{6}b_x h^2} = \frac{Pl}{\frac{1}{6}b_l h^2} = \sigma_{\max} = k$$

siendo b_l el ancho de la sección de empotramiento A.

Simplificando:

$$\frac{x}{b_x} = \frac{l}{b_l} \quad \text{de donde} \quad b_x = \frac{b_l}{l}x$$

El ancho b varía linealmente como se indica en la figura 9.22.

La flecha en el extremo libre, por aplicación de 2.º teorema de Mohr, se obtiene como sigue:

$$f_B = \frac{1}{E}\int_0^l \frac{M_x x\,dx}{I_Z} = \frac{1}{E}\int_0^l \frac{Px^2 dx}{\frac{1}{12}b_x h^3} = \frac{1}{E}\int_0^l \frac{12Px^2}{\frac{b_l}{l}xh^3}dx =$$

$$\frac{12Pl}{Eb_l h^3}\int_0^l x dx = \frac{Pl^3}{2E\,\frac{1}{12}\,b_l h^3} = \frac{Pl^3}{2EI_l}$$

Siendo I_l el momento de inercia de la sección de empotramiento.

La flecha obtenida es, como puede fácilmente comprobarse 1,5 veces superior que la correspondiente a una ménsula de sección constante, sometida a la misma solicitación. Las vigas de altura constante y ancho b variable son la base de los resortes de ballesta o resortes de flexión que estudiaremos en el epígrafe siguiente.

En ocasiones es necesario reforzar un perfil metálico con platabandas unidas a sus alas, habitualmente por medio de cordones de soldadura: Se trata del caso de la viga de gran longitud, l, de la figura 9.23, sometida a un sistema de cargas que origina el diagrama de momentos flectores representado.

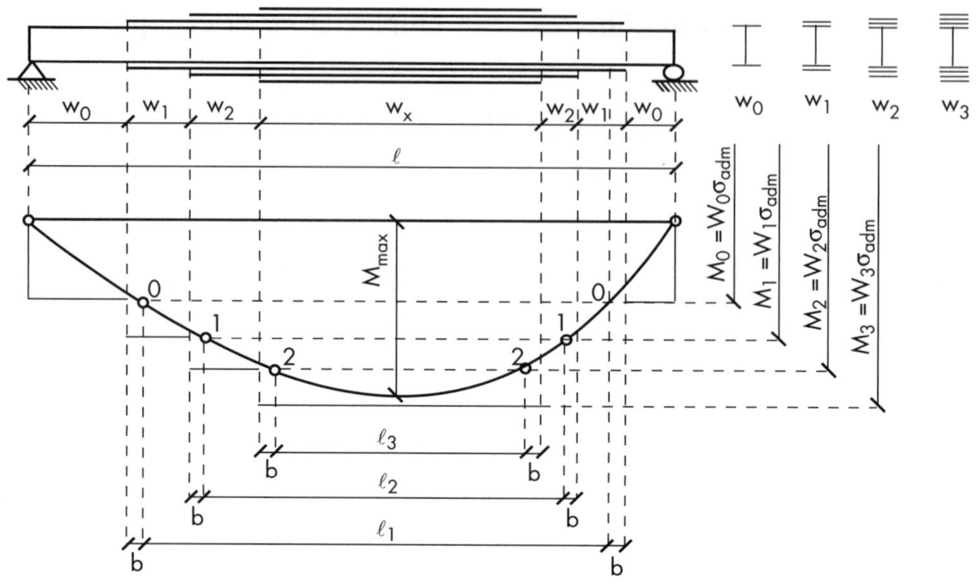

Figura 9.23

El perfil metálico sin reforzar, con módulo resistente W_o sólo puede soportar momentos flectores iguales, como máximo al valor $W_o.\sigma_{adm}$. Los puntos 0 de la figura indican que, a partir de ellos es necesario el refuerzo: si éste se realiza mediante dos platabandas, el módulo resistente del conjunto será W_1, siendo $W_1.\sigma_{adm}$ el máximo momento flector que puede admitir la nueva sección resistente, determinándose por los puntos 1 de intersección con el diagrama de momentos flectores la zona en que es necesario un nuevo refuerzo. Procediendo en forma análoga mediante la sucesiva superposición de platabandas se obtiene la línea quebrada del diagrama que indica los máximos momentos flectores que puede absorber cada sección compuesta y que, necesariamente, ha de ser envolvente del diagrama de momentos flectores a que está sometida la viga[3] (Cada longitud teórica se ha incrementado en 2b para facilitar la unión entre platabandas).

La viga considerada en la figura 9.23 constituye una buena aproximación a una pieza prismática de igual resistencia a la flexión (viga de resistencia uniforme).

---

[3] Se ha considerado, como criterio de seguridad, no sobrepasar las tensiones admisibles, definidas en el tema 5.

9.8. RESORTES DE BALLESTA

A partir de la viga de ancho variable y altura constante, de igual resistencia a la flexión en todas sus secciones podemos obtener, a partir de una hoja triangular de ancho $n.b$, un número par, $2n$, de hojas longitudinales de ancho $b/2$ (figura 9.24).

Unificando las tiras que tengan la misma numeración y superponiendo las hojas resultantes se obtiene la pieza compuesta indicada en las figuras 9.25 (alzado) y 9.26 (planta) que recibe el nombre de resorte de flexión o de ballesta, de hojas triangulares (en realidad, rectángulos acabados en un triángulo).

La disposición indicada en estas dos últimas figuras es más favorable, siendo el valor de la tensión máxima en el material flexible que constituye el resorte el mismo que en la viga triangular en planta de la figura 9.24.

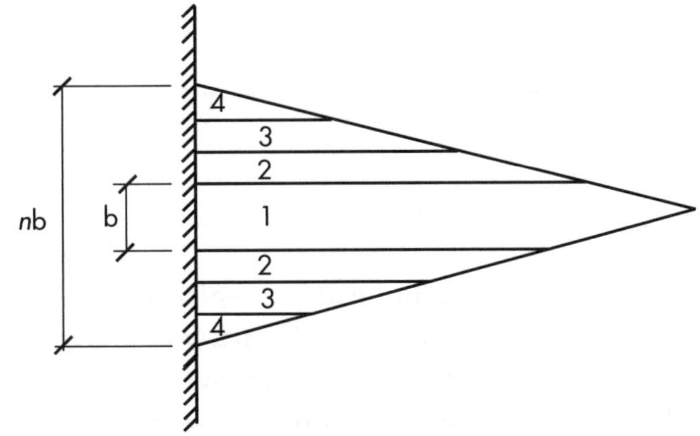

Figura 9.24

En efecto, en esta pieza, la tensión normal máxima, σ, originada por el par P·l, en la sección de empotramiento es:

$$\sigma = \frac{Pl}{\frac{1}{6}\left(nb\right)h^2}$$

mientras que, para n hojas de ancho b superpuestas es:

$$\sigma = \frac{P\,l\,/\,n}{\dfrac{1}{6}\,bh^2} = \frac{P\,l}{\dfrac{1}{6}\,(nb)\,h^2}$$

En estas expresiones P es la carga vertical en el extremo del resorte y l su longitud.

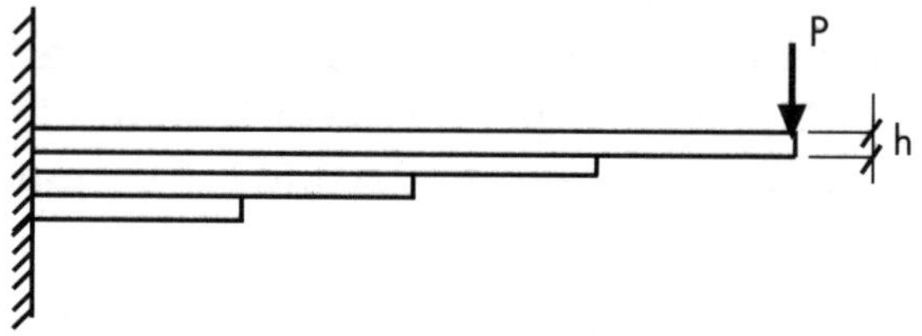

Figura 9.25

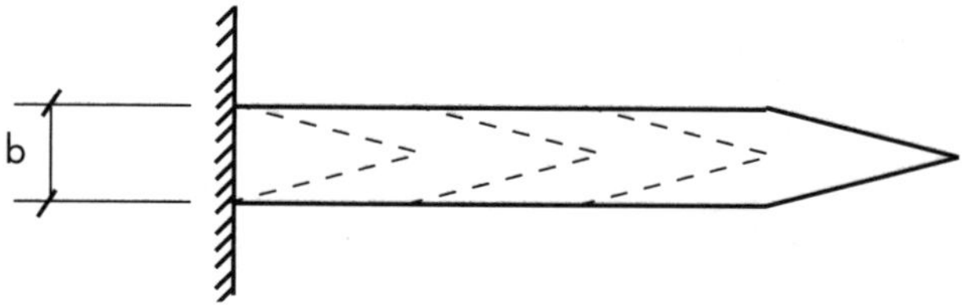

Figura 9.26

En la práctica los resortes de ballesta se realizan con hojas rectangulares dispuestas en la forma indicada en la figura 9.27, correspondiente a un resorte completo y que se ha aplicado como elemento importante para la suspensión de vehículos, empleándose tanto en automóviles como en vagones de ferrocarril.

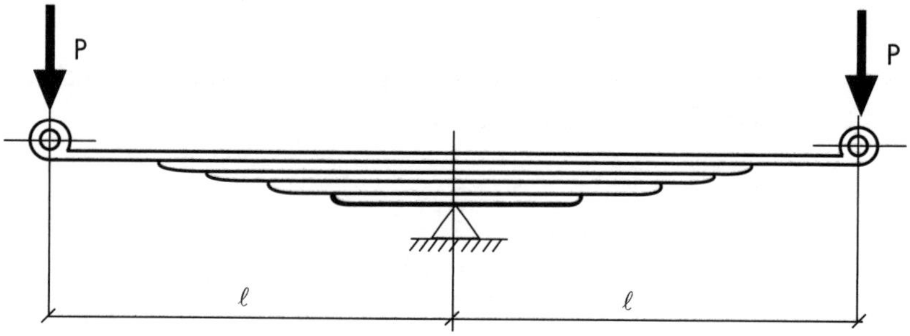

Figura 9.27

EJERCICIOS DE AUTOCOMPROBACIÓN

1. Una viga de longitud 1=10 m está sometida a la acción de una carga uniformemente repartida q=1000 kg/m. Se pide:

a) Determinar la longitud de los voladizos para que el perfil IPN sea mínimo, determinando dicho perfil para σ_{adm}=1600 kg/cm^2.

b) Calcular el valor del descenso vertical de la sección correspondiente al punto medio de la viga. E=2,1.10^6 kg/cm^2.

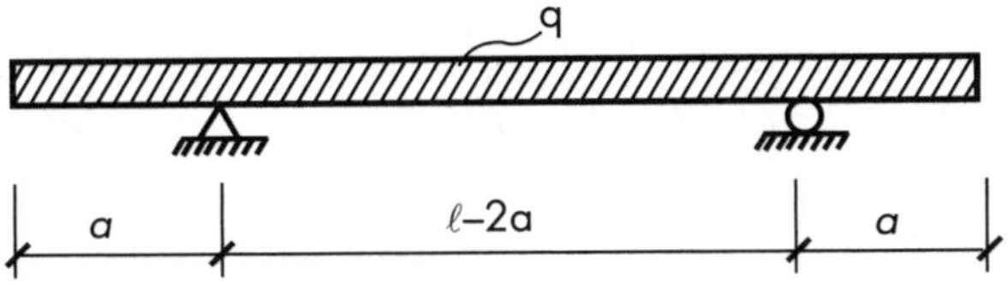

2. Dada la viga indicada en la figura se pide:

a) Diagramas de esfuerzos cortantes y momentos flectores.

b) Determinar la relación entre P y q para que la flecha en C sea igual a la flecha en D multiplicada por 1,5: (y_C=3/2 y_D)

Considérense como datos E e I.

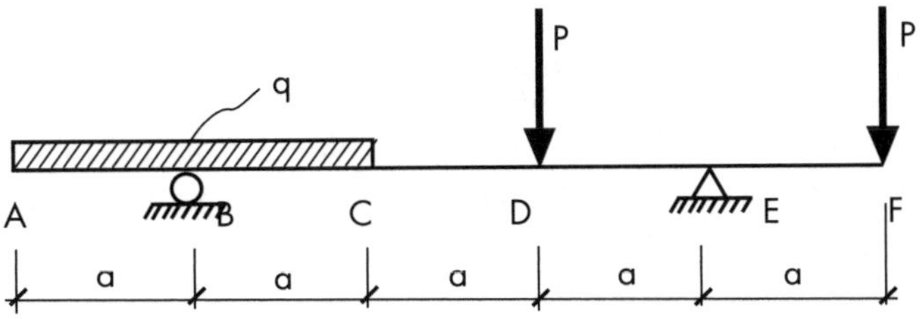

3. Una viga de madera, de sección cuadrada de 25x25 cm, está apoyada en **A** y **B**, y en sus extremos se aplican las cargas **P**, como se indica en la figura. Determinar el máximo valor de **P** y la flecha en el punto medio. Se despreciará el peso propio de la viga. Datos: σ_{adm}=70 kg/cm^2. E=10^5 kg/cm^2.

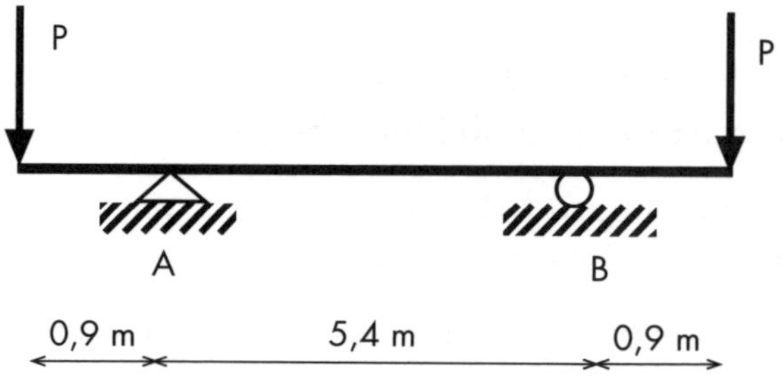

4. La ecuación de la línea elástica de la viga simplemente apoyada de la figura es: $y=Ax^2 + Bx$, donde A y B son constantes. Determinar y representar las leyes de momentos flectores y esfuerzos cortantes sabiendo que la deformación transversal es nula en los apoyos y mide 25 mm en el punto medio de la viga. La viga está constituida por un perfil de acero IPN-200.

($E=2{,}1.10^6$ kg/cm^2)

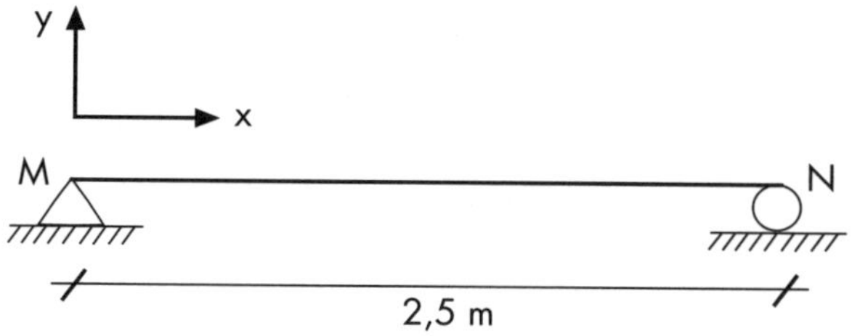

5. Una viga metálica de 30 cm de canto está apoyada como se indica en la figura y cargada en los voladizos con una carga uniformemente distribuida q=1000 kg/m. Se pide:

a) Diagrama de esfuerzos cortantes.

b) Diagrama de momentos flectores.

c) Tensión normal máxima.

d) Flecha en el punto medio.

Datos: $I_z=9785$ cm^4 ; $E=2{,}1x10^6$ kg/cm^2

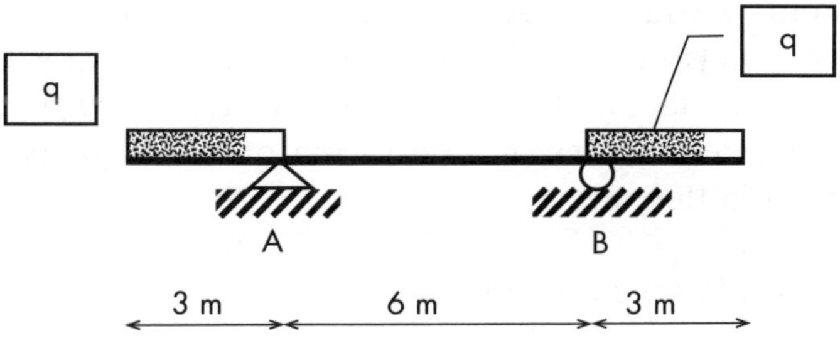

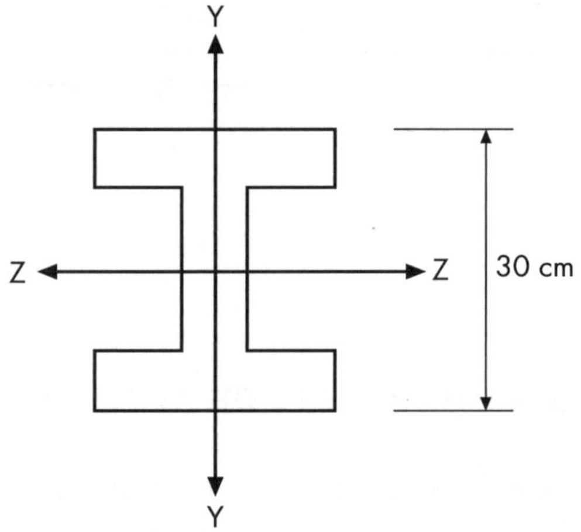

6. Una barra de sección circular, empotrada en un extremo y libre por el otro va disminuyendo de diámetro linealmente con la longitud desde el extremo empotrado hasta el extremo libre, en cuyo punto el diámetro es la mitad del correspondiente al extremo fijo.

Se desea calcular el corrimiento vertical en el extremo libre, cuando sobre la barra actúa una fuerza vertical P sobre el extremo libre. Diámetro en el empotramiento D_1. Momento de inercia en el empotramiento I_l

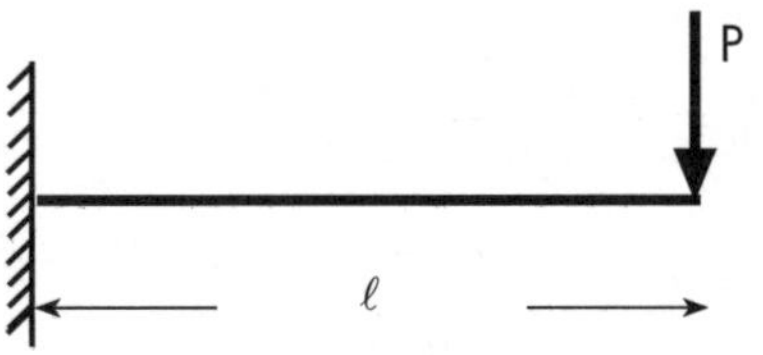

7. Determinar, en la viga de la figura, de sección rectangular y con carga lineal variable (nula en el centro de la viga y de valor **P** kg/m en los extremos) la ley de variación de su altura h en función de x, suponiendo que el ancho b se mantiene constante, de forma que la viga sea un sólido de igual resistencia a la flexión.

Se tomará, para la sección en C, $h=h_o$

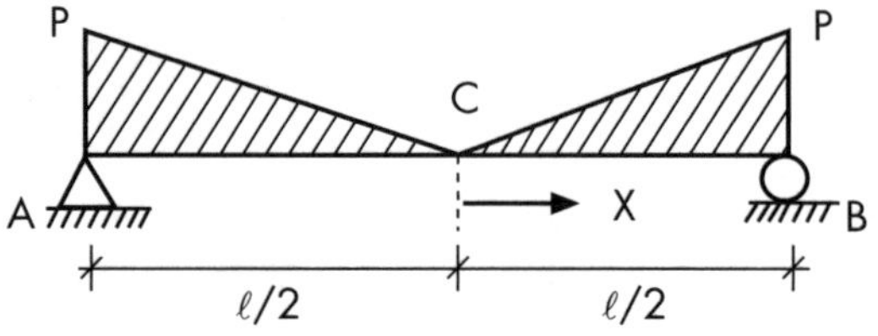

SOLUCIONES DE LOS EJERCICIOS DE AUTOCOMPROBACIÓN

1. *a)* Para que el perfil sea mínimo es necesario que el momento flector en los apoyos coincida, en valor absoluto, con el momento flector en el centro del vano, C.

Sustituyendo los voladizos por su acción sobre el tramo entre apoyos.

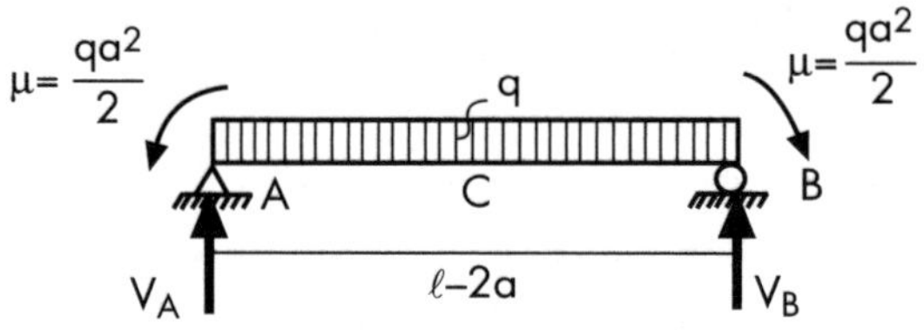

$$V_A = V_B = \frac{q\ (l-2a)}{2}$$

$$M_c = -\frac{qa^2}{2} + \frac{q\ (l-2a)^2}{8} = \frac{qa^2}{2}$$

$$(l-2a)^2 = 8a^2$$

$$l^2 + 4a^2 - 4al = 8a^2 \Rightarrow 4a^2 + 4al - l^2 = 0$$

$$a = \frac{-2l \pm \sqrt{4l^2 + 4l^2}}{4} = \frac{-2l \pm 2l\sqrt{2}}{4}$$

$$a = -\frac{l}{2} \pm \frac{l\sqrt{2}}{2}$$

La única solución válida es:

$$a = -\frac{l}{2} + \frac{l\sqrt{2}}{2} = \frac{l\ (\sqrt{2}-1)}{2} = 0{,}207\ l = 2{,}07 \text{ m.}$$

$$M_{\max} = \frac{qa^2}{2} = \frac{1000 \cdot 2{,}07^2}{2} = 2144{,}52 \text{ m kg} = 214452 \text{ cm kg.}$$

$$W_{nec} = \frac{M_{\max}}{\sigma_{adm}} = \frac{214452}{1600} = 134 \text{ cm}^3$$

Se utilizará un perfil IPN-180, para el que W=161 cm^3, I=1450 cm^4.

b) La flecha se obtiene por superposición de las correspondientes a la carga q y a los pares μ en la viga apoyada en sus extremos, de longitud l-2a:

$$f = f_1 + f_2 = \frac{5q(l-2a)^4}{384EI} - \frac{\mu(l-2a)^2}{8EI} \overset{(*)}{=} \frac{1}{2{,}1 \cdot 10^6 \cdot 1450}\left(\frac{5 \cdot 10 \cdot 586^4}{384} - \frac{214452 \cdot 586^2}{8}\right.$$

$$f = 2{,}019 \text{ cm}$$

2. *a)* Las reacciones verticales en B y E se calculan como sigue:

$$V_B + V_E = 2qa + 2P$$

$$V_B \cdot 3a - 2qa \cdot 3a - Pa + Pa = 0$$

* Ver solución ejercicio 5.

$$V_B = 2qa; \qquad V_E = 2P$$

valores que podían estimarse por razones de simetría.

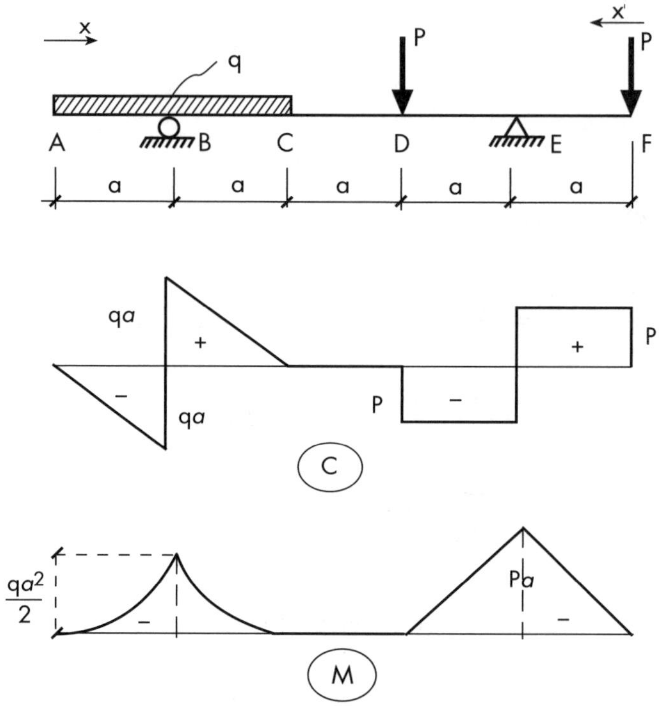

$$\left.\begin{aligned} C &= -qx \\ M &= -\frac{qx^2}{2} \end{aligned}\right\} 0 \leq x \leq a \quad \begin{cases} C_0 = 0 \ ; \ M_0 = 0 \\ C_a = -qa \ ; \ M_a = \dfrac{-qa^2}{2} \end{cases}$$

$$\left.\begin{aligned} C &= 2qa - qx \\ M &= 2qa(x-a) - \frac{qx^2}{2} \end{aligned}\right\} a \leq x \leq 2a \quad \begin{cases} C_a = qa \ ; \ M_a = \dfrac{-qa^2}{2} \\ C_{2a} = 0 \ ; \ M_{2a} = 0 \end{cases}$$

$$\left.\begin{aligned} C &= 0 \\ M &= 0 \end{aligned}\right\} 2a \leq x \leq 3a$$

$$\left.\begin{array}{l} C' = P \\ M' = -Px' \end{array}\right\} 0 \le x' \le a \quad \left\{\begin{array}{l} C'_0 = P \ ; \ M'_0 = 0 \\ C'_a = P \ ; \ M'_a = -Pa \end{array}\right.$$

$$\left.\begin{array}{l} C' = -P \\ M' = -Px' + 2P(x' - a) \end{array}\right\} a \le x' \le 2a \quad \left\{\begin{array}{l} C'_a = -P \ ; \ M'_a = -P \\ C'_{2a} = -P \ ; \ M'_{2a} = 0 \end{array}\right.$$

$$\left.\begin{array}{l} C' = 0 \\ M' = -Px' + 2P(x' - a) - P(x' - 2a) = 0 \end{array}\right\} 2a \le x' \le 3a$$

b) Utilizaremos el método de la viga conjugada.

La viga representada es equivalente a la original; por tanto, $V_B = qa$; $V_E = P$, pues prescindimos de los cortantes transmitidos por los voladizos.

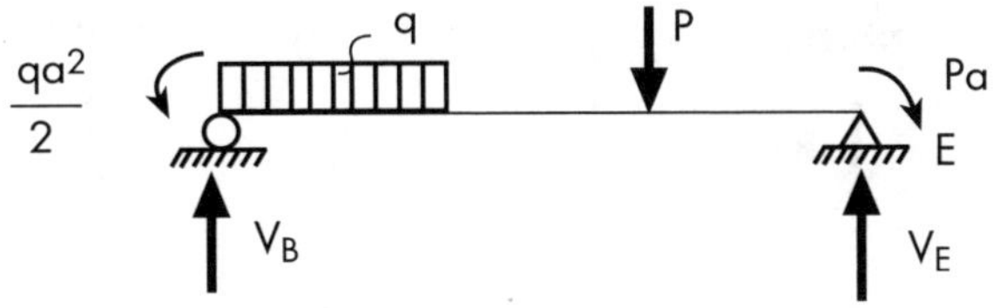

La viga conjugada será la indicada en la página siguiente:

$$\mathbf{R_B} + \mathbf{R_E} = \frac{1}{2}Pa^2 - \int_0^a \left(-\frac{qa^2}{2} + qax - \frac{qx^2}{2} \right) dx$$

$$\mathbf{R_B} + \mathbf{R_E} = \frac{1}{2}Pa^2 - \left[-\frac{qa^2}{2}x + \frac{qax^2}{2} - \frac{qx^3}{6} \right]_0^a$$

$$\mathbf{R_B} + \mathbf{R_E} = \frac{1}{2}Pa^2 + \frac{qa^3}{6}$$

$$\mathbf{R_B} \cdot 3a = \frac{1}{2}Pa^2 \cdot \frac{1}{3}a - \int_0^a \left(-\frac{qa^2}{2} + qax - \frac{qx^2}{2} \right)(3a - x)\, dx$$

$$\mathbf{R_B} \cdot 3a = \frac{Pa^3}{6} + 11\frac{qa^4}{24}$$

$$\mathbf{R_B} = \frac{Pa^2}{18} + 11\frac{qa^3}{72}$$

$$\mathbf{M_C} = \mathbf{R_B} \cdot a + \int_0^a \left(-\frac{qa^2}{2} + qax - \frac{qx^2}{2} \right)(a - x)\, dx$$

$$\mathbf{M_C} = \left(\frac{Pa^2}{18} + \frac{11qa^3}{72} \right) a - \frac{3qa^4}{24} = \frac{Pa^3}{18} + \frac{11qa^4}{72} - \frac{3qa^4}{24}$$

$$\mathbf{M_C} = \frac{Pa^3}{18} + \frac{2qa^4}{72} = \frac{1}{72}\left[4Pa^3 + 2qa^4 \right]$$

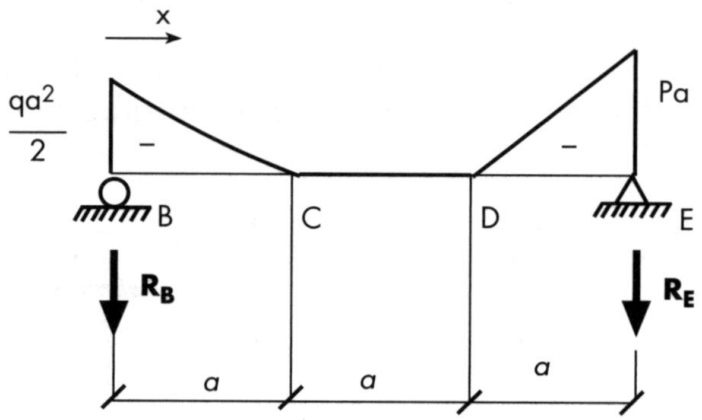

Análogamente:

$$\mathbf{M_D} = \mathbf{R_E}.\, a - \frac{Pa^2}{2} \cdot \frac{2}{3} a$$

$$\mathbf{R_E} = \frac{1}{2}Pa^2 + \frac{qa^3}{6} - \mathbf{R_B} = \frac{1}{2}Pa^2 + \frac{qa^3}{6} - \frac{Pa^2}{18} - \frac{11qa^3}{72}$$

$$\mathbf{R_E} = \frac{8Pa^2}{18} + \frac{qa^3}{72} = \frac{4Pa^2}{9} + \frac{qa^3}{72}$$

$$\mathbf{M_D} = \left(\frac{4Pa^2}{9} + \frac{qa^3}{72} \right) a - \frac{Pa^3}{3} = \frac{4Pa^3}{9} + \frac{qa^4}{72} - \frac{Pa^3}{3} = \frac{Pa^3}{9} + \frac{qa^4}{72}$$

$$y_D = \frac{\mathbf{M_D}}{EI} = \frac{1}{72EI}\left[8Pa^3 + qa^4 \right]$$

Imponiendo la condición

$$y_C = \frac{3}{2} y_D$$

$$\frac{1}{72EI}\left[4P\,a^3 + 2qa^4\right] = \frac{3}{2}\frac{1}{72EI}\left[8Pa^3 + qa^4\right]$$

$$8Pa^3 + 4qa^4 = 24Pa^3 + 3qa^4$$

$$qa^4 = 16Pa^3$$

$$P = \frac{qa}{16}$$

3. El máximo momento flector se produce en los apoyos A y B y se mantiene constante a lo largo de toda la longitud de la viga.

$R_A = R_B = P$

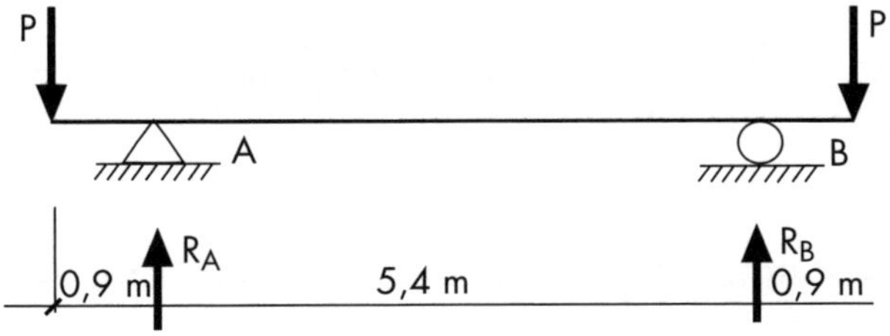

Dibujamos los diagramas de esfuerzos cortantes y momentos flectores.

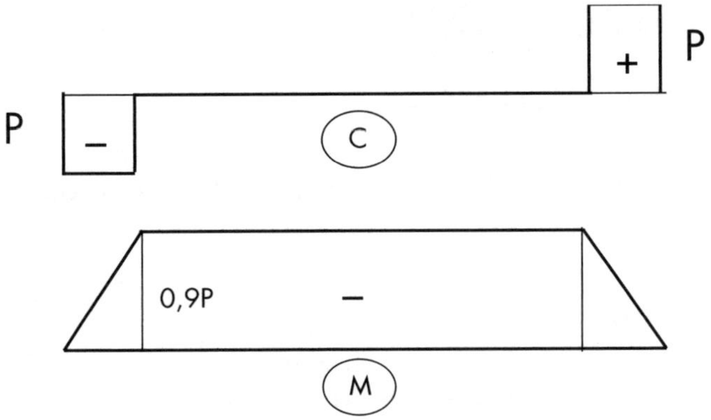

La tensión máxima es:

$$\sigma_{\max} = \frac{M_{\max}}{W_Z}$$

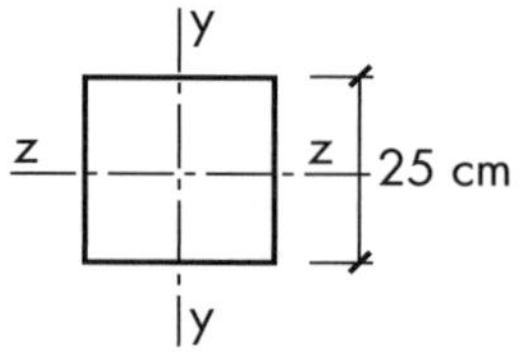

$$I_Z = \frac{1}{12}\,25^4 cm^4 \ ; \ W_Z = \frac{1}{6}\,25^3 cm^3$$

$$\sigma_{\max} = 70\ Kg / cm^2$$

$$M_{\max} = 0{,}9P\ mKg = 90P\ cmKg.$$

$$70 = \frac{90P}{\frac{1}{6}\,25^3} \ ; \ P = \frac{70 \cdot 25^3}{6 \cdot 90} = 2025{,}5\ Kg$$

Para calcular la flecha aplicamos la ecuación universal de la línea elástica:

$$EIy = EI\varphi_0 x + EIy_0 + \frac{Px^3}{3!} - \frac{P\langle x-90\rangle^3}{3!}$$

Para x=0,9 m=90 cm, y=0 ; Para x=6,3 m = 630 cm, y=0

$$\left.\begin{aligned} 0 &= EI\varphi_0 \cdot 90 + EIy_0 + \frac{2025{,}5 \cdot 90^3}{6} \\ 0 &= EI\varphi_0 \cdot 630 + EIy_0 + \frac{2025{,}5 \cdot 630^3}{6} - \frac{2025{,}5 \cdot 540^3}{6} \end{aligned}\right\}$$

$$\varphi_0 = -0{,}018\ rad \ ; \ y_0 = 1{,}544\ cm$$

Sustituyendo en la ecuación universal, particularizada para x=3,6m = =360 cm.

$$EI\ y_{l/2} = EI(-0{,}018) \cdot 360 + EI \cdot 1{,}544 + \frac{2025{,}5 \cdot 360^3}{6} - \frac{2025{,}5 \cdot 270^3}{6}$$

$y_{l/2} = -2{,}139$ cm (el punto medio se levanta)

4. Determinaremos las constantes A y B aplicando las condiciones de contorno:

Para:

$$x = 2,5 \text{ m} = 250 \text{ cm} \ ; \ y = 0$$

$$x = 1,25 \text{ m} = 125 \text{ cm} \ ; \ y = 25 \text{ mm} = 2,5 \text{ cm}$$

$$\left.\begin{array}{l} 0 = 250^2 A + 250B \\ 2,5 = 125^2 A + 125B \end{array}\right\} \qquad \left.\begin{array}{l} 0 = 62500A + 250B \\ 2,5 = 15625A + 125B \end{array}\right\}$$

$$0 = 62500A + 250B$$

$$-5 = -31250A - 250B$$

$$-5 = 31250A \ ; \ A = -\frac{5}{31250} = -\frac{1}{6250}$$

$$0 = -\frac{1}{6250} \, 62500 + 250B$$

$$B = \frac{10}{250} = \frac{1}{25}$$

$$y = -\frac{1}{6250} x^2 + \frac{1}{25} x$$

$$\frac{d^2y}{dx^2} = +\frac{M}{EI} ; M = +EI \frac{d^2y}{dx^2} = EI\left(-\frac{1}{3125}\right)$$

$$M = -\frac{2,1 \cdot 10^6 \cdot 2140}{3125} = -1438080 \text{ cm kg} \cong -14381 \text{ m kg}$$

constante en toda la viga, que está sometida, por tanto a flexión pura.

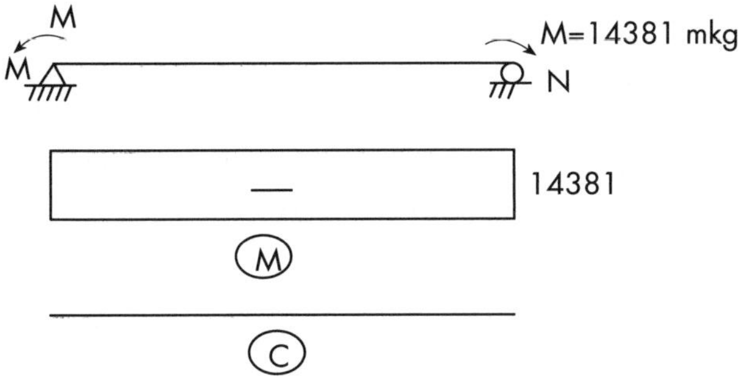

5. *a) y b)* Las reacciones en A y B, dada la simetría de la viga son:

$$V_A = V_B = q \cdot 3 = 1000 \cdot 3 = 3000 \text{ kg}$$

$$\left.\begin{array}{l} C = -qx = -1000x \\ M = -\dfrac{qx^2}{2} = -500x^2 \end{array}\right\} 0 \le x \le 3 \left\{\begin{array}{l} C_0 = 0;\ M_0 = 0 \\ C_3 = -3000 \text{ kg} \\ M_3 = -4500 \text{ mkg} \end{array}\right.$$

$$\left.\begin{array}{l} C = -q \cdot 3 + V_A = 0 \\ M = -4500 \text{ mkg} \end{array}\right\} 3 \le x \le 6$$

(Resto de la viga simétrico).

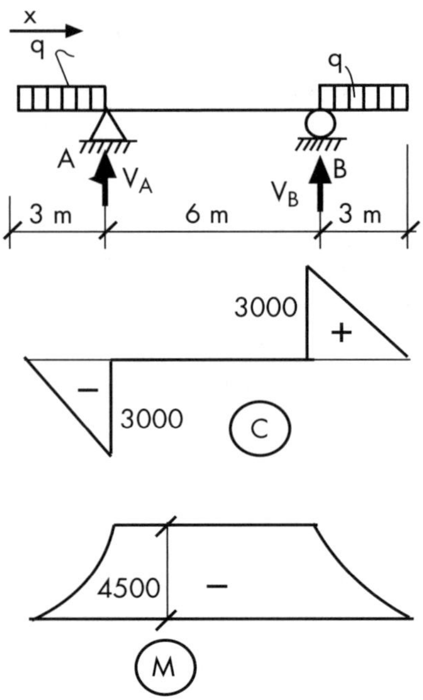

c) La tensión normal máxima es la máxima tensión longitudinal y se produce para el valor máximo del momento flector:

$$\sigma_{\max} = \frac{M_{\max}}{W}; \qquad W = \frac{I_Z}{h/2} = \frac{2I_Z}{h}; \quad I_Z = 9785 \text{ cm}^4; \ h = 30 \text{ cm}$$

$$\sigma_{max} = \frac{450000 \cdot 30}{2 \cdot 9785} = 689{,}83 \text{ kg/cm}^2$$

d) Para calcular la flecha pedida estudiamos el tramo entre apoyos, sustituyendo los voladizos por su acción sobre dicho tramo:

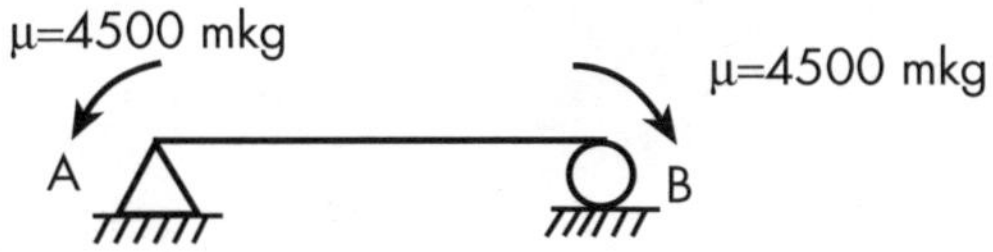

Viga conjugada

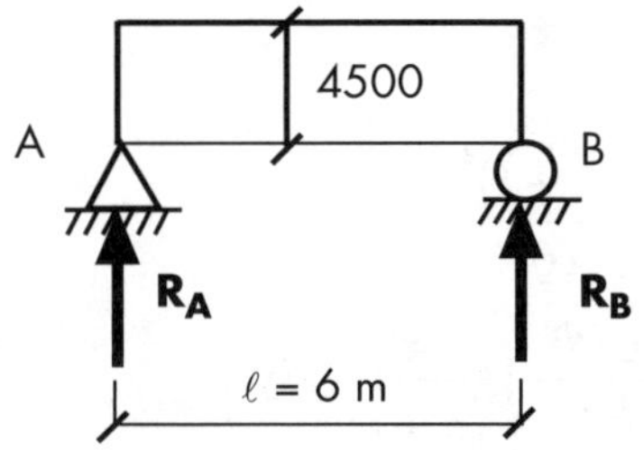

$$\mathbf{R_A} = \mathbf{R_B} = -\frac{\mu l}{2} = -\frac{4500 \cdot 6 \cdot 10^4}{2} = -13500 \cdot 10^4 \ kgcm^2$$

$$\mathbf{M_{l/2}} = \mathbf{R_A} \cdot \frac{l}{2} + \frac{\mu l}{2} . \frac{l}{4} = -\frac{\mu l}{2}\frac{l}{2} + \frac{\mu l}{2}\frac{l}{4} = \frac{-\mu l^2}{8}$$

$$f = \frac{\mathbf{M_{l/2}}}{EI} = -\frac{4500 \cdot 100 \cdot 600^2}{8 \cdot 2{,}1 \cdot 10^6 \cdot 9785} = -0{,}98 \ cm$$

(hacia arriba).

6. La flecha en B, de acuerdo con el segundo teorema de Mohr, es:

$$f = \int_0^l \frac{Px \cdot xdx}{EI_Z}$$

I_z es variable, al ser la sección variable, $I_Z = \dfrac{\pi \, d_x^{\ 4}}{64}$

Veamos la ley de variación de d_x

$$\frac{a}{b}=\frac{x}{l}$$

$$a=\frac{1}{2}\left(d_x-\frac{D_l}{2}\right)$$

$$b=\frac{1}{2}\left(D_l-\frac{D_l}{2}\right)$$

$$\frac{d_x-\dfrac{D_l}{2}}{D_l-\dfrac{D_l}{2}}=\frac{x}{l};\quad d_x-\frac{D_l}{2}=\frac{x}{l}\frac{D_l}{2};\quad d_x=\frac{D_l}{2}\left(1+\frac{x}{l}\right)=\frac{D_l}{2l}\,(x+l)$$

$$I_Z=\frac{\pi}{64}\frac{D_l^4}{16l^4}(x+l)^4=\frac{(x+l)^4}{16l^4}I_l$$

$$f=\int_0^l\frac{Px^2dx}{\dfrac{EI_l}{16l^4}(x+l)^4}=\frac{16Pl^4}{EI_l}\int_0^l\frac{x^2}{(x+l)^4}dx$$

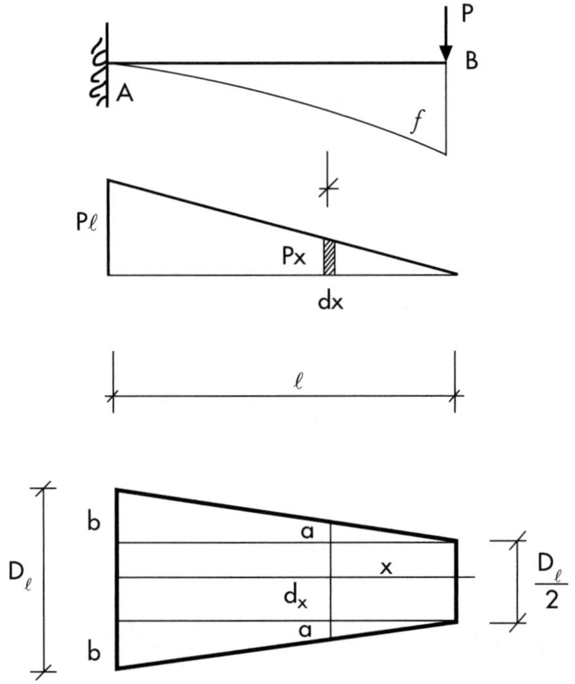

Haciendo x+l=t : x=t-l, dx=dt

Para:

$$\begin{cases} x=0;\ t=l \\ x=l;\ t=2l \end{cases}$$

$$f=\frac{16Pl^4}{EI_l}\int_l^{2l}\frac{(t-l)^2}{t^4}dt=\frac{16Pl^4}{EI_l}\int_l^{2l}\frac{t^2+l^2-2tl}{t^4}dt=$$

$$\frac{16Pl^4}{EI_l}\left[\int_l^{2l}t^{-2}dt+l^2\int_l^{2l}t^{-4}dt-2l\int_l^{2l}t^{-3}dt\right]=$$

$$\frac{16Pl^4}{EI_l}\left[-\frac{1}{t}-\frac{l^2}{3t^3}+\frac{l}{t^2}\right]_l^{2l}=\frac{16Pl^4}{EI_l}\left[-\frac{1}{2l}+\frac{1}{l}-\frac{l^2}{3\cdot 8l^3}+\frac{l^2}{3l^2}+\frac{l}{4l^2}-\frac{l}{l^2}\right]$$

$$f=\frac{16Pl^4}{EI_l}\frac{1}{l}\left[-\frac{1}{2}+1-\frac{1}{24}+\frac{1}{3}+\frac{1}{4}-1\right]=\frac{16Pl^3}{EI_l}\frac{-12-1+8+6}{24}=\frac{16Pl^3}{24EI_l}=\frac{2}{3}\frac{Pl^3}{EI_l}$$

7. Calcularemos, en primer lugar, las reacciones en A y en B. Por razones de simetría, será:

$$V_A=V_B=\frac{1}{2}\frac{l}{2}P=\frac{Pl}{4}$$

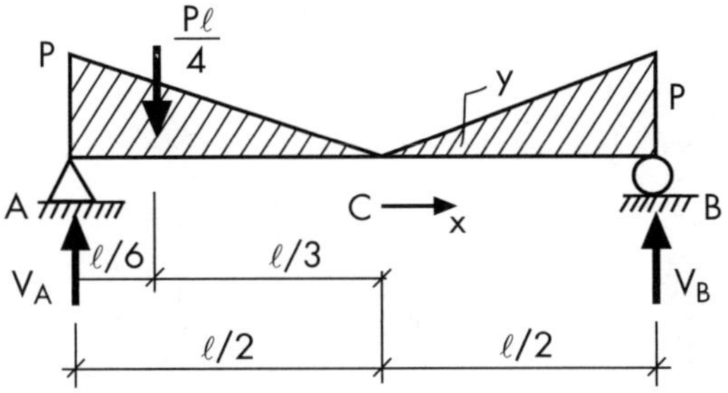

De la figura:

$$\frac{y}{x}=\frac{P}{l/2};y=\frac{2P}{l}x$$

El momento flector en C es

$$M_C = \frac{Pl}{4}\frac{l}{2} - \frac{Pl}{4}\frac{l}{3} = \frac{Pl^2}{4}\left(\frac{1}{2} - \frac{1}{3}\right) = \frac{Pl^2}{4}\frac{1}{6} = \frac{Pl^2}{24}$$

El momento flector en un punto a distancia x de C es:

$$M = \frac{Pl}{4}\left(\frac{l}{2} + x\right) - \frac{Pl}{4}\left(\frac{l}{3} + x\right) - \frac{xy}{2}\frac{1}{3}x$$

$$M = \frac{Pl}{4}\left(\frac{l}{2} + x\right) - \frac{Pl}{4}\left(\frac{l}{3} + x\right) - \frac{x^2}{6}\frac{2P}{l}x = \frac{Pl^2}{24} - \frac{P}{3l}x^3$$

La viga será un sólido de igual resistencia a la flexión si σ es constante:

$$\sigma = \frac{M}{W} = \frac{M_C}{W_C} = \frac{M_x}{W_x}; \quad W_C = \frac{bh_0^2}{6}; \quad W_x = \frac{bh_x^2}{6}$$

$$\frac{\dfrac{Pl^2}{24}}{\dfrac{bh_0^2}{6}} = \frac{\dfrac{Pl^2}{24} - \dfrac{Px^3}{3l}}{\dfrac{bh_x^2}{6}} \rightarrow \frac{l^2}{24h_0^2} = \frac{\dfrac{l^2}{24} - \dfrac{x^3}{3l}}{h_x^2}$$

$$h_x^2 = \frac{24h_0^2}{l^2}\left(\frac{l^2}{24} - \frac{x^3}{3l}\right) = h_0^2\left(1 - 8\frac{x^3}{l^3}\right)$$

$$h_x = \sqrt{h_0^2\left(1 - \frac{8x^3}{l^3}\right)}$$

$$h_x = h_0\sqrt{1 - \frac{8x^3}{l^3}}$$

Tema 10

Flexión asimétrica y flexión hiperestática

10.1. Introducción

10.2. Flexión desviada o asimétrica

10.3. Casos prácticos de flexión asimétrica

10.4. Vigas hiperestáticas. Generalidades

10.5. Vigas hiperestáticas de un solo tramo

- 10.5.1. Viga sobre dos apoyos articulados fijos
- 10.5.2. Viga apoyada en un extremo y perfectamente empotrada en el otro
- 10.5.3. Viga perfectamente empotrada en sus dos extremos
- 10.5.4. Vigas imperfectamente empotradas

10.6. Vigas continuas

- 10.6.1. Ecuación de los tres momentos
- 10.6.2. Asientos desiguales de los apoyos
- 10.6.3. Apoyos extremos de la viga continua

10.7. Vigas Gerber

10.1. INTRODUCCIÓN

En el primer capítulo se establecieron, entre los sólidos deformables y de acuerdo con sus características geométricas, los dos principales tipos que se consideran tanto en Teoría de la Elasticidad como en Resistencia de Materiales: Barras y Bóvedas. También en dicho capítulo se definieron las distintas formas de trabajo a que pueden estar sometidas las secciones de una barra o prisma mecánico: esfuerzo longitudinal, esfuerzo cortante, momento flector y momento torsor.

En el capítulo sexto se comenzó el estudio de las barras prismáticas sometidas, en todas sus secciones, a una de las cuatro solicitaciones simples. Tal estudio supone realizar tanto el análisis de las tensiones o esfuerzos internos por unidad de superficie, así como el de las deformaciones originadas, como aquéllas, por la solicitación a que esté sometida cada barra; el estudio se completa habitualmente, con la consideración y resolución de los problemas hiperestáticos que se presentan cuando hay un exceso entre el número de incógnitas en los vínculos de las distintas barras y las ecuaciones de equilibrio de la Estática (6 en general, 3 cuando las cargas y el eje de la barra son coplanarios).

Por lo que se refiere a las piezas sometidas a flexión, tanto en el caso en que en sus distintas secciones sólo existen momentos flectores (flexión pura), como cuando éstos están acompañados de esfuerzos cortantes (flexión simple) se han realizado los análisis de tensiones (tema 8) y deformaciones (tema 9), quedando pendiente el estudio de los problemas hiperestáticos, que abordamos en este capítulo, mientras que en los tres siguientes completaremos el estudio de las barras prismáticas sometidas a solicitaciones simples así como el análisis de tensiones y deformaciones en las mismas, cuando están sometidas a una combinación de solicitaciones: solicitaciones combinadas o compuestas.

Antes de estudiar los distintos casos de vigas hiperestáticas exponemos, en forma breve, aquéllos casos de piezas sometidas a flexión, en que ésta no se produce en uno de los planos principales de inercia de la pieza (flexión desviada o asimétrica) y a los que nos hemos referido al comienzo del capítulo 8.

10.2. FLEXIÓN DESVIADA O ASIMÉTRICA

Una sección de una barra prismática está sometida a flexión asimétrica cuando el momento resultante de la solicitación que actúa a un lado u otro de dicha sección, está contenido en su plano y no está dirigido según uno de los ejes principales de inercia. Si la resultante de dicha solicitación es nula, la sección está sometida a flexión asimétrica pura (figura 10.1) mientras que si dicha resultante está contenida en el plano de la sección, ésta está sometida a flexión asimétrica simple (figura 10.2).

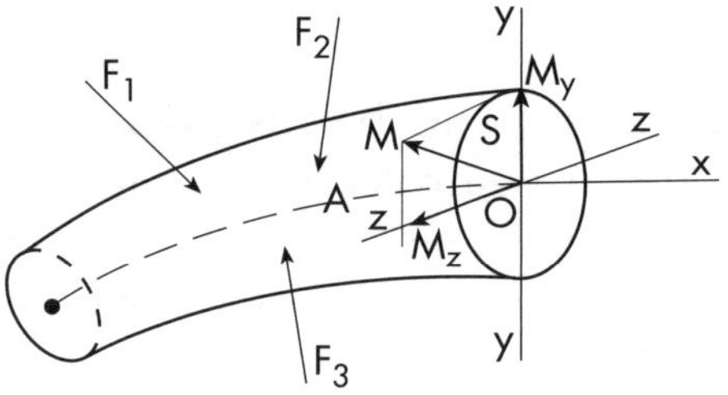

Figura 10.1

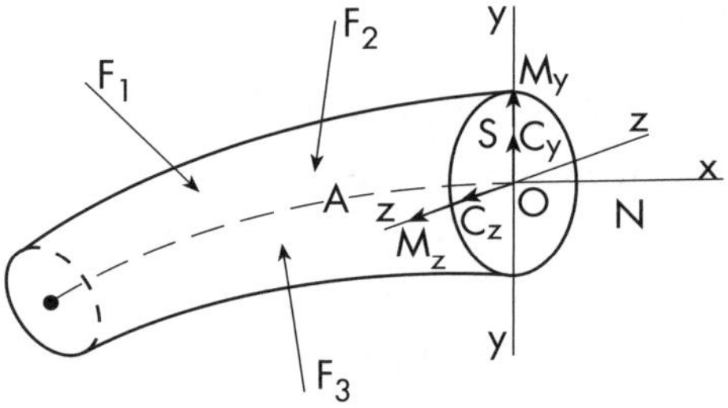

Figura 10.2

Este último caso es, en realidad, superposición de los indicados en las figuras 10.3 y 10.4, correspondientes a flexión simple alrededor de los ejes z e y, respectivamente.

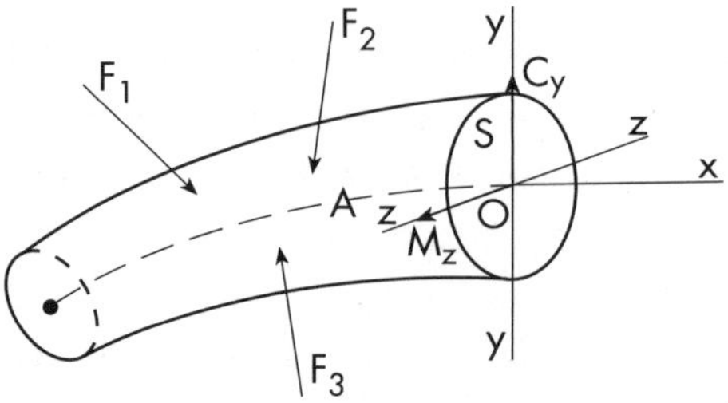

Figura 10.3

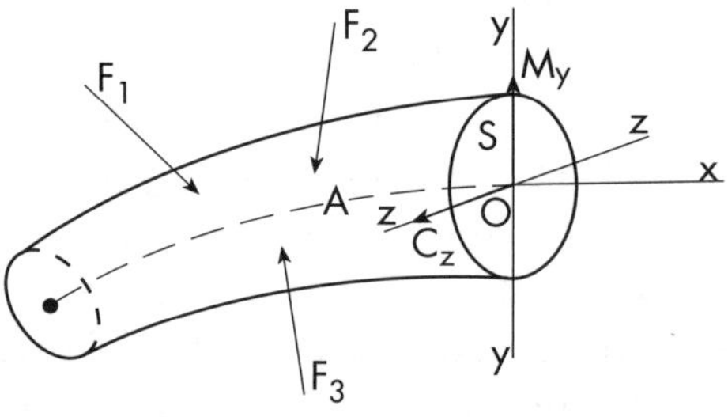

Figura 10.4

En el análisis de tensiones y deformaciones originadas en la flexión asimétrica supondremos que la barra es una viga recta (figura 10.5) y que está cargada en un plano longitudinal no coincidente con los planos principales de inercia de la pieza (planos xy, xz en la viga de la figura 10.5), representándose en la figura 10.6 su sección transversal, que supondremos constante en toda la longitud de la pieza. En dicha sección[1], la línea s-s representa la traza del plano de carga y forma un ángulo α con el eje y-y.

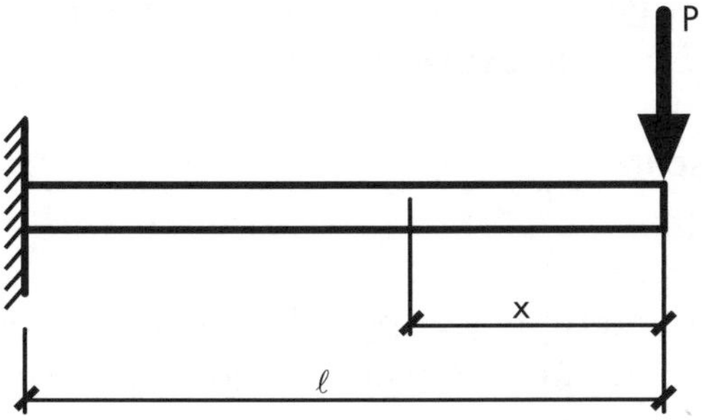

Figura 10.5

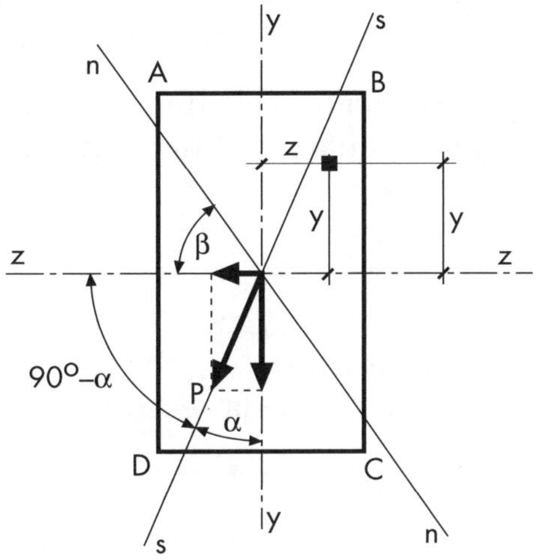

Figura 10.6

Se admite, como en el estudio de la flexión simétrica, que las secciones se mantienen planas (hipótesis de Bernoulli) y que el material cumple la ley de Hooke, por lo que puede aplicarse el principio de superposición.

En una sección a distancia x del extremo derecho de la viga (figura 10.5), el momento flector es M = Px, siendo sus componentes:

$$\left.\begin{aligned} M_z &= Px \cdot \cos\alpha \\ M_y &= Px \cdot \operatorname{sen}\alpha \end{aligned}\right\} \qquad [10.1]$$

[1] El estudio es válido para cualquier tipo de sección transversal, aunque, para mayor sencillez, se ha representado la rectangular.

La tensión normal longitudinal, σ_x, es:

$$\sigma_x = \frac{M_z y}{I_z} + \frac{M_y z}{I_y} = Px\left(\frac{y \cdot \cos\alpha}{I_z} + \frac{z \cdot \mathrm{sen}\alpha}{I_y}\right) \qquad [10.2]$$

No es necesario realizar una discusión sobre los signos de los sumandos de la expresión [10.2], ya que la consideración de la deformación de la pieza permite conocer fácilmente en qué zonas de la sección se suman o restan las tensiones, tanto en tracción como en compresión.

La ecuación de la línea neutra, lugar geométrico de los puntos en que la tensión es nula, se obtiene igualando a cero la expresión [10.2]:

$$\frac{y \cdot \cos\alpha}{I_z} + \frac{z \cdot \mathrm{sen}\alpha}{I_y} = 0 \qquad [10.3]$$

La línea neutra es, por tanto, una recta que pasa por el origen de coordenadas (c.d.g. de la sección), formando un ángulo β con el eje z, de forma que:

$$\mathrm{tg}\beta = -\frac{y}{z} = \frac{I_z}{I_y}\mathrm{tg}\alpha \qquad [10.4]$$

En general $I_z \neq I_y$, por lo que los ángulos α y β son distintos, lo que se traduce en que la línea neutra n-n (figura 10.6) no es ortogonal al plano de carga, por lo que éste no coincide con el plano de la elástica, perpendicular a aquélla. Esta es la razón por la que la flexión asimétrica se llama también flexión desviada.

Conocida la posición de la línea neutra, los puntos más cargados son los que están más alejados de la misma que, en el caso de la figura 10.6, son B (tracción) y D (compresión).

En el dimensionamiento o comprobación de la sección resistente se utilizarán las expresiones:

$$\sigma_{\max} = M_{\max}\left(\frac{\cos\alpha}{I_z} + \frac{sen\alpha}{I_y}\right) \leq \sigma_{adm} \qquad [10.5]$$

si se utiliza el procedimiento «clásico» de cálculo ó

$$\gamma_c M_{max}\left(\frac{\cos\alpha}{I_z}+\frac{\operatorname{sen}\alpha}{I_y}\right)\leq\frac{\sigma_e}{\gamma_m} \qquad [10.6]$$

cuando se sigue el método de coeficientes de mayoración de cargas, γ_c y de minoración de la resistencia del material γ_m.

Por lo que se refiere a las tensiones tangenciales originadas por los esfuerzos C_y y C_z (figuras 10.3 y 10.4), vienen dadas por las expresiones:

$$\left.\begin{aligned}\tau_{xy}&=\frac{C_y m}{bI_z}\\ \tau_{xz}&=\frac{C_z m}{b'I_y}\end{aligned}\right\} \qquad [10.7]$$

m y m' son los momentos estáticos de las áreas rayadas en la figura 10.7 (correspondiente a una sección de forma cualquiera), respecto de los ejes z e y, respectivamente, mientras que b y b' se indican en la misma figura.

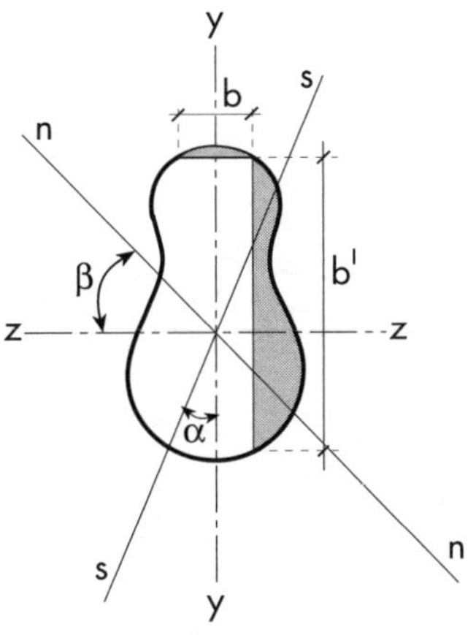

Figura 10.7

Para el cálculo de las deformaciones se utiliza también el principio de superposición, por lo que obtendremos flechas y giros originados tanto por M_y como por M_z (las deformaciones originadas por los esfuerzos cortantes C_y,

C_z son muy pequeñas y se desprecian en la mayor parte de los casos), realizando posteriormente su composición vectorial. Por ejemplo, la flecha total, en una sección cualquiera de una viga sometida a flexión asimétrica es:

$$f = \sqrt{f_y^2 + f_z^2} \qquad [10.8]$$

obteniéndose f_y y f_z por cualquiera de los métodos expuestos en el estudio de la flexión simétrica[2].

10.3. CASOS PRÁCTICOS DE FLEXIÓN ASIMÉTRICA

La solicitación de flexión asimétrica se presenta con frecuencia en las aplicaciones prácticas, siendo los casos más importantes los correspondientes a las correas de cubierta o cerramiento en naves industriales y las vigas carril de puentes-grúa.

a) Correas.

Reciben este nombre las vigas que sirven de apoyo al material de cubierta (figura 10.8) o de cerramiento (figura 10.9) que están dispuestas («corren») longitudinalmente y que se apoyan, unas y otras en la estructura principal del edificio. Las correas pueden calcularse como simplemente

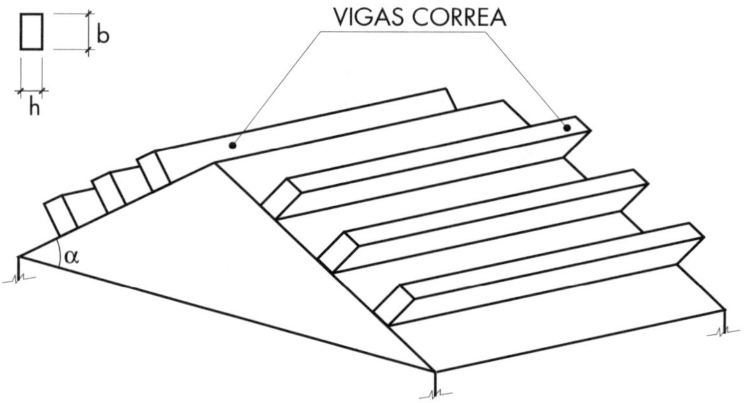

Figura 10.8

[2] Es fácil comprobar que el plano de deformación no coincide con el plano de carga como sí ocurre en la flexión simétrica.

apoyadas en dos pórticos o armaduras de cubierta sucesivas, aunque es más usual considerar que se trata de vigas continuas, apoyadas en varios de ellos, con o sin articulaciones intermedias. (El estudio y cálculo de las vigas continuas se expone en este mismo capítulo, epígrafe 10.6).

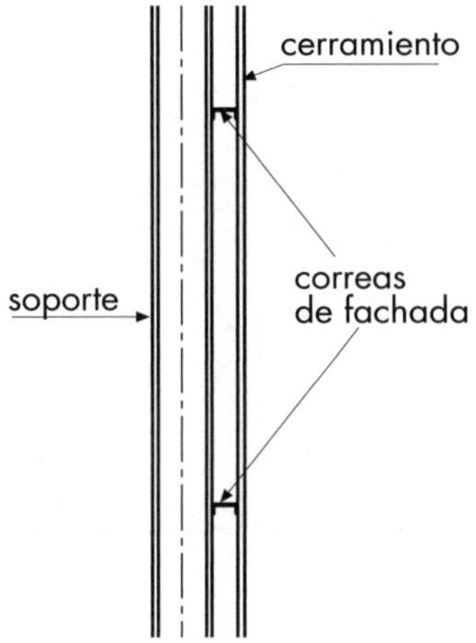

Figura 10.9

La existencia de flexión desviada hace aconsejable alejar, en lo posible, el área resistente de la línea neutra, por lo que las secciones transversales idóneas son la corona circular (figura 10.10), cuando $M_y=M_z$ y el tubo rectangular (figura 10.11), es el caso, más frecuente, $M_z>M_y$.

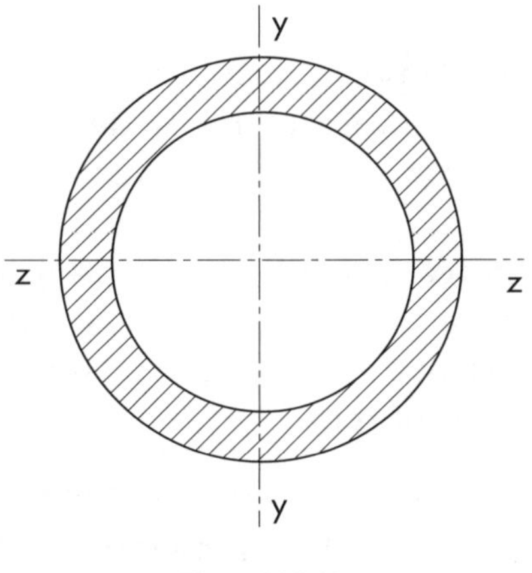

Figura 10.10

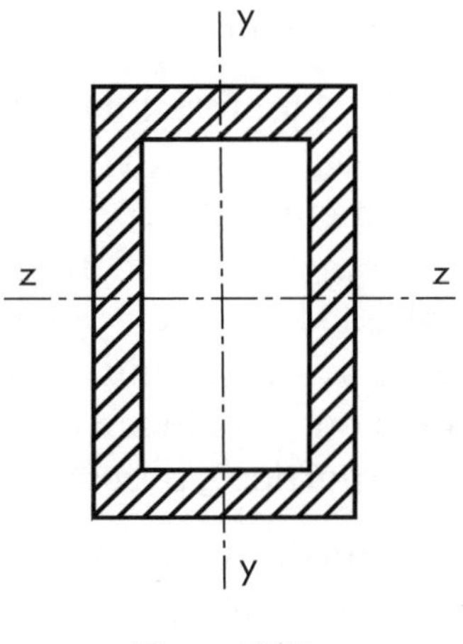

Figura 10.11

Sin embargo, en la práctica constructiva es más usual el empleo de perfiles laminados (I, U), adoptando las medidas necesarias que permitan disminuir el efecto de la flexión alrededor del eje y—y, de menor rigidez.

En la figura 10.12 representamos una correa dispuesta a lo largo de un faldón de cubierta, con una inclinación α, sometida a carga vertical distribuida, p.

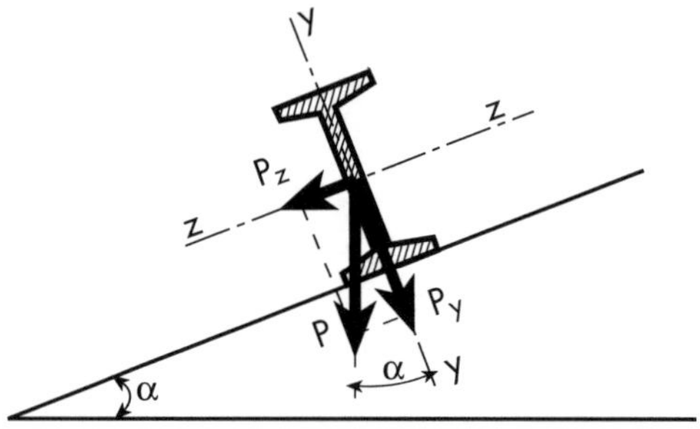

Figura 10.12

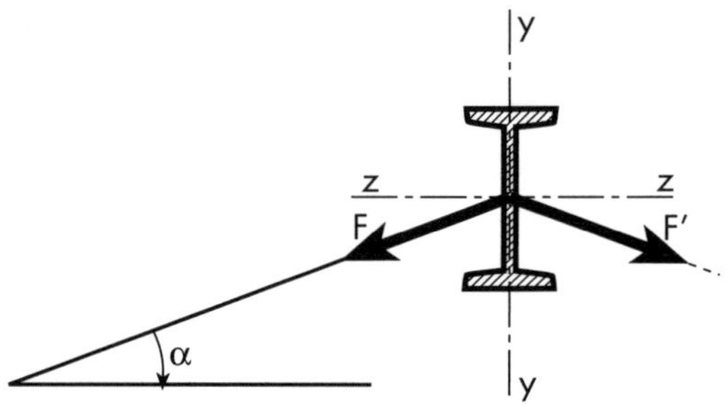

Figura 10.13

Ya que los perfiles I tienen poca rigidez respecto al eje y—y, debe disminuirse el efecto del empuje lateral p_z. Esto puede hacerse a través del material de cubierta, si puede soportar esfuerzos de tracción (por ejemplo la chapa metálica), transmitiéndolo a la correa cumbrera (figura 10.13), que deberá soportar, además de la carga vertical que le corresponda los esfuerzos F y F', resultantes de los empujes correspondientes a ambos faldones de la cubierta.

Cuando el material de cubierta no puede soportar esfuerzos de tracción se recurre a transmitir los mismos a la cumbrera a través de varillas o redondos metálicos, de diámetro **Φ**, de forma que, en la dirección z, las correas están apoyadas en más puntos, con lo que las tensiones y deformaciones alrededor del eje y son mucho menores. En la figura 10.14 se representa esta solución, indicándose también la disposición de los redondos superiores que conducen el esfuerzo a la estructura principal (armadura de cubierta o pórtico), descargando la correa cumbrera.

Como puede verse en esta última figura, los redondos o varillas se desplazan entre sí ligeramente en tramos contiguos para poder realizar adecuadamente la labor de atornillado de los mismos al alma del perfil.

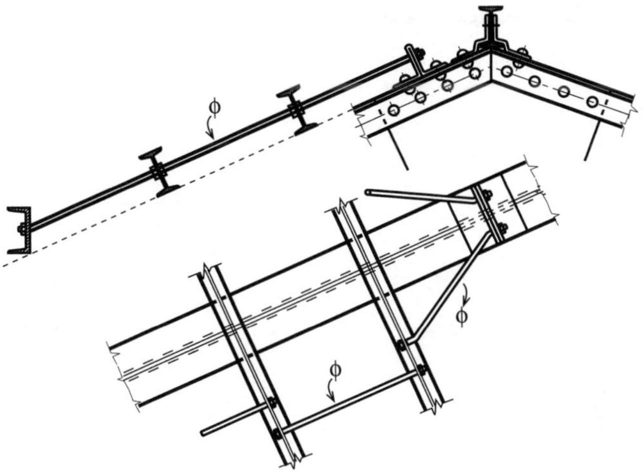

Figura 10.14

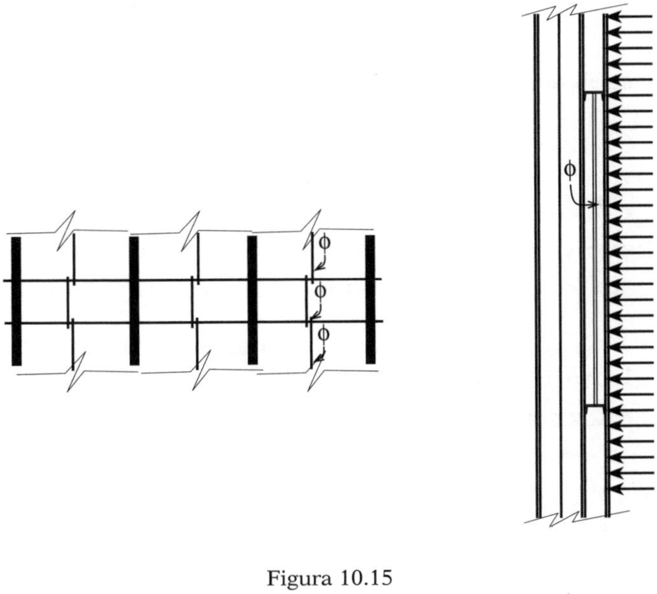

Figura 10.15

Si se trata de correas de fachada, para las que habitualmente se elige el perfil metálico U y que están sometidas, principalmente, a la acción del viento (figura 10.15), se transmite el esfuerzo de la misma forma a la más elevada, por lo que deberá ser reforzada.

b) Vigas carril de puente grúa

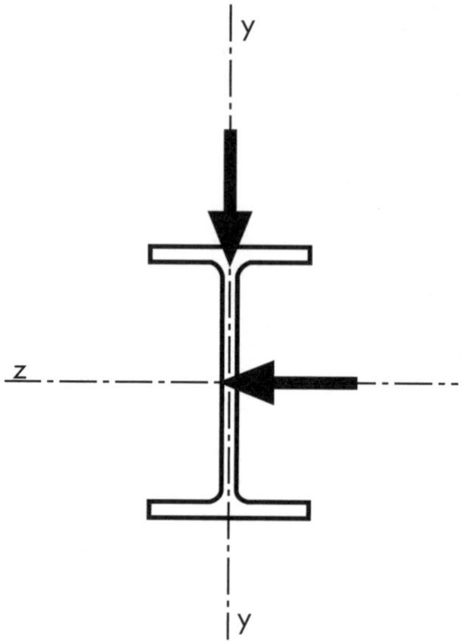

Figura 10.16

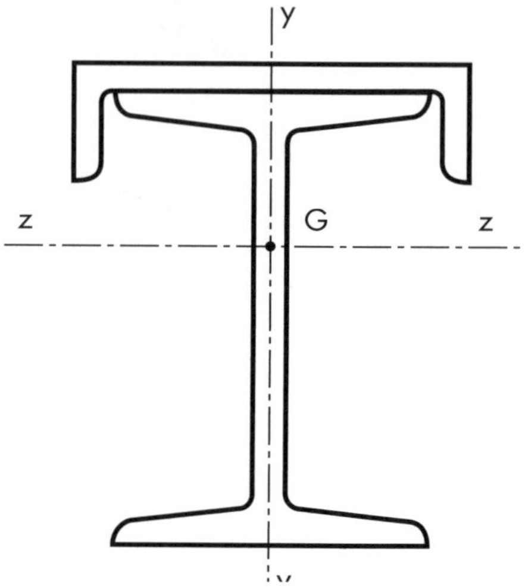

Figura 10.17

Los caminos de rodadura de los puentes-grúa deben diseñarse como sometidos a flexión desviada, pues además de a la carga vertical derivada del peso de puente y carro, pueden estar sometidos al esfuerzo horizontal de frenado de este último como se indica en la figura 10.16.

Aunque pudiera disponerse para las vigas carril una sección tubular como la indicada en la figura 10.11, es habitual utilizar perfiles metálicos H, de mayor rigidez transversal o utilizar una sección compuesta a partir de un perfil I y un perfil U, dispuestos como se indica en la figura 10.17, en la que la cabeza superior, sobre la que actúa el esfuerzo de frenado tiene una gran rigidez en dirección transversal.

10.4. VIGAS HIPERESTÁTICAS. GENERALIDADES

Abordamos, a continuación, el estudio de aquellas vigas en las que las condiciones de sustentación determinan un número de incógnitas de reacción mayor que el de ecuaciones de equilibrio de la Estática, que por lo general serán sólo tres, al suponer que las cargas son coplanarias con el eje de la barra, actuando por tanto, según uno de los planos principales de inercia de la misma.

El procedimiento de cálculo, que aplicaremos inicialmente a vigas de un solo tramo entre apoyos, consiste en suprimir los enlaces en exceso (que sustituiremos por las reacciones incógnita), obteniendo, de acuerdo con el principio de superposición, una viga isostática equivalente, en la que las deformaciones serán iguales a las de la viga hiperestática inicial. Las ecuaciones que permitan, junto con las de equilibrio estático, la determinación de las reacciones en los vínculos, se obtienen a partir de las condiciones de deformación (desplazamientos y giros) en los enlaces suprimidos.

Como se pone de manifiesto en muchos casos prácticos, cuando los mecanismos de apoyo, definidos en el capítulo 5, no impiden completamente los movimientos de los puntos en los que se aplican, para lo que han sido diseñados, dan origen a modificaciones en las leyes de momentos flectores y esfuerzos cortantes en las vigas hiperestáticas en las que están situados. Así (figura 10.18), un apoyo articulado móvil puede sufrir un descenso Δ como consecuencia de la falta de rigidez del elemento (soporte o muro) que lo sustenta. Lo mismo puede ocurrir en un apoyo articulado fijo o en un empotramiento. (Este último puede experimentar también un cierto giro φ como se indica en la figura 10.19).

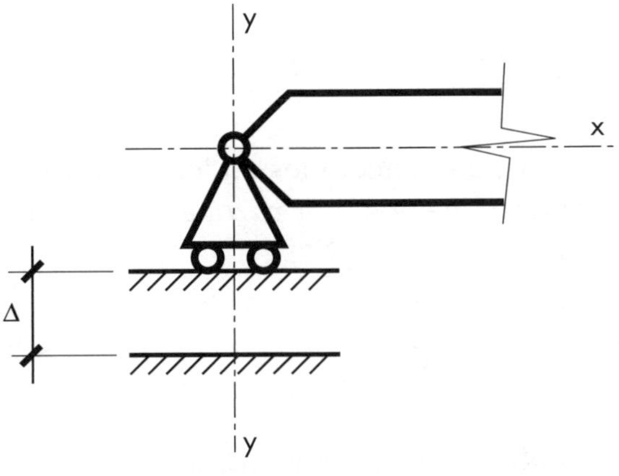

Figura 10.18

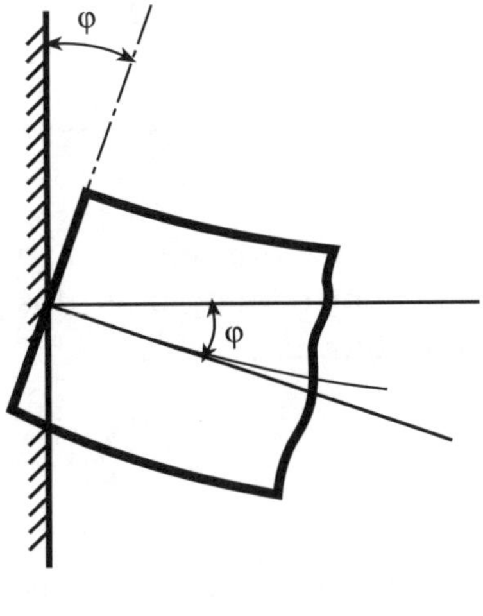

Figura 10.19

Para el cálculo de las incógnitas hiperestáticas, a partir de las condiciones de deformación en los vínculos, aplicaremos los métodos ya estudiados para el cálculo de desplazamientos y giros, principalmente los teoremas de Mohr y la viga conjugada.[3]

10.5. VIGAS HIPERESTÁTICAS DE UN SOLO TRAMO ENTRE APOYOS

Estudiamos, seguidamente, para distintos tipos de carga, varios casos de vigas hiperestáticas, con distinta sustentación en sus extremos (si existen voladizos, se sustituyen por la resultante y el momento resultante de las cargas que sobre ellos actúan, situados sobre el apoyo inmediato).

10.5.1. Viga sobre dos apoyos articulados fijos

En la figura 10.20 representamos una viga con este tipo de sustentación, sometida a carga uniformemente distribuida, siendo este caso el más frecuente en las aplicaciones.

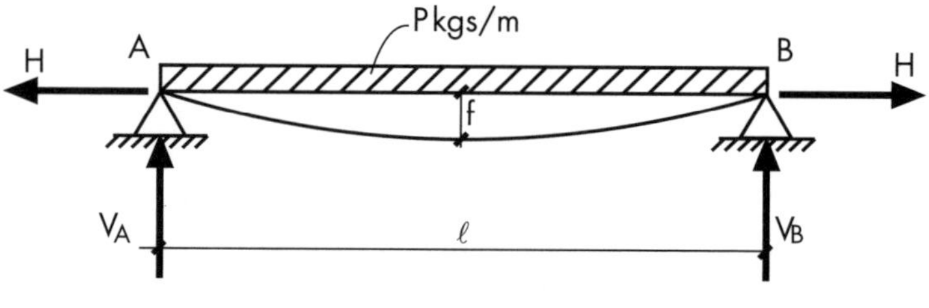

Figura 10.20

Al ser los dos apoyos articulados fijos, las reacciones en los mismos originan cuatro incógnitas, dos por cada uno de ellos. Por razones de simetría, se cumplirá:

$$\sum F_V = 0; \Rightarrow V_A = V_B = \frac{pl}{2} \qquad [10.9]$$

---

[3] Existen otros procedimientos basados en los teoremas del trabajo interno de deformación y de los trabajos virtuales que se exponen en el texto base de Elasticidad y Resistencia de Materiales II (tercer curso de Graduado en Ingeniería mecánica).

$$\sum F_H = 0; \Rightarrow H_A = H_B = H \qquad [10.10]$$

El problema es hiperestático de grado 1 y la incógnita en exceso es la reacción horizontal H. Para determinarla, consideraremos que la viga en estudio equivale a la superposición de los dos estados de carga que se indican seguidamente, (figuras 10.21 y 10.22), suponiendo que el apoyo B es articulado móvil. La fuerza H deberá impedir el desplazamiento Δl que se indica en la figura 10.23, para el primer caso de carga.

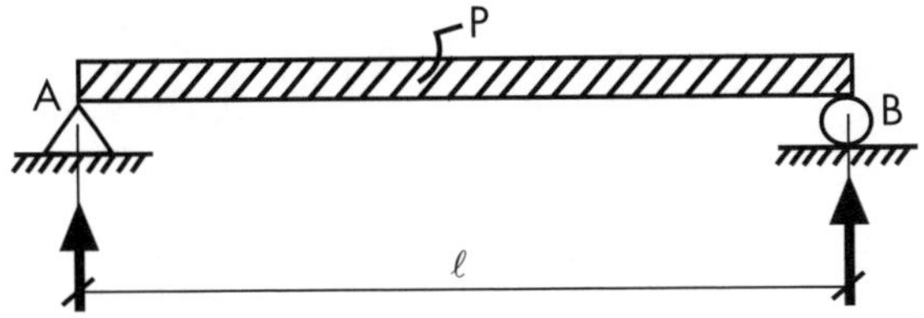

Figura 10.21

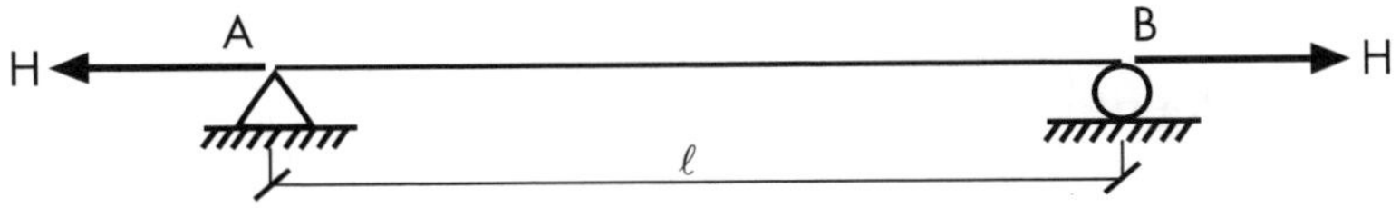

Figura 10.22

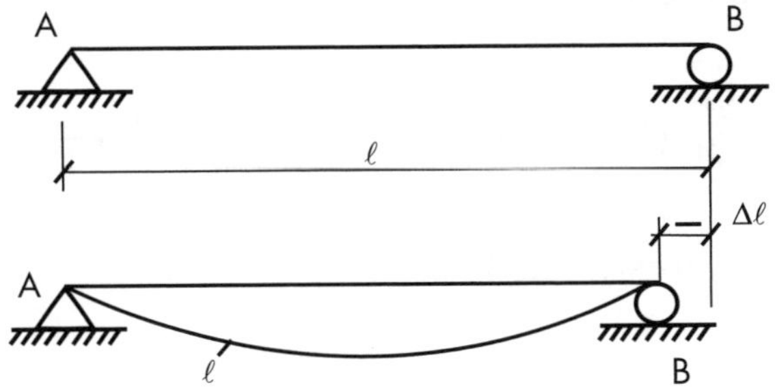

Figura 10.23

Para determinar Δl supondremos que la línea elástica correspondiente a la viga de la figura 10.21 es una parábola de ecuación

$$y = \frac{4f(lx - x^2)^{*}}{l^2} \qquad [10.11]$$

siendo f la flecha en el centro.

La longitud de la elástica es:

$$l' = 2\int_0^{l/2} \mathrm{d}l = 2\int_0^{l/2} \sqrt{\mathrm{dx}^2 + \mathrm{dy}^2} = 2\int_0^{l/2} \sqrt{1 + \left(\frac{\mathrm{dy}}{\mathrm{dx}}\right)^2} \qquad [10.12]$$

Al ser $\frac{\mathrm{dy}}{\mathrm{dx}}$ relativamente pequeña podemos escribir, aplicando el desarrollo en serie de Taylor, restringido a sus primeros términos:

$$\sqrt{1 + \left(\frac{\mathrm{dy}}{\mathrm{dx}}\right)^2} \approx 1 + \frac{1}{2}\left(\frac{\mathrm{dy}}{\mathrm{dx}}\right)^2 \qquad [10.13]$$

Teniendo en cuenta [10.11]:

$$\frac{\mathrm{dy}}{\mathrm{dx}} = \frac{4f}{l^2}(l - 2\mathrm{x}); \quad \frac{1}{2}\left(\frac{\mathrm{dy}}{\mathrm{dx}}\right)^2 = \frac{8f^2}{l^4}(l - 2\mathrm{x})^2$$

Sustituyendo en [10.12]:

$$l' = 2\int_0^{l/2}\left[1 + \frac{8f^2}{l^4}\left(l^2 + 4x^2 - 4lx\right)\right]dx = l + \frac{8f^2}{3l} = l\left(1 + \frac{8f^2}{3l^2}\right) \qquad [10.14]$$

De esta última expresión deducimos:

$$\Delta l = l' - l = \frac{8\mathrm{f}^2}{3l} \qquad [10.15]$$

---

* Consúltese *Resistencia de Materiales* de S. P. Timoshenko,

Este desplazamiento Δl será impedido por el esfuerzo H, que, en virtud de la ley de Hooke originará un alargamiento Δl.

$$\Delta l = \frac{Hl}{ES} \qquad [10.16]$$

Igualando las expresiones [10.15] y [10.16], obtendremos:

$$H = ES\frac{8f^2}{3l^2} \qquad [10.17]$$

siendo la expresión de la tensión de tracción adicional:

$$\sigma' = \frac{H}{S} = \frac{E8f^2}{3l^2} \qquad [10.18]$$

valor, por lo general, mucho más bajo que el debido al momento flector máximo $M_{max} = \frac{pl^2}{8}$.

De acuerdo con lo expuesto, aunque en la práctica constructiva es habitual que la sustentación en los extremos de una viga se aproxime a la correspondiente a apoyo articulado fijo, las tensiones originadas por la reacción horizontal H no se tienen en cuenta y se hace el estudio como si uno de los apoyos fuese articulado móvil[4] (En general consideraremos nulas las reacciones horizontales en cualquier viga hiperestática sometida exclusivamente a cargas verticales).

Cuando se trata de vigas de gran longitud, como las que se disponen como largueros en un puente metálico, es necesario realizar uno de los apoyos como articulado móvil, para evitar los efectos desfavorables originados al impedirse las dilataciones térmicas y otros movimientos horizontales de los extremos de la viga.

---

[4] Si sobre la viga actuasen esfuerzos en direción longitudinal se supone que las reacciones horizontales son iguales en ambos apoyos.

10.5.2. Viga apoyada en un extremo y perfectamente empotrada en el otro

Para mayor sencillez supondremos que el extremo apoyado es articulado móvil, por lo que el grado de hiperestaticidad es uno, ya que el número de incógnitas es cuatro (tres en el extremo empotrado y una, la reacción vertical, en el apoyo móvil), mientras que el número de ecuaciones de la estática es tres:

$$\sum F_v = 0; \quad \sum F_H = 0; \quad \sum M = 0$$

Cuando las cargas son verticales el número de incógnitas se reduce a tres (las dos reacciones verticales y el par de empotramiento en el extremo empotrado), reduciéndose asimismo el número de ecuaciones a dos:

$$\sum F_v = 0; \quad \sum M = 0$$

Estudiemos el caso representado en la figura 10.24, correspondiente a una viga con carga uniformemente distribuida p, con apoyo articulado móvil en el extremo A y empotrada en el extremo B.

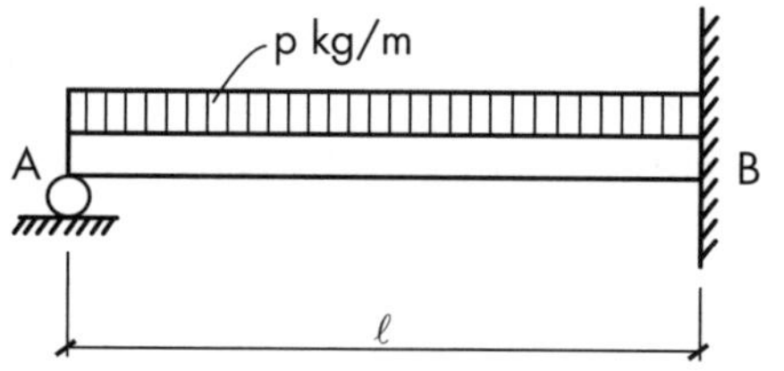

Figura 10.24

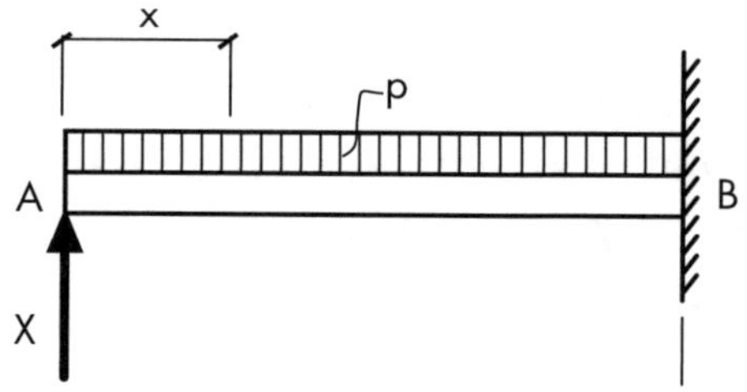

Figura 10.25

En la figura 10.25 se representa la viga equivalente, sustituyendo el apoyo A por la reacción incógnita X, que determinaremos por aplicación del 2.º teorema de Mohr, teniendo en cuenta que la tangente a la elástica en B ha de ser horizontal, como se indica en la figura 10.26.

Llamando M_x al momento flector en la sección a distancia x del apoyo A, su valor será (figura 10.25):

$$M_x = Xx - \frac{px^2}{2} \qquad [10.19]$$

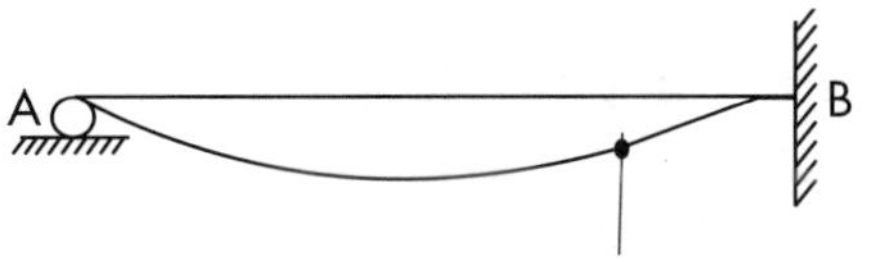

Figura 10.26

La distancia vertical desde A hasta la tangente en B ha de ser nula, por lo que la aplicación del 2.° teorema de Mohr, conduce a la expresión:

$$\frac{1}{EI_z}\int_0^l xM_x dx=0 \qquad [10.20]$$

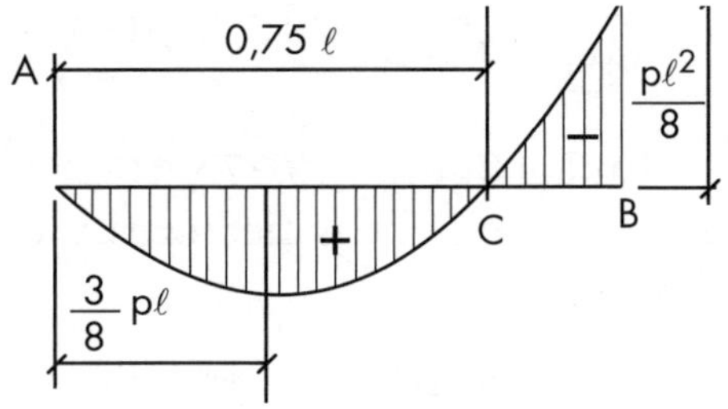

Figura 10.27

Es decir:

$$\int_0^l \left(Xx^2 - \frac{px^3}{2} \right) dx = 0 = \left[X\frac{x^3}{3} - \frac{p}{2}\frac{x^4}{4} \right]_0^l$$

$$X\frac{l^3}{3} - \frac{pl^4}{8} = 0 \Rightarrow X = \frac{3}{8}pl \qquad [10.19]$$

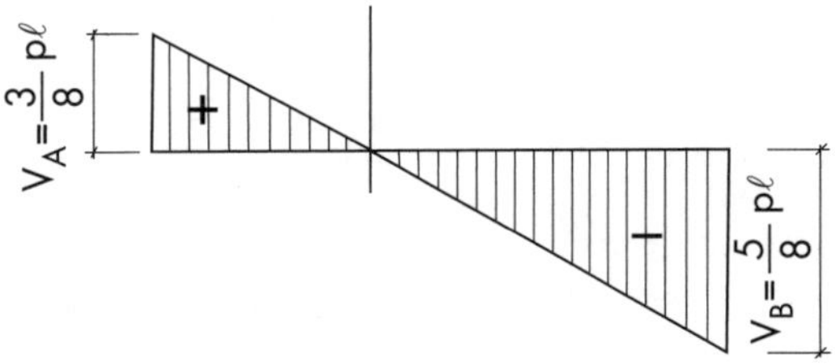

Figura 10.28

Conocida la incógnita hiperestática X se pueden establecer las leyes de esfuerzos cortantes y momentos flectores a lo largo de la longitud de la viga:

$$\left.\begin{aligned} C_x &= \frac{3}{8}pl - px \\ M_x &= \frac{3}{8}plx - \frac{px^2}{2} \end{aligned}\right\} 0 \le x \le l$$

$$C_0 = \frac{3}{8}pl; \quad M_0 = 0$$

$$C_l = \frac{3}{8}pl - pl = -\frac{5}{8}pl(= -V_B); \quad M_l = \frac{3}{8}pl^2 - \frac{pl^2}{2} = -\frac{pl^2}{8}(= -M_B)$$

El momento flector es máximo para $(C_x = 0)$:$x = \frac{3}{8}l$

$$M_{max} = \frac{3}{8}pl\frac{3}{8}l - \frac{p}{2}\frac{9l^2}{64} = \frac{9pl^2}{128}$$

$$M=0, \text{ para } x=0; \; x = \frac{3}{4}l$$

En las figuras 10.27 y 10.28 se representan, respectivamente, los diagramas de momentos flectores y esfuerzos cortantes de la viga hiperestática estudiada.

Para completar el estudio de esta viga hiperestática determinaremos la flecha en la sección central así como el giro en el apoyo A, para lo que utilizaremos una vez más, el principio de superposición.

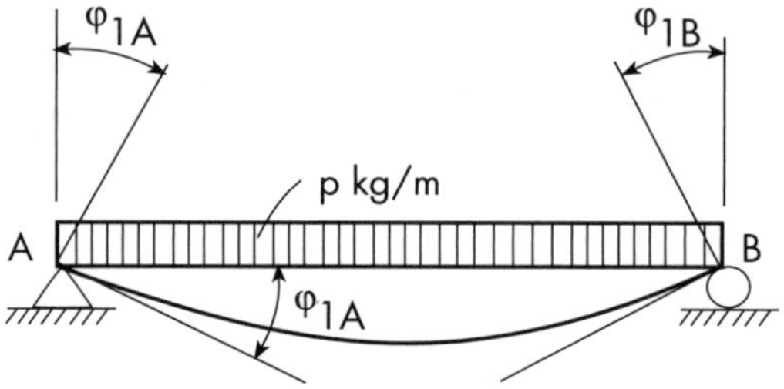

Figura 10.29

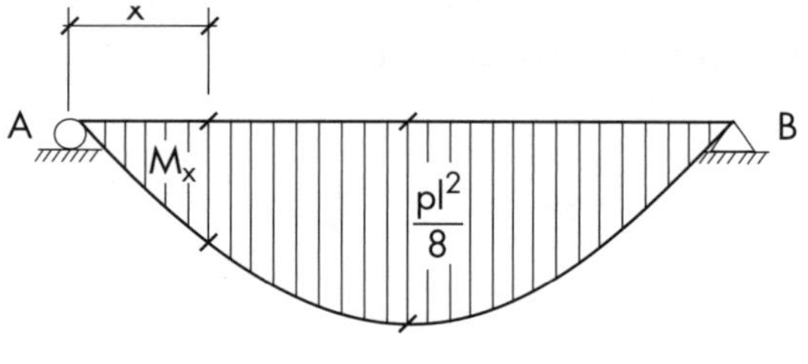

Figura 10.30

En las figuras 10.29 y 10.30 se representan la viga apoyada AB con carga uniformemente distribuida (se indica también su línea elástica) y su viga conjugada, respectivamente.

Análogamente, las figuras 10.31 y 10.32 muestran la misma viga sometida al par $M_B = \frac{pl^2}{8}$ y su deformada, así como su correspondiente viga conjugada.

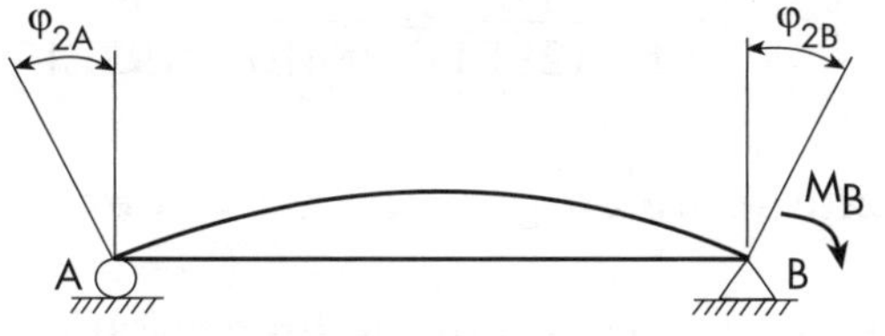

Figura 10.31

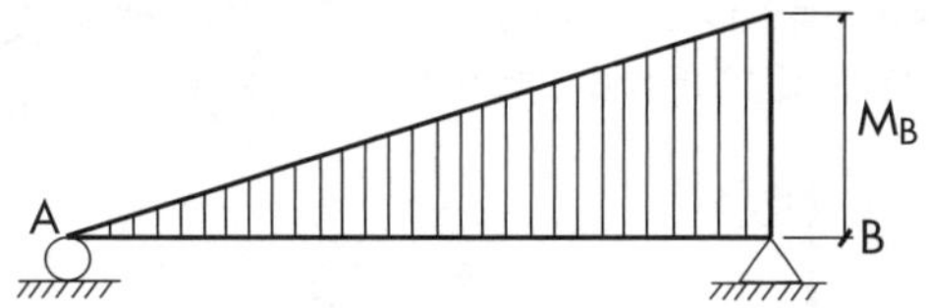

Figura 10.32

El giro en A es: $\varphi_A = \varphi_{1A} + \varphi_{2A}$

$$\varphi_{1A} = \frac{\mathbf{R}_{1A}}{EI} = \frac{1}{EI} \frac{1}{2} \frac{2}{3} l \frac{pl^2}{8} = \frac{pl^3}{24EI}$$

$$\varphi_{2A} = \frac{\mathbf{R}_{2A}}{EI} = -\frac{1}{EI} \frac{1}{l} \frac{1}{2} M_B \cdot l \cdot \frac{1}{3} l = -\frac{M_B l}{6EI} = -\frac{pl^3}{48EI}$$

$$\varphi_A = \frac{pl^3}{48EI}$$

La flecha en la sección central es: $f = f_1 + f_2$

$$f_1 = \frac{\mathbf{M}_{1l/2}}{EI} = \frac{1}{EI}\left[\frac{pl^3}{24} \cdot \frac{l}{2} - \int_0^l \left(\frac{pl}{2}x - \frac{px^2}{2}\right)\left(\frac{l}{2} - x\right)dx\right]$$

$$f_1 = \frac{5p\ell^4}{384EI}$$

$$f_2 = -\frac{\mathbf{M}_{2½}}{EI} = -\frac{1}{EI}\left[\frac{M_B l}{6}.\frac{l}{2} - \frac{1}{2}\frac{M_B}{2}\frac{l}{2}.\frac{1}{3}\frac{l}{2}\right] = -\frac{M_B l^2}{16EI} = -\frac{pl^4}{128EI}$$

$$f = \frac{5pl^4}{384EI} - \frac{pl^4}{128EI} = \frac{2pl^4}{384EI} = \frac{pl^4}{192EI}$$

10.5.3. Viga perfectamente empotrada en sus extremos

En este caso (figura 10.33) el grado de hiperestaticidad es 3 , ya que hay tres incógnitas en cada empotramiento y sólo tres ecuaciones de la estática, aunque cuando las cargas son verticales, sólo hay cuatro incógnitas (se desprecian las reacciones H_A y H_B), reduciéndose el grado de hiperestaticidad a 2 (las ecuaciones de la estática son : $\sum F_V=0$; $\sum M=0$)

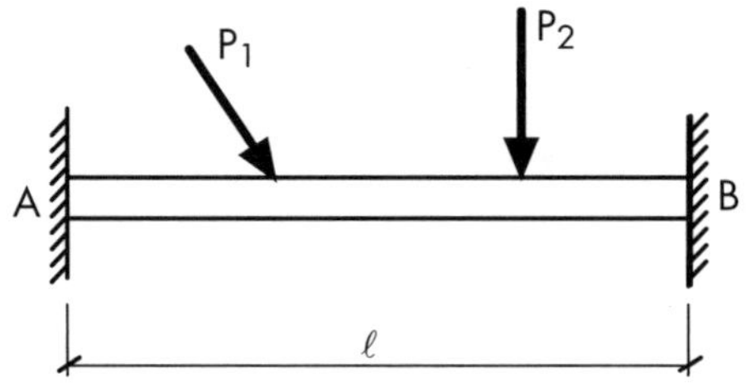

Figura 10.33

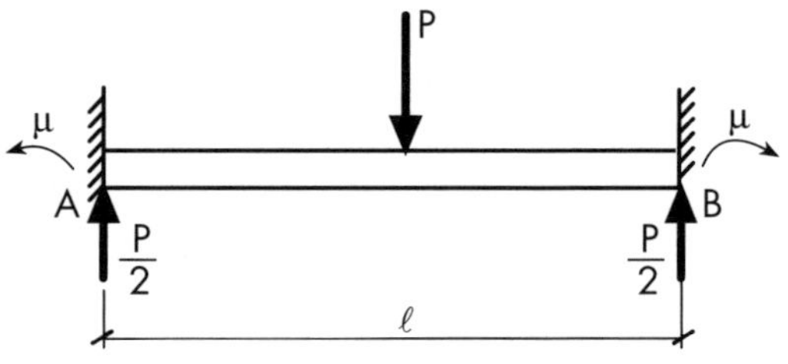

Figura 10.34

Si estudiamos el caso representado en la figura 10.34 correspondiente a una viga biempotrada con cargas P centrada, las reacciones verticales son $V_A = V_B = \frac{P}{2}$ y los pares de empotramiento M_A=M_B=μ, siendo, por tanto el grado de hiperestaticidad 1.

Para determinar el momento μ descompondremos la viga en las representadas en las figuras 10.35 y 10.36,

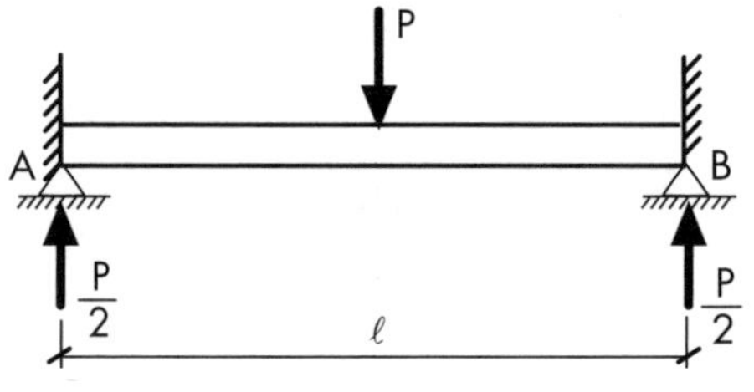

Figura 10.35

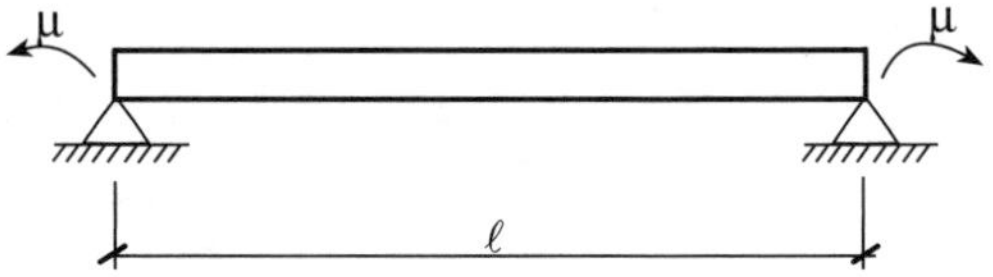

Figura 10.36

representándose en las figuras 10.37 y 10.38 las correspondientes vigas conjugadas.

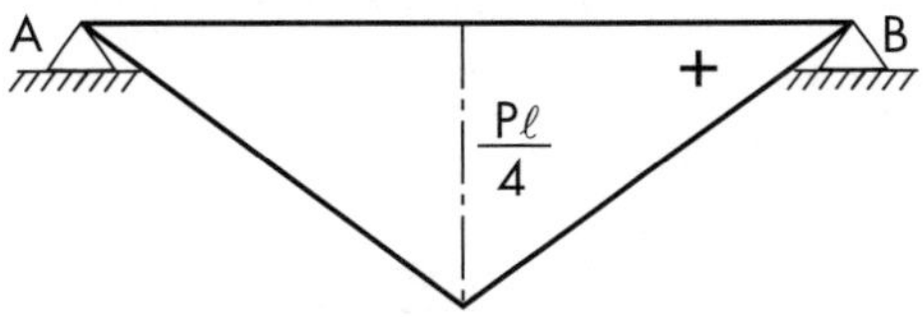

Figura 10.37

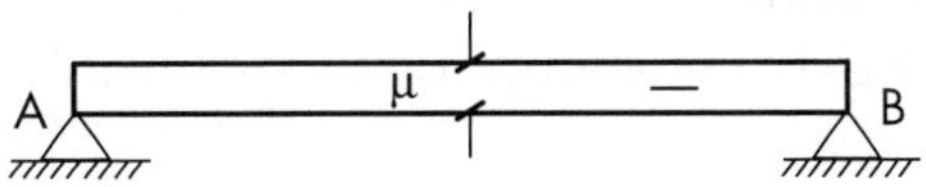

Figura 10.38

En el primer caso, $\varphi_{1A}=\frac{\mathbf{R}_{1A}}{EI}=\frac{1}{EI}\frac{1}{2}\frac{Pl}{4}\frac{l}{2}=\frac{Pl^2}{16EI}$, mientras que del segundo deducimos $\varphi_{2A}=\frac{\mathbf{R}_{2A}}{EI}=-\frac{1}{EI}\frac{\mu l}{2}=-\frac{\mu l}{2EI}$

Por ser A empotramiento perfecto, será:

$$\varphi_A=\varphi_{1A}+\varphi_{2A}=0 \qquad [10.22]$$

$$\frac{Pl^2}{16EI}-\frac{\mu l}{2EI}=0; \quad \mu=\frac{Pl}{8} \qquad [10.23]$$

Las leyes de esfuerzos cortantes y momentos flectores se representan en la figura 10.39.

$$\left.\begin{array}{l} C=\frac{P}{2} \\ M=-\frac{Pl}{8}+\frac{P}{2}x \end{array}\right\} 0\le x\le \frac{l}{2}$$

$$C_o=\frac{P}{2};\quad M_o=-\frac{Pl}{8}$$

$$C_{l/2}=\frac{P}{2};\quad M_{l/2}=-\frac{Pl}{8}+\frac{Pl}{4}=\frac{Pl}{8}$$

$$M=0\Rightarrow x=\frac{l}{4}$$

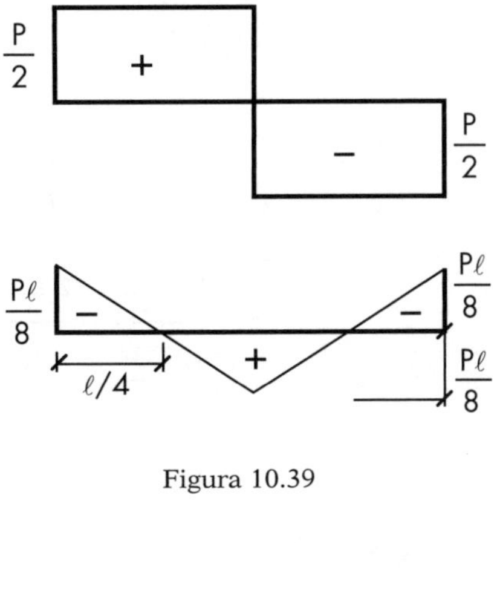

Figura 10.39

Las leyes y sus representaciones son simétricas en el resto de la viga.

La determinación de la flecha en la sección central puede hacerse mediante el 2.° teorema de Mohr (la tangente a la elástica es horizontal en los extremos empotrados y también en la sección central):

$$f=\frac{1}{EI}\int_0^{l/2} Mx\,dx=\int_0^{l/2}\left(-\frac{pl}{8}+\frac{p}{2}x\right)x\,dx=\frac{1}{EI}\left[-\frac{pl}{8}\frac{x^2}{2}+\frac{px^3}{6}\right]_0^{l/2}$$

$$f=\frac{1}{EI}\left[-\frac{pl}{16}\frac{l^2}{4}+\frac{p}{6}\frac{l^3}{8}\right]=\frac{pl^3}{192EI}$$

Aunque hemos sustituido los extremos empotrados por apoyos articulados fijos, como se indica en las figuras 10.35 a 10.38, no hemos considerado las reacciones horizontales H por considerarlas de muy pequeño valor, como se indica en el epígrafe 10.5.1.

10.5.4. Vigas imperfectamente empotradas

Como hemos indicado anteriormente, en ocasiones los empotramientos son imperfectos, permitiendo un cierto giro φ. Tal es el caso indicado en la figura 10.40, en la que sus extremos A y B experimentan giros φ_A, φ_B.

El procedimiento de cálculo es el mismo que el seguido en el apartado anterior, descomponiendo la viga en los casos de carga indicados en las figuras 10.41, 10.42 y 10.43, cuyas vigas conjugadas se representan en las figuras 10.44, 10.45 y 10.46.

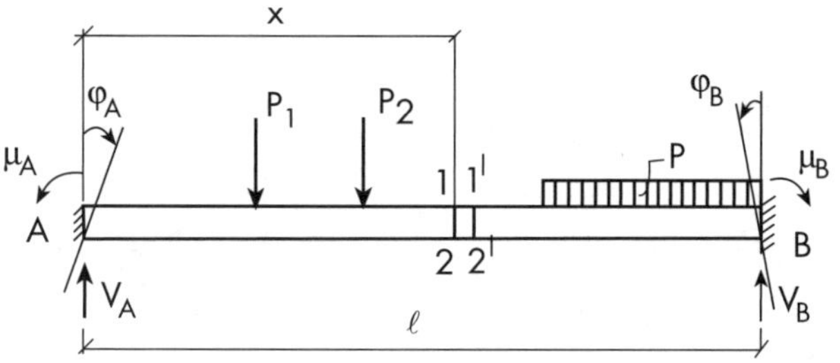

Figura 10.40

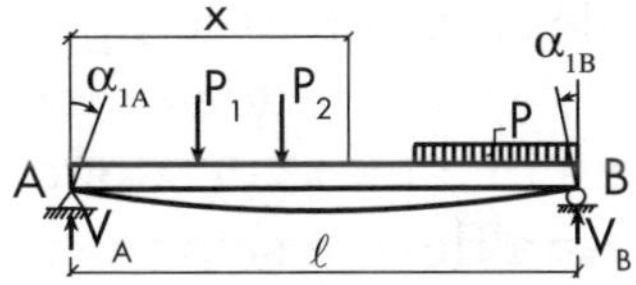

Figura 10.41

Figura 10.42

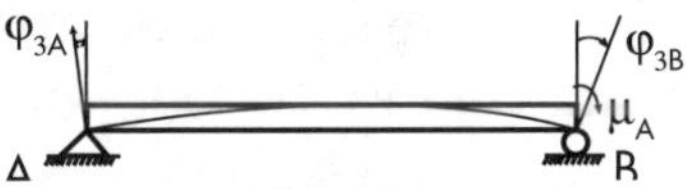

Figura 10.43

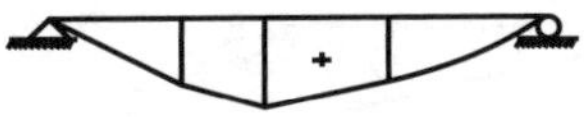

Figura 10.44

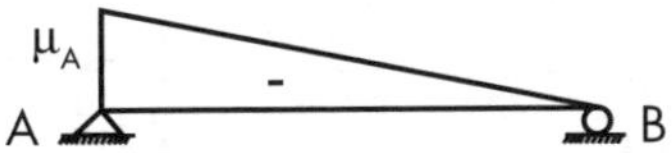

Figura 10.45

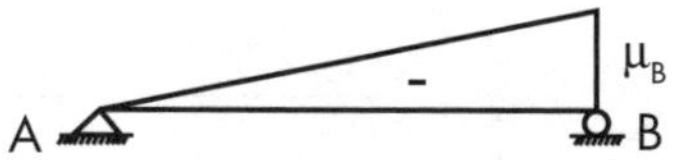

Figura 10.46

Las ecuaciones complementarias para la resolución de este problema hiperestático (de grado 2) son análogas a la expresión [10.22]:

$$\left.\begin{aligned} \varphi_A &= \varphi_{1A} + \varphi_{2A} + \varphi_{3A} \\ \varphi_B &= \varphi_{1B} + \varphi_{2B} + \varphi_{3B} \end{aligned}\right\} \qquad [10.24]$$

De la figura 10.44 deducimos:

$$\varphi_{1A} = \frac{D}{l EI_z}; \quad \varphi_{1B} = \frac{Y}{l EI_z} \qquad [10.25]$$

En estas expresiones D es el momento estático del área del diagrama de momentos flectores isostáticos respecto del apoyo derecho B, mientras que Y es el momento estático de dicha área respecto al apoyo izquierdo A.

En cuanto a los ángulos φ_{2A}, φ_{2B}, φ_{3A}, φ_{3B}, se obtienen a partir de las vigas conjugadas representadas en las figuras 10.45 y 10.46.

$$\left.\begin{aligned} \varphi_{2A} &= \frac{1}{l EI_z}\frac{1}{2}\mu_A \cdot l \cdot \frac{2}{3} l = \frac{\mu_A l}{3EI_z} \\ \varphi_{3A} &= \frac{1}{l EI_z}\frac{1}{2}\mu_B \cdot l \cdot \frac{1}{3} l = \frac{\mu_B l}{6EI_z} \\ \varphi_{2B} &= \frac{1}{l EI_z}\frac{1}{2}\mu_A \cdot l \cdot \frac{1}{3} l = \frac{\mu_A l}{6EI_z} \\ \varphi_{3B} &= \frac{1}{l EI_z}\frac{1}{2}\mu_B \cdot l \cdot \frac{2}{3} l = \frac{\mu_B l}{3EI_z} \end{aligned}\right\} \qquad [10.26]$$

En otras ocasiones, se producen descensos verticales (asientos) desiguales en los extremos de una viga biempotrada (figura 10.47) o apoyada-empotrada (figura 10.48), que dan origen a una flexión adicional a la originada por las cargas que puedan actuar sobre las mismas. Esta flexión se pone de manifiesto en ambas figuras, en las que se indica la forma que debe adoptar la línea elástica correspondiente.

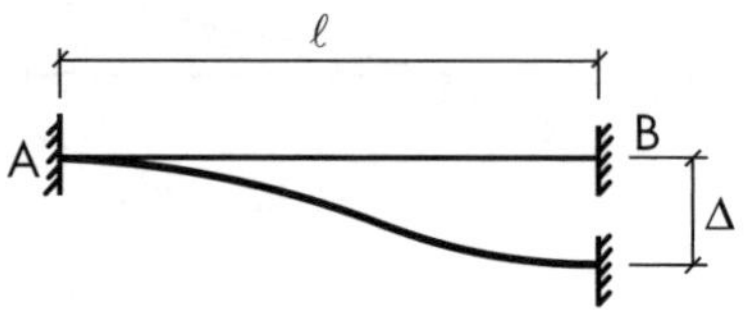

Figura 10.47

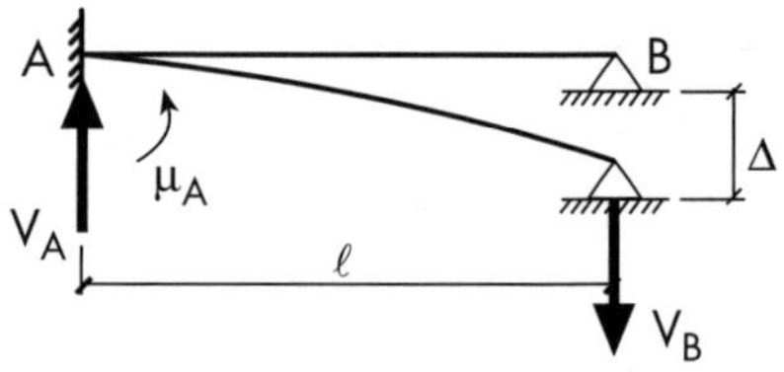

Figura 10.48

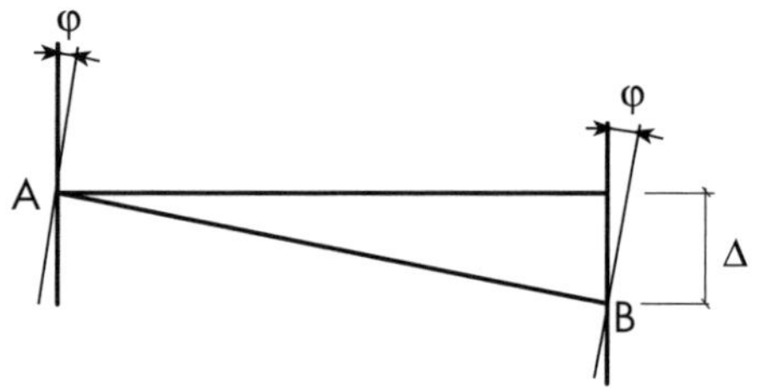

Figura 10.49

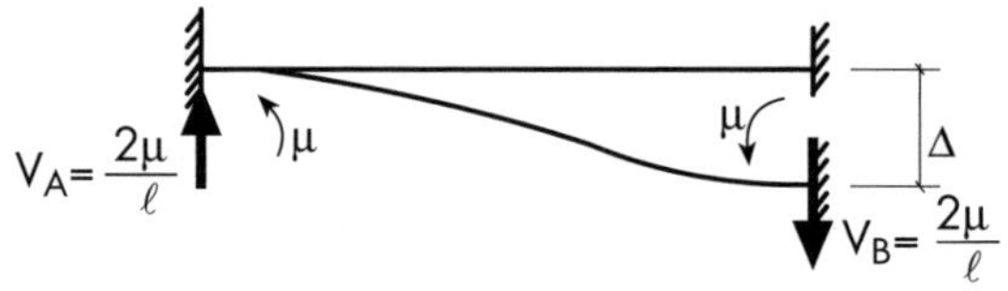

Figura 10.50

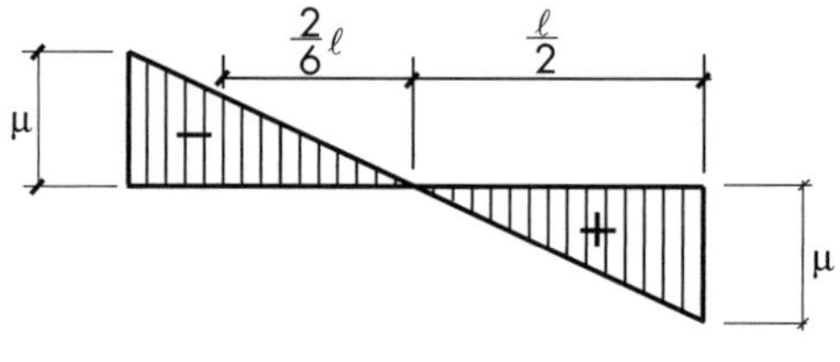

Figura 10.51

Para el estudio del primero de los dos casos considerados aplicaremos el principio de superposición, considerando que es equivalente al giro sin deformación de la viga (figura 10.49) al que se añaden los pares μ, (figura 10.50) que corrigen los ángulos $\varphi = \frac{\Delta}{l}$ girados por las secciones extremas.

En la figura 10.51 se representa el diagrama de momentos flectores correspondiente a este último estado de carga.

El valor del par μ se determina utilizando el 2.° teorema de Mohr:

$$\Delta = \frac{1}{EI_z}\left[\frac{1}{2}\mu\frac{l}{2}\left(\frac{l}{3}+\frac{l}{2}\right)-\frac{1}{2}\mu\frac{l}{2}\frac{l}{6}\right]=\frac{\mu l^2}{6EI_z} \qquad [10.27]$$

De donde:

$$\mu = \frac{6EI_z\Delta}{l^2} \qquad [10.28]$$

En el caso representado en la figura 10.48, procediendo análogamente, se llega a la expresión:

$$\mu_A = \frac{3EI_z\Delta}{l^2} \qquad [10.29]$$

10.6. VIGAS CONTINUAS

Recibe el nombre de viga continua aquélla que se sustenta sobre más de dos apoyos, por lo que se trata de una viga hiperestática de varios tramos.

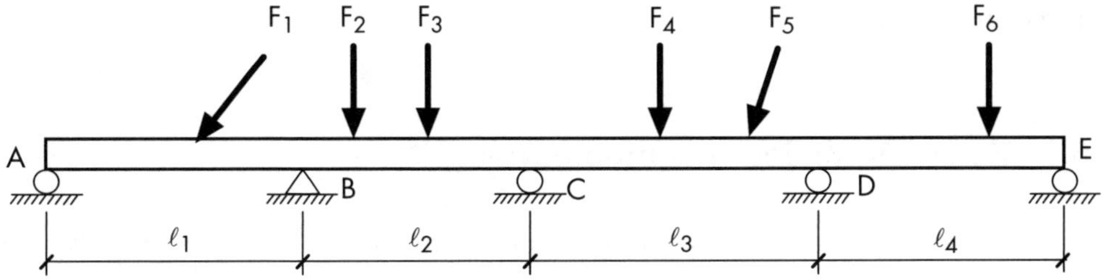

Figura 10.52

La sustentación más sencilla, para una viga de n–1 tramos y n apoyos, es la indicada en la figura 10.52, un apoyo articulado fijo y n–1 apoyos articulados móviles.

Para esta sustentación el grado de hiperestaticidad es n–2, ya que el número de incógnitas es 2 (apoyo articulado fijo) + (n–1) (apoyos articulados móviles)= n+1, mientras que el número de ecuaciones de la estática es 3. Así:

$$G.H.=n+1-3=n-2 \qquad [10.30]$$

En el caso, frecuente, de que las cargas sean exclusivamente verticales el número de incógnitas es n (reacciones verticales en los apoyos), pero también se reduce a 2 el número de ecuaciones de la estática, no siendo de aplicación $\sum F_H=0$, por lo que el grado de hiperestaticidad es, también, n–2.

El grado de hiperestaticidad será mayor, como veremos, en el caso en que en los extremos de la viga se dispongan apoyos empotrados.

La utilización de vigas continuas es ventajosa respecto a la de vigas apoyadas independientes, porque, como deducimos seguidamente, están sometidas a menores momentos flectores que estas últimas a igualdad de longitudes y cargas, siendo también menores las deformaciones (giros y flechas) en aquéllas.

En comparación con otras vigas hiperestáticas, en las vigas continuas no tienen influencia las variaciones de temperatura ya que los apoyos articulados móviles permiten el deslizamiento (alargamiento o acortamiento) producido por las mismas; en cambio, al igual que aquéllas, son sensibles a los asientos diferenciales entre sus apoyos, a los que nos hemos referido en el apartado anterior.

10.6.1. Ecuación de los tres momentos

Consideremos dos tramos sucesivos de longitud l_n y l_{n+1} de una viga continua (figura 10.53). Al ser una única barra la viga indicada, su línea elástica ha de ser representada por una función continua, y=f(x) así como su primera derivada, por las razones indicadas en el tema 9[5], cualquiera que sea la posición del origen de coordenadas y el sentido positivo del eje x cuya dirección coincide con el eje de la pieza.

Precisamente esta condición de continuidad de la deformada y de su primera derivada es la que da origen a la denominación de *vigas continuas* y no la característica de «continuar» de unos apoyos a otros.

De acuerdo con lo expuesto, en el apoyo n de la viga continua de la figura 10.53, la tangente a la línea elástica es única, determinando ángulos en los dos tramos adyacentes, iguales en valor absoluto. Para determinar estos ángulos supondremos aislados los tramos l_n y l_{n+1}, sometidos a las cargas directamente aplicadas sobre los mismos y a los pares M_{n-1}, M_n, M_{n+1}, que supondremos producen flexión positiva, tal y como se indica en las figuras 1.54 y 1.55.

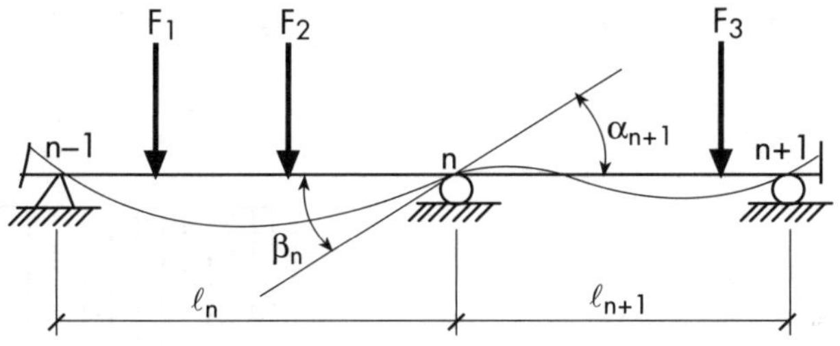

Figura 10.53

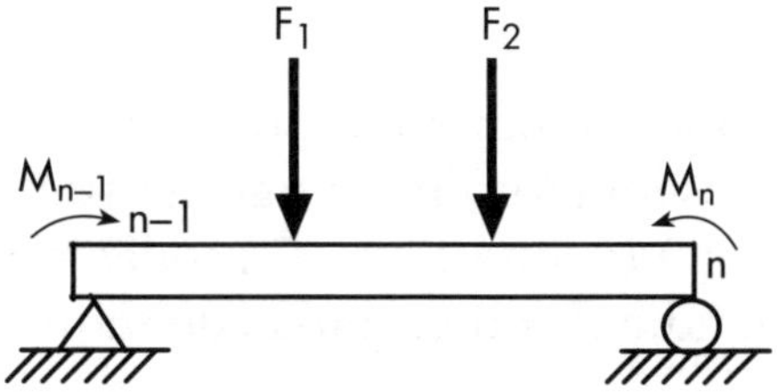

Figura 10.54

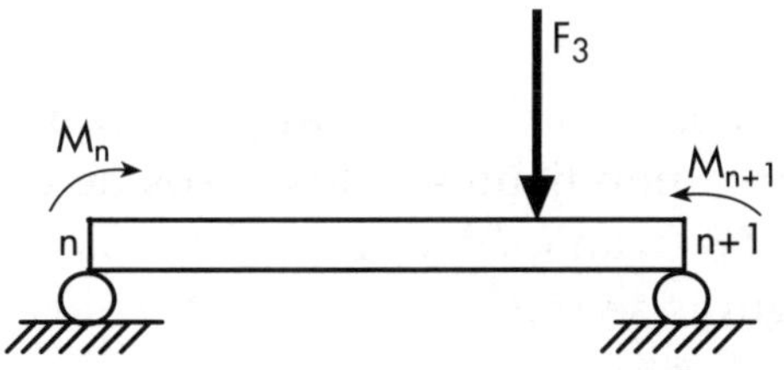

Figura 10.55

[5] En caso contrario el eje de la barra estaría cortado o la viga presentaría un punto anguloso, para el cual M=∞

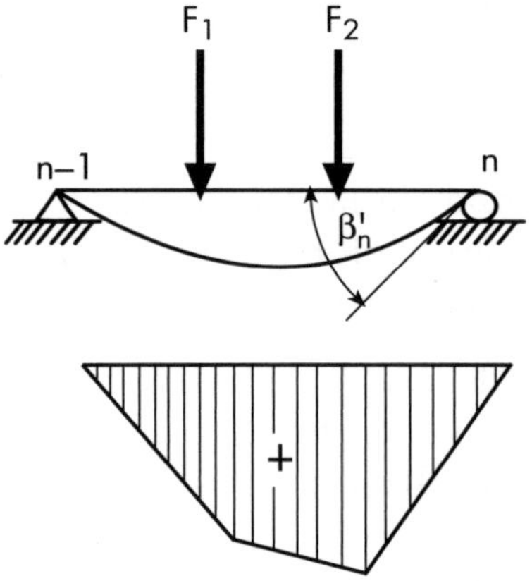

Figura 10.56

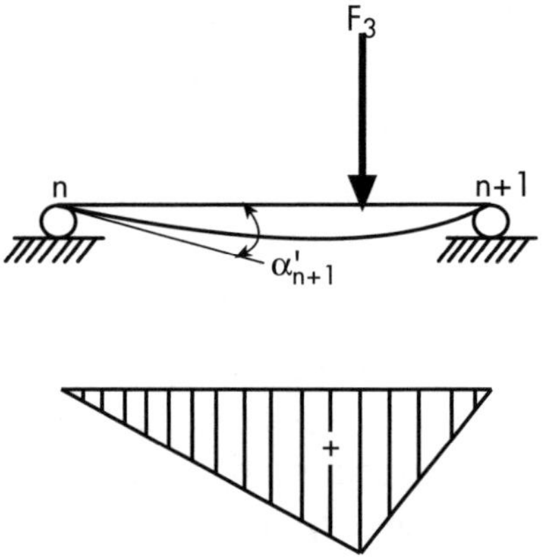

Figura 10.57

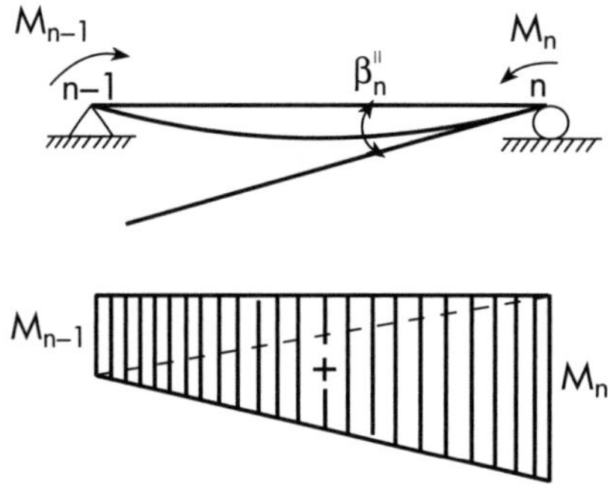

Figura 10.58

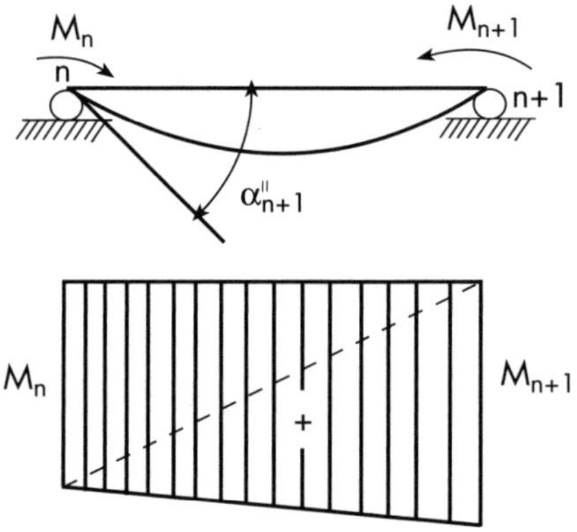

Figura 10.59

Los valores de los ángulos β_n y α_{n+1} se obtienen por superposición de los correspondientes a los casos de carga representados en las figuras 10.56 y 10.58 (tramo l_n) y en las figuras 10.57 y 10.59 (tramo l_{n+1}). (En todas estas figuras se representan además los correspondientes diagramas de momentos flectores).

De acuerdo con los criterios de signos establecidos el ángulo β_n tendrá sentido positivo, ocurriendo lo contrario con el ángulo α_{n+1}. La condición de continuidad exige que se cumpla la relación:

$$\beta_n + \alpha_{n+1}=0 \qquad [10.31]$$

De las figuras 10.56 y 10.58, deducimos:

$$\left.\begin{aligned} \beta_n' &= \frac{Y_n}{l_n EI_z} \\ \beta_n'' &= \frac{1}{l_n EI_z}\left(\frac{1}{2}M_{n-1}l_n\frac{1}{3}l_n + \frac{1}{2}M_n l_n \frac{2}{3}l_n\right) \end{aligned}\right\} \quad [10.32]$$

En la primera de las expresiones [10.32] Y_n tiene el significado indicado en el epígrafe 10.5.4, mientras que en la segunda M_{n-1} y M_n son los momentos en los apoyos n–1 y n, cuyos valores son desconocidos y cuya determinación permite resolver el problema hiperestático planteado.

El ángulo total β_n será la suma de los ángulos β_n' y β_n'':

$$\beta_n = \frac{Y_n}{l_n EI_z} + \frac{1}{EI_z}\left(\frac{M_{n-1}l_n}{6} + \frac{2M_n l_n}{6}\right) \quad [10.33]$$

Procediendo análogamente en el tramo l_{n+1}, obtendremos para los casos de carga representados en las figuras 10.57 y 10.59:

$$\left.\begin{aligned} \alpha_n' &= \frac{D_{n+1}}{l_{n+1} EI_z} \\ \alpha_{n+1}'' &= \frac{1}{l_{n+1} EI_z}\left(\frac{1}{2}M_n l_{n+1}\frac{2}{3}l_{n+1} + \frac{1}{2}M_{n+1} l_{n+1} \frac{1}{3}l_{n+1}\right) \end{aligned}\right\} \quad [10.34]$$

teniendo igualmente D_{n+1} el significado indicado en el epígrafe 10.5.4.

El ángulo total α_{n+1} es, pues:

$$\alpha_{n+1} = \frac{D_{n+1}}{l_{n+1} EI_z} + \frac{1}{EI_z}\left(\frac{2M_n l_{n+1}}{6} + \frac{M_{n+1}l_{n+1}}{6}\right) \quad [10.35]$$

Aplicando la ecuación 10.31 y simplificando, obtenemos:

$$M_{n-1}l_n + 2M_n\left(l_n + l_{n+1}\right) + M_{n+1}l_{n+1} = -6\left(\frac{Y_n}{l_n} + \frac{D_{n+1}}{l_{n+1}}\right) \quad [10.36]$$

La expresión 10.36 es la formula de los tres momentos o ecuación de Clapeyron, científico francés que la obtuvo por primera vez.

Aplicando la ecuación de los tres momentos n–2 veces a tres apoyos consecutivos obtendremos las ecuaciones necesarias para resolver la hiperestaticidad de la viga continua.

En la deducción de la fórmula de Clapeyron hemos considerado que la viga tiene sección constante en todos sus tramos; en caso contrario habría que sustituir en las expresiones 10.33 y 10.35 I_z por I_{zn} e I_{zn+1}, respectivamente.

Si, como ocurre en general para cargas verticales, se obtienen valores negativos de los momentos en los apoyos, ello significa que tienen sentidos contrarios a los supuestos.

10.6.2. Asientos desiguales de los apoyos

También en el epígrafe 10.5.4. hemos indicado el efecto de flexión adicional que produce el asiento diferencial entre los apoyos extremos de una viga hiperestática. En este apartado estudiamos el efecto producido por los movimientos verticales desiguales de los apoyos de una viga continua; para ello volvemos a considerar los dos tramos sucesivos de longitudes l_n, l_{n+1} , de la viga continua de la figura 10.53, suponiendo que están descargados y que los apoyos n–1, n, n+1 sufren descensos desiguales h_{n-1}, h_n, h_{n+1} (figura 10.60).

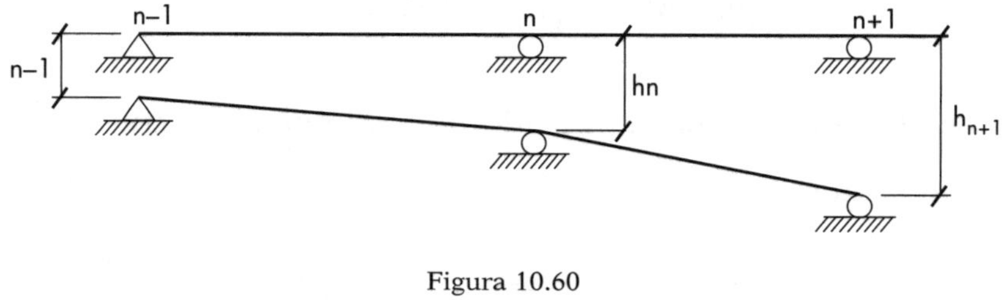

Figura 10.60

Como consecuencia de estos descensos verticales, en el tramo de viga l_n se produce un giro de sus secciones extremas, negativo como se indica en la figura 10.61, siendo su valor:

$$\beta_n''' = \frac{h_n - h_{n-1}}{l_n} \qquad [10.37]$$

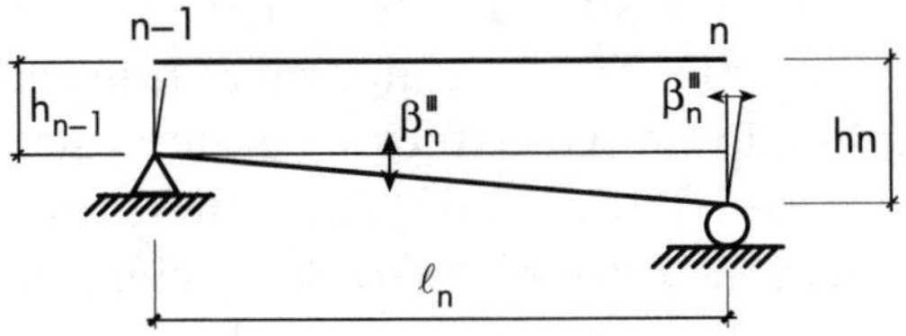

Figura 10.61

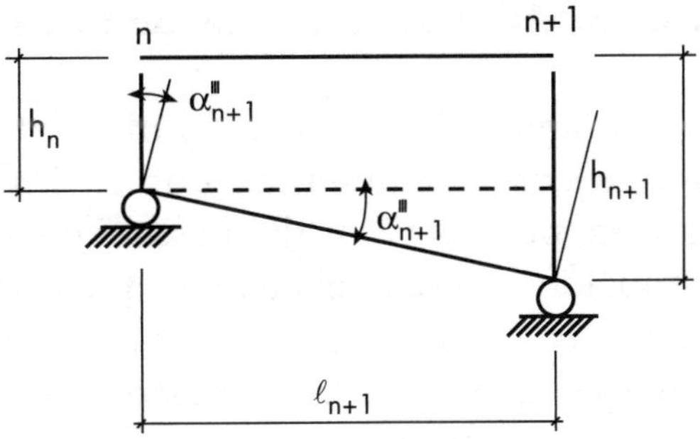

Figura 10.62

Análogamente, las secciones extremas del tramo de viga l_{n+1}, experimentan un giro α'''_{n+1}, cuyo valor es (figura 10.62):

$$\alpha'''_{n+1} = \frac{h_{n+1} - h_n}{l_{n+1}} \qquad [10.38]$$

Cuando los asientos desiguales de los apoyos se presentan a la vez que actúan las cargas exteriores, los ángulos totales girados en los apoyos n, n+1 serán, en virtud del principio de superposición:

$$\left.\begin{aligned} \beta_n &= \beta'_n + \beta''_n + \beta'''_n \\ \alpha_{n+1} &= \alpha'_{n+1} + \alpha''_{n+1} + \alpha'''_{n+1} \end{aligned}\right\} \qquad [10.39]$$

Sustituyendo en la ecuación [10.31] y teniendo en cuenta las expresiones de los distintos sumandos de β_n y α_{n+1} se obtiene, después de simplificar, la ecuación:

$$\begin{aligned} & M_{n-1} l_n + 2M_n \left(l_n + l_{n+1}\right) + M_{n+1} l_{n-1} = \\ & = -6\left(\frac{Y_n}{l_n} + \frac{D_{n+1}}{l_{n+1}}\right) - 6EI_z\left(\frac{h_{n+1} - h_n}{l_{n+1}} - \frac{h_n - h_{n-1}}{l_n}\right) \end{aligned} \qquad [10.40]$$

que es la expresión generalizada del teorema de los tres momentos.

10.6.3. Apoyos extremos de la viga continua

La aplicación de la fórmula de los tres momentos a tres apoyos sucesivos se simplifica cuando uno de los apoyos está situado en un extremo de la viga, pues el valor del momento correspondiente será nulo, salvo que sea conocido como en el caso de que esté aplicado un par exterior en dicha sección o cuando se trata de vigas con voladizos (figura 10.63). En este último caso se sustituyen los voladizos por su acción sobre el resto de la viga: un esfuerzo cortante que se traslada al apoyo y no interviene en la flexión de los distintos tramos y un momento cuyo valor y sentido pueden determinarse en cada caso.

Así, en la viga de la figura, los pares M_0 y M_3 valen:

$$\left.\begin{aligned} M_o &= -P_1 a - \frac{pa^2}{2} \\ M_3 &= -P_2 b - \frac{pb^2}{2} \end{aligned}\right\} \qquad [10.41]$$

Por lo que puede sustituirse la viga por la indicada en la figura 10.64

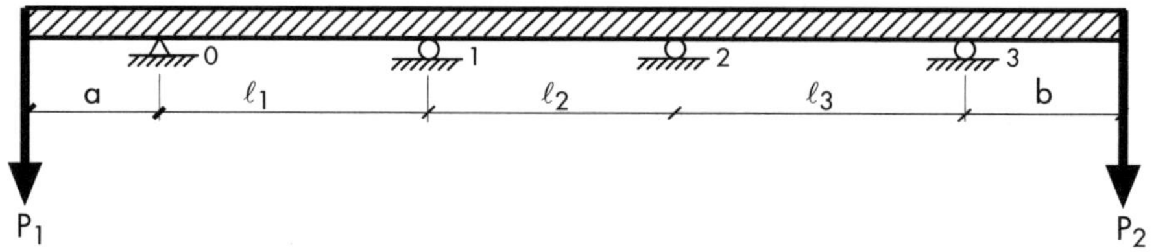

Figura 10.63

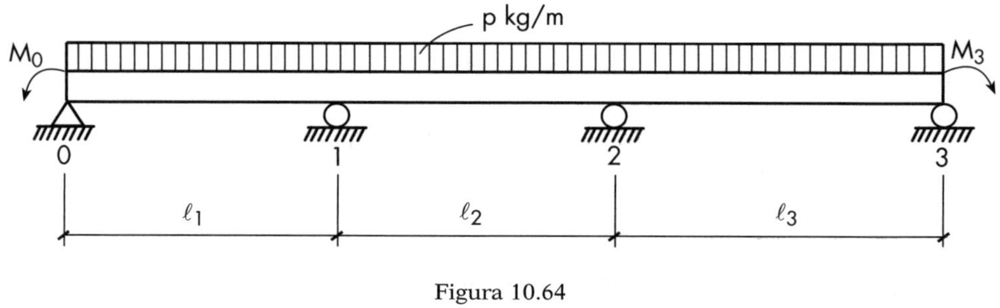

Figura 10.64

Si los extremos de la viga son apoyos empotrados, son necesarias nuevas ecuaciones que pueden obtenerse de la condición de que el ángulo girado por las secciones extremas ha de ser nulo. Así, en la viga de la figura 10.65 se cumplirá:

$$\left.\begin{aligned} 0 &= \frac{D_1}{l_1} + \frac{2}{6} M_0 l_1 + \frac{1}{6} M_1 l_1 \\ 0 &= \frac{Y_3}{l_3} + \frac{1}{6} M_2 l_3 + \frac{2}{6} M_3 l_3 \end{aligned}\right\} \qquad [10.42]$$

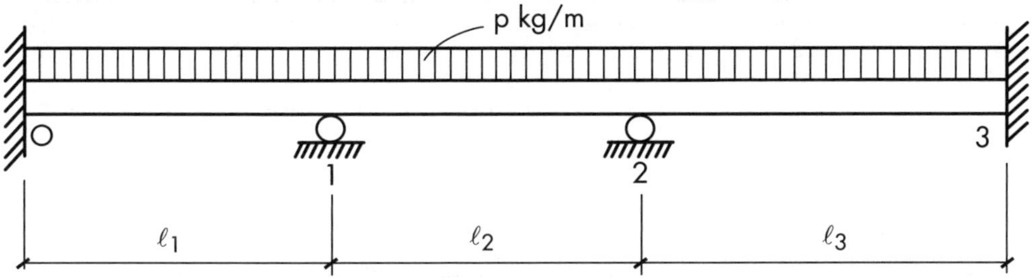

Figura 10.65

En las expresiones [10.42], D_1 e Y_3 tienen el significado conocido y M_0, M_1, M_2 y M_3 son los momentos en los apoyos. Las ecuaciones [10.42] son conocidas, por algunos autores, como expresiones del teorema de los dos momentos.

10.7. VIGAS GERBER

Las vigas continuas con articulaciones intercaladas entre los apoyos reciben el nombre de vigas Gerber, en honor del ingeniero alemán que las ideó.

Como ya sabemos una articulación es un dispositivo que, situado en una sección de una viga, permite el giro de la pieza, por lo que el momento, respecto de dicha sección, de las cargas y reacciones situadas a un lado u otro de la misma es nulo, lo que constituye una condición de equilibrio.

Puesto que, en general, una viga continua de n apoyos es hiperestática de grado n–2, situando n–2 articulaciones obtenemos las n–2 ecuaciones necesarias para que el problema sea isostático. Así, en el caso de la viga continua de 6 apoyos de la figura 10.66, será necesario disponer 6-2=4 articulaciones para que el problema sea isostático.

La distribución de las articulaciones no puede ser arbitraria, ya que debe impedirse que la viga sea geométricamente deformable. Por lo general se dispone una o ninguna en los tramos extremos, situándose dos o ninguna en los tramos intermedios en forma alternada.

En las figuras 10.67 y 10.68 se muestran dos disposiciones correctas de las articulaciones para la viga de 6 apoyos considerada.

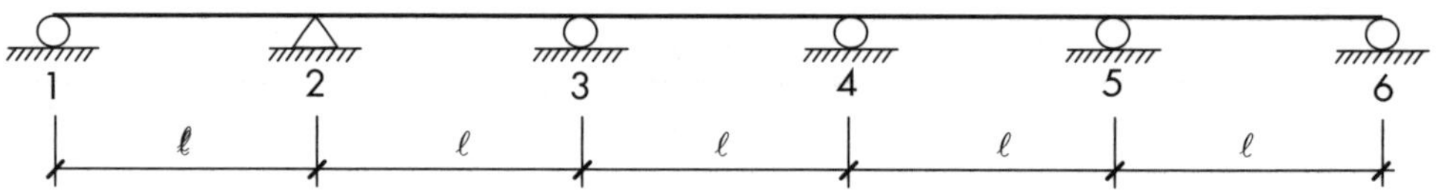

Figura 10.66

Figura 10.67

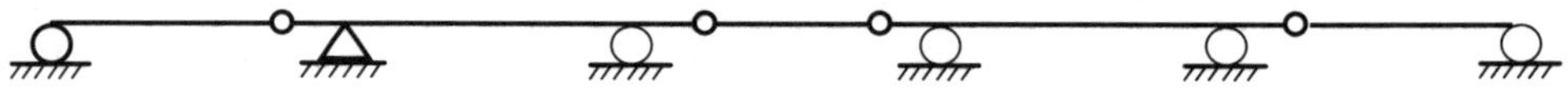

Figura 10.68

Una adecuada colocación de las articulaciones permite igualar los momentos flectores negativos máximos (correspondientes a los apoyos) con los máximos momentos positivos que se producen en los tramos, con lo que el efecto de la flexión es mínimo, lo que permite reducir la sección de estas vigas continuas, siendo ésta la principal ventaja de la utilización de las vigas Gerber que, además, no se ven afectadas por los posibles asientos desiguales de sus apoyos por ser vigas isostáticas.

Por ejemplo, en la viga representada en la figura 10.69, se elige la posición de la articulación A de forma que el momento flector negativo en el apoyo 2 sea igual al momento flector máximo positivo en el tramo 2–3.

La articulación A que convierte la viga continua en isostática, transmite tanto esfuerzos cortantes como esfuerzos normales (caso de existir éstos), anulando el momento flector, por lo que el tramo A–3 se comporta como si de una viga biapoyada se tratase, mientras que el tramo 1–2–A es una viga biapoyada con un voladizo 2–A, sometida a la carga p y a la carga $\frac{p(l-a_1)}{2}$ en el extremo (figura 10.70)

Por tanto:

$$\frac{p(l-a_1)^2}{8} = \frac{p(l-a_1)}{2}a_1 + \frac{pa_1^2}{2}$$

$$l^2 + a_1^2 - 2a_1 l = 4la_1 - 4a_1^2 + 4a_1^2$$

$$a_1^2 - 6a_1 l + l^2 = 0$$

De donde a_1=0,1716 l

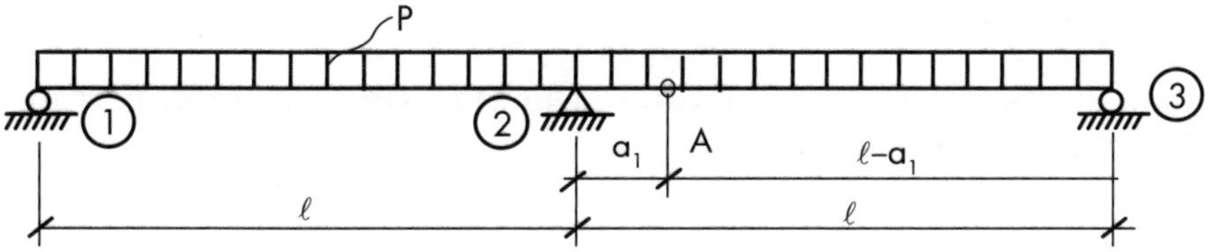

Figura 10.69

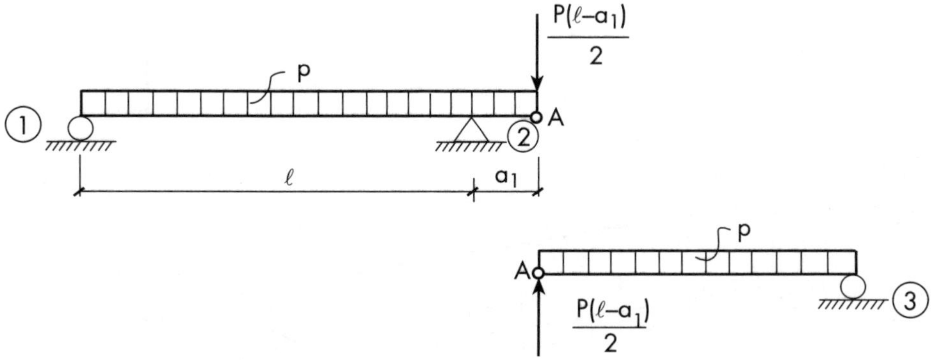

Figura 10.70

Conocido el valor de a_1 puede obtenerse el valor del momento máximo, que será el más pequeño posible al haberse igualado los valores extremos positivo y negativo.

En las estructuras metálicas las vigas Gerber se han empleado durante muchos años como correas de cubierta, aunque su utilización es menor en la actualidad por la importancia de la mano de obra necesaria para realizar las articulaciones. En cualquier caso, no deben usarse en elementos principales de las estructuras, que precisan una mayor rigidez.

EJERCICIOS DE AUTOCOMPROBACIÓN

1. Dada la viga indicada en la figura determinar:

1.º Diagramas de esfuerzos cortantes y momentos flectores originados por la carga 2P.

2.º Diagramas de esfuerzos cortantes y momentos flectores originados por la carga P.

3.º Tensión normal máxima si la viga tiene sección rectangular de lados a y h = $2a$.

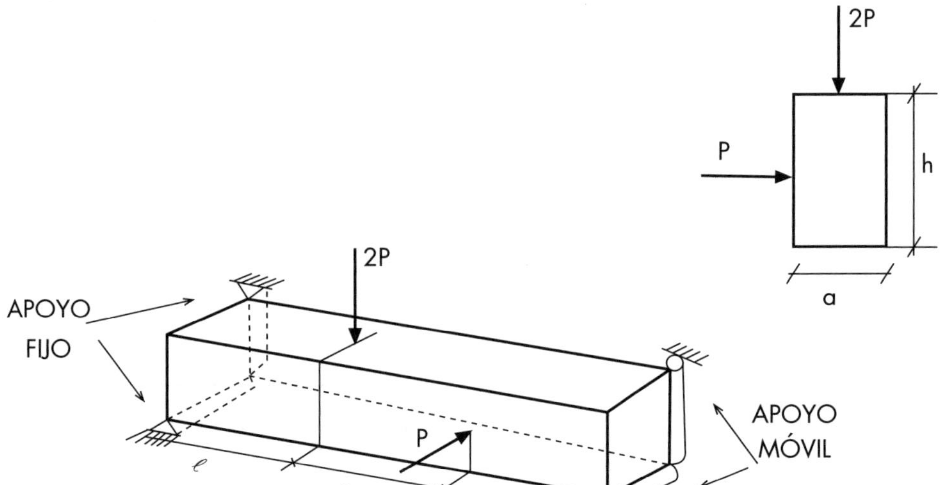

2. La viga de la figura está solicitada por una carga uniformemente distribuida de valor q= 500 kg/m, que forma un ángulo de 30° con el plano xy de la viga, como se indica en la figura. Se pide:

1.° Diagramas de momentos flectores y esfuerzos cortantes.

2.° Perfil IPE necesario. Acero A-42 (σ_e= 2.600 kg/cm²)
Coeficiente de mayoración de cargas: γ_c = 1,5.
Coeficiente de minoración de resistencia: γ_a= 1,1

3.° Flecha en el extremo del voladizo (E = 2,1 x 10^6 kg/cm²)

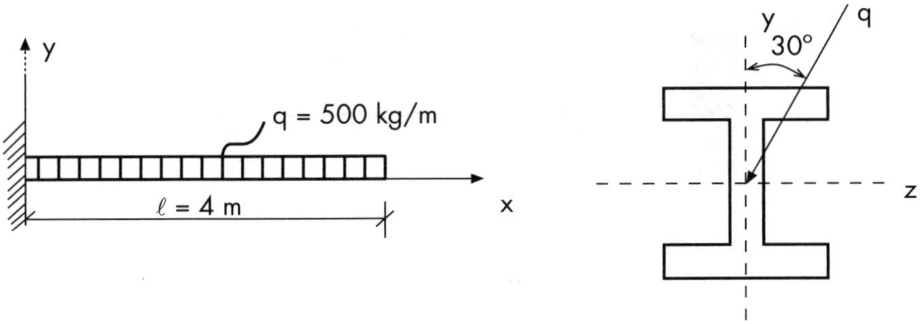

3. Para la viga prismática de la figura, se pide determinar:

a) Reacciones en los apoyos.

b) Diagrama de esfuerzos cortantes.

c) Diagrama de momentos flectores,

d) Flecha en el punto C.

Considérense datos tanto E como I.

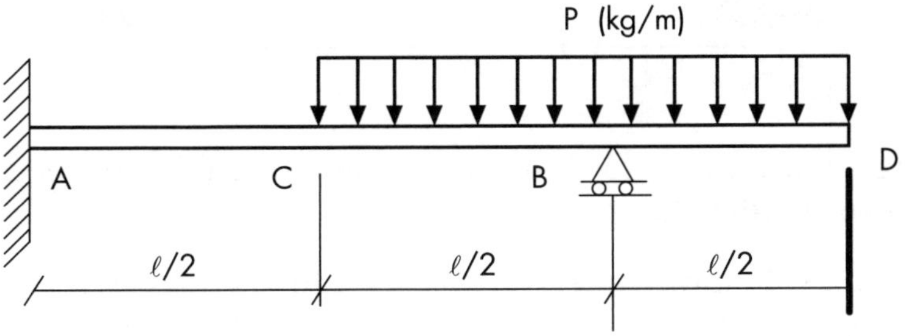

4. Determinar en la viga de acero de la figura:

a) Diagrama de esfuerzos cortantes.

b) Diagrama de momentos flectores.

c) Perfil IPE de la viga.

d) Flecha bajo el punto de aplicación de la carga

Datos σ_e = 2.600 kg/cm²; γ_c = 1,5 (coeficiente de mayoración de cargas); γ_a = 1,1 (coeficiente de minoración de resistencia); E = 2,1 x 10^6 kg/cm².

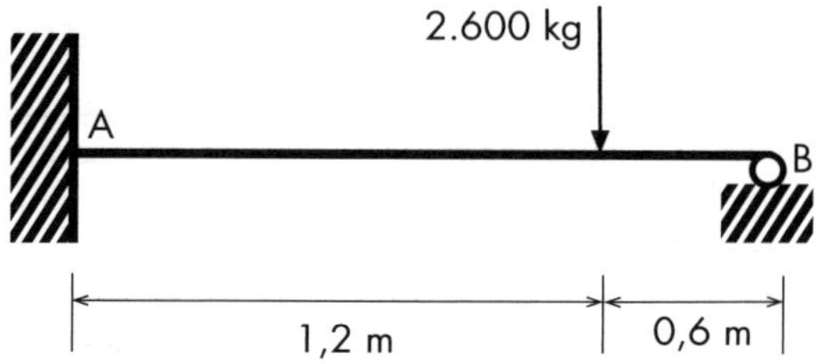

5. La viga de la figura está sometida a dos pares de valor M y 2M en las secciones C y D. Se pide:

a) Diagrama de momentos flectores.

b) Diagrama de esfuerzos cortantes.

c) Giro en la sección A

Considérese como dato el módulo de rigidez a flexión, EI

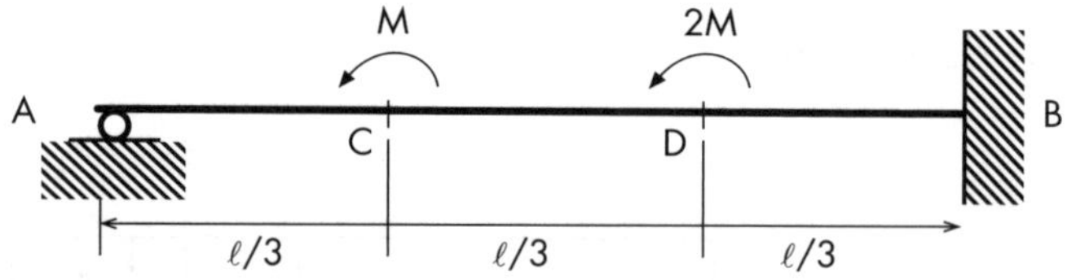

6. La viga continua de la figura esta constituida por un perfil de acero IPN-160. La carga distribuida en la viga es de 6000 kg/m; Determinar:

a) Diagramas de momentos flectores y esfuerzos cortantes (acotados en esfuerzos y longitudes). Tómese E= 2.100.000 kg/cm².

b) Obtener también dichos diagramas cuando el apoyo central descien- de 15 mm.

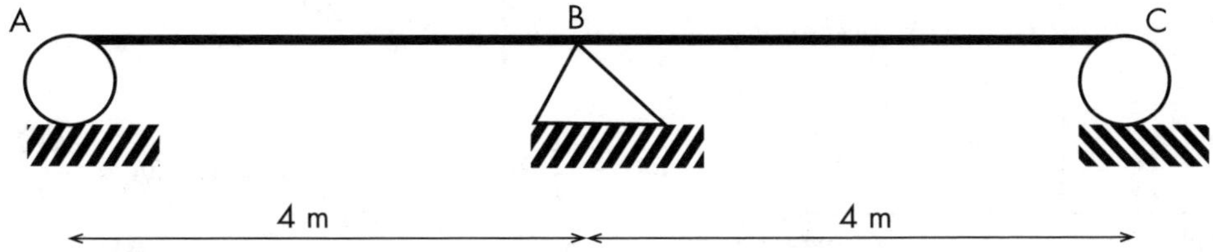

7. En la viga continua de la figura, de sección constante, rigidez a flexión EI conocida, y cargada como se indica, se pide:

a) Valor que debe tener P para que el momento flector en el punto medio del tramo BC sea nulo.

b) Diagramas de momentos flectores y esfuerzos cortantes acotando sus valores para el valor de P calculado.

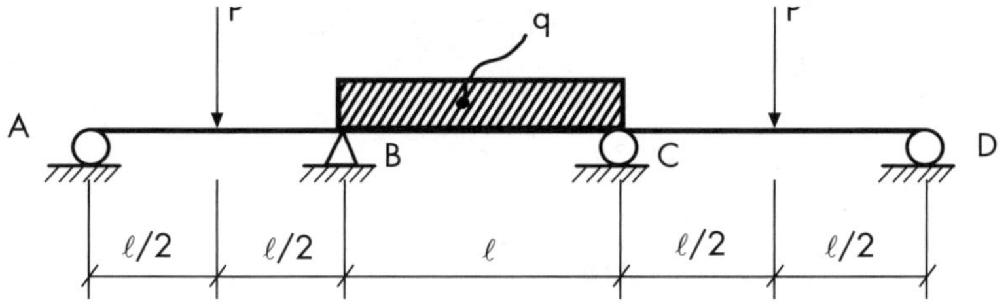

8. Dada la viga hiperestática de la figura, sometida a las cargas que se indican, se pide:

a) Diagramas de momentos flectores y esfuerzos cortantes.

b) Giro de la sección B.

c) Flecha en D.

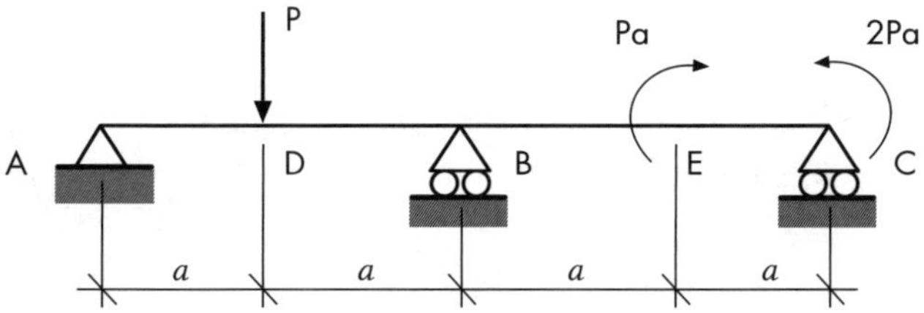

SOLUCIONES DE LOS EJERCICIOS DE AUTOCOMPROBACIÓN

1. *Solución. 1º)* $V_A \times 3l = 2P \times 2l$; $\quad V_A = \frac{4}{3}P; \; V_B = \frac{2P}{3}$

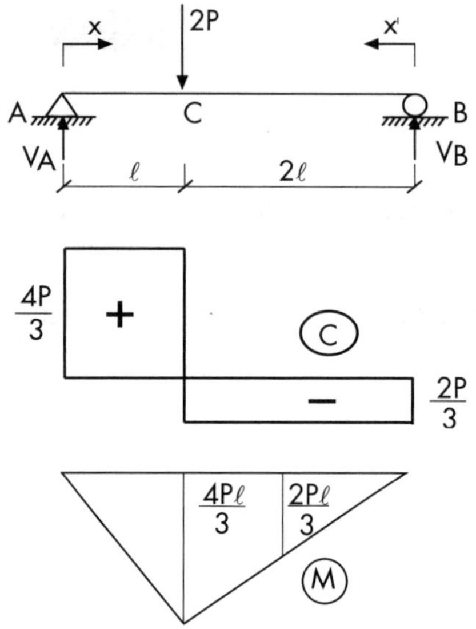

$$\left.\begin{array}{l} M_x = \frac{4}{3}Px \\ C_x = \frac{4}{3}P \end{array}\right\} 0 \le x \le l \left\{\begin{array}{l} M_o = 0; \; M_l = \frac{4Pl}{3} \\ C_o = C_l = \frac{4P}{3} \end{array}\right.$$

$$\left.\begin{array}{l} M'_x = \frac{2P}{3}x' \\ C'_x = -\frac{2P}{3} \end{array}\right\} 0 \le x' \le 2l \left\{\begin{array}{l} M'_o = 0; \; M'_{2l} = \frac{4Pl}{3} \\ C'_o = C'_{2l} = -\frac{2P}{3} \end{array}\right.$$

$$M'_{2l} = \frac{4Pl}{3}; \; M'_l = \frac{2Pl}{3}$$

2.º) $H_A \cdot 3l = P \cdot l$; $\quad H_A = \frac{P}{3}; \; H_B = \frac{2P}{3}$

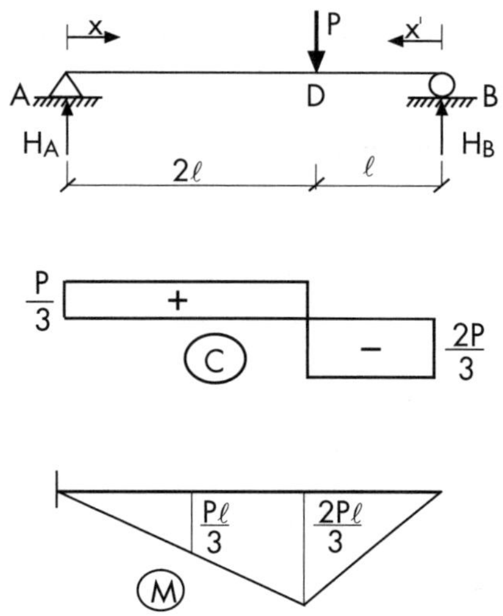

$$\left.\begin{array}{l} C_x = H_A = \frac{P}{3} \\ M_x = \frac{P}{3}x \end{array}\right\} 0 \le x \le 2l \left\{\begin{array}{l} C_o = C_{2l} = \frac{P}{3} \\ M_o = 0; \; M_{2l} = \frac{2Pl}{3} \end{array}\right.$$

$$M_l = \frac{Pl}{3}$$

$$\left.\begin{array}{l} C'_x = -H_B = -\frac{2P}{3} \\ M'_x = \frac{2P}{3}x' \end{array}\right\} 0 \le x' \le l \left\{\begin{array}{l} C'_o = C'_l = -\frac{2P}{3} \\ M'_o = 0; \; M'_l = \frac{2}{} \end{array}\right.$$

3.º) Las tensiones de tracción producidas por los momentos flectores se suman en el punto 4 (sección transversal); lo mismo ocurre para las tensiones de compresión en el punto 2.

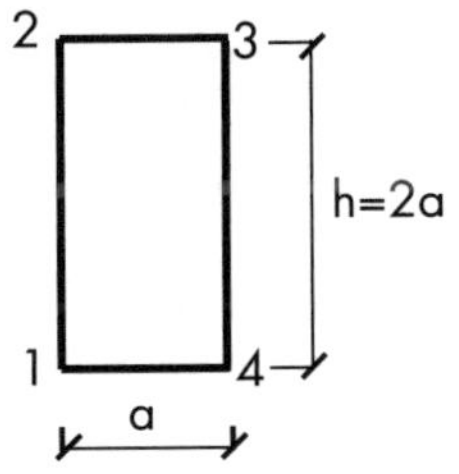

Haremos las correspondientes superposiciones en las secciones C y D de la viga.

- *Sección C*

a) Cargas verticales:

$$\sigma_{4V} = \frac{M_{CV}}{W} = \frac{\frac{4Pl}{3}}{\frac{1}{6}a(2a)^2}$$

$$\sigma_{4V} = \frac{\frac{4Pl}{3}}{\frac{4a^3}{6}} = \frac{2Pl}{a^3}$$

b) Cargas horizontales:

$$\sigma_{4H} = \frac{M_{CH}}{W'} = \frac{\frac{Pl}{3}}{\frac{1}{6}2a \cdot a^2}$$

$$\sigma_{4H} = \frac{Pl}{a^3}$$

$$\sigma_4 = \sigma_{4V} + \sigma_{4H} = \frac{2Pl}{a^3} + \frac{Pl}{a^3} = \frac{3Pl}{a^3}$$

- *Sección D*

a) Cargas verticales:

$$\sigma'_{4V} = \frac{M_{DV}}{W'} = \frac{\frac{2Pl}{3}}{\frac{1}{6}a(2a)^2}; \quad \sigma'_{4V} = \frac{\frac{2Pl}{3}}{\frac{4a^3}{6}} = \frac{Pl}{a^3}$$

b) Cargas horizontales:

$$\sigma'_{4H} = \frac{M_{DH}}{W'} = \frac{\frac{2Pl}{3}}{\frac{1}{6}2a \cdot a^2}; \quad \sigma'_{4H} = \frac{\frac{2Pl}{3}}{\frac{2a^3}{6}} = 2\frac{Pl}{a^3}$$

$$\sigma'_4 = \sigma'_{4V} + \sigma'_{4H} = \frac{3Pl}{a^3}$$; idénticamente se opera en el punto 2.

Por tanto $\sigma_{max} = \dfrac{3Pl}{a^3}$

2. *Solución: 1.º)* Se trata de un problema de flexión desviada que se resuelve aplicando superposición.

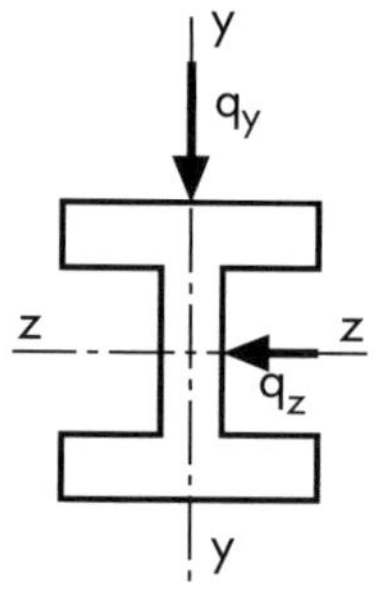

$$q_y = q \cos 30^\circ = \frac{500\sqrt{3}}{2} = 250\sqrt{3} \text{ kg/m}$$

$$q_z = q \text{ sen } 30^\circ = 500 \cdot \frac{1}{2} = 250 \text{ kg/m}$$

$$V_A = 250\sqrt{3} \times 4 = 1000\sqrt{3} \text{ kg}$$

$$M_{Ay} = 250\sqrt{3} \times \frac{4^2}{2} = 2000\sqrt{3} \text{ mkg}$$

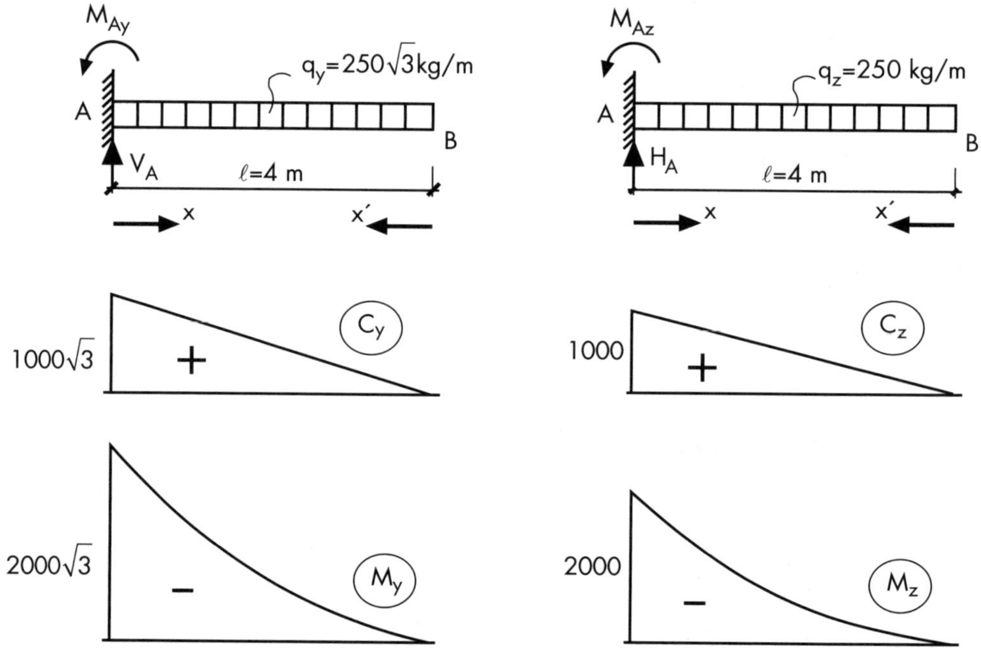

$$C_y = 1000\sqrt{3} - 250\sqrt{3}x$$

$$M_y = -M_{Ay} + V_A \cdot x - q_y \frac{x^2}{2}$$

$$M_y = -2000\sqrt{3} + 1000\sqrt{3}x - \frac{250\sqrt{3}x^2}{2}$$

$$H_A = 250 \times 4 = 1000 \text{ kg}$$

$$M_{AZ} = 250\frac{4^2}{2} = 2000 \text{ mkg}$$

$$C_Z = 1000 - 250x$$

$$M_Z = -2000 + 1000x - 250\frac{x^2}{2}$$

2.º) Los momentos flectores máximos se superponen en el empotramiento A. La tensión normal máxima es:

$$\sigma = \frac{M_{Ay}}{W_z} + \frac{M_{AZ}}{W_y}$$

Con los datos numéricos: $1{,}5\left(\frac{M_{Ay}}{W_z} + \frac{M_{AZ}}{W_y}\right) \leq \frac{2600}{1{,}1} = 2364$ kg/cm

Probamos IPE–200 $\rightarrow$ W_z=194 cm^3; W_y=28,5 cm^3

$$1{,}5\left(\frac{2000\sqrt{3}\times 10^2}{194} + \frac{2600\times 10^2}{28{,}5}\right) = 13205 \text{ kg/cm}^2 > 2364 \text{ No válido.}$$

Con IPE–300 $\rightarrow$ W_z=557 cm^3; W_y=80,5 cm^3

$$1{,}5\left(\frac{2000\sqrt{3}\times 10^2}{557} + \frac{2000\times 10^2}{80{,}5}\right) = 4660 \text{ kg/cm}^2 > 2364 \text{ No válido.}$$

Con IPE–400 $\rightarrow$ W_z=1160 cm³; W_y=146 cm³

$$1{,}5\left(\frac{2000\sqrt{3}\times 10^2}{1160}+\frac{2000\times 10^2}{146}\right)=2503\ \text{kg/cm}^2>2364\ \text{No válido.}$$

Con IPE–450 $\rightarrow$ W_z=1500 cm³; W_y=176 cm³

$$1{,}5\left(\frac{2000\sqrt{3}\times 10^2}{1500}+\frac{2000\times 10^2}{176}\right)=2051\ \text{kg/cm}^2<2364$$

IPE–450

3.º) La flecha será la suma vectorial de las flechas f_y y f_Z. Aplicando el 2.º teorema de Mohr:

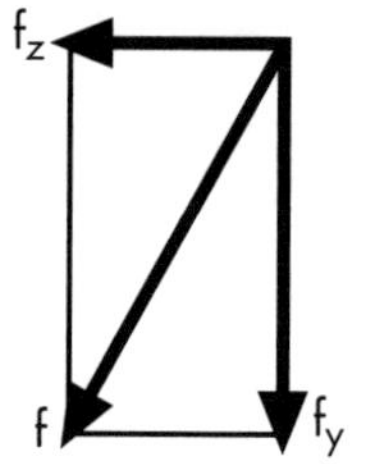

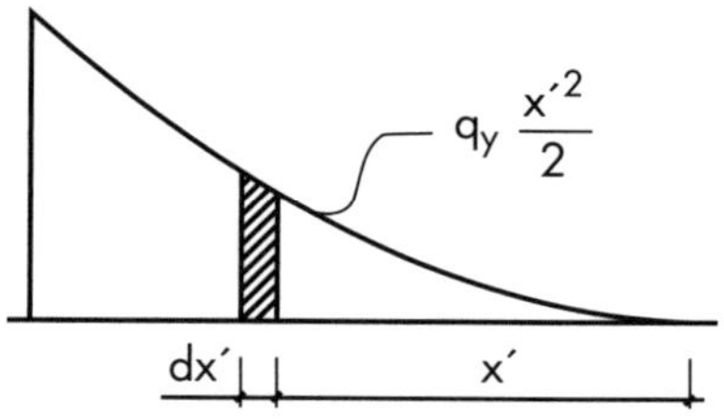

$$f_y=\frac{1}{EI_z}\int_0^l q_y\frac{x'^2}{2}\cdot x'\cdot dx'=\frac{1}{EI_z}q_y\frac{l^4}{8}$$

$$f_z=\frac{1}{EI_z}q_z\frac{l^4}{8}$$

$$f_y=\frac{1}{2{,}1\times 10^6\times 33740}2{,}5\sqrt{3}\times\frac{400^4}{8}=0{,}196\ \text{cm}$$

$$f_z=\frac{1}{2{,}1\times 10^6\times 1680}2{,}5\times\frac{400^4}{8}=2{,}267\ \text{cm}$$

$$f=\sqrt{f_y^2+f_z^2}=\sqrt{0.196^2+2.267^2}=2{,}275\ \text{cm}$$

3. *Solución*

El problema es hiperestático de grado 1. Resolveremos la hiperestaticidad, obligando a que sea nulo el desplazamiento vertical del apoyo B. Previamente sustituiremos el voladizo BD por su acción sobre el apoyo B. (El esfuerzo cortante en B, debido al voladizo, es $\frac{pl}{2}$ y no interviene en la flexión del tramo AB).

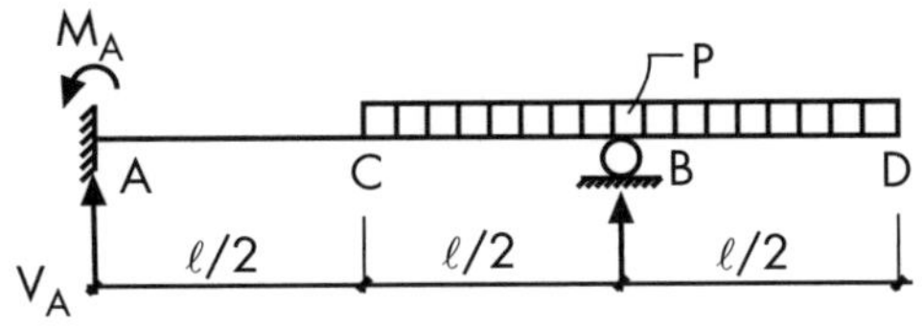

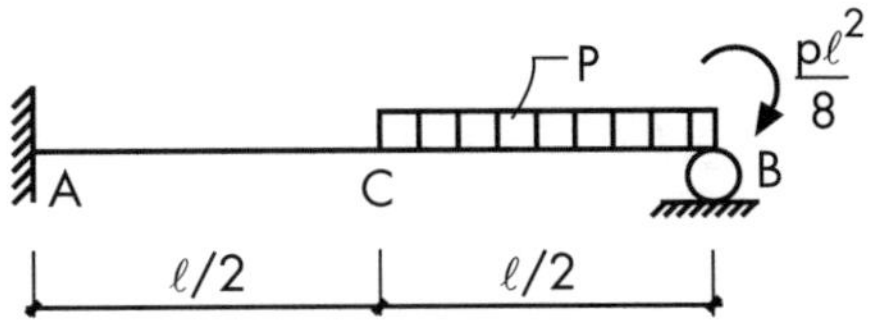

Sustituiremos el apoyo B por la reacción hiperestática X.

Las leyes de momentos flectores, avanzando de derecha a izquierda son:

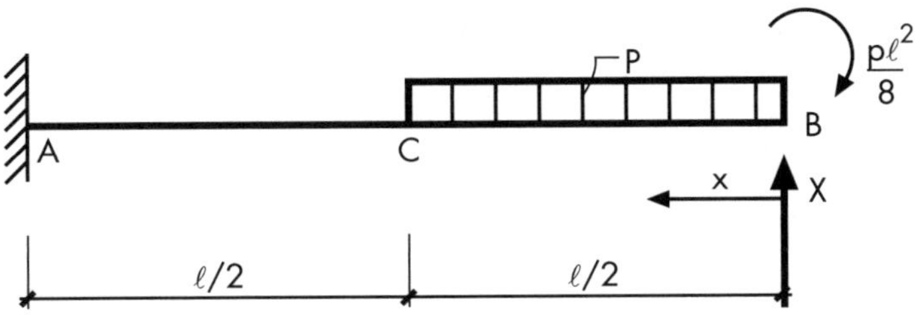

$$M = -\frac{pl^2}{8} + Xx - \frac{px^2}{2} \quad 0 \le x \le l/2$$

$$M = -\frac{pl^2}{8} + Xx - \frac{pl}{2}\left(x - \frac{l}{4}\right) \quad l/2 \le x \le l$$

Aplicaremos el 2.º teorema de Mohr, obligando a que la distancia desde el punto B de la elástica a la tangente a la misma en A sea nula, con lo que se cumple que el desplazamiento vertical de B sea nulo.

$$0 = \frac{1}{EI}\left[\int_0^{l/2}\left(-\frac{pl^2}{8} + Xx - \frac{px^2}{2}\right)x\,dx + \int_{l/2}^{l}\left[-\frac{pl^2}{8} + Xx - \frac{pl}{2}\left(x - \frac{l}{4}\right)\right]x\,dx\right]$$

$$\int_0^{l/2}\left(-\frac{pl^2}{8}x+Xx^2-\frac{px^3}{2}\right)dx+\int_{l/2}^{l}\left(-\frac{pl^2}{8}x+Xx^2-\frac{pl}{2}x^2+\frac{pl^2}{8}x\right)dx=0$$

$$\left[-\frac{pl^2}{8}\frac{x^2}{2}+X\frac{x^3}{3}-\frac{p}{8}x^4\right]_0^{l/2}+\left[-\frac{pl^2}{8}\frac{x^2}{2}+X\frac{x^3}{3}-\frac{pl}{6}x^3+\frac{pl^2}{8}\frac{x^2}{2}\right]_{l/2}^{l}=0$$

$$-\frac{pl^2}{16}\frac{l^2}{4}+\frac{X}{3}\frac{l^3}{8}-\frac{p}{8}\frac{l^4}{16}+\frac{X}{3}l^3-\frac{X}{3}\frac{l^3}{8}-\frac{pl}{6}l^3+\frac{pl}{6}\frac{l^3}{8}=0$$

$$\frac{Xl^3}{3}=pl^4\left(\frac{1}{64}+\frac{1}{128}+\frac{1}{6}-\frac{1}{48}\right)$$

$$\frac{X}{3}=\frac{pl}{384}(6+3+64-8)=\frac{65pl}{384}$$

$$\boxed{X=\frac{65pl}{128}}$$

La reacción vertical total en B es:

$$V_B=\frac{65pl}{128}+\frac{pl}{2}=\frac{129pl}{128}$$

La reacción vertical en A será:

$$V_A=pl-V_B=pl-\frac{129pl}{128}=-\frac{pl}{128}$$

El momento de empotramiento en A será:

$$M_A+\left(-\frac{pl^2}{8}+\frac{65pl}{128}l-\frac{pl}{2}\frac{3l}{4}\right)=0$$

$$M_A=\frac{pl^2}{8}-\frac{65pl^2}{128}+\frac{3pl^2}{8}=+\frac{pl^2}{128}(16-65+48)=-\frac{pl^2}{128}$$

También puede obtenerse M_A, tomando momentos respecto de A de todas las fuerzas exteriores.

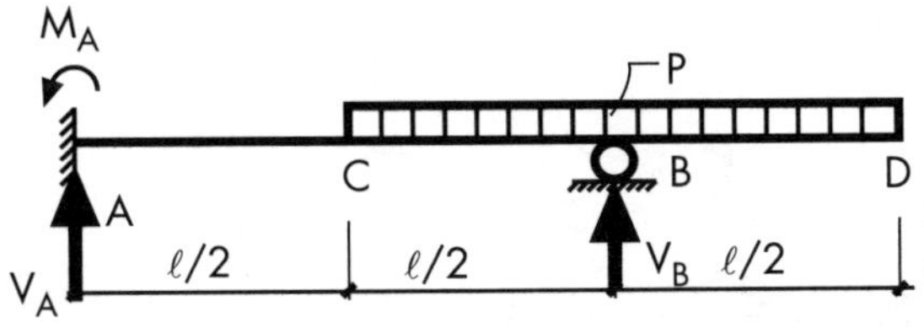

$$M_A - pl \cdot l + V_B \cdot l = 0$$

$$M_A = -\frac{129pl^2}{128} + pl^2 = -\frac{pl^2}{128}$$

Por tanto las reacciones son:

$$V_A = -\frac{pl}{128} \text{ (hacia abajo) } \downarrow$$

$$M_A = -\frac{pl^2}{128} \text{ (hacia la derecha) } \rightarrow$$

$$V_B = \frac{129pl^2}{128} \text{ (hacia arriba) } \uparrow$$

B) y C)

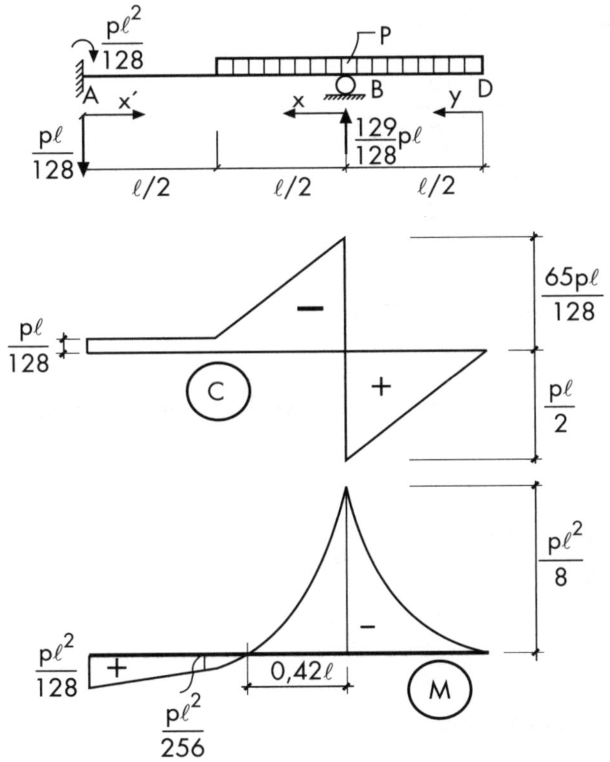

$$\left.\begin{aligned} C_{x'} &= -\frac{pl}{128} \\ M_{x'} &= \frac{pl^2}{128} - \frac{pl}{128}x' \end{aligned}\right\} 0 \le x' \le \frac{l}{2} \left\{\begin{aligned} C_o &= -\frac{Pl}{128} \\ M_o &= \frac{pl^2}{128} \\ C_{l/2} &= -\frac{pl}{128} \\ M_{l/2} &= \frac{pl^2}{256} \end{aligned}\right.$$

$$\left.\begin{aligned} C_y &= py \\ M_y &= -\frac{py^2}{2} \end{aligned}\right\} 0 \le y \le l/2 \left\{\begin{aligned} &C_o = 0; \ M_o = 0 \\ &C_{l/2} = -\frac{pl^2}{2}; \ M_{l/2} = -\frac{pl^2}{8} \end{aligned}\right.$$

$$\left.\begin{aligned} C_x &= \frac{pl}{2} - \frac{129pl}{128} + px = -\frac{65pl}{128} + px \\ M_x &= -\frac{pl^2}{8} + \frac{65pl}{128}x - \frac{px^2}{2} \end{aligned}\right\} 0 \le x \le l/2$$

$$C_o = -\frac{65pl}{128}; \ M_0 = -\frac{pl^2}{8}$$

$$C_{l/2} = -\frac{65pl}{128} + \frac{pl}{2} = -\frac{pl}{128}$$

$$M_{l/2} = -\frac{pl^2}{8} + \frac{65pl^2}{256} - \frac{pl^2}{8} = \frac{pl^2}{256}$$

$C = 0 \rightarrow \frac{65l}{128}\left(> \frac{l}{2}\right)$ No se anula. No hay momento máximo relativo.

$$C = 0 \rightarrow -\frac{pl^2}{8} + \frac{65pl^2}{128}x - \frac{px^2}{2} = 0$$

x= 0,6 l fuera del tramo

x= 0,42 l fuera del tramo

D) Para calcular la flecha en C aplicaremos también el 2.º teorema de Mohr.

$$f_c = \frac{1}{EI}\int_0^{l/2}\left(\frac{pl^2}{128} - \frac{pl}{128}x'\right)\left(\frac{l}{2} - x'\right)dx =$$

$$= \frac{1}{EI}\int_0^{l/2}\left(\frac{pl^3}{256} - \frac{pl^2}{256}x' - \frac{pl^2}{128}x' + \frac{pl}{128}x'^2\right)\cdot dx' =$$

$$= \frac{1}{EI}\int_0^{l/2}\left(\frac{pl^3}{256} - \frac{3pl^2}{256}x' + \frac{pl}{128}x'^2\right)\cdot dx'$$

$$f_c = \frac{1}{EI}\left[\frac{pl^3}{256}x' - \frac{3pl^2}{256}\frac{x'^2}{2} + \frac{pl}{128}\frac{x'^3}{3}\right]_0^{l/2} =$$

$$= \frac{1}{EI}\left[\frac{pl^3}{256}\frac{l}{2} - \frac{3pl^2}{512}\frac{l^2}{4} + \frac{pl}{384}\frac{l^3}{8}\right] = \frac{pl^4}{EI}\left[\frac{1}{512} - \frac{3}{4\cdot 512} + \frac{1}{8\cdot 384}\right]$$

$$f_c = \frac{pl^4}{6144EI}\left[12 - 9 + 2\right] \qquad \boxed{f_c = \frac{5pl^4}{6144EI}}$$

4. *Solución: A)* y *B)* En 1.er lugar habrá que resolver la hiperestaticidad, ya que existen tres incógnitas en los apoyos (M_A, V_A y V_B), con sólo dos ecuaciones de la estática $(\Sigma M=0;\ \Sigma F_y=0)$.

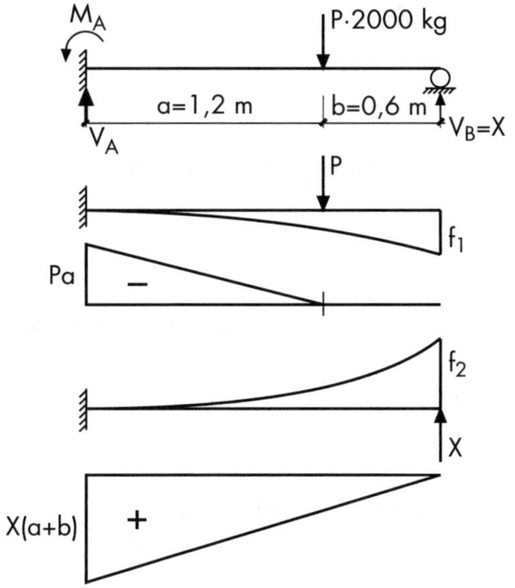

Aplicaremos el principio de superposición para determinar el desplazamiento vertical del punto B que igualaremos a cero.

Para determinar f_1 y f_2 aplicaremos el 2.º teorema de Mohr.

$$f_1 = \frac{1}{EI}\frac{1}{2}aPa \times \left(\frac{2}{3}a + b\right)\downarrow$$

$$f_2 = -\frac{1}{EI}\frac{1}{2}(a+b)X(a+b)\frac{2}{3}(a+b) = \frac{1}{EI}X\frac{(a+b)^3}{3}\uparrow$$

$$f_1 + f_2 = 0$$

$$\frac{Pa^2}{2}\left(\frac{2}{3}a + b\right) = X\frac{(a+b)^3}{3}$$

$$X = \frac{3Pa^2\left(\frac{2}{3}a + b\right)}{2(a+b)^3}$$ Sustituyendo los datos numéricos.

$$X = \frac{3 \cdot 2600 \cdot \overline{1,2}^2(0,8+0,6)}{2 \cdot \overline{1,8}^3} = 1348,15 \text{ kg}$$

La reacción vertical en A será:

V_A=2600–1348,15=1251,85 kg

El momento del empotramiento M_A será igual a:

M_A+1348,15·1,8–2600·1,2=0

M_A=693,33 mkg, con el signo indicado en la figura.

Las leyes de momentos flectores y esfuerzos cortantes se deducen a continuación:

$$\left.\begin{array}{l} M = -M_A + V_A x = -693,33 + 1251,85x \\ C = 1281,85 = V_A \end{array}\right\} 0 \leq x \leq 1,2$$

$M_0 = -693,33 \text{ mkg}; \; C_0 = 1251,85 \text{ kg}$

$M_{1,2} = 808,89 \text{ mkg}; \; C_{1,2} = 1251,85 \text{ kg}$

$$\left.\begin{array}{l} M' = V_B x' = 1348,15x' \\ C' = -V_B = -1348,15 \end{array}\right\} 0 \le x' \le 0,6$$

$M'_0 = 0; \; C'_o = -1348,15 \text{ kg}$

$M'_{0,6} = 808,89 \text{ mkg}; \; C_{0,6} = -1348,15 \text{ kg}$

$M = 0 \rightarrow 693,33 + 1251,85x = 0$

$x = 0,55 \text{ m}$

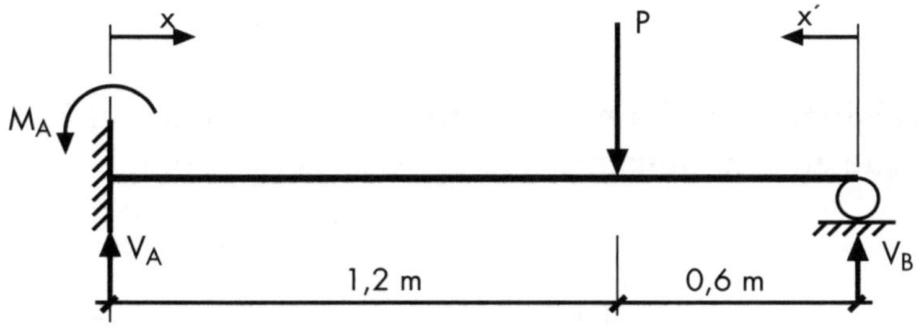

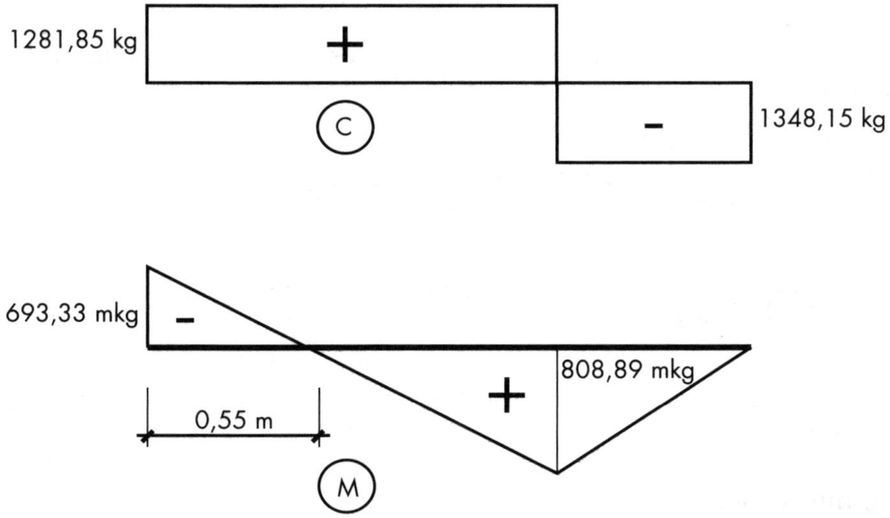

c) El momento flector máximo es M_{max}=808,89 mkg

Se debe cumplir: $$\frac{\gamma_c M_{max}}{W_{nec}} \leq \frac{\sigma_e}{\gamma_a}$$

Teniendo en cuenta las unidades, será:

$$\frac{1,5 \cdot 80889}{W_{nec}} \leq \frac{2600}{1,1}$$

$$W_{nec} \geq \frac{1,5 \cdot 1,1 \cdot 80889}{2600} = 51,33 \text{ cm}^3$$

Tablas IPE–120

d) Para calcular la flecha pedida aplicaremos también el 2.º teorema de Mohr, ya que en A la tangente a la elástica es horizontal.

$$f=\frac{1}{EI}\int_0^{120} M_x dx(120-x)$$

$E=2,1 \cdot 10^6$ kg/cm^2 ; I (tablas)=318 cm^4

Sustituyendo la ley de momentos flectores, teniendo en cuenta las unidades queda:

$$f=\frac{1}{2,1 \cdot 10^6 \cdot 318}\int_0^{120} (-69333+1251,85x)(120-x)dx=$$

$$=\frac{1}{2,1 \cdot 10^6 \cdot 318}\int_0^{120} \left(-8319960+219555x-1251,85x^2\right)dx=$$

$$=\frac{1}{2,1 \cdot 10^6 \cdot 318}\left[-8319960x+219555\frac{x^2}{2}-1251,85\frac{x^3}{3}\right]_0^{120} = -0,21 \text{ cm}$$

El punto sube.

5. *Solución: a) y b)* El problema es hiperestático de grado 1. Para resolver la hiperestaticidad sustituimos el apoyo A por la reacción en él, X.

Aplicando el 2.° teorema de Mohr, la distancia desde el punto A de la elástica a la tangente en B (desplazamiento vertical de A) debe ser nula:

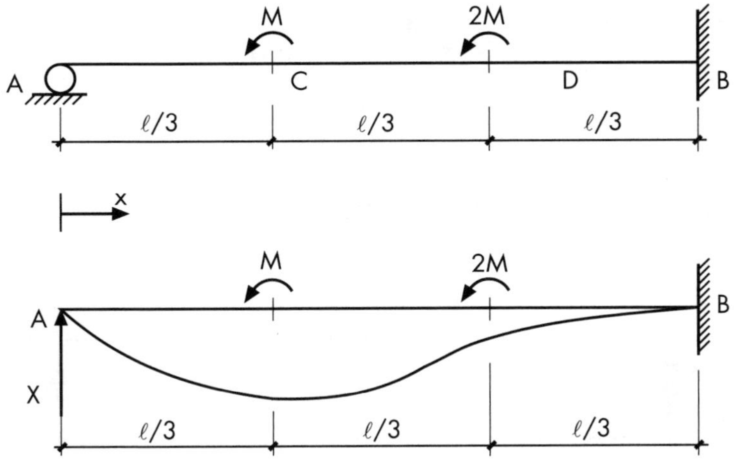

$$0=\frac{1}{EI}\int_0^l M_x\cdot x dx$$

$$M_x=X\cdot x;\ 0\le x\le\frac{l}{3}$$

$$M_x=Xx-M;\ \frac{l}{3}\le x\le\frac{2l}{3}$$

$$M_x=Xx-3M;\ \frac{2l}{3}\le x\le l$$

$$0=\frac{1}{EI}\left[\int_0^{l/3} Xx^2dx+\int_{l/3}^{2l/3}(Xx-M)xdx+\int_{2l/3}^{l/3}(Xx-3M)xdx\right]$$

$$0=\left[X\frac{x^3}{3}\right]_0^{l/3}+\left[X\frac{x^3}{3}-M\frac{x^2}{2}\right]_{l/3}^{2l/3}+\left[X\frac{x^3}{3}-3M\frac{x^2}{2}\right]_{2l/3}^{l}$$

$$0=\left[X\frac{x^3}{3}\right]_0^l-\frac{M}{2}\left[x^2\right]_{l/3}^{2l/3}-\frac{3M}{2}\left[x^2\right]_{2l/3}^{l}$$

$$X\frac{l^3}{3}-\frac{M}{2}\left(\frac{4l^2}{9}-\frac{l^2}{9}\right)-\frac{3M}{2}\left(l^2-\frac{4l^2}{9}\right)=0$$

$$\frac{Xl}{3}-\frac{M}{2}\frac{1}{3}-\frac{3M}{2}\frac{5}{9}=0;\quad Xl=\frac{M}{2}+\frac{5M}{2}=3M$$

$$\boxed{X=\frac{3M}{l}}$$

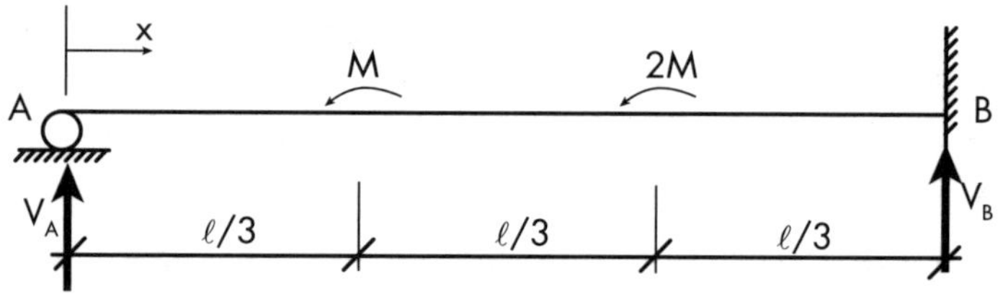

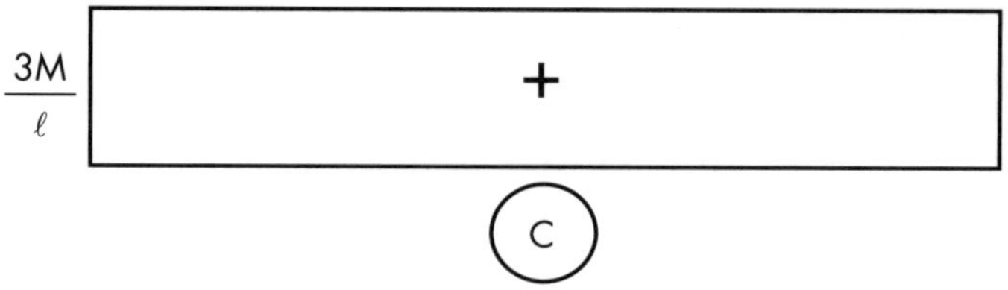

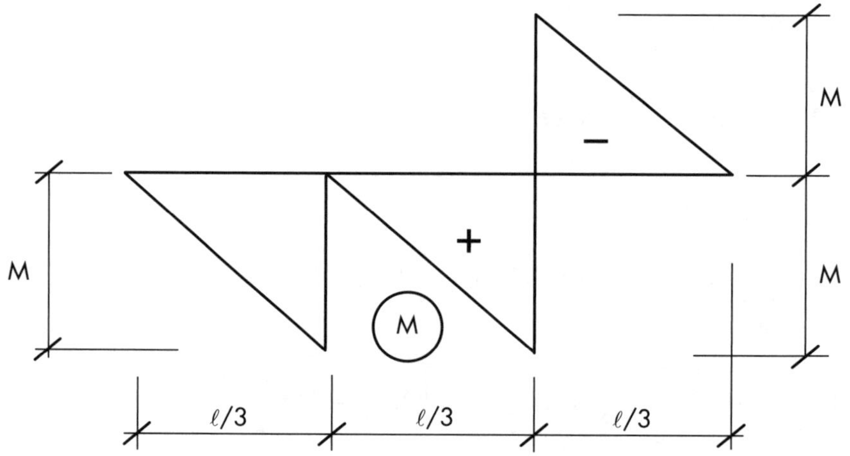

$$V_A = X = \frac{3M}{l}$$

$$V_B = -\frac{3M}{l}$$

$$V_A \cdot l - 3M + M_B = 0$$

$$M_B = -\frac{3M}{l} \cdot l + 3M = 0$$

$$\left.\begin{aligned} M_x &= \frac{3M}{l}x \\ C_x &= \frac{3M}{l} \end{aligned}\right\} 0 \le x \le \frac{l}{3} \left\{ \begin{aligned} &M_0 = 0; \quad C_0 = \frac{3M}{l} \\ &M_{l/3} = M; \quad C_{l/3} = \frac{3M}{l} \end{aligned}\right.$$

$$\left.\begin{aligned} M_x &= \frac{3M}{l}x - M \\ C_x &= \frac{3M}{l} \end{aligned}\right\} l/3 \le x \le \frac{2l}{3} \left\{ \begin{aligned} &M_{l/3} = 0; \quad C_{l/3} = \frac{3M}{l} \\ &M_{2l/3} = M; \quad C_{2l/3} = \frac{3M}{l} \end{aligned}\right.$$

$$\left.\begin{aligned} M_x &= \frac{3M}{l}x - 3M \\ C_x &= \frac{3M}{l} \end{aligned}\right\} 2l/3 \le x \le l \left\{ \begin{aligned} &M_{2l/3} = -M; \quad C_{2l/3} = \frac{3M}{l} \\ &M_l = 0; \quad C_l = \frac{3M}{l} \end{aligned}\right.$$

c) Para calcular el giro en A, aplicaremos el 1.er teorema de Mohr:

$$\varphi_A = \frac{1}{EI}\int_0^l M_x dx =$$

$$= \frac{1}{EI}\left[\int_0^{l/3} \frac{3M}{l} x dx + \int_{l/3}^{2l/3} \left(\frac{3M}{l}x - M\right)dx + \int_{2l/3}^{l} \left(\frac{3M}{l}x - 3M\right)dx\right] =$$

$$= \frac{1}{EI}\left\{\left[\frac{3M}{l}\frac{x^2}{2}\right]_0^{l/3} + \left[\frac{3M}{l}\frac{x^2}{2} - Mx\right]_{l/3}^{2l/3} + \left[\frac{3M}{l}\frac{x^2}{2} - 3Mx\right]_{2l/3}^{l}\right\}$$

$$\varphi_A = \frac{1}{EI}\left\{\left[\frac{3M}{l}\frac{x^2}{2}\right]_0^{l} - M[x]_{l/3}^{2l/3} - 3M[x]_{2l/3}^{l}\right\}$$

$$\varphi_A=\frac{1}{EI}\left(\frac{3M}{l}\frac{l^2}{2}-M\frac{l}{3}-3M\frac{l}{3}\right)=\frac{1}{EI}\left(\frac{3Ml}{2}-\frac{Ml}{3}-Ml\right)$$

$$\varphi_A=\frac{Ml}{EI}\left(\frac{3}{2}-\frac{1}{3}-1\right)=\frac{Ml}{EI}\left(\frac{3}{2}-\frac{4}{3}\right)=\frac{Ml}{EI}\frac{9-8}{6}$$

$$\boxed{\varphi_A=\frac{M_l}{6EI}}$$

6. *Solución: a)* Para resolveer el problema, utilizaremos la fórmula de los tres momentos:

$$M_A\cdot l+2M_B\cdot 2l+M_c\cdot l=-6\left(\frac{Y_n}{l_n}+\frac{D_{n+1}}{l_{n+1}}\right)$$

$$M_A=M_c=0$$

Cálculo de $Y_n=Y_A$

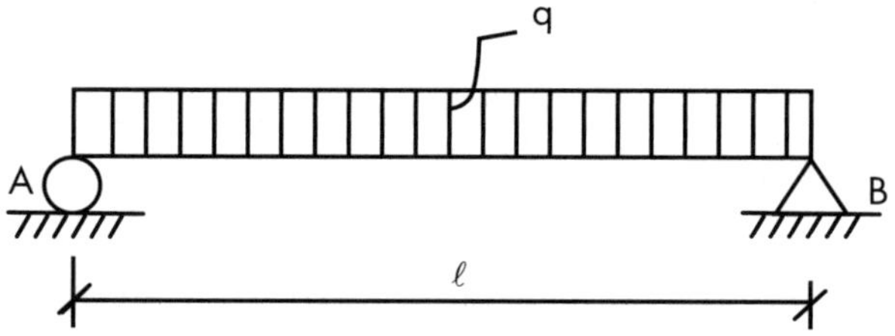

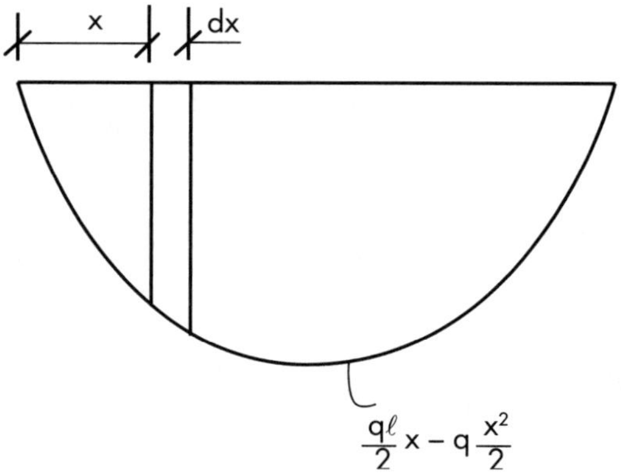

$$Y_n = Y_A = \int_0^l \left(\frac{ql}{2} x - \frac{qx^2}{2} \right) dx \cdot x$$

$$Y_A = \int_0^l \left(\frac{ql}{2} x^2 - \frac{qx^3}{2} \right) dx = \left[\frac{ql}{2} \frac{x^3}{3} - \frac{q}{2} \frac{x^4}{4} \right]_0^l$$

$$Y_A = \frac{ql^4}{6} - \frac{ql^4}{8} = \frac{4-3}{24} ql^4$$

$$Y_A = \frac{ql^4}{24} \text{ , por simetria, } D_{n+1} = D_C = \frac{ql^4}{24}$$

Sustituyendo: $4M_B \cdot l = -6 \cdot 2 \frac{ql^4/24}{l} = -\frac{ql^3}{2}$

$$M_B = -\frac{ql^2}{8}$$

Para los datos numéricos dados, es

$$M_B = -\frac{6000 \cdot 4^2}{8} = -12000 \text{ kg} \times \text{m}$$

Para obtener los diagramas consideraremos cada viga por separado:

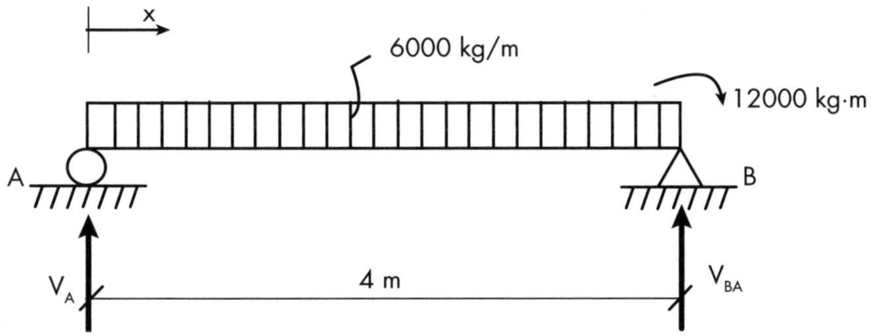

$$V_A = \frac{6000 \cdot 4}{2} - \frac{12000}{4} = 9000 \text{ kg}$$

$$V_{BA} = \frac{6000 \cdot 4}{2} + \frac{12000}{4} = 15000 \text{ kg}$$

$$\left.\begin{array}{l} C=9000-6000x \\ M=9000x-6000\dfrac{x^2}{2} \end{array}\right\} 0 \le x \le 4 \left\{\begin{array}{l} C_o=9000 \text{ kg}; \;\; M_o=0 \\ C_4=-15000 \text{ kg}; \;\; M_4=-12000 \text{ mkg} \end{array}\right.$$

$$M_{max} \text{ para } C=0 \rightarrow x=\frac{9000}{6000}=1{,}5 \text{ m}$$

$$M_{max}=9000\times 1{,}5-3000\times 1{,}5^2=6750 \text{ kgm}$$

$$M=0 \rightarrow 9000x\text{–}3000x^2=0; \;\; x=\frac{9000}{3000}=3\text{m}$$

No es necesario estudiar la viga BC, porque los diagramas serán simétricos a los obtenidos en la viga AB.

$$V_A = V_C = 9000 \text{ kg}$$

$$V_B = 2\times V_{BA} = 30000 \text{ kg}$$

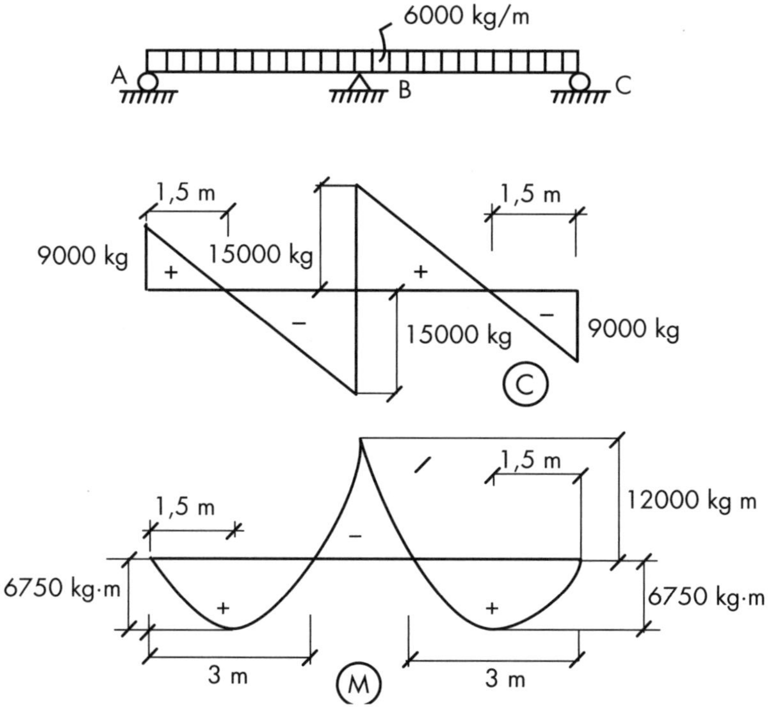

b) Aplicaremos la fórmula de los tres momentos, considerando la viga descargada y teniendo en cuenta el descenso del apoyo B:

$$M'_A \cdot l + 2M'_B \cdot 2l + M'_C \cdot l = -6EI\left(-\frac{h_B - h_A}{l} + \frac{h_C - h_B}{l}\right)$$

$l = 4$ m; E=2,1·10^6 kg/cm^2 ; I (tablas)=935 cm^4; h_B=1,5;

$h_A = h_C = 0$; $M'_A = M'_C = 0$

$$4M'_B \cdot l = 12 \cdot 2,1 \cdot 10^6 \cdot 935 \cdot \frac{1,5}{l};\ \ l = 4\ \text{m} = 400\ \text{cm}$$

$$M'_B = \frac{12 \cdot 2,1 \cdot 10^6 \cdot 935 \cdot 1,5}{4 \cdot \overline{400}^2} \approx 55223\ \text{kg cm} = 552,23\ \text{kgm}$$

Los diagramas se obtienen, también, considerando cada viga (sólo la AB pues para la BC serán simétricos).

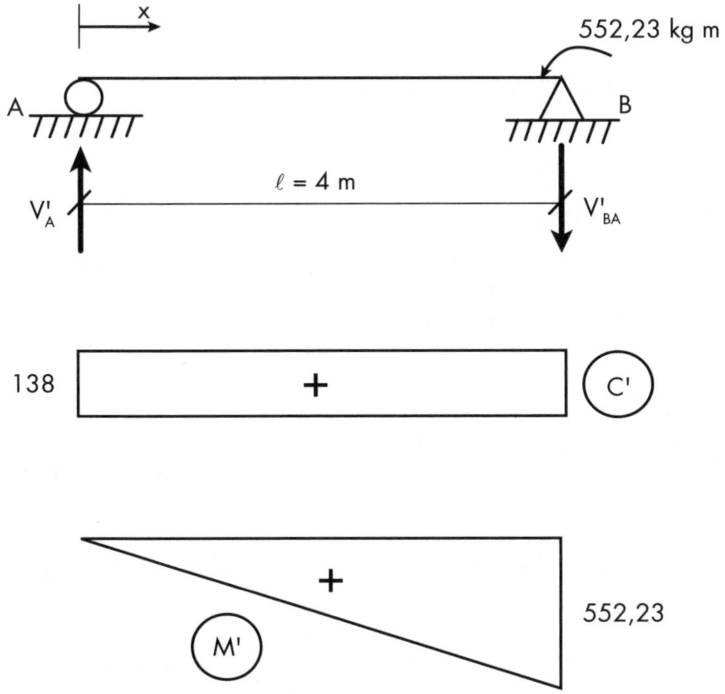

$$V'_A = V'_{BA} = \frac{552,23}{4} \approx 138 \text{ kg}$$

$$\left.\begin{array}{l} C'=138 \\ M'=138x \end{array}\right\} 0 \le x \le 4 \left\{\begin{array}{l} C'_o=138 \text{ kg};\; M'_o = 0 \\ C'_4=138 \text{ kg};\; M'_4 = 552,23 \text{ kgm} \end{array}\right.$$

$$V'_A = V'_C = 138 \text{ kg}$$

$$V'_B = 2V'_{BA} = 276 \text{ kg}$$

Para toda la viga, los diagramas son:

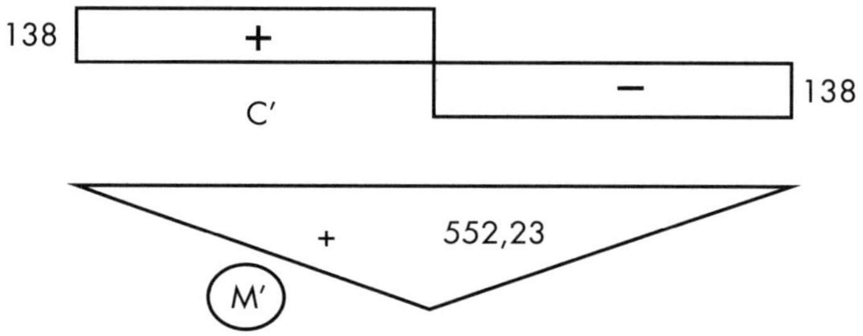

Los diagramas totales se obtienen superponiendo los dos casos:

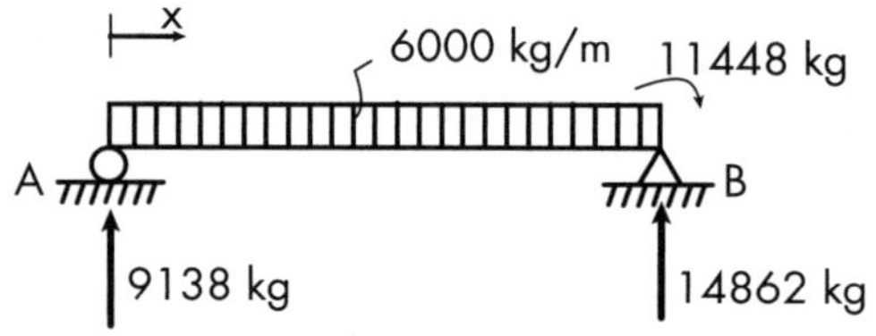

$M_B = -12000+552,23=-11448$ kgm

$V_A = V_C = 9138$ kg; $V_B = 29724$ kg

$$\left.\begin{array}{l} C=9138-6000x \\ M=9138x-6000\dfrac{x^2}{2} \end{array}\right\} 0 \le x \le 4 \left\{\begin{array}{l} C_o=9138 \text{ kg};\; M_o = 0 \\ C_4=-14862 \text{ kg};\; M_4 = -11448 \text{ kgm} \end{array}\right.$$

$$C=0;\; x=\frac{9138}{6000} = 1,523 \text{ cm} \rightarrow M_{max} = 9138{\cdot}1,523 - 3000{\cdot}1,\overline{523}^2 = 6959 \text{ kgm}$$

$$M = 0 \rightarrow 9138x{-}3000x^2 = 0;\;\; x=0;\;\; x=\frac{9138}{3000} = 3,046 \text{ m}$$

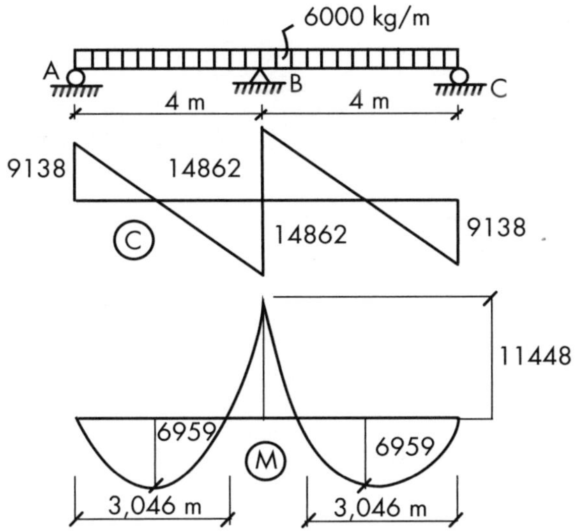

7. *Solución: a)* Aplicaremos la fórmula de Clapeyron o de los tres momentos, a los apoyos A,B, C:

$$M_A \cdot l + 2M_B(l+l) + M_C \cdot l = -6\left(\frac{Y_A}{l} + \frac{D_C}{l}\right)$$

$M_A=0$, por ser A apoyo extremo sin par aplicado.

- Cálculo de Y_A

En el tramo AB, el diagrama de momentos isostáticos se representa en la figura y es:

$$Y_A = \frac{1}{2} l \cdot \frac{Pl}{4} \cdot \frac{l}{2} = \frac{Pl^3}{16}$$

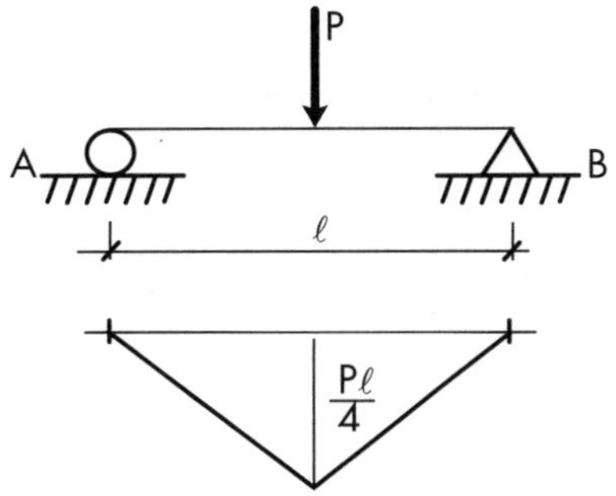

- Cálculo de D_C

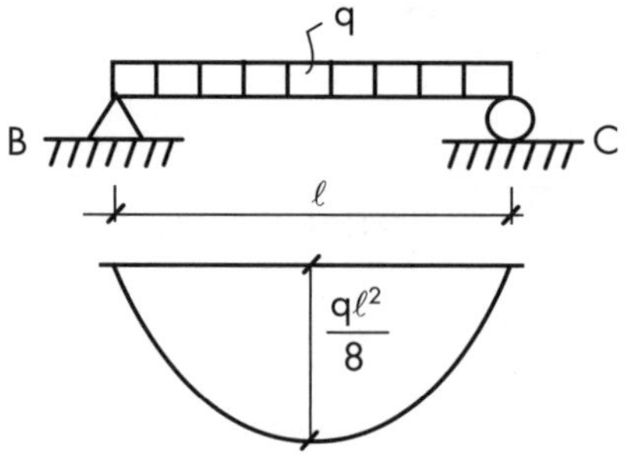

$$D_C = \frac{2}{3} l \cdot \frac{ql^2}{8} \cdot \frac{l}{2} = \frac{ql^4}{24}$$

Por simetría $M_B = M_C$; por tanto:

$$2M_B \cdot 2l + M_B \cdot l = -6\left(\frac{Pl^2}{16} + \frac{ql^3}{24}\right)$$

$$5M_B \cdot l = -6l^2\left(\frac{P}{16} + \frac{ql}{24}\right)$$

$$M_B = -\frac{6}{5} l\left(\frac{P}{16} + \frac{ql}{24}\right)$$

Para cumplir la condición de momento nulo en el punto medio del tramo BC, estudiaremos dicho tramo sometido a la carga *q* y a los pares $M_B = M_C$.

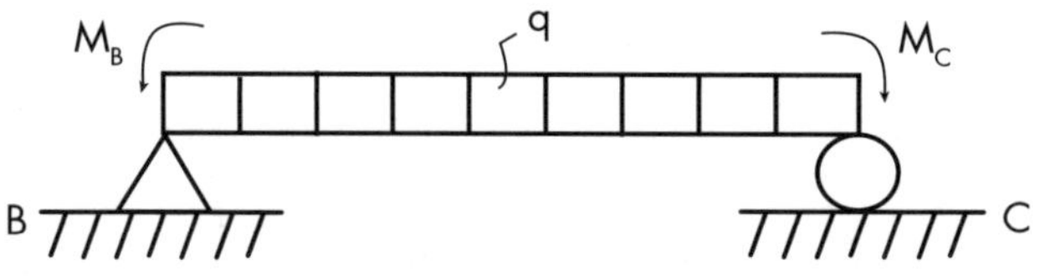

El momento flector en el punto medio de BC es :

$$M=0 \rightarrow \frac{ql^2}{8} - \frac{6}{5} l\left(\frac{P}{16} + \frac{ql}{24}\right) = 0 \rightarrow \frac{ql}{8} - \frac{6}{5}\left(\frac{P}{16} + \frac{ql}{24}\right) = 0$$

$$\frac{ql}{8}-\frac{ql}{20}=\frac{6P}{80};\quad 10ql-4ql=6P \qquad \boxed{P=\frac{6ql}{6}=ql}$$

$$M_B=-\frac{6}{5}l\left(\frac{P}{16}+\frac{ql}{24}\right)=-\frac{ql^2}{8}$$

b) Estudiaremos los diagramas en los tramos AB y BC.

Tramo AB

$$V_A=\frac{ql}{2}-\frac{ql}{8}=\frac{3ql}{8}$$

$$V_{BA}=\frac{ql}{2}+\frac{ql}{8}=\frac{5ql}{8}$$

$$\left.\begin{aligned}C&=\frac{3}{8}ql\\ M&=\frac{3}{8}qlx\end{aligned}\right\}0\le x\le\frac{l}{2}\left\{\begin{aligned}&C_o=\frac{3}{8}ql;\ C_{l/2}=\frac{3}{8}ql\\ &M_o=0;\ M_{l/2}=\frac{3ql^2}{16}\end{aligned}\right.$$

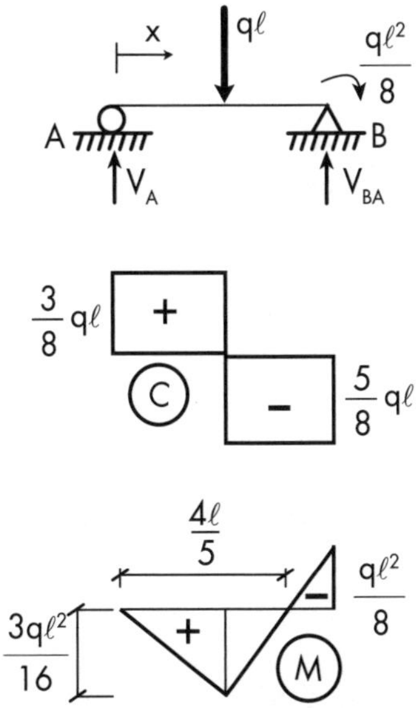

$$\left.\begin{aligned}C&=\frac{3}{8}ql-ql=-\frac{5}{8}ql\\ M&=\frac{3}{8}qlx-ql\left(x-\frac{l}{2}\right)\end{aligned}\right\}\ l/2\le x\le l$$

$$C_{l/2}=-\frac{5}{8}ql,\quad C_l=-\frac{5}{8}ql$$

$$M_{l/2}=\frac{3ql^2}{16};\quad M_l=\frac{3}{8}ql^2-\frac{ql^2}{2}=-\frac{ql^2}{8}$$

$$M=0\rightarrow\frac{3}{8}qlx-ql\left[x-\frac{l}{2}\right]=0$$

$$\frac{3}{8}x=x-\frac{l}{2};\quad \frac{l}{2}=x-\frac{3}{8}x=\frac{5}{8}x$$

$$x=\frac{l/2}{5/8}=\frac{4l}{5}$$

Tramo BC

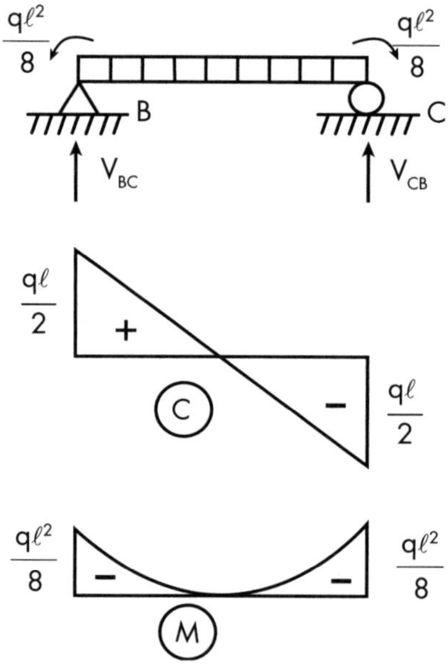

$$V_{BC}=\frac{ql}{2}=V_{CB}$$

$$\left.\begin{array}{l} C=\dfrac{ql}{2}-qx \\ M=-\dfrac{ql^2}{8}+\dfrac{ql}{2}x-\dfrac{qx^2}{2} \end{array}\right\} 0\le x\le l \left\{\begin{array}{l} C_0=ql/2 \\ C_l=-ql/2 \\ M_0=-ql^2/8 \\ M_l=-ql^2/8 \end{array}\right.$$

$$M=0\rightarrow-\frac{ql^2}{8}+\frac{ql}{2}x-\frac{qx^2}{2}=0$$

$$-\frac{l^2}{8}+\frac{xl}{2}-\frac{x^2}{2}=0$$

$$4x^2-4lx^2+l^2=0;\quad x=\frac{2l\pm\sqrt{4l^2-4l^2}}{4}=\frac{l}{2}$$

$$M_{l/2}=-\frac{ql^2}{8}+\frac{ql^2}{4}-\frac{ql^2}{8}=0$$

Los diagramas conjuntos se dibujan a continuación.

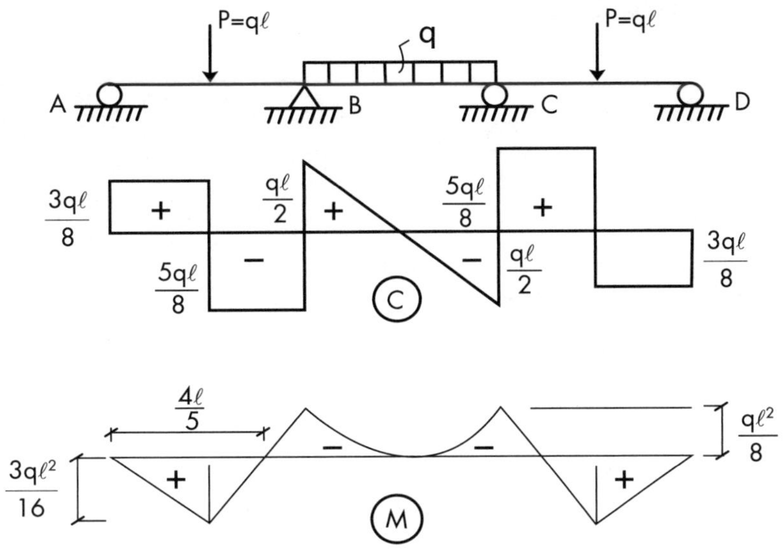

8. *Solución: a)* Aplicamos el teorema de los tres momentos:

$$M_A \cdot 2a + 2M_B\left(2a+2a\right) + M_C \cdot 2a = -6\left(\frac{Y_A}{2a} + \frac{D_C}{2a}\right)$$

$$M_A = 0;\; M_C = 2Pa$$

Cálculo de Y_A y D_C.

Tramo AB (isostático)

$$Y_A = \frac{1}{2} 2a \cdot \frac{Pa}{2} \cdot a = \frac{Pa^3}{2}$$

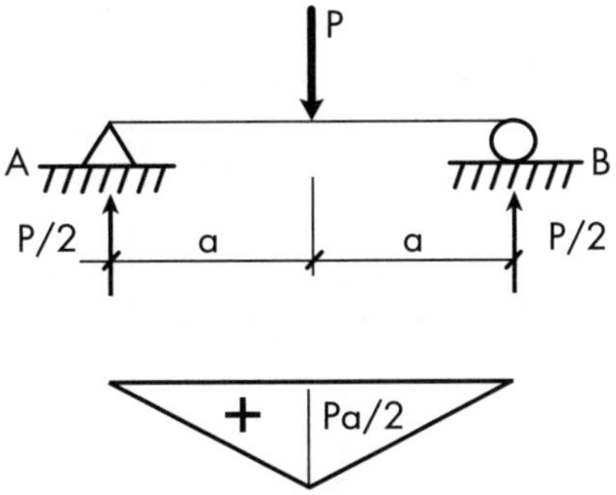

Tramo BC (isostático)

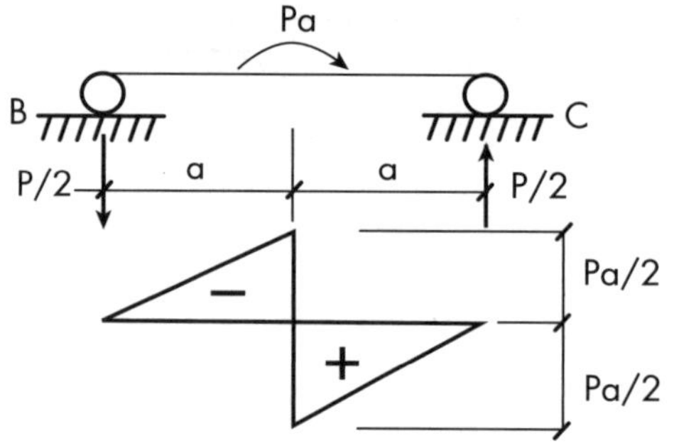

$$D_C = -\frac{1}{2}a\cdot\frac{Pa}{2}\left(a+\frac{a}{3}\right)+\frac{1}{2}a\frac{Pa}{2}\frac{2}{3}a=$$

$$=-\frac{Pa^3}{4}\left(1+\frac{1}{3}\right)+\frac{Pa^3}{6}=-\frac{Pa^3}{3}+\frac{Pa^3}{6}$$

$$D_C = -\frac{Pa^3}{6}$$

$$0+8aM_B+2Pa\cdot 2a = -6\left(\frac{pa^3/2}{2a}-\frac{pa^3/6}{2a}\right) = -3Pa^2\left(\frac{1}{2}-\frac{1}{6}\right)$$

$$8a\ M_B+4Pa^2=-Pa^2;\ 8M_B=-5Pa;\ M_B=-\frac{5Pa}{8}$$

Una vez determinado el valor de M_B, obtendremos los diagramas de momentos flectores y esfuerzos cortantes estudiando cada viga por separado.

Viga AB

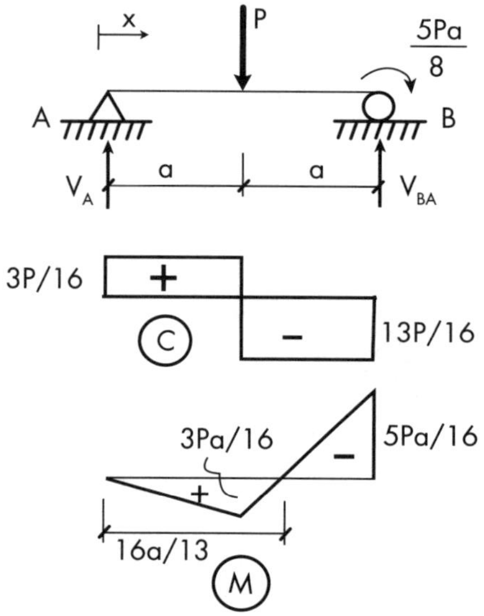

$$V_A = \frac{P}{2}-\frac{5Pa}{8\cdot 2a}=\frac{P}{2}-\frac{5P}{16}$$

$$V_A = \frac{3P}{16};\ V_{BA}=\frac{13P}{16}$$

$$\left.\begin{aligned} C=V_A &= \frac{3P}{16} \\ M=V_A\cdot x &= \frac{3P}{16}x \end{aligned}\right\} 0\le x\le a \begin{cases} C_o=\dfrac{3P}{16}=C_a \\ M_o=0 \\ M_a=\dfrac{3Pa}{16} \end{cases}$$

$$\left.\begin{aligned} C&=V_A-P=\frac{-13P}{16} \\ M&=\frac{3P}{16}x-P(x-a) \end{aligned}\right\} a\le x\le 2a \left\{\begin{aligned} C_a&=-\frac{13P}{16}=C_{2a} \\ M_a&=\frac{3Pa}{16} \end{aligned}\right.$$

$$M_{2a}=\frac{6Pa}{16}-Pa=-\frac{5Pa}{8}$$

$$M=0\rightarrow\frac{3}{16}x=x-a;\quad \frac{13x}{16}=a;\quad x=\frac{16}{13}a$$

Viga BC

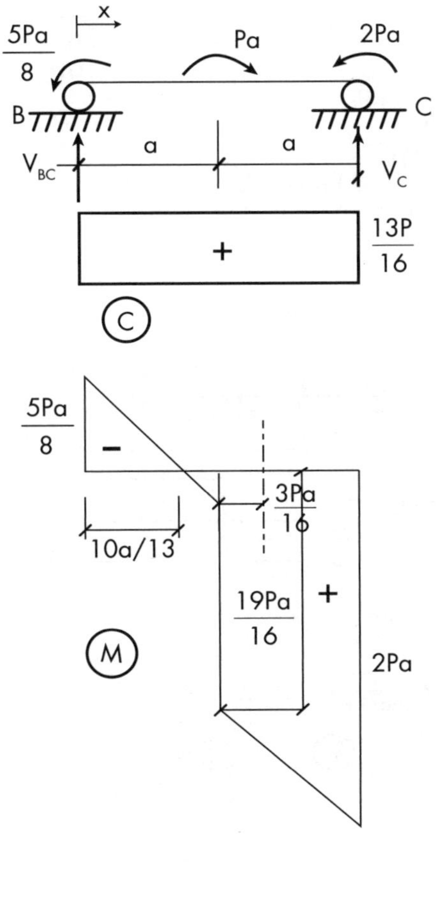

$$V_{BC} = \frac{1}{2a}\left(Pa + \frac{5Pa}{8} \right) = \frac{13P}{16}$$

$$V_C = -\frac{3P}{16}$$

$$\left.\begin{aligned} C &= \frac{3P}{16} \\ M &= -\frac{5Pa}{8} + \frac{13P}{16}x \end{aligned}\right\} 0 \le x \le a \begin{cases} C_o = \dfrac{3P}{16} = C_a \\ M_o = -\dfrac{5Pa}{8} \\ M_a = \dfrac{3Pa}{16} \end{cases}$$

$$M = 0 \rightarrow -\frac{5}{8}a + \frac{13}{16}x = 0; \;\; x = \frac{10}{13}a$$

$$\left.\begin{aligned} C &= \frac{13P}{16} \\ M &= -\frac{5Pa}{8} + \frac{13P}{16}x + Pa \end{aligned}\right\} a \le x \le 2a \begin{cases} C_a = \dfrac{13P}{16} \\ M_a = \dfrac{19Pa}{16} \end{cases}$$

$$M_{2a} = -\frac{5Pa}{8} + \frac{13Pa}{8} + Pa = 2Pa$$

Los diagramas conjuntos son:

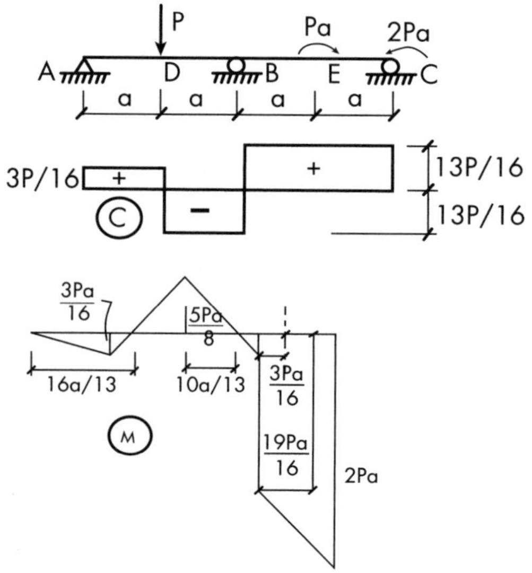

La reacción total en B es:

$$V_B = V_{BA} + V_{BC} = \frac{13P}{16} + \frac{13P}{16} = \frac{13P}{8}$$

$$V_A + V_B + V_C = \frac{3P}{16} + \frac{13P}{8} - \frac{13P}{16} = P$$

b) Consideramos el tramo AB

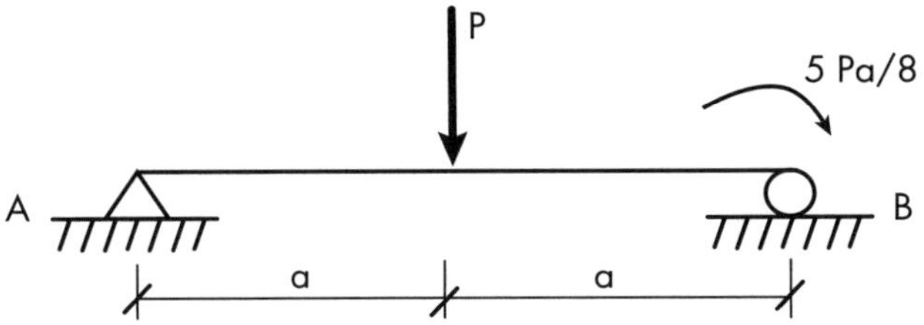

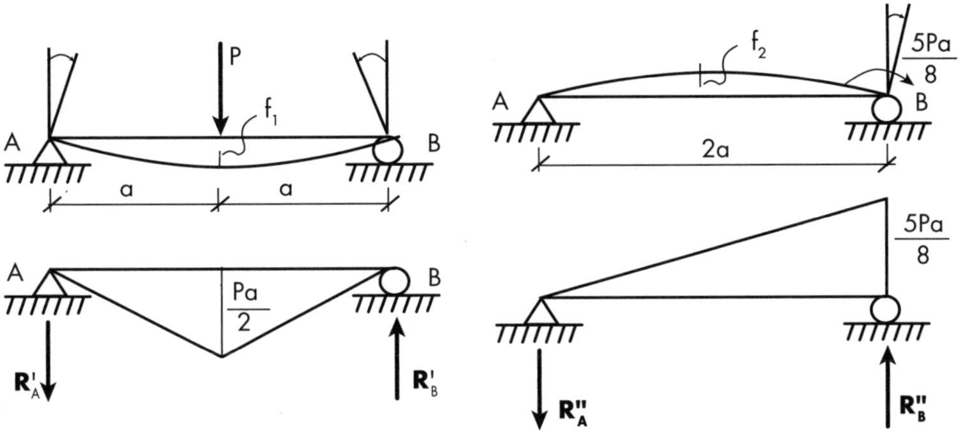

Vigas conjugadas

$$\varphi_B = \frac{1}{EI}\left(\mathbf{R}'_B + \mathbf{R}''_B\right) = \frac{1}{EI}\left(\frac{1}{2}\frac{1}{2}2a\frac{Pa}{2} - \frac{1}{3}2a\cdot\frac{5Pa}{8}\right) =$$

$$= \frac{Pa^2}{EI}\left(\frac{1}{4} - \frac{5}{12}\right) = -\frac{Pa^2}{6EI}$$

c) También en el tramo AB:

$$f_1 = \frac{1}{EI}\mathbf{M}'_{l/2} = \frac{1}{EI}\left(\frac{Pa^2}{4}a - \frac{1}{2}a\cdot\frac{Pa}{2}\cdot\frac{1}{3}a\right) = \frac{Pa^3}{EI}\left(\frac{1}{4} - \frac{1}{12}\right) = \frac{Pa^3}{6EI}\downarrow$$

$$f_2 = \frac{1}{EI}\mathbf{M}''_{l/2} = \frac{1}{EI}\left(\frac{1}{6}2a\cdot\frac{5Pa}{8}\cdot a - \frac{1}{2}a\frac{5Pa}{16}\frac{1}{3}a\right) = \frac{Pa^3}{EI}\left(\frac{5}{24} - \frac{5}{96}\right)$$

$$f_2 = \frac{Pa^3}{96EI}(20-5) = \frac{15Pa^3}{96EI} = \frac{5Pa^3}{32EI}\uparrow$$

$$f = f_1 + f_2 = \frac{Pa^3}{6EI} - \frac{5Pa^3}{32EI} = \frac{Pa^3}{96EI}(16-15) = \frac{Pa^3}{96EI}\downarrow$$

Tema 11
Torsión

11.1. Generalidades

11.2. Teoría elemental de la torsión de barras de sección circular

11.3. Árboles de transmisión

11.4. Torsión de barras prismáticas de sección no circular

11.5. Trabajo interno de deformación debido a los momentos torsores

11.6. Diagramas de momentos torsores

11.1. GENERALIDADES

Como sabemos, una barra prismática está sometida, en una de sus secciones, a torsión, cuando la resultante de la solicitación que actúa a un lado u otro de la misma es nula y el momento resultante va dirigido según la tangente a la directriz de la pieza (figura 11.1).

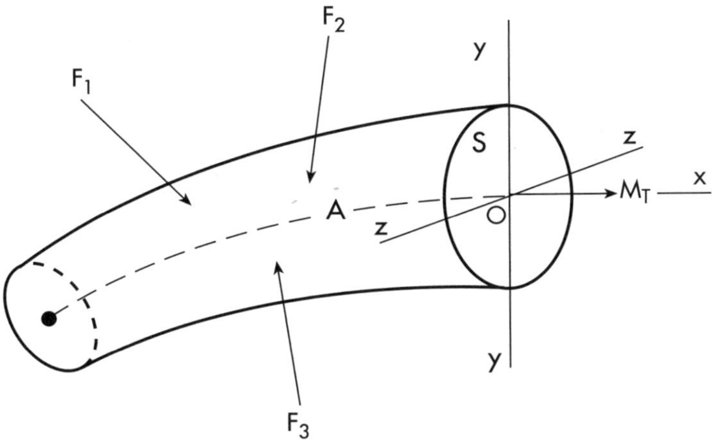

Figura 11.1

La solicitación indicada, torsión pura o simple, está originada por el momento torsor M_T, que se representa por el vector correspondiente indicado en la figura 11.1 o por un par (figura 11.2) y da origen, como veremos, a tensiones tangenciales o cortantes.

Aunque las barras sometidas a torsión suelen ir acompañadas de momento flector y esfuerzo cortante (si son horizontales) o de esfuerzo longitudinal (si su disposición es vertical) realizaremos nuestro estudio suponiendo que tales solicitaciones no existen o dan origen a pequeñas tensiones y deformaciones[1].

Consideraremos, en primer lugar, las barras de sección circular maciza o hueca sometidas a torsión, en las que se cumple la hipótesis de Bernoulli (secciones planas antes y después de la deformación), para considerar, posteriormente, el caso de barras prismáticas de sección cualquiera en las que dicha hipótesis no es válida.

11.2. TEORÍA ELEMENTAL DE LA TORSIÓN DE BARRAS DE SECCIÓN CIRCULAR

Estudiemos la barra recta de sección circular constante de radio R, sometida a torsión por la acción de dos pares M_T aplicados en sus secciones extremas (figura 11.2). En la determinación del estado de tensiones y deformaciones originado en dicha barra suponemos se cumplen las dos hipótesis siguientes:

a) El material sigue la ley de Hooke.

b) Las secciones se mantienen planas y circulares, manteniéndose rectos todos sus radios (hipótesis de Bernoulli).

En estas condiciones, cada sección de la barra gira alrededor de su centro respecto a cualquier otra sección. Si consideramos fija la sección superior A, la sección B, situada a distancia x gira respecto a aquélla el ángulo φ_x.

En la figura 11.3 aislamos un disco o porción de barra de longitud dx, obtenido mediante las secciones B y C, separadas, respectivamente, x y x+dx de la sección superior A, siendo el ángulo girado por una sección respecto a la otra $d\varphi$. Si sobre este disco consideramos el elemento de superficie abcd, tras la deformación adoptará la forma abc'd', ya que la distancia entre las secciones no varía. El elemento está sometido a tensión cortante pura, siendo el valor de la distorsión angular unitaria:

$$\gamma = \frac{cc'}{ac}; \text{ de donde } cc' = \gamma \cdot ac = \gamma \cdot dx$$

[1] En el tema 12 se estudian las barras prismáticas sometidas a varias solicitaciones simples.

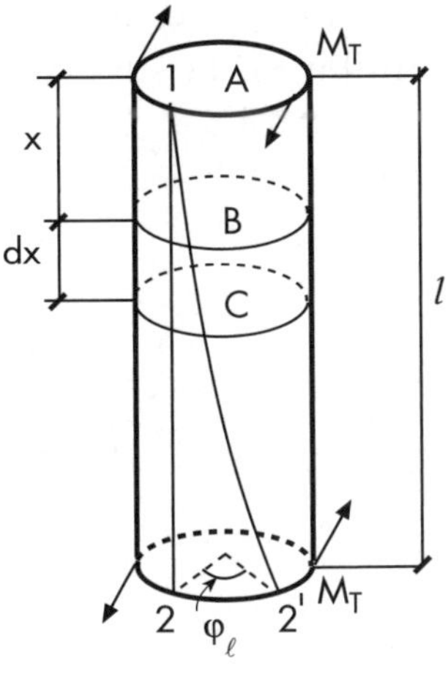

Figura 11.2

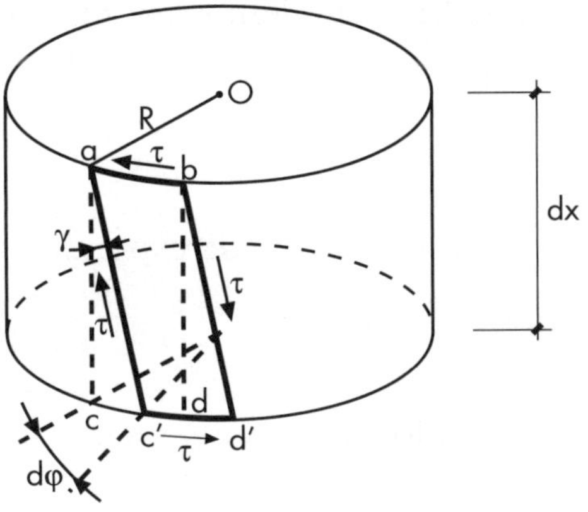

Figura 11.3

Pero, como se observa en la figura es también cc'=Rdφ

Por tanto γdx=Rdφ [11.1]

De donde: $\gamma = \dfrac{Rd\varphi}{dx} = R\theta$ [11.2]

(θ es el ángulo girado por unidad de longitud, que consideraremos constante)

La distorsión γ es producida por las tensiones tangenciales τ que actúan sobre los bordes del elemento y que se representan también en la figura 11.3.

El ángulo girado entre dos secciones es, en general:

$$\varphi_x = \int_0^x \frac{d\varphi}{dx}dx = \int_0^x \theta dx = \theta x \qquad [11.3]$$

El valor máximo del ángulo φ es φ_l y corresponde a la sección inferior de la barra (hemos supuesto fija la sección superior) $\varphi_l = \theta l$.

El eje geométrico de la barra permanece recto, mientras que las restantes fibras longitudinales se transforman en hélices; en particular la generatriz 1-2 se transforma en la hélice 1-2'.

De la misma forma que hemos analizado el elemento abcd de la superficie de la barra podemos estudiar un elemento similar en la superficie de un cilindro interno, de radio r, por lo que podemos escribir:

$$\gamma_r = \theta r \qquad [11.4]$$

La tensión cortante τ correspondiente es:

$$\tau = G\gamma_r = G\theta r \qquad [11.5]$$

siendo su valor máximo en la superficie de la barra

$$\tau_{max} = G\theta R \qquad [11.6]$$

La expresión [11.5] indica que la tensión cortante varía linealmente con el radio r, representándose su ley de variación en la figura 11.4, en la que se muestran también las tensiones en el plano radial, iguales a las anteriores, en virtud del teorema de reciprocidad de las tensiones tangenciales.

Obtendremos la relación entre las tensiones cortantes τ y el momento torsor M_T que las origina estableciendo las condiciones de equilibrio en una sección como la indicada en la figura 11.5.

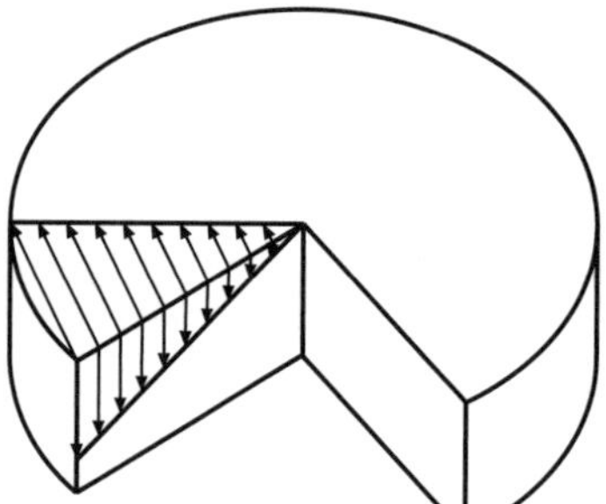

Figura 11.4

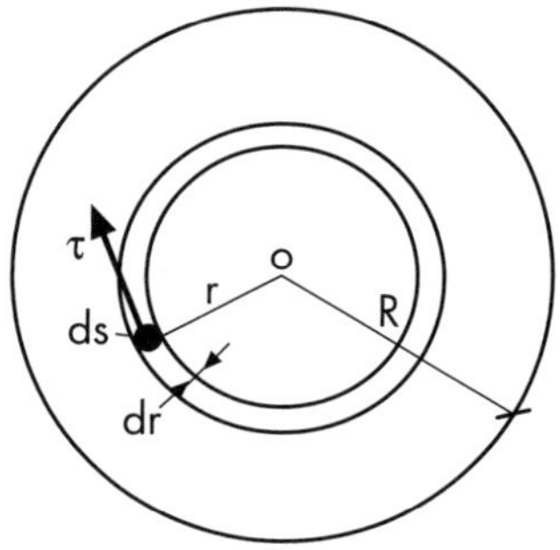

Figura 11.5

De las figuras anteriores se deduce que la resultante de las tensiones τ, aplicadas sobre los elementos de área dS es nula, mientras que el momento resultante respecto del punto O es el momento torsor que actúa sobre la sección .

$$M_T = \int_S \tau dSr = \int_S G\theta r^2 dS = G\theta \int_S r^2 dS \qquad [11.7]$$

La integral $\int_S r^2 dS$ es el momento polar de inercia I_p, por lo que sustituyendo en [11.7]:

$$M_T = G\theta I_p \qquad [11.8]$$

De donde:

$$\theta = \frac{M_t}{GI_p} \qquad [11.9]$$

Sustituyendo en la expresión [11.5]:

$$\tau = G\theta r = \frac{M_T r}{I_p} \qquad [11.10]$$

La expresión [11.10] da el valor de la tensión cortante en un punto cualquiera de la sección recta de una barra circular sometida a torsión. El valor máximo de la tensión, correspondiente a la periferia es:

$$\tau_{max} = G\theta R = \frac{M_T R}{I_p} \qquad [11.11]$$

El momento polar de inercia tiene la expresión:

$$I_p = \frac{\pi R^4}{2} = \frac{\pi D^4}{32}$$

donde D es el diámetro de la sección, que nos permite escribir dos nuevas expresiones de la tensión máxima:

$$\tau_{max} = \frac{2M_T}{\pi R^3} = \frac{16M_T}{\pi D^3} \qquad [11.12]$$

La expresión [11.10] es análoga a la ley de Navier que permite obtener las tensiones normales en una viga sometida a flexión $\left(\sigma = \frac{My}{I_z}\right)$, llamándose análogamente módulo resistente a la torsión a la relación siguiente:

$$W_T = \frac{I_p}{R} = \frac{2I_p}{D}$$

De lo expuesto se deduce que sólo en los puntos de la superficie de una barra de sección circular se alcanza el valor máximo de la tensión cortante, por lo que si éste coincide con el mayor que pueda soportar el sólido, el resto de los puntos de la sección trabajan a menor tensión, lo que puede hacer pensar en una utilización inadecuada del material que lo constituye. Por esta razón, siempre que sea conveniente reducir el peso, es aconsejable la utilización de árboles o ejes huecos, para los que, cuando están sometidos a torsión, se establecen las mismas hipótesis que para las piezas de sección circular maciza, utilizándose la misma expresión [11.10] para el cálculo de las tensiones cortantes:

$$\tau = \frac{M_T r}{I_p} \qquad [11.10]$$

En esta expresión $I_p = \frac{\pi}{2}\left(R_e^4 - R_i^4\right) = \frac{\pi R_e^4}{2}\left(1 - \frac{R_i^4}{R_e^4}\right)$ siendo R_i y R_e los radios interior y exterior de la sección (figura 11.6)

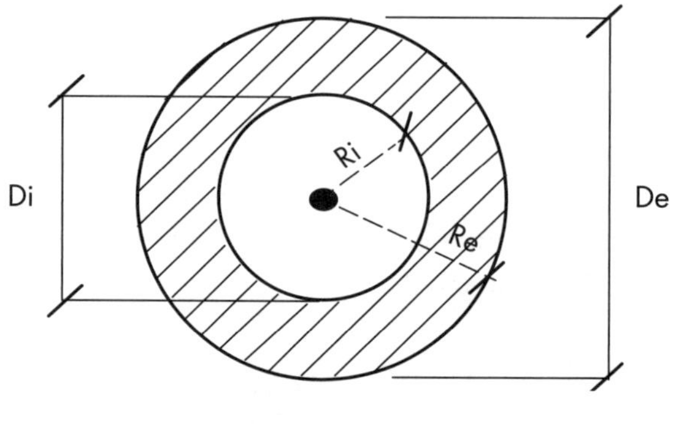

Figura 11.6

El valor máximo de la tensión se presenta igualmente en los puntos de la periferia de la barra y vale:

$$\tau_{max} = \frac{M_T R_e}{I_p} = \frac{2M_T}{\pi R_e^3 \left(1 - \frac{R_i^4}{R_e^4}\right)}$$

11.3. ÁRBOLES DE TRANSMISIÓN

La solicitación de torsión se presenta frecuentemente en las barras de sección circular maciza o hueca destinadas a transmitir a distancia momentos de rotación. Tales barras reciben el nombre de árboles de transmisión y trabajan a torsión, considerándose empotradas en el extremo en que se aplican los pares resistentes.

Aunque habitualmente se usa indistintamente la denominación de árboles y ejes de transmisión, estos últimos se utilizan fundamentalmente como medios que sostienen órganos de máquinas, permitiendo el giro a su alrededor.

En la mayor parte de los casos es conocida la potencia H, en caballos de vapor, a transmitir por el árbol, así como su velocidad de giro n, en revoluciones por minuto. A partir de estos datos y del momento torsor que de ellos se deduce, podemos calcular el diámetro del árbol, de forma que la tensión cortante no pase de un valor prefijado.

La potencia será igual al producto del par de torsión por la velocidad angular, ω. Por tanto:

$$75H = M_T \omega = \frac{M_T 2\pi n}{60}$$

De donde:

$$M_T = \frac{75 \cdot 60H}{2\pi n} = 716,2\frac{H}{n}\text{ kgm} = 71620\ \frac{H}{n}\text{ kg cm}$$

11.4. TORSIÓN DE BARRAS PRISMÁTICAS DE SECCIÓN NO CIRCULAR

Hemos estudiado la torsión de barras prismáticas de sección circular, así como los casos más frecuentes en que se presenta esta solicitación en ese tipo de barras. Sin embargo, en diversas aplicaciones constructivas se utilizan barras de secciones distintas que pueden estar igualmente sometidas a solicitación de torsión; tal es el caso de las barras rectangulares, utilizadas en estructuras de hormigón armado, así como de los perfiles laminados (I, U, H) que se emplean en estructuras metálicas, por lo que es conveniente considerar, como hacemos seguidamente, las barras prismáticas de sección cualquiera, sometidas a torsión.

En principio, cabe deducir de la teoría elemental que las tensiones tangenciales máximas se presentan en los puntos más alejados del eje: experimentalmente se comprueba todo lo contrario.

La determinación de tensiones y deformaciones en barras prismáticas de sección cualquiera es un problema complejo que sólo puede resolverse satisfactoriamente utilizando la Teoría de la Elasticidad. .

En la figura 11.7 se representan las distribuciones de las tensiones tangenciales en los bordes de una sección rectangular, de dimensiones $a{\cdot}b$. Las leyes de variación de las tensiones tangenciales, obtenidas mediante la utilización de la Teoría de la Elasticidad, se exponen en el texto de Elasticidad y Resistencia de Materiales II.

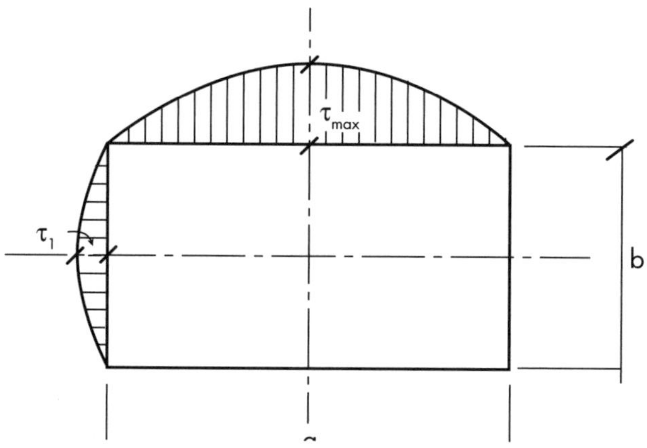

Figura 11.7

Cuando en un prisma mecánico una de la dimensiones de su sección transversal (el espesor) es mucho más pequeño que las restantes se dice que se trata de una pieza delgada (perfil delgado).

El estudio de la torsión de perfiles delgados se realiza a través de la Teoría de la Elasticidad y es de gran interés, pues muchos elementos metálicos (carcasa de un motor, perfiles laminados...) presentan las características de los perfiles delgados y, con relativa frecuencia, pueden estar sometidos a momentos torsores.

Los perfiles laminados tipo I, U, L presentan muy poca rigidez a la torsión, por lo que, en el caso de que formen parte de estructuras metálicas en las que se presenta esta solicitación, deben utilizarse en la forma en que presenten mayor resistencia a la misma. Los perfiles abiertos están sometidos a tensiones mucho mayores que los perfiles cerrados, sobre todo en el caso en que se impide el alabeo de sus secciones extremas[2], por lo que es muy conveniente combinarlos para constituir una sección tubular como se indica en las figuras 11.8 y 11.9 que representan las secciones transversales de dos vigas cajón obtenidas, respectivamente, a partir de dos perfiles U y dos perfiles L.

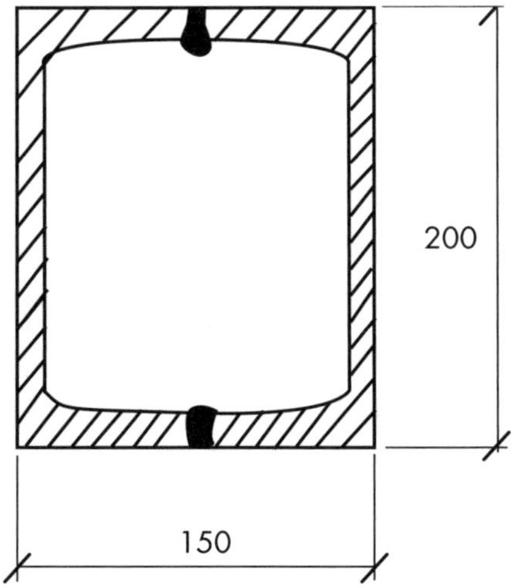

Figura 11.8

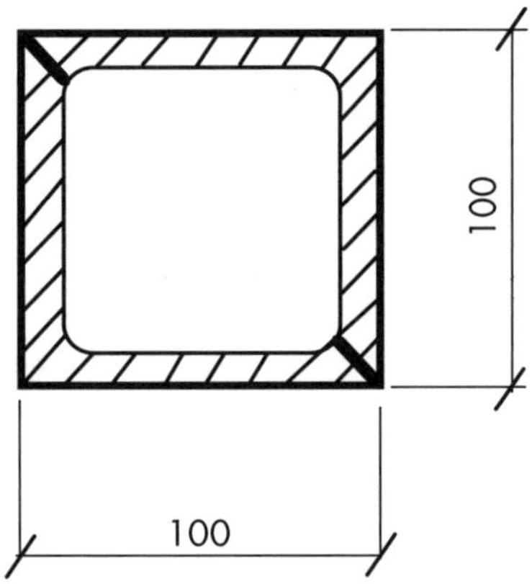

Figura 11.9

[2] El problema de la torsión no uniforme se expone asimismo en *Elasticidad y Resistencia de Materiales* II.

11.5. TRABAJO INTERNO DE DEFORMACIÓN DEBIDO A LOS MOMENTOS TORSORES

De la misma forma que hemos obtenido las expresiones del trabajo interno de deformación originado por los esfuerzos normales, los momentos flectores y los esfuerzos cortantes en una barra prismática, podemos determinar el que originan los momentos torsores.

Si consideramos la porción de barra obtenida mediante dos secciones separadas dx, el trabajo elemental será:

$$dT = \frac{dx}{2G}\int_S \tau^2 dS^* \qquad [11.14]$$

Si la barra es de sección circular, la tensión cortante τ viene dada por la expresión [11.10].

$$\tau = \frac{M_T r}{I_p} \qquad [11.10]$$

sustituyendo:

$$dT = \frac{dx}{2G}\int_S \frac{M_T^2 r^2 dS}{I_p^2} = \frac{M_T^2 dx}{2GI_p^2}\int_S r^2 dS$$

Pero la integral $\int_S r^2 dS$ es el momento polar de inercia, por lo que:

$$dT = \frac{M_T^2}{2GI_p}dx \qquad [11.15]$$

Para toda la barra, de longitud *l*, el trabajo T vale:

$$T = \frac{1}{2}\int_0^l \frac{M_T^2 dx}{GI_p} \qquad [11.16]$$

---

* Para el área elemental dS, el trabajo es, de acuerdo con lo indicado en las figuras 11.3, 11.4 y 11.5,

$$dT = \frac{1}{2}\gamma_r \, dx \, \tau dS = \frac{\tau^2}{2G} dx \, dS$$

Si φ_l es el ángulo total girado entre las secciones extremas, podemos también escribir:

$$T = \frac{1}{2} M_T \varphi_l \qquad [11.17]$$

La expresión [11.17] es válida cualquiera que sea la sección transversal, mientras que [11.16], para barras de sección no circular se convierte en:

$$T = \frac{1}{2}\int_0^l q \frac{M_T^2 dx}{GI_p} \qquad [11.18]$$

Donde q es el factor de torsión cuyo valor es igual a 1 para barras de sección circular maciza o hueca y mayor que 1 en los demás casos. En general para secciones distintas de la circular podemos escribir:

$$I_T = \frac{I_p}{q}$$

Siendo, por tanto, la expresión general de T:

$$T = \frac{1}{2}\int_0^l \frac{M_T^2 dx}{GI_T} \qquad [11.19]$$

Al producto GI_T se le llama, habitualmente, módulo de rigidez a la torsión, recibiendo I_T (que tiene dimensiones de momento de inercia) el nombre de módulo de torsión.

11.6. DIAGRAMAS DE MOMENTOS TORSORES

Para el estudio y dimensionamiento de barras sometidas a torsión es muy útil conocer las leyes de variación a lo largo de su longitud de los momentos torsores a que están sometidas sus distintas secciones. Las representaciones gráficas de dichas leyes son los diagramas de momentos torsores.

Si consideramos la barra de sección circular de la figura 11.10, sometida a los pares de torsión indicados, y en ella damos una sección ideal 1–1, si conservamos la parte izquierda (figura 11.11), las tensiones que actúan en la sección originan un momento torsor antagonista, que estará dirigido en el sentido de las agujas de un reloj (mirando desde un punto A situado sobre la normal exterior de la sección).

Análogamente, conservando la parte derecha, mirando desde un punto A' situado sobre la normal exterior a la sección de corte, las tensiones cortantes originan un par torsor con el mismo sentido de giro (figura 11.12).

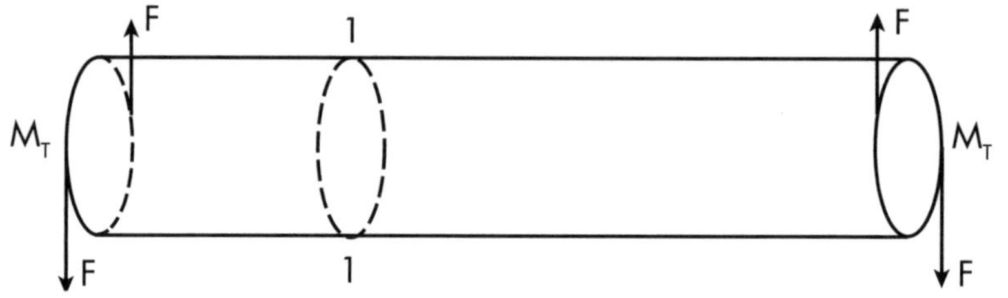

Figura 11.10

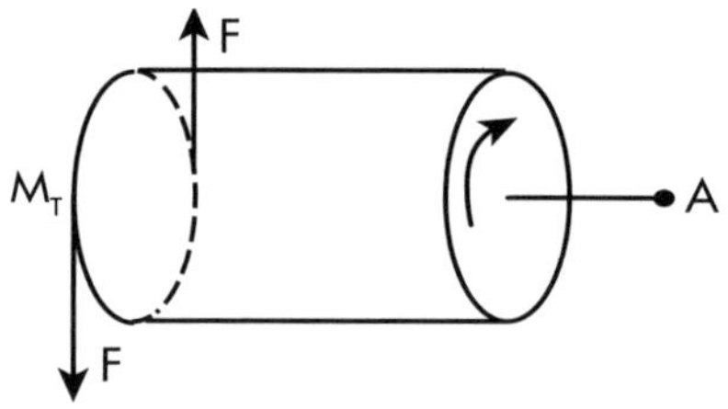

Figura 11.11

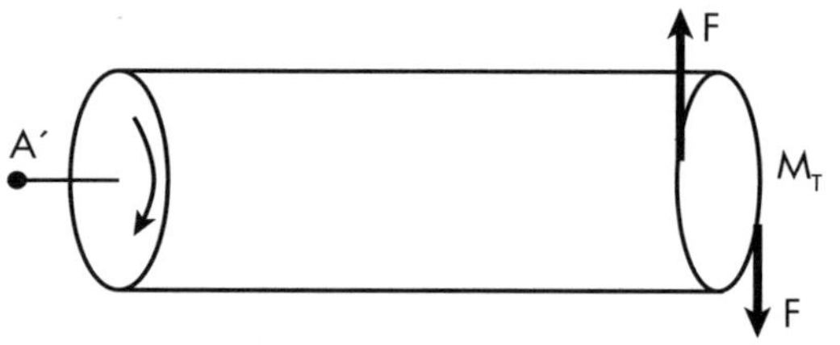

Figura 11.12

Consideramos que el momento torsor es positivo si el originado por las tensiones cortantes en la sección ideal de corte gira en sentido contrario a las agujas de un reloj (mirando desde un punto situado sobre la normal exterior a la sección) y negativo en caso contrario. Así, en la sección 1–1 de la barra de la figura 11.11 el momento torsor es negativo, mientras que en la barra de la figura 11.13, el momento torsor es negativo en todas sus secciones (en la misma figura se representa el correspondiente diagrama de momentos torsores).

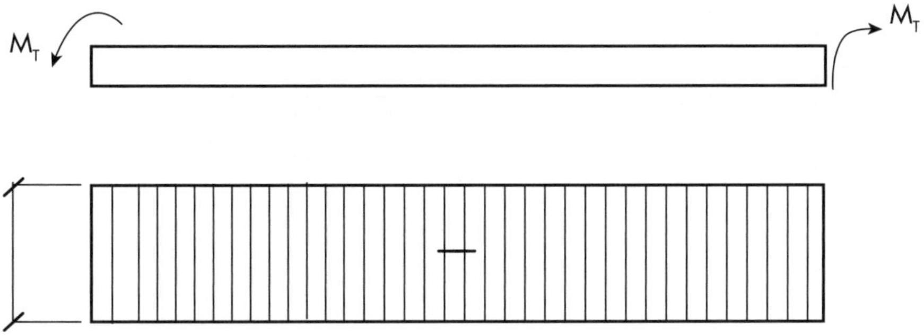

Figura 11.13

En la figura 11.14 se representa una barra empotrada en sus extremos sometida a un par de torsión M en su sección C. En este caso, se trata de un problema hiperestático pues sólo disponemos de una ecuación para obtener las incógnitas M_{TA} y M_{TB}:

$$M_{TA} + M_{TB} = M$$

La ecuación complementaria se obtiene a partir de que el ángulo total girado por la barra desde A hasta B debe ser nulo por tratarse de secciones empotradas, $\varphi_{AB} = 0$, lo que obliga a que el ángulo girado por el tramo AC sea igual y contrario al girado por el tramo CB: Si la barra es de sección circular constante la relación es:

$$\frac{M_{TA}a}{GI_P} = \frac{M_{TB}b}{GI_P}$$

En el caso general se aplicaría la expresión:

$$\int_0^a \frac{M_T}{GI_T} dx + \int_a^{a+b} \frac{M_T}{GI_T} dx = 0$$

En la figura 11.16 se representa el correspondiente diagrama de momentos torsores. De este último se deduce la diferencia entre par de torsión aplicado M y momento torsor.

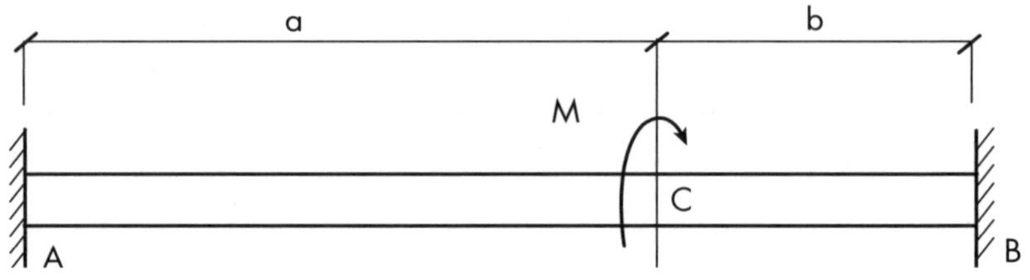

Figura 11.14

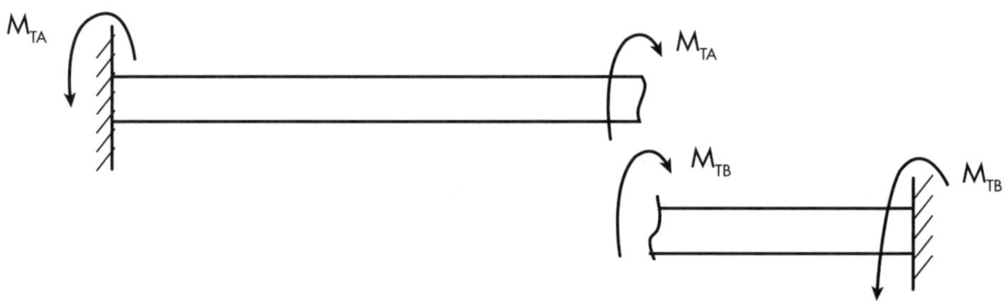

Figura 11.15

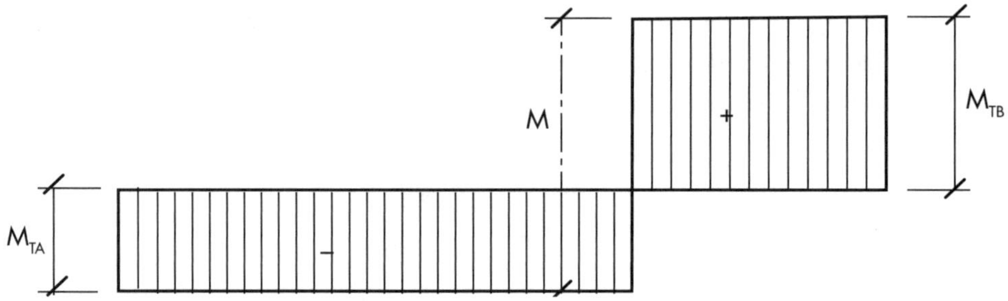

Figura 11.16

EJERCICIOS DE AUTOCOMPROBACIÓN

1. Determinar qué longitud debe tener un redondo de acero de 1 cm de diámetro para que sufra un ángulo de torsión de 90° entre sus dos secciones extremas.

Calcular también el trabajo interno de deformación en dicho redondo.

Datos; τ_{max} =925 kg/cm²; G= 800.000 kg/cm²

2. Las poleas A,B,C, y D están montadas sobre el árbol de transmisión ABCD como se indica en la figura, transmitiendo los pares indicados, de forma que el conjunto se encuentra en equilibrio. Los árboles AB y CD son de sección circular maciza mientras que el BC es hueco de 90 y 120 mm de diámetro interior y exterior respectivamente. Determinar:

a) Valores máximo y mínimo de la tensión cortante en el árbol BC.

b) Diámetro de los árboles AB y CD, sin rebasar el valor τ =65 MPa

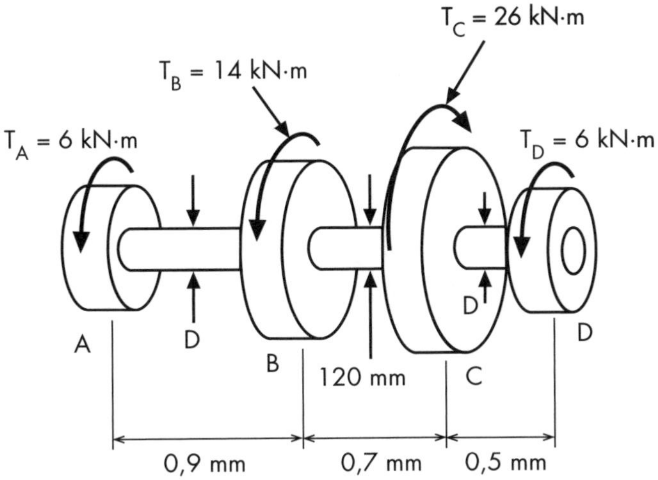

3. Una pieza de acero de sección circular, de radio R=8 cm, y longitud L = 4m tiene los extremos perfectamente empotrados. Está sometida a torsión pura mediante la aplicación de un par de torsión en una sección situada a una distancia a = 3m de uno de sus extremos. Se pide:

a) Valor máximo que puede alcanzar el par , siendo

$$\tau_{adm} = 1000 \text{ kg/cm}^2$$

b) Hallar la expresión $\theta=\theta(x)$ del ángulo girado por las secciones, representándola gráficamente e indicando el valor máximo y la sección correspondiente.

(G= 800.000 Kg/cm²).

4. Calcúlese el diámetro de un árbol de acero que gira con una velocidad angular de 300 r.p.m. y transmite una potencia de 50 CV, sin que la tensión cortante sobrepase el valor τ = 800 kg/cm² y sin que el ángulo girado por unidad de longitud sea mayor que 0,5 grados/metro. Tómese G= 800.000 kg/cm².

SOLUCIONES DE LOS EJERCICIOS DE AUTOCOMPROBACIÓN

1. El ángulo girado φ es:

$$\varphi = \theta \cdot l = \frac{M_T}{GI_P} \cdot l$$

Por otra parte:

$$\tau = \frac{M_T r}{I_P} \quad ; \tau_{max} = \frac{M_T \cdot R}{I_P}$$

De donde,

$$\frac{M_T}{I_P} = \frac{\tau_{max}}{R}$$

$$\varphi = \frac{\tau_{max}}{G \cdot R} l$$

$$\varphi = 90^\circ = \frac{\pi}{2}; \quad \tau_{max} = 925 \text{ kg/cm}^2; \quad G = 800.000 \text{ kg/cm}^2$$

$R = 0,5$ cm

$$\frac{\pi}{2} = \frac{925}{800000 \times 0,5} \times l; \; l = \frac{800000 \times 0,5 \times \pi}{2 \times 925} = 679 \text{ cm}$$

$$T = \frac{1}{2} \int_0^1 \frac{M_T^2}{GI_p} dl = \frac{M_T^2 \times l}{2GI_p}$$

$$I_p = \frac{\pi R^4}{2} = \frac{\pi \times 0,5^4}{2}; \; M_T = \frac{\tau_{max}}{R} I_p$$

$$T = \frac{1}{2G} \frac{\tau_{max}^2 I_p^2}{R^2} \frac{1}{I_p} l = \frac{\tau_{max}^2 I_p}{2GR^2} l$$

$$T = \frac{925^2 \times \pi \times {}^{0,5^4}\!/_2}{800000 \times 0,5} \times 679 = 142,59 \text{ kg·cm}$$

2. *a*) $\tau_{max} = \dfrac{M_T \, {}^{D_e}\!/_2}{I_p}$; $\tau_{max} = \dfrac{M_T \, {}^{D_i}\!/_2}{I_p}$

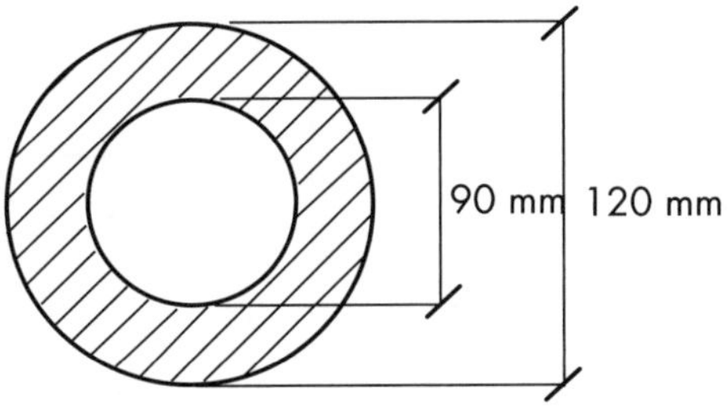

$$I_p = \frac{\pi}{2}\left(R_e^4 - R_i^4\right) = \frac{\pi}{2}\left(\frac{D_e^4}{16} - \frac{D_i^4}{16}\right)$$

$$I_p = \frac{\pi}{32}\left(D_e^4 - D_i^4\right)$$

$$M_T = 6 + 14 = 20 \text{ kNm}$$

$$\tau_{max} = \frac{20000 \times 0,06}{\frac{\pi}{32}\left(0,12^4 - 0,09^4\right)} = 86229998 \text{ Pa} = 86,23 \text{ MPa}$$

$$\tau_{min} = \frac{20000 \times 0,06}{\frac{\pi}{32}\left(0,12^4 - 0,09^4\right)} = \tau_{max} \frac{0,045}{0,06} = 64672498 \text{ Pa} = 64,67 \text{ MPa}$$

b) $\tau_{max} = \dfrac{M_T \, {}^{D}\!/_2}{I_p}$; $I_p = \dfrac{\pi}{32} D^4$

$$\tau_{max} = \frac{M_T \, D/2}{\frac{\pi}{32} D^4} = \frac{16 M_T}{\pi D^3}$$

$$D^3 = \frac{16 M_T}{\pi \tau_{max}}; \quad M_T = 6 \text{ kNm}; \quad \tau_{max} = 65 \text{ MPa}$$

$$D^3 = \frac{16 \cdot 6000}{\pi \cdot 65 \cdot 10^6}; \quad D = 0,0779 \text{ m}$$

$$D = 77,9 \text{ mm} = 7,79 \text{ cm}$$

3. a) Será necesario, en primer lugar, determinar el diagrama de momentos torsores; para ello, habrá que determinar primero los valores de los pares de reacción M_{TA} y M_{TB}. $M_{TA}+M_{TB}=M$.

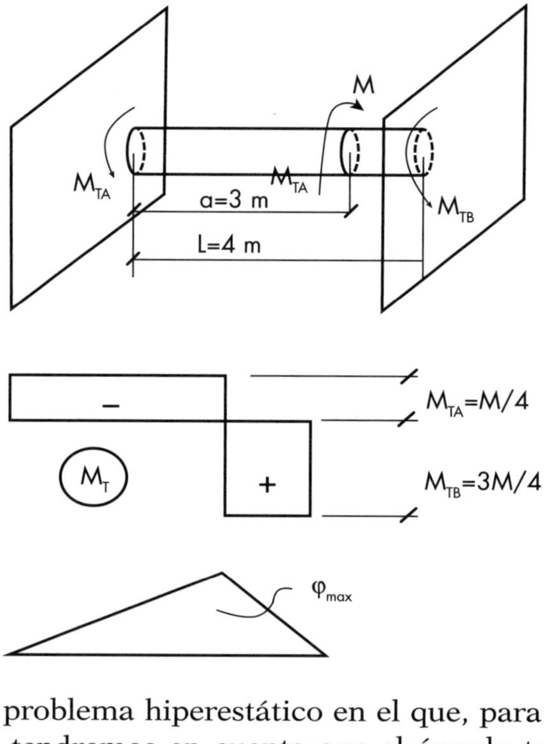

Se trata de un problema hiperestático en el que, para obtener los valores de M_{TA} y M_{TB}, tendremos en cuenta que el ángulo total girado por la barra ha de ser nulo, pues A y B son empotramientos perfectos:

$$0=\int_0^L \frac{M_T dx}{GI_p} \rightarrow \frac{M_T \cdot a}{GI_p} - \frac{M_T\left(L-a\right)}{GI_p}=0$$

a = 3 m; L–a = 1 m.

$M_{TA} \cdot 3 = M_{TB}$; $M_{TB} = 3M_{TA}$; $4M_{TA} = M$

$\boxed{M_{TB}=\frac{3M}{4}}$; $\boxed{M_{TB}=\frac{3M}{4}}$ El mayor momento torsor es M_{TB}, y para el mismo se cumplirá la condición de resistencia:

$$\tau=\frac{M_T R}{I_p} \le \tau_{adm}$$

$$I_p=\frac{\pi R^4}{2};\quad M_T=M_{TB}=\frac{3M}{4};\quad R=8\text{ cm};\quad \tau_{adm}=1000\text{ kg/cm}^2$$

$$\frac{\frac{3M}{4}}{\frac{\pi R^3}{2}}=\tau_{adm} \rightarrow \frac{3M}{2 \cdot \pi \cdot 8^3}=1000$$

$$M=1072330\text{ cm}\cdot\text{kg} \approx 10.723\text{ m}\cdot\text{kg}$$

$$M_{TA}=2681\text{ m}\cdot\text{kg};\quad M_{TB}=8042\text{ m}\cdot\text{kg};$$

b) El ángulo girado $\varphi=\varphi(x)$ se expresa como sigue:

$$\varphi=\int_0^x \frac{M_{TA} dx}{GI_p}=\frac{M_{TA}\cdot x}{GI_p}=\frac{268100 \cdot x}{8 \cdot 10^5 \cdot \frac{\pi \cdot 8^4}{2}}=5,21 \cdot 10^{-5} \cdot x$$

$$\varphi'=\int_0^{x'} \frac{M_{TB} dx'}{GI_p}=\frac{M_{TB}\cdot x'}{GI_p}=\frac{804200 \cdot x'}{8 \cdot 10^5 \cdot \frac{\pi \cdot 8^4}{2}}=15,6 \cdot 10^{-5} \cdot x'$$

(x, x' son las distancias a los dos extremos de la barra).

$\varphi_{max}=\varphi'_{max}=0{,}016\,\text{rad}$ (para x = 3 m)

4. La potencia transmitida responde a la expresión:

$$H = M_T \cdot \omega$$

H = 50CV = 50·75 kgm/seg = 50·75·100 cm kg/seg

$$50 \cdot 75 \cdot 100 = M_T \cdot \frac{2\pi \cdot 300}{60}$$

$$M_T = \frac{50 \cdot 75 \cdot 100 \cdot 60}{2\pi \cdot 300} = 11936 \text{ cmkg}$$

La tensión máxima es:

$$\tau_{max} = \frac{M_T \cdot R}{I_p} = \frac{M_T \cdot R}{\pi R^4/2} = \frac{2M_T}{\pi R^3}$$

$$800 = \frac{2 \cdot 11936}{\pi R^3}; \quad R^3 = \frac{2 \cdot 11936}{\pi \cdot 800}$$

R = 2,12 cm ; d = 4,24 cm

El ángulo girado por unidad de longitud es:

$$\theta = \frac{M_T}{GI_p} = \frac{M_T}{G\frac{\pi \cdot R^4}{2}} = \frac{2M_T}{G\pi R^4}$$

$$\theta = 0,5 \text{ grados/metro} = \frac{1}{2}\frac{\pi/180}{100} \text{ rad/cm}$$

$$\frac{\pi}{2 \times 180 \times 100} = \frac{2M_T}{800.000 \cdot \pi \cdot R^4}; \quad R^4 = \frac{4 \cdot 180 \cdot 100 \cdot 11936}{\pi^2 \cdot 800.000}$$

R = 3,23 cm; d = 6,46 cm.

Tomaremos $\boxed{d = 6,46 \text{ cm} \approx 6,5 \text{ cm}}$

Tema 12
Solicitaciones compuestas

12.1. Generalidades

12.2. Flexión y cortadura

12.3. Torsión y cortadura

12.4. Flexión y torsión de barras de sección circular

12.1. GENERALIDADES

Una vez estudiados los estados de tensión y deformación originados en las secciones de una barra prismática por las distintas solicitaciones simples, podemos proceder al estudio de aquellos sólidos en que se presenten, simultáneamente, varias solicitaciones. Por lo general, los sólidos están sometidos a dos o más de las cuatro solicitaciones simples (esfuerzo normal, N, momento flector, M_F, esfuerzo cortante, C, y momento torsor, M_T), presentándose solamente aislado, en ocasiones concretas, el esfuerzo longitudinal (caso de cables sometidos a tracción, principalmente).

En virtud del principio de superposición de efectos, de aplicación al considerarse comportamiento elástico de los materiales, los estados de tensiones y deformaciones[1] se obtienen sumando los originados por cada una de la solicitaciones actuando por separado.

En la figura 12.1 se representa una sección de un prisma mecánico, sometida, en principio, a todas las solicitaciones simples, representadas por los vectores resultante, R y momento resultante , M, de las cargas que actúan a un lado u otro de la misma y que, como sabemos, deben ser equivalentes a la resultante y al momento resultante de las tensiones internas originadas en dicha sección.

Cuando actúan simultáneamente N, y M_F, ambas solicitaciones originan tensiones normales, dirigidas longitudinalmente, que se suman algebraicamente en todos los puntos de la sección considerada; en el caso en que coincidan el esfuerzo cortante y el momento torsor se producen tensiones tangenciales τ, que se suman algebraicamente si tienen la misma dirección y vectorialmente en caso contrario. En las demás combinaciones de carga

[1] Se supone que deformaciones y desplazamientos son de pequeña magnitud.

aparecen tanto tensiones normales como tangenciales que dan origen, en la mayor parte de los casos, a un régimen elástico plano.

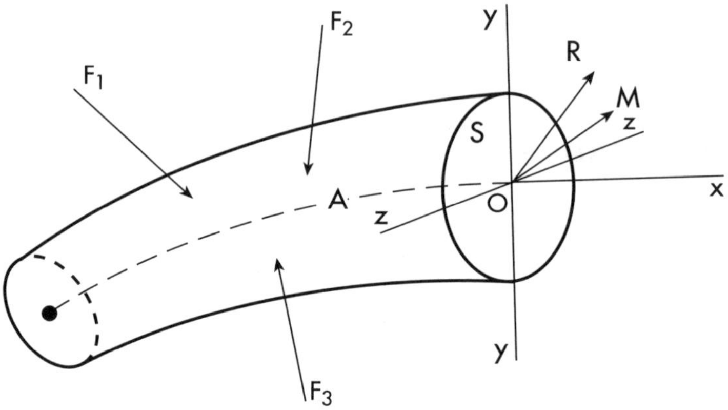

Figura 12.1

Consideraremos sucesivamente las combinaciones de momento flector y esfuerzo cortante, de esfuerzo cortante y momento torsor y de momento flector y momento torsor, que se encuentran entre las más habituales en la práctica.

Para esta última combinación de cargas (M_F, M_T) distinguiremos entre los casos de barras de sección circular maciza o hueca, que se presentan principalmente en elementos de máquinas como los árboles de transmisión y los de barras no circulares, de pared delgada, más frecuentes en estructuras metálicas. Este último caso (flexión y torsión de perfiles delgados) se expondrá detenidamente en el texto de Elasticidad y Resistencia de Materiales II, y, como veremos, constituye un capítulo o cuerpo de doctrina diferente del desarrollado anteriormente, pues los sólidos correspondientes tienen ciertas particularidades geométricas que permiten considerarlos como intermedios entre barras y bóvedas, tipos fundamentales de sólidos definidos en el tema 1.

La solicitación combinada de esfuerzo longitudinal y momento flector, acompañado este último o no del esfuerzo cortante es quizá la más importante y será expuesta con amplitud a lo largo del tema 13 del presente texto («Flexión Compuesta»).

12.2. FLEXIÓN Y CORTADURA

Probablemente la solicitación compuesta más frecuente es la combinación de la actuación sobre las secciones de una barra prismática de momentos flectores y esfuerzos cortantes; esto es lo que ocurre en las piezas sometidas a flexión simple, como la viga indicada en la figura 12.2. Como sabemos, las tensiones normales longitudinales σ_x y las tensiones tangenciales τ_{xy} son originadas, respectivamente, por el momento flector M y el esfuerzo cortante C, en cada sección, siendo sus expresiones:

$$\sigma_x = \frac{My}{I_z}; \quad \tau_{xy} = \frac{Cm}{bI_z}; \qquad [12.1]$$

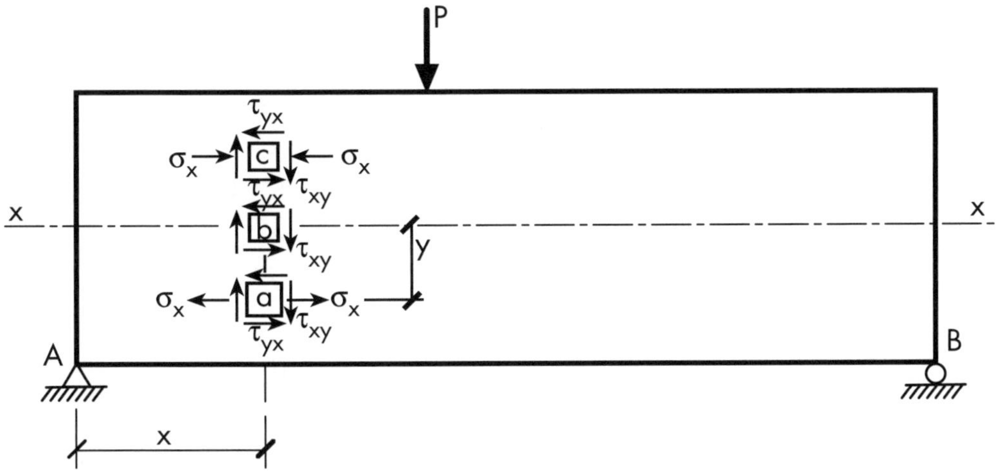

Figura 12.2

Los valores máximos de σ_x aparecen en los puntos más alejados de la línea neutra de la sección, en los que la tensión τ_{xy} es nula, mientras que los mayores valores de la tensión tangencial se producen, para cada sección, en la línea neutra, donde σ_x es nula. Las tensiones normales son habitualmente mucho mayores que las tensiones tangenciales, ocurriendo lo mismo con las deformaciones transversales (flechas) originadas por los momentos flectores frente a las debidas a los esfuerzos cortantes (como se comprueba en el tema 9), por lo que habitualmente se dimensiona o comprueba la sección para el mayor valor del momento flector, M_{max}, que, además, no suele coincidir con valores importantes del esfuerzo cortante (en las vigas isostáticas el momento se hace máximo cuando se anula el esfuerzo cortante). Sin embargo, en las proximidades de apoyos intermedios y empotramientos, en una viga hiperestática, pueden coincidir los valores máximos de ambas solicitaciones, por lo que es conveniente, estudiar la combinación de las tensiones σ_x y τ_{xy} , en los elementos indicados en la figura 12.2, situados en el plano longitudinal de simetría de la viga. En las figuras 12.3, 12.4 y 12.5 se dibujan los círculos de Mohr[1] correspondientes a los elementos a, b, c, a partir de los cuales se pueden obtener los valores extremos de las tensiones normales, así como el valor máximo de la tensión cortante; dichos elementos corresponden a la sección transversal recta situada a distancia x del apoyo A (figura 12.2).

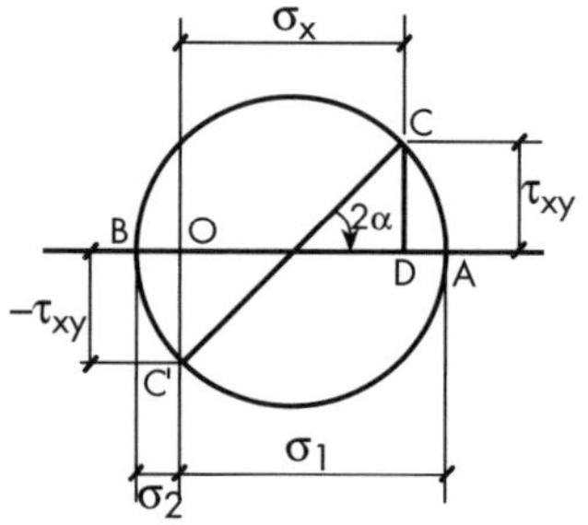

Figura 12.3

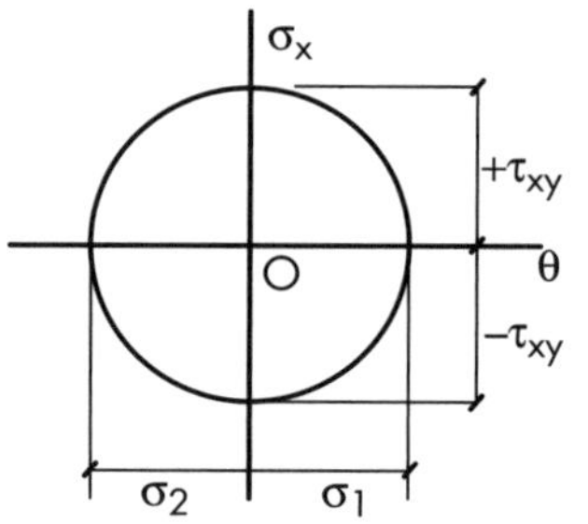

Figura 12.4

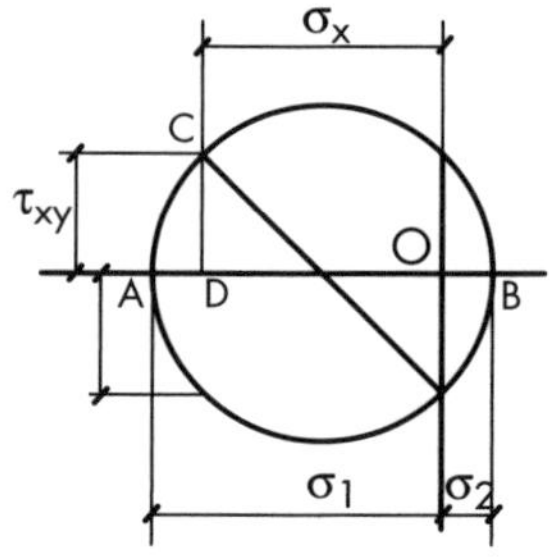

Figura 12.5

Para cualquiera de los elementos a, b, c, se cumplirá:

$$\left.\begin{aligned} \sigma_1 &= \frac{\sigma_x}{2} + \sqrt{\left(\frac{\sigma_x}{2}\right)^2 + \tau_{xy}^2} \\ \sigma_2 &= \frac{\sigma_x}{2} - \sqrt{\left(\frac{\sigma_x}{2}\right)^2 + \tau_{xy}^2} \\ \tau_{\max} &= \frac{\sigma_1 - \sigma_2}{2} = \sqrt{\left(\frac{\sigma_x}{2}\right)^2 + \tau_{xy}^2} \end{aligned}\right\} \qquad [12.3]$$

[1] Los círculos de Mohr representados en las figuras 12.3, 12.4 y 12.5 se han dibujado de acuerdo con lo establecido en el capítulo 3 (Elasticidad plana en coordenadas cartesianas) del texto de la colección Grado, Elasticidad y Resistencia de Materiales II, en el que también se indican las expresiones de σ_1, σ_2 y σ_{max}. En el apendice 2 se expone en forma abreviada, esta materia.

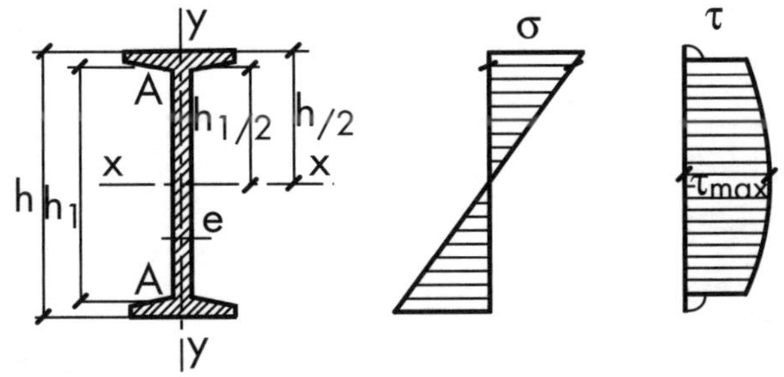

Figura 12.6

La combinación indicada puede tener importancia en los extremos del alma de un perfil IPN ó IPE, para los cuales tanto el valor de σ_x como el de τ_{xy} son elevados, como se indica en la figura 12.6 (recuérdese que es habitual considerar que la tensión cortante τ_{xy} se reparte casi uniformemente en el alma de dichos perfiles).

12.3. TORSIÓN Y CORTADURA

Si bien en los árboles de transmisión sometidos a flexión simple y momento torsor que consideraremos en el epígrafe siguiente, se superponen las tensiones tangenciales originadas por este último y por el esfuerzo cortante, el caso más importante de solicitación compuesta de momento torsor y esfuerzo cortante se presenta en el estudio de los resortes helicoidales.

Los resortes son elementos metálicos, generalmente realizados a base de aceros especiales (de gran resistencia mecánica), que se emplean en maquinaria para producir distintos efectos mecánicos: absorber o producir distintos esfuerzos, amortiguar choques, etc...

Los principales resortes metálicos se realizan mediante elementos sometidos a flexión (resortes de ballesta, estudiados con anterioridad) o torsión (resortes helicoidales).

En las figuras 12.7 y 12.8 se representan dos resortes helicoidales constituidos por una varilla de sección circular dispuesta según una hélice cilíndrica. En el primer caso el resorte termina en ganchos, mientras que en el segundo las últimas espiras están engarzadas según un plano perpendicular a su eje, en cuya dirección se ejerce el esfuerzo.

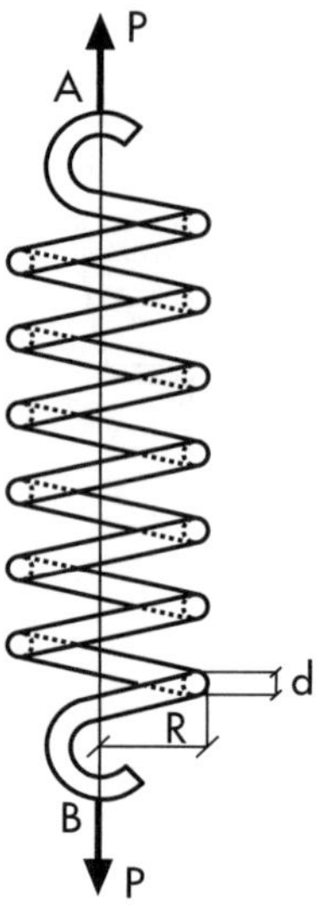

Figura 12.7

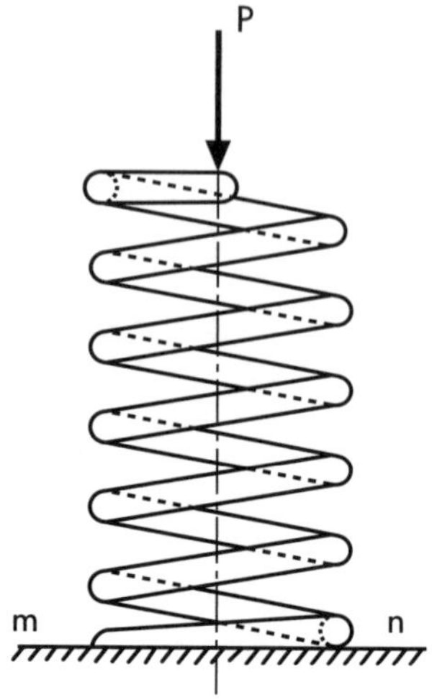

Figura 12.8

En el cálculo de cualquiera de los resortes representados se considera se cumplen las hipótesis siguientes:

1. Las espiras están suficientemente apretadas de forma que el ángulo φ que la varilla forma con el plano perpendicular el eje del resorte es despreciable, por lo que puede suponerse que cada espira se encuentra en un plano ortogonal a dicho eje[2].

2. No se tiene en cuenta la curvatura inicial de la varilla, por lo que se aplicarán las fórmulas correspondientes a piezas prismáticas rectas.

3. Se supone, como se hace en el diseño de los elementos de unión, que el esfuerzo cortante se reparte uniformemente en la sección transversal de la varilla.

Mediante un corte axial ideal (figura 12.9), en la sección *ab* aparecerán unas tensiones internas que estarán en equilibrio con las acciones externas que en la misma determinan los esfuerzos sobre la parte superior conservada. Dichas acciones son un esfuerzo cortante P y un momento torsor M_T=PR, siendo R el radio del resorte.

---

[2] Paraj $\varphi \leq 12^o$ el error cometido es despreciable.

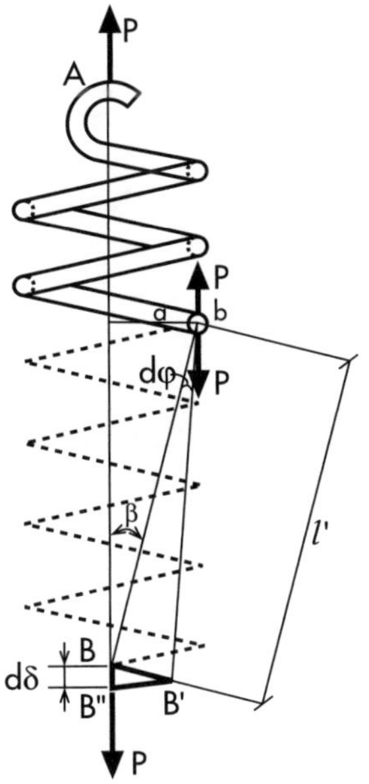

Figura 12.9

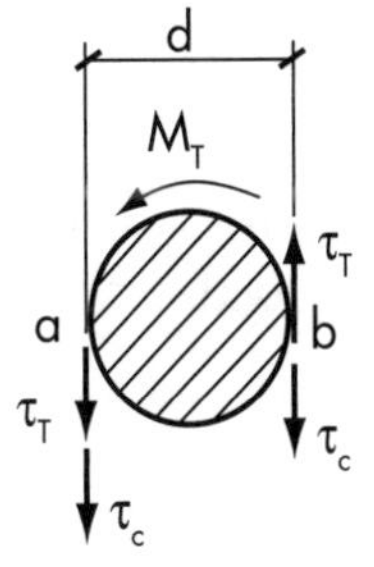

Figura 12.10

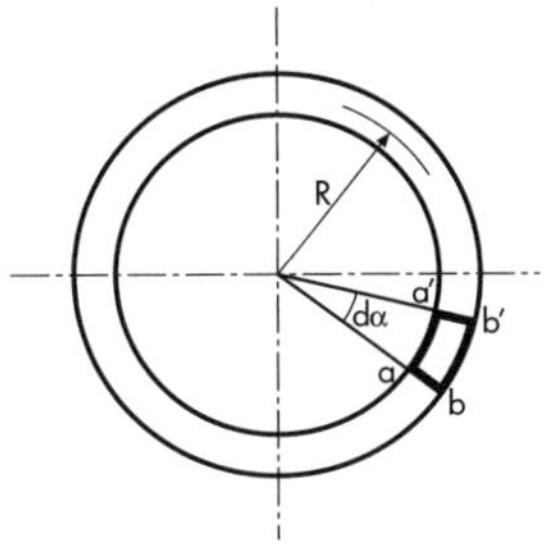

Figura 12.11

El esfuerzo P origina unas tensiones τ_C, que consideramos uniformemente repartidas:

$$\tau_C = \frac{P}{nd^2/_4} = \frac{4P}{\pi d^2} \qquad [12.3]$$

El momento torsor origina unas tensiones τ_T , que varían linealmente desde el centro de la varilla a la periferia, alcanzando el valor máximo:

$$\tau_{max} = \tau_T = \frac{M_T \, d/_2}{nd^4/_{32}} = \frac{16PR}{\pi d^3} \qquad [12.4]$$

En la figura 12.10 se representan las tensiones en los puntos *a* y *b* de la sección de corte. En el punto *a* la tensión tangencial total es:

$$\tau_a = \tau_C + \tau_T = \frac{4P}{\pi d^2} + \frac{16PR}{\pi d^3} = \frac{16PR}{\pi d^3}\left(1 + \frac{d}{4R}\right) \qquad [12.5]$$

El desplazamiento relativo δ entre los puntos A y B, donde se aplican las fuerzas P se determina teniendo en cuenta sólo el efecto de torsión.

Para un elemento de longitud δl en la espira representada en la figura 12.11, el ángulo de torsión $d\varphi$ es:

$$d\varphi = \frac{M_T dl}{GI_P} = \frac{PRRd\alpha}{GI_P} = \frac{PR^2 d\alpha}{GI_P} \quad [12.6]$$

Considerando como un conjunto rígido a la parte inferior del resorte, el punto B describe un arco BB' = $l'd\varphi$, siendo la componente vertical de este arco BB''= $d\delta$, (figura 12.9):

$$d\delta = BB'' = BB'\mathrm{sen}\beta = l'd\varphi \frac{R}{l'} = Rd\varphi \quad [12.7]$$

Sustituyendo el valor de $d\varphi$ dado por [12.6] obtenemos:

$$d\delta = \frac{PR^3 d\alpha}{GI_P} \quad [12.8]$$

El valor total del desplazamiento δ entre los puntos A y B se obtiene sumando los correspondientes a los originados por todos los elementos dl a lo largo de toda la longitud del resorte:

$$\delta = \int_0^{2\pi n} \frac{PR^3 d\alpha}{GI_P} = \frac{PR^3 \cdot 2\pi n}{GI_P} = \frac{64PR^3 n}{Gd^4} \quad [12.9]$$

En la expresión [12.9], n es el número de espiras del resorte.

12.4. FLEXIÓN Y TORSIÓN DE BARRAS DE SECCIÓN CIRCULAR

Los árboles y ejes circulares de sección circular trabajan, habitualmente, de forma que están sometidos a las acciones combinadas de flexión, cortadura y torsión. Tal es el caso del eje representado en la figura 12.12, cargado en su extremo A con una carga vertical P, por medio de una polea, de radio R, considerándose el extremo B como empotrado.

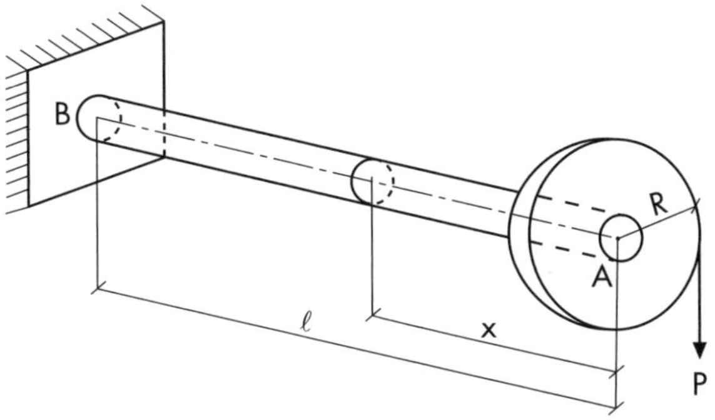

Figura 12.12

Por efecto de la solicitación, el árbol está sometido a un momento torsor, $M_T = PR$, constante en todas sus secciones y a un momento flector variable $M_x = Px$, acompañado de un esfuerzo cortante, P (flexión simple).

Las tensiones originadas por la solicitación son:

a) Tensiones normales, originadas por el momento flector, dirigidas longitudinalmente.

b) Tensiones cortantes, producidas por el momento torsor.

c) Tensiones cortantes, debidas al esfuerzo P.

La sección más cargada es la correspondiente al empotramiento B, en la que el estado tensional, correspondiente a la fibra superior puede representarse en el elemento infinitesimal de la figura 12.13, en el que las tensiones σ, τ toman los valores siguientes:

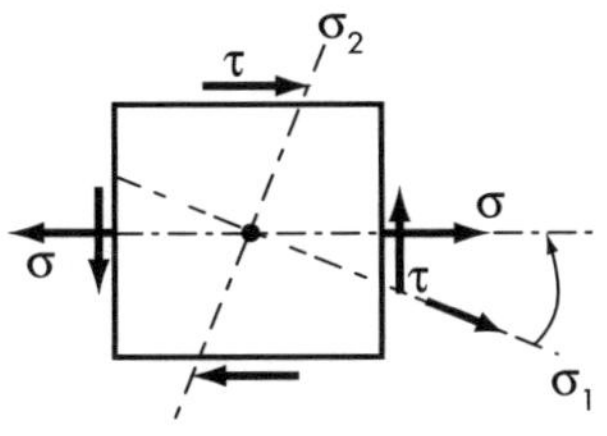

Figura 12.13

$$\sigma = \frac{My_{max}}{I_z} = \frac{M\,{}^{d}\!/_{2}}{{}^{\pi d^4}\!/_{64}} = \frac{32Pl}{\pi d^3} \qquad [12.10]$$

$$\tau = \frac{M_T r_{max}}{I_P} = \frac{M_T\,{}^{d}\!/_{2}}{{}^{\pi d^4}\!/_{32}} = \frac{16PR}{\pi d^3} \qquad [12.11]$$

En estas expresiones d es el diámetro del árbol.

A partir de los valores de σ y τ, obtenemos los de las tensiones principales y la tensión cortante máxima, que nos permiten dimensionar adecuadamente el diámetro d:

$$\left.\begin{aligned} \sigma_1 &= \frac{\sigma}{2} + \frac{1}{2}\sqrt{\sigma^2 + 4\tau^2} \\ \sigma_2 &= \frac{\sigma}{2} - \frac{1}{2}\sqrt{\sigma^2 + 4\tau^2} \\ \tau_{max} &= \frac{\sigma_1 - \sigma_2}{2} = \frac{1}{2}\sqrt{\sigma^2 + 4\tau^2} \end{aligned}\right\} \qquad [12.12]$$

Si, por ejemplo, no debe sobrepasarse un determinado valor, τ_{adm}, de la tensión tangencial, sustituyendo las expresiones [12.10] y [12.11] en la última de las ecuaciones [12.12], obtenemos:

$$\frac{1}{2}\sqrt{\left(\frac{32Pl}{\pi d^3}\right)^2 + 4\left(\frac{16PR}{\pi d^3}\right)^2} \leq \tau_{adm}$$

o bien:

$$\frac{16}{\pi d^3}\sqrt{(Pl)^2 + (PR)^2} = \frac{16P}{\pi d^3}\sqrt{l^2 + R^2} \leq \tau_{adm}$$

de donde:

$$d \geq \sqrt[3]{\frac{16P}{\pi \tau_{adm}}\sqrt{l^2 + R^2}} \qquad [12.13]$$

En el caso en que el árbol fuese de sección circular hueca, el proceso de cálculo sería análogo, teniendo en cuenta que en las expresiones [12.10] y [12.11] los momentos de inercia I_Z e I_P deben sustituirse por:

$$\begin{aligned} I_Z &= \frac{\pi d_e^4}{32}\left(1 - \frac{d_i^4}{d_e^4}\right) \\ I_P &= \frac{\pi d_e^4}{16}\left(1 - \frac{d_i^4}{d_e^4}\right) \end{aligned} \qquad [12.13]$$

Siendo d_e y d_i los diámetros externo e interno de la sección anular.

EJERCICIOS DE AUTOCOMPROBACIÓN

1. Dada la viga representada en la figura, se pide:

a) Diagramas de momentos flectores y esfuerzos cortantes.

b) Perfil IPN con σ_{adm} = 1300 kg/cm^3.

c) Para el perfil obtenido, calcular el máximo valor de la tensión normal σ, comprobando, en la sección más cargada, los puntos correspondientes a la altura del alma, $h_1 + 2r$

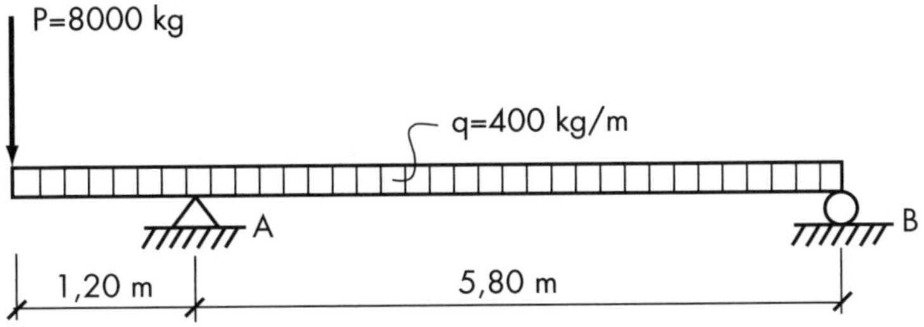

2. Determinar la tensión cortante máxima y el alargamiento de un resorte helicoidal, con los siguientes datos:

P = 125 kg; R = 10 cm; d (diámetro de la espira)=2 cm; n (nº de espiras) = 20; G = 800.000 kg/cm^2

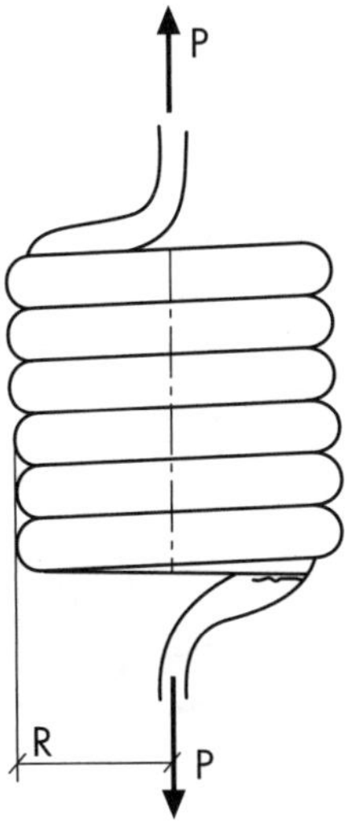

3. La barra estabilizadora de un automóvil se esquematiza, a efectos resistentes como se muestra en la figura (A, B, C y D están contenidos en un mismo plano horizontal).

Sabiendo que la barra es de sección circular, determinar el radio mínimo de la misma para que en ningún punto se superen las tensiones admisibles del material.

P=400 kg

a=0,5 m

σ_{adm}=3200 kg/cm^2

τ_{adm}=1850 kg/cm^2

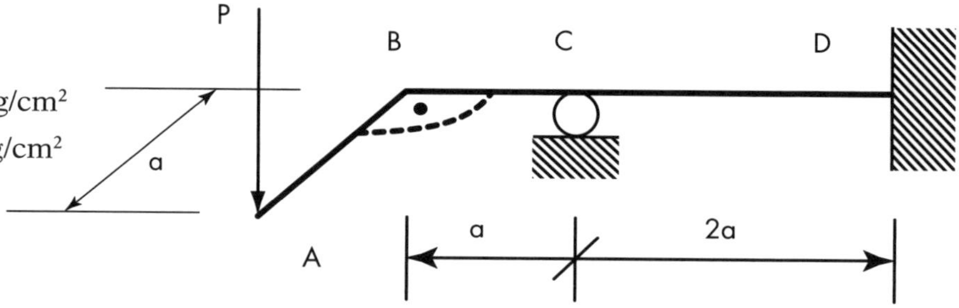

4. Dos fuerzas P_1 y P_2 de magnitud 15 kN y 18 kN, respectivamente, se aplican, como muestra la figura, al extremo A de la barra AB, que está soldada a un elemento cilíndrico BD de radio c= 20 mm. Sabiendo que la distancia desde A al eje del elemento BD es a = 50 mm, determinar las tensiones normal y cortante en los puntos H y K de la sección transversal del elemento BD localizada a una distancia b= 60 mm desde el extremo B. Se supone que todas las tensiones permanecen por debajo del límite de proporcionalidad del material, y que el elemento cilíndrico está empotrado en el extremo D.

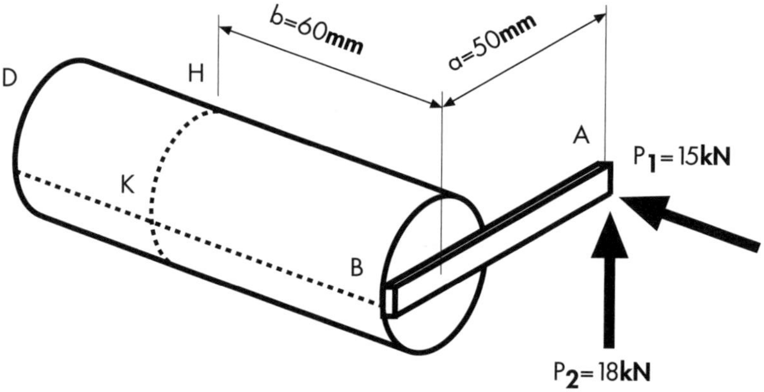

SOLUCIONES DE LOS EJERCICIOS DE AUTOCOMPROBACIÓN

1. a) Determinaremos, en primer lugar los valores de las reacciones verticales en los apoyos:

$$V_A \times 5{,}8 = 8000 \times 7 + 400\frac{7^2}{2};\; V_A = 11345 \text{ kg};\; V_B = -545 \text{ kg}$$

(V_B dirigida hacia abajo)

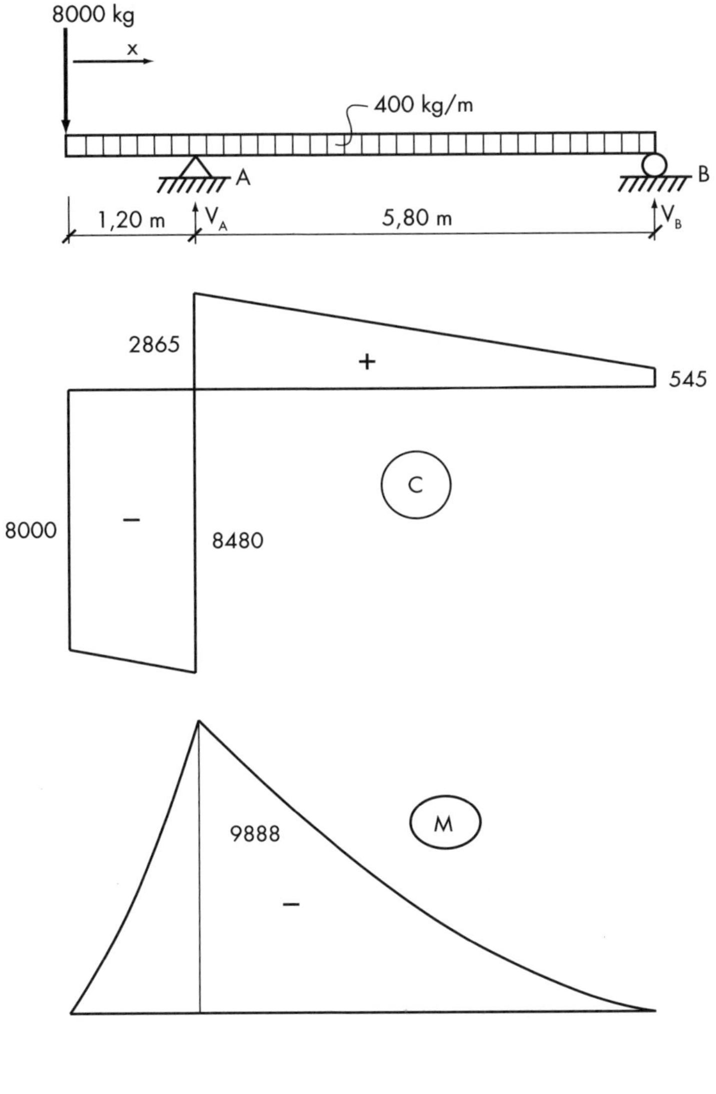

- Para $0 \leq x \leq 1{,}2$

  $C = -8000-400x$

  $M = -8000x-200x^2$

  $C_0 = -8000$ kg ; $M_0 = 0$

  $C_{1,2} = -8480$ kg ; $M_{1,2} = -9888$ kgm

- Para $1{,}2 \leq x \leq 7$

  $C = -8000-400x+11345 = 3345-400x$

  $M = -8000x-200x^2+11345(x-1{,}2) = 3345x-200x^2-13614$

  $C_{1,2} = 2865$ kg ; $M_{1,2} = -9888$ kgm

  $C_7 = 545$ kg ; $M_7 = 0$

  $C = 0 \Rightarrow x = 8{,}36$ m

  (fuera de la viga)

No hay momento máximo relativo.

$$M = 0 \Rightarrow 3345x-200x^2-13614 = 0$$

La única solución valida es x = 7m.

b) $W_{nec} = \dfrac{M_{max}}{\sigma_{adm}} = \dfrac{988800}{1300} = 761 \text{ cm}^3$

Se utilizará un perfil IPN-320 para el cual es:

$W = 782$ cm^3 ; $h_1 = 25{,}8$; $r = 1{,}15$ cm ; $h_1 + 2r = 28{,}1$ cm.

Las tensiones normales longitudinales son:

$$\sigma_1 = \frac{988800}{782} = 1264 \text{ kg/cm}^2$$

$$\sigma_2 = 1264\,\frac{25{,}8 + 2\times 1{,}15}{32} = 1110 \text{ kg/cm}^2$$

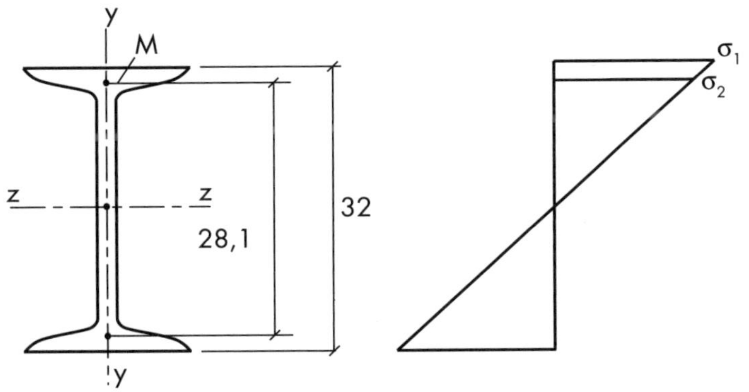

La tensión cortante τ se reparte en el área (h_1 + 2r)· e ; e = r =1,15 cm.

$$\tau = \frac{8480}{28{,}1 \times 1{,}15} = 262 \text{ kg/cm}^2$$

Considerando un elemento contenido en el plano xy, alrededor del punto M, estará sometido al siguiente estado tensional.

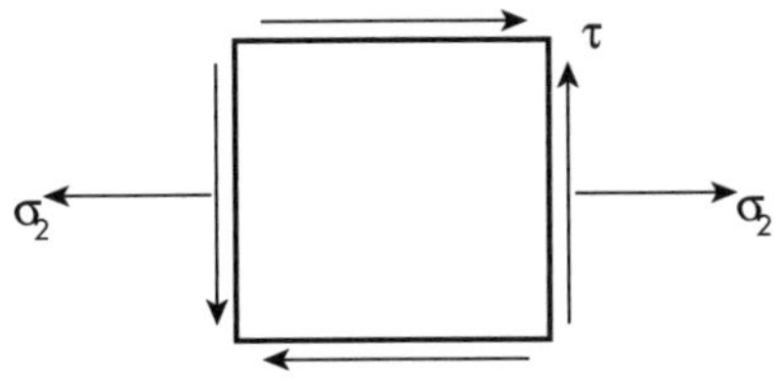

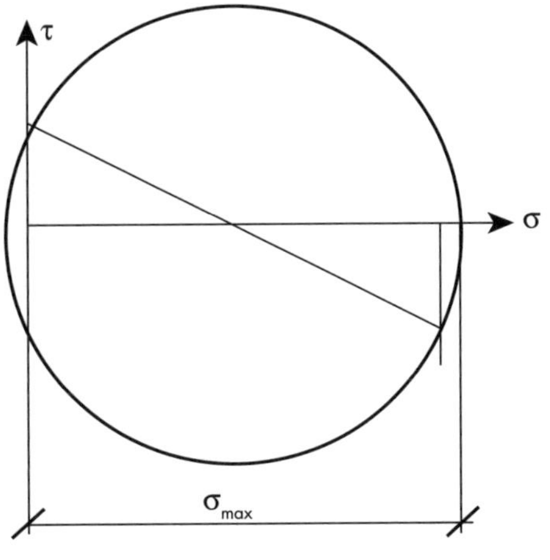

$$\sigma_{max} = \frac{\sigma_2}{2} + \sqrt{\left(\frac{\sigma_2}{2}\right)^2 + \tau^2}$$

$$\sigma_{max} = \frac{1110}{2} + \sqrt{\left(\frac{1110}{2}\right)^2 + 262^2}$$

$$\sigma_{max} = 1169 \text{ kg/cm}^2$$

Valor obtenido también gráficamente utilizando el círculo de Mohr.

2. Si damos una sección longitudinal, cortará al resorte por una espira que está sometida a torsión (PR) y a esfuerzo cortante P.

$$\tau_{max} = \frac{M_T \, d/2}{I_p} + \frac{P}{S}$$

(se supone que P se reparte uniformemente):

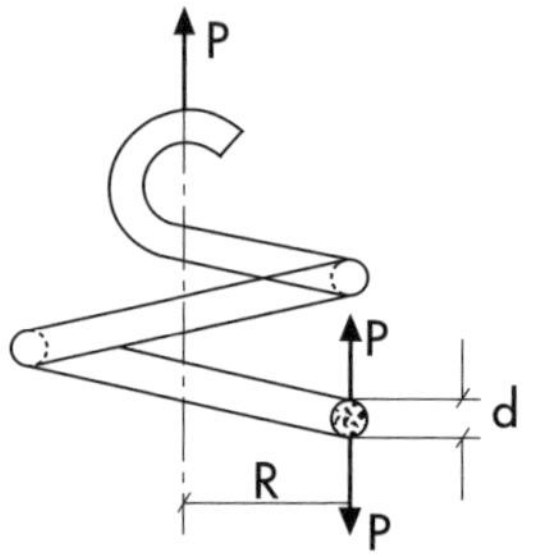

$$\tau_{max} = \frac{PR \, d/2}{\pi d^4/32} + \frac{P}{\frac{\pi d^2}{4}}$$

$$\tau_{max} = \frac{16PR}{\pi d^3} + \frac{4P}{\pi d^2}$$

$$\tau_{max} = \frac{4P}{\pi d^2}\left(1 + \frac{4R}{d}\right) = \frac{4 \times 125}{\pi 2^2}\left(1 + \frac{4 \times 10}{2}\right) = 836 \text{ kg/cm}^2$$

En cuanto al alargamiento, puede calcularse por la fórmula:

$$\delta = \int_0^{2\pi n} \frac{PR^3 d\alpha}{GI_p} = \frac{PR^3 \cdot 2\pi n}{G \frac{\pi d^4}{32}} = \frac{64PR^3 n}{Gd^4}$$

$$\delta = \frac{64 \cdot 125 \cdot 10^3 \cdot 20}{800000 \cdot 2^4} = 12{,}5 \text{ cm}$$

3. Será necesario determinar las leyes de variación de los esfuerzos cortantes, momentos flectores y momentos torsores a lo largo de las barras AB y BCD.

- Barra AB

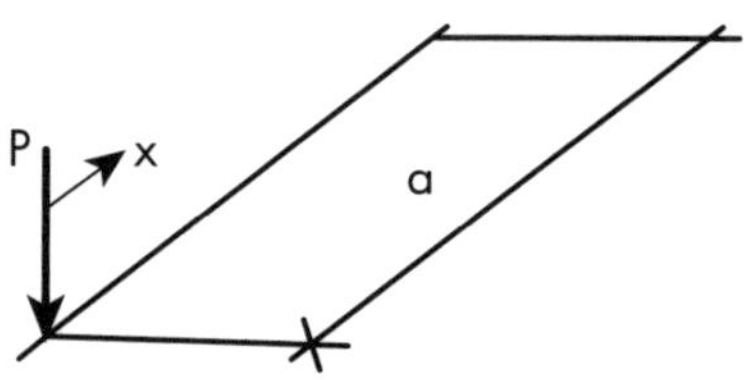

$$\left.\begin{matrix} C = -P \\ M = -Px \end{matrix}\right\} 0 \le x \le a \left\{\begin{matrix} C_o = -P; \; M_o = 0 \\ C_a = -P; \; M_a = -Pa \end{matrix}\right.$$

• Barra BCD

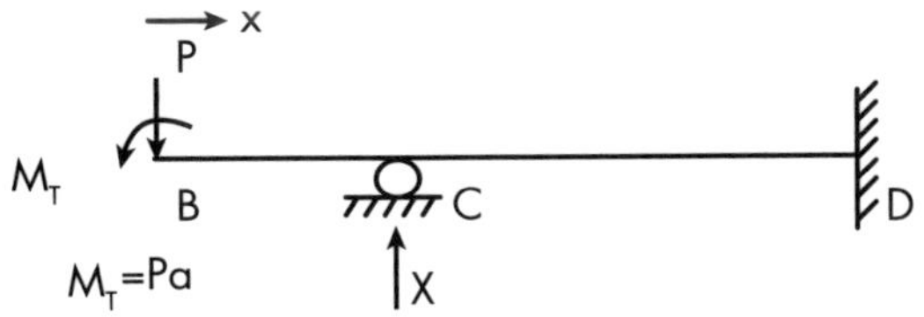

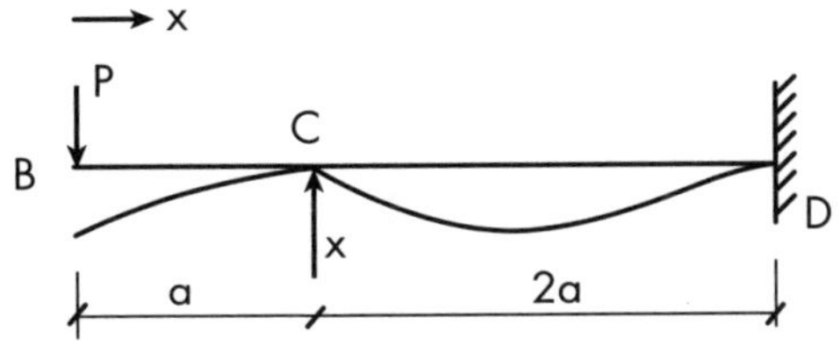

El momento torsor se mantiene constante a lo largo de toda la barra BCD; determinaremos las leyes de variación de esfuerzos cortantes y momentos flectores. El sistema es hiperestático de grado 1. Llamando X a la incógnita hiperestática (reacción vertical en C) y aplicando el 2° Teorema de Mohr:

$$0=\frac{1}{EI}\int_{a}^{3a}\left[-Px+X(x-a)\right](x-a)\,dx$$

$$0=\int_{a}^{3a}-Px(x-a)dx+\int_{a}^{3a}X(x-a)^2dx$$

$$0=\left[-\frac{Px^3}{3}\right]_a^{3a}+\left[Pa\frac{x^2}{2}\right]_a^{3a}+\left[X\frac{(x-a)^3}{3}\right]_a^{3a}$$

$$-\frac{P}{3}\left(27a^3-a^3\right)+\frac{Pa}{2}\left(9a^2-a^2\right)+\frac{X}{3}8a^3=0$$

$$-\frac{26Pa^3}{3}+4Pa^3+\frac{8Xa^3}{3}=0$$

$$-26Pa^3+12Pa^3+8Xa^3=0$$

$$8X=14P; \qquad \boxed{X=\frac{14P}{8}=\frac{7P}{4}}$$

- Estudiamos, por tanto, la viga BCD como se indica a continuación:

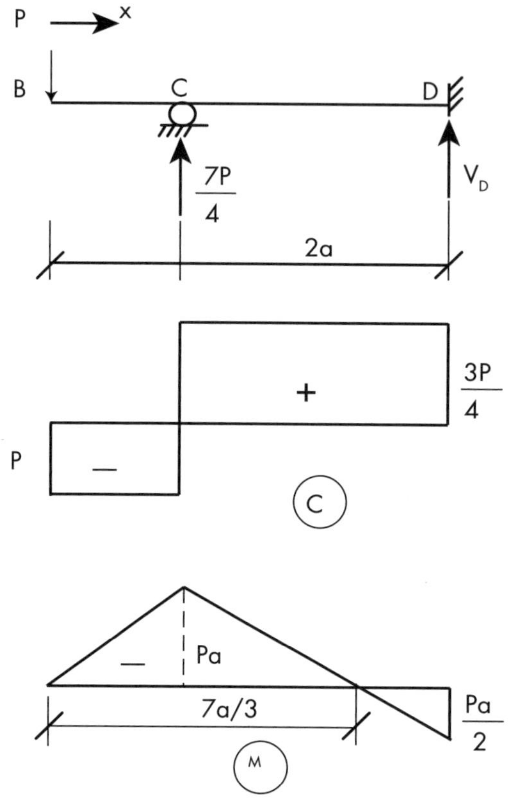

$$V_D + \frac{7P}{4} = P$$

$$V_D = P - \frac{7P}{4} = -\frac{3P}{4}$$

$$M_D = \frac{7P}{4} \times 2a - P \times 3a = \frac{Pa}{2}$$

Las leyes de esfuerzos cortantes y momentos flectores son:

$$\left.\begin{array}{l} C = -P \\ M = -Px \end{array}\right\} 0 \le x \le a \left\{\begin{array}{l} C_o = -P;\ \ M_o = 0 \\ C_a = -P;\ \ M_a = -Pa \end{array}\right.$$

$$\left.\begin{array}{l} C = -P + \frac{7P}{4} = \frac{3P}{4} \\ M = -Px + \frac{7P}{4}(x - a) \end{array}\right\} a \le x \le 2a \left\{\begin{array}{l} C_a = \frac{3P}{4};\ \ M_a = -Pa \\ C_{3a} = \frac{3P}{4};\ \ M_{3a} = \frac{Pa}{2} \end{array}\right.$$

$$M{=}0 \rightarrow -x + \frac{7}{4}(x - a) = 0$$

$$-4x+7x-7a=0$$

$$3x=7a; \quad x=\frac{7a}{3}$$

La sección más desfavorablemente solicitada es la correspondiente al apoyo C, en la que es:

$$C=-P \; ; \; M=-Pa \; ; \; M_T=Pa$$

Considerando dos secciones infinitamente próximas:

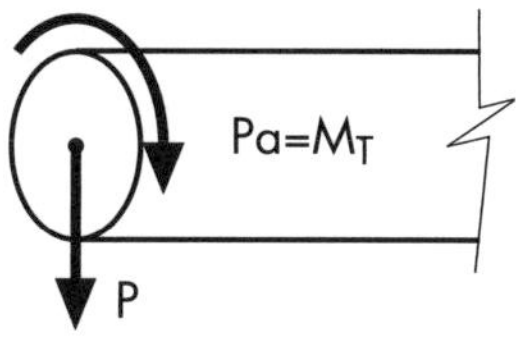

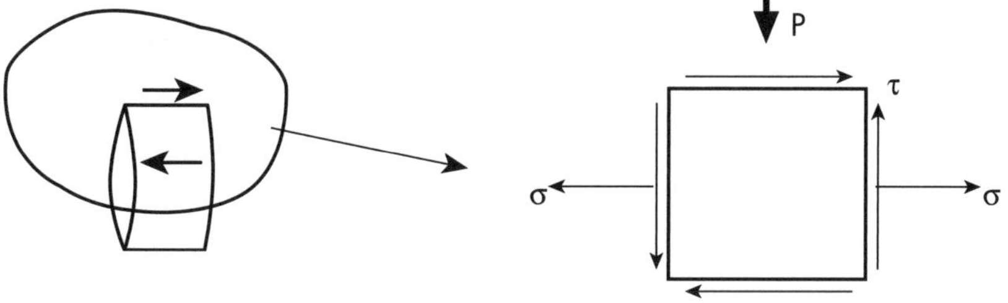

$$\sigma=\frac{M}{W}; \quad M=P\cdot a; \quad W=\frac{\frac{\pi R^4}{4}}{R}=\frac{\pi R^3}{4}$$

$$\tau=\frac{M_T}{W_T}; \quad M=Pa; \quad W_T=\frac{\frac{\pi R^4}{2}}{R}=\frac{\pi R^3}{2}$$

La tensión normal máxima será la tensión principal σ_1:

$$\sigma_{1,2}=\frac{\sigma}{2}\pm\sqrt{\frac{\sigma^2}{4}+\tau^2}=\frac{\sigma}{2}\pm\frac{1}{2}\sqrt{\sigma^2+4\tau^2}$$

$$\sigma=\frac{Pa}{\frac{\pi R^3}{4}}=\frac{4Pa}{\pi R^3}; \quad \tau=\frac{Pa}{\frac{\pi R^3}{2}}=\frac{2Pa}{\pi R^3};$$

$$\sigma_1=\frac{4Pa}{2\pi R^3}+\frac{1}{2}\sqrt{\left(\frac{4Pa}{\pi R^3}\right)^2+4\left(\frac{2Pa}{\pi R^3}\right)^2}=\frac{4Pa}{2\pi R^3}+\frac{1}{2}\sqrt{16\left(\frac{Pa}{\pi R^3}\right)^2+16\left(\frac{Pa}{\pi R^3}\right)^2}$$

$$\sigma_1 = \frac{4Pa}{2\pi R^3} + \frac{1}{2}\sqrt{32\left(\frac{Pa}{\pi R^3}\right)^2} = \frac{4Pa}{2\pi R^3} + \frac{4Pa}{2\pi R^3}\sqrt{2}$$

$$\sigma_1 = \frac{2Pa}{\pi R^3}\left(1+\sqrt{2}\right); \quad \sigma_1 = \sigma_{adm} = 3200 = \frac{2\cdot 400\cdot 50}{\pi R^3}\left(1+\sqrt{2}\right)$$

$$R^3 = \frac{2\cdot 400\cdot 50\left(1+\sqrt{2}\right)}{\pi\cdot 3200} = 9{,}61 \quad ; \quad \boxed{R=\sqrt[3]{9{,}61} = 2{,}126 \text{ cm}}$$

Comprobación para

$$\tau_{max} = \frac{1}{2}\sqrt{\sigma^2 + 4\tau^2} = \frac{2Pa}{\pi R^3}\sqrt{2} = \frac{2\cdot 400\cdot 50\cdot\sqrt{2}}{\pi\cdot 2{,}126^3} = 1874 \text{ kg/cm}^2 > 1850$$

Dimensionamos para τ_{max}:

$$\tau_{max} = \frac{2Pa\sqrt{2}}{\pi R^3} = \frac{2\cdot 400\cdot 50\cdot\sqrt{2}}{\pi\cdot R^3} = 1850; \quad R^3 = \frac{2\cdot 400\cdot 50\cdot\sqrt{2}}{\pi\cdot 1850} = 9{,}73$$

$$\boxed{R = 2{,}135 \text{ cm}}$$

Comprobación en línea neutra:

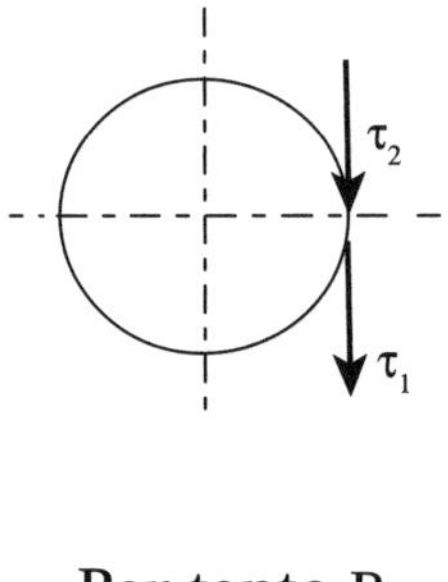

$$\tau_1 = \frac{2Pa}{\pi R^3}; \quad \tau_2 = \frac{4}{3}\frac{P}{\pi R^2}$$

$$\tau_1 = \frac{2\cdot 400\cdot 50}{\pi\cdot 2{,}135^3} = 1308 \text{ kg/cm}^2; \quad \tau_2 = \frac{4}{3}\frac{400}{\pi\cdot 2{,}135^2} = 38 \text{ kg/cm}$$

$$\tau_1 + \tau_2 = 1346 \text{ kg/cm}^2 < 1850$$

Por tanto R = 2,135 cm.

4. Traslademos las cargas P_1 y P_2 al centro de gravedad de la sección B de la barra cilíndrica.

M_1 (flexión) = $P_1 \cdot a$ = 15·5 = 75 kNcm

M_2 (torsión) = $P_2 \cdot a$ = 18·5 = 90 kNcm

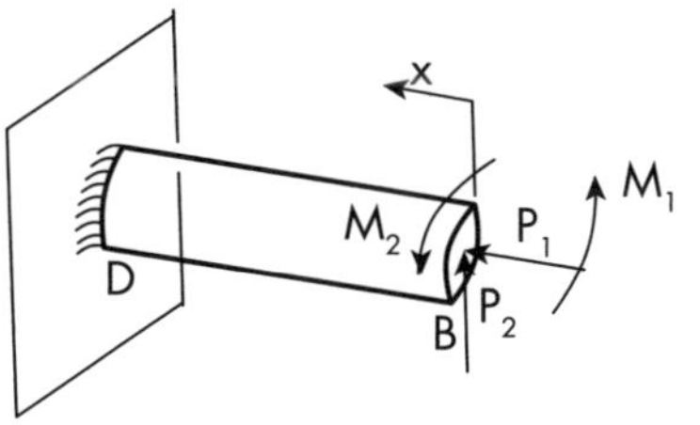

La carga P_1 produce compresión a lo largo de la barra BD; la tensión es constante en toda la longitud y vale:

$$\sigma_1 = -\frac{P_1}{\pi \cdot c^2} = -\frac{15\text{kN}}{\pi \cdot 2^2} = -1{,}194 \text{ kN/cm}^2$$

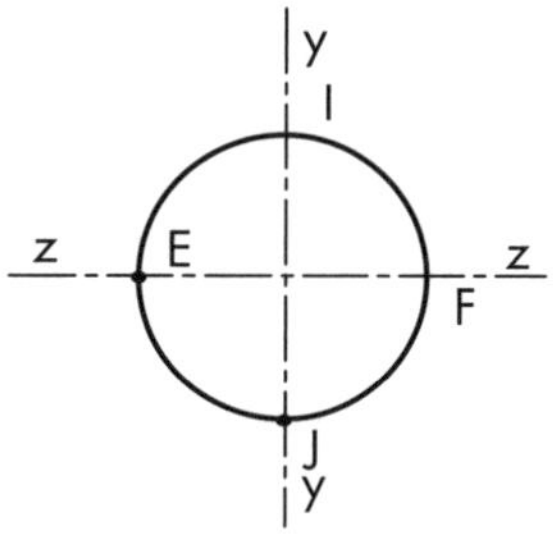

El momento M_1 es constante en toda la longitud de la barra BD y las tensiones máximas que produce valen:

$$\sigma_{M1} = \frac{M_1}{W}; \quad W = \frac{1}{c}\frac{\pi \cdot c^4}{4} = \frac{\pi \cdot c^3}{4} = \frac{\pi \cdot 2^3}{4}$$

$$\sigma_{M1} = \frac{75}{\frac{\pi \cdot 2^3}{4}} = \frac{75}{2\pi} = 11{,}94 \text{ kN/cm}^2$$

El momento M_1 es alrededor del eje y-y y las tensiones σ_{M1} son máximas (de tracción) a lo largo de la arista BK y nulas en la arista superior.

La sección situada a la distancia b=60 mm. del extremo B está sometida a las siguientes solicitaciones:

- Esfuerzo normal de compresión P_1= –15 kN.
- Momento flector alrededor de y-y; M_1= 75 kNcm
- Esfuerzo cortante (en dirección y); P_2= 18 kN
- Momento torsor; M_2 = 90 kNcm
- Momento flector alrededor de z-z; M_3 = 18 · 6 = 108 kNcm.

La carga P_2 produce tensiones tangenciales originadas por el esfuerzo cortante P_2 (constante a lo largo de toda la barra BD) y de valor máximo en los puntos E,F de cada sección y valor nulo en los puntos I,J.

$$\tau_{Cmax} = \frac{4}{3}\frac{P_2}{\pi c^2} = \frac{4}{3}\frac{18}{\pi \cdot 2^2} = 1{,}91 \text{ kN/cm}^2$$

El momento torsor M_2, originado por la carga P_2 es constante a lo largo de toda la barra BD y origina tensiones tangenciales máximas en el borde del cilindro:

$$\tau_{Tmax} = \frac{M_T}{W_T}; \quad M_T = M_2 = 90 \text{ kNcm}$$

$$W_T = \frac{1}{c}\frac{\pi c^4}{2} = \frac{\pi c^3}{2} = \frac{\pi 2^3}{2}$$

$$\tau_{Tmax} = \frac{90}{\frac{\pi \cdot 2^3}{2}} = \frac{90}{4\pi} = 7{,}16 \text{ kN/cm}^2$$

También originado por la carga P_2 existe un momento flector, variable según la longitud x: M_3 (flexión)= $P_2 \cdot x$ = 18x kN/cm.

Este momento M_3 produce flexión alrededor del eje z-z de cada sección, originando tensiones máximas de tracción en J y de compresión en I.

$$\sigma_{max} = \frac{P_2 x}{\pi c^3/4} = \frac{4 \cdot 18x}{\pi 2^3} = 2{,}28x \text{ kN/cm}^2$$

Alrededor de H y K podemos construir unos elementos de superficie sobre los que actúan las siguientes tensiones:

$$\sigma = 1{,}194 - 2{,}86 \times 6 = -17{,}19 \text{ kN/cm}^2$$

$$\tau = 7{,}16 \text{ kN/cm}^2$$

$$\sigma' = 11{,}94 - 1{,}194 = 10{,}75 \text{ kN/cm}^2$$

$$\tau' = 7{,}16 - 1{,}91 = 5{,}25 \text{ kN/cm}^2$$

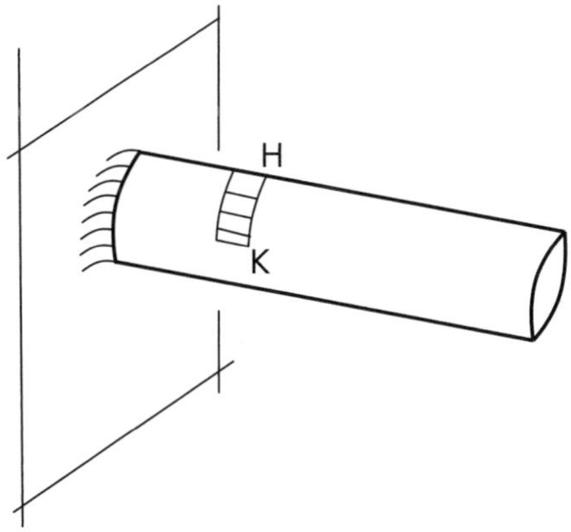

Las tensiones máximas serán, de acuerdo con los círculos de Mohr:

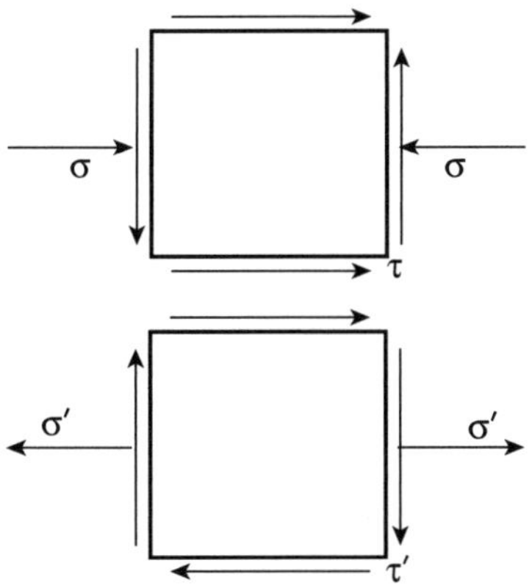

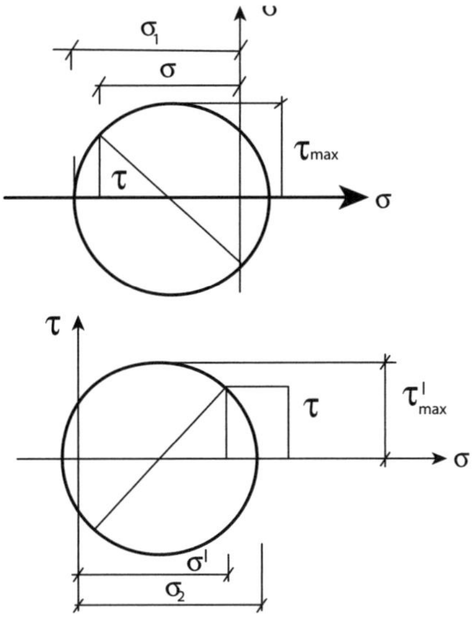

En H:

$$\sigma_1 = -\frac{\sigma}{2} - \sqrt{\left(\frac{\sigma}{2}\right)^2 + \tau^2} = -\frac{17,19}{2} - \sqrt{\left(\frac{17,19}{2}\right)^2 + 7,16^2}$$

$$\sigma_1 = -19,78 \text{ kN/cm}^2$$

$$\tau_{max} = \sqrt{\left(\frac{17,19}{2}\right)^2 + 7,16^2} = 11,19 \text{ kN/cm}^2$$

En K:

$$\sigma_2 = \frac{\sigma'}{2} + \sqrt{\left(\frac{\sigma'}{2}\right)^2 + \tau'^2} = \frac{10,75}{2} + \sqrt{\left(\frac{10,75}{2}\right)^2 + 5,25^2}$$

$$\sigma_2 = 12,89 \text{ kN/cm}^2; \quad \tau'_{max} = \sqrt{\left(\frac{10,75}{2}\right)^2 + 5,25^2} = 7,51 \text{ kN/cm}^2$$

Tema 13

Flexión compuesta

13.1. Introducción

13.2. Soporte sometido a esfuerzos horizontal y vertical

13.3. Cargas excéntricas en cuerpos de poca esbeltez

13.4. Núcleo de la sección

13.5. Materiales no resistentes a tracción

13.6. Muros de sostenimiento

13.1. INTRODUCCIÓN

Como ya hemos indicado en el tema anterior, las secciones de un prisma mecánico están sometidas a flexión compuesta cuando sobre las mismas actúan tanto momentos flectores como esfuerzos longitudinales. Como el momento flector suele estar acompañado del esfuerzo cortante (flexión simple), en la flexión compuesta es habitual, por tanto, que existan, al menos, tres de las seis componentes de la resultante y del momento resultante en una sección de una barra[1], lo que equivale a decir que coinciden tres de las cuatro formas distintas de trabajo (sólo no está presente el momento torsor).

En las figuras 13.1, 13.2 y 13.3 se indican tres casos distintos de flexión compuesta. En la primera de ellas se representa una barra horizontal sometida a tracción excéntrica, mostrándose en la segunda la sección transversal de un muro de contención de aguas o tierras, mientras que en la última se considera un soporte de una estructura que, en la sección ideal en que se une al resto de la misma, está sometido a esfuerzo longitudinal, *N*, esfuerzo cortante, *C* y momento flector, *M*

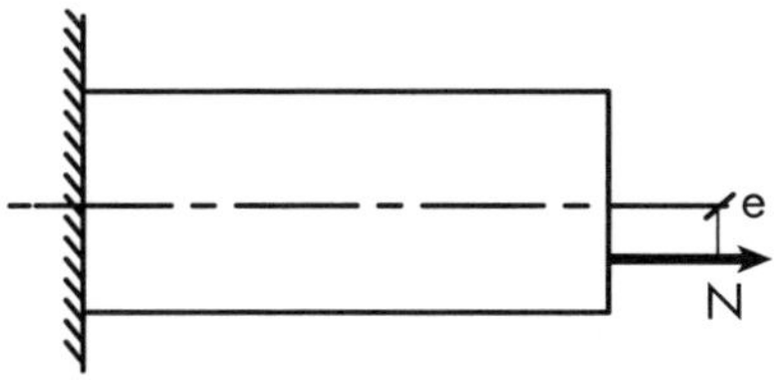

Figura 13.1

[1] Si la flexión es desviada o asimétrica, pueden presentarse, simultáneamente, cinco de esas seis componentes.

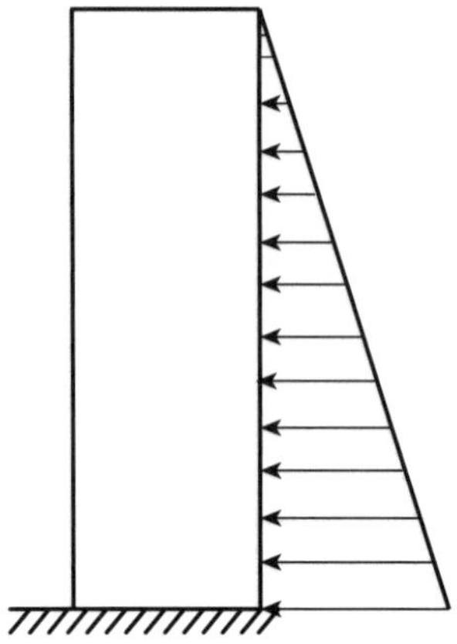

Figura 13.2

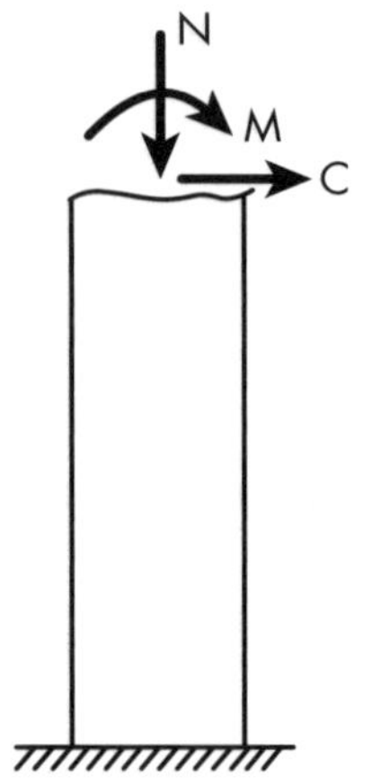

Figura 13.3

Estudiaremos las barras sometidas a flexión compuesta suponiendo que no son esbeltas, de forma que las deformaciones producidas no inciden en la actuación de las cargas; en caso contrario y si el esfuerzo longitudinal es de compresión se presenta el fenómeno de inestabilidad o pandeo que expondremos en el tema siguiente.

13.2. SOPORTE SOMETIDO A ESFUERZOS HORIZONTAL Y VERTICAL

En la figura 13.4 representamos una barra, de eje vertical, de sección transversal rectangular b·h, sometida a un esfuerzo longitudinal N, dirigido en la dirección vertical x y a un esfuerzo horizontal H, que suponemos actúa en la dirección del eje y.

Por efecto del esfuerzo longitudinal N se originan tensiones normales σ_1, constantes a lo largo de toda la barra (si no consideramos el peso propio de la misma), siendo su expresión:

$$\sigma_1 = -\frac{N}{b \cdot h} \qquad [13.1]$$

(σ_1 tiene signo – por ser de compresión).

El esfuerzo horizontal H produce un momento flector variable a lo largo de la altura de la pieza, siendo su valor máximo $M_{max}=Hl$. Las tensiones, σ_2, originadas por este momento flector máximo se distribuyen según la ley de Navier, ya conocida:

$$\sigma_2 = \frac{M_{max}y}{I_z} = \frac{Hly}{I_z} \qquad [13.2]$$

La tensión longitudinal máxima, de compresión, se presenta en los puntos de la arista BB de la base y vale:

$$\sigma_B = \sigma_1 + \sigma_2 = -\frac{N}{bh} - \frac{Hl\,h/2}{bh^3/12} = -\left[\frac{N}{bh} + \frac{6Hl}{bh^2}\right] \qquad [13.3]$$

En los puntos de la arista AA de la base la tensión normal es:

$$\sigma_A = -\frac{N}{bh} + \frac{6Hl}{bh^2} \qquad [13.4]$$

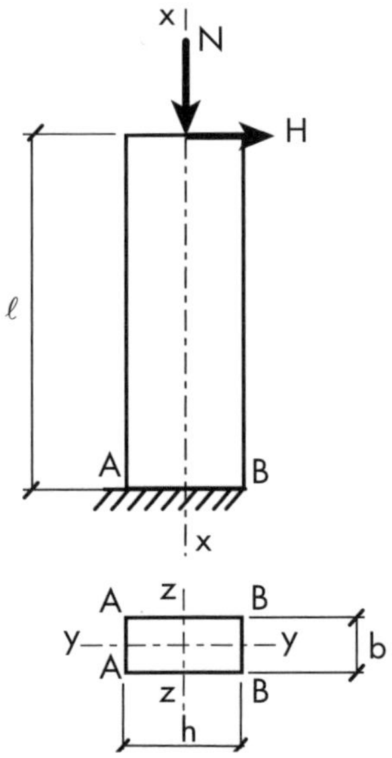

Figura 13.4

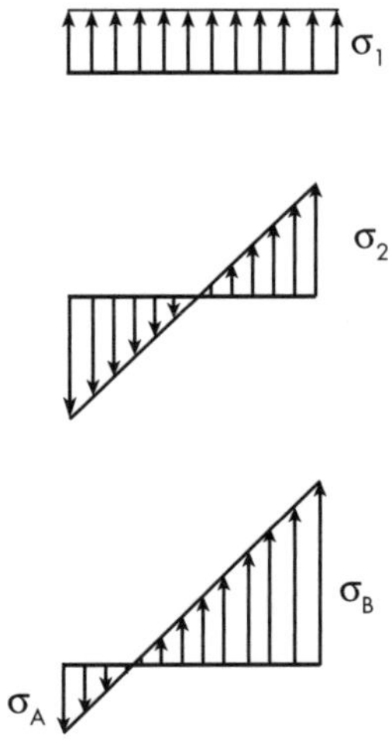

Figura 13.5

En la figura 13.5 se representan las distribuciones de las tensiones σ_1 y σ_2, así como la superposición de las mismas, en que hemos supuesto $\sigma_{2max} > \sigma_1$.

Si el esfuerzo H no estuviese dirigido según uno de los ejes principales de inercia de la sección superior, como hemos supuesto, tendría componentes H_1, H_2 según dichos ejes (y,z), originando cada una de ellas tensiones normales de flexión que se sumarían con las tensiones σ_1, en virtud del principio de superposición de efectos.

En el análisis de las tensiones que hemos realizado sólo hemos considerado las originadas por el esfuerzo normal N y los momentos flectores originados por el esfuerzo horizontal H (tensiones normales σ). Existen también tensiones cortantes τ originadas por el esfuerzo H que, en general, no se tienen en cuenta en el cálculo, por ser habitualmente de magnitud pequeña y ser nulas cuando las tensiones longitudinales son máximas[2].

Las barras sometidas a esfuerzo vertical y horizontal, como la de la figura 13.4 reciben usualmente el nombre de pilares cuando su sección transversal es rectangular o la pieza está constituida por uno o varios perfiles laminados (IPN, IPE, UPN, H, ...), mientras que se suelen llamar columnas cuando la sección es circular. Es más general la denominación «soporte» que se refiere tanto a pilares como a columnas.

Para secciones distintas de la rectangular se obtienen expresiones análogas a las anteriores:

$$\left.\begin{aligned} \sigma_B &= -\frac{N}{S} - \frac{Hl y_{max}}{I_z} \\ \sigma_A &= -\frac{N}{S} + \frac{Hl y_{max}}{I_z} \end{aligned}\right\} \qquad [13.5]$$

donde S es el área de la sección e I_z el momento de inercia de la misma respecto al eje z, que, en todo caso, será uno de los ejes principales de inercia.

[2] El estudio de estas tensiones, en la flexion simple, se ha expuesto en el tema 8.

13.3. CARGAS EXCÉNTRICAS EN CUERPOS DE POCA ESBELTEZ

Entre los casos más frecuentes de flexión compuesta se encuentra el de carga excéntrica que abordamos a continuación.

Estudiaremos inicialmente el caso del soporte de sección rectangular cargado excéntricamente en uno de sus planos principales de inercia, para considerar después el caso general, suponiendo en todo caso que la esbeltez de la barra es pequeña.

En nuestro estudio supondremos que el esfuerzo excéntrico es de compresión, por lo que si fuese de tracción cambiarían los signos de las tensiones aunque el procedimiento de cálculo es análogo.

a) Soporte de sección rectangular sometido a carga excéntrica.

En la figura 13.6 se representa una barra de sección rectangular b·h, dispuesta verticalmente y sometida en su sección superior a un esfuerzo de compresión N que actúa, en el plano principal xy, con una excentricidad e. Tal solicitación es equivalente a la que se muestra en la figura 13.7, en que el mismo soporte está sometido a un esfuerzo de compresión centrado, N y a un momento flector constante en toda su altura, M = Ne. Esta solicitación

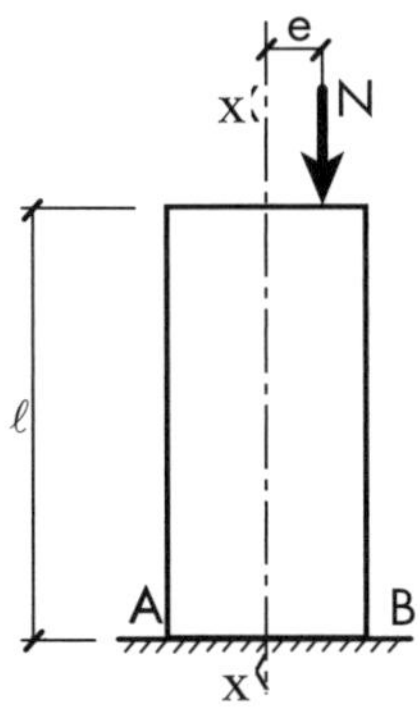

Figura 13.6

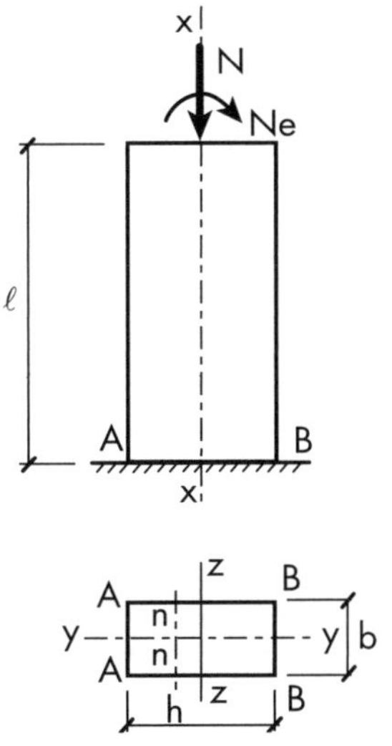

Figura 13.7

es análoga a la considerada en el apartado anterior, por lo que los valores de las tensiones en las aristas B-B y A-A, son:

$$\sigma_B = -\frac{N}{bh} - \frac{6Ne}{bh^2} = -\frac{N}{bh}\left(1 + \frac{6e}{h}\right) \qquad [13.6]$$

$$\sigma_A = -\frac{N}{bh}\left(1 - \frac{6e}{h}\right) \qquad [13.7]$$

En la figura 13.8 se representan las leyes de variación de las tensiones normales en los casos $e > \frac{h}{6};\ e = \frac{h}{6};\ e < \frac{h}{6}$

La ley de variación de las tensiones normales es:

$$\sigma = -\frac{N}{bh} - \frac{Ney}{I_z} = -\frac{N}{bh} - \frac{12Ney}{bh^3} \qquad [13.8]$$

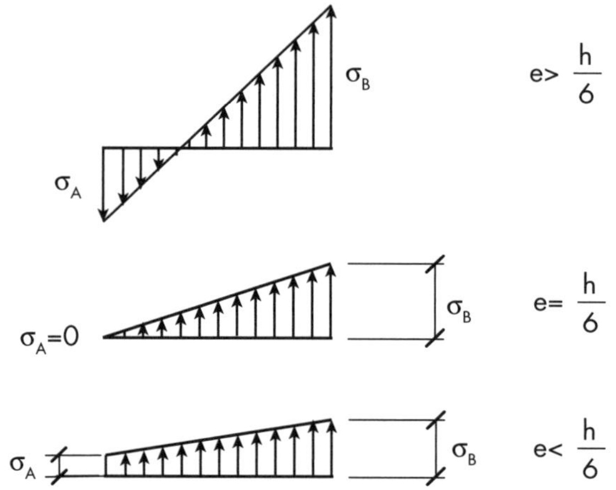

Figura 13.8

El valor de la tensión σ se anula para los puntos de la línea neutra n–n, que será una recta paralela al eje z que cortará a la sección (para $e \geq \frac{h}{6}$), coincidirá con la arista A-A $\left(e = \frac{h}{6}\right)$, o será exterior a la sección $\left(e < \frac{h}{6}\right)$.

Igualando a cero la expresión [13.8]:

$$-\frac{N}{bh}-\frac{12Ney_n}{bh^3}=0$$

$$y_n=-\frac{h^2}{12e} \qquad [13.9]$$

Recordando la definición de radio de giro, podemos escribir:

$$I_z=\frac{1}{12}bh^3=bhi_z^2$$

$$i_z^2=\frac{h^2}{12}, \text{ sustituyendo:}$$

$$y_n=-\frac{i_z^2}{e} \qquad [13.10]$$

Si el valor y_n deducido de [13.9] ó [13.10] es menor, igual o mayor que h/2, la línea neutra corta a la sección, coincide con el borde A-A o es exterior a la sección.

b) Caso general de carga excéntrica

Consideremos ahora una barra de sección cualquiera, sometida a un esfuerzo longitudinal N de compresión, cuyo punto de aplicación A no está situado sobre ninguno de los ejes coordenados yz, que supondremos coinciden con los ejes principales de inercia de la sección (figura 13.9).

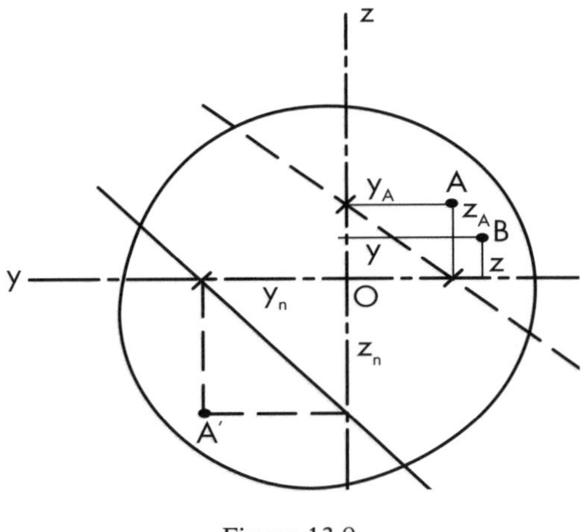

Figura 13.9

Siendo las coordenadas de A y_A, z_A, la solicitación es equivalente a un esfuerzo N centrado y a dos momentos flectores Nz_A, Ny_A, siendo la expresión de la tensión en un punto B de coordenadas (y,z):

$$\sigma = -\frac{N}{S} - \frac{Nz_A z}{I_y} - \frac{Ny_A y}{I_z} \qquad [13.11]$$

siendo S, I_y, I_z el área de la sección y los momentos de inercia de la misma respecto de los ejes coordenados.

La ecuación de la línea neutra se obtiene igualando a cero la expresión [13.11].

$$\frac{1}{S} + \frac{z_A z}{I_y} + \frac{y_A y}{I_z} = 0 \qquad [13.12]$$

o bien:

$$1 + \frac{z_A z}{i_y^2} + \frac{y_A y}{i_z^2} = 0 \qquad [13.13]$$

siendo i_y e i_z los radios de giro respecto de los ejes y,z.

Haciendo sucesivamente y=0, z=0, obtenemos los segmentos z_n, y_n que la línea neutra intercepta sobre los ejes coordenados:

$$\left.\begin{array}{l} z_A z_n = -i_y^2 \\ y_A y_n = -i_z^2 \end{array}\right\} \qquad [13.14]$$

$$z_n = -\frac{i_y^2}{z_A}; \quad y_n = -\frac{i_z^2}{y_A} \qquad [13.15]$$

De estas expresiones se deduce que si el punto de aplicación de N fuese el A' (y_n, z_n), la línea neutra sería la recta n'-n' que intercepta los segmentos y_A, z_A sobre los ejes y,z.

De acuerdo con las últimas ecuaciones, cuando la excentricidad disminuye la línea neutra se aleja del origen O al disminuir y_A, z_A.

Cuando, como se indica en la figura 13.10, el punto de aplicación A del esfuerzo N (también llamado punto de ataque) se mueve a lo largo de una recta A_1, A_2, las correspondientes líneas neutras pasan todas por un mismo punto P.

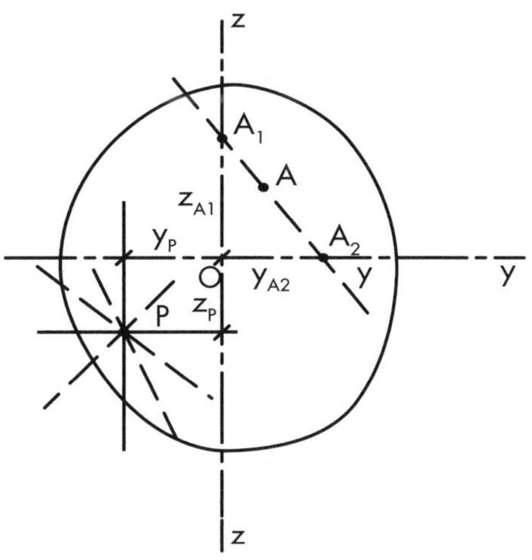

Figura 13.10

En efecto, si descomponemos la carga N (que actúa en A) en dos cargas N_1, N_2, actuando en los puntos A_1, A_2, las posiciones de las correspondientes líneas neutras serán, de acuerdo también con las expresiones [13.15]:

$$\text{Para } N_1 : z_p = -\frac{i_y^2}{z_{A1}} \qquad [13.16]$$

$$\text{Para } N_2 : y_p = -\frac{i_z^2}{y_{A2}} \qquad [13.17]$$

Ya que z_P e y_P no dependen de los valores N_1, N_2, las coordenadas de P (y_P,z_P) serán las mismas para cualquier punto A situado en la recta A_1 , A_2, por lo que P será siempre un punto de tensión nula, pasando por él todas las líneas neutras.

Esta importante propiedad se utilizará, en el epígrafe siguiente, para la determinación del núcleo central de la sección.

13.4. NÚCLEO DE LA SECCIÓN

Como hemos visto en el apartado anterior, si en una pieza sometida a compresión excéntrica disminuye la excentricidad y, por tanto, sus proyecciones y_A, z_A, la línea neutra se aleja del c.d.g. de la sección. Llamamos núcleo de la sección al lugar geométrico de los puntos de ataque A tales que las líneas neutras correspondientes no cortan a la sección; la determinación de este lugar geométrico es de particular importancia cuando la pieza sometida a flexión compuesta está realizada con materiales con pequeña o nula resistencia a la tracción, como el hormigón en masa o la fábrica de ladrillo.

El procedimiento para obtener el núcleo de una sección determinada consiste en hacer coincidir la línea neutra, sucesivamente, con los bordes rectos o con las envolventes rectas de la misma como hacemos a continuación y en los ejercicios de autocomprobación, para distintos casos de barras sometidas a compresión y flexión.

a) Sección rectangular (figura 13.11).

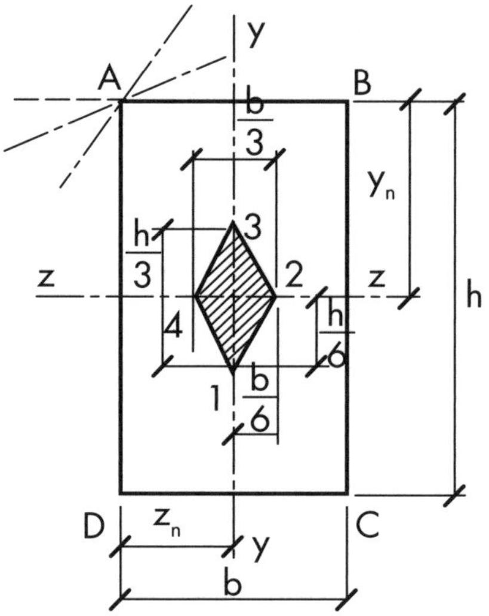

Figura 13.11

Consideramos en primer lugar que la arista AB es la línea neutra; puesto que S=bh, $I_z = \frac{1}{12} bh^3$, podemos escribir: $i_z^2 = \frac{\frac{1}{12} bh^3}{bh} = \frac{h^2}{12}$, por lo que, de acuerdo con la segunda expresión [13.15]:

$$\frac{h}{2} = -\frac{\frac{h^2}{12}}{y_1} \text{ de donde } y_1 = \frac{-\frac{h^2}{12}}{\frac{h}{2}} = -\frac{h}{6}$$

obteniéndose así el punto 1 del núcleo.

Análogamente, si la línea neutra coincide con la arista AD, como $I_y = \frac{1}{12}hb^3$, será

$$i_y^2 = \frac{\frac{1}{12}hb^3}{bh} = \frac{b^2}{12}$$

$$z_2 = \frac{-\frac{b^2}{12}}{\frac{b}{2}} = -\frac{b}{6}$$

de acuerdo con la primera ecuación [13.15].

Para cualquier otra posición de la línea neutra pasando por A, el punto de ataque se moverá sobre la recta 1-2, como vimos en el epígrafe anterior.

Repitiendo el mismo razonamiento para las líneas neutras que pasan por los vértices B,C,D, obtenemos que el núcleo de la sección es un rombo de diagonales $\frac{h}{3}$, $\frac{b}{3}$, como se indica en la figura.

b) Sección circular (figura 13.12).

En este caso, considerando que la línea neutra es la tangente n-n paralela al eje z, se obtiene el punto A del núcleo, utilizando también la segunda de las expresiones [13.15]:

$$I_z = \frac{\pi R^4}{4}; \quad S = \pi R^2$$

$$i_z^2 = \frac{\frac{\pi R^4}{4}}{\pi R^2} = \frac{R^2}{4}; \quad y_A = \frac{-\frac{R^2}{4}}{R} = -\frac{R}{4}$$

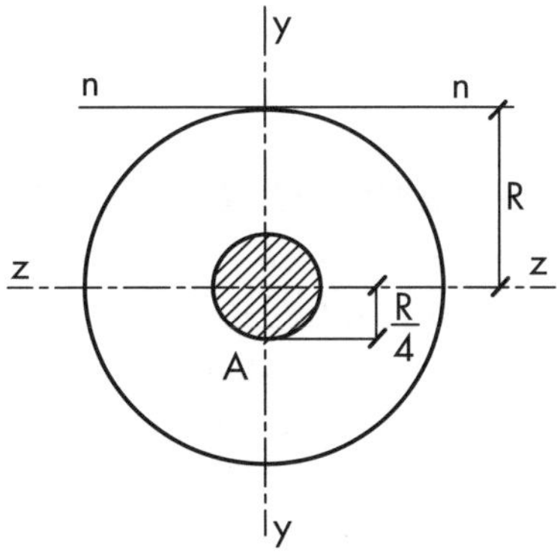

Figura 13.12

El núcleo de la sección, por razones de simetría, es un círculo de radio $\frac{R}{4}$.

- Sección I (figura 13.13)

Haciendo coincidir, sucesivamente, la línea neutra con la arista AB y con la recta AC (envolvente de la sección) obtendremos los puntos 1 y 2 del núcleo:

$$y_1 = -\frac{i_z^2}{\frac{h}{2}} = -\frac{2i_z^2}{h}; \quad z_2 = -\frac{i_y^2}{\frac{b}{2}} = -\frac{2i_y^2}{b}$$

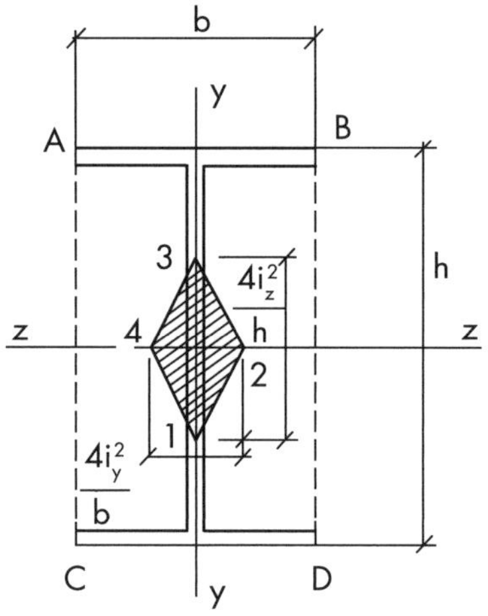

Figura 13.13

El núcleo de la sección es, en este caso, un rombo cuyas diagonales son $\frac{4i_z^2}{h}$; $\frac{4i_y^2}{b}$

Cuando el contorno de la sección se cierre mediante líneas rectas no paralelas a los ejes de coordenadas, se establecerán las ecuaciones de las mismas, determinándose los correspondientes puntos de ataque (que serán vértices del núcleo) mediante la identificación de sus coeficientes con los de la línea neutra, dados por las expresiones [13.12] ó [13.13].

13.5. MATERIALES NO RESISTENTES A TRACCIÓN

Como ya hemos indicado, hay materiales como la fábrica de ladrillo o el hormigón en masa que presentan muy poca resistencia a la tracción, siendo habitual prescindir de la misma, por lo que, cuando en una sección de una barra realizada con uno de estos materiales el punto de ataque de la carga excéntrica a que está sometida es exterior al núcleo, la determinación de la línea neutra no puede hacerse por el procedimiento expuesto anteriormente.

Si se trata de una sección de forma cualquiera, una vez determinada la posición de la línea neutra mediante la ecuación [13.11], se prescinde de la zona sometida a tracción y se calcula nuevamente la posición de la línea neutra, repitiéndose el proceso hasta que sólo exista un área sometida a tensiones de compresión, de forma que su resultante y su momento resultante equilibren al esfuerzo normal N y al momento M que actúan en esa sección.

Cuando la pieza presenta simetría respecto a un eje el procedimiento se simplifica si la carga excéntrica actúa en un punto A, situado sobre dicho eje (figura 13.14).

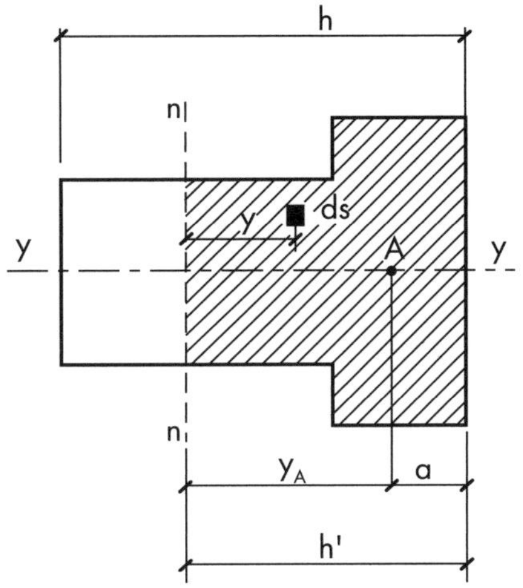

Figura 13.14

La posición del punto A (distancia *a* al borde) es conocida, no siéndolo la distancia y_A a la línea neutra n-n, que separa el área útil S de la sección, sometida a tensiones de compresión (rayada en la figura), de la zona inactiva. Para determinar y_A se admite que las tensiones de compresión, σ, son proporcionales a la distancia del elemento de área, dS, en la que actúan, a la línea n-n: $\sigma = ky$.

La resultante y el momento resultante de estas tensiones deben ser iguales, respectivamente, al esfuerzo N y al momento M que actúan sobre la sección:

$$N = \int_{S_n} \sigma dS = \int_{S_n} kydS = k\int_{S_n} ydS = km_n \qquad [13.18]$$

$$M = N \cdot y_A = \int_{S_n} \sigma ydS = \int_{S_n} ky^2dS = k\int_{S_n} y^2dS = kI_n \qquad [13.19]$$

Dividiendo [13.19] por [13.18] obtenemos:

$$y_A = \frac{I_n}{m_n} \qquad [13.20]$$

I_n, momento de inercia del área útil S_n respecto de n-n, y m_n, momento estático de dicho área respecto del mismo eje, son funciones de la incógnita y_A, por lo que la expresión [13.20] es una ecuación que, resuelta, permite obtener el valor de y_A.

Para la sección rectangular (la más frecuente en la práctica), I_n y m_n se calculan como sigue:

$$I_n = \frac{1}{12} bh'^3 + bh' \cdot \frac{h'^2}{2} = \frac{bh'^3}{3}$$

$$m_n = bh' \times \frac{h'}{2} = \frac{bh'^2}{2}$$

$$y_A = \frac{I_n}{m_n} = \frac{\frac{bh'^3}{3}}{\frac{bh'^2}{2}} = \frac{2}{3} h'$$

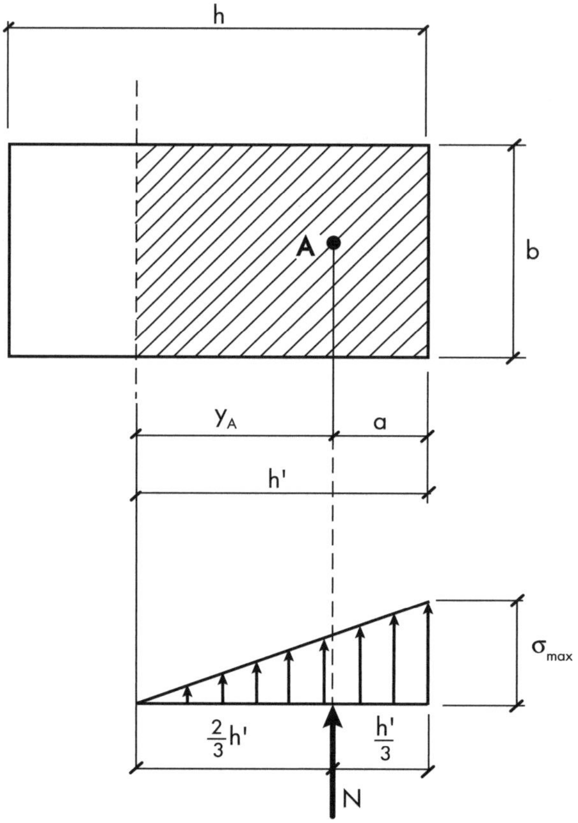

Figura 13.15

pero (ver figura 13.15).

h' = $y_A + a$; sustituyendo:

$$y_A = \frac{2}{3}y_A + \frac{2}{3}a$$

$$\frac{y_A}{3} = \frac{2}{3}a \Rightarrow y_A = 2a$$

El valor máximo de la tensión de compresión se obtiene a partir de la condición de equilibrio:

$$N = \frac{1}{2}\sigma_{max} \cdot bh' \Rightarrow \sigma_{max} = \frac{2N}{bh'}$$

lo que indica que la tensión máxima de compresión es el doble del cociente entre el esfuerzo N y el área de la sección activa S_n=bh'.

13.6. MUROS DE SOSTENIMIENTO

Se emplean los muros de sostenimiento para la contención de aguas o tierras; en su diseño se tienen en cuenta tanto su peso propio como el empuje horizontal ejercido por aguas o tierras, por lo que se trata de elementos estructurales sometidos a flexión compuesta.

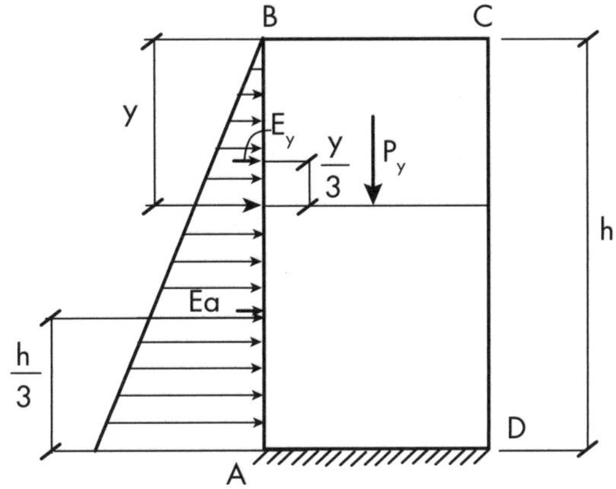

Figura 13.16

El estudio mediante la Teoría de la Elasticidad de estos muros, que están sometidos a un estado de deformación plana, permite deducir que las únicas tensiones importantes son las tensiones normales σ, dirigidas en sentido vertical, cuya determinación, simplificada, hacemos para el muro de contención de aguas, de sección vertical rectangular b·h, representado en la figura 13.16. Considerando un elemento de muro de longitud unitaria, a una profundidad y, la sección transversal correspondiente está sometida a la resultante de las presiones del agua $q_y = \gamma_a y \times 1$.

γ_a es el peso específico del agua, $\gamma_a = 1000$ kg/m^3, por lo que:

$$q_y = 1000y \text{ kg/m}^2$$

La resultante es el empuje horizontal E_y:

$$E_y = \frac{1}{2}1000y^2 \qquad [13.21]$$

cuya línea de acción está situada a distancia y/3 de la sección.

(Para toda la altura del muro la resultante de las presiones es $E_a = \frac{1}{2}1000h^2$, actuando a distancia h/3 de la base).

Asimismo, la sección considerada está sometida al peso del muro situado por encima de la misma, P_y:

$$P_y = \gamma bh \times 1 \qquad [13.22]$$

(γ es el peso específico del material del muro)

Las acciones E_y, P_y determinan que la sección está sometida a flexión compuesta, siendo la expresión de la tensión:

$$\sigma_y = \frac{P_y}{S} \pm \frac{E_y \times \frac{y}{3}}{W} \qquad [13.23]$$

En la expresión [13.23], S = bx1; $W = \frac{1}{6}b^2 \times 1$.

Si el material del muro no resiste tracciones, la resultante de P_y y de E_y ha de pasar, como sabemos por el núcleo central de la sección.

En el dimensionamiento de estos muros tiene particular importancia la determinación de su ancho b de forma que en la base no se originen tracciones ya que el terreno de cimentación en ningún caso admite este tipo de tensiones. Para ello, obligaremos a que la resultante del empuje E_a y del peso total del muro, P, pase por el punto F de la base (figura 4.17) situado en un vértice del núcleo de la sección.

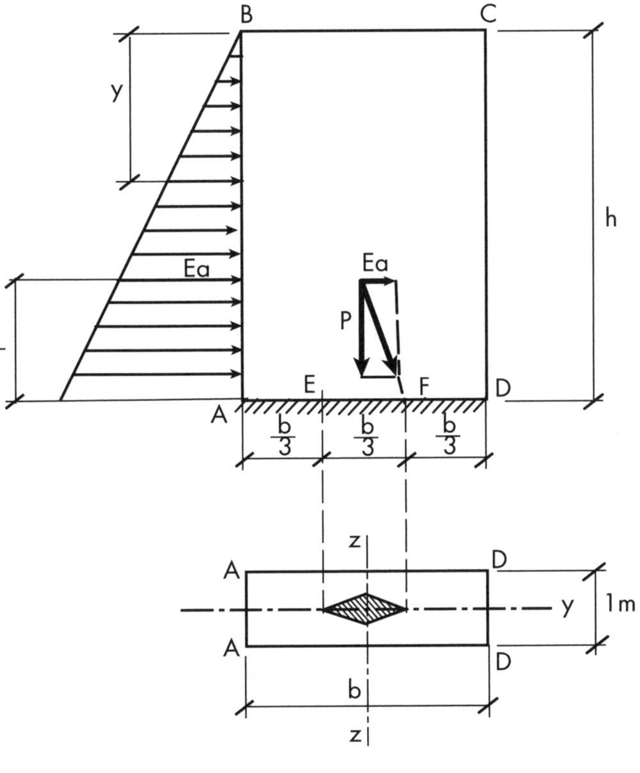

Figura 13.17

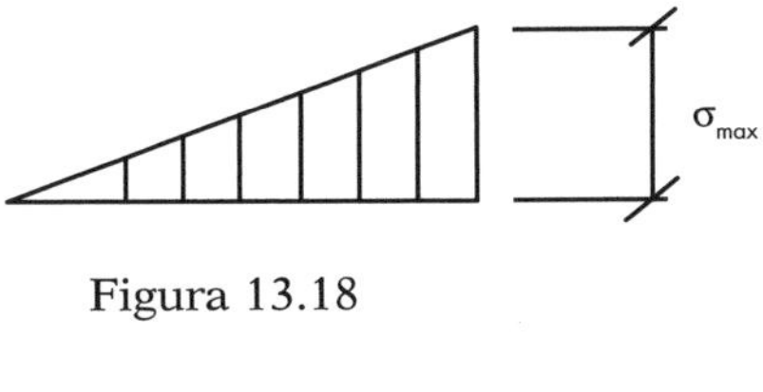

Figura 13.18

Tal condición obliga a que se cumpla la relación:

$$E_a \cdot \frac{h}{3} = \gamma bh \times \frac{b}{6}, \quad \text{es decir} \quad E_a = \frac{\gamma b^2}{2}, \quad \text{de donde obtenemos:}$$

$$b = \sqrt{\frac{2E_a}{\gamma}} \qquad [13.24]$$

Para este valor de b todo el terreno situado bajo el muro está sometido a tensiones de compresión, cuya ley triangular se representa en la figura 13.18 (para mayores valores de b, las tensiones de compresión siguen una ley trapecial, como la de la figura 13.8, cuando $e < \frac{h}{6}$).

Será necesario comprobar también que la tensión máxima σ_{max}, en la arista D-D, es inferior a la admisible por el terreno de cimentación:

$$\frac{1}{2}\sigma_{max} \times b \times 1 = P \Rightarrow \sigma_{max} = \frac{2P}{b} \qquad [13.25]$$

Finalmente, suponiendo que el muro es estable al deslizamiento sobre el terreno, debe calcularse el coeficiente υ de estabilidad al vuelco que ha de ser mayor que la unidad:

$$\upsilon = \frac{M_V}{M_H} \qquad [13.26]$$

M_V es el momento de las fuerzas verticales (momento estabilizante), $M_v = P \times \frac{b}{2}$ y M_H es el momento de las fuerzas horizontales (par de vuelco), $M_H = E_a \cdot \frac{h}{3}$.

Cuando el muro es de contención de tierras los empujes transmitidos por las mismas se determinan según lo prescrito en la norma NBE-AE-88 (Acciones en la edificación) o en el documento DB–SB–AE. Acciones en la edificación, del Código Técnico de la Edificación.

EJERCICIOS DE AUTOCOMPROBACIÓN

1. En la figura se representa una pieza de hierro fundido, cuya sección transversal m-n se indica, en función del espesor t. Se desea dimensionar dicha sección m-n, sabiendo que al estar sometida la pieza a una fuerza de tracción P= 40 kN no deben superarse en ningún punto de dicha sección las tensiones admisibles a tracción (20 MN/m^2) ni a compresión (80 MN/m^2).

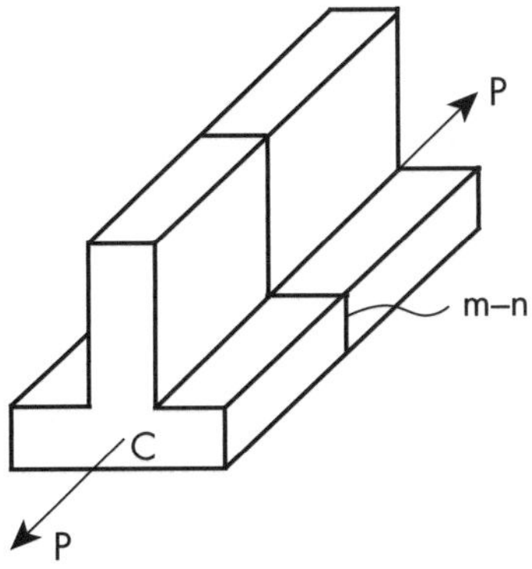

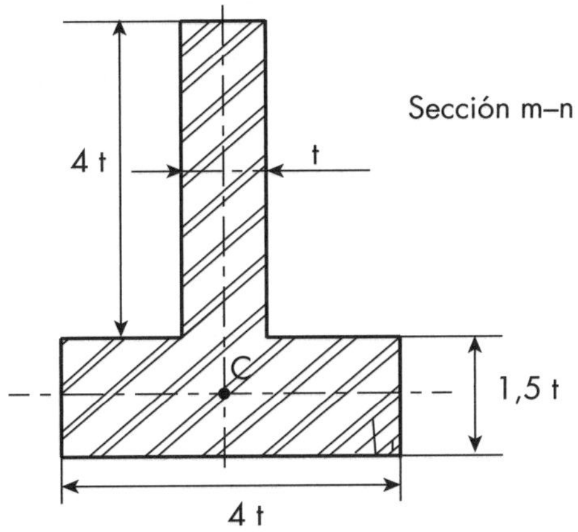

2. El empotramiento de un soporte se realiza sobre un macizo de hormigón, apoyado en el terreno, de dimensiones l×1×0,6 m, tal como se indica en la figura. Las acciones transmitidas por el soporte son V = 12 Tm.; H = 5 Tm; M = 2,5 m·Tm; el peso específico de hormigón es γ = 2,5 Tm/m^3.

Determinar: *1°)* Longitud mínima l para que existan compresiones sobre el terreno en toda la superficie de contacto.

2°) En estas condiciones, cuál será la tensión máxima, comprobando que es inferior a la admisible 2,8 kg/cm^2

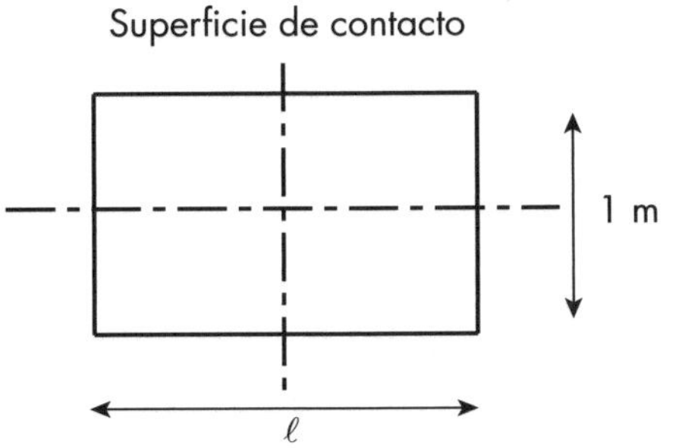

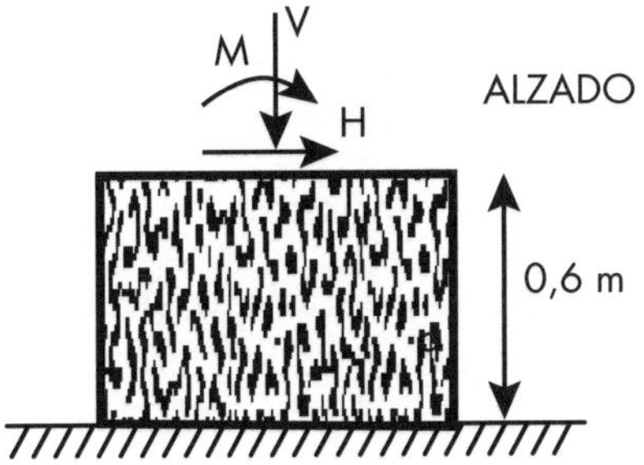

3. Calcular el espesor b_1 que debe tener un muro de sección rectangular, que constituye un dique de contención de agua, para que en la sección de la base, en el punto A, se tenga un valor nulo de la tensión. Determinar el espesor b_2 para que se cumpla la misma condición, suponiendo que la sección del muro es triangular y con la misma altura, h = 9m. Ambos muros son de hormigón en masa, de peso especifico $\gamma = 2500$ kg/m^3.

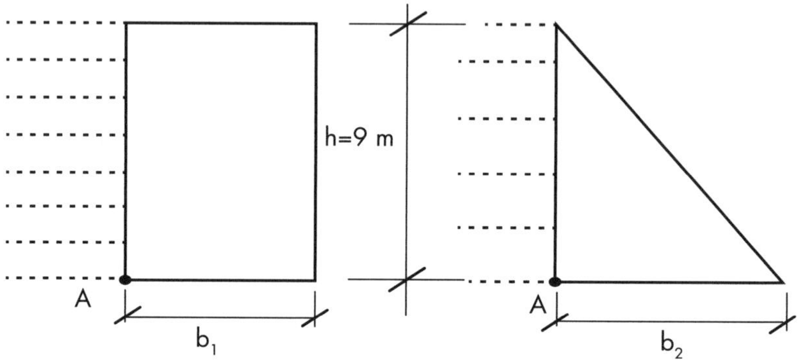

4. Un pilar de ladrillo (peso específico 1600 kg/m^3) de sección cuadrada de 60 cm de lado y 7,5 m de altura soporta en su extremo superior una carga P = 12 Tm que actúa con una excentricidad e = 10 cm, según uno de los ejes de simetría. Determinar los valores máximo y mínimo de las tensiones normales, tanto en el extremo superior como en la base del pilar.

5. Determinar el núcleo central de una sección anular de radios interno y externo R_i y R_e, respectivamente.

6. En la figura se representa la sección transversal de una barra de hormigón en masa (material que no resiste tracciones). Se pide:

a) Determinar el núcleo central de la sección.

b) Suponiendo que una carga P de compresión actúa en el punto H del eje de simetría, determinar la profundidad de la zona fisurada y el máximo valor de P que puede soportar la sección, de forma que no se supere la tensión máxima de compresión, $\sigma_{max} = 280$ kg/cm^2.

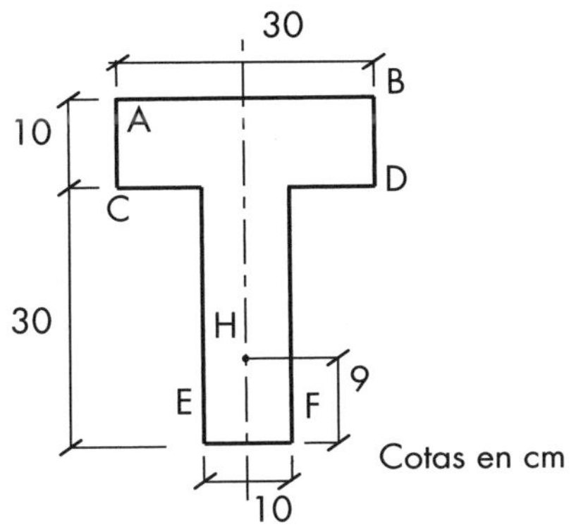

SOLUCIONES DE LOS EJERCICIOS DE AUTOCOMPROBACIÓN

1. Ya que todas las dimensiones de la sección son función del espesor t, resolveremos el problema obteniendo el mínimo valor de t para que se cumplan las condiciones del enunciado.

- Determinación del centro de gravedad G de la sección.

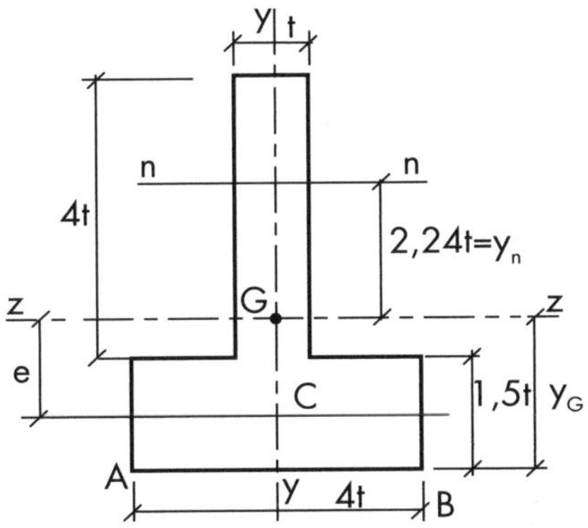

Tomando momentos respecto de la arista AB:

$$4t \times 1{,}5t \times \frac{1{,}5t}{2} + 4t \times t \times 3{,}5t = \left(4t \times 1{,}5t + 4t \times t\right) y_G$$

$$y_G = 1{,}85t$$

Los ejes principales de inercia y-y, z-z, se indican en la figura.

Ya que la carga P actúa en el punto C, su excentricidad es :

$$e = y_G - \frac{1,5t}{2} = 1,85t - 0,75t = 1,1t$$

Para determinar la posición de la línea neutra (y_n), escribimos su ecuación, dada por la tensión σ, normal a la sección, igualada a cero:

$$0 = \frac{P}{S} + \frac{Pe}{I_z} y, \text{o bien } \frac{1}{S} + \frac{e}{I_z} y = 0.$$

Teniendo en cuenta que, $I_z = Si_z^2$, y sustituyendo, la posición de la línea neutra viene dada por:

$$1 + \frac{e}{i_z^2} y_n = 0; \quad y_n = -\frac{i_z^2}{e}$$

$$I_z = \frac{1}{12} t(4t)^3 + t \times 4t \times (1,65t)^2 + \frac{1}{12} 4t \times (1,5t)^3 + 4t \times 1,5t \times (1,1t)^2$$

$$I_z = 24,61t^4$$

$$S = 4t \times 1,5t + 4t \times t = 10t^2$$

$$i_z^2 = 2,461t^2; \quad y_n = -\frac{2,461t^2}{1,1t} = -2,24t$$

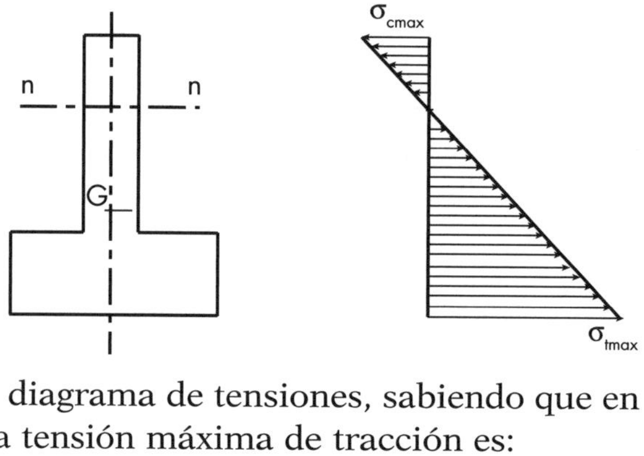

A la vista del diagrama de tensiones, sabiendo que en el c.d.g la tensión normal es P/S, la tensión máxima de tracción es:

$$\sigma_{tmax} = \frac{2,24 + 1,85}{2,24} \frac{P}{S} = 1,82 \frac{P}{S}$$

mientras que la tensión máxima de compresión es:

$$\sigma_{cmax} = -\frac{1,41}{2,24}\frac{P}{S} = -0,63\frac{P}{S}$$

Por tanto, considerando valores absolutos de las tensiones máximas de tracción y compresión:

$$\left|\frac{\sigma_{tmax}}{\sigma_{cmax}}\right| = \frac{1,82}{0,63} = 2,89$$

Teniendo en cuenta que la tensión admisible por tracción es menor que la tensión admisible por compresión, se adopta como más desfavorable la solicitación de tracción para la cual se procede al dimensionamiento:

$$1,82\frac{P}{S} = \sigma_{tadm} = 20 \times 10^6 \text{ N/m}^2$$

$$1,82\frac{40 \times 10^3}{10t^2} = 20 \times 10^6$$

$$t^2 = \frac{1,82 \times 40 \times 10^3}{200 \times 10^6} = 3,64 \times 10^{-4} \text{ m}^2$$

$$t = 1,91 \times 10^{-2} \text{ m} \approx 19,1 \text{ mm}$$

En la figura siguiente se representa la sección con las dimensiones adecuadas para soportar la solicitación indicada.

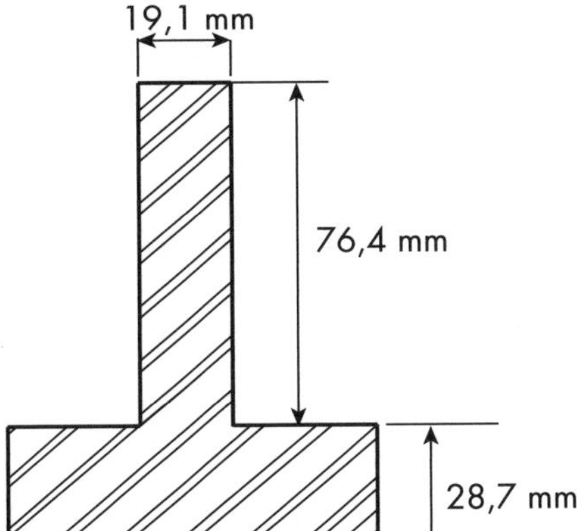

2. 1°) En la superficie de contacto, las distintas solicitaciones son:

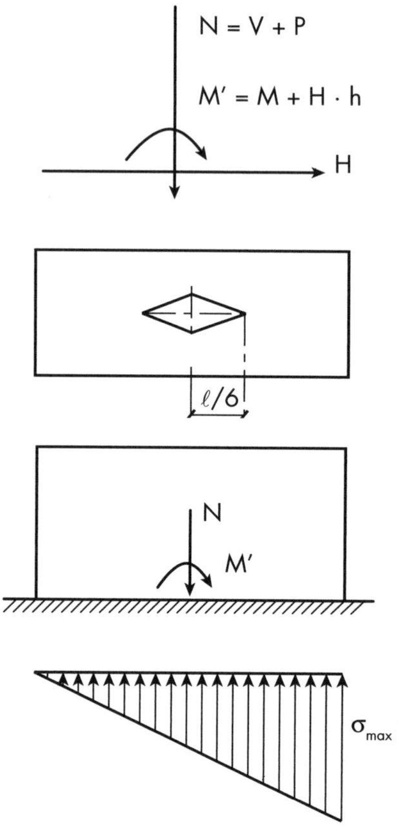

$P = 0,6 \times l \times 2,5 = 1,5l$ Tm

$N = 12 + 1,5l$ Tm

$M' = 2,5 + 5 \times 0,6 = 5,5$ mTm

La excentricidad es:

$$e = \frac{M'}{N} = \frac{5,5}{12 + 1,5l}$$

No habrá compresiones sobre la base si $e = \frac{l}{6}$; en el límite, sustituyendo:

$$\frac{5,5}{12 + 1,5l} = \frac{l}{6}; \quad 33 = 12l + 1,5l^2$$

$$1,5l^2 + 12l - 33 = 0$$

$$l = \frac{-6 \pm \sqrt{36 + 33 \times 1,5}}{1,5} = \frac{-6 \pm 9,25}{1,5}$$

$$\boxed{l = 2,16 \text{ m}}$$

2°) La resultante de las compresiones sobre el terreno ha de igualar al esfuerzo vertical:

$$\frac{1}{2}\sigma_{max} \times 1 \times 2,16 = 12 + 1,5 \times 2,16 = 15,25$$

$$\sigma_{max} = \frac{2 \times 15,25}{2,16} = 14,12 \text{ Tm/m}^2$$

$$\sigma_{max} = 14,12 \frac{10^3}{10^4} \text{kg/cm}^2 = 1,412 \text{ kg/cm}^2 < 2,8$$

3. En el primer caso, sobre la sección de la base actúan las fuerzas P (peso del muro) y E (empuje del agua), cuya resultante R ha de pasar por el núcleo de la sección (consideraremos una profundidad de 1m).

$$E = \frac{1}{2}\gamma_a h \cdot h = \frac{\gamma_a h^2}{2} = \frac{1000 \times 9^2}{2}$$

$$P = \gamma_h \cdot 1 \cdot b_1 \cdot h = 2500 \times 9 \times b_1$$

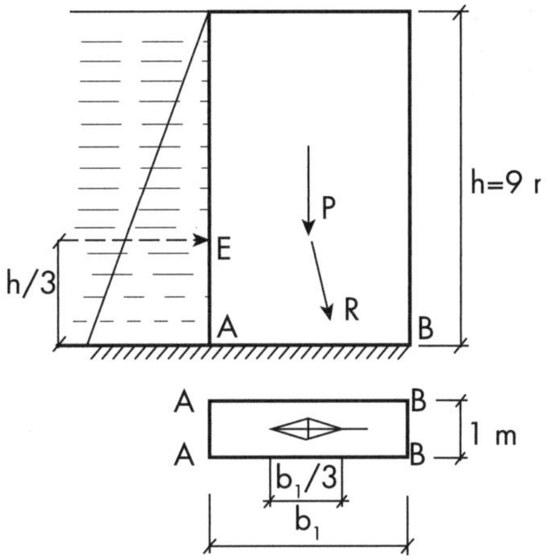

Para que R pase por el extremo del núcleo (caso límite) ha de cumplirse:

$$\frac{\gamma_a h^2}{2}\frac{h}{3} = \gamma_h b_1 h \frac{b_1}{6}; \quad b_1^2 = \frac{\gamma_a}{\gamma_h} h^2;$$

$$b_1 = h\sqrt{\frac{\gamma_a}{\gamma_h}}; \quad b_1 = 9\sqrt{\frac{1000}{2500}} = 5,69 \text{ m}$$

En el 2° caso, deberá cumplirse (como en el 1°) que la resultante R' de las fuerzas P' (peso del muro) y E (empuje del agua) pase por el núcleo de la sección.

$$E = \frac{1}{2}\gamma_a h \cdot h = \frac{\gamma_a h^2}{2}$$

$$P' = \frac{1}{2}\gamma_h \cdot b_2 \cdot h \cdot 1 = \frac{\gamma_h \cdot b_2 \cdot h}{2}$$

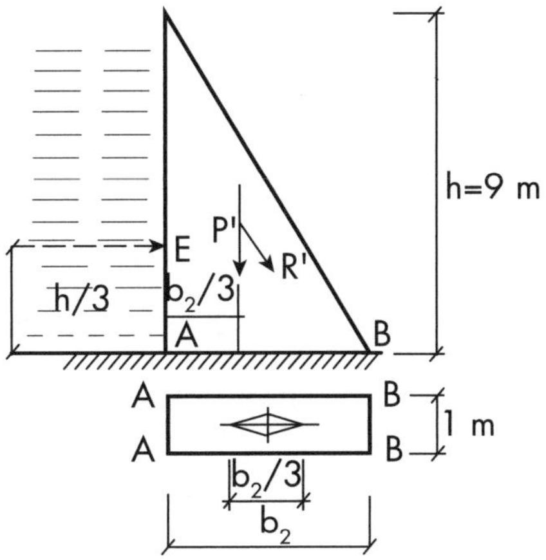

En el caso límite:

$$E\frac{h}{3} = P'\frac{b_2}{3} \Rightarrow \frac{\gamma_a h^2}{2}\frac{h}{3} = \frac{\gamma_h b_2 h}{2} \cdot \frac{b_2}{3}$$

$$\gamma_a h^2 = \gamma_h b_2^2; \quad b_2^2 = \frac{\gamma_a}{\gamma_h} h^2; \quad b_2 = \sqrt{\frac{\gamma_a}{\gamma_h}}$$

$$b_2 = 9\sqrt{\frac{\gamma_a}{\gamma_h}} = 5,69 \text{ m}, \text{ como en el caso anterior.}$$

4. En la sección superior actúa la carga excéntrica P:

Dicha sección está sometida a un a carga centrada P y a un momento flector P·e.

$$\sigma = \frac{P'}{S} + \frac{Pex}{I_z}; \quad S = 60 \times 60 = 3600 \text{ cm}^2; \quad e = 10 \text{ cm}$$

$$I_y = \frac{1}{12} 60^4 = 1080000 \text{ cm}^4$$

$$\sigma = \frac{12000}{3600} + \frac{12000 \times 10x}{1080000}$$

$$\sigma_{max} \left(\text{para x=30}\right) = \frac{12000}{3600} + \frac{12000 \times 10 \times 30}{1080000} = 6{,}67 \text{ kg/cm}^2 \quad \text{(compresión)}$$

$$\sigma_{min} \left(\text{para x=–30}\right) = \frac{12000}{3600} - \frac{12000 \times 10 \times 30}{1080000} = 0$$

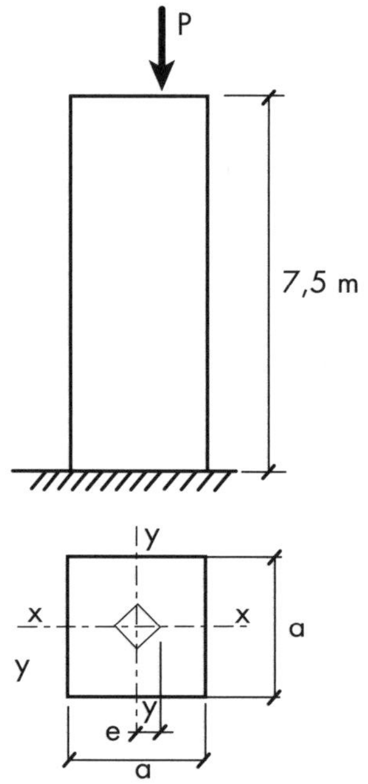

Resultado que cabía esperar, pues la carga actúa en el vértice del núcleo central de la sección (rombo de diagonales $\frac{a}{3} = 20$ cm).

A las tensiones obtenidas habrá que añadir, en la base del pilar, la tensión uniforme de compresión originada por su propio peso:

$$\sigma' = \frac{P'}{S}$$

$$P' = 0{,}6 \times 0{,}6 \times 7{,}5 \times 1600 = 4320 \text{ kg}$$

$$\sigma' = \frac{4320}{3600} = 1{,}2 \text{ kg/cm}^2$$

Por tanto, en la base del pilar; $\left.\begin{array}{l} \sigma_{max} = 7{,}87 \text{ kg/cm}^2 \\ \sigma_{min} = 1{,}2 \text{ kg/cm}^2 \end{array}\right\}$ compresión.

5. La determinación del núcleo central de una sección de este tipo es importante cuando se diseñan y ejecutan chimeneas de gran altura, realizadas en materiales sin resistencia a tracción, como la fábrica de ladrillo o el hormigón en masa.

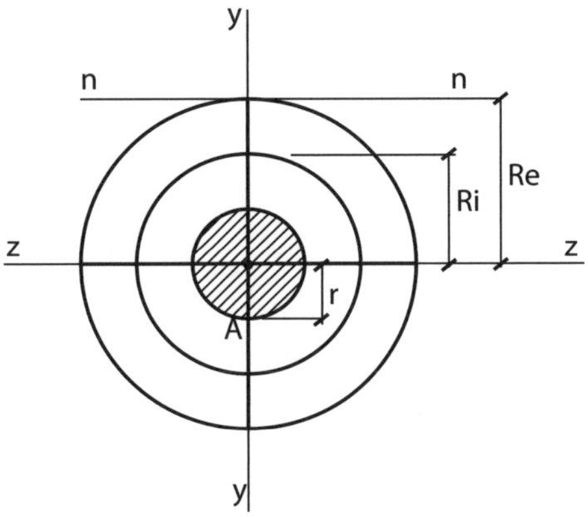

Procediendo de la misma forma que para la sección circular, se hará coincidir la línea neutra con la tangente al contorno exterior paralela al eje z:

$$I_z = \frac{\pi}{4}\left(R_e^4 - R_i^4\right); \quad S = \pi\left(R_e^2 - R_i^2\right.$$

De acuerdo con la 2ª expresión [13.15]:

$$y_A = -\frac{i_z^2}{R_e} = -\frac{R_e^2 + R_i^2}{4R_e}$$

Por razones de simetría, el núcleo central será un círculo de radio $y_A = r$.

6. *a)* Para determinar el núcleo de la sección será necesario obtener, en primer lugar, las características geométricas de la sección.

- Posición del centro de gravedad, que por simetría estará situado sobre el eje de simetría (z_G=0).

  Tomando momentos respecto a la arista EF:

  $$y_G(10 \times 30 + 30 \times 10) = 10 \times 30 \times 35 + 10 \times 30 \times 15$$

  $$y_G = 25 \text{ cm}$$

  El área de la sección es:

  $$S = 10 \times 30 + 30 \times 10 = 600 \text{ cm}^2$$

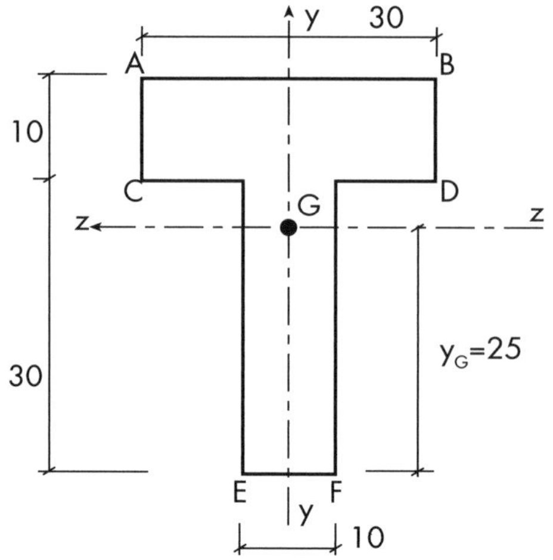

Los momentos de inercia respecto a los ejes principales y-y, z-z son:

$$I_y = \frac{1}{12}10\times 30^3 + \frac{1}{12}30\times 10^3 = \frac{5}{2}10^4 \text{ cm}^4$$

$$I_z = \frac{1}{12}30\times 10^3 + 30\times 10(5+5)^2 + \frac{1}{12}10\times 30^3 + 10\times 30\times 10^2 = \frac{17}{2}10^4 \text{ cm}^4$$

De acuerdo con [13.12] la ecuación de la línea neutra es:

$$\frac{1}{S} + \frac{z_A z}{I_y} + \frac{y_A y}{I_z} = 0$$

Cuando la línea neutra coincida con las líneas rectas que cierran el contorno de la sección y_A, z_A serán las coordenadas de un vértice del núcleo.

- Línea neutra coincidente con AB ⇒ vértice 1 del núcleo:

$$\left.\begin{array}{l} \dfrac{1}{S} + \dfrac{z_1 z}{I_y} + \dfrac{y_1 y}{I_z} = 0 \\ y = 15 \end{array}\right\} \text{ identificando:}$$

$$z_1 = 0; \quad \frac{15y_1}{I_z} = -\frac{1}{S}; \quad y_1 = -\frac{I_z}{15S} = -\frac{\frac{17}{2}10^4}{15\times 600} = -9{,}44 \text{ cm}$$

- Línea neutra coincidente con EF $\Rightarrow$ vértice 4 del núcleo:

$$\left.\begin{array}{l}\frac{1}{S}+\frac{z_4 z}{I_y}+\frac{y_4 y}{I_z}=0\\ y=-25\end{array}\right\}\quad \text{identificando:}$$

$$z_4=0;\quad \frac{-25y_4}{I_z}=-\frac{1}{S};\quad y_4=\frac{I_z}{25S}=\frac{\frac{17}{2}10^4}{25\times 600}=5{,}67\text{ cm}$$

- Línea neutra coincidente con AC $\Rightarrow$ vértice 2 del núcleo:

$$\left.\begin{array}{l}\frac{1}{S}+\frac{z_2 z}{I_y}+\frac{y_2 y}{I_z}=0\\ z=15\end{array}\right\}\quad \text{identificando:}$$

$$y_2=0;\quad \frac{15z_2}{I_y}=-\frac{1}{S};\quad z_2=-\frac{I_y}{15S}=-\frac{\frac{5}{2}10^4}{15\times 600}=-2{,}78\text{ cm}$$

- Línea neutra coincidente con CE $\Rightarrow$ vértice 3 del núcleo.

Al pasar la recta CE por los puntos C (5,15) y E (–25,5) su ecuación es:

$$\frac{y-5}{z-15}=\frac{-25-5}{5-15}=+\frac{30}{10}=3$$

$$y-5=3z-45$$

$$3z-y-40=0 \qquad \text{(A)}$$

Esta expresión debe identificarse con:

$$\frac{1}{S}+\frac{z_3 z}{I_y}+\frac{y_3 y}{I_z}=0$$

Sustituyendo S, I_y, I_z por sus valores y transformando la ecuación (A) para igualar los términos independientes:

$$\left.\begin{aligned} &\frac{1}{600}+\frac{z_3 z}{\frac{5}{2}10^4}+\frac{y_3 y}{\frac{17}{2}10^4}=0 \\ &+\frac{40}{600\times 40}-\frac{3}{600\times 40}z+\frac{1}{600\times 40}y=0 \end{aligned}\right\} \text{ identificando}$$

$$\frac{z_3}{\frac{5}{2}10^4}=-\frac{3}{600\times 40};\quad z_3=-\frac{15\times 10^4}{600\times 80}=-3{,}125 \text{ cm}$$

$$\frac{y_3}{\frac{17}{2}10^4}=\frac{1}{600\times 40};\quad y_3=\frac{17\times 10^4}{600\times 80}=3{,}54 \text{ cm}$$

No es necesario obtener más vértices del núcleo, pues los puntos 5 y 6 serán simétricos de los puntos 3 y 2.

b) En principio, para obtener la línea neutra habría que utilizar la expresión [13.20], pero al ser $3a$ = 27 cm< 30, la línea marcada --------- es la línea neutra. La profundidad de la zona fisurada es 27 cm.

$$\frac{1}{2}\sigma_{max}\times 27\times 10=P_{max}$$

$$\frac{1}{2}280\times 27\times 10=P_{max}$$

$$P_{max}=37800 \text{ kg}$$

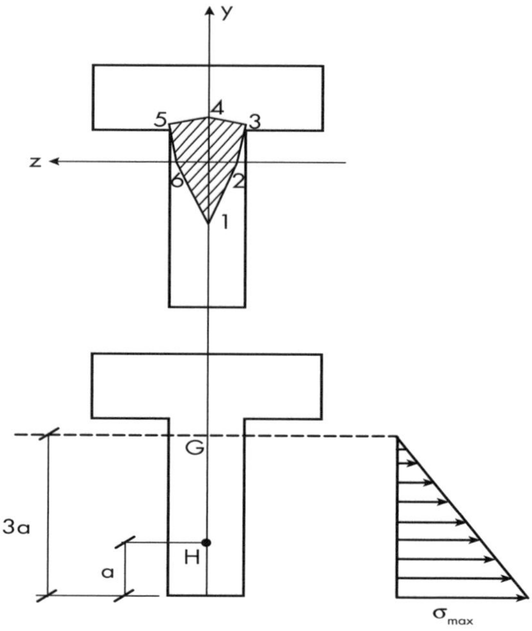

Tema 14

Inestabilidad en sistemas elásticos deformables

14.1. INTRODUCCIÓN

En el estudio de los sólidos elásticos hemos considerado que las deformaciones experimentadas por sus puntos, originadas por una determinada solicitación, no inciden en la forma de actuación de las distintas cargas aplicadas sobre dichos sólidos. Así, en Teoría de la Elasticidad, suponemos que son pequeños tanto los desplazamientos como las deformaciones propiamente dichas, considerando como principio básico de la Resistencia de Materiales el de rigidez relativa[1].

Sin embargo, existen problemas en los que no es posible admitir estas hipótesis, como es el caso de las barras esbeltas sometidas a compresión excéntrica, cuyo estudio no puede hacerse a través del sencillo método expuesto en el tema anterior, como aplicación del principio de superposición de efectos.

En este problema, en el que no se cumple el principio de rigidez relativa, se producen grandes desplazamientos y deformaciones de los puntos del sólido, que se traducen en la pérdida de estabilidad del mismo.

Antes de abordar el estudio del caso indicado expondremos brevemente los conceptos referentes a los sólidos y sistemas deformables, en los que puede producirse el fenómeno de inestabilidad.

14.2. ESTABILIDAD

Se entiende por estabilidad aquella propiedad de los sólidos o sistemas elásticos que les permite mantener su forma mientras actúan las cargas exteriores. En ausencia de esta propiedad, el sistema considerado es inestable.

---

[1] Ver capítulos 1 y 5.

Para que la configuración adoptada por un sólido o un sistema de sólidos sea estable es necesario no sólo que el conjunto de fuerzas que actúan sobre el mismo esté en equilibrio, sino, además, que este equilibrio sea estable. En caso contrario (equilibrio inestable), la configuración es completamente insegura, puesto que cualquier perturbación separa al sistema de la misma; en el caso límite (o equilibrio indiferente), el sistema puede mantener su configuración o adoptar otras próximas a ella.

En las figuras 14.1, 14.2 y 14.3, se indican, para una pequeña esfera, únicamente sometida a su peso propio, las situaciones de equilibrio estable, inestable o indiferente, según se encuentre apoyada en el punto más bajo de una superficie cóncava, en el punto más alto de una superficie convexa o sobre una superficie plana.

Figura 14.1

Figura 14.2

Figura 14.3

Es fácil ver el comportamiento de la esfera en cada uno de los tres casos cuando se la separa de su posición inicial por medio de cualquier perturbación.

Figura 14.4

Por lo que se refiere a sistemas elásticos, el ejemplo más sencillo de pérdida de estabilidad es el de la barra esbelta comprimida, representada en la figura 14.4. Cuando el esfuerzo P alcanza determinado valor la barra pierde su configuración rectilínea, flectándose lateralmente, por lo que desaparece su estabilidad.

Para la mayor parte de los sistemas elásticos el análisis de su estabilidad permite determinar para qué valores de las cargas exteriores se hace inestable la configuración inicial de equilibrio estable, recibiendo tales valores el nombre de cargas críticas.

Antes de estudiar el fenómeno de inestabilidad de la barra esbelta comprimida axialmente, que recibe el nombre de pandeo o flexión lateral, consideraremos, como ya hemos indicado, el caso de la barra esbelta comprimida excéntricamente.

14.3. BARRA ESBELTA SOMETIDA A COMPRESIÓN EXCÉNTRICA

En este caso (figura 14.5), la pieza no está sometida, como vimos en el epígrafe 13.3 (figura 13.7), a la superposición del esfuerzo de compresión P y el momento flector constante M=Pe, ya que este último varía a lo largo de la altura de la barra al no ser despreciables los desplazamientos de los puntos de su eje frente a la excentricidad e[2]. Para una sección cualquiera, será:

$$M = -P\,(f + e - y) \tag{14.1}$$

(El signo del momento es negativo, pues tiende a hacer la elástica más convexa).

Como sabemos, para barras de sección constante, la ecuación diferencial de la línea elástica es:

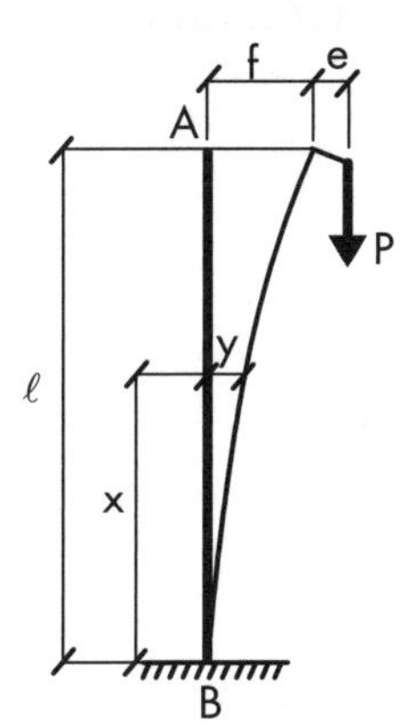

Figura 14.5

$$EI_z \frac{d^2y}{dx^2} = -M \tag{14.2}$$

por lo que sustituyendo obtenemos:

$$EI_z \frac{d^2y}{dx^2} = P(f+e-y) \tag{14.3}$$

Si hacemos $k^2 = \dfrac{P}{EI_z}$, la ecuación diferencial [14.3] se expresa como sigue:

$$\frac{d^2y}{dx^2} + k^2 y = k^2 (f+e) \tag{14.4}$$

---

[2] Se supone, al iual que en el acaso de pieza no esbelta, que la carga es excéntrica sólo en dirección y, produciendose la flexión en el plano xy.

cuya integración conduce a la siguiente expresión:

$$y = C_1 \text{ sen kx} + C_2 \cos \text{kx} + (f+e) \quad [14.5]$$

[(f+e) es la solución particular de la ecuación [14.4]].

Para determinar las constantes de integración, tendremos en cuenta que en el empotramiento B(x = 0), son nulos los valores tanto de y como de $\frac{dy}{dx}$, verificándose:

$$\left.\begin{array}{l} 0 = C_2 + (f+e) \\ 0 = C_1 \end{array}\right\} \quad [14.6]$$

siendo, por tanto, la ecuación de la línea elástica:

$$y = -(f+e)\cos kx + (f+e) = (f+e)(1-\cos kx) \quad [14.7]$$

En esta última ecuación el valor de f no es conocido, pero puede determinarse haciendo x = l:

$$f = (f+e)(1-\cos kl)$$

despejando f:

$$f = \frac{e(1-\cos kl)}{\cos kl} \quad [14.8]$$

Finalmente sustituyendo en [14.7]

$$y = \frac{e}{\cos kl}(1-\cos kx) \quad [14.9]$$

El momento flector máximo, en el empotramiento B, es:

$$M_{max} = P(f+e) = \frac{Pe}{\cos kl} \quad [14.10]$$

A la vista de las expresiones [14.8] y [14.10] que dan el valor de la flecha en el extremo de la barra y el momento flector máximo es conveniente hacer las siguientes observaciones:

a) Para valores pequeños de P, kl es también pequeño, por lo que podemos sustituir, en el numerador de la expresión [14.8], cos kl por su desarrollo en serie de Taylor, limitado a sus dos primeros términos, $\cos kl = 1 - \frac{k^2 l^2}{2}$, mientras que en el denominador tomaremos como valor aproximado la unidad. Así pues:

$$f \approx \frac{e\left(1 - 1 + \frac{k^2 l^2}{2}\right)}{1} = \frac{e k^2 l^2}{2} = \frac{P e l^2}{2EI_z} \qquad [14.11]$$

Como puede fácilmente comprobarse utilizando el 2.° teorema de Mohr, éste es el valor correspondiente a la flecha en el extremo de la barra sometida al par Pe indicada en la figura 14.6.

Para valores pequeños de P, de acuerdo con [14.11] la flecha crece proporcionalmente a la carga; mientras que para mayores valores debe utilizarse la expresión [14.8], aumentando rápidamente el valor de la flecha que tiende a crecer indefinidamente cuando $kl = \frac{\pi}{2}$.

En la tabla 14.1 se indican los valores de la flecha f para distintos valores de kl.

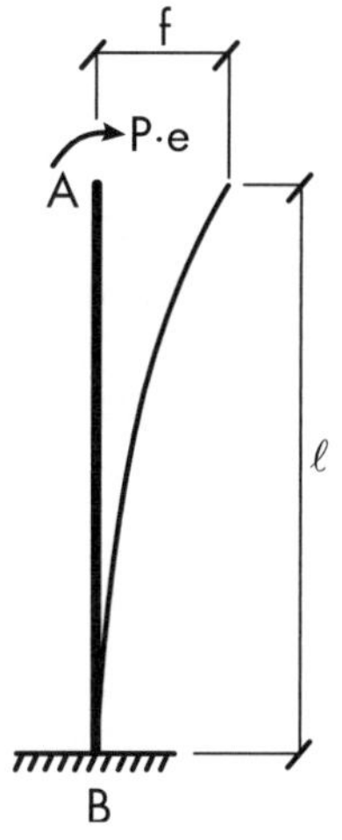

Figura 14.6

Tabla 14.1

kl	f
0,1	0,005021·e
0,5	0,1395·e
1,0	0,8508·e
1,5	13,14·e
$\frac{\pi}{2}$	∞

Cuando $kl = \frac{\pi}{2}$, el valor de P es:

$$P_{crit} = \frac{\pi^2 EI_z}{4l^2} \qquad [14.12]$$

carga crítica para la que la flecha se hace infinitamente grande, por lo que no existe ninguna posición de equilibrio, deformándose la barra hasta su rotura.

b) Si la excentricidad, e, de la carga P, fuese en dirección z, la flexión se produciría en el plano xz y el valor de la carga crítica sería:

$$P_{crit} = \frac{\pi^2 EI_y}{4l^2} \qquad [14.13]$$

Cuando la excentricidad e no se produce según ninguno de los ejes principales de inercia de la sección, debe descomponerse el par Pe en sus componentes que actúan en los dos planos principales, obteniéndose, en cada uno, la deformación mediante el método expuesto.

c) En la compresión excéntrica de la barra esbelta, las deformaciones originadas por el par Pe modifican sustancialmente la actuación de la carga axial P que produce no sólo compresión, sino, además, flexión adicional, por lo que la deformación total no puede obtenerse como suma de las producidas por el esfuerzo de compresión, P y el momento flector Pe, *no siendo de aplicación el principio de superposición de efectos.*

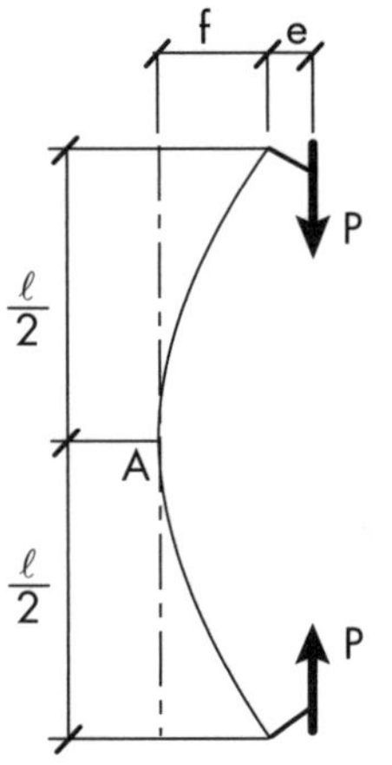

Figura 14.7

d) El estudio realizado para la barra empotrada en un extremo y libre en el otro, de la figura 14.6, comprimida excéntricamente, puede extenderse a la barra comprimida excéntricamente por dos fuerzas iguales y opuestas representada en la figura 14.7, en la que la sección central A no gira, por razones de simetría, por lo que, para cada mitad de la barra, podemos establecer expresiones análogas a las [14.8] y [14.10] para obtener tanto la flecha f como el momento flector máximo, M_{max}:

$$f = \frac{e\left(1 - \cos\frac{kl}{2}\right)}{\cos\frac{kl}{2}} \qquad [14.14]$$

$$M_{max} = \frac{Pe}{\cos\frac{kl}{2}} \qquad [14.15]$$

El valor de la carga crítica será, en este caso:

$$P_{crit} = \frac{\pi^2 EI_z}{4\left(\frac{l}{2}\right)^2} = \frac{\pi^2 EI_z}{l^2} \qquad [14.16]$$

que como veremos, es similar al obtenido por Euler en el estudio de la barra esbelta articulada en sus extremos, sometida a compresión centrada.

e) Si en la barra de la figura 14.5 la excentricidad e tiende a cero, la expresión [14.8] tomará, en el límite, el valor:

$$f = 0\frac{1 - \cos kl}{\cos kl}$$

Cuando $kl \neq \frac{\pi}{2}$, la flecha es nula, permaneciendo la configuración rectilínea de la barra; no ocurre lo mismo necesariamente en el caso de que sea $kl = \frac{\pi}{2}$, ya que cos kl se anula y la flecha toma el valor indeterminado, $f = 0 \times \infty$, por lo que puede ser distinta de cero, no manteniéndose la configuración rectilínea.

En este caso, el valor de P es:

$$P_{crit} = \frac{\pi^2 EI_{min}}{4l^2} \qquad [14.17]$$

En [14.17] hemos escrito I_{min} y no I_y ó I_z como hacemos (expresiones [14.12] y [14.13]) cuando la carga es excéntrica. La explicación es la siguiente:

Cuando la carga es excéntrica la barra flecta en el plano principal que la contiene, mientras que cuando es centrada su flexión se produce en el plano de menor rigidez[3].

La diferencia entre los casos de compresión excéntrica y compresión centrada consiste en que en el primero de ellos la barra comienza a flectar para cualquier valor de P, haciéndose la flecha infinitamente grande cuando $P = P_{crit}$; si la compresión es centrada, la barra se mantiene recta para $P < P_{crit}$, flectando repentinamente para $P = P_{crit}$, perdiendo su estabilidad. Aunque la barra esté flectando en el plano de mayor rigidez, si la excentricidad es pequeña, su inestabilidad se producirá para el valor de P_{crit} dado por [14.17], flectando repentinamente en el plano de menor rigidez.

Al fenómeno de pérdida de estabilidad de la barra sometida a carga excéntrica o centrada se le conoce habitualmente con el nombre de pandeo.

14.4. PANDEO DE UNA BARRA ESBELTA, ARTICULADA EN SUS EXTREMOS, SOMETIDA A COMPRESIÓN CENTRADA

Consideremos (figura 14.8) una barra articulada en sus extremos, sometida a una fuerza axial de compresión P y supongamos que, accidentalmente, el eje de la pieza se ha desplazado de su posición de equilibrio, originándose, por tanto, un momento flector M=Py.

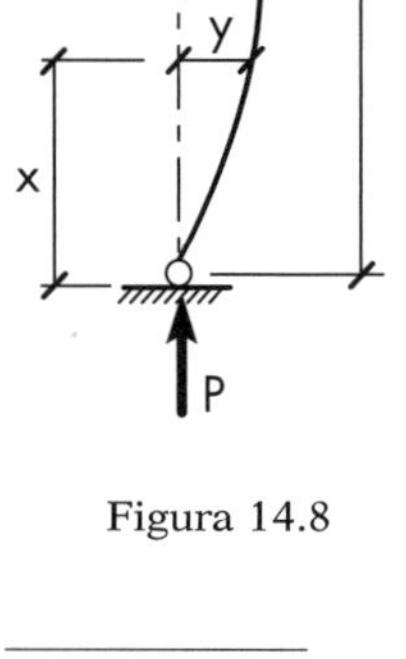

Figura 14.8

La ecuación diferencial de la línea elástica de la figura es:

$$EI_{\min} \frac{d^2y}{dx^2} = -M = -Py \qquad [14.18]$$

Si hacemos $k^2 = \dfrac{P}{EI_{\min}}$, se obtiene:

$$\frac{d^2y}{dx^2} + k^2 y = 0 \qquad [14.19]$$

[3] I_{min} es el menor de los valores I_y, I_z, pues los ejes y,z son los ejes principales de inercia de la sección.

ecuación diferencial cuya integración es:

$$y = C_1 \text{ sen } kx + C_2 \cos kx \qquad [14.20]$$

determinándose C_1 y C_2 para las condiciones de contorno correspondientes a los extremos articulados de la barra:

- Para $x = 0$, $y = 0 \Rightarrow C_2 = 0$
- Para $x = l$, $y = 0 \Rightarrow 0 = C_1 \text{ sen } kl$

Esta última condición se verifica para $C_1 = 0$ (la barra se mantiene recta) y para kl =0, lo que ocurre cuando $kl = n\pi$, siendo n un número entero. El primer valor aceptable es $n = 1$ (no puede ser $n = 0$, pues tanto k como l no son nulos), es decir $kl = \pi$ y por tanto,

$$P_{crit} = P_E = k^2 EI_{min} = \frac{\pi^2 EI_{min}}{l^2} \qquad [14.21]$$

En [14.21] el valor de la carga crítica, P_E es la determinada por Euler que estudió el problema y estableció el valor de dicha carga en 1744.

En la deducción de P_E se ha utilizado, en el planteamiento e integración de la ecuación de la línea elástica el momento de inercia I_{min}, ya que la flexión lateral (pandeo) se producirá en el plano de menor rigidez.[4]

Para explicar el fenómeno podemos hacer los razonamientos siguientes:

a) Consideremos (figura 14.9) una barra articulada en sus extremos sometida a compresión, siendo la carga perfectamente centrada y no existiendo rozamientos en las articulaciones. En estas condiciones, en cualquier sección transversal de la barra se originan tensiones normales σ que equilibran al esfuerzo $P(\sigma = P/S)$, por lo que la barra se encuentra en equilibrio; para determinar si este equilibrio es estable, supongamos que flectamos accidentalmente la barra, haciendo a continuación que desaparezca la acción perturbadora (figura 14.10)

En principio aparecen, en la misma sección transversal otras tensiones normales originadas por el momento flector $M_e = Py$, que tiende a aumentar la curvatura de la barra.

---

[4] Si $I_{min} = I_y$, la flexión se produce en el plano xz, debiendo sustituirse y por z en las explexiones [14.18], [14.19] y [14.20].

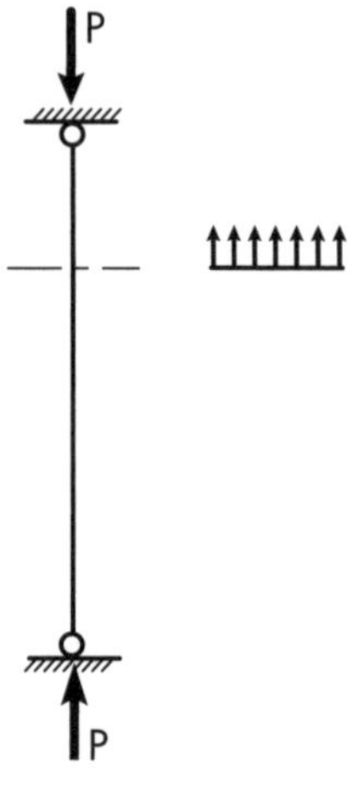

Figura 14.9

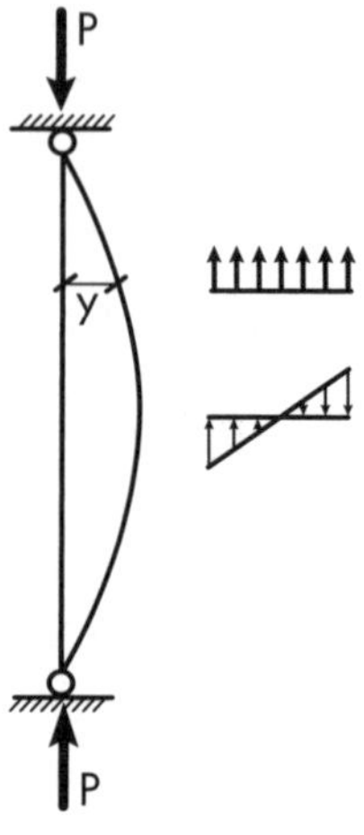

Figura 14.10

La desaparición de la acción perturbadora significa la aparición de unas tensiones de flexión contrarias a las originadas por M_e que determinarán un momento interior M_i que tiende a enderezar la barra y que depende, únicamente de la curvatura (1/r) que ésta ha experimentado.

El momento exterior M_e depende de la deformación y de la carga P. Si ésta es pequeña, será $M_e < M_i$ y el equilibrio es estable, manteniéndose la configuración rectilínea. Para valores muy grandes de P es $M_e > M_i$ y el equilibrio es inestable, existiendo un valor, $P = P_E$, para el que resulta $M_e = M_i$, por lo que el equilibrio es indiferente, por lo que no sólo es posición de equilibrio la rectilínea sino también lo pueden ser distintas configuraciones curvas: Precisamente para el estado de equilibrio indiferente se inicia el fenómeno de inestabilidad o pandeo por flexión lateral.

b) Se ha comprobado, por tanto, que en las barras esbeltas comprimidas axialmente, el pandeo se presenta, espontáneamente, cuando la carga P alcanza el valor P_E, aunque no existan imperfecciones en la barra y en el centrado de la carga (en la práctica siempre existen imperfecciones que facilitan el comienzo del fenómeno).

Al alcanzarse el valor P_E se inicia el pandeo, bastando un aumento de muy pequeño valor de la carga para que aumente en gran proporción la flexión lateral, lo que equivale, en la práctica, al colapso de la barra al haber cesado su resistencia.

c) Como conclusión puede decirse que, mientras el equilibrio es estable la barra sólo se deforma acortándose, estando sometida, únicamente a tensiones de compresión. La inestabilidad ($P = P_E$) provoca la aparición de una nueva solicitación (momento flector) y una nueva deformación (flexión lateral).

El razonamiento expuesto es también de aplicación para la barra esbelta comprimida excéntricamente de la figura 14.5, por lo que podemos afirmar que cuando la flecha se hace indeterminada ($f = 0 \cdot \infty$) como vimos en el epígrafe anterior, siempre tomará valores distintos de cero, facilitándose el fenómeno de pandeo por las excentricidades geométricas y de carga, prácticamente inevitables.

14.5. OTROS CASOS DE BARRAS ESBELTAS SOMETIDAS A COMPRESIÓN CENTRADA

La integración de las ecuaciones diferenciales [14.3] y [14.19] nos ha permitido obtener las cargas críticas de pandeo en los casos de barras esbeltas sometidas a compresión centrada cuando su sustentación es la indicada en las figuras 14.5 y 14.8, obteniéndose los valores siguientes:

$$P_{crit} = \frac{\pi^2 EI_{min}}{4l^2} \qquad [14.17]$$

$$P_{crit} = P_E = \frac{\pi^2 EI_{min}}{l^2} \qquad [14.21]$$

El valor dado por [14.17] es independiente, como hemos visto, del valor de la excentricidad e de la carga de compresión, escribiéndose tanto en esta expresión como en [14.21] el momento de inercia I_{min} respecto del eje principal y ó z, por las razones indicadas en el epígrafe 14.3.

Para cualquier otra barra esbelta sometida a compresión centrada, el valor de la carga crítica de pandeo se obtendrá integrando la correspondiente ecuación diferencial, que dependerá tanto de las condiciones de sustentación en los extremos de la barra como de la posición de la carga o cargas que actúan sobre la misma.

Las disposiciones más importantes, como recoge la norma EA-95, en su capítulo 3.2 («Piezas de directriz recta sometidas a compresión») son las que indicamos (casos I a V) en la figura 14.11.

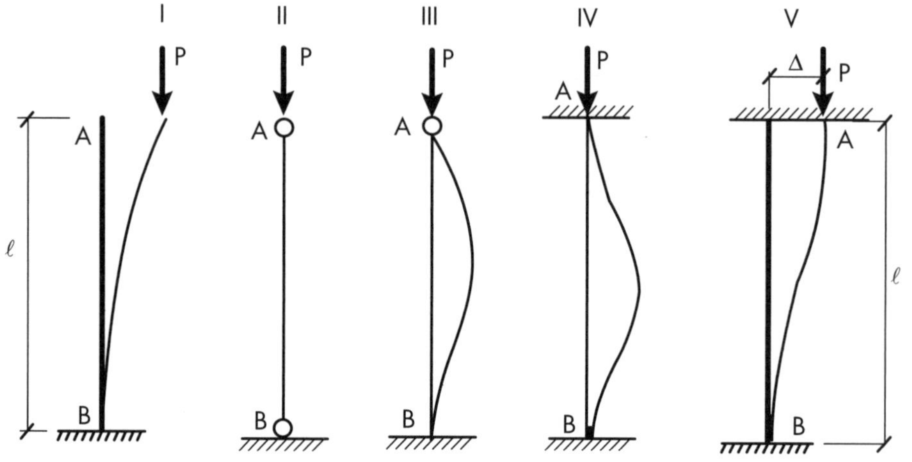

Figura 14.11

Como veremos en el epígrafe siguiente, el caso II, (barra articulada en sus extremos) suele recibir el nombre de «caso fundamental», al que pueden referirse los demás. El valor de la carga crítica, dado por [14.21], se denomina, habitualmente, carga de Euler, P_E.

Para el caso I (barra empotrada en un extremo y libre en el otro) el valor [14.17] puede obtenerse también a partir de la representación de la figura 14.7, haciendo e = 0.

Para la barra empotrada en sus extremos (caso IV), deben aparecer unos pares M en los mismos, de forma que la elástica tomará la forma indicada en la figura 14.12. La superposición de los efectos de M y P es equivalente a la carga P excéntrica, representada en la figura 14.13, de forma que sea e = M/P. La elástica será cortada por la línea de acción de P en los puntos C y D, que serán, por tanto, puntos de inflexión de la misma.

Cuando P alcance el valor que origina la pérdida de estabilidad (carga crítica de pandeo) los tramos AC y BD se comportan, cada uno, como una barra empotrada-libre (caso I), de longitud l', mientras que el tramo CD lo hace como barra articulada-articulada (caso II). Ha de cumplirse:

$$P_{crit} = \frac{\pi^2 EI_{min}}{(2l')^2} = \frac{\pi^2 EI_{min}}{(l'')^2} \qquad [14.22]$$

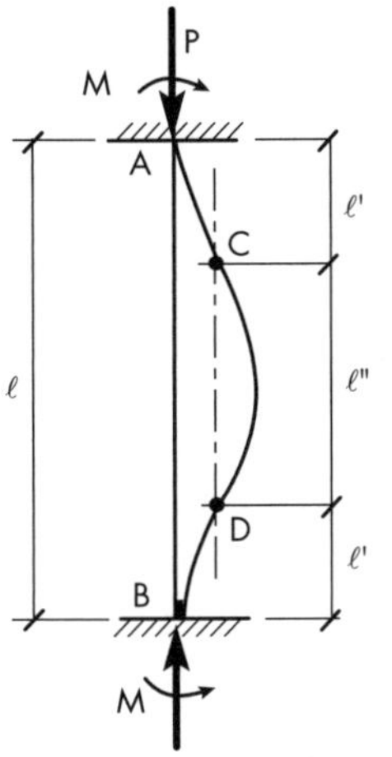

Figura 14.12

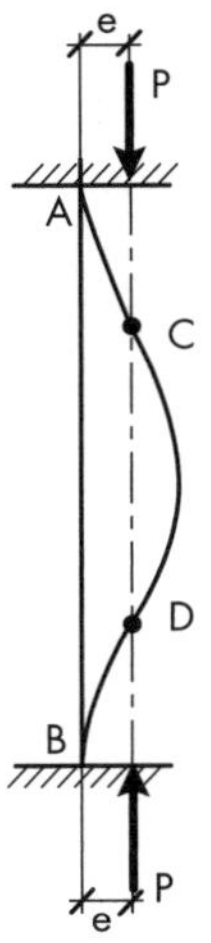

Figura 14.13

Debiendo ser $l'' = 2l'$ y, por tanto, $l' = l/4$, $l'' = l/2$

Sustituyendo en [14.22]:

$$P_{crit} = \frac{4\pi^2 EI_{min}}{l^2} \qquad [14.23]$$

El caso V (barra biempotrada con posible deslizamiento Δ en dirección ortogonal a la directriz) es, equivalente, como se deduce de la observación de la elástica, al caso I (barra empotrada-libre) con longitud $l/2$. Por tanto, será:

$$P_{crit} = \frac{\pi^2 EI_{min}}{4\left(\frac{l}{2}\right)^2} = \frac{\pi^2 EI_{min}}{l^2} \qquad [14.24]$$

Para la determinación de la carga crítica de pandeo correspondiente al caso III es necesario el estudio detallado de su deformación. Para ello (figura 14.14), tendremos en cuenta que, además, de la reacción vertical P en el extremo empotrado B, existirán dos reacciones horizontales iguales y contrarias H, en los extremos A y B, así como el par de empotramiento.

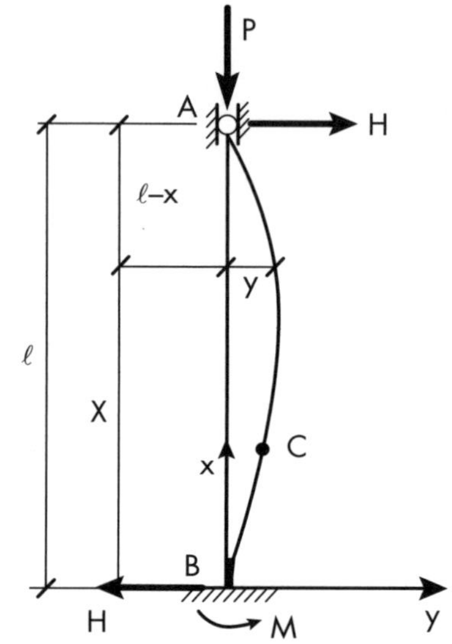

Figura 14.14

La ley de momentos flectores, que se anulará en el punto de inflexión C, será:

$$M = Py - H(l - x) \qquad [14.25]$$

Por lo que la ecuación diferencial de la elástica es:

$$EI\frac{d^2y}{dx^2} = -M = -Py + H(l - x) \qquad [14.26]$$

Si hacemos $k^2 = \dfrac{P}{EI}$, $\quad n = \dfrac{H}{EI}$

Se obtiene:

$$\frac{d^2y}{dx^2} + k^2y = n(l - x) \qquad [14.27]$$

La integración de la ecuación [14.27] da la expresión:

$$y = C_1 \text{sen}\, kx + C_2 \cos kx + \frac{n}{k^2}(l - x) \qquad [14.28]$$

La primera derivada es:

$$\frac{dy}{dx} = kC_1 \cos kx - kC_2 sen\, kx - \frac{n}{k^2} \qquad [14.29]$$

Sustituyendo las condiciones de contorno, correspondientes al extremo empotrado B:

$$x = 0 \; ; \quad y = 0 \; ; \quad \frac{dy}{dx} = 0, \text{ obtendremos}$$

$$C_1 = \frac{n}{k^3} \; ; \quad C_2 = -\frac{nl}{k^2}$$

Para el extremo articulado A, se cumplirá:

$$x = l \; ; \quad y = 0$$

$$0 = \frac{n}{k^3} \text{sen} kl - \frac{nl}{k^2} \cos kl, \text{ o bien } tgkl = kl$$

Ecuación trascendente cuya raíz más pequeña es:

$$kl = 4{,}49$$

Por tanto $k^2 l^2 = \overline{4{,}49}^2 = 20{,}19$, y finalmente:

$$P_{crit} = 20{,}19 \frac{EI_{\min}}{l^2} \approx \frac{2\pi^2 EI_{\min}}{l^2} \qquad [14.30]$$

14.6. LONGITUD DE PANDEO

La determinación de la carga crítica de pandeo en una barra sometida a compresión se simplifica grandemente si podemos relacionar cada caso con el fundamental (caso II), para el que su valor es:

$$P_{crit} = P_E = \frac{\pi^2 EI_{min}}{l^2} \qquad [14.21]$$

Para ello se utiliza el concepto de longitud de pandeo:

«Se llama longitud de pandeo l_p de una barra sometida a esfuerzo normal de compresión a la de una barra articulada en sus extremos que tenga la misma carga crítica que la barra real».

Si l es la longitud de la barra real, escribiremos:

$$l_p = \beta \cdot l \qquad [14.31]$$

Los valores del coeficiente β para distintos tipos de sustentación de las barras se indican en el punto 3.2.4 de la norma EA-95, en que se tiene en cuenta también si dichas barras forman parte de estructuras triangulares o aporticadas así como si los esfuerzos de compresión son constantes o variables.

Para los cinco casos principales los coeficientes y las longitudes de pandeo son los siguientes:

Caso I: Barra empotrada-libre:

$$\beta = 2 \;;\quad l_p = 2l \qquad [14.32]$$

Caso II: Barra biarticulada.

$$\beta = 1 \;;\quad l_p = l \qquad [14.33]$$

Caso III: Barra articulada empotrada.

$$\beta = \frac{1}{\sqrt{2}} \;;\; l_p = \frac{l}{\sqrt{2}} \qquad [14.34]$$

Caso IV: Barra biempotrada (sin deslizamiento entre sus extremos).

$$\beta = \frac{1}{2} \; ; \; l_p = \frac{l}{2} \qquad [14.35]$$

Caso V: Barra biempotrada (con deslizamiento)

$$\beta = 1 \; ; \quad l_p = l \qquad [14.36]$$

Sustituyendo en la expresión [14.21] la longitud l por la longitud de pandeo, obtendremos los valores de la carga crítica correspondientes, dados por las expresiones [14.17] (caso I), [14.23] (caso IV), [14,24] (caso V) y [14.30] (caso III).

En general, se puede escribir:

$$P_{crit} = P_E = \frac{\pi^2 E I_{min}}{l_p^2} \qquad [14.37]$$

Por lo que se refiere a la tensión crítica de pandeo, σ_E, viene dada por la expresión:

$$\sigma_E = \frac{P_E}{S} = \frac{\pi^2 E I_{min}}{l_p^2 S} = \frac{\pi^2 E i_{min}^2}{l_p^2} \qquad [14.38]$$

donde i_{min} es el radio de giro mínimo de la sección.

Si llamamos esbeltez mecánica al cociente:

$$\lambda = \frac{l_p}{i_{min}} \qquad [14.39]$$

la ecuación [14.38] se expresa como sigue:

$$\sigma_E = \frac{\pi^2 E}{\lambda^2} \qquad [14.40]$$

Como veremos en el cálculo práctico de barras esbeltas comprimidas (en los ejercicios de autocomprobación), hay ocasiones en que es necesario determinar la esbeltez mecánica máxima, obteniendo tanto λ_y como λ_z si las condiciones de sustentación en sus extremos no son las mismas en las direcciones de los ejes principales de inercia de su sección (y,z).

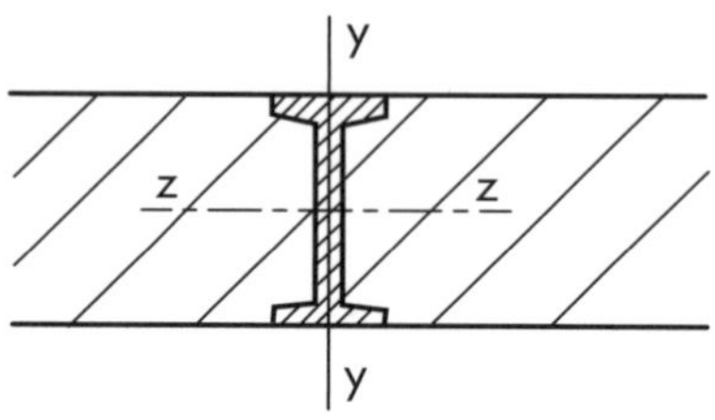

Figura 14.15

En el caso límite puede estar impedido el desplazamiento de la barra en una determinada dirección, debiéndose, por tanto, sólo considerar el pandeo en dirección ortogonal. Tal es el caso representado en la figura 14.15, en que la existencia de un muro imposibilita el desplazamiento en dirección z, debiendo, por tanto, estudiarse el pandeo alrededor de dicho eje, que es el eje principal mayor.

En general, la posibilidad de desplazamiento o la ausencia del mismo en la dirección de uno de los ejes principales de inercia de la sección, determina las condiciones de contorno (y, por tanto, la longitud de pandeo), alrededor del otro eje principal (recuérdese que el pandeo origina la flexión lateral de la pieza girando alrededor de uno de los ejes principales de inercia de su sección transversal).

14.7. EL PANDEO EN EL CAMPO PLÁSTICO. LÍMITES DE APLICACIÓN DE LA FÓRMULA DE EULER

La aplicación de la ecuación [14.40] determina que para grandes valores de la esbeltez λ y, por tanto, de la longitud de la barra comprimida, se produce el fenómeno de pandeo o flexión lateral para tensiones longitudinales pequeñas, inferiores al límite elástico σ_e, del material. Sin embargo, para barras cortas, la flexión se iniciaría para valores superiores, incluso mayores que σ_e, por lo que la fórmula de Euler [14.37] no puede aplicarse, siendo necesario establecer otras relaciones que determinen la aparición del fenómeno de inestabilidad, lo que ocurre también para valores de la tensión inferiores al límite elástico.

Para determinar el valor límite de la esbeltez λ, por debajo del cual no son aplicables las expresiones [14.37] y [14.40], igualaremos, para distintos materiales, el valor de la tensión crítica de Euler dada por la última de ellas al del límite de proporcionalidad del material σ_p, a partir del cual se producen deformaciones permanentes.

a) Acero de construcción

En la figura 14.16 se representa la ley dada por [14.40] que es la hipérbola cúbica de Euler:

$$\sigma_E \lambda^2 = \pi^2 E \qquad [14.41]$$

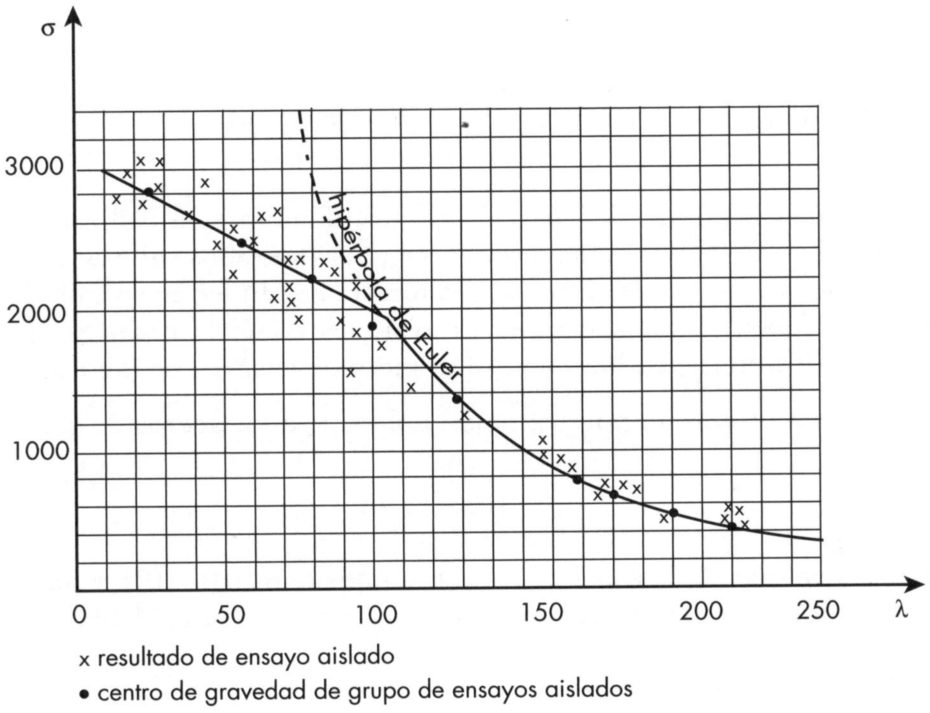

Figura 14.16

Para los aceros empleados habitualmente en construcción, A-37, A-42 y A-52 tomaremos como valor del límite de proporcionalidad; σ_p, el 80 % del límite aparente de elasticidad o tensión de fluencia o cedencia. Así pues:

- Para el acero A-37 ; $\sigma_p = 0{,}8 \times 2400 = 1920$ kg/cm^2
- Para el acero A-42 ; $\sigma_p = 0{,}8 \times 2600 = 2080$ kg/cm^2
- Para el acero A-52 ; $\sigma_p = 0{,}8 \times 3600 = 2880$ kg/cm^2

Por lo tanto, las esbelteces límites para la aplicación de las fórmulas de Euler son, de acuerdo con [14.41]

- Acero A-37; $\lambda_{\text{lim}} = \sqrt{\dfrac{\pi^2 \times 2100000}{2080}} \approx 104$

- Acero A-42; $\lambda_{\text{lim}} = \sqrt{\dfrac{\pi^2 \times 2100000}{2080}} \approx 100$

- Acero A-52; $\lambda_{\text{lim}} = \sqrt{\dfrac{\pi^2 \times 2100000}{2880}} \approx 85$

En muchas ocasiones las barras comprimidas que se utilizan en las construcciones metálicas tienen esbelteces inferiores a los valores λ_{lim} anteriores, por lo que no puede emplearse la fórmula de Euler en su cálculo. En estos casos deben emplearse otras expresiones como la deducida por el investigador Tetmajer, en base a gran número de ensayos de laboratorio.

La formula propuesta por Tetmajer, aplicable a los aceros de construcción es:

$$\sigma_E = 3100 - 11{,}4\lambda$$

válida para valores de la esbeltez comprendidos entre 10 y 105 y representada por la línea recta indicada en el diagrama de la figura 14.16.

b) Otros materiales

En la madera la fórmula de Euler es válida para esbelteces superiores a 100, mientras que para valores inferiores puede aplicarse la expresión:

$$\sigma_E = 293 - 1{,}94\lambda$$

En el hormigón armado el fenómeno de pandeo, aunque poco frecuente en la práctica, puede estudiarse también utilizando la fórmula de Euler. Para los valores usuales de la tensión (asimilables al límite elástico), en el hormigón la esbeltez límite es $\lambda_{\text{lim}} = 100$, por lo que, en la mayor parte de las barras comprimidas (principalmente soportes) de una estructura de edificación ejecutada con este material, es necesario otro procedimiento de cálculo. La instrucción EHE-08 establece que para un soporte esbelto $\lambda \leq 100$,, sometido a flexión compuesta debe incrementarse la excentricidad de la solicitación (e = M/P) en un valor e_a (excentricidad accidental) para tener en cuenta el fenómeno de pandeo.

14.8. CÁLCULO PRÁCTICO DE BARRAS ESBELTAS COMPRIMIDAS. MÉTODO DE LOS COEFICIENTES ω

En los epígrafes anteriores hemos determinado cargas y tensiones críticas que originan el inicio del pandeo. Evidentemente, para trabajar en condiciones de seguridad las tensiones de compresión originadas en una barra esbelta deben ser inferiores a la tensión de Euler σ_E, de tal forma que se cumpla $\sigma \leq \frac{\sigma_E}{n}$ donde n es el coeficiente de seguridad. Como la tensión límite varía con la esbeltez, el coeficiente de seguridad n debe ser variable también, lo que, en principio, complica grandemente el diseño y comprobación de pilares y columnas. Sin embargo el estudio de las barras esbeltas de acero sometidas a compresión puede reducirse al de las barras no esbeltas, multiplicando el valor de la carga por un coeficiente $\omega = \omega(\lambda)$, debiendo cumplirse:

$$\frac{P\omega}{S} \leq \sigma_{adm} \qquad [14.42]$$

$$ó \quad \frac{\gamma_c P\omega}{S} \leq \frac{\sigma_e}{\gamma_a} \qquad [14.43]$$

según se utilice el método clásico de cálculo o de tensiones admisibles ($\sigma_{adm}=\sigma_e/n$) o los coeficientes de mayoración de cargas, λ_c y de minoración de la resistencia del material, λ_a[5].

La carga máxima admisible, teniendo en cuenta el fenómeno de pandeo será, por tanto:

$$P_{max} = \frac{\sigma_{adm} S}{\omega} \qquad [14.44]$$

[5] Ver capítulo 5.

$$\text{ó} \quad P_{max} = \frac{\sigma_e S}{\gamma_a \gamma_c \omega} \qquad [14.45]$$

Los coeficientes ω, tabulados en función de la esbeltez λ, se exponen en el apéndice 4 de este texto para los aceros A-37, y A-42 (las tablas de coeficientes ω se recogen, igualmente, en el capítulo 3 de la norma EA-95).

En ocasiones, en lugar de la máxima carga que puede soportar una barra comprimida, debe determinarse su sección transversal o la máxima longitud admisible sin que se produzca el fenómeno de pandeo y la barra se haga inestable, como veremos también en la resolución de algunos de los ejercicios incluidos al final de este capítulo.

14.9. BARRAS ESBELTAS SOMETIDAS A FLEXIÓN Y COMPRESIÓN

Hemos comenzado el estudio del fenómeno de pandeo considerando (figuras 14.5 y 14.7) barras sometidas a compresión excéntrica. Estas barras presentan menor resistencia que las sometidas a compresión centrada. Su cálculo, de acuerdo con la norma EA-95, se realiza utilizando el método de los coeficientes ω, de forma que puede tomarse para el valor máximo de la tensión longitudinal de compresión el dado por la expresión:

$$\sigma_{max} = \frac{P\omega}{S} + \frac{Pe}{W} \qquad [14.46]$$

donde W es el módulo resistente de la sección transversal.

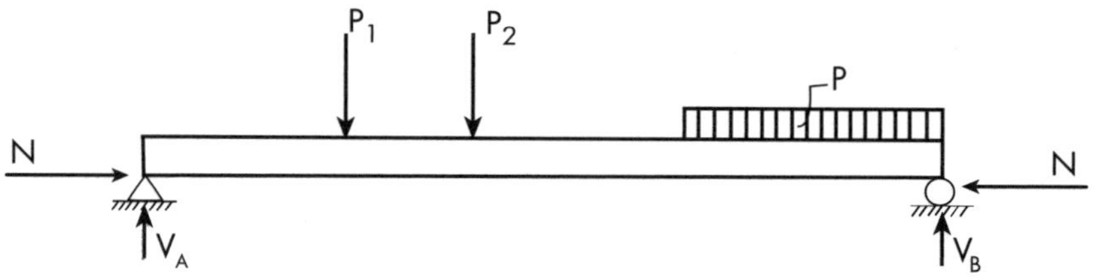

Figura 14.17

El mismo método de cálculo debe seguirse en el estudio de la viga representada en la figura 14.17, sometida a flexión simple y esfuerzo longitudinal de compresión N.

En este caso será:

$$\sigma_{max} = \frac{N\omega}{S} + \frac{M}{W} \qquad [14.47]$$

En el caso general de flexión asimétrica acompañada de esfuerzo normal de compresión se utiliza la expresión:

$$\sigma_{max} = \frac{N\omega}{S} + \frac{M_y}{W_y} + \frac{M_z}{W_z} \qquad [14.48]$$

siendo M_y, M_z los momentos flectores en los planos principales xz, xy y W_y, W_z los módulos resistentes de la sección respecto de sus ejes principales de inercia.

14.10. CONSIDERACIONES SOBRE EL FENÓMENO DE PANDEO

1.º En la determinación de las cargas críticas, obtenidas mediante la integración de las correspondientes ecuaciones de la elástica (expresiones [14.3], [14.19] y [14.26]) hemos supuesto que las deformaciones son suficientemente pequeñas, utilizando la ecuación diferencial de la elástica:

$$EI\frac{d^2y}{dx^2} = -M \qquad [14.38]$$

Por lo que se refiere a los mayores valores de las flechas originadas esta suposición puede llevar a resultados erróneos. Así , en la barra empotrada-libre, sometida a compresión centrada, obtendremos que la flecha en el extremo libre queda indeterminada, cuando P alcanza el valor crítico; del mismo modo, en la barra biarticulada sometida a compresión centrada (problema de Euler), la elástica es $y = C_1$ sen kx, obteniéndose como valor de la flecha en el punto medio, $f = C_1 \text{sen}\frac{kl}{2} = C_1$, si $kl = \pi$, (para $P = P_{crit}$), pero será nula cuando k$l \neq \pi$ (para valores de P menores o mayores que la carga crítica), ya que en el extremo superior de la barra (figura 14.8) es $0=C_1$sen kl.

Estas contradicciones se eliminan obteniéndose valores determinados de las flechas para cada valor de P si empleamos la ecuación diferencial exacta:

$$EI\frac{\frac{d^2y}{dx^2}}{\left[1+\left(\frac{dy}{dx}\right)^2\right]^{3/2}}=-M$$

suponiendo que E se mantiene constante, es decir que la pieza se comporta en forma elástica.

El estudio, que permite obtener valores grandes y exactos (en el campo elástico) de las flechas producidas, prueba la existencia de configuraciones de equilibrio distintas de la rectilínea; no lo desarrollamos ya que sólo tiene valor académico, pues una vez alcanzada la carga crítica la gran deformación originada significa, en la práctica, el colapso de la barra (aunque no se haya alcanzado la tensión de rotura ni sobrepasado el límite elástico), pues su gran deformación no es compatible con la seguridad de la construcción en la que está situada.

2.º En las barras esbeltas comprimidas cuya sección transversal esté constituida por perfiles delgados abiertos, puede producirse el pandeo por torsión o por flexo-torsión, debiendo hacerse las comprobaciones prescritas al efecto en la norma EA-95. El estudio detallado queda fuera de los límites de este texto.

3.º En las vigas metálicas de sección doble te, sometidas a flexión, puede producirse su colapso por pandeo del ala o cordón comprimido o por abollamiento del alma. Estos problemas de inestabilidad, más frecuentes en las vigas armadas que en los perfiles laminados (IPN, IPE, HEB...), son considerados también en la norma EA-95, que prescribe las comprobaciones a efectuar al respecto; su estudio corresponde, como el de pandeo por torsión y flexo-torsión, a un curso de Estructuras Metálicas.

4.º Finalmente, debe insistirse en la importancia del estudio de los problemas de pandeo como caso particular de los problemas de inestabilidad de los sistemas elásticos deformables; tales problemas se ven acrecentados por el empleo de materiales cada vez más resistentes con la consiguiente disminución de las secciones de las barras y con el aumento, por tanto, de su esbeltez.

14.11. CÁLCULO DE BARRAS ESBELTAS COMPRIMIDAS DE ACUERDO CON EL CÓDIGO TÉCNICO DE LA EDIFICACIÓN

Aunque el Documento Básico SE-A (Seguridad Estructural. Acero) del Código Técnico de la Edificación, en el capitulo 6 (Estados límites últimos), distingue entre resistencia de las secciones (6.2) y resistencia de las barras (6.3), en un análisis simplificado de las piezas se consideran el tipo de sección y el cálculo propiamente dicho.

14.11.1. Tipos de Sección

A efectos prácticos consideramos que la sección es de tipo 1, 2, ó 3, si la relación c/t (esbeltez de la sección) es inferior a los valores límites indicados en las tablas 14.2 y 14.3.

Los tipos de sección definen el método de cálculo que se puede emplear (plástico o elástico) en la determinación de las solicitaciones y de la resistencia de las secciones; supondremos que el método de cálculo será elástico en uno y otro caso, por lo que las secciones deberán ser, al menos de tipo 3.

Si se superasen los límites indicados en las tablas deberá considerarse como resistente sólo una parte de la sección (sección eficaz), debiendo determinarse sus características mecánicas (área, centro de gravedad, momentos de inercia...) antes de utilizarla en el cálculo (como sección 1, 2, ó 3, según el método de cálculo empleado) tal como se indica en el capítulo 5 (Análisis estructural) del Documento Básico SE-A; la consideración de secciones eficaces y la determinación de sus características mecánicas queda fuera de los objetivos de la asignatura «Elasticidad y Resistencia de Materiales I», debiendo ser abordada en los cursos de Estructuras Metálicas.

Tabla 14.2. Límite de esbeltez para elementos planos, apoyados en dos bordes. total o parcialmente comprimidos

Geometría

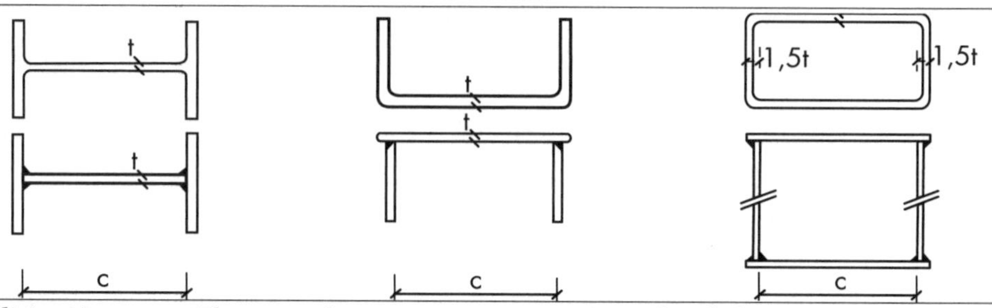

Solicitación	Elemento plano	Límite de esbeltez: c/t máximo		
	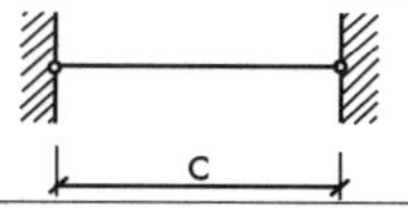	Clase 1	Clase 2	Clase 3
Compresión	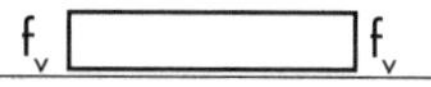	33ε	38ε	42ε

Tabla 14.3. Límite de esbeltez para elementos planos, apoyados en un borde y libre el otro, total o parcialmente comprimidos

Geometría

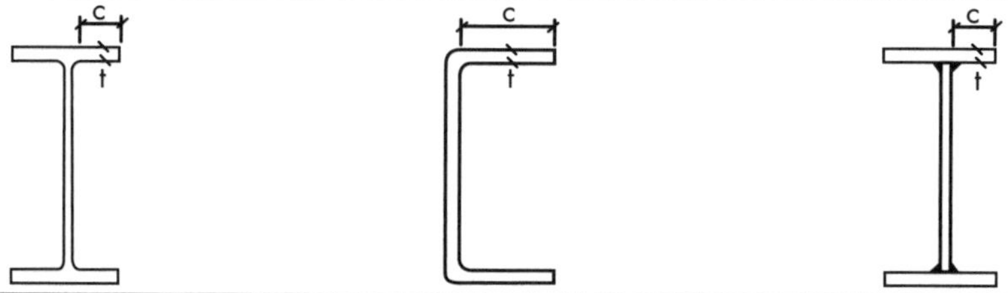

Solicitación	Elemento plano	Límite de esbeltez: c/t máximo		
	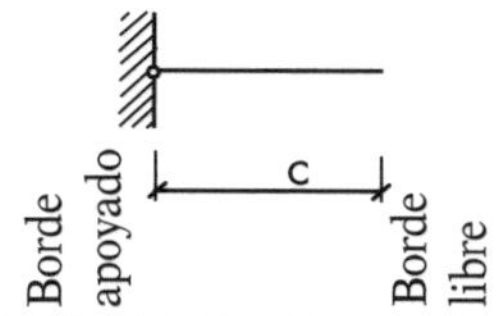	Clase 1	Clase 2	Clase 3
Compresión	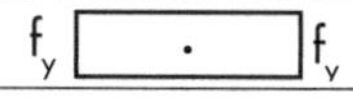	9ε	10ε	14ε

El factor de reducción ε indicado en las tablas es:

$$\varepsilon = \sqrt{\frac{235}{f_y}} \qquad [14.49]$$

14.11.2. Pandeo de barras comprimidas

Consideramos que las barras son rectas, de sección constante y que están sometidas a esfuerzo axil centrado, de valor constante.

El dimensionamiento de la pieza (o la comprobación de que se encuentra en condiciones resistentes) se realiza a través de la expresión [5.27], en la que el coeficiente χ es función de la esbeltez reducida de la barra y de la curva de pandeo correspondiente.

La esbeltez reducida $\overline{\lambda}$ para una pieza simple de sección constante viene determinada por la expresión:

$$\overline{\lambda} = \sqrt{\frac{Af_y}{N_{cr}}} \qquad [14.50]$$

$N_{cr} = \left(\dfrac{\pi}{L_k}\right)^2 EI$, siendo

E: Módulo de elasticidad.

I: momento de inercia del área de la sección para flexión en el plano considerado.

L_k: longitud de pandeo.

f_y: tensión de límite elástico.

La longitud de pandeo (L_k) se establece en función de la longitud de la pieza multiplicada por un coeficiente (β) que es función de la forma en que se realizan los apoyos de la pieza. Para extremos articulados, $\beta = 1$, es decir, la longitud de pandeo es la longitud de la pieza. Para ambos extremos empotrados, $\beta = 0{,}5$; para un extremo empotrado y otro articulado, $\beta = 0{,}7$ y para un extremo empotrado y el otro libre, $\beta = 2$.

En la tabla 14.4 se indican las longitudes de pandeo correspondientes a los casos anteriores, incluyéndose también la correspondiente a la pieza biempotrada con desplazamiento relativo entre sus extremos ($\beta = 1$).

Tabla 14.4. Longitud de pandeo de barras canónicas

Condiciones de extremo	**Biarticulada**	**Biempotrada**	**Empotrada articulada**	**Biempotrada desplazable**	**En ménsula**
Longitud L_k	1,0 L	0,5 L	0,7 L	1,0 L	2,0 L

El coeficiente χ de reducción por pandeo, para valores de la esbeltez reducida $\overline{\lambda} \geq 0{,}2$, se obtiene de:

$$\chi = \frac{1}{\phi + \sqrt{\phi^2 - \left(\overline{\lambda}_k\right)^2}} \leq 1 \qquad [14.51]$$

donde

$$\phi = 0{,}5 \cdot \left[1 + \alpha\left(\overline{\lambda_k} - 0{,}2\right) + \left(\overline{\lambda_k}\right)^2\right] \qquad [14.52]$$

α es el coeficiente de imperfección elástica, que adopta los valores de la tabla 14.5 en función de la curva de pandeo correspondiente; en dicha tabla se representan asimismo los valores del coeficiente de reducción por pandeo, χ.

Tabla 14.5. Valores del coeficiente (χ)

		Curva de pandeo				
Esbeltez reducida		**a_0**	**a**	**b**	**c**	**d**
	Coeficiente (α) de imperfección	**0,13**	**0,21**	**0,34**	**0,49**	**0,76**
$\leq$ 0,20		1,00	1,00	1,00	1,00	1,00
0,30		0,99	0,98	0,96	0,95	0,92
0,40		0,97	0,95	0,93	0,90	0,85
0,50		0,95	0,92	0,88	0,84	0,78
0,60		0,93	0,89	0,84	0,79	0,71
0,70		0,90	0,85	0,78	0,72	0,64
0,80		0,85	0,80	0,72	0,66	0,58
0,90		0,80	0,73	0,66	0,60	0,52
1,00		0,73	0,67	0,60	0,54	0,47
1,10		0,65	0,60	0,54	0,48	0,42
1,20		0,57	0,53	0,48	0,43	0,38
1,30		0,51	0,47	0,43	0,39	0,34
1,40		0,45	0,42	0,38	0,35	0,31
1,50		0,40	0,37	0,34	0,31	0,28
1,60		0,35	0,32	0,31	0,28	0,25
1,80		0,28	0,27	0,25	0,23	0,21
2,00[1]		0,23	0,22	0,21	0,20	0,18
2,20[1]		0,19	0,19	0,18	0,17	0,15
2,40[1]		0,16	0,16	0,15	0,14	0,13
2,70[2]		0,13	0,13	0,12	0,12	0,11
3,00[2]		0,11	0,10	0,10	0,10	0,09

[1] Esbeltez intolerable en los elementos principales.

[2] Esbeltez intolerable incluso en elementos de arriostramiento.

La curva de pandeo a considerar en cada caso se deduce, en función de la sección transversal y del tipo de acero utilizado, a partir de la tabla 14.6.

Tabla 14.6. Curva de pandeo en función de la sección transversal

Tipo de sección	Tipo de acero	S235 a S355		S450	
	Eje de pandeo	y	z	y	z
Perfiles laminados en I 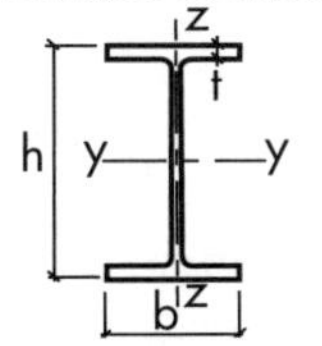	h/t > 1,2 t ≤ 40 mm	a	b	a_0	a_0
	40 mm < t ≤ 100 mm	b	c	a	a
	h/t ≤ 1,2 t ≤ 100 mm	b	c	a	a
	t > 100 mm	d	d	c	c
Perfiles laminados en I 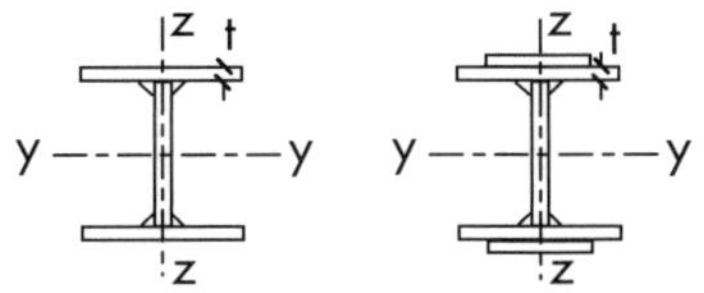	t ≤ 40 mm	b	c	b	c
	t > 40 mm	c	d	c	d
Agrupación de perfiles laminados soldados 		c	c	c	c
Tubos de chapa simples o agrupados 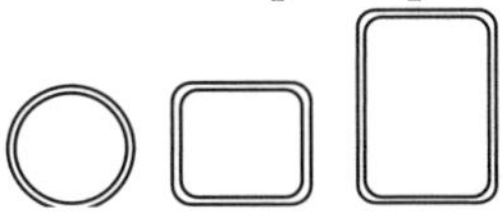	laminados en caliente	a	a	a_0	a_0
	conformados en frío	c	c	c	c
Perfiles armados en cajón 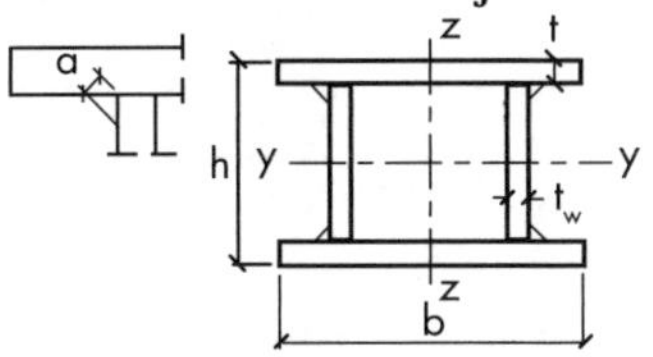	soldadura gruesa a/t > 0,5 b/t < 30 ht_w < 30	c	c	c	c
	en otro caso	b	b	b	b
Perfiles simples U, T, chapa, redondo macizo 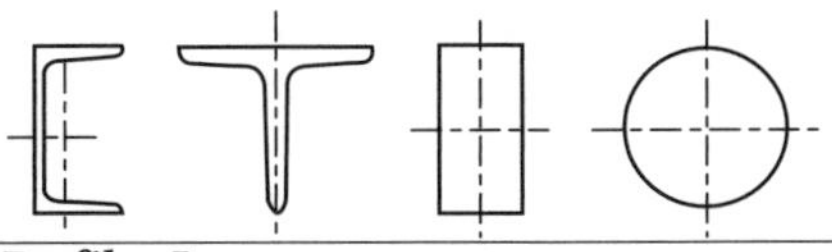		c	c	c	c
Perfiles L 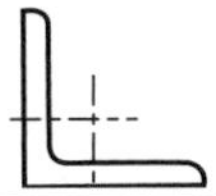		b	b	b	b

Los valores del coeficiente χ se pueden obtener también, en función de la esbeltez reducida y de las curvas de pandeo, a partir del gráfico representado en la figura 14.18.

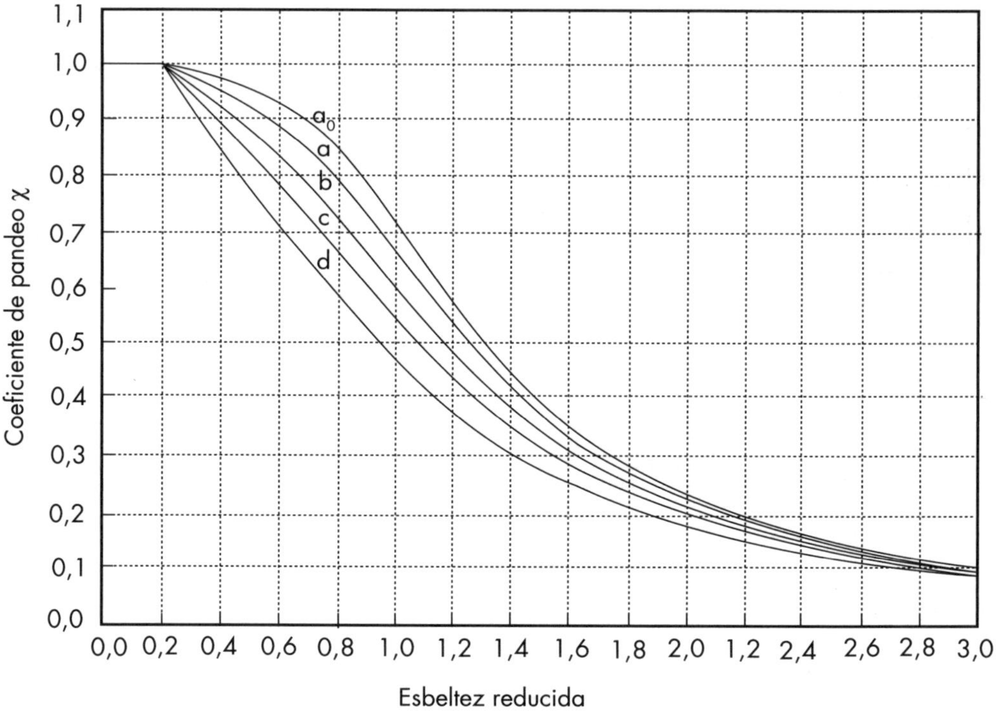

Figura 14.18

En el capítulo 6 del Documento Básico SE-A se indica cómo se modifica el cálculo de las barras esbeltas comprimidas cuando éstas están sometidas a esfuerzo axil variable, así como cuando su sección transversal no es constante, condiciones que no consideramos en este estudio simplificado.

EJERCICIOS DE AUTOCOMPROBACIÓN

1. El sistema estructural de la figura está constituido por dos barras de longitudes *a* y *b*, del mismo material, con módulo de elasticidad longitudinal E y de la misma sección transversal, circular maciza, de radio R. Los extremos A y C son empotramientos perfectos, mientras que en el nudo B está dispuesta una articulación. Se desea, cuando una carga P actúa en el nudo B, en dirección axial de la barra BC, determinar el valor crítico de la misma, en función de E y de las características geométricas de las barras,.

(Supóngase que el punto B sólo puede desplazarse en el plano xy)

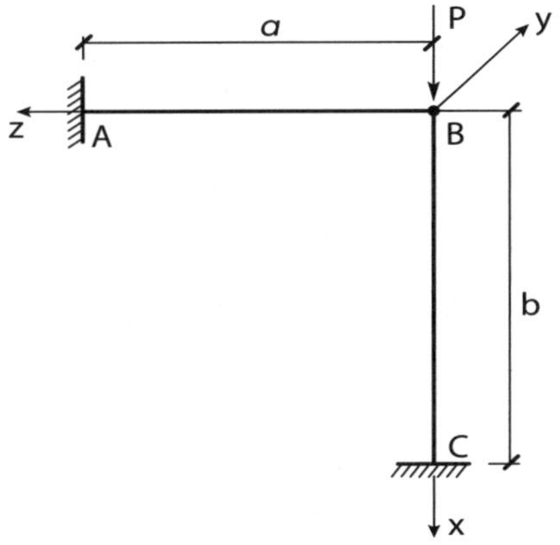

2. Dos barras iguales, macizas y de sección recta circular, están unidas por una chapa de masa despreciable, como se indica en la figura.

Ambas barras están empotradas en un extremo y libres en el otro.

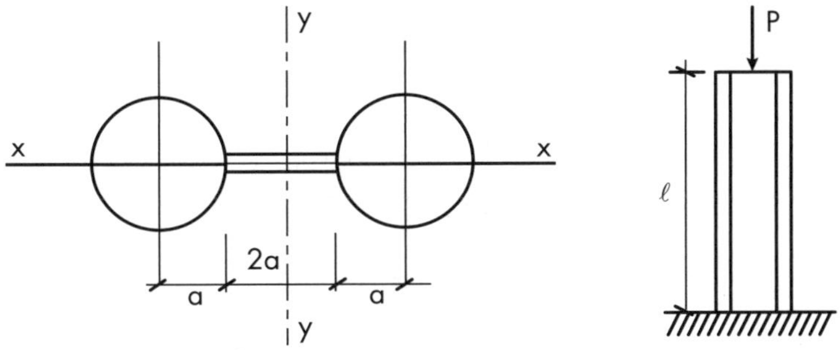

En el extremo libre se les aplica a ambas una carga P que se aumenta progresivamente. Se pide:

1.º El valor de P en función de *a*, *l* , que produce el pandeo de la pieza para los dos casos siguientes:

a) El pandeo no está impedido en ninguno de los planos (xx,yy).

b) El pandeo está impedido en el plano yy.

2.° Si a = 2,5 cm, determinar el valor máximo de l para que las barras soporten una carga de 60 toneladas, para acero A-37, utilizando el método de los coeficientes ω para el caso *b)* del apartado 1.° Tómese σ_{adm} = 2400 kg/cm².

3. *a)* Determinar la máxima longitud del soporte de la figura para que no se produzca el fenómeno de pandeo.

b) Considérese ahora que, por algún motivo, el movimiento del extremo superior del soporte se encuentra totalmente impedido en la dirección xx, manteniéndose libre en la dirección zz. Determínese la máxima longitud del soporte en estas nuevas condiciones. Se utilizará el método de los coeficientes ω.

Perfiles utilizados IPE-140. Acero A-42. σ_{adm} = 1600 kg/cm².

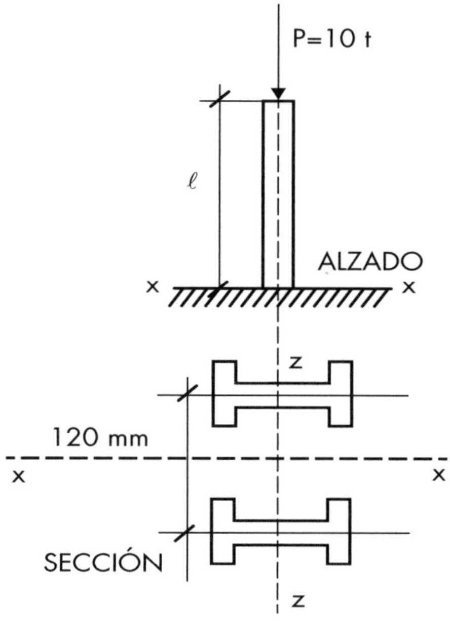

4. Una barra diagonal de una armadura de cubierta de 3,60 m de longitud está constituida por dos angulares de lados iguales L 100 x 10, dispuestos como se indica en la figura. Determínese la carga admisible por pandeo, considerando que la longitud de pandeo es l_p = 0,8 m. Se aplicara el método de los coeficientes ω.

Datos: Acero A-42. $\sigma_F = 2600$ kg/cm²; $\gamma_a = 1,1$ (coeficiente de minoración de la resistencia del acero) $\gamma_c = 1,5$ (coeficiente de mayoración de cargas).

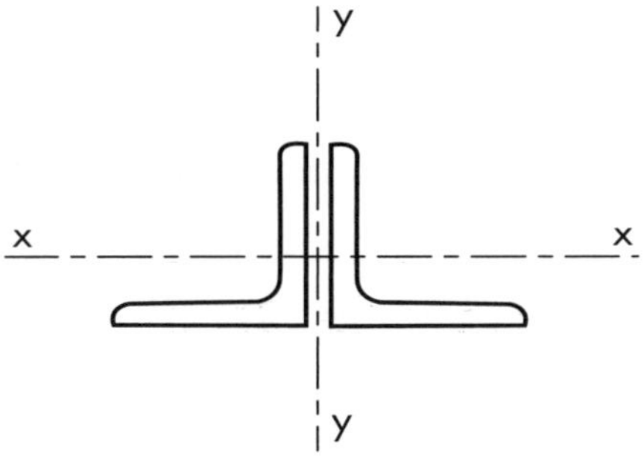

5. Un soporte biarticulado se quiere construir mediante dos perfiles UPN-180. Determinar las cargas admisibles por pandeo en las dos configuraciones de la figura. La altura del soporte será en ambos casos l = 6 m.

Se aplicará el método de los coeficientes ω.

Acero A-42 con $\sigma_e = 2600$ kg/cm².

γ_c (coeficiente de mayoración de cargas) = 1,5

γ_a (coeficiente de minoración de la resistencia del acero) = 1

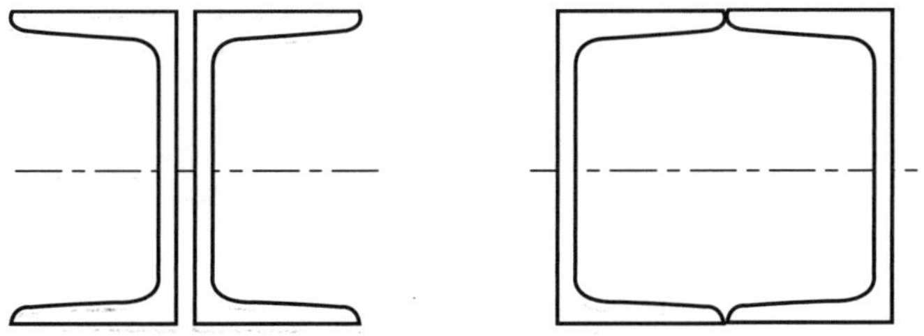

6. Un tubo de acero de 6 cm de diámetro interior, 5 mm de espesor y una longitud de 1,80 m está dispuesto con su eje horizontal y los extremos apoyados. Se halla comprimido axialmente por una carga N = 2500 kg y está sometido, en la sección central, a una carga vertical P = 150 kg. Despreciando el peso propio, determinar la tensión máxima , teniendo en cuenta el efecto de pandeo (se utilizará el método de los coeficientes ω, para acero A-37).

7. El dintel del pórtico plano de la figura se supone infinitamente rígido a flexión y, además se puede suponer impedido el pandeo fuera del plano.

Calcular el valor de la carga uniforme «q» que lo agota por pandeo de los pilares.

Los pilares están formados por perfiles HEB 300 de acero S275.

Datos: E = 210000 N/mm², A = 149,1 cm², i_x = 13 cm.

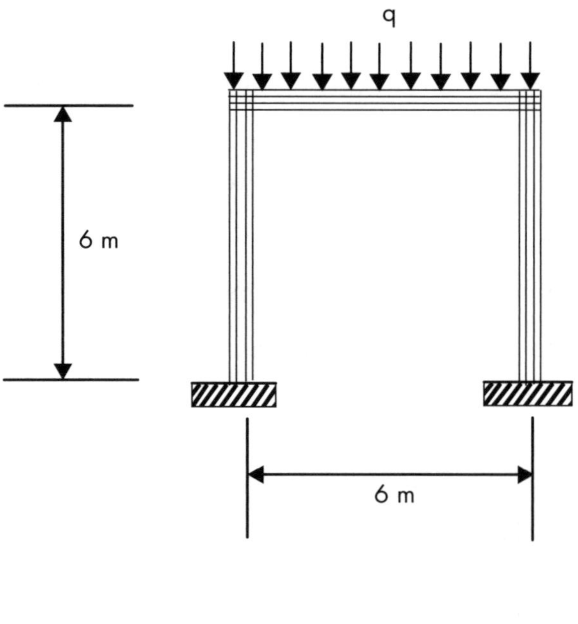

SOLUCIONES DE LOS EJERCICIOS DE AUTOCOMPROBACIÓN

1. Al producirse el pandeo o flexión lateral de la pieza BC, la barra AB origina un esfuerzo F sobre el nudo B, dirigido según el eje y, que tiende a enderezar la barra BC.

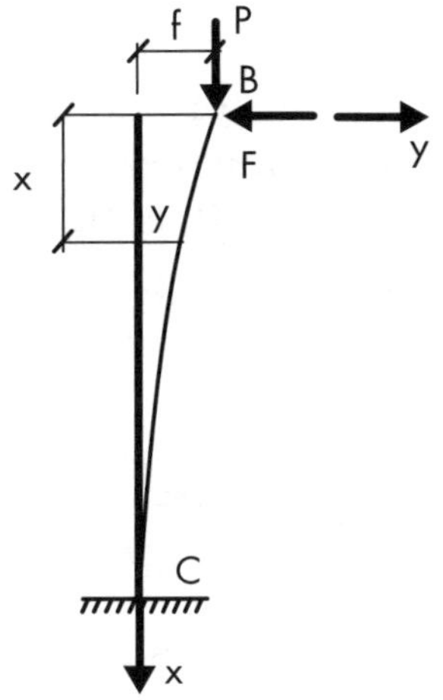

En un punto a distancia x del extremo superior de la barra el momento flector será:

M = F·x–P(f–y), por lo que la ecuación diferencial de la línea elástica es:

$$EI_z \frac{d^2y}{dx^2} = -M = P(f - y) - Fx$$

haciendo $k^2 = \dfrac{P}{EI_z}$, queda:

$$\frac{d^2y}{dx^2} = k^2(f - y) - \frac{F}{EI_z}x$$

cuya integración nos permite obtener la ecuación.

$$y = C_1 senkx + C_2 \cos kx + \left(f - \frac{F}{P}x \right)$$

(La expresión entre paréntesis es la solución particular de la ecuación diferencial completa).

Para determinar los valores de C_1, C_2, f es necesario considerar las condiciones de contorno:

$$\text{Extremo } B\ (x = 0) \Rightarrow \ y = f$$

$$\text{Extremo } C\ (x = b) \Rightarrow \ y = 0; \ \frac{dy}{dx} = 0$$

Es decir:

$$f = C_2 + f \Rightarrow C_2 = 0$$

$$0 = C_1 \operatorname{sen} kb + C_2 \cos kb + f - \frac{Fb}{P} = C_1 \operatorname{sen} kb + f - \frac{Fb}{P}$$

$$0 = kC_1 \cos kb - kC_2 \operatorname{sen} kb - F/P$$

Transformaremos estas dos últimas ecuaciones eliminando el valor de F en función de la flecha f, pues, considerando la acción del esfuerzo –F sobre la barra AB, la flecha f vale, en virtud del 2° Teorema de Mohr:

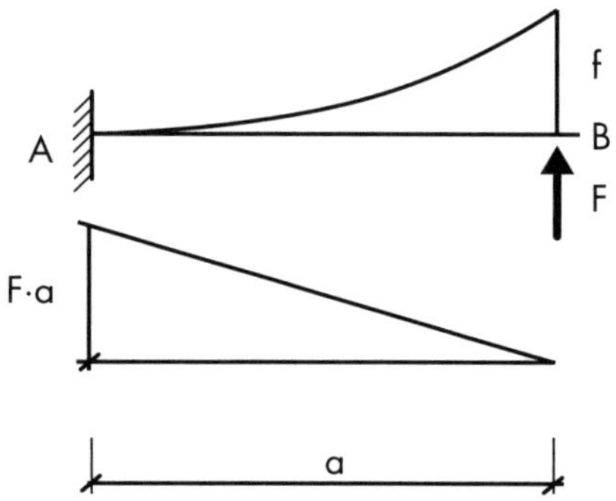

$$f = \frac{1}{EI_y} \frac{Fa^2}{2} \frac{2}{3} a = \frac{Fa^3}{3EI_y}$$

o bien: $F = \dfrac{3fEI_y}{a^3}$

Por lo que sustituyendo:

$$C_1 \operatorname{sen} kb + f\left(1 - \frac{3EI_y}{a^3} \frac{b}{P}\right) = 0$$

$$kC_1 \cos kb - \frac{3fEI_y}{Pa^3} = 0$$

Para las barras AB y BC es $I_y = I_z = I = \dfrac{\pi R^4}{4}$

Por tanto, $k^2 = \dfrac{P}{EI_z} = \dfrac{P}{EI_y} = \dfrac{P}{EI}$

Es decir:
$$\left.\begin{aligned} & C_1 \operatorname{sen} kb + f\left(1 - \frac{3b}{k^2 a^3}\right) = 0 \\ & kC_1 \cos kb - \frac{3f}{k^2 a^3} = 0 \end{aligned}\right\}$$

Para que el sistema tenga solución distinta de la trivial $C_1 = f = 0$ (ausencia de pandeo) deberá cumplirse:

$$\begin{vmatrix} \operatorname{sen}kb & 1-\dfrac{3b}{k^2a^3} \\ k\cos kb & -\dfrac{3}{k^2a^3} \end{vmatrix} = 0; \text{ de donde}$$

$$-\frac{3}{k^2a^3}\operatorname{sen}kb - k\cos kb + \frac{3b\cos kb}{ka^3} = 0; \text{ dividiendo por cos kb:}$$

$$-\frac{3}{k^2a^3}tgkb - k + \frac{3b}{ka^3} = 0; \quad tgkb = \frac{3b}{ka^3}\frac{k^2a^3}{3} - \frac{k^3a^3}{3} = kb - \frac{k^3a^3}{3}$$

Finalmente $\dfrac{tgkb}{kb} = 1 - \dfrac{k^2a^3}{3b}$; ecuación trancendente que se resuelve sustituyendo k por su expresión en función de E,P e

$$I = \frac{\pi R^4}{4}$$

Cuando $a = 0$, se obtiene la carga crítica correspondiente al caso de barra articulada-empotrada:

$$tgkb = kb \Rightarrow P_{\text{Crit}} = \frac{2\pi^2 EI}{b^2} = \frac{\pi^3 ER^4}{2b^2}$$

2. *1°)* En el caso *a)*, al no estar impedido el pandeo en ninguno de los planos, se producirá en aquél en el que haya menos resistencia al mismo (la que viene determinada por el menor momento de inercia alrededor del eje normal al mismo). Habrá, pues, que determinar I_x e I_y.

$$I_x = 2\frac{\pi a^4}{4} = \frac{\pi a^4}{2}$$

$$I_y = 2\left(\frac{\pi a^4}{4} + \pi a^2 (2a)^2\right) = 17\frac{\pi a^4}{2}$$

$I_y > I_x \longrightarrow$ El pandeo se produce en el plano yy (alrededor del eje x).

Dadas las condiciones de sustentación, la carga crítica es:

$$P_{Crit} = \frac{\pi^2 EI_{min}}{4l^2}$$

$$P_{Crit} = \frac{\pi^2 EI_x}{4l^2} = \frac{\pi^2 E \cdot {\pi a^4}/{2}}{4l^2} = \frac{\pi^3 Ea^4}{8l^2}$$

En el caso *b)*, al estar impedido el pandeo en el plano yy, se produce, necesariamente en el plano xx (alrededor del eje y).

$$P_{Crit} = \frac{\pi^2 EI_y}{4l^2} = \frac{\pi^2 E \cdot 17\,{\pi a^4}/{2}}{4l^2} = \frac{17\pi^3 Ea^4}{8l^2}$$

2º) $\sigma_{padm} = \dfrac{\sigma_{adm}}{\omega} = \dfrac{P_P}{S}$; $P_P = \dfrac{\sigma_{adm} \cdot S}{\omega}$

$\sigma_{adm} = \sigma_{max} = 2400$ kg/cm²; $S = 2\pi a^2 = 2\pi \cdot 2{,}5^2$

$P_P = 60t = 60000$ kg

$$\omega = \frac{2400 \times 2\pi \times 2{,}5^2}{60000} = 1{,}57: \ \lambda = 86$$

$$\lambda = \frac{l_P}{i} = \frac{2l}{i}; \quad i = \sqrt{\frac{I_y}{S}} = \sqrt{\frac{17\,{\pi a^4}/{2}}{2\pi a^2}} = \frac{a}{2}\sqrt{17}$$

$$l = \frac{\lambda i}{2} = \frac{86}{2}\frac{2{,}5}{2}\sqrt{17} = 222 \text{ cm} = 2{,}22 \text{ m}$$

3. *a)* En el 1er caso, $\dfrac{P\omega}{S} \leq \sigma_{adm}$

$S = 2 \times 16{,}4 = 32{,}8$ cm²; $P = 10000$ kg; $\sigma_{adm} = 1600$ kg/cm²

$$\omega = \omega(\lambda); \quad \lambda = \frac{l_P}{i_{min}} = \frac{2l}{i_{min}}$$

$I_z = 2 \times 541 = 1082$ cm^4;

$i_z = 5{,}74$ cm

$I_z = 2(44{,}9 + 16{,}4 \times 6^2) = 1271$ cm^4;

$$i_x = \sqrt{\frac{1271}{32{,}8}} = 6{,}22 \text{ cm}$$

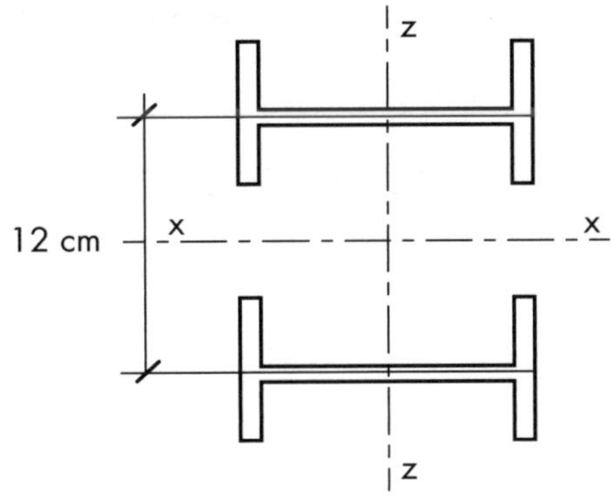

$$\omega = \frac{\sigma_{\text{adm}} \times S}{P} = \frac{1600 \times 32{,}8}{10000} = 5{,}25$$

$$\lambda = 175;\ \ 2l = i_{\min} \cdot \lambda;\ \ l = \frac{5{,}74 \times 175}{2} = 502 \text{ cm}$$

b) En el 2° caso hay que calcular las dos esbelteces.

- En el pandeo alrededor del eje z-z; $l_{pz} = \dfrac{l}{\sqrt{2}}$
- En el pandeo alrededor del eje x-x; $l_{px} = 2l$.

Sustituyendo el valor $\lambda = 175$ antes calculado en las expresiones:

$$\lambda_x = \frac{2l}{i_x};\quad \text{y}\quad \lambda_z = \frac{l}{\sqrt{2} i_z}$$

$$175 = \frac{2l}{6{,}22}\ ;\quad l = 544 \text{ cm} = 5{,}44 \text{ m}$$

$$175 = \frac{l}{5{,}74\sqrt{2}}\ ;\quad l = 1420 \text{ cm} = 14{,}2 \text{ m}$$

La longitud máxima, en este 2° caso es $l = 5{,}44$ m.

4. Calculemos los momentos de inercia I_x e I_y de la sección compuesta:

$I_x = 2 \times 177 = 354\ cm^4$

$I_y = 2(177+19{,}2 \times 2{,}82^2) = 659\ cm^4$

$I_x = I_{min} = 354\ cm^4$

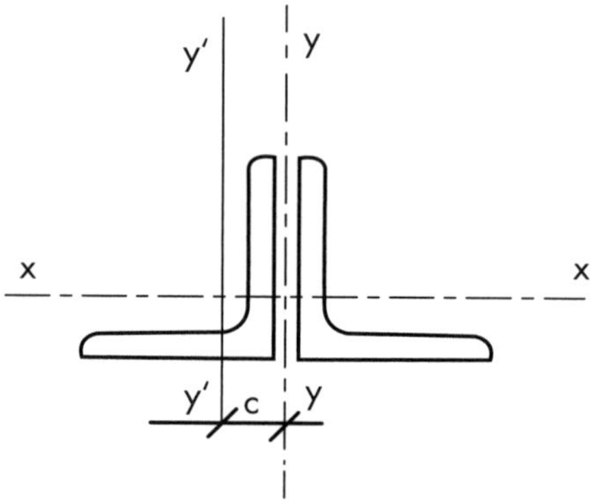

$$i_x = \sqrt{\frac{I_x}{2A}} = \sqrt{\frac{2 \times 177}{2 \times 19{,}2}} = 3{,}04\ cm$$

$$\lambda = \frac{l_P}{i_{min}} = \frac{80}{3{,}04} = 26{,}3 \rightarrow \omega = 1{,}03$$

$$\gamma_c = \frac{\omega P_{Padm}}{S} \leq \frac{\sigma_F}{\gamma_a}$$

$$P_{Padm} = \frac{\sigma_F \cdot S}{\gamma_a \gamma_c \omega} \ ; \quad S = 2A = 2 \times 19{,}2\ cm^2$$

$$P_{Padm} = \frac{2600 \times 2 \times 19{,}2}{1{,}1 \times 1{,}5 \times 1{,}03} = 58747\ kg$$

5. En el primer caso los momentos de inercia son

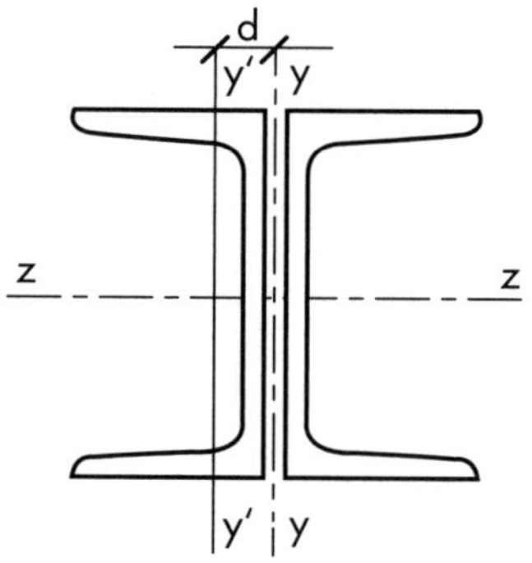

$I_z = 2 \times 1350 = 2700\ cm^4$

$I_y = 2(I_{y'} + Sd^2) = 2(114 + 28 \times 1{,}92^2) = 434\ cm^4$

$I_y = I_{min}$

$$i_{min} = \sqrt{\frac{2\left(114 + 28 \times 1{,}92^2\right)}{2 \times 28}} = 2{,}78\ cm$$

$$\lambda = \frac{l_P}{i_{min}} = \frac{600}{2{,}78} = 216 \rightarrow \omega = 7{,}86$$

$$\gamma_c \cdot P_1 = \frac{1}{\omega} \frac{\sigma_e}{\gamma_a} \cdot S$$

$$1,5 \cdot P_1 = \frac{1}{7,86} \frac{2600}{1} \cdot 2 \cdot 28 \quad ;$$

$$\boxed{P_1 = 12349 \text{ kg}}$$

En el segundo caso determinaremos también el momento de inercia mínimo.

$I_z = 2 \times 1350 = 2700 \text{ cm}^4$

$I_y = 2(I_{y'} + Sd^2) = 2[114 + 28\,(7 - 1,92^2)]$

$I_y = 1673 \text{ cm}^4$

$I_y = I_{min}$

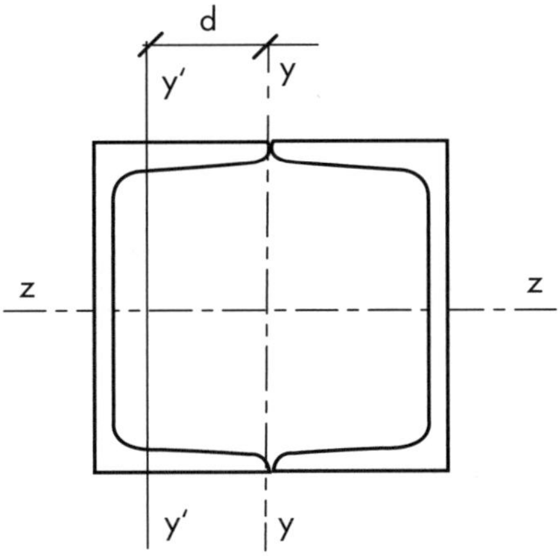

$$i_{min} = \sqrt{\frac{2\left[114 + 28(7 - 1,92)^2\right]}{2 \times 28}} = 5,47 \text{ cm}$$

$$\lambda = \frac{l_P}{i_{min}} = \frac{600}{5,47} = 110 \rightarrow \omega = 2,32$$

$$1,5 \cdot P_2 = \frac{1}{2,32} \frac{2600}{1} \cdot 2 \cdot 28 \; ; \qquad \boxed{P_2 = 41839 \text{ kg}}$$

6. Se trata de la barra siguiente:

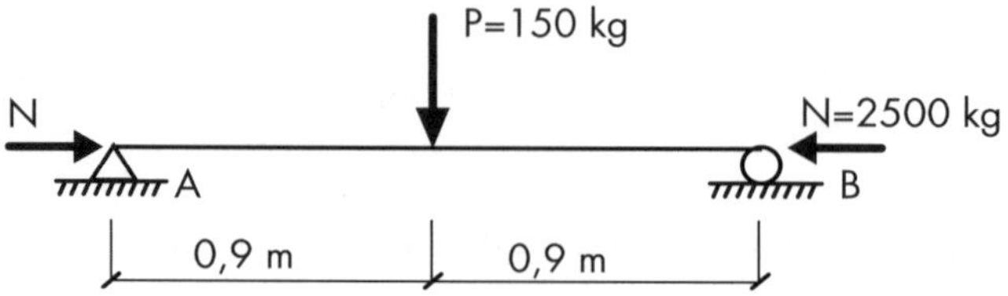

El momento flector máximo es: $M = \dfrac{pl}{4}$

La tensión máxima de compresión es:

$\sigma_{max} = \dfrac{pl/4}{W_z} + \dfrac{N\omega}{S}$ y se produce en la sección central de la barra.

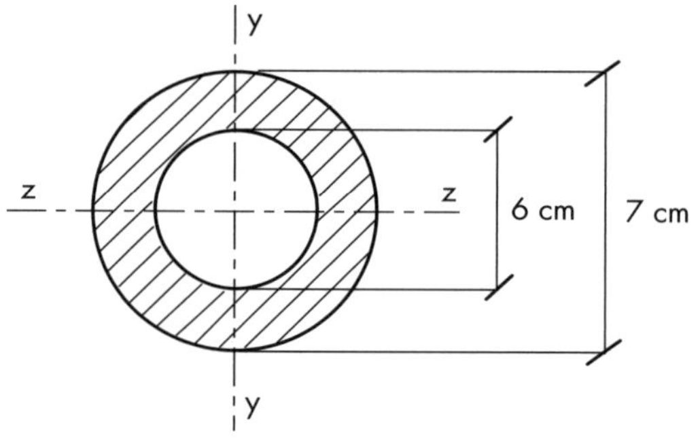

$$S = \frac{\pi}{4}\left(7^2 - 6^2\right) = 10,21 \text{ cm}^2$$

$$I_y = I_z = \frac{\pi}{4}\left(R_e^4 - R_i^4\right) = \frac{\pi}{64}\left(d_e^4 - d_i^4\right)$$

$$I_y = I_z = \frac{\pi}{64}\left(7^4 - 6^4\right) = 54,24 \text{ cm}^4$$

$$i_{min} = i_y = i_z = \sqrt{\frac{I_z}{S}} = \sqrt{\frac{\frac{\pi}{64}\left(7^4 - 6^4\right)}{\frac{\pi}{4}\left(7^2 - 6^2\right)}} = \sqrt{\frac{7^2 + 6^2}{16}}$$

$$i_{min} = 2,3 \text{ cm}$$

$$W_z = \frac{I_z}{d_e/2} = \frac{54,24}{3,5} = 15,5 \text{ cm}^3$$

Longitud de pandeo: $l_p = l$ = 1,8 m = 180 cm.

$$\lambda = \frac{l_P}{i_{min}} = \frac{180}{2,3} = 78,3 \rightarrow \omega = 1,43$$

$$M_{max} = \frac{Pl}{4} \frac{150 \times 1,8}{4} = 67,5 \text{ mkg} = 6750 \text{ cmkg}$$

$$\sigma_{max} = \frac{6750}{15,5} + \frac{2500 \times 1,43}{10,21} = 785,63 \text{ kg/cm}^2$$

7. Al considerarse el dintel como "infinitamente rígido a flexión", los soportes están únicamente sometidos a compresión por lo que, una vez determinada la carga crítica por pandeo en cada uno de ellos, podremos determinar el valor de la carga uniforme «**q**» que agota los soportes.

La resolución del problema mediante la utilización del Código Técnico de la Edificación (CTE) coincide con la señalada en el Eurocódigo 3 (Proyecto de Estructuras de Acero) y exige comprobar, en primer lugar la clase de sección transversal utilizada.

Según la tabla 14.2, la sección será de clase 1, 2 ó 3, según sea el valor c/t del perfil y la solicitación aplicada.

En nuestro caso c (altura del perfil) HEB-300 es 300 mm, mientras que t (espesor del alma) es 11 mm.; c/t=300/11=27,27.

En la misma tabla se indica el valor del factor de reducción:

$$\varepsilon = \sqrt{\frac{235}{f_y}}$$

En el acero S275, f_y=275 N/mm^2

$$\varepsilon = \sqrt{\frac{235}{275}} = 0,924$$

Para el caso de pieza comprimida la misma tabla indica si la sección de la misma es de clase 1, 2 ó 3 si c/t es menor, respectivamente, que 33 ε, 38 ε, ó 42 ε

$33\,\varepsilon = 30{,}51$

$38\,\varepsilon = 35{,}13$

$42\,\varepsilon = 38{,}83$

Como c/t es menor que cualquiera de estos valores, la sección no es esbelta (clase 4) y no es necesario determinar la sección reducida.

Efectuaremos el cálculo en régimen elástico (clase 3).

Deberá cumplirse según [5.27]:

$N \leq \chi A f_{yd}$

$A = 149{,}1\ \text{cm}^2$

$$f_{yd} = f_y / \gamma_{M1} = \frac{275}{1{,}1} = 250\ \text{N/mm}^2$$

El coeficiente χ de reducción por pandeo ($\chi \leq 1$) se obtiene a partir de las expresiones [14.50], [14.51] y [14.52],.

$$\chi = \frac{1}{\phi + \sqrt{\phi^2 - \left(\bar{\lambda}_k\right)^2}}$$

Donde

$\phi = 0{,}5 \cdot [1 + \alpha(\bar{\lambda}_k - 0{,}2) + (\bar{\lambda}_k)^2]$

α es el coeficiente de imperfección elástica.

$\bar{\lambda}_k$ es la esbeltez reducida.

$$\bar{\lambda}_k = \sqrt{\frac{A f_y}{N_{cr}}}$$

$$N_{cr} = \left(\frac{\pi}{L_k} \right)^2 \cdot E \cdot I$$

L_k es la longitud del pandeo de la pieza que, en este caso y en el pandeo en el plano (alrededor del eje x), corresponde al caso de barra biempotrada con deslizamiento, L_k = L =6 m.

$I = I_x = 25168 \text{ cm}^4$

$E = 210000 \text{ N/mm}^2$

$$N_{cr} = \left(\frac{\pi}{6000} \right)^2 210000 \cdot 25168 \cdot 10^4 = 14489895 \text{ N} \approx 14489{,}9 \text{ kN}$$

$Af_y = 149{,}1 \cdot 10^2 \cdot 275 = 4100250 \text{ N} = 4100{,}25 \text{ KN}$

$$\bar{\lambda}_k = \sqrt{\frac{4100{,}25}{14489{,}9}} = 0{,}53$$

El coeficiente α, de acuerdo con las tablas 14.5 y 14.6, vale 0,34.

$$\phi = 0{,}5 \cdot [1 + 0{,}34(0{,}53 - 0{,}2) + (0{,}53)^2] = 0{,}70$$

$$\chi = \frac{1}{0{,}7 + \sqrt{0{,}7^2 - 0{,}53^2}} = 0{,}864$$

Por tanto, $N = 0{,}864 \cdot 149{,}1 \cdot 10^2 \cdot 250 = 3220560 \text{ N} = 3220{,}56 \text{ kN}$.

La condición de rigidez infinita del dintel permite suponer que la mitad de la carga se transmite a cada soporte, sin originar flexión sobre el mismo; por tanto, el agotamiento se producirá para

$$N = \frac{q \cdot l}{2}; \quad q = \frac{2N}{l} = \frac{2 \cdot 3220{,}56}{6} = 1073{,}52 \text{ kN/m}$$

Si el cálculo se hubiese realizado utilizando la norma EA-95, la carga «**q**» se determinaría como sigue:

- Determinación de la esbeltez:

$$\lambda = \frac{L_k}{i_x} = \frac{600}{13} = 46$$

- El coeficiente ω, suponiendo coincidente el acero S275 con el acero A42 (Norma EA95) vale: $\omega = 1{,}1$
- La carga crítica admisible para un perfil HEB- 300 es:

$$P_{crit} = \frac{A \cdot f_{yd}}{\omega} = \frac{149{,}1 \cdot 250}{1{,}1} \cdot 10^2 = 3388636 \text{ N}$$

$$P_{crit} \approx 3388{,}64 \text{ KN}$$

$$"q" = \frac{2P_{crit}}{\ell} = \frac{2 \cdot 3388{,}64}{6} = 1129{,}54 \text{ kN/m}$$

El valor obtenido es mayor que el determinado utilizando el Código Técnico de la Edificación, por lo que cabe decir que este último es más seguro que el empleo de la Norma EA-95.

APÉNDICE 1
Geometría de masas aplicada a las áreas planas

A1.1. DEFINICIÓN

Llamamos área plana a la superficie encerrada por una curva plana.

En lo que sigue consideraremos que el área plana, tanto elemental (dS) como total (S) tiene idéntico significado que la masa elemental y total de un sólido pues se obtiene esta última de aquélla, sin más que multiplicar por la densidad superficial ρ, que suponemos constante.

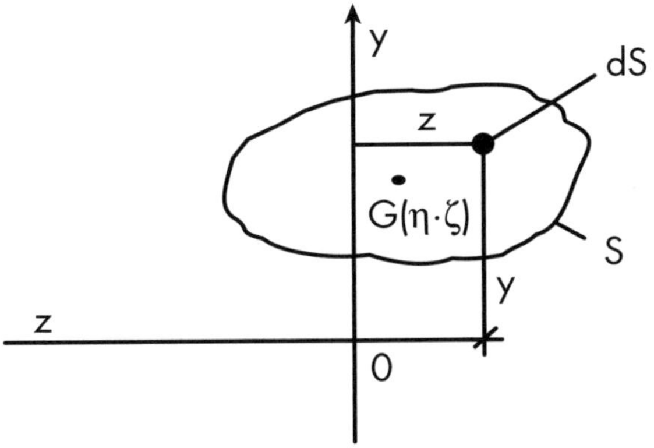

Figura A1.1

A1.2. CENTRO DE GRAVEDAD DE UN ÁREA PLANA

La definición general del c.d.g. de un sólido es la de ser el punto de aplicación de la resultante de las fuerzas de gravedad que sobre él actúan. La particularización para un área plana de la definición general nos pemite determinar las coordenadas (η, ζ) del centro de gravedad de la misma.

Así, de acuerdo con la figura A1.1., obtenemos:

$$\eta = \frac{\int_S y dS}{S}; \qquad \zeta = \frac{\int_S z dS}{S} \qquad \text{[A1.1]}$$

En las expresiones anteriores hemos tenido en cuenta la constancia de la densidad ρ, por lo cual no aparece en las mismas.

Las coordenadas (y,z) de cada punto del área plana, tomarán los signos que correspondan a los sentidos positivos de los ejes. En la figura se han elegido como positivos los correspondientes al triedro trirrectángulo Oxyz (x positivo según el eje longitudinal de la pieza).

A1.3. MOMENTOS ESTÁTICOS

Consideremos los numeradores de las expresiones [A1.1] que nos dan las coordenadas η, ζ del c.d.g. de un área plana. Podemos escribir dichos numeradores como sigue:

$$m_Z = \int_S y dS; \quad m_Y = \int_S z dS \qquad \text{[A1.2]}$$

Cada una de estas expresiones representa la suma de los productos de las áreas elementales dS por las distancias a los ejes z ó y, respectivamente; son análogas a las expresiones del momento de un sistema de fuerzas respecto a un eje, por lo que llamaremos a m_z y m_y momentos estáticos del área S respecto a los ejes z e y. Sus dimensiones son las de un área por una longitud y se expresan sus valores usualmente en cm^3.

Consideremos ahora la variación que experimentan estos momentos estáticos al hacer una traslación de ejes, pasando del sistema Oyz al O'y'z' (figura A1.2).

De la figura deducimos:

$$y' = y - a; \quad z' = z - b$$

siendo (*a*, b) las coordenadas del nuevo origen de coordenadas O' respecto al sistema inicial.

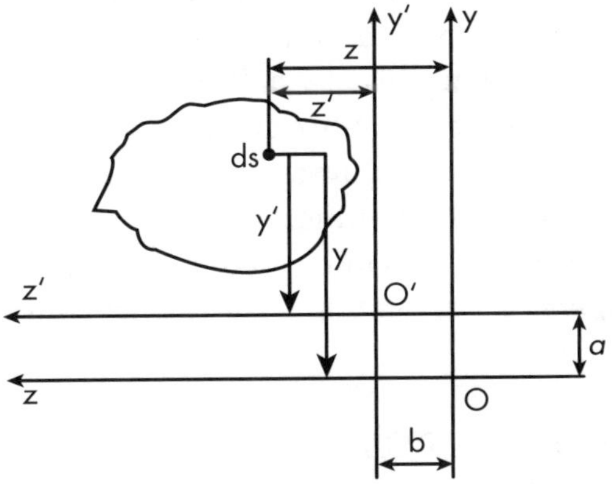

Figura A1.2

Aplicando las expresiones [A1.2]:

$$m_y = \int_S z dS = \int_S (z' + b)\, dS = \int_S z' dS + bS$$

$$m_z = \int_S y dS = \int_S (y' + a)\, dS = \int_S y' dS + aS$$

Las expresiones $\int_S z' dS$ e $\int_S y' dS$ son los momentos estáticos respecto de los ejes y', z'. Por tanto:

$$m_y = m_{y'} + bS \ ; \quad m_{y'} = m_y - bS \qquad \text{[A1.3]}$$

$$m_z = m_{z'} + aS \ ; \quad m_{z'} = m_z - aS \qquad \text{[A1.4]}$$

Vemos, pues, que al desplazar paralelamente los ejes, los momentos estáticos varían en magnitudes iguales a los productos del área S por las distancias entre los ejes.

En las expresiones [A1.3.] y [A1.4], b y *a* pueden tener cualquier valor positivo o negativo y entre ellos, los que hagan que los productos b'S y *a*'S sean iguales, respectivamente a m_y y m_z. Los ejes para los cuales se anulan los momentos estáticos se denominan ejes centrales. Estos ejes se cortan en el c.d.g. del área plana considerada, como fácilmente se demuestra: Asimilando las áreas elementales dS a fuerzas de gravedad, el momento resultante de todas ellas respecto a un eje que pase por el centro de gravedad ha de ser nulo, pues la resultante de las fuerzas corta al eje. Pero el momento de dichas áreas elementales coincide con el momento estático, por lo que puede establecerse, con carácter general: «*El momento estático de un área plana respecto a un eje que pasa por su c.d.g. es nulo*».

A1.4. MOMENTOS DE INERCIA

Dados un área plana y unos ejes ortogonales (y,z) contenidos en su plano, llamamos momentos de inercia respecto a los ejes y, z a las expresiones:

$$I_y = \int_S z^2 dS \ ; \ I_z = \int_S y^2 dS \qquad [A1.5]$$

Análogamente, llamamos producto de inercia P_{yz} a la expresión:

$$P_{yz} = \int_S yz \, dS \qquad [A1.6]$$

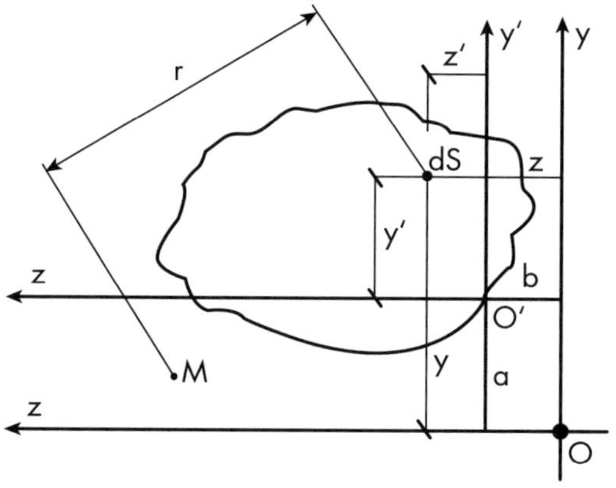

Figura A1.3

Dado un punto M cualquiera, del plano de la figura A1.3, se denomina momento polar de inercia a la expresión:

$$I_M = \int_S r^2 \, dS \qquad [A1.7]$$

que representa el momento de inercia respecto a un eje perpendicular al plano yz, que pasa por el punto M (r es la distancia entre M y el elemento de área dS).

Las expresiones [A1.5], [A1.6] y [A1.7]) de los momentos y producto de inercia tienen dimensiones de una longitud elevada a la cuarta potencia, midiéndose usualmente en cm^4.

Las relaciones:

$$i_y = \sqrt{\frac{I_Y}{S}} \;\; ; \;\; i_z = \sqrt{\frac{I_Z}{S}} \;\; ; \;\; i_M = \sqrt{\frac{I_M}{S}} \qquad [A1.8]$$

tienen dimensiones de longitud y reciben los nombres, respectivamente, de radios de giro respecto a los ejes y, z y radio de giro polar. Suelen medirse en cm.

Veamos cómo varían los momentos y producto de inercia al desplazar los ejes paralelamente a sí mismos (figura A1.3).

A pasar del sistema Oyz al O'y'z', se cumple:

$$y' = y - a; \;\; z' = z - b$$

Sustituyendo en las expresiones [A1.5] y [A1.6]

$$I_{y'} = \int_S (z-b)^2 \, dS \;\; ; \;\; I_{z'} = \int_S (y-a)^2 dS \;\; ; \;\; P_{y'z'} = \int_S (y-a)(z-b) dS$$

Desarrollando:

$$I_{y'} = \int_S (z^2 + b^2 - 2bz) dS = \int_S z^2 dS + b^2 \int_S dS - 2b \int_S z dS =$$

$$= \int_S z dS = I_y + b^2 S - 2bm_y \qquad [A1.9]$$

$$I_{z'} = \int_S \left(y^2 + a^2 - 2ay\right) dS = \int_S y^2 dS + a^2 \int_S dS - 2a\int_S y dS = I_z + a^2 S - 2am_z \quad \text{[A1.10]}$$

$$\begin{aligned} P_{y'z'} &= \int_S (yz + ab - az - by)\ dS = \int_S yz dS + ab\int_S dS - a\int_S z dS - b\int_S y dS = \\ &= P_{yz} + ab - am_y - bm_z \end{aligned} \quad \text{[A1.11]}$$

Si los ejes y,z son los ejes centrales:

$$I_{y'} = I_y + b^2 S\ ;\ I_{z'} = I_z + a^2 S\ ;\ P_{y'z'} = P_{yz} + abS \quad \text{[A1.12]}$$

Las expresiones [A1.12] son una particularización para las áreas planas de la relación conocida como teorema de Steiner.

De las mismas expresiones deducimos que los momentos de inercia respecto a los ejes centrales son mínimos para el conjunto de ejes paralelos, puesto que I_y e I_z son magnitudes positivas, por definición. El producto de inercia es una magnitud con signo y éste varía al variar *a* y b.

Por lo que respecta al momento polar de inercia, de su definición se deduce que no depende de los ejes coordenados sino únicamente de la posición del punto M.

A1.5. EJES Y MOMENTOS PRINCIPALES DE INERCIA

Estudiaremos a continuación cómo varían los momentos de inercia al girar los ejes coordenados. Supondremos conocidos los momentos de inercia I_y e I_z y el producto de inercia respecto a unos ejes y, z y calcularemos los valores de estas magnitudes respecto a los ejes y', z', obtenidos girando un ángulo φ respecto al sistema inicial. Consideraremos que se trata de ejes centrales, lo que no resta generalidad al estudio.

De la figura A1.4 deducimos:

$$y' = y\ \cos\varphi + z\ sen\varphi \quad \text{[A1.13]}$$

$$z' = z\ \cos\varphi - y\ sen\varphi \quad \text{[A1.14]}$$

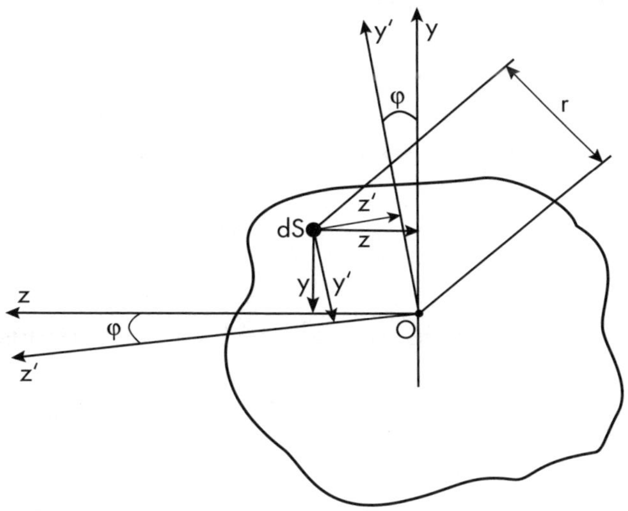

Figura A1.4

Los momentos de inercia y el producto de inercia respecto a los ejes y', z' son:

$$I_{y'} = \int_S z'^2 \, dS \; ; \; I_{z'} = \int_S y'^2 \, dS \; ; \; P_{y'z'} = \int_S y'z' dS \qquad \text{[A1.15]}$$

Sustituyendo [A1.13] y [A1.14] en las expresiones [A1.15]:

$$I_{y'} = \int_S (z \cos\varphi - y \, sen\varphi)^2 dS$$

$$I_{z'} = \int_S (y \cos\varphi + z \, sen\varphi)^2 dS$$

$$P_{y'z'} = \int_S (y \cos\varphi + z \, sen\varphi)(z \cos\varphi - y \, sen\varphi) dS$$

Desarrollando:

$$I_{y'} = \cos^2\varphi \int_S z^2 dS + sen^2\varphi \int_S y^2 dS - 2 \, sen\varphi \, \cos\varphi \int_S yz \, dS$$

$$I_{z'} = \cos^2\varphi \int_S y^2 dS + sen^2\varphi \int_S z^2 dS + 2 \, sen\varphi \, \cos\varphi \int_S yz \, dS$$

$$P_{y'z'} = \cos^2\varphi \int_S yz dS - sen^2\varphi \int yz \, dS + sen\varphi \cos\varphi \int z^2 dS - sen\varphi \cos\varphi \int_S y^2 dS$$

Estas expresiones se transforman en:

$$I_{y'} = I_y \cos^2 \varphi + I_z\ sen^2\varphi - P_{yz}\ sen2\varphi \qquad [A1.16]$$

$$I_{z'} = I_y sen^2\varphi + I_z \cos^2 \varphi + P_{yz}\ sen2\varphi \qquad [A1.17]$$

$$P_{y'z'} = P_{yz} \cos 2\varphi + \frac{I_y - I_z}{2}\ sen\ 2\varphi \qquad [A1.18]$$

Si sumamos las ecuaciones [A1.16] y [A1.17], obtenemos:

$$I_{y'} + I_{z'} = I_y + I_z = \int_S z^2 dS + \int_S y^2 dS = \int_S \left(y^2 + z^2\right) dS = \int_S r^2 dS = I_0 \qquad [A1.19]$$

Esta ecuación nos dice que la suma de los momentos de inercia respecto de los ejes ortogonales entre sí no varía cuando giran éstos y es, precisamente, igual al momento polar de inercia respecto al punto de intersección de los ejes.

Al variar el ángulo φ, I_y e I_z varían de forma que su suma sea constante. Esto exige que cuando uno de los dos momentos de inercia sea máximo, el otro sea mínimo y viceversa. Derivando, por ejemplo, la expresión [A1.16] respecto a φ e igualando a cero, obtenemos el ángulo φ para el cual $I_{y'}$ será máximo o mínimo. Así pues:

$$-2\ sen\varphi \cos\varphi\ I_y + 2\ sen\varphi \cos\varphi\ I_z - 2P_{yz} \cos 2\varphi = 0$$

$$tg2\varphi = \frac{2P_{yz}}{I_z - I_y} \qquad [A1.20]$$

Este valor del ángulo φ anula la expresión [A1.18], por lo que se deduce que cuando los momentos de inercia $I_{y'}$ e $I_{z'}$ son máximos o mínimos, el producto de inercia es nulo.

A los ejes correspondientes a este valor del ángulo φ que les llama ejes principales centrales. Si no pasan estos ejes por el c.d.g. del área plana considerada, se llaman simplemente ejes principales. A los momentos de inercia correspondientes se les llama momentos principales de inercia.

APÉNDICE 2
Los círculos de Mohr en elasticidad bidimensional

A2.1. INTRODUCCIÓN

En los capítulos 2 (Estado de tensiones en los puntos de un sólido elástico) y 3 (Estado de deformación en el entorno de un punto) hemos estudiado diversos procedimientos para la representación gráfica de los estado de tensión y deformación, en el caso general de problemas elásticos tridimensionales. Como vimos, la representación más eficaz es la de los círculos de Mohr, en la que el extremo del vector tensión $\vec{f}$, en un punto de un sólido elástico, se encuentra situado en el área rayada de la figura 2.9, ocurriendo lo mismo con el vector deformación unitaria $\vec{\varepsilon}$, cuyo extremo se encuentra en el área rayada de la figura 3.12.

Existen muchos casos en la práctica en que los estados de tensiones y deformaciones pueden considerarse contenidos en un plano (plano xy), considerando únicamente las componentes de la tensión y de la deformación paralelas a los ejes coordenados.

Algunos de estos casos se han contemplado, directa o indirectamente, en los temas 7 (Teoría elemental de la cortadura), 8 (Flexión: Análisis de tensiones) y 12 (Solicitaciones compuestas), así como en varios de los ejercicios de autocomprobación.

Aunque el estudio completo de los problemas elásticos planos se realiza en los capítulos 3 (Elasticidad plana en coordenadas cartesianas) y 5 (Elasticidad plana en coordenadas polares), de Elasticidad y Resistencia de Materiales II, en las páginas siguientes expondremos, brevemente y ciñéndonos exclusivamente al estado de tensión plana, la forma de obtener las componentes intrínsecas de la tensión, los valores de las tensiones principales y su representación gráfica mediante el círculo de Mohr, correspondiente a este estado elástico bidimensional.

A.2.2. ESTADO PLANO DE TENSIÓN

A este tipo de problema corresponde el caso de una placa delgada, sometida a la acción de fuerzas aplicadas en su contorno y repartidas uniformemente sobre todo su espesor (figura A2.1).

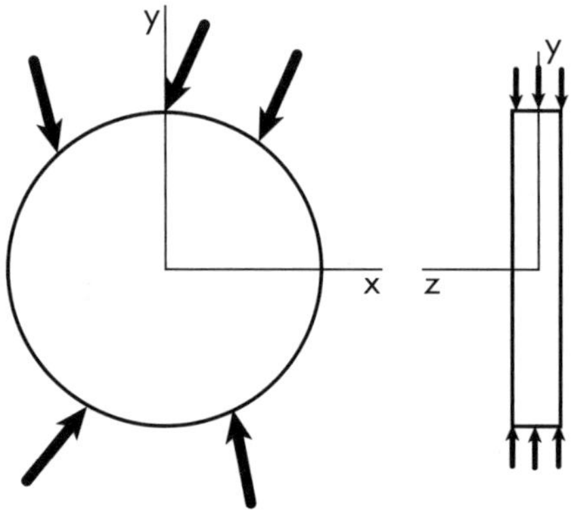

Figura A2.1

Las tensiones σ_z, τ_{xz}, τ_{yz}, son nulas en las dos caras de la placa, y se puede suponer sin error apreciable que son igualmente nulas en todos los planos interiores paralelos a las caras, es decir, en todo el espesor de la placa. Se puede admitir también que las otras tensiones, σ_x, τ_y, τ_{xy}, no dependen prácticamente de z, es decir, que son constantes en todo el espesor de la placa. Resulta, pues que la dimensión de la placa en la dirección de z no tiene importancia en el problema y, por tanto, en el estudio que hacemos a continuación consideraremos esta dimensión como la unidad.

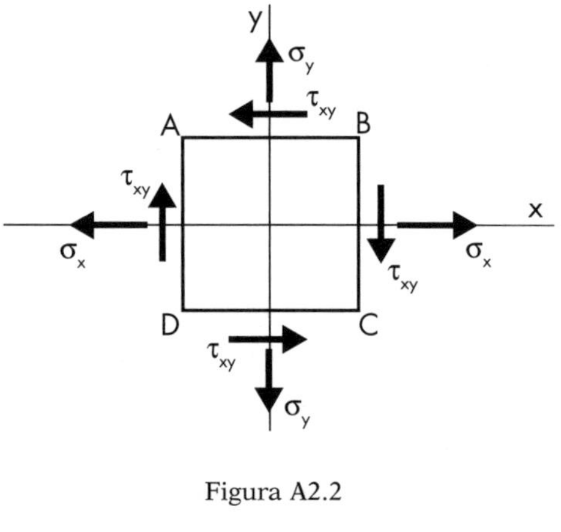

Figura A2.2

Para este tipo de problemas el elemento de volumen de la figura 2.3, se convierte en el elemento de superficie que se representa en la figura A2.2, en el que, de acuerdo con el criterio general de signos (epígrafe 2.2.), son positivas las tensiones normales (σ_x, σ_y) y negativa la tensión tangencial τ_{xy} (AB y BC) son caras vistas desde el cuadrante positivo).

Para obtener la tensión según un plano ortogonal al plano xy (cuya normal n, forma un ángulo θ con el eje x) se realiza, como se indica en la figura A.2.3, una proyección análoga a la realizada en el epígrafe 2.3 (véase la figura 2.5)

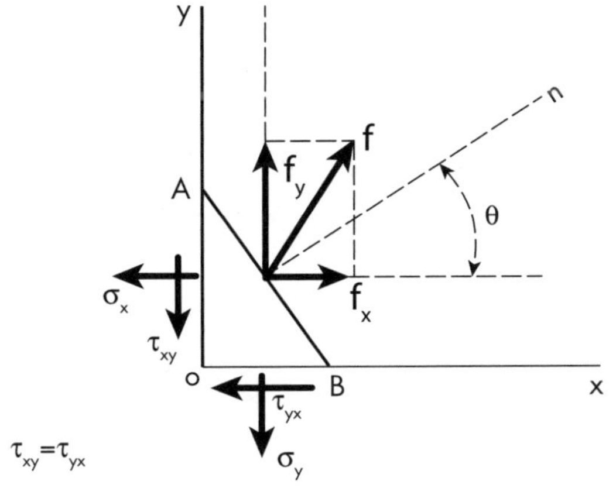

Figura A2.3

Proyectando ahora $\vec{f}$ o sus componentes f_x y f_y sobre la normal n a la dirección AB y sobre la dirección AB, obtenemos las componentes intrínsecas de la tensión (σ, τ), en el punto 0, según un plano paralelo al plano AB e infinitamente próximo al mismo:

$$\sigma = \sigma_x \cos^2\theta + \tau_{xy}\mathrm{sen}\theta\cos\theta + \sigma_y \mathrm{sen}^2\theta + \tau_{xy}\cos\theta\mathrm{sen}\theta = \sigma_x\cos^2\theta + \sigma_y\mathrm{sen}^2\theta + \tau_{xy}\mathrm{sen}2\theta$$

$$\tau = f_x\mathrm{sen}\theta - f_y\cos\theta = \sigma_x\cos\theta\mathrm{sen}\theta + \tau_{xy}\mathrm{sen}^2\theta - \tau_{xy}\cos^2\theta - \sigma_y\mathrm{sen}\theta\cos\theta$$

En función del ángulo doble, queda:

$$\left.\begin{aligned} \sigma &= \frac{\left(\sigma_x+\sigma_y\right)}{2} + \frac{\left(\sigma_x-\sigma_y\right)}{2}\cos 2\theta + \tau_{xy}\mathrm{sen}2\theta \\ \tau &= +\frac{\left(\sigma_x-\sigma_y\right)}{2}\mathrm{sen}2\theta - \tau_{xy}\cos 2\theta \end{aligned}\right\} \qquad [A2.1]$$

A estas expresiones se llega también considerando la ecuación matricial $[\bar{f}] = [T][\bar{u}]$, en la que la matriz de tensiones, de dimensiones 2 × 2, es:

$$\left[T\right] = \begin{pmatrix} \sigma_x & \tau_{xy} \\ \tau_{xy} & \sigma_x \end{pmatrix}$$

Y el vector unitario $\bar{u}$, tiene como componentes (cosenos directores), $\alpha = \cos\theta$, $\beta = \text{sen}\,\theta$, $\gamma = 0$.

Las tensiones principales se obtienen a partir de la ecuación matricial $[T-\sigma I][\bar{u}] = 0$, en la que la solución, para la dirección $\bar{u}$, distinta de la trivial (y sin sentido físico), $\cos\theta = \text{sen}\,\theta = 0$, se obtiene igualando a cero el determinante de $[T-\sigma I]$.

$$\begin{vmatrix} \sigma_x - \sigma & \tau_{xy} \\ \tau_{xy} & \sigma_x - \sigma \end{vmatrix} = 0$$

O bien: $\sigma^2 - (\sigma_x + \sigma_y)\sigma - \tau_{xy}^2 + \sigma_x\sigma_y = 0$,

Cuyas raíces son:

$$\sigma_{1,2} = \frac{(\sigma_x + \sigma_y) \pm \sqrt{(\sigma_x + \sigma_y)^2 - 4\sigma_x\sigma_y + 4\tau_{xy}^2}}{2}$$

$$\sigma_{1,2} = \frac{(\sigma_x + \sigma_y)}{2} \pm \sqrt{\frac{(\sigma_x - \sigma_y)^2}{2} + 4\tau_{xy}^2} \qquad [A2.2]$$

Para obtener las direcciones principales I y II podemos sustituir σ por σ_1 y por σ_2 en la ecuación matricial $[T-\sigma I][\bar{u}] = 0$, pero como veremos, es más sencillo obtener dichas direcciones utilizando el círculo de Mohr correspondiente al estado plano de tensión indicado en la figura A2.2.

A2.3. CÍRCULO DE MOHR

Las componentes intrínsecas de la tensión (σ, τ), dadas por las expresiones [A2.1] coinciden con las coordenadas de los puntos de una circunferencia, cuyo centro es el punto $\left(\frac{(\sigma_x + \sigma_y)}{2}, 0\right)$ siendo su ecuación:

$$\left(\sigma - \frac{(\sigma_x + \sigma_y)}{2}\right)^2 + \tau^2 = r^2 \qquad [A2.3]$$

Determinaremos el valor de r sustituyendo σ, τ por sus expresiones [A2.1]

$$\left(\frac{\sigma_x - \sigma_y}{2}\cos 2\theta + \tau_{xy}\operatorname{sen}2\theta\right)^2 - \left(\frac{\sigma_x - \sigma_y}{2}\operatorname{sen}2\theta - \tau_{xy}\cos 2\theta\right)^2 = r^2$$

$$\left(\frac{\sigma_x - \sigma_y}{2}\right)^2 \cos^2 2\theta + \tau_{xy}^2 \operatorname{sen}^2 2\theta + \left(\sigma_x - \sigma_y\right)\tau_{xy}\operatorname{sen}2\theta\cos 2\theta +$$

$$\left(\frac{\sigma_x - \sigma_y}{2}\right)^2 \operatorname{sen}^2 2\theta + \tau_{xy}^2 \cos^2 2\theta - \left(\sigma_x - \sigma_y\right)\tau_{xy}\operatorname{sen}2\theta\cos 2\theta = \tau^2$$

$$\left(\frac{\sigma_x - \sigma_y}{2}\right)^2 + \tau_{xy}^2 = r^2$$

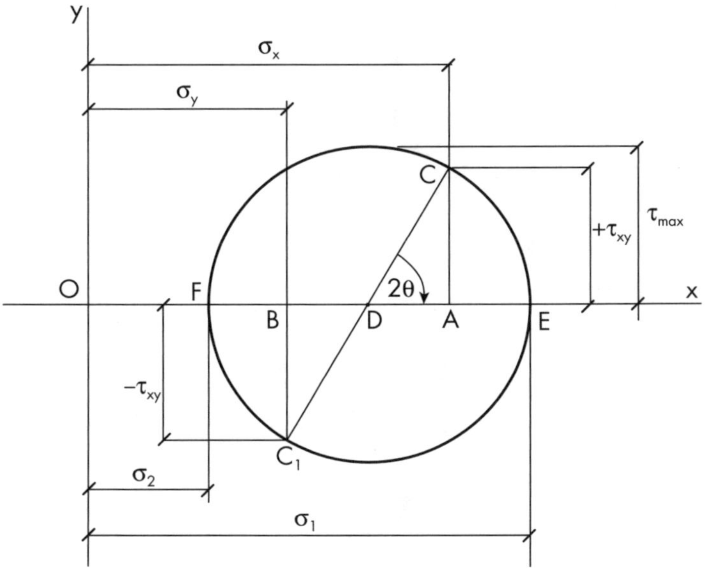

Figura A2.4

El radio del círculo es, por tanto:

$$r = \sqrt{\left(\frac{\sigma_x - \sigma_y}{2}\right)^2 + \tau_{xy}^2} \qquad [A2.4]$$

La circunferencia recibe el nombre de circunferencia de Mohr, llamándose círculo de Mohr al área encerrada por la misma. Se representa dicha circunferencia en la figura A2.4.

Si en la ecuación [A2.3] sustituimos los valores de σ, τ, por los que actúan sobre el borde BC del elemento de la figura A2.2, obtenemos el punto C de la circunferencia, mientras que si consideramos el estado tensional sobre el borde AB del mismo elemento obtenemos el punto C_1: C y C_1 deben ser los extremos de un mismo diámetro de la misma forma que lo son E y F, correspondientes a los planos principales, en los que la tensión cortante es nula, que son ortogonales entre sí.

En la figura A2.5 se representa nuevamente el elemento de la figura A2.3, habiéndose dibujado en su interior otro elemento, de caras perpendiculares entre sí, sobre el que actúan las tensiones principales σ_1, σ_2.

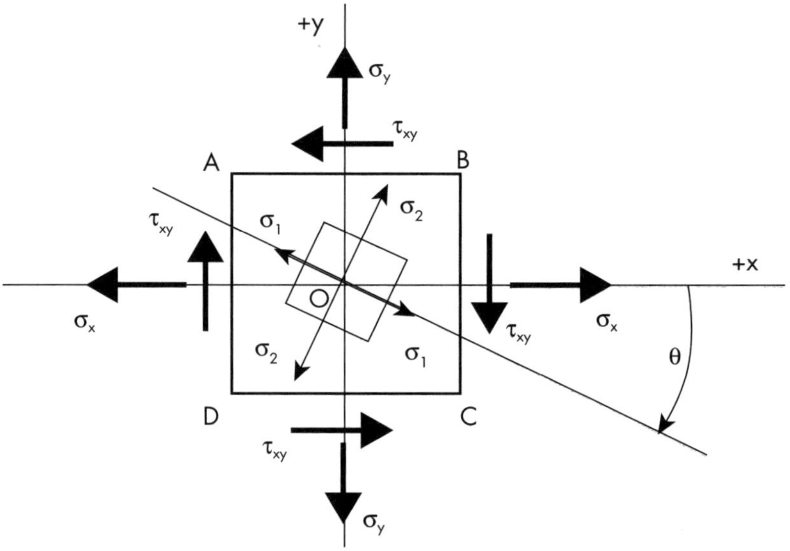

Figura A2.5

De la construcción del círculo de Mohr se deduce que ese ha establecido, al contrario que en el caso general tridimensional, un signo para la componente intrínseca τ, que se considera positiva si el momento que origina respecto de un punto interior del elemento sobre el que actúa tiende a hacerlo girar en el sentido de las agujas del reloj y negativa en el caso contrario.

Este criterio de signos es independiente del criterio general y se aplica junto con el correspondiente al ángulo θ que forma la normal al plano considerado con el sentido positivo del eje x (se considera θ positivo si crece en el sentido contrario a las agujas del reloj.

La comparación de las figuras A2.4 y A2.5 indica que los ángulos entre planos (o entre las normales a los mismos) son la mitad de los ángulos centrales que forman entre sí los radios correspondientes a los puntos representativos en el círculo de Mohr (extremos de un diámetro, por tanto, cuando los planos son ortogonales entre sí).

De la figura A2.4 se puede deducir también la dirección de las tensiones principales, cuyo valor numérico está dado por las fórmulas [A2.2].

En efecto, del punto C, representativo del estado de tensiones en la cara BC, se pasa al punto E que representa el estado de tensiones en el plano principal a que está ligada σ_1, girando el ángulo 2θ en el sentido de las agujas del reloj.

Asimismo, de la normal a la cara BC se pasará a la dirección de σ_1 girando un ángulo θ (figura A2.5).

El valor del ángulo 2θ se deduce de la figura A2.4:

$$CA = DA \operatorname{tg} 2\theta; \quad \operatorname{tg} 2\theta = \frac{CA}{DA} = \frac{\tau}{\frac{\sigma_x - \sigma_y}{2}} = \frac{2\tau}{\sigma_x - \sigma_y}$$

La tensión cortante máxima viene dada por el radio de la circunferencia, y vale:

$$\tau_{max} = \frac{\sigma_1 - \sigma_2}{2} = \frac{1}{2}\sqrt{\left(\sigma_x - \sigma_y\right)^2 + 4\tau^2} \qquad [A2.5]$$

Los planos de tensión cortante máxima están inclinados a 45° respecto de los planos principales.

A2.4. DIAGRAMAS DE MOHR PARA LOS ESTADOS ELÁSTICOS PLANOS

A continuación indicamos los casos más generales de estados de tensión planos y su representación por medio de la circunferencia de Mohr. La figura A2.6, representa el caso de esfuerzo longitudinal simple (tracción), La circunferencia pasa por el origen y la tensión cortante máxima vale la mitad de la tensión principal σ_1.

La figura A2.7, representa un estado de cortadura pura. En los planos a 45° existen tensiones principales iguales y de sentido contrario.

En la figura A2.8, se indica el caso de que las dos tensiones principales σ_1 y σ_2 son del mismo signo (tracción). Todas las tensiones intermedias son también de tracción.

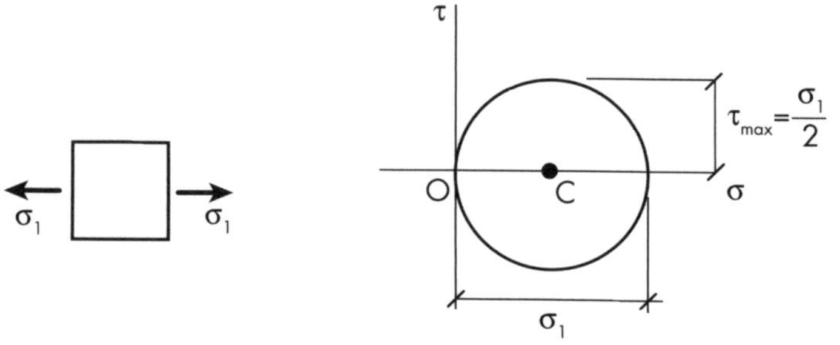

Figura A2.6

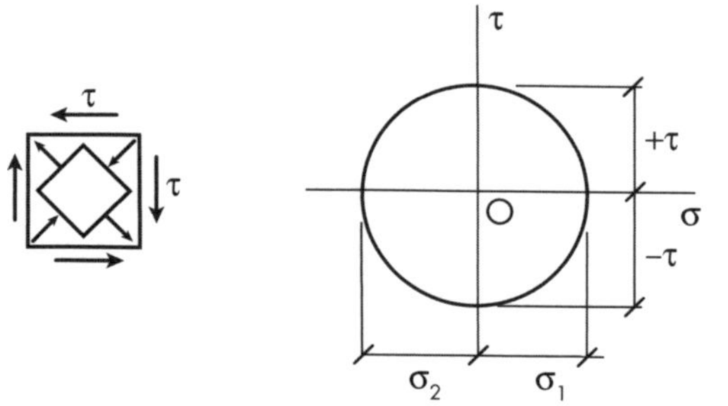

Figura A2.7

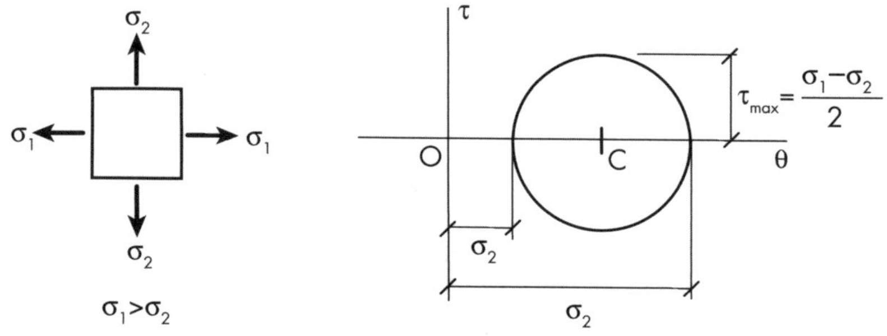

Figura A2.8

La figura A2.9, representa del mismo caso, pero con tensiones principales de compresión.

En el caso que representa la figura A2.10, se tienen tensiones principales σ_1 y σ_2 de signo contrario. El origen queda dentro del círculo de Mohr y la circunferencia tiene puntos a ambos lados del eje de coordenadas, que corresponden a tensiones del mismo sentido que la tensión principal correspondiente.

La figura A2.11 representa el mismo caso, pero con valores absolutos iguales de σ_1 y σ_2. En los planos inclinados a 45° con los dados se tiene cortadura pura con $\tau = \sigma_1$.

Por último en la figura A2.12 se tiene la representación correspondiente al caso de ser iguales las dos tensiones principales y de la misma clase (tracción). El círculo de Mohr se reduce a un punto y todas las tensiones son perpendiculares al plano sobre el que actúan, es decir, todas son principales, no existiendo esfuerzos cortantes.

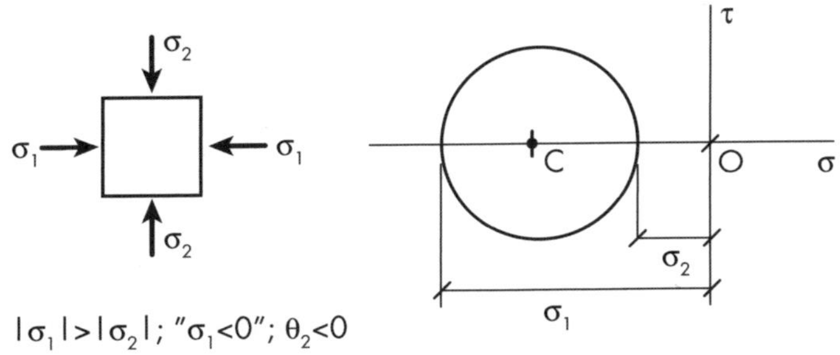

Figura A2.9

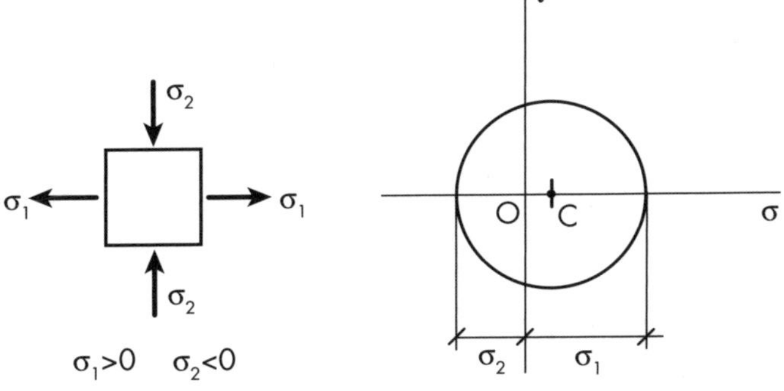

Figura A2.10

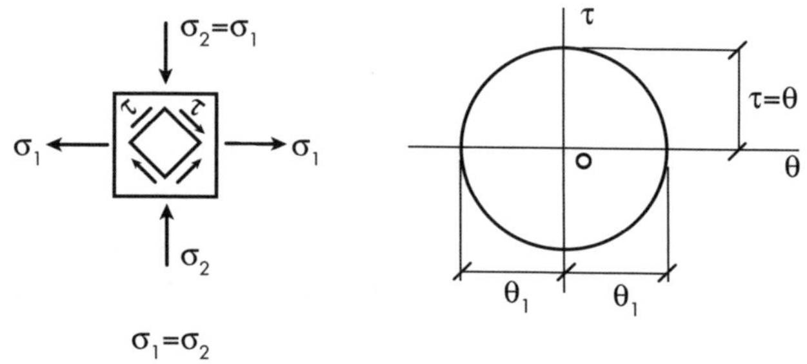

Figura A2.11

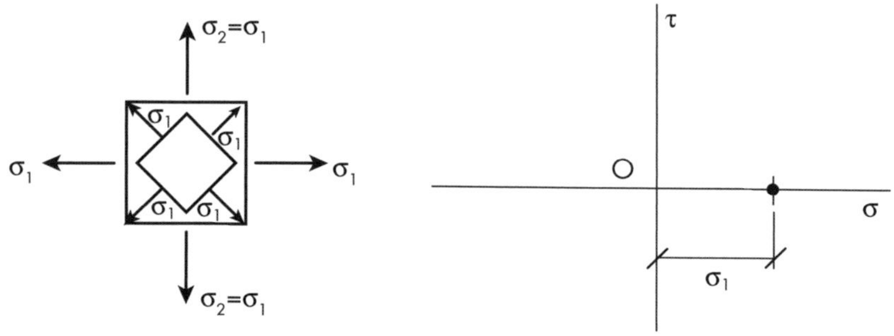

Figura A2.12

En la mayor parte de los elementos de superficie representados en las figuras anteriores, las expresiones [A2.1] se transforman en las [A2.6], que ese escriben a continuación:

$$\sigma = \frac{\left(\sigma_1 + \sigma_2\right)}{2} + \frac{\left(\sigma_1 - \sigma_2\right)}{2}\cos 2\theta$$

$$\sigma = \frac{\left(\sigma_1 - \sigma_2\right)}{2}\operatorname{sen} 2\theta \qquad [A2.6]$$

Estas expresiones corresponden al equilibrio del elemento representado en la figura A2.13 y son las coordenadas de los puntos de la circunferencia de Mohr correspondiente (figura A2.14).

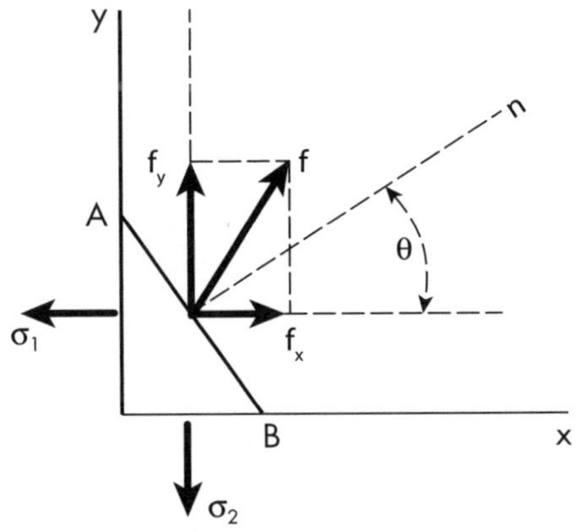

Figura A2.13

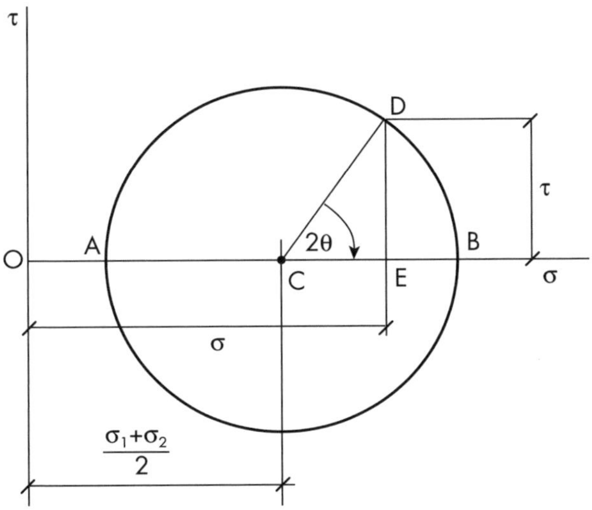

Figura A2.14

APÉNDICE 3
Tablas de perfiles laminados

Tabla 1. Perfiles IPN

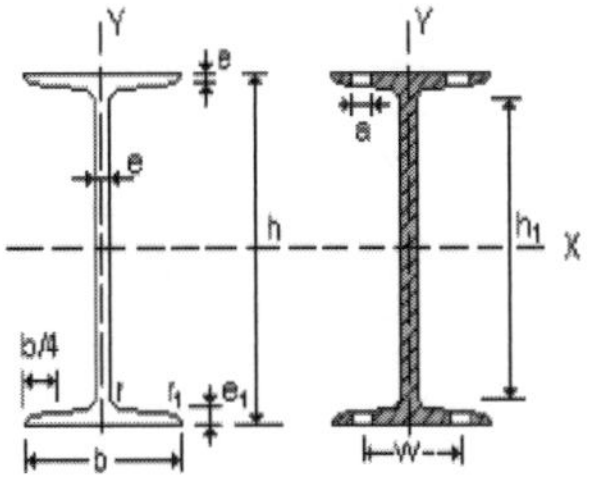

A = Area de la sección

S_x = Momento estático de media sección, respecto a X.

I_x = Momento de inercia de la sección, respecto a X.

$W_x = 2I_x : h$. Módulo resistente de la sección, respecto a X.

$i_x = (I_x : A)^{1/2}$. Radio de giro de la sección, respecto a X.

I_y = Momento de inercia de la sección, respecto a Y.

$W_y = 2I_y : b$. Módulo resistente de la sección, respecto a Y.

$i_y = (I_y : A)^{1/2}$. Radio de giro de la sección, respecto a Y

I_t = Módulo de torsión de la sección.

I_a = Módulo de alabeo de la sección.

u = Perímetro de la sección.

a = Diámetro del agujero del roblón normal.

w = Gramil, distancia entre ejes de agujeros.

h_1 = Altura de la parte plana del alma.

e_2 =Espesor del ala en el eje del agujero.

p = Peso por metro.

	Dimensiones							Términos de sección										Agujeros			
Perfil	h mm	b mm	e = r mm	e_1 mm	r_1 mm	h_1 mm	u mm	A cm^2	S_x cm^3	I_x cm^4	W_x cm^3	i_x cm	I_y cm^4	W_y cm^3	i_y cm	I_t cm^4	I_a cm^6	w mm	a mm	e_2 mm	Peso p kp/m
IPN 80	80	42	3,9	5,9	2,3	59	304	7,58	11,4	77,8	19,5	3,20	6,29	3,00	0,91	0,93	87,5	22	-	4,43	5,95
IPN 100	100	50	4,5	6,8	2,7	75	370	10,6	19,9	171	34,2	4,01	12,2	4,88	1,07	1,72	268	28	-	5,05	8,32
IPN 120	120	58	5,1	7,7	3,1	92	439	14,2	31,8	328	54,7	4,81	21,5	7,41	1,23	2,92	685	32	-	5,67	11,2
IPN 140	140	66	5,7	8,6	3,4	109	502	18,3	47,7	573	81,9	5,61	35,2	10,7	1,40	4,66	1540	34	11	6,29	14,4
IPN 160	160	74	6,3	9,5	3,8	125	575	22,8	68,0	935	117	6,40	54,7	14,8	1,55	7,08	3138	40	11	6,91	17,9
IPN 180	180	82	6,9	10,4	4,1	142	640	27,9	93,4	1450	161	7,20	81,3	19,8	1,71	10,3	5924	44	13	7,53	21,9
IPN 200	200	90	7,5	11,3	4,5	159	709	33,5	125	2140	214	8,00	117	26,0	1,87	14,6	10520	48	13	8,15	26,3
IPN 220	220	98	8,1	12,2	4,9	175	775	39,6	162	3060	278	8,80	162	33,1	2,02	20,1	17760	52	13	8,77	31,1
IPN 240	240	106	8,7	13,1	5,2	192	844	46,1	206	4250	354	9,59	221	41,7	2,20	27,0	28730	56	17	9,39	36,2
IPN 260	260	113	9,4	14,1	5,6	208	906	53,4	257	5740	442	10,4	288	51,0	2,32	36,1	44070	60	17	10,15	41,9
IPN 280	280	119	10,1	15,2	6,1	225	966	61,1	316	7590	542	11,1	364	61,2	2,45	47,8	64580	62	17	11,04	48,0
IPN 300	300	125	10,8	16,2	6,5	241	1030	69,1	381	9800	653	11,9	451	72,2	2,56	61,2	91850	64	21	11,83	54,2
IPN 320	320	131	11,5	17,3	6,9	257	1090	77,8	457	12510	782	12,7	555	84,7	2,67	78,2	128800	70	21	12,72	61,1
IPN 340	340	137	12,2	18,3	7,3	274	1150	86,8	540	15700	923	13,5	674	98,4	2,80	97,5	176300	74	21	13,51	68,1
IPN 360	360	143	13,0	19,5	7,8	290	1210	97,1	638	19610	1090	14,2	818	114	2,90	123	240100	76	23	14,50	76,2
IPN 380	380	149	13,7	20,5	8,2	306	1270	107	741	24010	1260	15,0	975	131	3,02	150	318700	82	23	15,29	84,0
IPN 400	400	155	14,4	21,6	8,6	323	1330	118	857	29210	1460	15,7	1160	149	3,13	183	419600	86	23	16,18	92,6
IPN 450	450	170	16,2	24,3	9,7	363	1478	147	1200	45850	2040	17,7	1730	203	3,43	288	791100	94	25	18,35	115
IPN 500	500	185	18,0	27	10,8	404	1626	180	1620	68740	2750	19,6	2480	268	3,72	449	1403000	100	28	20,53	141
IPN 550	550	200	19,0	30	11,9	445	1787	213	2120	99180	3610	21,6	3490	349	4,02	618	2389000	110	28	23,0	167
IPN 600	600	215	21,6	32,4	13	485	1924	254	2730	139000	4630	23,4	4670	443	4,30	875	3821000	120	28	24,88	199

Tabla 2. Perfiles IPE

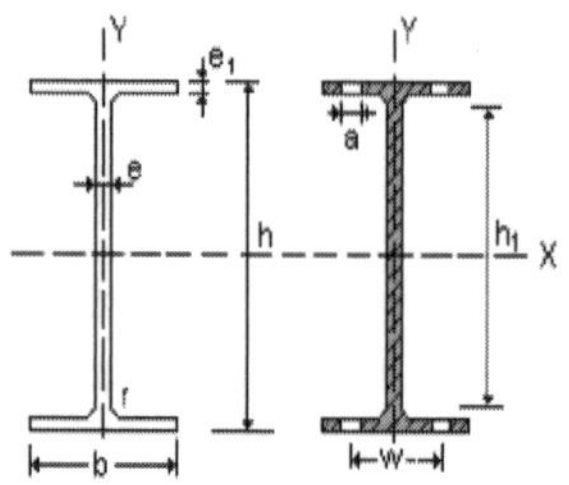

A = Area de la de la sección
S_x = Momento estático de media sección, respecto a X.
I_x = Momento de inercia de la sección, respecto a X.
$W_x = 2I_x : h$. Módulo resistente de la sección, respecto a X.
$i_x = (I_x : A)^{1/2}$. Radio de giro de la sección, respecto a X.
I_y = Momento de inercia de la sección, respecto a Y.
$W_y = 2I_y : b$. Módulo resistente de la sección, respecto a Y.
$I_y = (I_y : A)^{1/2}$. Radio de giro de la sección, respecto a Y

I_t = Módulo de torsión de la sección.
I_a = Módulo de alabeo de la sección.
u = Perímetro de la sección.
a = Diámetro del agujero del roblón normal.
w = Gramil, distancia entre ejes de agujeros.
h_1 = Altura de la parte plana del alma.
p = Peso por metro.

Perfil	Dimensiones							Términos de la sección										Agujeros			Peso
	h mm	b mm	e mm	e_1 mm	r mm	h_1 mm	u mm	A cm	S_x cm^3	I_x cm^4	W_x cm^3	i_x cm	I_y cm^4	W_y cm^3	i_y cm	I_t cm^4	I_a cm^6	w mm	a mm	e_2 mm	p kp/m
IPE 80	80	46	3,8	5,2	5	60	328	7,64	11,6	80,1	20,0	3,24	8,49	3,69	1,05	0,721	118	-	-	3,8	6,00
IPE 100	100	55	4,1	5,7	7	75	400	10,3	19,7	171	34,2	4,07	15,9	5,79	1,24	1,140	351	-	-	4,1	8,10
IPE 120	120	64	4,4	6,3	7	93	475	13,2	30,4	318	53,0	4,90	27,7	8,65	1,45	1,770	890	35	-	4,4	10,4
IPE 140	140	73	4,7	6,9	7	112	551	16,4	44,2	541	77,3	5,74	44,9	12,3	1,65	2,630	1981	40	11	4,7	12,9
IPE 160	160	82	5,0	7,4	9	127	623	20,1	61,9	869	109	6,58	68,3	16,7	1,84	3,640	3959	44	13	5	15,8
IPE 180	180	91	5,3	8,0	9	146	698	23,9	83,2	1320	146	7,42	101	22,2	2,05	5,060	7431	48	13	5,3	18,8
IPE 200	200	100	5,6	8,5	12	159	788	28,5	110	1940	194	8,26	142	28,5	2,24	6,670	12990	52	13	5,6	22,4
IPE 220	220	110	5,9	9,2	12	178	848	33,4	143	2770	252	9,11	205	37,3	2,48	9,150	22670	58	17	5,9	26,2
IPE 240	240	120	6,2	9,8	15	190	922	39,1	183	3890	324	9,97	284	47,3	2,69	12,00	37390	65	17	6,2	30,7
IPE 270	270	135	6,6	10,2	15	220	1040	45,9	242	5790	429	11,2	420	62,2	3,02	15,40	70580	72	21	6,6	36,1
IPE 300	300	150	7,1	10,7	15	249	1160	53,8	314	8360	557	12,5	604	80,5	3,35	20,10	125900	80	23	7,1	42,2
IPE 330	330	160	7,5	11,5	18	271	1250	62,6	402	11770	713	13,7	788	98,5	3,55	26,50	199100	85	25	7,5	49,1
IPE 360	360	170	8,0	12,7	18	299	1350	72,7	510	16270	904	15,0	1040	123	3,79	37,30	313600	90	25	8	57,1
IPE 400	400	180	8,6	13,5	21	331	1470	84,5	654	23130	1160	16,5	1320	146	3,95	48,30	490000	95	28	8,6	66,3
IPE 450	450	190	9,4	14,6	21	379	1610	98,8	851	33740	1500	18,5	1680	176	4,12	65,90	791000	100	28	9,4	77,6
IPE 500	500	200	10,2	16,0	21	426	1740	116	1100	48200	1930	20,4	2140	214	4,31	91,80	1249000	110	28	10,2	90,7
IPE 550	550	210	11,1	17,2	24	468	1880	134	1390	67120	2440	22,3	2670	254	4,45	122,0	1884000	115	28	11,1	106
IPE 600	600	220	12,0	19,0	24	514	2010	155	1760	92080	3070	24,3	3390	308	4,66	172,0	2846000	120	28	12,0	122

Tabla 3. Perfiles HEB, HEA

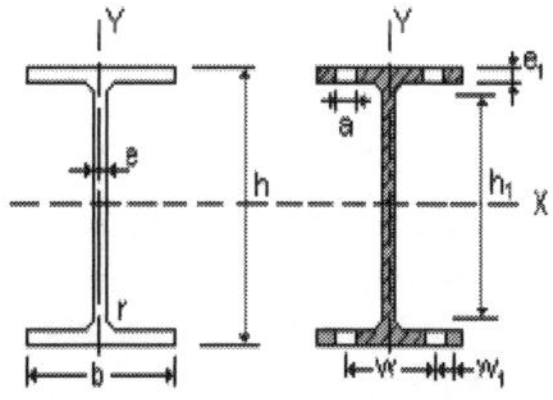

A = Area de la de la sección
S_x = Momento estático de media sección, respecto a X.
I_x = Momento de inercia de la sección, respecto a X.
$W_x = 2I_x : h$. Módulo resistente de la sección, respecto a X.
$i_x = (I_x : A)^{1/2}$. Radio de giro de la sección, respecto a X.
I_y = Momento de inercia de la sección, respecto a Y.
$W_y = 2I_y : b$. Módulo resistente de la sección, respecto a Y.
$i_y = (I_y : A)^{1/2}$. Radio de giro de la sección, respecto a Y

I_t = Módulo de torsión de la sección.
I_a = Módulo de alabeo de la sección.
u = Perímetro de la sección.
a = Diámetro del agujero del roblón normal.
w = Gramil, distancia entre ejes de agujeros.
h_1 = Altura de la parte plana del alma.
p = Peso por metro.

Perfil	Dimensiones							Términos de la sección										Agujeros			Peso
	h mm	b mm	e mm	e_1 mm	r mm	h_1 mm	u mm	A cm^2	S_x cm^3	I_x cm^4	W_x m^3	i_x cm	I_y cm^4	W_y cm^3	i_y cm	I_t cm^4	I_a cm^6	w mm	w_1 mm	a mm	p kp/m
HEB 100	100	100	6,0	10	12	56	567	26,0	52,1	450	90	4,16	167	33	2,53	9,34	3375	55	-	13	20,4
HEB 120	120	120	6,5	11	12	74	686	34,0	82,6	864	144	5,04	318	53	3,06	14,9	9410	65	-	17	26,7
HEB 140	140	140	7,0	12	12	92	805	43,0	123	1509	216	5,93	550	79	3,58	22,5	22480	75	-	21	33,7
HEB 160	160	160	8,0	13	15	104	918	54,3	177	2492	311	6,78	889	111	4,05	33,2	47940	85	-	23	42,6
HEB 180	180	180	8,5	14	15	122	1040	65,3	241	3831	426	7,66	1363	151	4,57	46,5	93750	100	-	25	51,2
HEB 200	200	200	9,0	15	18	134	1150	78,1	321	5696	570	8,54	2003	200	5,07	63,4	171100	110	-	25	61,3
HEB 220	220	220	9,5	16	18	152	1270	91,0	414	8091	736	9,43	2843	258	5,59	84,4	295400	120	-	25	71,5
HEB 240	240	240	10,0	17	21	164	1380	106,0	527	11259	938	10,3	3923	327	6,08	110	486900	90	35	25	83,2
HEB 260	260	260	10,0	17,5	24	177	1500	118,4	641	14919	1150	11,2	5135	395	6,58	130	753700	100	40	25	93
HEB 280	280	280	10,5	18	24	196	1620	131,4	767	19270	1380	12,1	6595	471	7,09	153	1130000	110	45	25	103
HEB 300	300	300	11,0	19	27	208	1730	149,1	934	25166	1680	13,0	8563	571	7,58	192	1688000	120	50	25	117
HEB 320	320	300	11,5	20,5	27	225	1770	161,3	1070	30823	1930	13,8	9239	616	7,57	241	2069000	120	50	25	127
HEB 340	340	300	12,0	21,5	27	243	1810	170,9	1200	36656	2160	14,6	9690	646	7,53	278	2454000	120	50	25	134
HEB 360	360	300	12,5	22,5	27	261	1850	180,6	1340	43193	2400	15,5	10140	676	7,49	320	2883000	120	50	25	142
HEB 400	400	300	13,5	24	27	298	1930	197,8	1620	57680	2880	17,1	10819	721	7,4	394	3817000	120	50	25	155
HEB 450	450	300	14,0	26	27	344	2030	218	1990	79887	3550	19,1	11721	781	7,33	500	5258000	120	50	25	171
HEB 500	500	300	14,5	28	27	390	2120	238,6	2410	107176	4290	21,2	12624	842	7,27	625	7018000	120	45	28	187
HEB 550	550	300	15,0	29	27	438	2220	254,1	2800	136691	4970	23,2	13077	872	7,17	701	8856000	120	45	28	199
HEB 600	600	300	15,5	30	27	486	2320	270,0	3210	171041	5700	25,2	13530	902	7,08	783	10965000	120	45	28	212
HEA 100	96	100	5,0	8	12	56	561	21,2	41,5	349	73	4,06	134	27	2,51	4,83	2581	55	-	13	16,7
HEA 120	114	120	5,0	8	12	74	677	25,3	59,7	606	106	4,89	231	38	3,02	5,81	6472	65	-	17	19,9
HEA 140	133	140	5,5	8,5	12	92	794	31,4	86,7	1033	155	5,73	389	56	3,52	8,22	15060	75	-	21	24,7
HEA 160	152	160	6,0	9	15	104	906	38,8	123	1673	220	6,57	616	77	3,98	11,3	31410	85	-	23	30,4
HEA 180	171	180	6,0	9,5	15	122	1020	45,3	162	2510	294	7,45	925	103	4,52	14,7	60210	100	-	25	35,5
HEA 200	190	200	6,5	10	18	134	1140	53,8	215	3692	389	8,28	1336	134	4,98	19,2	108000	110	-	25	42,3
HEA 220	210	220	7,0	11	18	152	1260	64,3	284	5410	515	9,17	1955	178	5,51	28	193300	120	-	25	50,5
HEA 240	230	240	7,5	12	21	164	1370	76,8	372	7763	675	10,1	2769	231	6,0	39,4	328500	90	35	25	60,3
HEA 260	250	260	7,5	12,5	24	177	1480	86,8	460	10455	836	11,0	3668	282	6,5	47,8	516400	100	40	25	68,2
HEA 280	270	280	8,0	13	24	196	1600	97,3	556	13673	1010	11,9	4763	340	7,0	58,3	785400	110	45	25	76,4
HEA 300	290	300	8,5	14	27	208	1720	112,5	692	18263	1260	12,7	6310	421	7,49	77,7	1200000	120	50	25	88,3
HEA 320	310	300	9,0	15,5	27	225	1760	124,4	814	22928	1480	13,6	6985	466	7,49	105	1512000	120	50	25	97,6
HEA 340	330	300	9,5	16,5	27	243	1790	133,5	925	27693	1680	14,4	7436	496	7,46	127	1824000	120	50	25	105
HEA 360	350	300	10,0	17,5	27	261	1830	142,8	1040	33090	1890	15,2	7887	526	7,43	152	2177000	120	50	25	112
HEA 400	390	300	11,0	19	27	298	1910	159	1280	45069	2310	16,8	8564	571	7,34	197	2942000	120	50	25	125
HEA 450	440	300	11,5	21	27	344	2010	178	1610	63722	2900	18,9	9465	631	7,29	265	4148000	120	50	25	140
HEA 500	490	300	12,0	23	27	390	2110	197,5	1970	86975	3550	21,0	10367	691	7,24	347	5643000	120	45	28	155
HEA 550	540	300	12,5	24	27	438	2210	211,8	2310	111932	4150	23,0	10819	721	7,15	398	7189000	120	45	28	166
HEA 600	590	300	13,0	25	27	486	2310	226,5	2680	141208	4790	25,0	11271	751	7,05	454	8978000	120	45	28	178

Tabla 4. Perfiles HEM

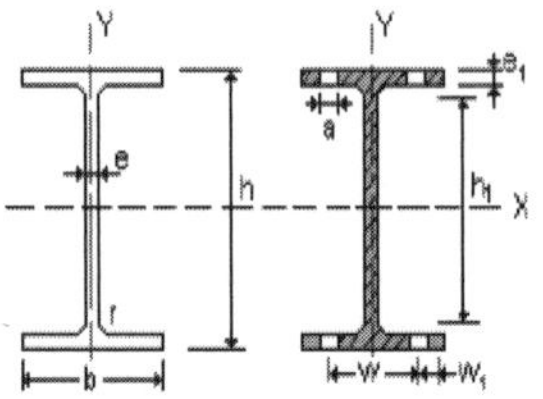

A = Area de la de la sección
S_x = Momento estático de media sección, respecto a X.
I_x = Momento de inercia de la sección, respecto a X.
$W_x = 2I_x : h$. Módulo resistente de la sección, respecto a X.
$i_x = (I_x : A)^{1/2}$. Radio de giro de la sección, respecto a X.
I_y = Momento de inercia de la sección, respecto a Y.
$W_y = 2I_y : b$. Módulo resistente de la sección, respecto a Y.
$i_y = (I_y : A)^{1/2}$. Radio de giro de la sección, respecto a Y

I_t = Módulo de torsión de la sección.
I_a = Módulo de alabeo de la sección.
u = Perímetro de la sección.
a = Diámetro del agujero del roblón normal.
w = Gramil, distancia entre ejes de agujeros.
h_1 = Altura de la parte plana del alma.
p = Peso por metro.

	Dimensiones							Términos de la sección										Agujeros			
Perfil	h mm	b mm	e mm	e_1 mm	r mm	h_1 mm	u mm	A cm^2	S_x cm^3	I_x cm^4	W_x cm^3	i_x cm	I_y cm^4	W_y cm^3	i_y cm	I_t cm^4	I_a cm^6	w mm	w_1 mm	A mm	Pes o p kp/ m
HEM-100	120	106	12	20	12	56	619	53,2	118	1143	190	4,63	399	75	2,74	78,9	9925	55	-	13	41,8
HEM-120	140	126	12,5	21	12	74	738	66,4	175	2018	288	5,51	703	112	3,25	109	24790	65	-	17	52,1
HEM-140	160	146	13	22	12	92	835	80,6	247	3291	411	6,39	1144	157	3,77	145	54330	73	-	21	63,2
HEM-160	180	166	14	23	15	104	970	97,1	337	5098	566	7,25	1759	212	4,26	190	108100	85	-	23	76,2
HEM-180	200	186	14,5	24	15	122	1090	113,3	442	7483	748	8,13	2580	277	4,77	241	199300	95	-	25	88,9
HEM-200	220	206	15	25	18	134	1200	131,3	568	10620	967	9,00	3651	354	5,27	301	346300	105	-	25	103
HEM-220	240	226	15,5	26	18	152	1320	149,4	710	14605	1220	9,89	5012	444	5,79	372	572700	115	-	25	117
HEM-240	270	248	18	32	21	164	1460	199,6	1060	24289	1800	11,0	8153	657	6,39	751	1152000	90	35	25	157
HEM-260	290	268	18	32,5	24	177	1570	219,6	1260	31307	2160	11,9	10449	780	6,90	848	1728000	100	40	25	172
HEM-280	310	288	18,5	33	24	196	1690	240,2	1480	39547	2550	12,8	13163	914	7,40	957	2520000	110	45	25	189
HEM-300	320	305	16	29	27	208	1780	225,1	1460	40951	2560	13,5	13736	901	7,81	686	2903000	120	50	25	177
HEM-300	340	310	21	39	27	208	1830	303,1	2040	59201	3480	14,0	19403	1252	8,00	1690	4386000	120	50	25	238
HEM-320	359	309	21	40	27	225	1870	312,0	2220	68135	3800	14,8	19709	1280	7,95	1810	5004000	120	50	25	245
HEM-340	377	309	21	40	27	243	1900	315,8	2360	76372	4050	15,6	19711	1280	7,9	1820	5585000	120	50	25	248
HEM-360	395	308	21	40	27	261	1930	318,8	2490	84867	4300	16,3	19522	1270	7,83	1820	6137000	120	50	25	250
HEM-400	432	307	21	40	27	298	2000	325,8	2790	104119	4820	17,9	19335	1260	7,70	1830	7410000	120	50	25	256
HEM-450	478	307	21	40	27	344	2100	335,4	3170	131484	5500	19,8	19339	1260	7,59	1850	9252000	120	50	25	263
HEM-500	524	306	21	40	27	390	2180	344,3	3550	161929	6180	21,7	19155	1250	7,46	1860	11187000	120	50	28	270
HEM-550	572	306	21	40	27	438	2280	354,4	3970	197984	6920	23,6	19158	1250	7,35	1880	13516000	120	50	28	278
HEM-600	620	305	21	40	27	486	2370	363,7	4390	237447	7660	25,6	18975	1240	7,22	1890	15908000	120	50	28	285

Tabla 5. Perfiles UPN

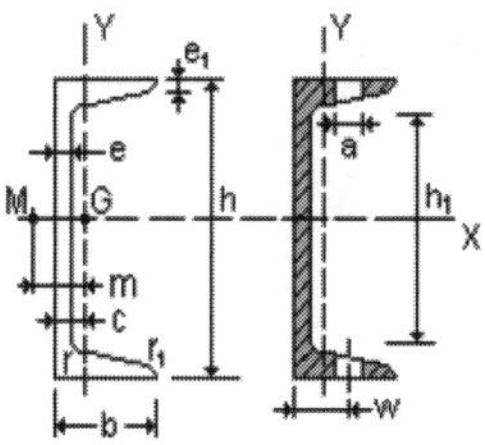

A = Area de la de la sección
S_x = Momento estático de media sección, respecto a X.
I_x = Momento de inercia de la sección, respecto a X.
$W_x = 2I_x$: h. Módulo resistente de la sección, respecto a X.
$i_x = (I_x : A)^{1/2}$. Radio de giro de la sección, respecto a X.
I_y = Momento de inercia de la sección, respecto a Y.
$W_y = 2I_y$: (b-c). Mínimo módulo resistente de la sección, respecto a Y.
$I_y = (I_y : A)^{1/2}$. Radio de giro de la sección, respecto a Y

I_t = Módulo de torsión de la sección.
c = Posición del eje Y.
u = Perímetro de la sección.
a = Diámetro del agujero del roblón normal.
w = Gramil, distancia entre ejes de agujeros.
h_1 = Altura de la parte plana del alma.
p = Peso por metro.

Perfil	Dimensiones							Términos de la sección											Agujeros		Peso
	h mm	b mm	e mm	$e_1 = r$ mm	r_1 mm	h_1 mm	u mm	A cm	S_x cm3	I_x cm^4	W_x cm3	i_x cm	I_y cm4	W_y cm3	i_y cm	I_t cm4	c cm	m cm	w mm	a mm	p kp/m
UPN 80	80	45	6,0	8,0	4,0	46	312	11,0	15,9	106	26,5	3,10	19,4	6,36	1,33	2,24	1,45	2,67	25	13	8,64
UPN 100	100	50	6,0	8,5	4,5	64	372	13,5	24,5	206	41,2	3,91	29,3	8,49	1,47	2,96	1,55	2,93	30	13	10,60
UPN 120	120	55	7,0	9,0	4,5	82	434	17,0	36,3	364	60,7	4,62	43,2	11,1	1,59	4,3	1,60	3,03	30	17	13,40
UPN 140	140	60	7,0	10,0	5,0	98	489	20,4	51,4	605	86,4	5,45	62,7	14,8	1,75	6,02	1,75	3,37	35	17	16,00
UPN 160	160	65	7,5	10,5	5,5	115	546	24,0	68,8	925	116	6,21	85,3	18,3	1,89	7,81	1,84	3,56	35	21	18,80
UPN 180	180	70	8,0	11,0	5,5	133	611	28,0	89,6	1350	150	6,95	114	22,4	2,02	9,98	1,92	3,75	40	21	22,00
UPN 200	200	75	8,5	11,5	6,0	151	661	32,2	114	1910	191	7,70	148	27,0	2,14	12,6	2,01	3,94	40	23	25,30
UPN 220	220	80	9,0	12,5	6,5	167	718	37,4	146	2690	245	8,48	197	33,6	2,30	17,0	2,14	4,20	45	23	29,40
UPN 240	240	85	9,5	13,0	6,5	184	775	42,3	179	3600	300	9,22	248	39,6	2,42	20,8	2,23	4,39	45	25	33,20
UPN 260	260	90	10	14,0	7,0	200	834	48,3	221	4820	371	9,99	317	47,7	2,56	23,7	2,36	4,66	50	25	37,90
UPN 280	280	95	10	15,0	7,5	216	890	53,3	266	6280	448	10,9	399	57,2	2,74	33,2	2,53	5,02	50	25	41,80
UPN 300	300	100	10	16,0	8,0	232	950	58,8	316	8030	535	11,7	495	67,8	2,90	40,6	2,70	5,41	55	25	46,20

Tabla 6. Perfiles L

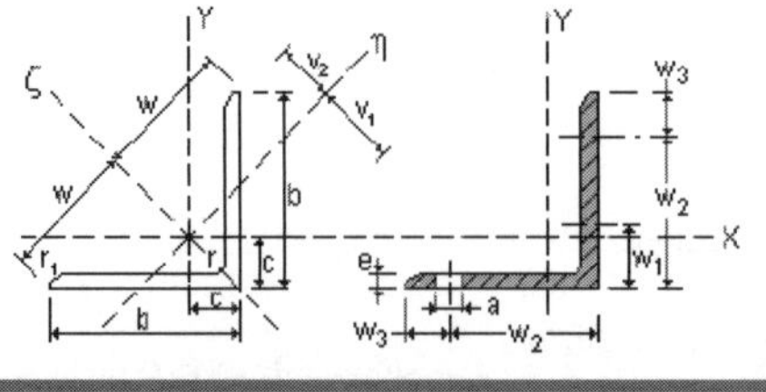

A = Area de la de la sección
I_x = Momento de inercia de la sección, respecto a X .
I_y = Momento de inercia de la sección, respecto a Y .
I_ζ = Momento de inercia de la sección, respecto a ζ .
I_η = Momento de inercia de la sección, respecto a η .
$W_x = I_x : (b\text{-}c)$. Módulo resistente de la sección, respecto a X.
$W_\eta = I_\eta : V_1$. Módulo resistente de la sección, respecto a η
$i_x = (I_x : A)^{1/2}$. Radio de giro de la sección, respecto a X.
$i_\zeta = (I_\zeta : A)^{1/2}$. Radio de giro de la sección, respecto a ζ
$i_\eta = (I_\eta : A)^{1/2}$. Radio de giro de la sección, respecto a η
u = Perímetro de la sección.
p= Peso por metro.

	Dimensiones					Posición de centro				Términos de la sección									Agujeros				
Perfil	b mm	e mm	r mm	r_1 mm	u mm	c cm	v_1 cm	v_2 cm	w cm	A cm	I_x cm^4	I_ζ cm^4	I_η cm^4	W_x cm^3	W_η cm^3	I_x cm	i_ζ cm	i_η cm	w_1 mm	w_2 mm	w_3 mm	a mm	Peso p kp/m
L 40.4	40	4	6	3,0	155	1,12	1,56	1,4	2,83	3,08	4,47	7,09	1,86	1,55	1,17	1,21	1,52	0,78	22	-	18	11	2,42
L 40.5	40	5	6	3,0	155	1,16	1,64	1,42	2,83	3,79	5,43	8,60	2,26	1,91	1,37	1,20	1,51	0,77	22	-	18	11	2,97
L 40.6	40	6	6	3,0	155	1,20	1,70	1,43	2,83	4,48	6,31	9,98	2,65	2,26	1,56	1,19	1,49	0,77	22	-	18	11	3,52
L 45.4	45	4	7	3,5	174	1,23	1,75	1,57	3,18	3,49	6,43	10,2	2,67	1,97	1,53	1,36	1,71	0,88	25	-	20	13	2,74
L 45.5	45	5	7	3,5	174	1,28	1,81	1,58	3,18	4,3	7,84	12,4	3,26	2,43	1,80	1,35	1,7	0,87	25	-	20	13	3,38
L 45.6	45	6	7	3,5	174	1,32	1,87	1,59	3,18	5,09	9,16	14,5	3,82	2,88	2,05	1,34	1,69	0,87	25	-	20	13	4,00
L 50.4	50	4	7	3,5	194	1,36	1,92	1,75	3,54	3,89	8,97	14,2	3,72	2,46	1,94	1,52	1,91	0,98	30	-	20	13	3,06
L 50.5	50	5	7	3,5	194	1,40	1,99	1,76	3,54	4,8	11,0	17,4	4,54	3,05	2,29	1,51	1,90	0,97	30	-	20	13	3,77
L 50.6	50	6	7	3,5	194	1,45	2,04	1,77	3,54	5,69	12,8	20,3	5,33	3,61	2,61	1,50	1,89	0,97	30	-	20	13	4,47
L 50.7	50	7	7	3,5	194	1,49	2,10	1,78	3,54	6,56	14,6	23,1	6,11	4,16	2,91	1,49	1,88	0,96	30	-	20	13	5,15
L 50.8	50	8	7	3,5	194	1,52	2,16	1,8	3,54	7,41	16,3	25,7	6,87	4,68	3,19	1,48	1,86	0,96	30	-	20	13	5,82
L 60.5	60	5	8	4,0	233	1,64	2,32	2,11	4,24	5,82	19,4	30,7	8,02	4,45	3,45	1,82	2,30	1,17	35	-	25	17	4,57
L 60.6	60	6	8	4,0	233	1,69	2,39	2,11	4,24	6,91	22,8	36,2	9,43	5,29	3,95	1,82	2,29	1,17	35	-	25	17	5,42
L 60.8	60	8	8	4,0	233	1,77	2,50	2,14	4,24	9,03	29,2	46,2	12,2	6,89	4,66	1,80	2,26	1,16	35	-	25	17	7,09
L 60.10	60	10	8	4,0	233	1,85	2,61	2,17	4,24	11,1	34,9	55,1	14,8	8,41	5,67	1,78	2,23	1,16	35	-	25	17	8,69
L 70.6	70	6	9	4,5	272	1,93	2,73	2,48	4,95	8,13	36,9	58,5	15,3	7,27	5,59	2,13	2,68	1,37	40	-	30	21	6,38
L 70.7	70	7	9	4,5	272	1,97	2,79	2,47	4,95	9,40	42,3	67,1	17,5	8,41	6,27	2,12	2,67	1,36	40	-	30	21	7,38
L 70.8	70	8	9	4,5	272	2,01	2,85	2,47	4,95	10,6	47,5	75,3	19,7	9,52	6,91	2,11	2,66	1,36	40	-	30	21	8,36
L 70.10	70	10	9	4,5	272	2,09	2,96	2,50	4,95	13,1	57,2	90,5	23,9	11,7	8,10	2,09	2,63	1,35	40	-	30	21	10,3
L 80.8	80	8	10	5,0	311	2,26	3,19	2,82	5,66	12,3	72,2	115	29,9	12,6	9,36	2,43	3,06	1,56	45	-	35	23	9,63
L 80.10	80	10	10	5,0	311	2,34	3,30	2,85	5,66	15,1	87,5	139	36,3	13,4	11,0	2,41	3,03	1,55	45	-	35	23	11,9
L 80.12	80	12	10	5,0	311	2,41	3,41	2,89	5,66	17,9	102	161	42,7	18,2	12,5	2,39	3,00	1,55	45	-	35	23	14,00
L 90.8	90	8	11	5,5	351	2,50	3,53	3,17	6,36	13,9	104	166	43,1	16,1	12,2	2,74	3,45	1,76	50	-	40	25	10,9
L 90.10	90	10	11	5,5	351	2,58	3,65	3,19	6,36	17,1	127	201	52,5	19,8	14,4	2,72	3,43	1,75	50	-	40	25	13,4
L 90.12	90	12	11	5,5	351	2,66	3,76	3,22	6,36	20,3	148	234	61,7	23,3	16,4	2,70	3,40	1,74	50	-	40	25	15,9
L 100.8	100	8	12	6,0	390	2,74	3,87	3,52	7,07	15,5	145	230	59,8	19,9	15,5	3,06	3,85	1,96	45	60	40	25	12,2
L 100.10	100	10	12	6,0	390	2,82	3,99	3,54	7,07	19,2	177	280	72,9	24,6	18,3	3,04	3,83	1,95	45	60	40	25	15,0
L 100.12	100	12	12	6,0	390	2,90	4,11	3,57	7,07	22,7	207	328	85,7	29,1	20,9	3,02	3,8	1,94	45	60	40	25	17,8
L 100.15	100	15	12	6,0	390	3,02	4,27	3,61	7,07	27,9	249	393	104	35,6	24,4	2,98	3,75	1,93	45	60	40	25	21,9
L 120.10	120	10	13	6,5	469	3,31	4,69	4,23	8,49	23,2	313	497	129	36,0	27,5	3,67	4,63	2,38	50	80	40	25	18,2
L 120.12	120	12	13	6,5	469	3,40	4,80	4,28	8,49	27,5	368	584	152	42,7	31,5	3,65	4,60	2,35	50	80	40	25	21,6
L 120.15	120	15	13	6,5	469	3,51	4,97	4,31	8,49	33,9	445	705	185	52,4	37,1	3,62	4,56	2,33	50	80	40	25	26,6
L 150.12	150	12	16	8,0	586	4,12	5,83	5,29	10,6	34,8	737	1170	303	67,7	52,0	4,60	5,80	2,95	50	105	45	28	27,3
L 150.15	150	15	16	8,0	586	4,25	6,01	5,33	10,6	43,0	898	1430	370	83,5	61,6	4,57	5,76	2,93	50	105	45	28	33,8
L 150.18	150	18	16	8,0	586	4,37	6,17	5,38	10,6	51,0	1050	1670	435	98,7	70,4	4,54	5,71	2,92	50	105	45	28	40,1
L 180.15	180	15	18	9,0	705	4,98	7,05	6,36	12,7	52,1	1590	2520	653	122	92,6	5,52	6,96	3,54	60	135	45	28	40,9
L 180.18	180	18	18	9,0	705	5,10	7,22	6,41	12,7	61,9	1870	2960	768	145	106	5,49	6,92	3,52	60	135	45	28	48,6
L 180.20	180	20	18	9,0	705	5,18	7,33	6,44	12,7	68,3	2040	3240	843	159	115	5,47	6,89	3,51	60	135	45	28	53,7
L 200.16	200	16	18	9,0	785	5,52	7,81	7,09	14,1	61,8	2340	3720	960	162	123	6,16	7,76	3,94	60	150	50	28	48,5
L 200.18	200	18	18	9,0	785	5,6	7,93	7,12	14,1	69,1	2600	4130	1070	181	135	6,13	7,73	3,93	60	150	50	28	54,2
L 200.20	200	20	18	9,0	785	5,68	8,04	7,15	14,1	76,3	2850	4530	1170	199	146	6,11	7,7	3,92	60	150	50	28	59,9
L 200.24	200	24	18	9,0	785	5,84	8,26	7,21	14,1	90,6	3330	5280	1380	235	167	6,06	7,64	3,9	60	150	50	28	71,1

Tabla 7. Perfiles LD

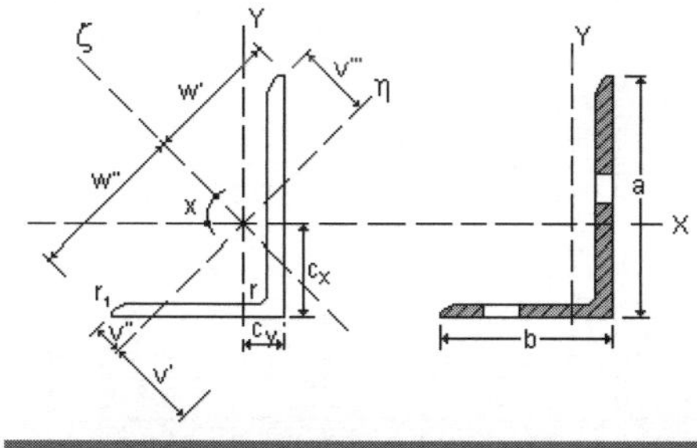

A = Area de la de la sección
I_x = Momento de inercia de la sección, respecto a X.
I_y = Momento de inercia de la sección, respecto a Y.
I_ζ = Momento de inercia de la sección, respecto a ζ .
I_η = Momento de inercia de la sección, respecto a η .
$W_x = I_x : (a-c_x)$. Módulo resistente de la sección, respecto a X.
$W_y = I_y : (b-c_y)$. Módulo resistente de la sección, respecto a Y.
$W_\eta = I\eta : V'$. Módulo resistente de la sección, respecto a η
$i_x = (I_x : A)^{1/2}$. Radio de giro de la sección, respecto a X.
$i_y = (I_y : A)^{1/2}$. Radio de giro de la sección, respecto a Y.
$i_\zeta = (I_\zeta : A)^{1/2}$. Radio de giro de la sección, respecto a ζ
$i\eta = (I_\eta : A)^{1/2}$. Radio de giro de la sección, respecto a η
u = Perímetro de la sección.
p= Peso por metro

	Dimensiones						Posición del centro							Términos de la sección												
Perfil	a mm	b mm	e mm	r mm	r_1 mm	u mm	c_x cm	c_y cm	w' cm	w'' cm	V' cm	V'' cm	V''' cm	A cm^2	I_x cm^4	I_y cm^4	I_ζ cm^4	I_η cm^4	W_x cm^3	W_y cm^3	i_x cm	i_y cm	i_ζ cm	i_η cm	Peso p kp/m
L 40.25.4	40	25	4	4	2,0	127	1,3	0,6	2,6	1,9	1,0	1,3	0,6	2,46	3,89	1,16	4,35	0,70	1,47	0,62	1,26	0,69	1,33	0,53	1,93
L 40.25.5	40	25	5	4	2,0	127	1,4	0,6	2,6	1,9	1,1	1,3	0,7	3,02	4,69	1,39	5,23	0,85	1,81	0,76	1,25	0,68	1,32	0,53	2,37
L 45.30.4	45	30	4	4	2,0	147	1,4	0,7	3,0	2,3	1,2	1,5	0,8	2,86	5,77	2,05	6,63	1,19	1,91	0,91	1,42	0,85	1,52	0,65	2,24
L 45.30.5	45	30	5	4	2,0	147	1,5	0,7	3,0	2,3	1,3	1,5	0,8	3,52	6,98	2,47	8,00	1,45	2,35	1,11	1,41	0,84	1,51	0,64	2,76
L 60.30.5	60	30	5	6	3,0	175	2,1	0,6	3,8	2,7	1,2	1,7	0,7	4,29	15,6	2,60	16,5	1,70	4,04	1,12	1,90	0,78	1,96	0,63	3,37
L 60.30.6	60	30	6	6	3,0	175	2,2	0,7	3,8	2,7	1,2	1,7	0,7	5,06	18,2	3,02	19,2	1,99	4,78	1,32	1,89	0,77	1,95	0,63	3,99
L 60.40.5	60	40	5	6	3,0	195	1,9	0,9	4,1	3,0	1,6	2,1	1,1	4,79	17,2	6,11	19,8	3,54	4,25	2,02	1,89	1,13	2,03	0,86	3,76
L 60.40.6	60	40	6	6	3,0	195	2,0	1,0	4,0	3,0	1,7	2,1	1,1	5,66	20,1	7,12	23,1	4,15	5,03	2,38	1,88	1,12	2,02	0,86	4,46
L 60.40.7	60	40	7	6	3,0	195	2,0	1,0	4,0	3,0	1,7	2,0	1,1	6,55	22,9	8,07	26,3	4,75	5,79	2,74	1,87	1,11	2,00	0,85	5,14
L 65.50.5	65	50	5	6	3,0	225	1,9	1,2	4,5	3,6	2,0	2,3	1,5	5,54	23,2	11,9	28,8	6,32	5,14	3,19	2,05	1,47	2,28	1,07	4,35
L 65.50.6	65	50	6	6	3,0	225	2,0	1,2	4,5	3,6	2,1	2,3	1,5	6,58	27,2	14,0	33,8	7,43	6,10	3,77	2,03	1,46	2,27	1,06	5,16
L 65.50.7	65	50	7	6	3,0	225	2,0	1,3	4,5	3,6	2,1	2,3	1,5	7,6	31,1	15,9	38,5	8,51	7,03	4,34	2,02	1,45	2,25	1,06	5,96
L 65.50.8	65	50	8	6	3,0	225	2,1	1,3	4,4	3,7	2,2	2,3	1,5	8,6	34,8	17,7	43,0	9,56	7,93	4,89	2,01	1,44	2,24	1,05	6,75
L 75.50.5	75	50	5	7	3,5	244	2,3	1,1	5,1	3,8	2,0	2,6	1,3	6,05	34,4	12,3	39,6	7,11	6,74	3,21	2,38	1,43	2,56	1,08	4,75
L 75.50.6	75	50	6	7	3,5	244	2,4	1,2	5,1	3,8	2,0	2,6	1,3	7,19	40,5	14,4	46,6	8,36	8,01	3,81	2,37	1,42	2,55	1,08	5,65
L 75.50.7	75	50	7	7	3,5	244	2,4	1,2	5,1	3,8	2,1	2,6	1,3	8,31	46,4	16,5	53,3	9,57	9,24	4,39	2,36	1,41	2,53	1,07	6,53
L 75.50.8	75	50	8	7	3,5	244	2,5	1,2	5,0	3,8	2,1	2,6	1,4	9,41	52,0	18,4	59,7	10,8	10,4	4,95	2,35	1,40	2,52	1,07	7,39
L 80.40.5	80	40	5	7	3,5	234	2,8	0,8	5,2	3,5	1,5	2,4	0,9	5,8	38,2	6,49	40,5	4,19	7,35	2,06	2,56	1,06	2,64	0,85	4,56
L 80.40.6	80	40	6	7	3,5	234	2,8	0,8	5,2	3,5	1,5	2,3	0,8	6,89	44,9	7,59	47,6	4,92	8,73	2,44	2,55	1,06	2,63	0,85	5,41
L 80.40.7	80	40	7	7	3,5	234	2,9	0,9	5,1	3,6	1,6	2,3	0,9	7,96	51,4	8,63	54,4	5,64	10,1	2,81	2,54	1,04	2,61	0,84	6,25
L 80.40.8	80	40	8	7	3,5	234	2,9	0,9	5,1	3,6	1,6	2,3	1,0	9,01	57,6	9,61	60,9	6,33	11,4	3,16	2,53	1,03	2,60	0,84	7,07
L 80.60.6	80	60	6	8	4,0	273	2,4	1,4	5,5	3,8	2,5	2,9	1,7	8,11	51,4	24,8	62,8	13,4	9,29	5,49	2,52	1,75	2,78	1,29	6,37
L 80.60.7	80	60	7	8	4,0	273	2,5	1,5	5,5	3,8	2,5	2,9	1,7	9,38	59,0	28,4	72,0	15,4	10,7	6,34	2,51	1,74	2,77	1,28	7,36
L 80.60.8	80	60	8	8	4,0	273	2,5	1,5	5,5	3,8	2,5	2,9	1,8	10,6	66,3	31,8	80,8	17,3	12,2	7,16	2,5	1,73	2,76	1,27	8,34
L 100.50.6	100	50	6	9	4,5	292	3,4	1,0	6,5	4,4	1,9	3,0	1,1	8,73	89,7	15,3	95,1	9,85	13,8	3,85	3,21	1,32	3,3	1,06	6,85
L 100.50.7	100	50	7	9	4,5	292	3,5	1,0	6,5	4,4	1,9	2,9	1,1	10,1	103	17,4	109	11,3	16,0	4,46	3,2	1,31	3,29	1,06	7,93
L 100.50.8	100	50	8	9	4,5	292	3,5	1,1	6,4	4,4	2,0	2,9	1,1	11,4	116	19,5	123	12,7	18,1	5,04	3,18	1,31	3,28	1,05	8,99
L 100.50.10	100	50	10	9	4,5	292	3,6	1,2	6,4	4,5	2,0	2,9	1,2	14,1	141	23,4	149	15,4	22,2	6,17	3,16	1,29	3,25	1,05	11,1
L 100.65.7	100	65	7	10	5,0	321	3,2	1,5	6,8	4,9	2,6	3,4	1,7	11,2	113	57,6	128	22,0	16,6	7,53	3,17	1,83	3,39	1,40	8,77
L 100.65.8	100	65	8	10	5,0	321	3,2	1,5	6,8	4,9	2,6	3,4	1,7	12,7	127	42,2	144	24,8	18,9	8,54	3,16	1,83	3,37	1,40	9,94
L 100.65.10	100	65	10	10	5,0	321	3,3	1,6	6,7	5,0	2,7	3,4	1,7	15,6	154	51,0	175	30,1	23,2	10,5	3,14	1,81	3,35	1,39	12,3
L 100.75.8	100	75	8	10	5,0	341	3,1	1,8	6,9	5,4	3,1	3,6	2,1	13,5	133	64,1	163	34,6	19,3	11,4	3,14	2,18	3,47	1,60	10,6
L 100.75.10	100	75	10	10	5,0	341	3,1	1,9	6,9	5,4	3,2	3,6	2,2	16,6	162	77,6	197	42,2	23,8	14,0	3,12	2,16	3,45	1,59	13,0
L 100.75.12	100	75	12	10	5,0	341	3,2	2,0	6,8	5,5	3,3	3,6	2,2	19,7	189	90,2	230	49,5	28,0	16,5	3,10	2,14	3,42	1,59	15,4

Perfil	a mm	b mm	e mm	r mm	r_1 mm	u mm	c_x cm	c_y cm	w' cm	w'' cm	V' cm	V'' cm	V''' cm	A cm^2	I_x cm^4	I_y cm^4	I_ξ cm^4	I_η cm^4	W_x cm^3	W_y cm^3	i_x cm	i_y cm	i_ξ cm	i_η cm	Peso p kp/m
L 120.80.8	120	80	8	11	5,5	391	3,8	1,8	8,2	6,0	3,2	4,2	2,1	15,5	226	80,8	260	46,6	27,6	13,2	3,82	2,28	4,10	1,73	12,2
L 120.80.10	120	80	10	11	5,5	391	3,9	1,9	8,1	6,0	3,3	4,2	2,1	19,1	276	98,1	317	56,8	34,1	16,2	3,80	2,26	4,07	1,72	15,0
L 120.80.12	120	80	12	11	5,5	391	4,0	2,0	8,1	6,0	3,4	4,2	2,2	22,7	323	114	371	66,6	40,4	19,1	3,77	2,24	4,04	1,71	17,8
L 130.65.8	130	65	8	11	5,5	381	4,5	1,3	8,5	5,8	2,4	3,9	1,4	15,1	263	44,8	278	28,9	31,1	8,2	4,17	1,72	4,30	1,38	11,8
L 130.65.10	130	65	10	11	5,5	381	4,6	1,4	8,4	5,8	2,5	3,8	1,5	18,6	320	54,2	339	35,2	38,4	10,7	4,15	1,71	4,27	1,37	14,6
L 130.65.12	130	65	12	11	5,5	381	4,7	1,5	8,3	5,9	2,6	3,8	1,6	22,1	375	63,0	397	41,2	45,4	12,7	4,12	1,69	4,24	1,37	17,3
L 150.75.9	150	75	9	11	5,5	441	5,2	1,5	9,8	6,6	2,9	4,5	1,7	19,6	456	78,3	484	50,4	46,9	13,2	4,83	2,00	4,97	1,60	15,4
L 150.75.10	150	75	10	11	5,5	441	5,3	1,6	9,7	6,6	2,9	4,4	1,7	21,6	501	85,6	532	55,3	51,8	14,6	4,81	1,99	4,96	1,60	17,0
L 150.75.12	150	75	12	11	5,5	441	5,4	1,6	9,7	6,6	2,9	4,4	1,8	25,7	589	99,9	624	64,9	61,4	17,2	4,79	1,97	4,93	1,59	20,2
L 150.75.15	150	75	15	11	5,5	441	5,5	1,8	9,6	6,9	3,1	4,4	1,9	31,6	713	120	754	78,8	75,3	21,0	4,75	1,94	4,88	1,58	24,8
L 150.90.10	150	90	10	12	6,0	470	5,0	2	10,1	7,1	3,6	5,0	2,2	23,2	533	146	591	88,2	53,3	21,0	4,80	2,51	5,05	1,95	18,2
L 150.90.12	150	90	12	12	6,0	470	5,0	2,1	10,1	7,1	3,7	5,0	2,3	27,5	627	171	695	104	63,3	24,8	4,77	2,49	5,02	1,94	21,6
L 150.90.15	150	90	15	12	6,0	470	5,2	2,2	9,9	7,2	3,8	4,9	2,4	33,9	761	205	841	126	77,7	30,4	4,74	2,46	4,98	1,93	26,6
L 200.100.10	200	100	10	15	7,5	587	6,9	2	13,2	8,1	3,7	6,0	2,2	29,2	1220	210	1290	135	93,2	26,3	6,46	2,68	6,65	2,15	23,0
L 200.100.12	200	100	12	15	7,5	587	7,0	2,1	13,1	8,1	3,8	6,0	2,2	34,8	1440	247	1530	159	111	31,3	6,43	2,67	6,63	2,14	27,3
L 200.100.15	200	100	15	15	7,5	587	7,1	2,2	13	8,2	3,9	5,9	2,3	43	1760	299	1860	194	137	38,4	6,40	2,64	6,58	2,12	33,7
L 200.150.10	200	150	10	15	7,5	687	5,9	3,5	14	10,8	5,9	7,3	4,5	34,2	1400	680	1710	364	99,6	59,2	6,38	4,46	7,07	3,26	26,9
L 200.150.12	200	150	12	15	7,5	687	6,0	3,6	13,9	10,8	6,0	7,3	4,1	40,8	1650	803	2030	430	119	70,5	6,36	4,44	7,05	3,25	32,0
L 200.150.15	200	150	15	15	7,5	687	6,2	3,7	13,9	10,8	6,2	7,3	3,9	50,5	2020	979	2480	526	147	86,9	6,33	4,4	7,00	3,23	39,6
L 200.150.18	200	150	18	15	7,5	687	6,3	3,8	13,8	10,9	6,4	7,3	3,6	60	2380	1150	2900	618	174	103	6,29	4,37	9,96	3,21	47,1

APÉNDICE 4
Tablas de coeficientes ω

COEFICIENTES ω PARA ACEROS A-37

20	1,01	1,02	1,02	1,02	1,02	1,02	1,02	1,03	1,03	1,03	**20**
30	1,03	1,04	1,04	1,04	1,05	1,05	1,05	1,06	1,06	1,06	**30**
40	1,07	1,07	1,08	1,08	1,08	1,09	1,09	1,10	1,10	1,11	**40**
50	1,12	1,12	1,13	1,14	1,14	1,15	1,16	1,17	1,17	1,18	**50**
60	1,19	1,20	1,21	1,22	1,23	1,24	1,25	1,26	1,28	1,29	**60**
70	1,30	1,31	1,33	1,34	1,36	1,37	1,39	1,40	1,42	1,44	**70**
80	1,45	1,47	1,49	1,51	1,53	1,55	1,57	1,59	1,61	1,63	**80**
90	1,65	1,67	1,70	1,72	1,74	1,77	1,79	1,82	1,84	1,87	**90**
100	1,89	1,92	1,95	1,97	2,00	2,03	2,06	2,09	2,12	2,15	**100**
110	2,18	2,21	2,24	2,27	2,30	2,33	2,37	2,40	2,43	2,47	**110**
120	2,50	2,53	2,57	2,60	2,64	2,68	2,71	2,75	2,78	2,82	**120**
130	2,86	2,90	2,94	2,97	3,01	3,05	3,09	3,13	3,17	3,21	**130**
140	3,25	3,29	3,33	3,38	3,42	3,46	3,50	3,55	3,59	3,63	**140**
150	3,68	3,72	3,77	3,81	3,86	3,90	3,95	4,00	4,04	4,09	**150**
160	4,14	4,18	4,23	4,28	4,33	4,38	4,43	4,48	4,53	4,58	**160**
170	4,63	4,68	4,73	4,78	4,83	4,88	4,94	4,99	5,04	5,09	**170**
180	5,15	5,20	5,26	5,31	5,36	5,42	5,48	5,53	5,59	5,64	**180**
190	5,70	5,76	5,81	5,87	5,93	5,99	6,05	6,11	6,16	6,22	**190**
200	6,28	6,34	6,40	6,46	6,53	6,59	6,65	6,71	6,77	6,84	**200**
210	6,90	6,96	7,03	7,09	7,15	7,22	7,28	7,35	7,41	7,48	**210**
220	7,54	7,61	7,67	7,74	7,81	7,88	7,94	8,01	8,08	8,15	**220**
230	8,22	8,29	8,36	8,43	8,49	8,57	8,64	8,71	8,78	8,85	**230**
240	8,92	8,99	9,07	9,14	9,21	9,29	9,36	9,43	9,51	9,58	**240**

COEFICIENTES ω PARA ACEROS A-42

λ	0	1	2	3	4	5	6	7	8	9	λ
20	1,02	1,02	1,02	1,02	1,02	1,03	1,03	1,03	1,03	1,04	**20**
30	1,04	1,04	1,04	1,05	1,05	1,05	1,06	1,06	1,07	1,07	**30**
40	1,07	1,08	1,08	1,09	1,09	1,10	1,10	1,11	1,12	1,12	**40**
50	1,13	1,14	1,14	1,15	1,16	1,17	1,18	1,19	1,20	1,21	**50**
60	1,22	1,23	1,24	1,25	1,26	1,27	1,29	1,30	1,31	1,33	**60**
70	1,34	1,36	1,37	1,39	1,40	1,42	1,44	1,46	1,47	1,49	**70**
80	1,51	1,53	1,55	1,57	1,60	1,62	1,64	1,66	1,69	1,71	**80**
90	1,74	1,76	1,79	1,81	1,84	1,86	1,89	1,92	1,95	1,98	**90**
100	2,01	2,03	2,06	2,09	2,13	2,16	2,19	2,22	2,25	2,29	**100**
110	2,32	2,35	2,39	2,42	2,46	2,49	2,53	2,56	2,60	2,64	**110**
120	2,67	2,71	2,75	2,79	2,82	2,86	2,90	2,94	2,98	3,02	**120**
130	3,06	3,11	3,15	3,19	3,23	3,27	3,32	3,36	3,40	3,45	**130**
140	3,49	3,54	3,58	3,63	3,67	3,72	3,77	3,81	3,86	3,91	**140**
150	3,96	4,00	4,05	4,10	4,15	4,20	4,25	4,30	4,35	4,40	**150**
160	4,45	4,51	4,56	4,61	4,66	4,72	4,77	4,82	4,88	4,93	**160**
170	4,99	5,04	5,10	5,15	5,21	5,26	5,32	5,38	5,44	5,49	**170**
180	5,55	5,61	5,67	5,73	5,79	5,85	5,91	5,97	6,03	6,09	**180**
190	6,15	6,21	6,27	6,34	6,40	6,46	6,53	6,59	6,65	6,72	**190**
200	6,78	6,85	6,91	6,98	7,05	7,11	7,18	7,25	7,31	7,38	**200**
210	7,45	7,52	7,59	7,66	7,72	7,79	7,86	7,93	8,01	8,08	**210**
220	8,15	8,22	8,29	8,36	8,44	8,51	8,58	8,66	8,73	8,80	**220**
230	8,88	8,95	9,03	9,11	9,18	9,26	9,33	9,41	9,49	9,57	**230**
240	9,64	9,72	9,80	9,88	9,96	10,04	10,12	10,20	10,28	10,36	**240**
250	10,44										

Bibliografía

1. ARGÜELLES, A; VIÑA, I.: *Problemas de elasticidad y resistencia de materiales.* Editorial Bellisco. Madrid. 1998.

2. BELLUZZI, O.: *Ciencia de la construcción* (4 tomos). Aguilar. Madrid, 1967.

3. CLOUGH, R. W.; PENZIEN, J.: *Dynamic of structures.* Mc. Graw Hill Kogakusha. Tokyo, 1975

4. FEODOSIEV, V. I.: *Resistencia de materiales.* Editorial Mir. Moscú, 1972.

5. GODED, F. y ORTIZ, L.: *Elasticidad y resistencia de materiales.* Unidades Didácticas, UNED. Madrid, 1986.

6. GONZÁLEZ TABOADA, J. A.: *Tensiones y deformaciones en materiales elásticos.* Universidad de Santiago de Compostela. Servicio de Publicaciones e Intercambio Científico, 1989.

7. GONZÁLEZ TABOADA, J. A.: *Fundamentos y problemas de tensiones y deformaciones en materiales elásticos.* Vigo, 2008.

8. ORTIZ BERROCAL, L.: *Elasticidad.* McGraw-Hill. Madrid, 1999.

9. ORTIZ BERROCAL, L.: *Resistencia de materiales.* 2.ª ed. MacGraw-Hill. Madrid, 2002.

10. RODRÍGUEZ-AVIAL, F.: *Resistencia de materiales.* Tomo I. 4.ª ed. Editorial Bellisco. Madrid, 1990.

11. RODRÍGUEZ-AVIAL, F.: *Resistencia de materiales.* Tomo II. 2.ª ed. Editorial Bellisco. Madrid, 1993.

12. RODRÍGUEZ-AVIAL, F.: *Problemas resueltos de resistencia de materiales.* 4.ª ed. Editorial Bellisco. Madrid, 1999.

13. RODRÍGUEZ-AVIAL, M.; ZUBIZARRETA, V. y ANZA, J. J.: *Problemas de elasticidad y resistencia de materiales.* Sección de Publicaciones. ETSII (UPM). Madrid, 1981.

14. RODRÍGUEZ-AVIAL, M.; GONZÁLEZ-ALBERTO, A.: *Fundamentos de resistencia de materiales.* 2.ª ed. Unidad Didáctica. UNED. Madrid, 2007.

15. RODRÍGUEZ-AVIAL, M.: *Elasticidad y resistencia de materiales.* Unidad Didáctica. UNED. Madrid, 2005.

16. TIMOSHENKO, S.; GOODIER, J. N.: *Teoría de la elasticidad.* Urmo. Bilbao, 1968.

17. TIMOSHENKO, S.: *Resistencia de materiales.* Tomo I. 10.ª edición. Espasa Calpe. Madrid, 1964.

18. ZUBIZARRETA, V. y ROS, A.: *Introducción a la mecánica de los sólidos.* Sección de Publicaciones. ETSII (UPM). Madrid, 2003.